中　外　物　理　学　精　品　书　系

本书出版得到“国家出版基金”资助

中外物理学精品书系

引进系列·75

平衡态统计物理学

Equilibrium Statistical Physics

（第三版）

〔加〕迈克尔·普利施克（Michael Plischke）
〔加〕比格尔·贝格森（Birger Bergersen）著
汤雷翰　童培庆　译

著作权合同登记号：图字 01-2012-3670

图书在版编目 (CIP) 数据

平衡态统计物理学：第三版 /（加）迈克尔·普利施克，（加）比格尔·贝格森著；汤雷翰，童培庆译．—北京：北京大学出版社，2020.11
（中外物理学精品书系）
ISBN 978-7-301-31784-6

Ⅰ.①平… Ⅱ.①迈… ②比… ③汤… ④童… Ⅲ.①平衡状态（热力学）-统计热力学 Ⅳ.①O414.21

中国版本图书馆 CIP 数据核字 (2020) 第 201766 号

书　　名 平衡态统计物理学（第三版）
PINGHENGTAI TONGJI WULIXUE（DI-SAN BAN）
著作责任者 〔加〕迈克尔·普利施克（Michael Plischke）
〔加〕比格尔·贝格森（Birger Bergersen）著
汤雷翰　童培庆 译
责任编辑 刘啸　班文静
标准书号 ISBN 978-7-301-31784-6
出版发行 北京大学出版社
地　　址 北京市海淀区成府路 205 号　100871
网　　址 http://www.pup.cn
电子信箱 zpup@pup.cn
新浪微博 @北京大学出版社
电　　话 邮购部 010-62752015　发行部 010-62750672　编辑部 010-62754271
印 刷 者 北京中科印刷有限公司
经 销 者 新华书店
730 毫米 × 980 毫米　16 开本　32 印张　610 千字
2020 年 11 月第 1 版　2020 年 11 月第 1 次印刷
定　　价 111.00 元

序　言

物理学是研究物质、能量以及它们之间相互作用的科学。她不仅是化学、生命、材料、信息、能源和环境等相关学科的基础,同时还与许多新兴学科和交叉学科的前沿紧密相关。在科技发展日新月异和国际竞争日趋激烈的今天,物理学不再囿于基础科学和技术应用研究的范畴,而是在国家发展与人类进步的历史进程中发挥着越来越关键的作用。

我们欣喜地看到,改革开放四十年来,随着中国政治、经济、科技、教育等各项事业的蓬勃发展,我国物理学取得了跨越式的进步,成长出一批具有国际影响力的学者,做出了很多为世界所瞩目的研究成果。今日的中国物理,正在经历一个历史上少有的黄金时代。

在我国物理学科快速发展的背景下,近年来物理学相关书籍也呈现百花齐放的良好态势,在知识传承、学术交流、人才培养等方面发挥着无可替代的作用。然而从另一方面看,尽管国内各出版社相继推出了一些质量很高的物理教材和图书,但系统总结物理学各门类知识和发展,深入浅出地介绍其与现代科学技术之间的渊源,并针对不同层次的读者提供有价值的学习和研究参考,仍是我国科学传播与出版领域面临的一个富有挑战性的课题。

为积极推动我国物理学研究、加快相关学科的建设与发展,特别是集中展现近年来中国物理学者的研究水平和成果,北京大学出版社在国家出版基金的支持下于 2009 年推出了“中外物理学精品书系”,并于 2018 年启动了书系的二期项目,试图对以上难题进行大胆的探索。书系编委会集结了数十位来自内地和香港顶尖高校及科研院所的知名学者。他们都是目前各领域十分活跃的知名专家,从而确保了整套丛书的权威性和前瞻性。

这套书系内容丰富、涵盖面广、可读性强,其中既有对我国物理学发展的梳理和总结,也有对国际物理学前沿的全面展示。可以说,“中外物理学精品书系”力图完整呈现近现代世界和中国物理科学发展的全貌,是一套目前国内为数不多的兼具学术价值和阅读乐趣的经典物理丛书。

“中外物理学精品书系”的另一个突出特点是,在把西方物理的精华要义“请进来”的同时,也将我国近现代物理的优秀成果“送出去”。物理学在世界范围内的重要性不言而喻。引进和翻译世界物理的经典著作和前沿动态,可以满足当前国内物理教学和科研工作的迫切需求。与此同时,我国的物理学研究数十年来取得了长足发展,一大批具有较高学术价值的著作相继问世。这套丛书首次成规模地将中国物理学者的优秀论著以英文版的形式直接推向国际相关研究的主流领域,使世界对中国物理学的过去和现状有更多、更深入的了解,不仅充分展示出中国物理学研究和积累的“硬实力”,也向世界主动传播我国科技文化领域不断创新发展的“软实力”,对全面提升中国科学教育领域的国际形象起到一定的促进作用。

习近平总书记在2018年两院院士大会开幕会上的讲话强调,“中国要强盛、要复兴,就一定要大力发展科学技术,努力成为世界主要科学中心和创新高地”。中国未来的发展在于创新,而基础研究正是一切创新的根本和源泉。我相信,在第一期的基础上,第二期“中外物理学精品书系”会努力做得更好,不仅可以使所有热爱和研究物理学的人们从中获取思想的启迪、智力的挑战和阅读的乐趣,也将进一步推动其他相关基础科学更好更快地发展,为我国的科技创新和社会进步做出应有的贡献。

“中外物理学精品书系”编委会主任
中国科学院院士,北京大学教授
王恩哥
2018年7月于燕园

第三版序言

在第三版中, 我们增加了相当数量的新题材. 分散在全书中的更正和澄清也不计其数. 我们还增添了一些新的习题.

在第 1 章中, 我们添加了磁介质做功一节. 在第 2 章中, 我们增加了最大熵原理的讨论, 强调在正常的热力学系统中, 熵为广延量这一约定的重要性.

在第 3 章中, 我们用一个更直观的推导来取代从密度矩阵导出的 Bragg-Williams 近似, 强调平均场假设所包含的不同格点上自旋的统计独立性. 新加了 Potts 模型小节. 液晶的 Maier-Saupe 模型、^{3}He-^{4}He 混合体的 Blume-Emery-Griffiths 模型、van der Waals 方法等内容被移到了新的一章, 题为 "平均场理论的应用". 该章还讨论了生态学里的虫害模型及一个非平衡系统: 二元非对称排斥模型. 此节展示了平均场理论在平衡态统计力学的范围之外的应用.

新的第 5 章和第 6 章只对原第 4 章和第 5 章做了较少的改动. 在第 7 章中, 原第 6 章中关于 ϵ 展开的内容已被重写, 同时我们增加了关于钻石分形上的 Ising 自旋的一节.

由于随机过程的重要性日益增加, 我们新增了第 8 章来介绍这方面的基础知识. 我们从离散的生灭过程的描述开始, 并回顾第 4 章的虫害模型. 本章其余部分主要围绕与各类离散和连续过程相对应的 Fokker-Planck 方程. 我们运用该方程讨论一个遗传学问题及粒子在流体中的扩散. 其他应用包括从亚稳态的逃逸速率和非均匀扩散问题. 最后, 我们展示如何将 Fokker-Planck 方程变换到类似 Schrödinger 方程的形式, 让量子力学里熟悉的技术有用武之地.

在第 9 章 (原第 7 章) 中, 我们改写了分子动力学一节并增加了 Brown 动力学部分. 第 10 章和第 11 章 (原第 8 章和第 9 章) 只做了很少的改动, 主要变化是参考文献的更新, 以反映超导和 Bose 凝聚研究领域的最新发展. 第 13 章 (原第 11 章) 增添了刚性逾渗小节.

感谢 Ian Affleck, Marcel Franz, Michel Gingras, Margarita Ifti, Greg Lakatos, Zoltán Rácz, Fei Zhou 和 Martin Zuckermann 有益的意见和建议.

读者感兴趣的信息更新将显示在我们的网站 http: // www. physics. ubc. ca/ ~birger/equilibrium.htm 上.

Michael Plischke
Birger Bergersen
加拿大温哥华

第二版序言

在本书第一版出版后的五年里, 我们从本校和其他机构的同事和朋友们那里收到了许多有益的建议. 同时, 统计力学这门学科也在不断发展. 在第二版的撰写中, 我们尝试着将这些建议和学科发展情况都包括进来. 本书的目标依然是: 为物理学、化学、材料科学的研究生们提供一部入门教材, 让他们掌握统计物理学最先进的技术和理论方法.

第二版的总体结构和第一版非常相似, 但也包含了若干重要补充. 前面被浓缩的计算机模拟部分, 在新一版中得到大幅扩展并形成了独立的第 7 章. 在经典液体那章增加了密度泛函方法导引. 我们添加了全新的第 8 章来讨论聚合物与膜. 在临界现象的讨论中, 我们纠正了第一版中的一项重要遗漏, 并增加了有限尺寸标度和唯象重整化群两节. 最后, 我们大大充实了自旋玻璃的讨论, 并添加了若干新的习题. 我们也编制了一本习题解答手册, 可从出版商那里获得.

不言而喻, 我们纠正了第一版中已被发现的错误. 许多人在这项工作中给我们提供了巨大的帮助. 特别需要感谢的是 Vinay Ambegaokar, Leslie Ballentine, David Boal, Bill Dalby, Zoltán Rácz, Byron Southern 和 Philip Stamp.

Michael Plischke

Birger Bergersen

加拿大温哥华

第一版序言

在过去的十年时间里，本书的两位作者一直定期讲授研究生或高年级本科生的统计力学课程. 这段时间里，由 K. G. Wilson 始创的处理临界现象的重整化群方法，极大地改变了我们研究凝聚态物理的视角和手段. 该方法最初被用来解决相变问题，现在已在诸多物理学领域开花结果，如多体理论、混沌、无序材料的电导率、分形结构等. 由于其几乎无处不在的影响力，我们认为研究生们在学习的早期阶段就应接触并了解该理论的核心概念，如标度、普适性、不动点、重整化变换等. 虽然这些概念始于对临界现象的研究，但它们也同样适用于诸多其他情形.

在本书中，我们将叙述并融合统计力学的传统方法和过去二十年发展起来的新技术. 大多数研究生只修一门统计物理课程，我们认为这门课程应为同学们架设一座从本科统计物理课程所包含的知识 (通常只涉及如理想气体、顺磁体等无相互作用的系统) 通往一名研究者需融会贯通的复杂物理概念的桥梁.

我们从第 1 章的热力学概述开始，第 2 章复习统计力学的基础知识. 我们假设同学们先前已经接触过这两章的内容，因此这里的讨论只是提纲挈领式的. 作为概念性总结的补充，我们在每章结尾准备了充足的习题.

在第 3 章，作为强相互作用系统讨论的开始，我们用较长的篇幅来介绍平均场理论. 该章从多个例子的近似处理出发，逐步引入更一般的 Landau 理论，用于讨论临界点、三相临界点和一级相变等现象. 接着，在 Landau-Ginzburg 模型的框架下，阐述平均场及 Landau 理论的局限性并探讨涨落效应.

第 4 章讨论稠密气体和液体理论. 液体理论中若干常用的方法有着悠久的历史，其他著作中不乏精辟细致的叙述. 但是这些方法的重要性使得我们不能省略它们. 我们给出传统的位力展开，强调两体关联函数在理论和实验中扮演的重要角色. 接着我们简要地描述可用来计算该关联函数的 Ornstein-Zernike 方程及其衍生的积分方程方法，以及现代液体微扰论. 然后我们介绍模拟方法 (Monte Carlo 和分子动力学). 在本章的最后一节，我们演示平均场理论的一个有趣的应用，即气液界面的 van der Waals 理论，并讨论描述表面张力波引起的界面变糙现象的一个简单模型.

第 5 章和第 6 章关注连续相变和临界现象. 在第 5 章，我们回顾 Onsager 给出的二维正方格子上 Ising 模型的严格解, 接着叙述级数展开法, 该方法在临界现象理论的形成过程中曾发挥重要作用. 我们按照 Kadanoff 的想法来制定相变的标度理论, 引入临界行为的普适性这一核心概念. 本章结尾定性地讨论 Kosterlitz-Thouless 理论, 分析具有连续对称性的二维系统的相变.

第 6 章整章介绍处理相变的重整化群方法. 我们从技术难度较低的一维和二维 Ising 模型的计算出发, 引入该方法的基本思想, 描述重整化变换的不动点在分析问题中所扮演的角色, 展示该理论如何导出临界行为的普适性. 接着讨论 Wilson 和 Fisher 最先提出的 ϵ 展开. 本章的叙述比较详细, 没接触过场论的同学也能够跟上.

在第 7 章, 我们将注意力转向量子流体, 讨论理想 Bose 气体、弱相互作用 Bose 气体、超导电性的 BCS 理论和 Landau-Ginzburg 唯象理论. 我们研究这些课题 (理想 Bose 气体除外) 的基本思路都来源于平均场理论, 可看作是第 3 章引入的理论的更具挑战性的应用.

第 8 章专门介绍线性响应理论, 内容包括涨落-耗散定理、Kubo 理论、输运系数满足的 Onsager 关系等. 本章和该课程主要关心的平衡态现象是一致的, 在线性响应近似下, 平衡态关联函数起着核心作用. 这里我们对该理论的一系列应用做了详细讨论, 包括电子气的介电函数、Heisenberg 铁磁体的元激发、相互作用 Bose 流体的激发谱等. 作为与这套理论互补的处理输运现象的方法 —— 线性化的 Boltzmann 方程将在本章最后介绍.

第 9 章包含了无序材料物理的若干入门知识. 我们讨论无序对系统量子态的影响, 并通过一个一维模型的具体计算, 引入电子态局域化的概念. 接着介绍逾渗理论并阐述其与热力学相变的相似性. 我们对无序材料相变的本质进行初步讨论, 最后非常简短和定性地描述玻璃和自旋玻璃相变. 这些课题都处在当前研究的前沿, 因此本章收录的部分尚不够全面. 作为补偿, 我们在这里提供了比本书其他章节更详尽的近期文献以供参考.

根据我们的经验, 本书涵盖的内容可作为一门研究生入门课程, 或经过适当筛选, 作为高年级本科生课程. 在学习本课程之前, 学生应学过本科的统计力学, 掌握量子力学的基础知识, 并最好接触过固体物理的知识. 本书的后半部分较多运用二次量子化表象, 附录对此语言做了详细介绍. 应该提示授课教师, 虽然前面章节的很多习题比较简单, 但靠后章节的习题却很有挑战性.

本书的多数内容也是目前相当活跃的研究课题. 出于这一原因, 我们觉得有必要提供充足的期刊文献. 允许时, 我们会引用近期的综述文章而不是原始文献.

本书的写作持续了数年, 中间也常有间断. 与多位同事的讨论, 以及他们的批评意见让我们受益匪浅, 特别需要提到的是 Ian Affleck, Leslie Ballentine, Robert Barrie, John Berlinsky, Peter Holdsworth, Zoltán Rácz 和 Bill Unruh 给予我们的帮

助. 我们的学生 Dan Ciarniello, Victor Finberg 和 Barbara Frisken 为本书消除了若干错误及含糊、晦涩的叙述. 书中剩余的不足之处完全由两位作者承担.

Michael Plischke

Birger Bergersen

加拿大温哥华

目　　录

第 1 章　热力学概述 …… 1

1.1　状态变量和状态方程 …… 1

1.2　热力学定律 …… 2

1.2.1　热力学第一定律 …… 3

1.2.2　热力学第二定律 …… 3

1.3　热力学势 …… 7

1.4　Gibbs-Duhem 方程和 Maxwell 关系 …… 9

1.5　响应函数 …… 11

1.6　平衡及平衡的稳定性条件 …… 13

1.7　磁介质做功 …… 15

1.8　热力学相变 …… 16

1.9　习题 …… 20

第 2 章　统计系综 …… 23

2.1　孤立系统: 微正则系综 …… 23

2.2　等温系统: 正则系综 …… 28

2.3　巨正则系综 …… 31

2.4　量子统计 …… 34

2.4.1　简谐振子 …… 35

2.4.2　无相互作用费米子 …… 35

2.4.3　无相互作用玻色子 …… 36

2.4.4　密度矩阵 …… 36

2.5　最大熵原理 …… 38

2.6　热力学变分原理 …… 42

2.6.1　晶体中的 Schottky 缺陷 …… 42

2.7　习题 …… 43

第 3 章　平均场与 Landau 理论 …… 49

3.1　Ising 模型的平均场理论 …… 50

3.2　Bragg-Williams 近似 …… 51

3.3　敬告 …… 53

3.4　Bethe 近似 …… 55

3.5　平均场理论下的临界行为 …… 57

3.6 Ising 链的精确解 · · · 60
3.7 Landau 相变理论 · · · 65
3.8 对称性分析 · · · 67
3.8.1 Potts 模型 · · · 68
3.9 三相临界点的 Landau 理论 · · · 70
3.10 涨落的 Landau-Ginzburg 理论 · · · 74
3.11 多元序参量: n 矢量模型 · · · 78
3.12 习题 · · · 79

第 4 章 平均场理论的应用 · · · 85
4.1 有序-无序转变 · · · 85
4.2 Maier-Saupe 模型 · · · 89
4.3 Blume-Emery-Griffiths 模型 · · · 94
4.4 液体的平均场理论: van der Waals 方法 · · · 97
4.5 云杉卷叶蛾模型 · · · 101
4.6 非平衡系统: 二元非对称排斥模型 · · · 104
4.7 习题 · · · 107

第 5 章 稠密气体和液体 · · · 110
5.1 位力展开 · · · 111
5.2 分布函数 · · · 116
5.2.1 两体关联函数 · · · 116
5.2.2 BBGKY 级列方程 · · · 121
5.2.3 Ornstein-Zernike 方程 · · · 122
5.3 微扰论 · · · 125
5.4 非均匀液体 · · · 127
5.4.1 气液界面 · · · 127
5.4.2 表面张力波 · · · 131
5.5 密度泛函理论 · · · 133
5.5.1 泛函变分 · · · 133
5.5.2 自由能泛函和关联函数 · · · 135
5.5.3 应用 · · · 140
5.6 习题 · · · 142

第 6 章 临界现象 I · · · 143
6.1 二维 Ising 模型 · · · 143
6.1.1 转移矩阵 · · · 144
6.1.2 转化为一个有相互作用的费米子问题 · · · 147
6.1.3 本征值的计算 · · · 150
6.1.4 热力学函数 · · · 153

6.1.5　结束语 ········157
6.2　级数展开 ········157
6.2.1　高温展开 ········158
6.2.2　低温展开 ········162
6.2.3　级数分析 ········163
6.3　标度 ········167
6.3.1　热力学讨论 ········167
6.3.2　标度假设 ········167
6.3.3　Kadanoff 块区自旋 ········170
6.4　有限尺寸标度 ········174
6.5　普适性 ········177
6.6　Kosterlitz-Thouless 相变 ········179
6.7　习题 ········185

第 7 章　临界现象 II: 重整化群 ········187
7.1　Ising 链回顾 ········187
7.2　不动点 ········191
7.3　严格可解模型: 钻石分形上的 Ising 自旋 ········196
7.4　位置空间重整化: 累积量方法 ········205
7.4.1　一阶近似 ········207
7.4.2　二阶近似 ········210
7.5　其他的位置空间重整化群方法 ········212
7.5.1　有限格点方法 ········212
7.5.2　吸附单层: Ising 反铁磁体 ········213
7.5.3　Monte Carlo 重整化 ········216
7.6　唯象重整化群 ········218
7.7　ϵ 展开 ········221
7.7.1　Gauss 模型 ········223
7.7.2　S^4 模型 ········226
7.7.3　结论 ········231
附录: 二阶累积量展开 ········232
7.8　习题 ········235

第 8 章　随机过程 ········241
8.1　Markov 过程和主方程 ········242
8.2　生灭过程 ········243
8.3　分支过程 ········246
8.4　Fokker-Planck 方程 ········249
8.5　多变量 Fokker-Planck 方程: SIR 模型 ········252
8.6　连续变量的跃迁矩 ········255

8.6.1 Brown 运动 ······257
8.6.2 Rayleigh 和 Kramers 方程 ······259
8.7 扩散、首次通过和逃逸 ······261
8.7.1 自然边界: 遗传漂移的 Kimura-Weiss 模型 ······261
8.7.2 人为边界 ······263
8.7.3 首次通过时间和逃逸概率 ······264
8.7.4 Kramers 逃逸速率 ······269
8.8 Fokker-Planck 方程的变换 ······270
8.8.1 非均匀扩散 ······270
8.8.2 变换到 Schrödinger 方程 ······274
8.9 习题 ······275

第 9 章 模拟 ······277
9.1 分子动力学 ······277
9.1.1 保守分子动力学 ······278
9.1.2 Brown 动力学 ······280
9.1.3 数据分析 ······281
9.2 Monte Carlo 方法 ······283
9.2.1 离散时间 Markov 过程 ······283
9.2.2 细致平衡和 Metropolis 算法 ······285
9.2.3 直方图方法 ······287
9.3 数据分析 ······289
9.3.1 涨落 ······289
9.3.2 误差估计 ······291
9.3.3 外推到热力学极限 ······292
9.4 神经网络的 Hopfield 模型 ······294
9.5 模拟淬火和退火 ······297
9.6 习题 ······300

第 10 章 聚合物与膜 ······302
10.1 线性聚合物 ······302
10.1.1 自由连接链 ······304
10.1.2 Gauss 链 ······306
10.2 体斥效应: Flory 理论 ······308
10.3 聚合物与 n 矢量模型 ······311
10.4 高浓度聚合物溶液 ······315
10.5 膜 ······319
10.5.1 幻像膜 ······319
10.5.2 自回避膜 ······321
10.5.3 液体膜 ······325

10.6 习题 ·····328

第 11 章 量子流体 ·····330

11.1 Bose 凝聚 ·····330

11.2 超流 ·····337

11.2.1 超流的定性特性 ·····337

11.2.2 ^{4}He 激发谱的 Bogoliubov 理论 ·····344

11.3 超导电性 ·····347

11.3.1 Cooper 对问题 ·····347

11.3.2 BCS 基态 ·····349

11.3.3 有限温度的 BCS 理论 ·····352

11.3.4 超导电性的 Landau-Ginzburg 理论 ·····356

11.4 习题 ·····359

第 12 章 线性响应理论 ·····361

12.1 严格结果 ·····361

12.1.1 广义响应率与结构因子 ·····361

12.1.2 热力学性质 ·····368

12.1.3 求和规则与不等式 ·····369

12.2 平均场响应 ·····371

12.2.1 电子气的介电函数 ·····371

12.2.2 弱相互作用 Bose 气体 ·····373

12.2.3 Heisenberg 铁磁体的激发 ·····375

12.2.4 屏蔽与等离子体 ·····378

12.2.5 交换与关联能 ·····382

12.2.6 金属中的声子 ·····384

12.3 熵产生、Kubo 公式和输运系数的 Onsager 关系 ·····386

12.3.1 Kubo 公式 ·····386

12.3.2 熵产生、广义流和广义力 ·····388

12.3.3 微观可逆性: Onsager 关系 ·····389

12.4 Boltzmann 方程 ·····392

12.4.1 场、漂移和碰撞 ·····393

12.4.2 金属的直流电导率 ·····394

12.4.3 热导率和热电效应 ·····396

12.5 习题 ·····400

第 13 章 无序系统 ·····404

13.1 无序系统中的单粒子态 ·····405

13.1.1 一维电子态 ·····406

13.1.2 转移矩阵 ·····407

13.1.3 三维局域化 · · · 412
13.1.4 态密度 · · · 413
13.2 逾渗 · · · 417
13.2.1 逾渗的标度理论 · · · 420
13.2.2 级数展开和重整化群 · · · 423
13.2.3 刚性逾渗 · · · 425
13.2.4 小结 · · · 427
13.3 无序材料中的相变 · · · 427
13.3.1 统计数学形式和副本方法 · · · 429
13.3.2 相变的本质 · · · 430
13.4 强无序系统 · · · 434
13.4.1 分子玻璃 · · · 435
13.4.2 自旋玻璃 · · · 436
13.4.3 Sherrington-Kirkpatrick 模型 · · · 440
13.5 习题 · · · 446

附录 A: 占有数表象 · · · 448

参考文献 · · · 460

索引 · · · 474

译者后记 · · · 491

第 1 章 热力学概述

本章对基本热力学概念做了简要回顾, 同时为第 2 章中建立热力学与统计力 1
学系综之间的联系做了铺垫. 读者可将本章作为简短的复习课, 如需关于这部分内容的更详细讨论, 也可以参考其他热力学方面的书籍, 例如 Callen 的著作 [55] 或者 Reichl 的著作 [254] 中的第 2—4 章. 下面将介绍本章内容安排. 在 1.1 节, 我们介绍状态变量和状态方程的概念. 1.2 节将讨论热力学定律, 定义若干热力学过程, 并引入熵的概念. 在 1.3 节, 我们将介绍一些在统计物理上非常有用的热力学势. 1.4 节将推导 Gibbs-Duhem 方程和 Maxwell 关系. 在 1.5 节, 我们讨论响应函数, 如比热、磁化率、压缩率等, 它们一般是宏观系统的实验可探测量. 在 1.6 节, 我们将讨论一些一般性的热动平衡和稳定性条件. 我们将在 1.7 节讨论磁介质做功的问题. 作为总结, 在 1.8 节, 我们将简要讨论热力学相变和 Gibbs 相律.

1.1 状态变量和状态方程

宏观系统有许多自由度, 但是只有很少一部分是可以直接测量的. 热力学所关
心的正是这少数几个变量之间的关系, 通过它们足以表述所研究对象的整体行为. 2
当研究对象为气体或液体时, 合适的变量可以选为压强 P, 体积 V 和温度 T. 当研究对象为固体磁介质时, 合适的变量可以选为磁场 $\boldsymbol{H}$, 磁化强度 $\boldsymbol{M}$ 和温度 T. 对于更复杂的情形, 例如在某种液体与其蒸气相接触的系统里, 就需要更多的变量, 如液体和气体的体积 $V_{\mathrm{L}}, V_{\mathrm{G}}$, 接触面积 A 和表面张力 σ. 如果所有热力学变量都不随时间变化, 则系统处于稳态. 进一步, 如果处于稳态的系统中没有宏观流动, 如粒子流或热流等, 那么该系统处于平衡态. 在平衡态下, 如果某物理量仅依赖于系统的热力学变量, 而与系统所经历的过程无关, 那么这个量称为态函数. 在接下来的章节中我们会遇到很多这样的量. 对于很大的系统, 状态变量一般可分为广延量 (与系统尺寸成正比) 和强度量 (与系统尺寸无关). 广延量包括内能、熵, 以及系统不同组分的质量和数量等, 而压强、温度和化学势等都是强度量. 关于内能和熵等是广延量且与系统形状无关的假设与可加性假设是等价的, 或者说这与将在 2.1 节介绍的存在热力学极限的假设是一致的. 在推导热力学极限时, 我们假设系统无限大, 而其密度 (包括质量、能量、磁矩、极化强度等) 保持不变.

在平衡态, 状态变量之间并非彼此独立, 而是通过状态方程相互联系在一起. 统计力学的任务就是从微观相互作用中推导出状态方程. 状态方程的一些简单例

子有理想气体定律

$$PV - Nk_{\mathrm{B}}T = 0, \tag{1.1}$$

其中 N 是系统中分子的数目, k_{B} 是 Boltzmann 常数; 还有 van der Waals 方程

$$\left(P + \frac{aN^2}{V^2}\right)(V - Nb) - Nk_{\mathrm{B}}T = 0, \tag{1.2}$$

其中 a, b 是常数; 相应的位力方程为

$$P - \frac{Nk_{\mathrm{B}}T}{V}\left[1 + \frac{NB_2(T)}{V} + \frac{N^2B_3(T)}{V^2} + \cdots\right] = 0, \tag{1.3}$$

3 其中函数 $B_2(T)$, $B_3(T)$ 是位力系数; 另外还有顺磁介质的 Curie 定律

$$M - \frac{CH}{T} = 0, \tag{1.4}$$

其中 C 是 Curie 常数. 式 (1.1)、式 (1.2) 和式 (1.4) 都是近似结果, 主要用来描述一些定性原理. 式 (1.3) 原则上是精确结果, 但在第 4 章我们会看到, 对于多个位力系数来说, 其计算难度会非常大.

1.2 热力学定律

这一节我们介绍热力学第零定律、第一定律和第二定律. 热力学第零定律表明, 处于平衡态的物体原则上具有可测量的温度、压强和化学势. 该定律可以陈述如下:

> 如果系统 A 分别和系统 B、系统 C 处于平衡态, 那么系统 B 和系统 C 也处于平衡态.

热力学第零定律允许我们引入普适的标度来测量温度、压强等量.

另一个观察热力学第零定律的角度是通过与力学进行类比. 平衡态下物体受力达到平衡, 这意味着强度量在整个系统中是常数, 具体表述如下:

$$\begin{aligned}
T &= \text{常数} \to \text{热平衡}, \\
P &= \text{常数} \to \text{力学平衡}, \\
\mu &= \text{常数} \to \text{化学势平衡}.
\end{aligned}$$

在第 2 章将会看到, 热力学第零定律有更直接的统计解释, 它将使我们把热力学表述和统计力学表述联系起来.

1.2.1 热力学第一定律

热力学第一定律重新阐述了能量守恒定律. 它将系统能量的变化分成两部分: 热和功, 则

$$\mathrm{d}E = \text{đ}Q - \text{đ}W. \tag{1.5}$$

式 (1.5) 中 $\mathrm{d}E, \text{đ}Q, \text{đ}W$ 分别为无穷小过程中系统内能的变化、从外界吸收的热量, 4
以及所做的功①. 除了将能量的变化分为两部分以外, 该公式还将无穷小量 $\mathrm{d}E$ 和 $\text{đ}Q, \text{đ}W$ 加以区分. 当系统在两个给定状态之间演化时, 两个可探测量 $\text{đ}Q, \text{đ}W$ 的差在任意过程中都是相同的, 即与过程经历的路径无关. 这说明 $\mathrm{d}E$ 是恰当微分, 或者说, 内能是态函数. 而 $\text{đ}Q, \text{đ}W$ 并不具备这一特点, 因此它们的标记符号有所不同.

考虑一个系统, 其状态可由一组状态变量 x_j (例如体积、不同组分的摩尔数、磁化强度、电极化强度等) 和温度确定. 如上文所述, 利用热力学与力学的类比, 可将无穷小过程所做的功表示为

$$\text{đ}W = -\sum_j X_j \mathrm{d}x_j, \tag{1.6}$$

其中 X_j 为广义力, x_j 为广义位移.

在讨论热力学第二定律之前, 我们先介绍一些术语. 系统状态变量的任何变化都称为热力学转变或热力学过程. 自发过程是指系统发生的变化与外界条件的改变无关, 仅取决于其内部动力. 绝热过程是指系统与外部环境没有热交换. 温度恒定的过程称为等温过程, 压强恒定的过程称为等压过程, 密度恒定的过程称为等容过程, 而无限缓慢的变化过程称为准静态过程. 可逆过程是准静态过程, 同时它在热力学空间的路径可以精确地反向进行. 如果不能反向进行, 那么该过程是不可逆的. 可逆过程的一个例子是气体推动活塞缓慢绝热膨胀, 同时活塞受到一个无穷接近但小于 PA 的外力, 其中 P 为气体压强, A 为活塞面积. 不可逆过程的一个例子是气体向真空自由绝热膨胀. 此时通过压缩气体并释放多余的热量可以使其恢复初态, 但这并非同一热力学过程.

1.2.2 热力学第二定律 5

热力学第二定律引入了一个广延量 —— 熵作为状态变量, 并指出对于温度为 T 的系统, 在无穷小可逆过程吸收的热量为

$$\text{đ}Q|_{\text{rev}} = T\mathrm{d}S, \tag{1.7}$$

① 做功项的符号约定并不是统一的, 一些作者将外界对系统做功时 $\text{đ}W$ 的符号定义为正.

而对于相应不可逆过程, 有

$$đQ|_{\mathrm{irrev}} \leqslant T\mathrm{d}S.$$

如果我们仅讨论热力学平衡态问题, 则可使用式 (1.7), 并将熵 S 视为对应 “广义力” T 的广义位移. 以上热力学第二定律的表述由 Gibbs② 提出.

热力学第二定律还有以下两个等价表述. Kelvin 表述是:

不可能从单一热源吸热使之完全变成有用功而不引起其他变化.

与之等价的 Clausius 表述是:

热量不可能从低温热源传到高温热源而不引起其他变化.

这些表述的推论是: 工作于温度为 T_1, T_2 的两恒温热源之间的热机以 Carnot 热机效率最高. Carnot 热机是所有工作过程均可逆的理想热机. 图 1.1 为以理想气体为工作介质的 Carnot 循环. 在过程 AB, 气体吸热 Q_1, 同时等温膨胀并对外界做功. 在过程 BC, 气体绝热膨胀并继续对外界做功. 在过程 CD, 气体向低温热源放热 $-Q_2$, 同时外界对气体做功. 最后, 工作介质经绝热过程 DA 回到初态.

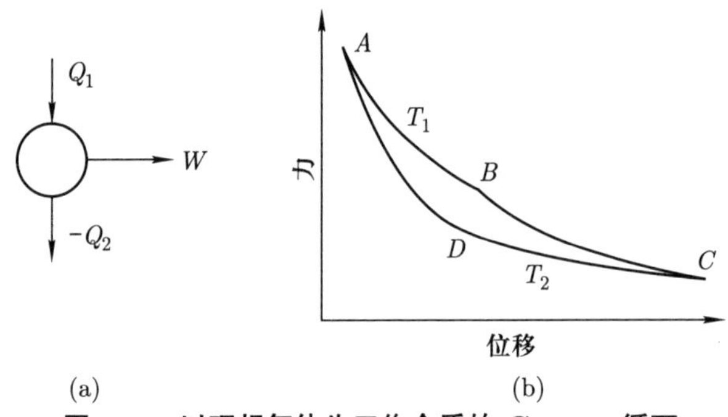

图 1.1 以理想气体为工作介质的 Carnot 循环

热机的效率 η 定义为单个循环中系统对外界所做总功与其从高温热源吸热之比:

$$\eta = \frac{W}{Q_1} = \frac{Q_1 + Q_2}{Q_1}. \tag{1.8}$$

6 式 (1.8) 遵循热力学第一定律中的符号约定, 即系统吸收热量时为正. 假设有另一个效率更高的热机也工作在同样两个热源之间, 那么我们可以使该热机驱动 Carnot 热机反向运行. 因为 Carnot 热机可逆, 所以 Q_1, Q_2 及 W 将改变符号, 而 η 保持不变.

如图 1.2 (a) 所示, C 为 Carnot 热机, S 为另一假想高效热机, 且 $\eta_{\mathrm{S}} > \eta_{\mathrm{C}}$. 我们用热机 S 所做的功来推动热机 C. 记各热机从热源吸热分别为 $Q_{1\mathrm{C}}$, $Q_{1\mathrm{S}}$, $Q_{2\mathrm{C}}$,

② 对热力学研究历史感兴趣的读者可以阅读 M. J. Klein 所著的关于 J. Willard Gibbs 的文章 [157].

Q_{2S}. 根据假设, 有

$$\eta_S = \frac{W}{Q_{1S}} > \frac{-W}{Q_{1C}} = \eta_C, \tag{1.9}$$

该不等式表明 $|Q_{1C}| > Q_{1S}$, 整个过程的总效果相当于热量从低温热源传到了高温热源. 这违反了热力学第二定律的 Clausius 表述. 类似地, 如果仅用热机 S 所做功的一部分来驱动热机 C, 使得整个系统从低温热源吸收的总热量恰好为零, 那么又将产生违反热力学第二定律的 Kelvin 表述的结果. 可见工作于两恒温热源之间的热机, 其效率不可能高于 Carnot 热机. 与之等价的表述是: 所有工作于两恒温热源之间的可逆热机的效率都相同, 且都是 Carnot 热机. 所有工作于两恒温热源之间的 Carnot 热机都有相同的效率, 这一结论可用来定义温标. 不妨定义 7

$$\frac{T_2}{T_1} = 1 - \eta_C(T_1, T_2), \tag{1.10}$$

其中 $\eta_C(T_1, T_2)$ 为 Carnot 热机的效率. 以理想气体为工作介质, 很容易证明 (见习题 1.1) 这一温标与理想气体 (或绝对) 温标相同. 将 η 代入式 (1.8), 可得对于 Carnot 循环, 有

$$\frac{Q_1}{T_1} + \frac{Q_2}{T_2} = 0. \tag{1.11}$$

根据式 (1.11) 我们可以定义熵. 考虑任意一可逆循环过程 R, 如图 1.2 (b) 所示. 在 P-V 平面上, 我们可以用一系列工作温度无限接近的 Carnot 循环来覆盖 R 所包围的可逆循环. 由式 (1.11) 可知, 对任意 Carnot 循环, 有

$$\sum_i \frac{Q_i}{T_i} = 0. \tag{1.12}$$

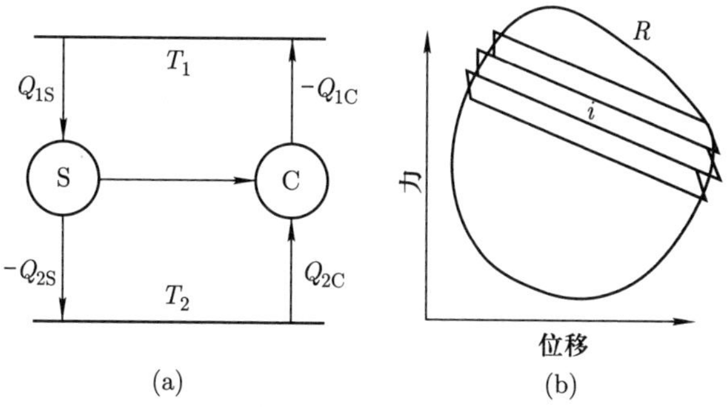

图 1.2 (a) 用一个不可逆热机 (S) 做功来推动 Carnot 热机 (C), (b) 被无穷小 Carnot 循环覆盖的任意可逆循环过程

8 当覆盖 R 所包围的可逆循环所用 Carnot 循环的个数趋于无穷大时, 沿着所有 Carnot 循环中不重合线段的 $đQ/T$ 的积分趋于 0, 即

$$\int_R \frac{đQ}{T} = 0. \tag{1.13}$$

因此 $đQ/T$ 对于可逆过程为恰当微分表达式, 故可定义其相应的原函数为态函数 —— 熵, 记为 S. 因此在可逆过程中, 热力学第一定律又可写为

$$\mathrm{d}E = T\mathrm{d}S - đW = T\mathrm{d}S + \sum_j X_j \mathrm{d}x_j. \tag{1.14}$$

而依据 Carnot 循环为工作于两恒温热源之间效率最高的循环这一事实, 可得到适用于任意过程的不等式. 设有一不可逆循环工作于温度为 T_1, T_2 的两恒温热源之间, 则

$$\frac{Q_1 + Q_2}{Q_1} \leqslant \frac{Q_{1\mathrm{C}} + Q_{2\mathrm{C}}}{Q_{1\mathrm{C}}} = \eta_{\mathrm{C}}. \tag{1.15}$$

这说明 $Q_2/Q_1 \leqslant -T_2/T_1$, 即

$$\frac{Q_1}{T_1} + \frac{Q_2}{T_2} \leqslant 0. \tag{1.16}$$

对于更普遍的循环过程, 可以得到

$$\oint \frac{đQ}{T} \leqslant 0, \tag{1.17}$$

其中等号仅对可逆过程成立. 这是因为熵是态函数, $\oint \mathrm{d}S = 0$ 对任意封闭的可逆过程恒成立. 对于任意不可逆过程, 可用一可逆过程与之构成封闭循环, 从而可知对于任一无穷小过程, 有 $T\Delta S \geqslant \Delta Q$. 此式结合热力学第一定律可得, 对于任意无穷小过程, 有

$$T\Delta S \geqslant \Delta E + \Delta W, \tag{1.18}$$

同样, 等号仅对可逆过程成立.

由以上讨论可进一步得出: 孤立系统的熵在自发过程中不可能减少. 考虑一个在热力学空间中从点 A 到点 B 的自发演化过程, 如图 1.3 所示 (注意不可逆过程的路径不能用 P-T 平面上的曲线表示, 虚线表示连接相同两点的可逆过程的路径). 因为对孤立系统有 $\Delta Q = 0$, 所以

9

$$\int_A^B \mathrm{d}S \geqslant \int_A^B \frac{đQ}{T} = 0 \tag{1.19}$$

或者

$$S(B) - S(A) \geqslant 0. \tag{1.20}$$

因为自发过程趋向于使系统达到平衡态, 所以可知孤立系统的平衡态是熵最大的态.

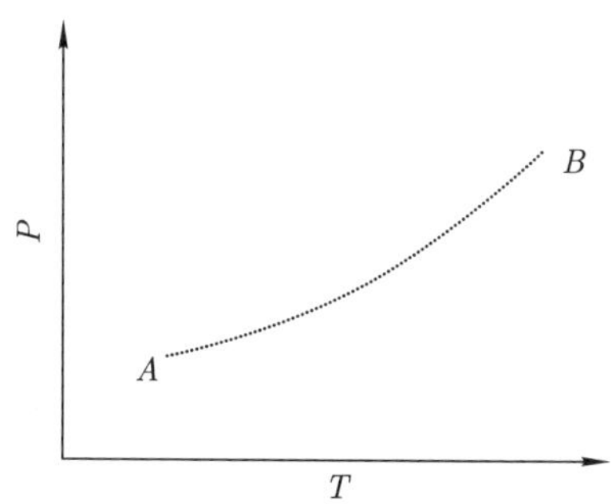

图 1.3 热力学路径

1.3 热 力 学 势

热力学势这个名词来源于与力学中机械势能的类比. 在一定情形下, 从宏观系统中可以获取的功与适当定义的热力学势的变化有关. 一个最简单的例子就是 PVT 系统的内能 $E(S,V)$. 可逆过程的热力学第二定律可表述为

$$\mathrm{d}E = T\mathrm{d}S - P\mathrm{d}V = \text{đ}Q - \text{đ}W. \tag{1.21}$$

对于可逆绝热过程, 系统内能的减少等于系统膨胀对外界所做的功. 如果该过程绝热但不可逆, 即 $\text{đ}Q = 0$, 则由热力学第一定律可得

$$\Delta E = -(\Delta W)_{\text{irrev}}, \tag{1.22}$$

即内能的变化与初态、末态相同的可逆过程是一样的. 然而熵的变化却不一定为 10
零, 且必须通过可逆路径

$$\Delta E = (\Delta Q)_{\text{rev}} - (\Delta W)_{\text{rev}} \tag{1.23}$$

来计算. 将 $(\text{đ}Q)_{\text{rev}} = T\mathrm{d}S$ 代入式 (1.23) 得

$$(\Delta W)_{\text{rev}} - (\Delta W)_{\text{irrev}} = \int T\mathrm{d}S \geqslant 0, \tag{1.24}$$

可见内能的减少等于外界从系统中通过绝热过程可获得的最大功, 而这一最大功仅在可逆过程中取得.

现推广该公式, 使其包含其他形式的功, 以及所研究系统与外界有粒子交换的情形. 这个广义的内能是熵、广义位移, 以及各组分粒子数的函数: $E = E(S, \{x_i\}, \{N_j\})$, 对于可逆过程, 其微分为

$$\mathrm{d}E = T\mathrm{d}S + \sum_i X_i \mathrm{d}x_i + \sum_j \mu_j \mathrm{d}N_j, \tag{1.25}$$

这里 N_j 是第 j 种粒子的摩尔数, 而化学势 μ_j 是由式 (1.25) 定义的. 现在我们可以介绍更多很有用的热力学势. 由内能做 Legendre 变换可得 Helmholtz 自由能 A③:

$$A = E - TS. \tag{1.26}$$

A 也是态函数, 其微分为

$$\begin{aligned} \mathrm{d}A &= \mathrm{d}E - T\mathrm{d}S - S\mathrm{d}T \\ &= -S\mathrm{d}T + \sum_i X_i \mathrm{d}x_i + \sum_j \mu_j \mathrm{d}N_j. \end{aligned} \tag{1.27}$$

与内能类似, Helmholtz 自由能的变化也与外界可从系统获得的功有关. 对一般无穷小过程, 有

$$\begin{aligned} \mathrm{d}A &= \mathrm{d}E - \mathrm{d}(TS) \\ &= \text{đ}Q - T\mathrm{d}S - S\mathrm{d}T - \text{đ}W, \end{aligned} \tag{1.28}$$

11 故

$$\text{đ}W = \text{đ}Q - T\mathrm{d}S - S\mathrm{d}T - \mathrm{d}A. \tag{1.29}$$

对于可逆过程, 有 $\text{đ}Q = T\mathrm{d}S$, 如果该过程又是等温的, 则有 $\text{đ}W = -\mathrm{d}A$, 所以在可逆等温过程中, Helmholtz 自由能起到了势能的作用. 如果所研究过程是等温但不可逆的, 则有 $\text{đ}Q - T\mathrm{d}S \leqslant 0$, 且

$$(\text{đ}W)_{\mathrm{irrev}} = \text{đ}Q - T\mathrm{d}S - \mathrm{d}A \leqslant -\mathrm{d}A. \tag{1.30}$$

式 (1.30) 表明, $-\mathrm{d}A$ 是在等温过程中外界可以从系统获得的最大功. 同时从式 (1.30) 可见, 对温度和广义位移不变 ($\text{đ}W = 0$) 的自发过程, Helmholtz 自由能只能减少. 所以处于平衡态的具有固定 $(T, \{x_i\}, \{N_j\})$ 的系统, 其 Helmholtz 自由能具有最小值.

另一个很有用的热力学势是 Gibbs 自由能 G. 对于 PVT 系统, 有

$$G = A + PV, \tag{1.31}$$

该态函数的微分为

$$\mathrm{d}G = \mathrm{d}A + P\mathrm{d}V + V\mathrm{d}P = -S\mathrm{d}T + V\mathrm{d}P. \tag{1.32}$$

---

③ 一些作者用符号 F 表示 Helmholtz 自由能.

对于一般过程, 有

$$\mathrm{d}G = \mathrm{d}E - \mathrm{d}(TS) + \mathrm{d}(PV) \tag{1.33}$$

$$= (\text{đ}Q - T\mathrm{d}S) - (\text{đ}W - P\mathrm{d}V) + V\mathrm{d}P - S\mathrm{d}T. \tag{1.34}$$

由关系式

$$\begin{aligned} \text{đ}W - P\mathrm{d}V &= 0, \\ \text{đ}Q - T\mathrm{d}S &\leqslant 0, \end{aligned} \tag{1.35}$$

可知对于 T 和 P 恒定的自发过程, Gibbs 自由能只能减少.

在许多实际应用中, 我们关心的过程发生在恒定的环境压力 (常压) 下. 过程中系统体积可能出现变化 (例如在化学反应中释放气体), 此时 $P\mathrm{d}V$ 项对应的是系统对环境做功, 这部分通常不被计入可用功. 总输出功可以写为

$$\text{đ}W = \int P\mathrm{d}V + W_{\text{other}},$$

其中 W_{other} 可代表如燃料电池中的电能等. 容易看出, $-\Delta G$ 代表恒温时可从系统 12
获得的最大的其他形式的功, 而其最大值是在可逆过程中获得的.

另一个在统计物理学中非常有用的热力学势是巨势 $\Omega_{\text{G}}(T, V, \{\mu\})$, 它是由内能做变换得到的, 即

$$\Omega_{\text{G}}(T, V, \{\mu\}) = E - TS - \sum_i N_i \mu_i, \tag{1.36}$$

其相应的微分形式为

$$\mathrm{d}\Omega_{\text{G}} = -S\mathrm{d}T - P\mathrm{d}V - \sum_i N_i \mathrm{d}\mu_i. \tag{1.37}$$

在描述开放系统 (与外界有粒子交换的系统) 时, 巨势是非常必要的.

1.4 Gibbs-Duhem 方程和 Maxwell 关系

内能 E 是以广延量 —— 熵 S、体积 V, 以及其他广义位移等为独立变量的函数. 如果把这些变量乘以系数 λ , 那么内能必然以相同的倍数变化, 即

$$E(\lambda S, \{\lambda x_i\}, \{\lambda N_j\}) = \lambda E(S, \{x_i\}, \{N_j\}). \tag{1.38}$$

上式两边对 λ 求导, 并将式 (1.25) 代入式 (1.38) 右边, 可得 Gibbs-Duhem 方程:

$$E(S, \{x_i\}, \{N_j\}) = TS + \sum_i X_i x_i + \sum_j \mu_j N_j. \tag{1.39}$$

对于单元 PVT 系统, 式 (1.39) 可简化为

$$E = TS - PV + \mu N \tag{1.40}$$

或者

$$G(P, T, N) = \mu N. \tag{1.41}$$

对式 (1.39) 两边求导, 并利用式 (1.25) 可得

$$0 = S\mathrm{d}T + \sum_i x_i \mathrm{d}X_i + \sum_j N_j \mathrm{d}\mu_j. \tag{1.42}$$

13 式 (1.42) 表明强度量 $T, \{X_i\}, \{\mu_j\}$ 并非彼此独立. 因此对于 r 元 PVT 系统, 有 $r+1$ 个独立的强度量, 要完全确定体系的状态至少需要确定一个广延量.

由微分式 (1.27) 可知单元 PVT 系统满足

$$\begin{aligned} \left(\frac{\partial A}{\partial T}\right)_{N,V} &= -S, \\ \left(\frac{\partial A}{\partial V}\right)_{T,N} &= -P, \\ \left(\frac{\partial A}{\partial N}\right)_{T,V} &= \mu. \end{aligned} \tag{1.43}$$

偏微分理论可以证明高阶偏导与求偏导的次序无关, 也就是说, 如果 ϕ 是独立变量 $x_1, x_2, \cdots, x_n$ 的单值函数, 那么

$$\frac{\partial}{\partial x_i}\left(\frac{\partial \phi}{\partial x_j}\right) = \frac{\partial}{\partial x_j}\left(\frac{\partial \phi}{\partial x_i}\right). \tag{1.44}$$

将式 (1.44) 代入式 (1.43), 即得 Maxwell 关系:

$$\begin{aligned} \left(\frac{\partial S}{\partial V}\right)_{T,N} &= \left(\frac{\partial P}{\partial T}\right)_{V,N}, \\ \left(\frac{\partial S}{\partial N}\right)_{V,T} &= -\left(\frac{\partial \mu}{\partial T}\right)_{V,N}, \\ \left(\frac{\partial P}{\partial N}\right)_{V,T} &= -\left(\frac{\partial \mu}{\partial V}\right)_{T,N}. \end{aligned} \tag{1.45}$$

同样地, 由式 (1.32) 可知, 对 Gibbs 自由能 G, 有

$$\begin{aligned} \left(\frac{\partial G}{\partial T}\right)_{N,P} &= -S, \\ \left(\frac{\partial G}{\partial P}\right)_{T,N} &= V, \\ \left(\frac{\partial G}{\partial N}\right)_{T,P} &= \mu. \end{aligned} \tag{1.46}$$

从中也可以得到另外一组 Maxwell 关系: 14

$$
\begin{aligned}
\left(\frac{\partial S}{\partial P}\right)_{T,N} &= -\left(\frac{\partial V}{\partial T}\right)_{P,N}, \\
\left(\frac{\partial V}{\partial N}\right)_{P,T} &= \left(\frac{\partial \mu}{\partial P}\right)_{T,N}, \\
\left(\frac{\partial S}{\partial N}\right)_{P,T} &= -\left(\frac{\partial \mu}{\partial T}\right)_{P,N}.
\end{aligned}
\tag{1.47}
$$

对于磁性系统, 可以根据式 (1.80) 得出类似上述关系的关系式. 或者对于 PVT 系统, 上述关系也可由内能或巨势导出. 在下一节推导一些最常测量的响应函数之间的关系时, 我们将看到 Maxwell 关系的实用性.

1.5 响应函数

通过测量宏观系统对外部参数的响应可以获取大量与系统有关的信息. 对于 PVT 系统, 重要的响应函数有定容热容和定压热容

$$C_V = \left(\frac{\text{đ}Q}{\partial T}\right)_V = T\left(\frac{\partial S}{\partial T}\right)_V, \tag{1.48}$$

$$C_P = \left(\frac{\text{đ}Q}{\partial T}\right)_P = T\left(\frac{\partial S}{\partial T}\right)_P, \tag{1.49}$$

等温压缩率和绝热压缩率

$$K_T = -\frac{1}{V}\left(\frac{\partial V}{\partial P}\right)_T, \tag{1.50}$$

$$K_S = -\frac{1}{V}\left(\frac{\partial V}{\partial P}\right)_S, \tag{1.51}$$

以及热膨胀系数

$$\alpha = \frac{1}{V}\left(\frac{\partial V}{\partial T}\right)_{P,N}. \tag{1.52}$$

直观地看, 热容和压缩率应当是正数, 且满足 $C_P > C_V, K_T > K_S$. 在本节中,
我们将推导这些响应函数之间的具体关系. 我们将在 1.6 节讨论热力学系统的稳 15
定性, 并证明上述关于响应函数为正值这一直观判断. 我们假设系统的熵可表示为 T, V 的函数, 且系统的粒子数不变, 则

$$\mathrm{d}S = \left(\frac{\partial S}{\partial T}\right)_V \mathrm{d}T + \left(\frac{\partial S}{\partial V}\right)_T \mathrm{d}V, \tag{1.53}$$

同时

$$T\left(\frac{\partial S}{\partial T}\right)_P = T\left(\frac{\partial S}{\partial T}\right)_V + T\left(\frac{\partial S}{\partial V}\right)_T\left(\frac{\partial V}{\partial T}\right)_P \tag{1.54}$$

或

$$C_P - C_V = T\left(\frac{\partial S}{\partial V}\right)_T\left(\frac{\partial V}{\partial T}\right)_P. \tag{1.55}$$

在数学上任何满足形式为 $f(x, y, z) = 0$ 的状态方程的三元变量均服从链式法则:

$$\left(\frac{\partial z}{\partial x}\right)_y\left(\frac{\partial y}{\partial z}\right)_x\left(\frac{\partial x}{\partial y}\right)_z = -1. \tag{1.56}$$

由 Maxwell 关系 (见式 (1.45)) 和链式法则可得

$$\left(\frac{\partial S}{\partial V}\right)_T = \left(\frac{\partial P}{\partial T}\right)_V = -\left(\frac{\partial P}{\partial V}\right)_T\left(\frac{\partial V}{\partial T}\right)_P \tag{1.57}$$

和

$$C_P - C_V = -T\left(\frac{\partial P}{\partial V}\right)_T\left(\frac{\partial V}{\partial T}\right)_P^2 = \frac{TV}{K_T}\alpha^2. \tag{1.58}$$

根据类似的方法可以得出压缩率 K_T 和 K_S 之间的关系. 假设体积 V 是 S 和 P 的函数, 那么

$$\mathrm{d}V = \left(\frac{\partial V}{\partial P}\right)_S \mathrm{d}P + \left(\frac{\partial V}{\partial S}\right)_P \mathrm{d}S, \tag{1.59}$$

同时

$$-\frac{1}{V}\left(\frac{\partial V}{\partial P}\right)_T = -\frac{1}{V}\left(\frac{\partial V}{\partial P}\right)_S - \frac{1}{V}\left(\frac{\partial V}{\partial S}\right)_P\left(\frac{\partial S}{\partial P}\right)_T \tag{1.60}$$

或

$$K_T - K_S = -\frac{1}{V}\left(\frac{\partial V}{\partial S}\right)_P\left(\frac{\partial S}{\partial P}\right)_T. \tag{1.61}$$

由 Maxwell 关系 (见式 (1.47)) 和关系式

$$\left(\frac{\partial V}{\partial S}\right)_P = \left(\frac{\partial V}{\partial T}\right)_P\left(\frac{\partial S}{\partial T}\right)_P^{-1}, \tag{1.62}$$

16 可得

$$K_T - K_S = \frac{TV}{C_P}\alpha^2. \tag{1.63}$$

结合式 (1.58) 和式 (1.63), 可得有趣且有用的精确结果:

$$C_P(K_T - K_S) = K_T(C_P - C_V) = TV\alpha^2 \tag{1.64}$$

及

$$\frac{C_P}{C_V} = \frac{K_T}{K_S}. \tag{1.65}$$

1.6 平衡及平衡的稳定性条件

考虑两个相互接触的系统, 显然如果两系统间存在自由流动的热流, 或者两系统的体积仍在变化, 那么系统的相应参数会继续演化, 以使两系统的压强和温度达到平衡. 由最大熵原理很容易得出以上结论. 设两系统的体积分别为 V_1 和 V_2, 能量分别为 E_1 和 E_2, 且各系统的粒子数、两系统的总能量, 以及总体积都不变. 达到平衡时, 两系统的总熵为

$$S = S_1(E_1, V_1) + S_2(E_2, V_2), \tag{1.66}$$

且必取最大值, 则

$$\begin{aligned} \mathrm{d}S &= \left(\frac{\partial S_1}{\partial E_1}\right)_{V_1} \mathrm{d}E_1 + \left(\frac{\partial S_2}{\partial E_2}\right)_{V_2} \mathrm{d}E_2 + \left(\frac{\partial S_1}{\partial V_1}\right)_{E_1} \mathrm{d}V_1 + \left(\frac{\partial S_2}{\partial V_2}\right)_{E_2} \mathrm{d}V_2 \\ &= \left[\left(\frac{\partial S_1}{\partial E_1}\right)_{V_1} - \left(\frac{\partial S_2}{\partial E_2}\right)_{V_2}\right] \mathrm{d}E_1 + \left[\left(\frac{\partial S_1}{\partial V_1}\right)_{E_1} - \left(\frac{\partial S_2}{\partial V_2}\right)_{E_2}\right] \mathrm{d}V_1 = 0, \end{aligned} \tag{1.67}$$

这里我们使用了约束条件 $E_1 + E_2 =$ 常数, $V_1 + V_2 =$ 常数. 又因为

$$\left(\frac{\partial S_j}{\partial E_j}\right)_{V_j} = \left(\frac{\partial E_j}{\partial S_j}\right)_{V_j}^{-1} = \frac{1}{T_j}, \tag{1.68}$$

以及

$$\left(\frac{\partial S_j}{\partial V_j}\right)_{E_j} = \frac{P_j}{T_j}, \tag{1.69}$$

联合式 (1.67)可得 17

$$\frac{1}{T_1} = \frac{1}{T_2}, \tag{1.70}$$

$$\frac{P_1}{T_1} = \frac{P_2}{T_2}, \tag{1.71}$$

即 $T_1 = T_2, P_1 = P_2$, 这是意料之中的. 更一般的结论是: 当广义力所对应的广义位移不受约束时, 两系统所有的广义力在平衡状态时必然相等.

在上述证明中, 我们仅要求平衡态对应熵的定态. 如果要求这个定态还是熵取极大值的态, 将会得到熵的二阶导数需要满足的条件. 这些条件从本质上讲是局域的. 更强 (全局) 的条件是熵是广义位移的凹函数 (见习题 1.10).

一些更实用的平衡稳定性判据来自 Gibbs 函数而非熵函数, 下面我们将考虑一个小系统 (宏观系统) 与一个大热源接触的情况. 假设热源很大, 小系统的温度和压强涨落不会影响热源的温度 T_0 和压强 P_0. 在 1.3 节已知平衡态对应 Gibbs 函数取极小值的情况, 因此对于小系统, 有

$$G_1(T_0, P_0) = E_1 - T_0 S_1 + P_0 V_1. \tag{1.72}$$

假设此时小系统的熵和体积有小的涨落, 则对应 Gibbs 函数的变化精确到二阶为

$$
\begin{aligned}
\delta G_1 = {} & \delta S_1 \left(\frac{\partial E_1}{\partial S_1} - T_0 \right) + \delta V_1 \left(\frac{\partial E_1}{\partial V_1} + P_0 \right) \\
& + \frac{1}{2} \left[(\delta S_1)^2 \left(\frac{\partial^2 E_1}{\partial S_1^2} \right) + 2\delta S_1 \delta V_1 \left(\frac{\partial^2 E_1}{\partial S_1 \partial V_1} \right) + (\delta V_1)^2 \left(\frac{\partial^2 E_1}{\partial V_1^2} \right) \right],
\end{aligned} \tag{1.73}
$$

当 T_0, P_0 所确定的态对应 Gibbs 函数取极小值时, 上式必大于零. 又因为 $\partial E_1/\partial S_1 = T_0, \partial E_1/\partial V_1 = -P_0$, 我们得到

$$
(\delta S)^2 \left(\frac{\partial^2 E}{\partial S^2} \right) + 2\delta S \delta V \left(\frac{\partial^2 E}{\partial S \partial V} \right) + (\delta V)^2 \left(\frac{\partial^2 E}{\partial V^2} \right) > 0, \tag{1.74}
$$

18 这里省略了下标. 由于熵和体积的涨落是彼此独立的, 为保证式 (1.74) 恒大于零, 则要求 $E(S, V)$ 满足条件:

$$
\begin{aligned}
\frac{\partial^2 E}{\partial S^2} &> 0, \\
\frac{\partial^2 E}{\partial V^2} &> 0, \\
\frac{\partial^2 E}{\partial S^2} \frac{\partial^2 E}{\partial V^2} - \left(\frac{\partial^2 E}{\partial S \partial V} \right)^2 &> 0,
\end{aligned} \tag{1.75}
$$

其中第一个不等式可简化为

$$
\left(\frac{\partial T}{\partial S} \right)_V = \frac{T}{C_V} > 0 \quad \text{或} \quad C_V > 0, \tag{1.76}
$$

第二个不等式表明

$$
-\left(\frac{\partial P}{\partial V} \right)_S = \frac{1}{V K_S} > 0 \quad \text{或} \quad K_S > 0, \tag{1.77}
$$

而由最后一个方程得

$$
\frac{T}{V C_V K_S} > \left(\frac{\partial T}{\partial V} \right)_S^2. \tag{1.78}
$$

这些不等式是 Le Châtelier 原理的具体例子. 该原理是: 当系统达到平衡时, 系统参数的任何自发改变都将引起使系统重新恢复平衡态的过程. 在我们所举的例子里, 这种自发过程使得系统的 Gibbs 函数增加. 由 1.3 节中的其他热力学势也可以得到其他平衡稳定性判据.

1.7 磁介质做功

从微观统计上处理磁性材料的问题时，可以将磁介质简化为一个由磁矩 (或 "自旋") 构成的系统，这些磁矩在外磁场中可改变方向. 当外加恒定磁场 $\boldsymbol{H}$ 时，系统所做的功正是每个磁矩在其磁化方向改变时所做的功

$$đW = -\boldsymbol{H} \cdot \mathrm{d}\boldsymbol{M}. \tag{1.79}$$

我们将不引入新的热力学势，而是对原有 Gibbs 函数的定义做修正，从而得到纯磁 19
性系统的 Gibbs 函数为

$$G(\boldsymbol{H}, T) = E(S, \boldsymbol{M}) - TS - \boldsymbol{M} \cdot \boldsymbol{H}, \tag{1.80}$$

$$\mathrm{d}G = -S\mathrm{d}T - \boldsymbol{M} \cdot \mathrm{d}\boldsymbol{H}, \tag{1.81}$$

应当指出式 (1.80) 并非被大家普遍接受的约定. 一些作者认为式 (1.80) 应该是 Helmholtz 自由能的表达式.

对应选取等温磁化率 $\chi_T = (\partial M/\partial H)_T$ 和绝热磁化率 $\chi_S = (\partial M/\partial H)_S$ 作为响应函数，类比 1.5 节中的推导过程可得对于磁性系统 (见习题 1.4) 有以下关系:

$$C_H(\chi_T - \chi_S) = \chi_T(C_H - C_M) = T\left(\frac{\partial M}{\partial T}\right)_H^2, \tag{1.82}$$

其中 C_H, C_M 分别为系统在外磁场恒定或磁化强度恒定时的比热. 这里将磁化强度 $\boldsymbol{M}$ 类比为位移 x，并将外加磁场 $\boldsymbol{H}$ 类比为广义力. 严格地讲，这种对应并不正确，因为这里忽略了存储在磁场中的能量④. 要理解式 (1.80) 得出不一致结论的原因，还需要考虑热力学平衡稳定性的问题. 为使在恒定磁场中 Gibbs 函数取最小值，还必须有

$$\frac{\partial^2 E}{\partial M^2} = \frac{\partial H}{\partial M} = \chi^{-1} > 0,$$

这是因为热力学平衡的稳定性要求磁化率为正值. 但这对一些材料并不成立，如超导体就具有抗磁性，其磁化率为负值. 为彻底解决这一问题，我们首先写出 Faraday 定律

$$\nabla \times \boldsymbol{E} = -\frac{\partial \boldsymbol{B}}{\partial t},$$

以及 Ampère 定律

$$\boldsymbol{j} = \nabla \times \boldsymbol{H},$$

④ 见参考文献 [55] 中的附录 B.

其中 j 为电流密度, 磁感应强度 $\boldsymbol{B}$ 与磁场的关系为 $\boldsymbol{B} = \mu\boldsymbol{H} = \mu_0(\boldsymbol{H} + \boldsymbol{M})$, 其中
20 μ 和 μ_0 分别为磁导率和真空磁导率 (请不要同化学势混淆). 磁导率与磁化率满足关系式 $\mu = \mu_0(1 + \chi)$. 系统在很小的时间间隔 δt 内所做的功, 正是电流逆着电场方向运动所做的功

$$\text{đ}W = -\delta t \int \boldsymbol{E} \cdot \boldsymbol{j} \mathrm{d}V = -\delta t \int \boldsymbol{E} \cdot (\nabla \times \boldsymbol{H}) \mathrm{d}V.$$

上式又可变形为

$$\text{đ}W = \delta t \int \nabla \cdot (\boldsymbol{E} \times \boldsymbol{H}) \mathrm{d}V - \delta t \int \boldsymbol{H} \cdot (\nabla \times \boldsymbol{E}) \mathrm{d}V.$$

当选取无穷远处的合适的边界条件, 上式右边第一项将趋于零, 从而有

$$\text{đ}W = \int \boldsymbol{H} \cdot \delta \boldsymbol{B} \mathrm{d}V.$$

这就是说共轭的热力学变量是 $\boldsymbol{H}$ 和 $\boldsymbol{B}$, 并非 $\boldsymbol{H}$ 和 $\boldsymbol{M}$. 因此正确的热力学平衡稳定性要求应该是

$$\frac{\partial B}{\partial H} = \mu > 0.$$

该式允许磁化率为负值, 只要满足 $\chi > -1$ 即可. 这里我们并不打算讨论磁介质相互作用的细节. 我们已经知道如何正确处理磁介质做功的问题, 所以在遇到此类问题时, 将再回到式 (1.80) 这一粗略表达式来讨论.

1.8　热力学相变

单元 PVT 系统的典型相图如图 1.4 所示. 图中的实线称为共存曲线, 它把 P-T 平面分成了对应不同相的区域. 在相应区域中, 固相、液相和气相分别处于稳定的热力学状态. 当系统状态跨越这些共存曲线时, 就发生了相变, 相变一般伴随着吸收或释放潜热. 图 1.4 有两个特别的点, 分别是三相临界点 $(P_{\rm t}, T_{\rm t})$ 和临界点 $(P_{\rm c}, T_{\rm c})$. 在临界点, 气相和液相的性质相同, 在接下来的章节中, 我们对于相变的研究将大都集中于相图上该点附近的区域. 值得指出的是, 当沿着任何非共存曲线的
21 路径演化时, 系统的性质平滑变化. 因此气相连续地变成液相是可以实现的, 只需将系统温度升得足够高, 然后增加压强, 最后再降温. 但从液相变成固相必须经过液固共存曲线, 该曲线一直延伸到 $P = \infty, T = \infty$ (就目前所知). 类似地, 图 1.5 为铁磁物质在 H-T 平面的相图, 临界点位于 $H_{\rm c} = 0, T = T_{\rm c}$ 处.

图 1.4 和图 1.5 中的相图相对来说比较简单, 其部分原因可归功于变量的选取. 当两相共存时, 两相的磁场 H、压强 P 和温度 T 都是相等的 (见 1.6 节). 相反地,

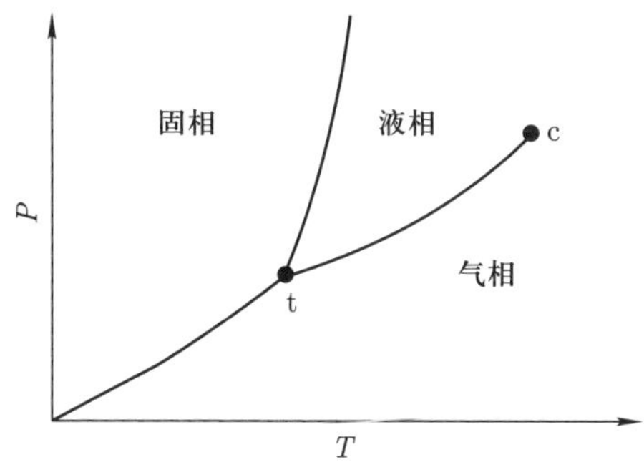

图 1.4 单元 PVT 系统的典型相图

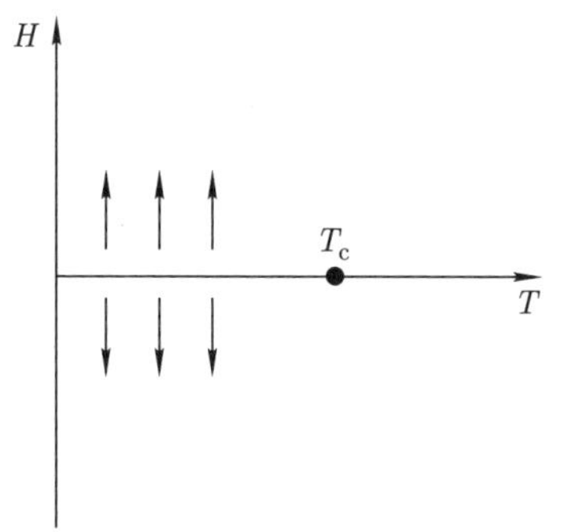

图 1.5 铁磁物质在 H-T 平面的相图

与这些强度量共轭的密度量 (例如磁化强度 M、密度 ρ、比容 v, 或者单粒子熵 s) 在共存的两相中可以取不同的值. 因此图 1.5 中的铁磁相变在 M-T 平面中将变成图 1.6 中的形式. 图 1.6 中钟形曲线上的 A, B 两点代表图 1.5 中从一个相接近另一个相的共存曲线上的稳定状态. 而钟形曲线内部的状态, 如竖直线上标有 "×" 的点, 并不是一个稳定的单相状态 —— 此时系统分成两个区域, 一个区域具有 A 点的磁化强度, 另一个区域具有 B 点的磁化强度.

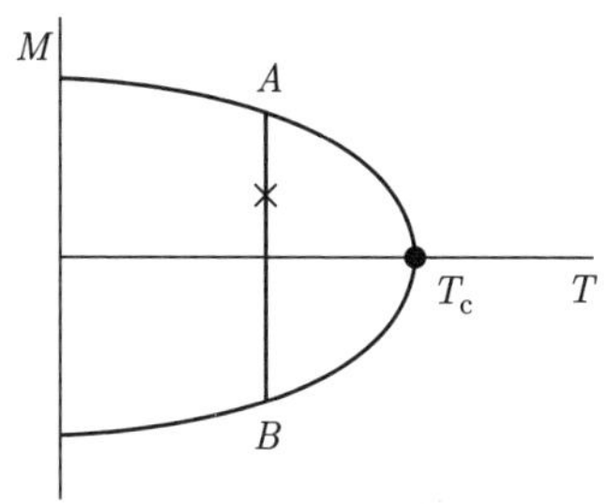

图 1.6 铁磁物质在 M-T 平面的相图

类似地, 图 1.4 中的相图也可在图 1.7 中的 ρ-T 平面上表示出来. 图 1.7 中的气液共存曲线虽然对称性不如图 1.6 中的钟形曲线, 但它们有很多相同的性质. 事实上, 在接下来的章节中会发现, 某些磁性系统与气液共存系统具有相同的临界行
22 为. 下面我们将讨论共存曲线的一些性质.

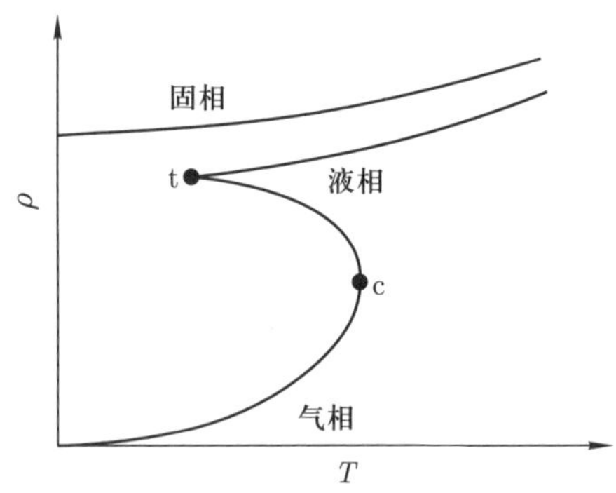

图 1.7 单元 PVT 系统在 ρ-T 平面的相图

考虑一个处在固液或气液共存曲线任意一侧的单元 PVT 系统. 共存相可视为两个相互接触的平衡系统. 因此可以得到

$$\begin{aligned} T_1 &= T_2, \\ P_1 &= P_2, \\ \mu_1 &= \mu_2, \end{aligned} \tag{1.83}$$

下标 1, 2 分别指代两相. 由 Gibbs-Duhem 方程, 我们可以得到

$$g_1(T,P) = g_2(T,P), \tag{1.84}$$

其中 g_1, g_2 分别表示 1, 2 相的单粒子 Gibbs 函数. 由式 (1.84) 在整个共存曲线上
23 恒成立, 可知

$$\mathrm{d}g_1 = -s_1\mathrm{d}T + v_1\mathrm{d}P = \mathrm{d}g_2 = -s_2\mathrm{d}T + v_2\mathrm{d}P \tag{1.85}$$

对沿着共存曲线的微分 $(\mathrm{d}T, \mathrm{d}P)$ 恒成立. 因此

$$\left(\frac{\mathrm{d}P}{\mathrm{d}T}\right)_{\mathrm{cocx}} = \frac{s_1 - s_2}{v_1 - v_2} = \frac{L_{12}}{T(v_1 - v_2)}, \tag{1.86}$$

其中 L_{12} 为系统从 2 相向 1 相转变时单个粒子所要吸收的潜热. 式 (1.86) 称为 Clausius-Clapeyron 等式. 作为一个简单的例子, 考虑液相到气相的相变, 注意到 $v_1 \gg v_2$ 且 $v_1 = k_{\mathrm{B}}T/P$, 那么

$$\frac{\mathrm{d}P}{\mathrm{d}T} \approx \frac{PL_{12}}{k_{\mathrm{B}}T^2}. \tag{1.87}$$

如果 L_{12} 沿共存曲线可近似视为常数, 那么

$$P(T) \approx P_0 \exp\left\{-L_{12}\left(\frac{1}{T}-\frac{1}{T_0}\right)\right\}, \tag{1.88}$$

其中 P_0 , T_0 是位于共存曲线上的参考点. 用固相和液相的近似方程, 也可以得到类似式 (1.88) 的固液共存曲线.

最后我们简单讨论一下 Gibbs 相律. 根据这一规律, 我们可以由一般性的原理
来确定系统相图的拓扑结构. 首先考虑单元 PVT 系统, 对应相图如图 1.4 所示. 对 24
于两相共存系统, 化学势在两相中相同, 对应 P-T 平面上的一条曲线. 同样, 三相共存则意味着

$$\mu_1(P,T)=\mu_2(P,T)=\mu_3(P,T). \tag{1.89}$$

式 (1.89) 对应的解一般为孤立点, 即三相临界点. 除非在温度和压强以外还有其他隐含的强度量, 否则不可能出现四相共存.

易见对 PVT 系统, 临界点 $(P_\mathrm{c},T_\mathrm{c})$ 也是孤立点. 在临界点, 气相与液相的密度或者说比容相等. 这又给出了另一个方程:

$$v_1(P_\mathrm{c},T_\mathrm{c})=\left.\frac{\partial g_1}{\partial P}\right|_{P_\mathrm{c},T_\mathrm{c}}=v_2(P_\mathrm{c},T_\mathrm{c})=\left.\frac{\partial g_2}{\partial P}\right|_{P_\mathrm{c},T_\mathrm{c}}, \tag{1.90}$$

该式与 $\mu_1(P_\mathrm{c},T_\mathrm{c})=\mu_2(P_\mathrm{c},T_\mathrm{c})$ 联立即可确定 P-T 平面上的一个确定的点.

对于多元系统情况要复杂一些. 我们选取 P,T 及 c_{ij}, $i=1,2,\cdots,r$ 为状态变量, 其中 c_{ij} 称为 r 元系统 j 相中 i 组分的摩尔分数. 假设有 s 个相共存, 因为

$$\sum_{i=1}^{r} c_{ij}=1, \tag{1.91}$$

所以剩余 $s(r-1)+2$ 个独立变量. r 个组分在各相中的化学势相等又将给出关于以上变量的 $r(s-1)$ 个等式. 若上述方程的解存在, 那么变量个数应不小于方程个数, 即满足

$$s(r-1)+2 \geqslant r(s-1) \tag{1.92}$$

或者

$$s \leqslant r+2. \tag{1.93}$$

因此在 r 元系统中, 至多有 $r+2$ 相可以共存.

1.9 习 题

1.1 Carnot 温标与理想气体温标的等价性.

考虑工作于温度为 T_1, T_2 的两恒温热源之间的 Carnot 热机, 其工作介质为服从状
25 态方程 (见式 (1.1)), 并可用于定义温标的理想气体. 请详细证明 Carnot 循环的效率为

$$\eta = 1 - \frac{T_2}{T_1},$$

其中 $T_1 > T_2$.

1.2 顺磁体的绝热过程.

(a) 证明对于服从 $M = CH/T$ 的 Curie 顺磁介质, 内能 $E(M,T)$ 仅是温度的函数. 又假设比热 C_M 为常数, 证明在绝热可逆过程中,

$$\frac{1}{T}\exp\left(\frac{M^2}{2CC_M}\right) = 常数.$$

(b) 证明对以磁介质为工作介质的 Carnot 循环, 其效率为 $\eta = \dfrac{Q_1 + Q_2}{Q_1} = 1 - T_2/T_1$.

1.3 开放系统的稳定性分析.

试分析一体积固定但可与热源进行能量和粒子交换的系统的稳定性. 系统涨落不影响热源的温度和化学势. 请证明:

$$C_{V,N} \geqslant 0,$$

$$\left(\frac{\partial N}{\partial \mu}\right)_{V,S} \geqslant 0,$$

$$\frac{C_{V,N}}{T}\left(\frac{\partial N}{\partial \mu}\right)_{V,S} \leqslant \left(\frac{\partial S}{\partial \mu}\right)^2_{V,N}.$$

1.4 磁介质的比热.

对磁性系统推导下列关系:

$$C_H - C_M = \frac{T}{\chi_T}\left(\frac{\partial M}{\partial T}\right)^2_H,$$

$$\chi_T - \chi_S = \frac{T}{C_H}\left(\frac{\partial M}{\partial T}\right)^2_H,$$

$$\frac{\chi_T}{\chi_S} = \frac{C_H}{C_M}.$$

26 **1.5** 热力学循环的效率.

考虑两步循环热机, 在 P-V 平面上先绝热压缩再沿直线膨胀, 如图 1.8 (a) 所示.

(a) 当沿着过程中的线段积分时, 因为循环中能量守恒, 所以外界提供的热量一定等于对外界的净做功. 但这为什么没有导致一个效率为 $\eta = W/Q = 1$ 的违反热力学第二定律的结果?

(b) 若工作介质为单原子理想气体 $\left(\gamma=\dfrac{5}{3}\right)$, 其初态与末态的比容为 2. 求循环过程的效率.

1.6 Brayton 循环.

Joule 或 Brayton 循环如图 1.8 (b) 所示, 设工作介质为理想气体, 证明循环效率为 27

$$\eta=1-\left(\frac{P_A}{P_B}\right)^{\frac{C_P-C_V}{C_P}},$$

其中 C_P, C_V 分别为定压热容和定容热容, 且过程中可视为常数.

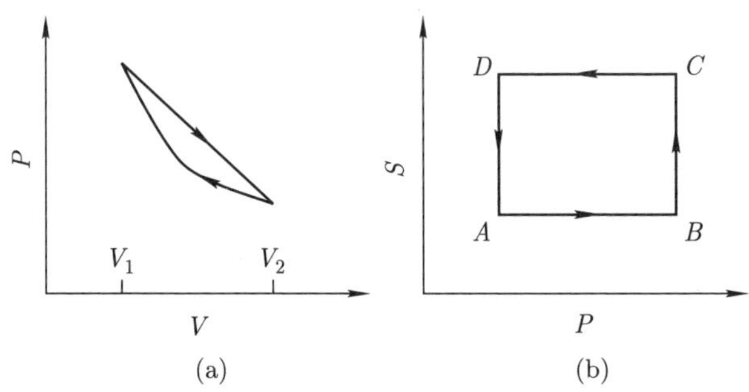

图 1.8　(a) 习题 1.5 中的循环, (b) 习题 1.6 中的循环

1.7 理想气体响应函数.

求理想气体的热膨胀系数和等温压缩率,并证明根据式 (1.58) 可得 $C_P-C_V=Nk_{\mathrm{B}}$.

1.8 惰性气体对蒸气压的影响.

液体与其温度为 T、压强为 P 的蒸气处于平衡状态. 设有一不溶于液体的理想惰性气体被引入容器并有分压 P_{i}. 温度 T 恒定. 假设液体中粒子的比容 v_{L} 远小于气体中粒子的比容 v_{G}, 证明当 P_{i} 足够小时, 蒸气压的增加量 δP 满足

$$\frac{\delta P}{P}=\frac{P_{\mathrm{i}}v_{\mathrm{L}}}{k_{\mathrm{B}}T}.$$

1.9 混合熵.

体积分别为 V_A, V_B 的两种理想气体 A, B, 其初态具有相同的温度 T 和压强 P, 混合后的体积为 $V=V_A+V_B$, 计算其混合熵.

1.10 凹性和局域稳定性.

处于平衡态的系统, 熵达到最大值. 显然, 当考虑两个同样尺寸、相互接触的子系统之间的能量涨落时, 有

$$S(E+\Delta E,V,N)+S(E-\Delta E,V,N)-2S(E,V,N)\leqslant 0,$$

更一般地,

$$S(E+\Delta E,V+\Delta V,N)+S(E-\Delta E,V-\Delta V,N)-2S(E,V,N)\leqslant 0.$$

28 这对应的数学含义为 S 是关于其广延量的凹函数. 局域稳定性的要求只是凹函数对特定点的要求. 该系统满足

$$\left(\frac{\partial^2 S}{\partial E^2}\right)_{V,N} \leqslant 0,$$

$$\left(\frac{\partial^2 S}{\partial V^2}\right)_{E,N} \leqslant 0,$$

$$\left(\frac{\partial^2 S}{\partial E^2}\right)\left(\frac{\partial^2 S}{\partial V^2}\right) - \left(\frac{\partial^2 S}{\partial E \partial V}\right)^2 \leqslant 0.$$

(a) 证明对于熵和体积一定的系统,其平衡态对应内能的最小值,即说明内能是关于 S, V 的凸函数.

(b) 证明 Gibbs 函数是关于 P, T 的凹函数.

1.11 状态方程的推导.

某系统内能 E 与熵 S、粒子数 N, 以及体积 V 的关系为

$$E = 常数 \times N \left(\frac{N}{V}\right)^d \exp\left[\frac{dS}{Nk_{\mathrm{B}}}\right].$$

(a) 证明系统满足理想气体定律, 且与常数 d 的取值无关.

(b) 求出绝热方程 $PV^\gamma =$ 常数中的系数 γ, 以及系统的摩尔热容 C_P, C_V.

第 2 章 统 计 系 综

本章将详细讨论平衡态统计力学的基本原理. 我们将满足于假定统计定律是 29
正确的, 而不是尝试通过复杂的微观动力学方法来推导平衡态理论. 2.1 节研究孤立经典系统, 并给出微正则系综的概念, 此外还将定义热力学极限下的熵, 并讨论其与其他热力学变量的关系. 在 2.2 节中, 我们进一步描述与外界环境有热接触的系统, 并引入正则系综的概念, 还将讨论热力学变量的涨落. 描述系统与外界有粒子数交换的巨正则系综理论将在 2.3 节讨论, 并证明粒子数涨落与压缩率之间的普适关系. 为了描述量子系统, 2.4 节将对已有理论形式做出修正, 并引入密度矩阵的概念. 2.5 节将讨论关于熵的另一种信息论的处理方法. 在 2.6 节中, 我们将介绍热力学中许多非常有用的变分原理.

我们假设读者对所讨论的内容已经有一定的了解, 因此论述相对简明扼要. 关于一些通用且有价值的参考资料, 可见参考文献 [136, 161, 254, 304, 318].

2.1 孤立系统: 微正则系综 30

首先考虑一个由正则变量 $q_1, \cdots, q_j, \cdots, q_{3N}, p_1, \cdots, p_j, \cdots, p_{3N}$ 描述的具有 $3N$ 个自由度的系统. 假设这些变量遵从经典的哈密顿动力学:

$$\dot{p}_j = -\frac{\partial H}{\partial q_j}, \tag{2.1}$$

$$\dot{q}_j = \frac{\partial H}{\partial p_j}, \tag{2.2}$$

其中 $j = 1, 2, \cdots, 3N$. 这类系统的一个例子是被限制在理想表面所组成的体积为 V 的空间里的 N 个粒子, 且该系统不存在与外界的热流或粒子流. 一般来讲, 一个哈密顿体系有许多守恒量, 而其中最明显也最被广泛使用的守恒量是能量 E. 如果体系完全可积, 则该体系的运动可由 $6N$ 个常数完全描述, 比如作用量的值① 和 $3N$ 个初始角度的值. 大多数系统并非完全可积, 但仍有一些可由第一积分表示的守恒量, 比如总动量和总角动量等. 如果我们选择某个特定的参考系 (例如在该参考系中总角动量或总动量为零), 那么能量通常将是唯一一个易于辨别的守恒量.

我们定义一个 $6N$ 维相空间, 并用一个 $6N$ 维矢量 $\boldsymbol{x}$ 表示系统在任一确定时刻的微观状态. $\boldsymbol{x}$ 的分量是广义坐标 q_j 和广义动量 p_j. 如果限定体系的能量为 E,

① 关于作用量-角度变量的解释详见参考文献 [113] 等.

则该 N 粒子体系的运动状态将被限制在一个由

$$H(\boldsymbol{x}) = E \tag{2.3}$$

确定的 $(6N-1)$ 维超曲面上, 记该曲面为等能面 $\Gamma(E)$. 对于处于平衡态的系统, 其宏观性质应该不随时间变化. 一个测定系统宏观性质 (比如箱子中 N 个粒子产生的压强) 的方法是在 $t_0 < t < t_0 + \tau$ 的时间段内进行实验测量. 在同一段时间里, 系统状态在相空间的代表点会覆盖等能面 $\Gamma(E)$ 的某些部分. 若所研究的宏观量的
31 瞬时值为 $\phi(\boldsymbol{x}(t))$, 那么测量结果为

$$\langle \phi \rangle = \frac{1}{\tau} \int_{t_0}^{t_0+\tau} \phi(\boldsymbol{x}(t)) \mathrm{d}t. \tag{2.4}$$

在 9.1 节中将会讨论到, 这一类测量可以通过分子动力学方法来模拟. 通常不可能得到详细的动力学过程 $\boldsymbol{x}(t)$, 但我们可以研究等能面 $\Gamma(E)$ 上的平均值. 能够使我们更进一步理解这个问题的最简单的假设是遍历假说:

> 在足够长的时间间隔 τ 中, 相空间点 $\boldsymbol{x}(t)$ 在等能面 $\Gamma(E)$ 上所有区域出现的时间间隔相等.

这一假设并非显而易见. 在习题 2.1 中, 读者将看到两个例子, 其中一个满足上述假设, 另一个违反上述假设. 这两个例子都是特别简单的, 因为它们的动力学变量所满足的运动方程都是可积的, 然而在真实系统中, 运动方程往往不可积, 而且一般来讲, 宏观系统 (10^{23} 个粒子) 的运动方程的演化行为是不知道的. 这足以说明, 在一般条件下, 各态遍历假说是缺乏严格论证的. 在任何情况下, 测量时间和遍历系统等能面上所有状态所需时间之间并无明显联系. 事实上, 测量的时间也没必要很长. 因为对某个宏观性质, 比如箱子中粒子的压强等的瞬时测量, 已经包含了对系统各个自由度的平均贡献.

众所周知, 导出统计力学的一个假设是混合假设. 简言之, 混合的概念是指在等能面上初始状态为紧凑分布的代表点将很快演化成复杂的、弥散在整个等能面的分布状态, 但它们在相空间的体积保持不变 (这是 Liouville 定理的要求). 例如, 对于硬球体这样的系统, 可以证明它是满足混合假设的 [274,275]. 当述及等能面上的代表点分布时, 讨论的对象不再是一个单一系统, 而对于一个完全孤立的系统来说, 讨论混合是没有意义的. 然而, 由于 $\boldsymbol{x}(t)$ 对初始条件的微小变化的敏感性, 外界很小的噪声将对不完全孤立系统的轨迹产生足够大的破坏, 从而产生混合的效果.

上述讨论是不完备的, 之所以进行这样的讨论也只是为了指出统计物理基础理
32 论中存在的问题. 相关问题的进一步探讨详见参考文献 [252] 和 Balescu 的著作 [23] 中的附录部分.

今后我们将直接假定测量的时间平均值 (见式 (2.4)) 可由等能面 $\Gamma(E)$ 上的平均值代替. 这种平均是系综平均的特例. 一个统计系综可以形象地视为一个系统在

不同时刻的快照的集合. 许多测量手段 (例如中子、X 射线散射) 更类似于系综平均而不是时间平均过程 (见式 (2.4)). 在计算机模拟实验中, 9.2 节将要讨论的 Monte Carlo 方法也是模拟系综平均而非时间平均. 我们可以通过系综中的系统占据相空间点 $\boldsymbol{x}$ 的概率密度 $\rho(\boldsymbol{x})$ 来描述该系综. 那么可观测物理量 $\phi(\boldsymbol{x}(t))$ 的系综平均为

$$\langle\phi\rangle = \int \mathrm{d}^{6N}x\rho(\boldsymbol{x})\phi(\boldsymbol{x}), \tag{2.5}$$

其中积分区间遍及整个 $6N$ 维相空间. 在讨论能量为 E 的封闭经典系统这一特殊情形时,

$$\rho(\boldsymbol{x}) = C\delta(H(\boldsymbol{x}) - E), \tag{2.6}$$

其中 C 为归一化系数. 满足式 (2.6) 的系综称为微正则系综.

下面将会看到, 在微正则系综中熵 S 具有重要意义. 为得到熵的合理定义, 使之能够推广到量子系统, 并可应用到半经典系统, 我们对微正则系综稍做推广.

假设所有满足下述条件的相空间点 $\boldsymbol{x}$ 都是等概率出现的:

$$E < H(\boldsymbol{x}) < E + \delta E, \tag{2.7}$$

这与前面把能量限制在等能面 $\Gamma(E)$ 中的讨论不同. 本节最后将详细讨论 δE 的容限. 首先考虑一个由可分辨粒子构成的系统, 例如一块理想晶体或一条高分子链, 其中的粒子可以根据其在晶格或链上的位置加以区分. 定义 Ω 为

$$\Omega(E) = \frac{1}{h^{3N}}\int_{E\leqslant H(\boldsymbol{x})\leqslant E+\delta E} \mathrm{d}^{6N}x, \tag{2.8}$$

Ω 正比于满足式 (2.7) 的相空间的体积. 则系统的熵 $S(E)$ 可定义为

$$S(E) = k_{\mathrm{B}} \ln \Omega(E), \tag{2.9}$$

其中 k_{B} 是 Boltzmann 常数. 下面对式 (2.8) 中积分号前的系数做一点说明. 为使 **33**
$\Omega(E)$ 为无量纲量, 需要引入量纲为 [作用量]$^{-3N}$ 的常数因子. 在纯经典的情况下, 这个常数的选取是任意的. 为了同 Bohr-Sommerfeld 的半经典理论相联系, 我们将该值取为 h^{-3N}. 这是因为在该理论中, 单自由度体系的量子化条件为 $\oint p\mathrm{d}q = rh$, 其中 r 为整数. 当相空间的体积 $W = \int_W \mathrm{d}p\mathrm{d}q$ 足够大时, 能级的不连续性可以忽略, 则平均而言相空间包含的量子态数目为 W/h. 这一结论可以简单且直观地推广

到多自由度体系②中, 体积

$$\int_W \mathrm{d}p_1\mathrm{d}p_2\cdots\mathrm{d}p_{3N}\mathrm{d}q_1\mathrm{d}q_2\cdots\mathrm{d}q_{3N}$$

中所包含的平均状态数为 W/h^{3N}.

在得到式 (2.8) 时, 我们假设系统由可分辨粒子构成. 当处理全同粒子构成的系统时, 对于仅仅起到标记粒子作用的下标不同但占据相空间相同区域的状态是无法区分的. 此时系综中有效的状态数③为

$$\Omega(E)=\frac{1}{h^{3N}N!}\int_{E\leqslant H(\boldsymbol{x})\leqslant E+\delta E}\mathrm{d}^{6N}x, \tag{2.10}$$

其中因子 $N!$ 是在系统热力学上可能的状态数远远大于粒子数的经典极限下, 对全同粒子不可分辨性做出的修正. 这样一来就不必担心可能有多个粒子处于同一状态的问题 (见习题 2.13), 而熵依然由式 (2.9) 给出.

严格地讲, 在纯经典系统中, δE 的容限并不必要. 另一方面, 对于一个很大但有限的量子系统, 其能级是离散的, 但其间距却比较小. 我们引入 δE 的目的是为
34 了在量子情形中得到连续的状态数 $\Omega(E)$ 的函数. 然而, 又必须要求在 $N\to\infty$ 的热力学极限下, δE 的容限可以忽略. 这就要求 $E/N<\delta E\ll E$. 下面以处在体积 V 中的 N 个粒子构成的单原子理想气体系统为例来详细说明这一点. 对该系统来说,

$$H(\boldsymbol{x})=\sum_{j=1}^{N}\frac{p_j^2}{2m}=E, \tag{2.11}$$

那么等式 $\sum_j p_j^2=2mE$ 就确定了半径为 $\sqrt{2mE}$ 的 $3N$ 维球体的表面. 如果 $\delta E\ll E$, 则有

$$\Omega(E,V,N)=\frac{V^N}{h^{3N}N!}A_{3N}\left[\sqrt{2mE}\right]\frac{m\delta E}{\sqrt{2mE}}, \tag{2.12}$$

其中

$$A_n(r)=\frac{2\pi^{n/2}r^{n-1}}{\Gamma(n/2)} \tag{2.13}$$

为半径为 r 的 n (n 为整数) 维球体的表面积, $\Gamma(n)=(n-1)!$. 由此可得

$$\Omega(E,V,N)=\frac{V^N}{h^{3N}N!}\frac{(2m\pi E)^{3N/2}}{\left(\dfrac{3N}{2}-1\right)!}\frac{\delta E}{E}. \tag{2.14}$$

② 对于可积系统用作用量-角度变量来讨论时, 这一结论是显然的. 这是因为相空间的体积在正则变换下是不变量, 所以其结果与可积系统广义坐标的选取无关. 而对于不可积系统 (在混合假设时, 这也是我们更为感兴趣的情形), 这种半经典量子化方案很难实现[34].

③ 历史上, 为消除同种理想气体混合时产生的假熵, 式 (2.10) 中的 $N!$ 首先由 Gibbs 引入 (见习题 2.2) . 当处理由 N_1 个 1 类粒子, N_2 个 2 类粒子等构成的混合系统时, 须用 $N_1!N_2!\cdots$ 代替 $N!$.

如果 $|\ln(\delta E/E)| \ll N$, 利用 Stirling 近似, $\ln N! \approx N\ln N - N$, 我们可以得到

$$S(E,V,N) = Nk_\mathrm{B}\ln\frac{V}{N} + \frac{3N}{2}k_\mathrm{B}\ln\frac{4\pi mE}{3Nh^2} + \frac{5}{2}Nk_\mathrm{B}, \tag{2.15}$$

该表达式与 δE 无关.

因此我们可以得出, 当 δE 选定时, 熵是一个广延量; 也就是说, 当单位体积内的粒子数不变且能量正比于总粒子数 N 时, 在 $N\to\infty$ 的极限下, $S\propto N$. 理想气体的熵的表达式 (2.15) 称为 Sackur-Tetrode 公式.

现在可以将上述讨论与热力学联系起来. 对于体积为 V, 粒子数为 N 的系统, 由式 (1.25) 可得到熵的微分是

$$\mathrm{d}S(E,V,N) = \frac{\mathrm{d}E}{T} + \frac{P\mathrm{d}V}{T} - \frac{\mu\mathrm{d}N}{T}. \tag{2.16}$$

当我们得到了微正则系综的熵, 由式 (2.16) 即可得温度、压强和化学势的统计力学定义:

$$T = \left(\frac{\partial S}{\partial E}\right)^{-1}_{N,V}, \qquad \mu = -T\left(\frac{\partial S}{\partial N}\right)_{E,V}, \qquad P = T\left(\frac{\partial S}{\partial V}\right)_{N,E}. \tag{2.17}$$

继续回到经典理想气体的例子中, 可得到预期的结果: 35

$$\frac{1}{T} = \frac{3Nk_\mathrm{B}}{2E} \qquad 或 \qquad E = \frac{3}{2}Nk_\mathrm{B}T, \tag{2.18}$$

$$P = \frac{Nk_\mathrm{B}T}{V} \qquad 或 \qquad PV = Nk_\mathrm{B}T, \tag{2.19}$$

$$\mu = k_\mathrm{B}T\ln\left[\frac{N\lambda^3}{V}\right], \tag{2.20}$$

其中

$$\lambda = \sqrt{\frac{h^2}{2\pi mk_\mathrm{B}T}} \tag{2.21}$$

具有长度量纲, 称为热波长.

在 $N\to\infty$ 的极限下, 变量 T, P, μ 与系统尺寸的大小无关, 因此是强度量 (见 1.1 节). 理想气体是正则系统的一个例子. 对于一个系统, 如果在热力学极限下, 即当 $N\to\infty$ 且 $N/V=$ 常数时, 能量和熵是广延量 (即正比于 N) , 且 T, P, μ 是强度量, 则认为该系统是正则系统. 并非所有系统都是正则系统. 非正则系统的例子有: (1) 通过引力自我约束的系统 (见习题 2.12), (2) 具有宏观净电荷的系统. 在这两种系统中能量随着粒子数 (电荷) 的增长比线性增长快得多. 当然这样的系统还不只是上述两个. 电中性系统都是正则系统 [168,172]. 正则热力学系统的一个重要性质是满足 Gibbs-Duhem 方程 (见 1.4 节).

2.2 等温系统: 正则系综

现考虑两个可以自由传递能量的子系统, 它们通过绝热表面与外界隔离. 对于每个子系统, 粒子数 N_1, N_2 及体积 V_1, V_2 都是确定的. 在此假定下, 总能量为常数. 我们进一步假设两个子系统间的相互作用足够弱, 所以

$$E_{\mathrm{T}} = E_1 + E_2, \tag{2.22}$$

36 其中 E_1, E_2 为各子系统的能量. 再一次假设若 δE 的容限选取适当, 就可以使得统计权重 $\Omega, \Omega_1, \Omega_2$ 均正比于 δE. 故可知

$$\Omega(E) = \int_{E<E_{\mathrm{T}}<E+\delta E} \frac{\mathrm{d}E_{\mathrm{T}}}{\delta E} \int_{-\infty}^{E_{\mathrm{T}}} \frac{\mathrm{d}E_1}{\delta E} \Omega_2(E_{\mathrm{T}} - E_1)\Omega_1(E_1). \tag{2.23}$$

如果子系统足够大, 乘积 $\Omega_2(E_{\mathrm{T}} - E_1)\Omega_1(E_1)$ 将是 E_1 的尖峰函数. 这是因为 Ω_1, Ω_2 分别是关于 E_1 和 $E_{\mathrm{T}} - E_1$ 的迅速增长的函数④. 从定义式 (2.9) 可知熵是随状态数 Ω 单调递增的函数, 且乘积 $\Omega_1\Omega_2$ 与系统总熵

$$S(E, E_1) = S_1(E_1) + S_2(E - E_1) \tag{2.24}$$

同时取得极大值. 现在我们可以提出一个与 1.6 节中类似的论点, 即 E_1 的最概然值 $\langle E_1 \rangle$ 应满足

$$\frac{\partial S_1}{\partial E_1} + \frac{\partial S_2}{\partial E_2}\frac{\partial E_2}{\partial E_1} = 0. \tag{2.25}$$

因为 $\partial E_2/\partial E_1 = -1$, 利用式 (2.17) 可得

$$\frac{1}{T_1} - \frac{1}{T_2} = 0, \tag{2.26}$$

即 $T_1 = T_2 = T$. 因此能量在两子系统之间的最概然分配对应两子系统温度相等的情况. 这正是热力学第零定律的基础, 可以看出, 它可由系综概念自然得出.

在上一节我们给出了温度、压强和化学势的统计力学定义, 并证明了这些定义式在理想气体这一特殊情形下给出了正确的热力学结果. 现在可以设想任意一个与理想气体热源接触的系统, 并借助热力学第零定律加以讨论. 如果该系统足够大, 则有极大的概率使得系统与热源的能量分配恰好满足两者温度几乎完全相等的条件, 由此可知系综理论中对温度的定义与热力学定义相符合. 在 2.3 节中, 我们将就
37 化学势展开类似的讨论. 同样可以通过自由调节子系统的体积来证明其压强也一定相同.

④ 建议读者根据式 (2.14) 就两子系统为理想气体的情形自行验证这一点.

为了建立正则系综, 我们仍旧考虑两个热接触的子系统, 各子系统的体积与粒子数均为定值. 现假设子系统 2 远远大于子系统 1, 那么子系统 1 的能量位于 E_1 到 $E_1+\mathrm{d}E_1$ 之间的概率 $p_{\mathrm{C}}(E_1)\mathrm{d}E_1$ 为⑤

$$p_{\mathrm{C}}(E_1)\mathrm{d}E_1 = \frac{\Omega_1(E_1)\Omega_2(E-E_1)\mathrm{d}E_1}{\displaystyle\int \mathrm{d}E_1\,\Omega_1(E_1)\Omega_2(E-E_1)}. \tag{2.27}$$

由熵的定义, 可知

$$\Omega_2(E-E_1) = \exp\left\{\frac{S_2(E-E_1)}{k_{\mathrm{B}}}\right\}. \tag{2.28}$$

因为 $E_1 \ll E$, 所以可将 S_2 展开为 Taylor 级数:

$$S_2(E-E_1) = S_2(E) - E_1\frac{\partial S_2}{\partial E} + \frac{1}{2}E_1^2\frac{\partial^2 S_2}{\partial E^2} + \cdots . \tag{2.29}$$

设大系统的温度为 T, 从而有

$$\begin{gathered}\frac{\partial S_2}{\partial E} = \frac{1}{T},\\ \frac{\partial^2 S_2}{\partial E^2} = \frac{\partial(1/T)}{\partial E} = -\frac{1}{T^2}\left(\frac{\partial T}{\partial E}\right)_{V_2,N_2} = -\frac{1}{T^2C_2},\end{gathered} \tag{2.30}$$

其中 C_2 为子系统 2 在体积和粒子数不变时的热容. 因为第二个子系统远远大于第一个子系统, 所以 $E_1 \ll C_2T$, 则可得

$$\Omega_2(E-E_1) = \text{常数} \times \exp\left\{\frac{-E_1}{k_{\mathrm{B}}T}\right\}. \tag{2.31}$$

记 $\beta = 1/(k_{\mathrm{B}}T)$, 则式 (2.27) 可改写为

$$p_{\mathrm{C}}(E_1) = \frac{1}{\delta E Z_{\mathrm{C}}}\Omega_1(E_1)\exp\{-\beta E_1\}. \tag{2.32}$$

概率密度 $p_{\mathrm{C}}(E_1)$ 称为正则分布, 其中归一化系数

$$Z_{\mathrm{C}} = \int \frac{\mathrm{d}E_1}{\delta E}\Omega_1(E_1)\exp\{-\beta E_1\} \tag{2.33}$$

称为正则配分函数. 正则分布使用起来常常比微正则分布更为方便. 用微正则系综 38
来处理具有确定能量 $E(S,V,N)$ 的系统时, T, P, μ 是导出量. 在正则系综中, 系统具有确定的温度. 在 1.3 节中已经指出, 自变量由 S 变到 T 可通过把因变量由能量 E 换成 Helmholtz 自由能 A 得到:

$$A = E - TS. \tag{2.34}$$

⑤ 容易看出, $\mathrm{d}E_1$ 远大于 δE 的容限.

根据式 (2.16), 可以得到

$$
\begin{aligned}
\mathrm{d}A &= \mathrm{d}E - T\mathrm{d}S - S\mathrm{d}T \\
&= \mu\mathrm{d}N - P\mathrm{d}V - S\mathrm{d}T.
\end{aligned} \tag{2.35}
$$

在统计力学中自由能的定义为

$$
A = -k_{\mathrm{B}}T\ln Z_{\mathrm{C}}. \tag{2.36}
$$

下面将证明在系统足够大时, 式 (2.34) 和式 (2.36) 是等价的. 式 (2.36) 中的自由能由

$$
A = \langle E\rangle - T\langle S\rangle \tag{2.37}
$$

给出, 其中 $\langle E\rangle, \langle S\rangle$ 为正则系综中的 E 和 S 的最概然值. 为说明这一点, 首先将配分函数改写为

$$
\begin{aligned}
Z_{\mathrm{C}} &= \int \frac{\mathrm{d}E}{\delta E}\Omega(E,V,N)\exp\left\{\frac{-E}{k_{\mathrm{B}}T}\right\} \\
&= \int \frac{\mathrm{d}E}{\delta E}\exp\left\{-\frac{1}{k_{\mathrm{B}}}\left[\frac{E}{T} - S(E,V,N)\right]\right\}.
\end{aligned} \tag{2.38}
$$

如果系统足够大, 则系统能量有很大的概率处在最概然值 $\langle E\rangle$ 附近, 而 $\langle E\rangle$ 满足方程

$$
-\frac{1}{k_{\mathrm{B}}}\left[\frac{\langle E\rangle}{T} - S(\langle E\rangle, V, N)\right] = \text{最大值}. \tag{2.39}
$$

将指数函数在其极大值 $\langle E\rangle$ 附近展开, 则得

$$
-\frac{1}{k_{\mathrm{B}}}\left(\frac{E}{T} - S\right) = -\frac{1}{k_{\mathrm{B}}}\left(\frac{\langle E\rangle}{T} - \langle S\rangle\right) + \frac{1}{2k_{\mathrm{B}}}(E - \langle E\rangle)^2\left.\frac{\partial^2 S}{\partial E^2}\right|_{E=\langle E\rangle} + \cdots. \tag{2.40}
$$

39 根据式 (2.33), 可得

$$
\begin{aligned}
Z_{\mathrm{C}} &\approx \exp\{-\beta(\langle E\rangle - T\langle S\rangle)\}\int\frac{\mathrm{d}E}{\delta E}\exp\left\{-\frac{(E-\langle E\rangle)^2}{2Ck_{\mathrm{B}}T^2}\right\} \\
&\approx \frac{\sqrt{2\pi k_{\mathrm{B}}T^2C}}{\delta E}\exp\{-\beta(\langle E\rangle - T\langle S\rangle)\}
\end{aligned}
$$

或者

$$
-k_{\mathrm{B}}T\ln Z_{\mathrm{C}} = \langle E\rangle - T\langle S\rangle - k_{\mathrm{B}}T\ln\frac{\sqrt{2\pi k_{\mathrm{B}}T^2C}}{\delta E}. \tag{2.41}
$$

在大系统的极限下, 当选取 $\delta E \propto \sqrt{\langle E\rangle}$ 时, 可以肯定对数项相对于另外两项来说很小. 这是因为指数项将具有 N^0 的数量级, 而 $\langle E\rangle, \langle S\rangle$ 都是广延量. 这样我们就证明了期望的结果.

我们曾经讨论过, 在正则系综中能量和熵会在其平均值附近涨落. 现在不使用如式 (2.39) 所示的条件, 而是通过计算系综中所有可能能量值的系综平均来得到能量平均值:

$$\langle E\rangle = \frac{\displaystyle\int \mathrm{d}E\, E\,\Omega(E)\exp\{-\beta E\}}{\displaystyle\int \mathrm{d}E\,\Omega(E)\exp\{-\beta E\}} = -\frac{\partial \ln Z_{\mathrm{C}}}{\partial\beta} = \frac{\partial(\beta A)}{\partial\beta}. \tag{2.42}$$

那么, 能量的均方涨落为

$$\langle (E-\langle E\rangle)^2\rangle = \langle E^2\rangle - \langle E\rangle^2 = -\frac{\partial\langle E\rangle}{\partial\beta} = k_{\mathrm{B}}T^2\frac{\partial\langle E\rangle}{\partial T} = k_{\mathrm{B}}T^2 C_{V,N}, \tag{2.43}$$

其中 $C_{V,N}$ 为体积为 V, 粒子数为 N 的系统的热容. 和能量一样, 热容也是广延量, 所以能量的均方涨落正比于 $\sqrt{\langle E\rangle}$. 因此, 对于更大的系统, 能量的平均涨落也更大, 但在热力学极限下涨落与总能量之比将以如下方式趋于零:

$$\frac{\sqrt{\langle (E-\langle E\rangle)^2\rangle}}{\langle E\rangle} \sim \frac{1}{\sqrt{N}}.$$

式 (2.43) 描述了响应函数 $C_{V,N}$ 与能量的均方涨落之间的关系, 它是更具一般性的涨落-耗散定理的一个特例 (见第 12 章). 类似的关系我们还会遇到很多.

2.3 巨正则系综 40

在很多问题中, 不容易甚至不可能使系统的粒子数固定. 一个例子是多种元素之间的化学平衡问题. 当外部参数 (比如温度) 发生改变时, 各种组分的浓度也会发生变化. 因此, 我们必须给出统计上允许各组分浓度改变的配分函数公式. 此外, 在 2.4 节中将会看到, 对于量子力学, 用可变的粒子数来描述问题往往更为可行.

与 2.2 节和 1.6 节相同, 在接下来的讨论中, 我们依然考虑两个相互接触的子系统. 它们之间可以自由进行能量和粒子交换, 但两子系统的总能量和总粒子数保持不变, 且各子系统的体积固定. 下面将首先推导出两子系统的平衡条件, 然后令其中一个子系统相对于另一个子系统为无限大, 从而求出较小的子系统在相空间的概率密度.

设子系统 1 和子系统 2 的能量分别为 E_1, E_2, 粒子数分别为 N_1, N_2, 且满足

$$\begin{aligned} E_1 + E_2 &= E_{\mathrm{T}}, \\ N_1 + N_2 &= N_{\mathrm{T}}. \end{aligned} \tag{2.44}$$

则复合系统的微正则配分函数为

$$\Omega(E,N_{\mathrm{T}})=\sum_{N_1=0}^{N_{\mathrm{T}}}\int_{E}^{E+\delta E}\frac{\mathrm{d}E_{\mathrm{T}}}{\delta E}\int_{-\infty}^{E_{\mathrm{T}}}\frac{\mathrm{d}E_1}{\delta E}\Omega_1(E_1,N_1)\Omega_2(E_{\mathrm{T}}-E_1,N_{\mathrm{T}}-N_1). \tag{2.45}$$

乘积式 $\Omega_1(E_1,N_1)\Omega_2(E_{\mathrm{T}}-E_1,N_{\mathrm{T}}-N_1)$ 是关于 E_1,N_1 的尖峰函数, 其尖峰点对应的 E_1,N_1 使得乘积式取最大值, 因此它也必然使得系统的总熵

$$S_1(E_1,N_1)+S_2(E-E_1,N_{\mathrm{T}}-N_1) \tag{2.46}$$

取最大值. 对上式取微分, 可得

$$\begin{aligned}\frac{1}{T_1}&=\frac{1}{T_2},\\ \frac{\mu_1}{T_1}&=\frac{\mu_2}{T_2}.\end{aligned} \tag{2.47}$$

除了之前已经得到的处于平衡态时, 热接触的系统具有相同的温度之外, 现在又得到第二个平衡条件, 即两子系统的化学势 μ_1,μ_2 必然相等.

41 现在将按照与之前类似的讨论方法来构造巨正则系综及其配分函数. 令子系统 2 远远大于子系统 1, 故可进行级数展开:

$$\begin{aligned}\Omega_2(E-E_1,N_{\mathrm{T}}-N_1)&=\exp\left\{\frac{1}{k_{\mathrm{B}}}S(E-E_1,N_{\mathrm{T}}-N_1)\right\}\\ &=\Omega_2(E,N_{\mathrm{T}})\exp\left\{-\frac{1}{k_{\mathrm{B}}}\left(E_1\frac{\partial S}{\partial E}+N_1\frac{\partial S}{\partial N}\right)\right\}\\ &=\text{常数}\times\exp\{-\beta(E_1-\mu N_1)\}.\end{aligned} \tag{2.48}$$

由此可给出巨正则概率密度函数

$$p_{\mathrm{G}}(E_1,N_1)=\frac{\Omega_1(E_1,N)}{\delta E Z_{\mathrm{G}}}\exp\{-\beta(E_1-\mu N_1)\}, \tag{2.49}$$

其中的归一化因子, 也就是巨正则配分函数为

$$Z_{\mathrm{G}}(\mu,T,V)=\sum_{N_1=0}^{\infty}\exp\{\beta\mu N_1\}Z_{\mathrm{C}}(T,N_1). \tag{2.50}$$

为方便起见, 在式 (2.50) 中, 已将求和上限由 N_{T} 改写为 ∞, 这是因为对 N_1 等于或大于 N_{T} 的项求和的结果很小, 因此其对求和的贡献可以忽略.

在巨正则系综中, 系统具有固定的体积、温度和化学势, 而在正则系综中, V,T,N 为定值. 在热力学中, 可以做一个 Legendre 变换使得独立变量由 N 变成 μ, 此变换

将因变量由 Helmholtz 自由能变为巨势 $\Omega_{\mathrm{G}} = A - \mu N$. 对于常规热力学系统, 我们有 Gibbs-Duhem 方程 (见式 (1.39)):

$$\Omega_{\mathrm{G}} = -PV. \tag{2.51}$$

利用式 (2.35), 可得

$$\mathrm{d}\Omega_{\mathrm{G}} = -S\mathrm{d}T - P\mathrm{d}V - N\mathrm{d}\mu, \tag{2.52}$$

以及

$$N = -\left(\frac{\partial \Omega_{\mathrm{G}}}{\partial \mu}\right)_{V,T}, \qquad S = -\left(\frac{\partial \Omega_{\mathrm{G}}}{\partial T}\right)_{V,\mu}, \qquad P = -\left(\frac{\partial \Omega_{\mathrm{G}}}{\partial V}\right)_{\mu,T}. \tag{2.53}$$

与 2.2 节类似, 我们给出巨势的统计力学形式: 42

$$\Omega_{\mathrm{G}} = -k_{\mathrm{B}}T \ln Z_{\mathrm{G}}. \tag{2.54}$$

下面一件很直接的事情就是要证明式 (2.51) 和式 (2.54) 对于较大的系统是等价的, 即

$$k_{\mathrm{B}}T \ln Z_{\mathrm{G}} = \mu\langle N\rangle - \langle A\rangle. \tag{2.55}$$

这一证明将作为习题留给读者完成 (见习题 2.5). 在巨正则系综中, 粒子数在平均值

$$\langle N\rangle = \frac{1}{Z_{\mathrm{G}}}\sum_N N\exp\{\beta\mu N\}Z_{\mathrm{C}}(N) = k_{\mathrm{B}}T\frac{\partial}{\partial \mu}\ln Z_{\mathrm{G}} \tag{2.56}$$

附近涨落. 一个更为合适的测量涨落大小的物理量是

$$\begin{aligned}(\Delta N)^2 &= \langle (N-\langle N\rangle)^2\rangle = \langle N^2\rangle - \langle N\rangle^2 \\ &= k_{\mathrm{B}}T\frac{\partial\langle N\rangle}{\partial\mu}.\end{aligned} \tag{2.57}$$

因为 $\dfrac{\partial\langle N\rangle}{\partial\mu} \sim \langle N\rangle$, 由此可得

$$\frac{\Delta N}{\langle N\rangle} \approx \frac{1}{\sqrt{\langle N\rangle}}. \tag{2.58}$$

如果将式 (2.58) 用等温压缩率

$$K_T = -\frac{1}{V}\left(\frac{\partial V}{\partial P}\right)_{N,T} \tag{2.59}$$

改写, 则可得到一个有用的方程. 为达到此目的, 首先要借助 Gibbs-Duhem 方程

$$\mathrm{d}\Omega_{\mathrm{G}} = -S\mathrm{d}T - P\mathrm{d}V - N\mathrm{d}\mu = -P\mathrm{d}V - V\mathrm{d}P, \tag{2.60}$$

整理得

$$\mathrm{d}\mu = \frac{V}{N}\mathrm{d}P - \frac{S}{N}\mathrm{d}T. \tag{2.61}$$

令比容 $v = V/N$. 因为 μ 是强度量, 因此可表示为 $\mu(v,T)$, 且可得到

$$\left(\frac{\partial \mu}{\partial v}\right)_T = v\left(\frac{\partial P}{\partial v}\right)_T. \tag{2.62}$$

43 V 或 N 的改变都会引起 v 的改变, 因此

$$\begin{aligned}\left(\frac{\partial}{\partial v}\right)_{V,T} &= \left(\frac{\partial N}{\partial v}\right)_{V,T}\left(\frac{\partial}{\partial N}\right)_{V,T} = -\frac{N^2}{V}\left(\frac{\partial}{\partial N}\right)_{V,T},\\ \left(\frac{\partial}{\partial v}\right)_{N,T} &= \left(\frac{\partial V}{\partial v}\right)_{N,T}\left(\frac{\partial}{\partial V}\right)_{N,T} = N\left(\frac{\partial}{\partial V}\right)_{N,T}.\end{aligned} \tag{2.63}$$

然而 v 的两种改变方式并不影响式 (2.62), 所以

$$-\frac{N^2}{V}\left(\frac{\partial \mu}{\partial N}\right)_{V,T} = V\left(\frac{\partial P}{\partial V}\right)_{N,T}. \tag{2.64}$$

将这一结果代入式 (2.57) 和式 (2.59), 最终得到

$$\frac{(\Delta N)^2}{\langle N\rangle} = \frac{k_{\mathrm{B}}TK_T}{v}. \tag{2.65}$$

式 (2.65) 说明一个热力学变量的均方涨落正比于一个响应函数. 在能量涨落 (见式 (2.43)) 中对应的响应函数是热容. 而现在在体积固定的开放子系统中, 粒子数涨落对应的响应函数是等温压缩率.

2.4　量 子 统 计

运用量子力学来讨论问题的最直接结果就是能级不再连续. 第二个结果则源于多粒子波函数所需满足的对称性要求, 即费米子遵从的 Pauli 不相容原理及玻色子遵从的相应法则. 下面我们将看到这些法则给出的排列组合因子有别于经典统计里为了避免 Gibbs 佯谬而引入的 $N!$.

在正则系综和巨正则系综中, 由于能级离散所引起的统计公式的修正非常简单. 记第 γ 个能级的能量为 E_γ, 相应的简并度为 g_γ, 则正则配分函数为

$$Z_{\mathrm{C}} = \sum_\gamma g_\gamma \exp\{-\beta E_\gamma\}, \tag{2.66}$$

其中求和遍及系统的所有能级. 当我们把研究的系统看成是与热源接触的量子态时, 对于满足 Bose-Einstein 统计或 Fermi-Dirac 统计的粒子, 很容易求出其正确的
44

组合因子. 对于一个无相互作用的多费米子系统, 符合量子统计要求的 Schrödinger 方程的解是由单粒子波函数构成的 Slater 行列式. 对于相应的玻色子系统, 该解是单粒子乘积态的对称化线性组合 (见附录). 因此任意一个多粒子态可以由各单粒子态上占据的粒子数来完全确定. 在正则系综中, 所有占有数之和必等于总粒子数 N, 而对于巨正则系综, 则没有这种限制, 因此求和必须遍及各个单粒子态上所有可能的粒子占有数. 下面将详细举例说明以上原理 (见习题 2.7 和习题 2.8).

2.4.1 简谐振子

单个简谐振子的能级为 $(n+1/2)h\nu$, 其中 $n=0,1,2,\cdots$, 且各能级是非简并的. 其配分函数为

$$Z=\sum_{n=0}^{\infty}\mathrm{e}^{-\beta(n+1/2)h\nu}=\frac{\mathrm{e}^{-\beta h\nu/2}}{1-\mathrm{e}^{-\beta h\nu}}. \tag{2.67}$$

该配分函数对应的系综可理解为巨正则系综, 即振子的数目是变化的, 也可理解为正则系综, 即只有一个振子. 该系综的平均能量为

$$\begin{aligned}\langle E\rangle&=\frac{1}{Z}\sum_{n=0}^{\infty}\left(n+\frac{1}{2}\right)h\nu\mathrm{e}^{-\beta(n+1/2)h\nu}\\&=-\frac{\partial}{\partial\beta}\ln Z=\frac{1}{2}h\nu+\frac{h\nu}{\mathrm{e}^{\beta h\nu}-1}.\end{aligned} \tag{2.68}$$

2.4.2 无相互作用费米子

假设单粒子态可由波矢 $\boldsymbol{k}$ 和自旋指标 σ 来确定. Pauli 不相容原理要求每个这样的态上的粒子占有数为 0 或 1, 那么该粒子态对配分函数的贡献为

$$\sum_{n=0}^{1}\exp\{-n\beta(E_{\boldsymbol{k},\sigma}-\mu)\}=1+\exp\{-\beta(E_{\boldsymbol{k},\sigma}-\mu)\}, \tag{2.69}$$

其中 $E_{\boldsymbol{k},\sigma}=\hbar^2k^2/2m$ 为自由粒子的能量. 巨配分函数是这些项的乘积, 即 45

$$Z_{\mathrm{G}}=\prod_{\boldsymbol{k},\sigma}[1+\exp\{-\beta(E_{\boldsymbol{k},\sigma}-\mu)\}]. \tag{2.70}$$

由式 (2.56) 得平均粒子数为

$$\langle N\rangle=\sum_{\boldsymbol{k},\sigma}\frac{1}{\exp\{\beta(E_{\boldsymbol{k},\sigma}-\mu)\}+1}. \tag{2.71}$$

因此

$$\langle n_{\boldsymbol{k},\sigma}\rangle\equiv\frac{1}{\exp\{\beta(E_{\boldsymbol{k},\sigma}-\mu)\}+1} \tag{2.72}$$

表示态 $(\boldsymbol{k},\sigma)$ 上的平均占有数, 或者可以等价地表述为该态被粒子占据的概率. 而该态不被粒子占据的概率为

$$1-\langle n_{\boldsymbol{k},\sigma}\rangle \equiv \frac{1}{1+\exp\{-\beta(E_{\boldsymbol{k},\sigma}-\mu)\}}. \tag{2.73}$$

注意到在 $T\to 0$ 的极限下, 平均密度 $\langle N\rangle/V$ 不变时, 化学势 μ 必然趋近于一个有限的正值, 即 Fermi 能 ϵ_{F}. 在这一极限下, 对于能量小于 ϵ_{F} 的态的占有数为 1, 反之占有数为 0. 相反地, 由式 (2.73) 可知, 如果 $\mathrm{e}^{-\beta\mu}\gg 1$, 那么任何态被占据的概率都很小 (注意 $E_{\boldsymbol{k},\sigma}$ 为正值). 在这种情况下, 费米子系统是非简并的, 且近似满足 Boltzmann 统计分布:

$$\langle n_{\boldsymbol{k},\sigma}\rangle \approx \exp\{-\beta(E_{\boldsymbol{k},\sigma}-\mu)\}. \tag{2.74}$$

由式 (2.20) 可以看出, 当式 (2.21) 中的热波长 λ 满足 $\lambda^3\ll V/N$ 时, 式 (2.74) 对所有 $\boldsymbol{k}$ 均成立. 相反, 如果 $\lambda^3\gg V/N$, 那么系统是简并的.

2.4.3 无相互作用玻色子

对于玻色子 (具有整数自旋的粒子, 这里假设自旋为零), 单个粒子态可被任意数目的粒子占据. 以波矢 $\boldsymbol{k}$ 标记的单粒子态 (能量为 $\hbar^2k^2/2m$) 对巨配分函数的贡献为

$$\sum_{n=0}^{\infty}\exp\{-n\beta(E_{\boldsymbol{k}}-\mu)\} = \frac{1}{1-\exp\{-\beta(E_{\boldsymbol{k}}-\mu)\}}, \tag{2.75}$$

46 与费米子类似, 巨配分函数是各个态相应贡献的乘积:

$$Z_{\mathrm{G}} = \prod_{\boldsymbol{k}}[1-\exp\{-\beta(E_{\boldsymbol{k}}-\mu)\}]^{-1}. \tag{2.76}$$

则 $\boldsymbol{k}$ 态上的平均占有数为

$$\langle n_{\boldsymbol{k}}\rangle \equiv -k_{\mathrm{B}}T\frac{\partial}{\partial\mu}\ln[1-\exp\{-\beta(E_{\boldsymbol{k}}-\mu)\}] = \frac{1}{\exp\{\beta(E_{\boldsymbol{k}}-\mu)\}-1}. \tag{2.77}$$

与 Fermi 系统类似, 对于一个 Bose 系统, 当热波长 (见式 (2.21)) 与粒子间特征距离 $(V/N)^{1/3}$ 相比很小时, Boltzmann统计也是一个很好的近似. 关于无相互作用 Bose 系统的统计力学的更详细讨论可见 11.1 节.

2.4.4 密度矩阵

我们将通过引入密度矩阵的概念来对这一节做一个简单的总结. 首先假设一个给定系统的所有量子态 $|n\rangle$ 已知, 且这些态均为哈密顿量的本征态, 即

$$H|n\rangle = E_n|n\rangle, \tag{2.78}$$

并且是正交归一的, 即

$$\langle n|n'\rangle = \delta_{n,n'}. \tag{2.79}$$

进一步假设这些态是完备的, 即系统任何可能的状态均可在这组基下展开. 任一态 $|a\rangle$ 可写成

$$|a\rangle = \sum_n a_n|n\rangle, \tag{2.80}$$

由式 (2.79) 知

$$a_n = \langle n|a\rangle, \tag{2.81}$$

所以

$$|a\rangle = \sum_n |n\rangle\langle n|a\rangle. \tag{2.82}$$

形式上, 可将完备性条件表述为

$$\tilde{1} = \sum_n |n\rangle\langle n|, \tag{2.83}$$

其中 $\tilde{1}$ 为单位算符. 在正则系综中, 系统处于状态 $|n\rangle$ 的概率可由 47

$$p_n = \frac{\exp\{-\beta E_n\}}{\sum\limits_n \exp\{-\beta E_n\}} \tag{2.84}$$

给出, 即任一算符 $\tilde{A}$ 的热力学平均值为

$$\langle\tilde{A}\rangle = \sum_n \langle n|\tilde{A}|n\rangle \frac{\exp\{-\beta E_n\}}{\sum\limits_n \exp\{-\beta E_n\}} = \frac{1}{Z_{\mathrm{C}}}\sum_n \langle n|\tilde{A}|n\rangle \exp\{-\beta E_n\}. \tag{2.85}$$

算符

$$\tilde{\rho} = \frac{1}{Z_{\mathrm{C}}}\sum_n |n\rangle\langle n| \exp\{-\beta E_n\} \tag{2.86}$$

通常称为密度算符, 其矩阵表示称为密度矩阵. 上述讨论很容易推广到巨正则系综. 定义巨哈密顿量为

$$K = H - \mu\widetilde{N}, \tag{2.87}$$

其中 $\widetilde{N}$ 为粒子数算符. 因此其态的完备集包含了具有任意数目粒子的态. 如果 $\{|n\rangle\}$ 是 K 的一组本征态完备集, 且满足

$$K|n\rangle = K_n|n\rangle, \tag{2.88}$$

则可定义巨正则密度算符为

$$\tilde{\rho}=\frac{1}{Z_{\mathrm{G}}}\sum_{n}|n\rangle\langle n|\exp\{-\beta K_n\}. \tag{2.89}$$

在通常遇到的问题里, 哈密顿量的本征态完备集并不知道, 但可以找到一组态 $|v\rangle$, 它们虽不是哈密顿量的本征态但却是完备的. 在选取的这组基的表象里, 密度矩阵一般不是对角化的, 即

$$\rho_{v,v'}=\langle v|\tilde{\rho}|v'\rangle=\frac{1}{Z_{\mathrm{G}}}\langle v|\mathrm{e}^{-\beta K}|v'\rangle. \tag{2.90}$$

可见, 在任意表象下密度矩阵都可表示为

$$\tilde{\rho}=\frac{1}{Z_{\mathrm{G}}}\mathrm{e}^{-\beta K}. \tag{2.91}$$

48 容易想到, 在任意表象下力学量 $\tilde{A}$ 的期望值可以表示为

$$\begin{aligned}\langle A\rangle&=\frac{1}{Z_{\mathrm{G}}}\sum_{n}\langle n|\tilde{A}|n\rangle\exp\{-\beta K_n\}\\&=\frac{1}{Z_{\mathrm{G}}}\sum_{v,v'}\langle v|\tilde{A}|v'\rangle\langle v'|\mathrm{e}^{-\beta K}|v\rangle\\&=\frac{1}{Z_{\mathrm{G}}}\mathrm{Tr}\,\tilde{A}\mathrm{e}^{-\beta K}=\mathrm{Tr}\,\tilde{A}\tilde{\rho}.\end{aligned} \tag{2.92}$$

在这一表示中, 配分函数为

$$Z_{\mathrm{G}}=\mathrm{Tr}\,\mathrm{e}^{-\beta K}, \tag{2.93}$$

而密度矩阵的归一化条件则为

$$\mathrm{Tr}\,\tilde{\rho}=1. \tag{2.94}$$

2.5 最大熵原理

由遍历假说所给出的系统的动力学演化与系综的概念之间的联系是比较弱的, 因此说明可以在信息论的基础上建立平衡态统计力学的基础是令人感兴趣的[142]. 在信息论中, 热力学变量将基于已知信息由最无偏估计给出. 这种处理方式同时考虑了其与动力学的联系, 而由其导出的最大熵原理的推论与本章之前的结论是一致的.

首先考虑一种情况, 其状态变量 x 可以取 Ω 个离散值 $x_i(i=1,2,\cdots,\Omega)$, 相应的概率分布为 p_i, 且满足归一化条件

$$\sum_{i=1}^{\Omega}p_i=1, \tag{2.95}$$

另外系统中可能存在一系列具有如下形式的约束:

$$f_{\mathrm{avg}} = \langle f(x) \rangle = \sum_{i=1}^{\Omega} p_i f(x_i). \tag{2.96}$$

例如能量、压强和不同组分的浓度等物理量的平均值可能通过与其接触的适当的 49
环境来确定. 一般而言, p_i 的取值是不确定的. 在微正则系综中, 仅有的限制是系统总能量的变化不超过 δE 的容限, 以及粒子数 N 和体积 V 固定. 我们没有理由认为任何一个可能的状态优于另一个, 因此只能假设每个状态出现的概率相等, 即均为 $1/\Omega$. 事实上, 如果不这样假设就代表有一种明显的倾向, 给系统附加了其他信息.

以上讨论明显表明, 对于可能状态的概率分布, 我们需要明确地知道它所包含的 “不确定度”. 设想我们准备观测一个系统 N 次, 并记录其每一次所处的状态. 因为这只是理论模拟, 所以可假设 N 非常大. 根据大数定律, 第 i 个态出现的次数为 $N_i \approx Np_i$. 这样, 对于 “不确定度” 的一个可能的测量方案是对于符合概率分布的测量结果, 计算所有可能次序的测量结果的总数目

$$Z_N = \frac{N!}{\prod_{i=1}^{\Omega} (Np_i!)}. \tag{2.97}$$

这不是唯一的一种对 “不确定度” 的可能测量方案, 任何关于 $S(Z_N)$ 的单调函数都可以测量 “不确定度”. 下面考虑一个由两个独立子系统构成的系统. 设想分别对子系统 1, 2 进行 $N(1), N(2)$ 次测量, 则可能的序列的数目为 $Z = Z(1)Z(2)$. 为限制函数 S 的可能选择方案, 我们要求系统的 “不确定度” 等于两子系统的 “不确定度” 之和, 即要求 S 为广延量:

$$S(Z(1)Z(2)) = S(Z(1)) + S(Z(2)). \tag{2.98}$$

至此, 函数 S 的选择实质上已经确定了. 为了说明这一点, 可将式 (2.98) 按以下两种方式微分, 先对 $Z(1)$ 求偏微分可得

$$Z(1)\frac{\mathrm{d}S(Z(1)Z(2))}{\mathrm{d}(Z(1))} = Z(1)\frac{\mathrm{d}S(Z(1))}{\mathrm{d}Z(1)} = Z(1)Z(2)\frac{\mathrm{d}S(Z(1)Z(2))}{\mathrm{d}(Z(1)Z(2))}.$$

同理, 对 $Z(2)$ 求偏微分可得

$$Z(1)\frac{\mathrm{d}S(Z(1))}{\mathrm{d}Z(1)} = Z(2)\frac{\mathrm{d}S(Z(2))}{\mathrm{d}Z(2)}, \tag{2.99}$$

式 (2.99) 左边与 $Z(2)$ 无关, 右边与 $Z(1)$ 无关, 所以左右两边必等于同一个常数, 50
记该常数为 K. 将下标略去可得

$$Z\frac{\mathrm{d}S(Z)}{\mathrm{d}Z} = K.$$

积分得

$$S(Z) = K \ln Z + c_1,$$

其中 c_1 为另一常数. 如果不存在 “不确定度”, 换句话说, 如果我们知道测量的确切结果, 那么 $Z = 1$. 令 $S(1) = 0$, 所以 $c_1 = 0$, 上式变为

$$S(Z) = K \ln Z.$$

此时, K 仍为任意常数, 但我们认为 S 等同于熵, 所以可将 K 取为 Boltzmann 常数 k_{B}. 以上所定义的熵是与 N 次重复实验相联系的. 因为熵是广延量, 所以我们定义与概率分布本身相联系的 “不确定度” 等于将 N 次实验所得的 “不确定度” 乘以 $1/N$. 这样得到概率分布的 “不确定度” 为

$$S = k_{\mathrm{B}} \lim_{N\to\infty} \frac{1}{N} \ln \frac{N!}{\prod\limits_{i=1}^{\Omega}(Np_i!)}.$$

因为若只需将阶乘对数计算的误差保留到 N 的数量级, 可使用简洁版的 Stirling 公式

$$\ln N! \approx N \ln N - N,$$

经过计算得到

$$S = -k_{\mathrm{B}} \sum_{i=1}^{\Omega} p_i \ln p_i. \tag{2.100}$$

式 (2.100) 是由 Shannon[271] 在二战后不久给出的, 它被认为是信息论的基本结论之一. 应当注意到, 在确定 Boltzmann-Shannon 熵的过程中, 广延性要求起到了重要的作用. 但正如在 2.1 节的末尾已经指出的, 并非所有系统都是 “正常” 的, 即具
51 有广延的能量. 所以很自然地, 有很多用非广延性的量来取代 Boltzmann-Shannon 熵的尝试, 其中影响最大的是 Costantino Tsallis 的尝试[305]. 关于这个课题已有大量文献⑥进行过讨论.

熵的 Boltzmann-Shannon 定义很容易推广到连续概率分布 $\rho(\boldsymbol{x})$ 中:

$$\int_{E<H(\boldsymbol{x})<E+\delta E} \mathrm{d}\boldsymbol{x} \rho(\boldsymbol{x}) = 1. \tag{2.101}$$

下面考虑在 $6N$ 维相空间中有 N 个全同粒子的情形. 根据半经典量子化条件, 在相空间的体积元 $\mathrm{d}^{6N}x$ 内的量子态个数为

$$\frac{\mathrm{d}^{6N}x}{h^{3N}N!}, \tag{2.102}$$

⑥ 较全面的参考文献列表可见 http://tsallis.cat.cbpf.br/biblio.htm.

因此相应的熵为

$$S = -k_{\mathrm{B}} \int_{E<H(\boldsymbol{x})<E+\delta E} \mathrm{d}^{6N} x \rho(\boldsymbol{x}) \ln[h^{3N} N! \rho(\boldsymbol{x})]. \tag{2.103}$$

容易看出, 如果令

$$\rho(\boldsymbol{x}) = \frac{1}{h^{3N} N! \Omega(E)}, \tag{2.104}$$

其中 $\Omega(E)$ 由式 (2.10) 给出, 我们可以重新得到微正则系综中熵的表达式 (2.9). 为了说明概率密度函数 (见式 (2.104)) 使得式 (2.103) 在约束条件 (见式 (2.101)) 下取得最大值, 可以借助 Lagrange 乘子法. 要求下面的泛函变分

$$\frac{\delta}{\delta\rho(\boldsymbol{x})}\left\{-k_{\mathrm{B}} \int \mathrm{d}^{6N} x[\rho \ln(h^{3N} N! \rho) - \lambda\rho]\right\}$$

为零, 可得

$$\rho = \frac{\mathrm{e}^{\lambda-1}}{h^{3N} N!}.$$

Lagrange 乘子由归一化条件 (见式 (2.101)) 决定, 代入上式可得式 (2.104). 若在所考虑的情况中增加形如式 (2.96) 的约束条件也很容易处理. 例如, 要对函数 $f(x)$ 52
的平均值加以约束, 只需使

$$-k_{\mathrm{B}} \sum_i [p_i \ln p_i - \lambda p_i + \beta p_i f(x_i)]$$

取极大值, 其中 β, λ 为 Lagrange 乘子. 通过这一过程可得

$$p_i = \exp\{\lambda - 1 - \beta f(x_i)\}. \tag{2.105}$$

定义

$$Z(\beta) = \sum_i \exp\{-\beta f(x_i)\},$$

从归一化约束条件 (见式 (2.95)) 可以得到

$$Z(\beta) = \mathrm{e}^{1-\lambda}.$$

剩下的 Lagrange 乘子 β 可由

$$\langle f(x) \rangle = \sum_i p_i f(x_i) = -\frac{\partial}{\partial\beta} \ln Z(\beta)$$

给出. 如果令 $f(x_i)$ 为 x_i 态的能量, 则可重新得到正则分布, 相应 Lagrange 乘子的取值为

$$\beta = \frac{1}{k_{\mathrm{B}} T} \quad 和 \quad \lambda = \beta A + 1,$$

其中 A 为 Helmholtz 自由能. 容易看出 S 的二阶微分为负值, 说明所得熵为约束条件下的最大值. 把这一方法推广到巨正则系综的方法将留作习题 (见习题 2.9).

应当指出, 尽管从信息论的方法和从 2.1—2.3 节中采取的描述方法得出了类似的结果, 但其中关于熵的概念还是有细微差别的. 在 2.1 节中, 我们定义了微正则系综中的熵, 这一定义在热力学极限下非常清晰, 但对于小系统则依赖于 δE 的容限. 当我们继续讨论其他具有能量和粒子数涨落的系综时, 熵也是一个涨落的态函数.

在信息论的框架中, 熵是系综概率分布的函数, 并不会发生涨落, 因为它与系统所处的状态无关. 另一方面, 这一定义对任何尺寸的系统都非常明确. 同时, 它也不局限于平衡状态, 即如果系统进行动力学演化, 概率 p_i 也可以随时间变化.

53 2.6 热力学变分原理

在 1.3 节中我们看到, 对于温度和体积固定的系统, 其热平衡状态对应于 Helmholtz 自由能取极小值的状态. 从 2.2 节中的最大值观点和 2.5 节中的信息论的角度也可得出相同的结论. 类似地, 在温度和压强固定时, 处于平衡态系统的 Gibbs 函数取得最小值. 这些结论都可以用于统计计算中. 一个常见的办法是找到相应的自由能用某些参数表示的近似表达式, 然后通过使自由能取极小值来确定这些参数在平衡态的取值. 这些方法将在第 3 章处理相变问题中频繁用到. 现在, 我们将给出应用该方法的一个简单例子.

2.6.1 晶体中的 Schottky 缺陷

固体是由在晶格中规则排列的原子形成的. 当温度不为零时, 平衡态的晶体将包含一定数量的 Schottky 缺陷或空位, 这可以理解为原子由内部区域 (晶体内) 转移到了晶体表面 (见图 2.1). 下面探究的问题是在给定温度 T 和压强 P 时, 计算平衡态下空位的浓度. 设 N 为总原子数, n 为总空位数, v_{c} 为单位元胞的体积, S_{c} 为空位的位形熵, ΔA 为由于单个空位的出现而产生的晶格振动, 从而导致的自由能的变化, ϵ 表示将一个原子转移到表面从而形成空位所需要的能量. 注意到格点的
54 总数为 $N+n$, 在这些格点上摆放这些空位的可能方式的数目为

$$\frac{(N+n)!}{N!n!},$$

从而可得位形熵为

$$S_{\mathrm{c}}=k_{\mathrm{B}}\ln\frac{(N+n)!}{N!n!}\approx Nk_{\mathrm{B}}\ln\frac{N+n}{N}+nk_{\mathrm{B}}\ln\frac{N+n}{N}. \tag{2.106}$$

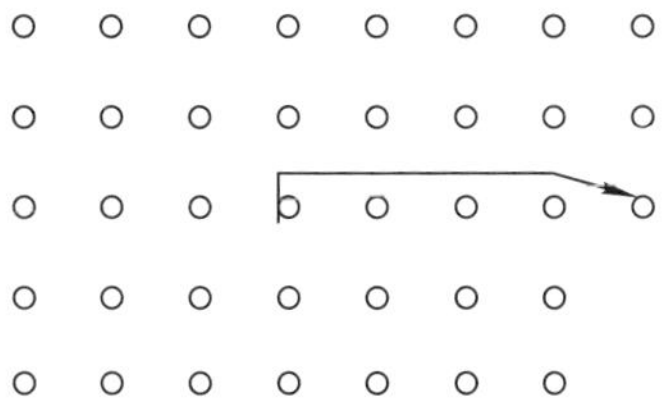

图 2.1 原子从晶体内转移到晶体表面, 从而留下了一个 Schottky 缺陷

因为所研究的是在恒定温度下处于平衡态的空位, 所以合适的因变量应为 Gibbs 自由能 $G = E - TS + PV$. 自由能中依赖于 n 的项为

$$G_v = n(\epsilon + \Delta A + Pv_{\mathrm{c}}) - TS_{\mathrm{c}}.$$

G_v 取极小值对应

$$\epsilon + \Delta A + Pv_{\mathrm{c}} = T\frac{\partial S_{\mathrm{c}}}{\partial n} = k_{\mathrm{B}}T\ln\frac{N+n}{N} \approx k_{\mathrm{B}}T\ln\frac{N}{n},$$

可求得

$$n = N\exp\{-\beta(\Delta A + Pv_{\mathrm{c}} + \epsilon)\}.$$

在习题 2.10 中将会看到, 对于高温, $\mathrm{e}^{-\beta\Delta A}$ 趋于数量级为 10 的常数; 对于低温, ΔA 趋于常数. 在常压下, Pv_{c} 的取值范围在 $10^{-4} \sim 10^{-5}$ eV 之间, 与 $\epsilon \approx 1$ eV 的典型值相比可以忽略. 在实验室中, 标准压强在 $10 \sim 100$ kPa 之间, 此时 Pv_{c} 可与空位形成能相比拟.

2.7 习 题

2.1 遍历假说.

(a) 考虑一简谐振子, 其哈密顿量为

$$H = \frac{1}{2}p^2 + \frac{1}{2}q^2 = \frac{1}{2}(\boldsymbol{x}\cdot\boldsymbol{x}).$$

证明任意一条能量为 E 的相空间的轨迹 $x(t)$ 在等能面 $\Gamma(E)$ 的各个区域出现的平均时间相等.

(b) 考虑两个线性耦合的简谐振子, 其哈密顿量为 55

$$H = \frac{1}{2}(p_1^2 + p_2^2 + q_1^2 + q_2^2 + q_1q_2).$$

根据简正坐标的初始相位和幅值写出相空间的轨迹 $x = (p_1, p_2, q_1, q_2)$. 证明在等能面上存在着任何轨迹 $x(t)$ 都不能到达的区域. (如果不熟悉简正坐标, 建议参考 Goldstein 的书 [113]).

2.2 Gibbs 佯谬.

(a) 假设式 (2.8) 和式 (2.9) 是理想气体的熵的正确表达式. 考虑两个体积相同, 即 $V_A = V_B = V$ 的子系统, 这两个子系统均包含 N 个具有相同平均能量的全同粒子. 证明若将两子系统混合, 则有

$$S_{A+B} = S_A + S_B + 2Nk_\mathrm{B}\ln 2,$$

即存在混合熵 $2Nk_\mathrm{B}\ln 2$.

(b) 证明若使用正确的表达式 (2.10), 则有

$$S_{A+B} = S_A + S_B.$$

(c) 估计 1 mol 氩气和 1 mol 氦气的混合熵.

2.3 能量均分.

(a) 考虑一个经典简谐振子, 其哈密顿量为

$$H = \frac{p^2}{2m} + \frac{Kq^2}{2},$$

并且该简谐振子与温度为 T 的恒温热源接触. 在正则系综中计算简谐振子的配分函数, 并证明

$$\langle E\rangle = k_\mathrm{B}T, \qquad \langle(E-\langle E\rangle)^2\rangle = k_\mathrm{B}^2T^2.$$

56 (b) 考虑一个粒子系统, 其中粒子之间的相互作用力由一个自由度为 γ 的广义齐次函数势能产生, 即

$$U(\lambda\boldsymbol{r}_1, \lambda\boldsymbol{r}_2, \cdots, \lambda\boldsymbol{r}_N) = \lambda^\gamma U(\boldsymbol{r}_1, \boldsymbol{r}_2, \cdots, \boldsymbol{r}_N).$$

证明系统的状态方程具有以下形式:

$$PT^{-1+3/\gamma} = f\left(\frac{V}{N}T^{-3/\gamma}\right).$$

一旦 U 给定, 就可以 (至少在原则上) 计算出 $f(x)$.

2.4 双原子气体的介电函数.

考虑由具有永电偶极矩 μ (见图 2.2) 的分子构成的稀薄气体⑦. 在沿 z 方向的外加电场 $\boldsymbol{E}$ 中, 一个分子的能量 H 满足

$$H = T_\mathrm{transl} + T_\mathrm{rot} - \mu E\cos\theta.$$

将电偶极子视为具有转动惯量 I 的经典杆, 则

$$T_\mathrm{rot} = \frac{1}{2}I(\dot\theta^2 + \dot\phi^2\sin^2\theta).$$

⑦ 如果不是稀薄气体, 那么必须考虑由于局域的微观有序场并不等于宏观场所引起的修正. 而对永电偶极矩和感生电偶极矩, 局域场修正是不同的[221].

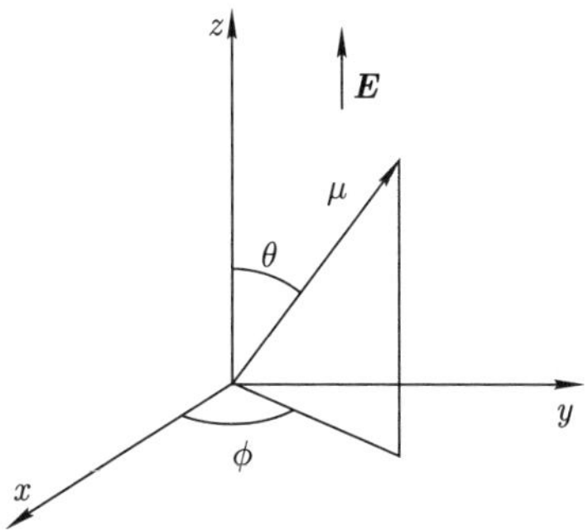

图 2.2　在沿 z 方向的外加电场 $\boldsymbol{E}$ 中, 存在着一个电偶极矩为 μ 的极性分子

假设该气体的正则配分函数为

$$Z = \frac{Z_1^N}{N!},$$

其中单个分子的配分函数为 $Z_1 = Z_{\text{transl}} \cdot Z_{\text{rot}}$.

(a) 证明

$$Z_{\text{rot}} = \frac{2I \sinh \beta E\mu}{\hbar^2 \beta^2 E\mu}.$$

(b) 证明极化率 P 满足

$$P = \frac{N}{V}\langle \mu \cos\theta \rangle = \frac{N}{V}\left(\mu \coth \beta\mu E - \frac{k_{\text{B}}T}{E}\right).$$

(c) 将双曲余切函数按照小量 $\beta\mu E$ 展开, 并证明在弱场极限下, 介电常数 ϵ 可由 57

$$\epsilon E = \epsilon_0 E + P$$

确定, 其中 ϵ 满足

$$\epsilon = \epsilon_0 + \frac{N\beta\mu^2}{3V}.$$

2.5 热力学定义与统计力学定义的等价性.

证明在所研究系统非常大的极限下,

$$k_{\text{B}}T \ln Z_{\text{G}} = \mu\langle N\rangle - \langle A\rangle.$$

类似于式 (2.41), 试估计修正项的大小.

2.6 正则系综和巨正则系综中的经典理想气体.

(a) 若质量为 m, 动量为 p 的粒子的动能为 $E = p^2/2m$, 证明单粒子配分函数为 $Z_1 = V/\lambda^3$, 其中 λ 为热波长 (见式 (2.21)). 则理想气体的正则配分函数为

$$Z_N = \frac{V^N}{N!\lambda^{3N}}.$$

(b) 利用 Stirling 近似, 证明在热力学极限下理想气体的 Helmholtz 自由能为

$$A = -Nk_{\text{B}}T\left[\ln\left(\frac{V}{N\lambda^3}\right) + 1\right].$$

58 (c) 证明巨正则配分函数为

$$Z_{\mathrm{G}} = \exp\left[\mathrm{e}^{\beta\mu}\frac{V}{\lambda^3}\right].$$

(d) 利用 Z_{G} 的表达式计算 N, P, S 的平均值, 并证明 $PV = Nk_{\mathrm{B}}T$, 以及根据 Gibbs-Duhem 方程可推出 $E = \frac{3}{2}Nk_{\mathrm{B}}T$.

(e) 证明理想气体能量涨落的标准差为

$$\frac{\sqrt{\langle(\Delta E)^2\rangle}}{E} = \sqrt{\frac{2}{3N}}.$$

(f) 证明在巨正则系综中, 对于理想气体有 $\langle(\Delta N)^2\rangle = \langle N\rangle$.

2.7 黑体辐射.

(a) 波矢为 $\boldsymbol{k}$ 的电磁波模的频率 $\omega_{\boldsymbol{k}} = ck$. 在体积为 V 的容器中有

$$\frac{2V\mathrm{d}^3k}{(2\pi)^3}$$

个这种模式存在于给定波矢附近 d^3k 的区域中. 系统的哈密顿量为 $\sum\hbar\omega_{\boldsymbol{k}}n_{\boldsymbol{k}}$, 其中 $n_{\boldsymbol{k}}$ 为波矢 $\boldsymbol{k}$ 对应模式中激发的光子数. 证明空腔电磁辐射的 Helmholtz 自由能为

$$A = \frac{Vk_{\mathrm{B}}T}{\pi^2c^3}\int_0^\infty \omega^2\mathrm{d}\omega\ln(1-\mathrm{e}^{-\beta\hbar\omega}).$$

(b) 通过比较关于压强 $P = -\partial A/\partial V$ 和内能 $E = \partial(\beta A)/\partial\beta$ 的表达式, 证明

$$PV = \frac{E}{3}.$$

2.8 双原子分子.

如果旋转和振动模所具有的能量不是很大, 则可以将双原子分子的哈密顿量近似表示为

$$H = T_{\mathrm{transl}} + T_{\mathrm{rot}} + T_{\mathrm{vib}},$$

59 其中忽略转动带来的向心力对振动模的影响, 以及振动造成的形变对转动惯量 I 的影响. 对于稀薄气体, 假设其密度足够低, 从而可以将平动动能用经典方法处理. 转动能量为

$$T_{\mathrm{rot}} = \frac{\hbar^2 j(j+1)}{2I},$$

其中 j 为转动量子数. 对转动量子数 j 标记的态, 其简并度为 $g_j = 2j+1$ (为简单起见, 已假设双原子分子中的两个原子不同). 振动自由度可视为频率为 ω_{vib} 的简谐振子.

(a) 写出比热的表达式.

(b) 讨论以下三种情形:

(i) $T \ll \theta_{\mathrm{rot}} = \hbar^2/(2Ik_{\mathrm{B}}) \ll \hbar\omega_{\mathrm{vib}}/k_{\mathrm{B}} = \theta_{\mathrm{vib}}$,

(ii) $\theta_{\mathrm{rot}} \ll T \ll \theta_{\mathrm{vib}}$,

(iii) $\theta_{\mathrm{rot}} \ll \theta_{\mathrm{vib}} \ll T$.

在求解第二种情形时可能会用到 Euler 求和公式

$$\sum_{n=0}^{\infty} f(n) = \int_0^{\infty} \mathrm{d}x f(x) + \frac{1}{2} f(0) - \frac{1}{12} f'(0) + \frac{1}{720} f^{(3)}(0) + \cdots .$$

2.9 巨正则系综的最大熵原理.

在平均能量和平均粒子数固定的均匀情况下使熵最大化, 从而构建巨正则系综.

2.10 晶格振动对空位形成的影响.

为了定性地说明这种影响, 可以考虑下面的粗糙模型. 假设每个原子的振动可视为频率为 ω_0 的三维 Einstein 简谐振子. 进一步假设, 如果最近邻位置出现空位, 则沿空位方向的振动模的频率由 ω_0 变为 ω. 记 q 为最近邻原子数.

(a) 证明在这个简单的模型中, 60

$$\Delta A = nqk_{\mathrm{B}}T \ln \frac{\sinh(\beta\hbar\omega/2)}{\sinh(\beta\hbar\omega_0/2)},$$

其中 n 为空位总数.

(b) 考虑简单立方晶格的例子. 其中每一个模对应两个弹簧的振动. 如果剪断其中一个弹簧, 则可以简单假设

$$\omega = \frac{\omega_0}{\sqrt{2}}.$$

证明当温度很高, 即 $\beta\hbar\omega \ll 1$ 时,

$$\mathrm{e}^{-\beta\Delta A/n} \approx 8,$$

而对于低温, 即 $\beta\hbar\omega \gg 1$ 时,

$$\Delta A \approx -\frac{3}{2} n\hbar\omega_0(2-\sqrt{2}).$$

2.11 定压配分函数.

考虑横截面积为 A 的容器中盛有 N 个无相互作用的分子. 容器底部 (位于 $z=0$ 处) 固定. 容器顶部有一质量为 M 的密封活塞, 活塞可以无摩擦滑动.

(a) 求该 $(N+1)$ 个粒子所组成的系统的配分函数 (其中有 N 个质量为 m 的分子, 一个质量为 M、横截面积为 A 的活塞). 忽略气体分子所受的重力.

(b) 证明在热力学极限下, 热力学势 $-k_{\mathrm{B}}T\ln Z$ 与压强为 $P = Mg/A$ 的 N 个分子组成的理想气体的 Gibbs 函数相同.

2.12 白矮星对抗引力坍缩的稳定性.

从能量角度看, 由引力作用结合在一起的物体总会压缩到尽可能致密的状态. 可将恒星视为由 N 个质子和 N 个电子组成, 否则 Coulomb 斥力会克服引力作用从而使之瓦解. 不妨进一步假设恒星中还有与质子数目相同的中子. 在地球上, 引力所带来的压强
不足以克服原子与分子间的短程斥力. 在太阳中, 物质并不是以原子和分子的方式存在, 61
但因为太阳仍在燃烧, 可以靠辐射压强来阻碍其坍缩. 下面考虑一个已经燃尽的星体, 如白矮星. 假设星体温度远远低于电子的 Fermi 温度, 从而可将电子视为温度为零的 Fermi 气体. 而由于质子和中子的质量太大, 因此它们的动能比电子动能小得多.

(a) 如果把电子气看成是非相对论性的, 且电子的质量为 m_{e}, 记恒星半径为 R, 证明恒星中的电子动能为

$$E_{\mathrm{kin}} = \frac{3\hbar^2}{10m_{\mathrm{e}}}\left(\frac{9\pi}{4}\right)^{\frac{2}{3}}\frac{N^{\frac{5}{3}}}{R^2}.$$

(b) 重力势能由质子和中子决定, 记核子的质量为 m_{N}. 假设恒星内部质量密度近似为常数. 证明若质子数 n 等于中子数, 则重力势能为

$$E_{\mathrm{pot}} = -\frac{12}{5}m_{\mathrm{N}}^2 G\frac{N^2}{R},$$

其中 G 为引力常数 ($6.67 \times 10^{-11}\ \mathrm{Nm^2/kg^2}$).

(c) 对于质量等于太阳质量 (1.99×10^{30} kg) 的白矮星, 求使其动能和势能之和取最小值的半径, 以太阳半径 (6.96×10^8 m) 为单位.

(d) 当恒星密度很大时, 电子的 Fermi 速度可与光速相比拟, 这时必须使用相对论能量-动量关系:

$$\epsilon(p) = \sqrt{m_{\mathrm{e}}^2c^4 + p^2c^2} - m_{\mathrm{e}}c^2. \tag{2.107}$$

很容易看出, 在极端相对论条件 ($\epsilon = cp$) 下, 电子动能正比于 $N^{3/4}/R$, 即其对 R 的依赖性与势能相同. 因为当 N 很大时, $N^2 \gg N^{\frac{4}{3}}$, 所以对于质量足够大的恒星,
62 势能将占主导地位, 恒星将会坍缩. 证明坍缩的临界值 N 为

$$N_{\mathrm{crit}} = \left(\frac{5\hbar c}{36\pi m_{\mathrm{N}}^2 G}\right)^{\frac{3}{2}}\left(\frac{9\pi}{4}\right)^2,$$

代入相应的常数, 我们发现该粒子数与太阳质量的 1.71 倍相对应.

(e) 用相对论公式 (2.107) 计算动能的大小, 并分别画出 $N = 0.9, 1.0, 1.1 \times N_{\mathrm{crit}}$ 时的总能量作为 R 的函数的图像, 能量单位取 $E_0 = Nm_{\mathrm{e}}c^2$.

2.13 全同粒子状态数.

在极低温下由 Sackur-Tetrode 公式给出的单原子理想气体的熵为负值, 这没有物理意义.

(a) 给出 Sackur-Tetrode 公式中熵改变符号时的温度所满足的方程.

(b) 问题的根源在于当多种理想气体分子倾向于占据同一个粒子态时, 式 (2.10) 中对相空间体积的修正因子 $N!$ 将不再正确. 假设 N 个全同粒子中每个粒子可能占据的状态数为 M. 如果不限制每个态上所占据的粒子数, 那么系统有多少种可能的状态 (即玻色子情形)?

(c) 计算 (b) 中的熵 $k_{\mathrm{B}}\ln\Omega$. 当 M 为常数时, 对于 N 很大的情形, 熵是否为与 N 无关的广延量?如果 $M \propto N$ 呢?

(d) N 个费米子占据 M 个态的方式共有多少种?

(e) 考虑有 1000 个全同粒子, 每一个全同粒子都可以占据 2000 个单粒子态中的任意一个. 分别计算以下情形中系统的熵: (i) 玻色子, (ii) 费米子, (iii) 经典粒子 (可能的状态数为 $M^N/N!$).

第 3 章　平均场与 Landau 理论

在本章中, 我们开始讨论强度量 (例如温度或压强) 改变引发相变的系统的统 63
计力学. 近年来, 特别是 Wilson, Fisher 和 Kadanoff 等人提出了重整化群方法之后, 人们对相变的理解取得了巨大进展. 我们把重整化理论留到第 6 章和第 7 章探讨. 本章将介绍更早期的方法, 称为平均场理论, 该理论可定性地描述我们所研究的现象. 我们仅限于讨论最常见的方法, 许多重要的应用将在第 4 章详述. 平均场理论的共同特征是要确定系统的序参量. 我们的一个处理方式是首先给出以序参量为变量的自由能的近似表达式, 然后求自由能关于序参量的极小值 (在 2.6 节讨论晶体中的 Schottky 缺陷时已用过这种方法) . 另一个常用且等价的方法是将有相互作用的系统近似认为是处于自洽的外场中的无相互作用的系统, 该外场由序参量确定.

为了理解相变过程中与材料性质突变有关的现象, 最有效的方式是抓住问题的
本质, 抽象出简化模型来研究. 3.1 节将介绍一个重要的模型 —— Ising 模型, 并用 64
前面提及的自洽场方法的一个例子 —— Weiss 分子场近似加以讨论. 在 3.2 节将利用 Bragg-Williams 近似来讨论 Ising 模型, 该近似属于使自由能最小化的方法.

我们将在 3.3 节中指出平均场理论虽然很有用, 但也可能给出有误导性的结论, 尤其在处理低维问题时. 3.4 节将给出改进的平均场理论, 即 Bethe 近似. 这一方法给出了临界温度和系统其他性质的更好的数值结果. 然而, 在 3.5 节我们将看到, 所有平均场理论的渐近临界行为总是一致的.

平均场理论最严重的缺陷是忽略了序参量的长程涨落. 正如我们将会看到的, 这一缺陷带来影响的大小在很大程度上取决于所研究问题的空间维度. 当研究一维和二维系统时, 平均场理论给出的定性结论往往是错误的. 3.6 节将通过讨论一维 Ising 模型的精确解来详细说明这一点.

由于 Landau 相变理论与平均场理论关系密切, 因此我们将在 3.7 节讨论这个问题. 一般来讲, 对称性分析在确定相变的分类时很重要. 3.8 节指出, 当序参量中出现立方项时, 一般可预计存在一级 (不连续) 相变.

3.9 节将 Landau 理论推广到具有多个可变热力学量的情形, 并讨论三相临界点的出现. 3.10 节将讨论平均场理论的缺陷, 并推导出涨落相关性的 Ginzburg 判据. 作为对 Landau 理论的总结, 3.11 节将研究多元序参量的情形, 这在讨论 Heisenberg 铁磁体和其他一些系统时会用到.

本章大部分内容可参考 Landau 和 Lifshitz 的著作 [165], 参考文献 [161] 中也

讨论了许多例子.

3.1 Ising 模型的平均场理论

现在考虑一个磁性材料的简单模型, 称为 Ising 模型. 假设有 N 个磁性原子定
65 域在规则排列的格点上, 它们的磁矩具有如下交换作用:

$$H_{\text{Ising}} = -J_0 \sum_{\langle ij \rangle} S_{zi} S_{zj}, \tag{3.1}$$

其中 J_0 为常数, 符号 $\langle ij \rangle$ 表明求和遍及格点的最近邻自旋对. 这种交换作用有一个优先方向, 所以在每一个自旋分量 S_{zj} 都对角化的表象中, Ising 模型的哈密顿量也是对角化的. 此时, 自旋的 z 分量取离散值 $-S, -S+\hbar, \cdots, S$. 式 (3.1) 的本征态可由每个格点上的 S_{zj} 值来标记. 该模型不涉及动力学演化, 这使得 Ising 模型比下面的 Heisenberg 模型更容易处理:

$$H = -J_0 \sum_{\langle ij \rangle} \boldsymbol{S}_i \cdot \boldsymbol{S}_j, \tag{3.2}$$

在这里定域的自旋算符 $S_{\alpha j}$ 与哈密顿量不对易. 本节主要考虑 $S = \dfrac{1}{2}\hbar$ 的情形, 同时增加一个 Zeeman 项来表示自旋在沿 z 方向的外磁场中的能量, 从而最终得到一般的 Ising 模型的哈密顿量 (按第 1 章中的定义应理解为焓, 为与一般使用习惯相一致, 称其为能量):

$$H = -J \sum_{\langle ij \rangle} \sigma_i \sigma_j - h \sum_i \sigma_i, \tag{3.3}$$

其中 $\sigma_i = \pm 1$, 且 h 正比于磁场大小, 但具有能量单位. 为了得到对该系统行为的直观认识, 考虑 $J > 0$ 时, $T \to 0$ 和 $T \to \infty$ 的极限情况. 当 $T = 0$ 时, 系统处于基态, 所有自旋都指向外加磁场的方向. 当 $T = \infty$ 时, 熵将占据主导地位, 自旋指向变得杂乱无章. 在一定条件下, 这两种机制将由一个相变区分开, 也就是说, 当温度增加时, 存在一个临界温度 T_c, 使得系统在该温度处有一个从有序相到无序相的突然转变. 令某一温度下系统磁化强度的平均值为 m, 即对所有 i, 有

$$\langle \sigma_i \rangle = m. \tag{3.4}$$

66 将 m 作为系统的序参量, 考虑式 (3.3) 中包含某个特定自旋 σ_0 的项, 则

$$\begin{aligned} H(\sigma_0) &= -\sigma_0 \left(J \sum_j \sigma_j + h \right) \\ &= -\sigma_0 (qJm + h) - J\sigma_0 \sum_j (\sigma_j - m), \end{aligned} \tag{3.5}$$

其中 j 为格点 0 位置的最近邻格点, q 为格点 0 位置的最近邻格点数. 当不考虑式 (3.5) 右边第二项时, 剩下的即为无相互作用系统的值, 此时, 每个自旋所处的有效磁场由外加磁场和与最近邻格点的平均交换场构成. 磁化强度必须由以下条件自洽地给出:

$$m = \langle\sigma_0\rangle = \langle\sigma_j\rangle. \tag{3.6}$$

这样的近似就构成了平均场理论的基本形式, 用一个等效的平均场来代替涨落的交换场, 这一方法通常称为 Weiss 分子场理论. 我们得到 m 的本构方程为

$$\begin{aligned} m = \langle\sigma_0\rangle &= \frac{\operatorname{Tr}\sigma_0 \exp\{-\beta H(\sigma_0)\}}{\operatorname{Tr}\exp\{-\beta H(\sigma_0)\}} \\ &= \tanh\{\beta(qJm + h)\}. \end{aligned} \tag{3.7}$$

为得到 $m(h,T)$, 必须数值求解上式. 然而容易看出, $m(h,T) = -m(-h,T)$, 所以当 $h \neq 0$ 时, 至少存在一个解, 有时有三个解; 当 $h = 0$ 时, 总存在一个 $m = 0$ 的解, 若 $\beta qJ > 1$, 则有另外两个解 $\pm m_0$. 3.2 节将证明: 当 $T < T_\mathrm{c} = qJ/k_\mathrm{B}$ 时, 系统的平衡态属于两个对称性破缺态之一, 这两个态对应的自发磁化强度为 $\pm m_0(T)$. 当 $T \to 0$, $m \neq 0$ 时, $\tanh(\beta qJm) \to \pm 1$, 而且 $m_0 \to \pm 1$. 当 T 从小于 T_c 的方向趋近于 T_c 时, $|m_0(T)|$ 将减小. 通过对双曲正切函数做低阶的 Taylor 展开可得 $m_0(T)$ 对 T 的渐近依赖关系为

$$m_0 = \beta qJm_0 - \frac{1}{3}(\beta qJ)^3 m_0^3 + \cdots \tag{3.8}$$

或

$$m_0(T) \approx \pm\sqrt{3}\left(\frac{T}{T_\mathrm{c}}\right)^{\frac{3}{2}}\left(\frac{T_\mathrm{c}}{T} - 1\right)^{\frac{1}{2}}. \tag{3.9}$$

由此可见, 当 T 从小于 T_c 的方向趋近于 T_c 时, 序参量 m_0 以奇异的形式趋近于 **67**
零, 其渐近表示为

$$m_0(T) \propto \left(\frac{T_\mathrm{c}}{T} - 1\right)^{\frac{1}{2}}. \tag{3.10}$$

序参量的渐近幂函数的指数一般记为 β, 在更精确的理论, 以及在实际铁磁体中, 相应指数并非这里给出的简单的 $\dfrac{1}{2}$.

3.2 Bragg-Williams 近似

平均场理论的另一种形式是以序参量为变量构造自由能的近似表达式, 并应用平衡态时自由能取极小值的条件来确定序参量. 前一节中 Ising 模型的哈密顿量可写为

$$H = -J(N_{++} + N_{--} - N_{+-}) - h(N_+ - N_-), \tag{3.11}$$

其中 N_{++}, N_{--}, N_{+-} 分别代表自旋取值均为正、均为负, 或一正一负的最近邻格点对的个数. 自旋向上或向下的格点数分别为

$$N_+ = \frac{N(1+m)}{2}, \quad N_- = \frac{N(1-m)}{2}. \tag{3.12}$$

假设单个原子的自旋取值是统计独立的, 由此可知系统的熵为

$$S = -k_\mathrm{B} N \left(\frac{N_+}{N} \ln \frac{N_+}{N} + \frac{N_-}{N} \ln \frac{N_-}{N} \right), \tag{3.13}$$

以及各个格点对的个数为

$$N_{++} = q\frac{N_+^2}{2N}, \quad N_{--} = q\frac{N_-^2}{2N}, \quad N_{+-} = q\frac{N_+ N_-}{N}. \tag{3.14}$$

将式 (3.14) 和式 (3.12) 代入式 (3.11) 和式 (3.13), 得

$$G(h,T) = -\frac{qJN}{2}m^2 - Nhm + Nk_\mathrm{B}T\left(\frac{1+m}{2} \ln \frac{1+m}{2} + \frac{1-m}{2} \ln \frac{1-m}{2} \right).$$

将上式对变量 m 求最小值, 得

$$0 = -qJm - h + \frac{1}{2}k_\mathrm{B}T \ln \frac{1+m}{1-m}, \tag{3.15}$$

68 即

$$m = \tanh[\beta(qJm + h)], \tag{3.16}$$

与式 (3.7) 相同. 对 $h = 0$ 的特殊情形, 自由能为

$$G(0,T)/N = -\frac{1}{2}qJm^2 + \frac{1}{2}k_\mathrm{B}T[(1+m)\ln(1+m) + (1-m)\ln(1-m) - 2\ln 2].$$

当 m 很小时可做级数展开, 得

$$G(0,T)/N = \frac{m^2}{2}(k_\mathrm{B}T - qJ) + \frac{k_\mathrm{B}T}{12}m^4 + \cdots - k_\mathrm{B}T\ln 2, \tag{3.17}$$

其中 m 的幂次为偶数的高阶项对应的系数均为正. 图 3.1 给出了 T 大于和小于 $T_\mathrm{c} = qJ/k_\mathrm{B}$ 时 $G(0,T)$ 的图像. 显然, 当 $T < T_\mathrm{c}$ 时, 有序相对应自由能更小的状态.

该系统的这种相变称为连续相变, 或二级相变. 因为序参量是 $(T_\mathrm{c} - T)$ 的函数, 所以其在相变点以前从零开始连续增加 (见图 3.2). 在本章接下来的部分中, 我们还将讨论不连续相变或称为一级相变的问题.

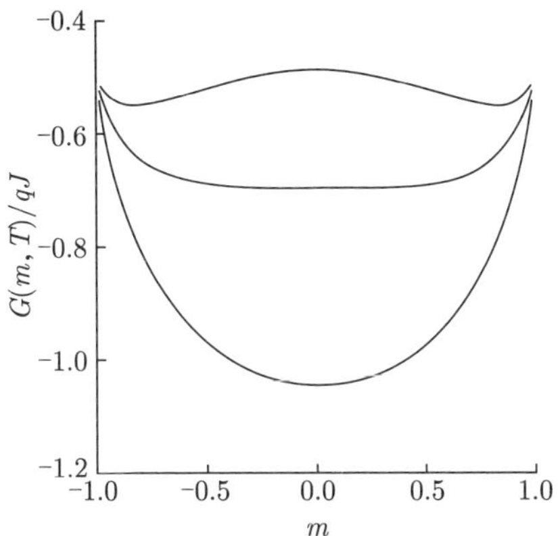

图 3.1　根据 Ising 模型, 在 Bragg-Williams 近似下得到的自由能. 这三条曲线分别对应 $T=1.5\ T_{\rm c}$, $T=T_{\rm c}$ 和 $T=0.77\ T_{\rm c}$ 的情况

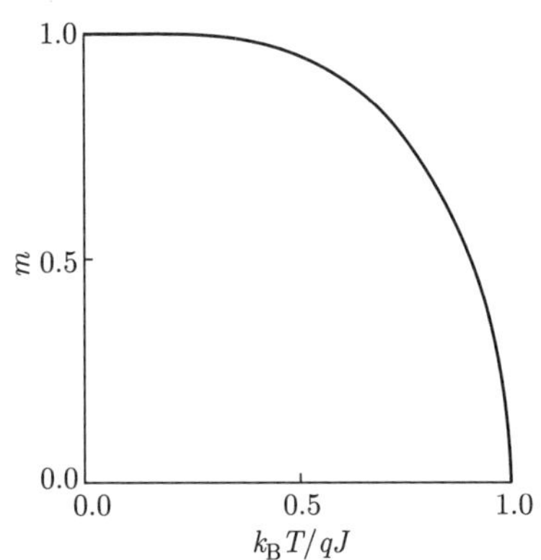

图 3.2　温度低于 $T_{\rm c}$ 时, 序参量随温度的变化情况

3.3　敬　告 69

上节所述理论具有普适性, 无论是晶格的类型还是空间维度对相变都没有影响, 唯一描述系统结构的参数是最近邻格点数 q. 因此在该近似下, 二维三角晶格和三维简单立方晶格的 Ising 模型具有完全相同的性质. 这一结论是完全错误的, 下面将说明平均场理论是如何导致这一错误结论的.

考虑两端自由的一维链, 零场下其哈密顿量为

$$H=-J\sum_{i=1}^{N-1}\sigma_i\sigma_{i+1}, \tag{3.18}$$

其基态能量为 $E_0 = -(N-1)J$. 假设系统处于极低温, 考虑具有如下定义的一类激发态: $\sigma_i = 1, i \leqslant l$ 和 $\sigma_i = -1, i > l$, 即

$$\begin{array}{cccccccc} \uparrow & \uparrow & \cdots & \uparrow & \downarrow & \downarrow & \cdots & \downarrow \\ 1 & 2 & & l & l+1 & & & N \end{array},$$

对一维链共有 $N-1$ 个类似的态, 对应的能量均为 $E = E_0 + 2J$. 在温度为 T 时, 由这些激发态引起的自由能变化为

$$\Delta G = 2J - k_{\mathrm{B}} T \ln(N-1).$$

70 在 $N \to \infty$ 的极限下, 对所有 $T > 0$ 而言, 上式均小于零. 这些激发态会使系统变得无序, 相应磁化强度的期望值为零. 因此, 在具有最近邻 (或任何有限距离) 相互作用的一维 Ising 模型中, 不可能存在向铁磁态转变的相变.

类似的推理可给出二维 Ising 模型转变温度的粗略估计. 考虑一个具有自由表面的 $N \times N$ 的正方格子. 我们想要研究如图 3.3 所示类型的激发态的集合. 在这类激发态中, 晶格被一个从网格一端延伸到另一端且没有环路的 "墙" 分成两个大的磁畴. 畴壁的能量为

$$\Delta E = 2LJ,$$

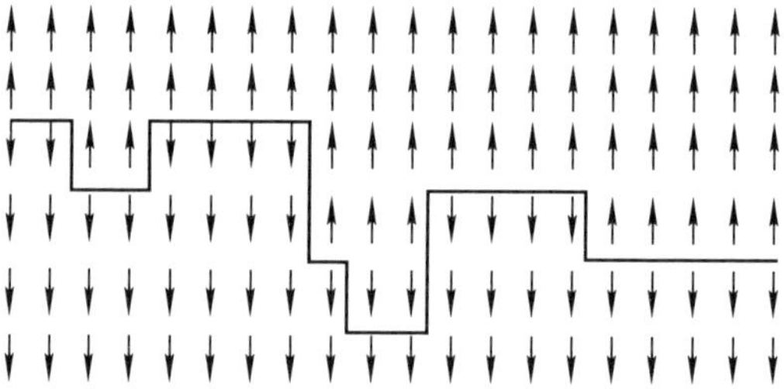

图 3.3　在二维 Ising 模型中的畴壁

其中 L 是畴壁上的线段数. 且如果我们从左边开始画一条畴壁, 忽略遇到上下边界的情况, 那么每走下一步至少有两个方向, 有时则有三个方向可供选择. 那么, 长度为 L 的无回路链对应的熵至少为 $k_{\mathrm{B}} \ln 2^L$. 链的起始点共有 N 种可能, 设从每一格点走下一步都有两个方向, 其中一个为向右, 则链长的平均值为 $2N$, 标准差 $\propto N^{1/2}$, 当 N 很大时, 标准差远小于链长. 所以将晶格分成两个区域后, 对应的自由能近似为

$$\Delta G \approx 4NJ - k_{\mathrm{B}} T \ln(N \times 2^{2N}).$$

当

$$T < T_{\mathrm{c}} \approx \frac{2J}{k_{\mathrm{B}} \ln 2} = \frac{2.885J \cdots}{k_{\mathrm{B}}}$$

时, 系统相对于畴壁的产生是稳定的. 这一估计值与精确解 (见 6.1 节) $T_c =$ 71
$2.269185\cdots J/k_B$ 惊人地接近.

Peierls① 首先更严密地讨论了上述方法, 并证明在二维模型中确实存在相变[237]. 这里对一维模型的论证给出一个敬告标志 —— 平均场的论述虽然有用, 但并不总是正确的. 3.6 节将重新讨论这一问题, 并精确地给出一维 Ising 模型的性质.

3.4 Bethe 近似

本节将讨论由 Bethe 给出的近似方案[35]. Fowler 和 Guggenheim 拓展了这一方案[101], 除了给出相同的序参量结果, 还给出了自由能的表达式.

再次考虑 3.1 节中由式 (3.3) 描述的简单 Ising 模型. 在平均场近似中忽略了自旋之间的关联, 即使对最近邻格点, 也采用近似 $\langle\sigma_i\sigma_j\rangle = \langle\sigma_i\rangle\langle\sigma_j\rangle = m^2$. 该近似可做系统性的改进. 假设晶格配位数为 q, 我们将某个自旋及其最近邻壳层的自旋作为整体来处理. 假设晶格其余部分通过一个等效的交换场作用在最近邻壳层上, 那么等效场可以自洽地给出. 中心集团的能量可写为

$$H_c = -J\sigma_0\sum_{j=1}^{q}\sigma_j - h\sigma_0 - h'\sum_{j=1}^{q}\sigma_j.$$

图 3.4 描述了将以上方案应用于正方格子的情形. 作用在外围自旋上的涨落的场由等效场 h' 代替, 这与之前用一个平均能量来代替 σ_0 与其最近邻格点的作用是一样的.

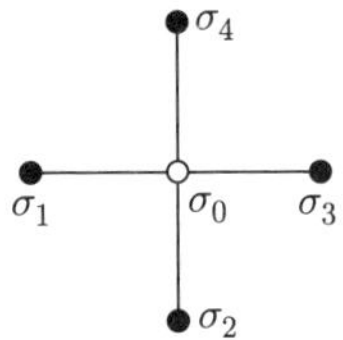

图 3.4 在 Bethe 近似下计算的自旋集团

该集团的配分函数由下式给出:

$$Z_c = \sum_{\sigma_j=\pm1} \mathrm{e}^{-\beta H_c} = \mathrm{e}^{\beta h}\{2\cosh[\beta(J+h')]\}^q + \mathrm{e}^{-\beta h}\{2\cosh[\beta(J-h')]\}^q.$$

期望值 $\langle\sigma_0\rangle$ 满足 72

$$\langle\sigma_0\rangle = \frac{1}{Z_c}(\mathrm{e}^{\beta h}\{2\cosh[\beta(J+h')]\}^q - \mathrm{e}^{-\beta h}\{2\cosh[\beta(J-h')]\}^q),$$

① 参考文献 [318] 中的 15.4 节也给出了该方法的清晰阐述.

而对于 $j=1,\cdots,q$, 有

$$\langle\sigma_j\rangle=\frac{1}{Z_{\mathrm{c}}}\left(2\mathrm{e}^{\beta h}\sinh[\beta(J+h')]\{2\cosh[\beta(J+h')]\}^{q-1}\right.$$
$$\left.-2\mathrm{e}^{-\beta h}\sinh[\beta(J-h')]\{2\cosh[\beta(J-h')]\}^{q-1}\right). \tag{3.19}$$

为简单起见, 现设 $h=0$. 因铁磁体具有平移不变性, 所以必有 $\langle\sigma_j\rangle=\langle\sigma_0\rangle$. 由此可得

$$\cosh^q[\beta(J+h')]-\cosh^q[\beta(J-h')]=$$
$$\sinh[\beta(J+h')]\cosh^{q-1}[\beta(J+h')]-\sinh[\beta(J-h')]\cosh^{q-1}[\beta(J-h')]$$

或

$$\frac{\cosh^{q-1}[\beta(J+h')]}{\cosh^{q-1}[\beta(J-h')]}=\mathrm{e}^{2\beta h'}. \tag{3.20}$$

求解式 (3.20) 即可得未知的等效场 h'. 显然式 (3.20) 总存在对应高温无序相的解 $h'=0$. 当 $h'\to\infty$ 时, 式 (3.20) 左侧趋近于 $\exp[2\beta J(q-1)]$, 它是个与 h' 无关的常数, 而方程右边发散. 因此, 如果左边函数在 $h'=0$ 处的斜率大于 2β, 那么两函
73 数在有限的 h' 处相交. 又因为式 (3.20) 在 $h'\to-h'$ 的变换下不变, 所以在 $h'\neq0$ 时会有两个解. 这些解存在于临界温度之下, 而临界温度由

$$\coth\beta_{\mathrm{c}}J=q-1$$

或者

$$\beta_{\mathrm{c}}J=\frac{1}{2}\ln\left(\frac{q}{q-2}\right) \tag{3.21}$$

给出. 在正方格子中对应值为 $k_{\mathrm{B}}T_{\mathrm{c}}/J=2.885\cdots$. 与 Onsager[222] 的精确解 $k_{\mathrm{B}}T_{\mathrm{c}}/J=2.269\cdots$, 以及前一节简单平均场理论的预言值 $k_{\mathrm{B}}T_{\mathrm{c}}/J=4$ 相比可知, Bethe 近似对临界温度的估算能力有所提高. 值得指出的是, Bethe 近似预言一维 Ising 模型 $(q=2)$ 没有相变, 这也与 3.6 节的精确解一致.

通常, 得到自由能和序参量的表达式也是很重要的. 为此, 可将式 (3.3) 中的哈密顿量写成如下形式:

$$H=H_0+\lambda V, \tag{3.22}$$

其中

$$H_0=-h\sum_i\sigma_i,\qquad V=-\sum_{\langle ij\rangle}\sigma_i\sigma_j.$$

在我们所研究的物理系统中, $\lambda=J$, 但也可以设想存在交换耦合强度不同的系统. 式 (3.22) 对应的自由能为

$$G=-k_{\mathrm{B}}T\ln\mathrm{Tr}\,\mathrm{e}^{-\beta H_0-\beta\lambda V}. \tag{3.23}$$

我们定义

$$G_0 \equiv -k_{\mathrm{B}}T \ln \mathrm{Tr}\, \mathrm{e}^{-\beta H_0} \tag{3.24}$$

和

$$\langle \mathcal{O} \rangle_\lambda \equiv \frac{\mathrm{Tr}\, \mathcal{O}\mathrm{e}^{-\beta H_0 - \beta\lambda V}}{\mathrm{Tr}\, \mathrm{e}^{-\beta H_0 - \beta\lambda V}}. \tag{3.25}$$

注意到

$$\frac{\partial G}{\partial \lambda} = \langle V \rangle_\lambda, \tag{3.26}$$

最后可得

$$G = G_0 + \int_0^J \mathrm{d}\lambda \langle V \rangle_\lambda. \tag{3.27}$$

如果期望值 $\langle V_\lambda \rangle$ 可以精确得到, 那么式 (3.27) 就是精确的. 通常将近似解代入 74
式 (3.27) 来得到有效的自由能近似解. 作为例子, 考虑零场中的一维 Ising 模型 ($q = 2$), 有

$$G_0 = -Nk_{\mathrm{B}}T \ln 2. \tag{3.28}$$

此时没有相变, 且 $h' = 0$. 对最近邻格点 i, j, Bethe 近似对应

$$\langle \sigma_i \sigma_j \rangle_\lambda = \frac{\mathrm{e}^{\beta\lambda} - \mathrm{e}^{-\beta\lambda}}{\mathrm{e}^{\beta\lambda} + \mathrm{e}^{-\beta\lambda}} = \tanh \beta\lambda, \tag{3.29}$$

由此得

$$G = -Nk_{\mathrm{B}}T \ln 2 - \frac{1}{2}Nq \int_0^J \mathrm{d}\lambda \tanh \beta\lambda = -Nk_{\mathrm{B}}T \ln(2\cosh \beta J).$$

正如我们在 3.6 节中看到的, 这恰好是精确解, 然而一般情况下 Bethe 近似仅给出自由能的近似解. 显然, 当考虑的集团更大时会得到更好的结果. 然而, 所有本质上依赖于在一定距离将关联截断的近似方法在临界点附近都会失效. 为明确这一点, 下一节将讨论平均场理论下的临界行为.

3.5 平均场理论下的临界行为

3.1 节已经证明, Ising 模型的序参量 (磁化强度) 在 T 从小于 T_{c} 的方向趋近于 T_{c} 时, 具有如式 (3.10) 所示的渐近行为:

$$m(T) \propto (T_{\mathrm{c}} - T)^{1/2}.$$

现在在临界点附近计算其他热力学函数. 首先考虑每个自旋的磁化率

$$\chi(h, T) = \left(\frac{\partial m}{\partial h}\right)_T.$$

由式 (3.7) 得, 当 $T \to T_c^+$ 时,

$$\chi(0,T) = \frac{\beta}{\cosh^2(\beta qJm) - \beta qJ} = \frac{1}{k_B(T - T_c)}. \tag{3.30}$$

75 而当 $T < T_c$ 时, 对 m 做渐近级数展开得

$$\chi(0,T) \approx \frac{1}{2k_B(T_c - T)}. \tag{3.31}$$

可见, 无论从高温还是低温区域向临界点趋近时, 磁化率都是发散的. 按照惯例, T 趋近于 T_c 时, 可将磁化率写为

$$\chi(0,T) \approx A_\pm |T - T_c|^{-\gamma}.$$

可知在现在讨论的平均场理论中, $\gamma = 1$. 二维 Ising 模型的精确解 (见 6.1 节) 给出 $\gamma = 7/4$, 三维 Ising 模型的精确解还不清楚, 但其近似值为 1.25. 平均场理论的失败可通过对比精确的磁化率表达式

$$\begin{aligned}\chi &= \left(\frac{\partial m}{\partial h}\right)_T = \frac{\partial}{\partial h}\left(\frac{\mathrm{Tr}\,\sigma_0 \mathrm{e}^{-\beta H}}{\mathrm{Tr}\,\mathrm{e}^{-\beta H}}\right)_T \\ &= \beta \sum_j (\langle \sigma_j \sigma_0 \rangle - \langle \sigma_j \rangle \langle \sigma_0 \rangle)\end{aligned} \tag{3.32}$$

来理解. 显然, 仅当自旋-自旋关联函数

$$\Gamma(|\boldsymbol{r}_j - \boldsymbol{r}_0|) = \langle \sigma_j \sigma_0 \rangle - \langle \sigma_j \rangle \langle \sigma_0 \rangle$$

是长程关联时, 磁化率才会发散. 例如, 对三维模型, 在 $T = T_c$, 距离很大时, 关联函数的衰减不能快于

$$\frac{1}{|\boldsymbol{r}_j - \boldsymbol{r}_0|^3}.$$

在简单平均场近似, 以及稍复杂的 Bethe 近似中, 长程关联很明显被丢掉了. 因此, 有限集团近似在 $T \to T_c$ 处失效也不足为奇.

下面来考察简单平均场和 Bethe 近似中的比热. 在零磁场下, 3.1 节和 3.2 节的平均场近似中给出的内能为

$$\begin{aligned}E = \langle H \rangle &= -J \sum_{\langle ij \rangle} \langle \sigma_i \rangle \langle \sigma_j \rangle \\ &= -\frac{N}{2} Jqm^2,\end{aligned}$$

由此得出 76

$$C_h = \left(\frac{\partial E}{\partial T}\right)_{h=0} = \begin{cases} -\dfrac{N}{2}Jq\left(\dfrac{\partial m^2}{\partial T}\right) \to \dfrac{3}{2}Nk_{\mathrm{B}}, & \text{当 } T \to T_{\mathrm{c}}^{-} \text{ 时}, \\ 0, & \text{当 } T > T_{\mathrm{c}} \text{ 时}. \end{cases} \tag{3.33}$$

这说明, 平均场理论在相变点附近产生了不连续. 这与更精确的理论, 以及实验结果都是矛盾的, 它们给出幂级数形式的解:

$$C_h \approx B_{\pm}|T - T_{\mathrm{c}}|^{-\alpha},$$

其中 α 一般称为比热指数.

在 Bethe 近似中要确定比热的奇异性的计算比较冗长. 但给出决定内能大小的关联函数 $\langle\sigma_0\sigma_j\rangle$ 却比较容易, 即

$$\langle\sigma_0\sigma_j\rangle = \frac{\sinh\beta(J+h')\cosh^{q-1}\beta(J+h') + \sinh\beta(J-h')\cosh^{q-1}\beta(J-h')}{\cosh^q\beta(J+h') + \cosh^q\beta(J-h')},$$

其中 j 为格点 0 位置的最近邻格点. 当 $T > T_{\mathrm{c}}, h' = 0$ 时,

$$E = -\frac{N}{2}qJ\langle\sigma_0\sigma_j\rangle = -\frac{N}{2}qJ\tanh\beta J.$$

注意到当 $h' \neq 0$ 时, 有 $\langle\sigma_0\sigma_j\rangle_{h'} = \langle\sigma_0\sigma_j\rangle_{-h'}$, 因此必有

$$\langle\sigma_0\sigma_j\rangle_{h'} = \langle\sigma_0\sigma_j\rangle|_{h'=0} + a(T)h'^2 + \cdots.$$

上述展开式中的第一项在高温时对内能的贡献是连续的, 如果 $\partial h'^2/\partial T$ 在 $T \to T_{\mathrm{c}}$ 时趋于常数, 那么第二项将在 T_{c} 处产生不连续. 对此的严格证明留给读者练习 (见习题 3.4). 类似的方法可以证明在 Bethe 近似中, $m(T) = \langle\sigma_0\rangle \propto |T - T_{\mathrm{c}}|^{1/2}$. 因此集团理论给出的临界性质在一定程度上似乎具有普适性, 而且不依赖于近似的精度.

另一个在所有平均场理论中表现出相似性质的量是临界等温线 $m(T_{\mathrm{c}}, h)$. 在最简单的平均场理论中满足式 (3.7), 即

$$m = \tanh\{\beta(qJm + h)\}.$$

在 $T = T_{\mathrm{c}} = qJ/k_{\mathrm{B}}$ 处将双曲正切函数展开得

$$m \approx m + \beta h - \frac{1}{3}(m + \beta h)^3.$$

由此可知, 在 $h = 0$ 附近, 有 77

$$h \propto |m|^{\delta}\mathrm{sign}(m),$$

其中 $\delta = 3$. 关于在 Bethe 近似中 $\delta = 3$ 的证明仍作为习题留给读者. 3.7 节将讨论 Landau 给出的相变的一般理论, 该理论在临界点附近的行为与平均场理论和集团理论一致.

3.6 Ising 链的精确解

一维 Ising 链是统计力学中少数可以精确计算出其配分函数的模型, 而且解的形式也非常简单, 这使得热力学函数也很容易得出. 首先, 考虑零外场中长度为 N 的两端自由链, 其哈密顿量为

$$H=-J\sum_{i=1}^{N-1}\sigma_i\sigma_{i+1}.$$

对应的配分函数为

$$Z_N=\sum_{\sigma_1=\pm1}\cdots\sum_{\sigma_N=\pm1}\exp\left\{\beta J\sum_{i=1}^{N-1}\sigma_i\sigma_{i+1}\right\}.$$

上式求和中最后一个自旋在指数中只出现一次, 而无论 σ_{N-1} 取何值, 都有

$$\sum_{\sigma_N=\pm1}\mathrm{e}^{\beta J\sigma_{N-1}\sigma_N}=2\cosh\beta J,$$

由此得

$$Z_N=(2\cosh\beta J)Z_{N-1}.$$

重复上述步骤可得

$$Z_N=(2\cosh\beta J)^{N-2}Z_2,$$
$$Z_2=\sum_{\sigma_1=\pm1}\sum_{\sigma_2=\pm1}\mathrm{e}^{\beta J\sigma_1\sigma_2}=4\cosh\beta J,$$

最后得到

$$Z_N=2(2\cosh\beta J)^{N-1}. \tag{3.34}$$

78 据此可求出 Gibbs 自由能为

$$G=-k_{\mathrm{B}}T\ln Z_N=-k_{\mathrm{B}}T[\ln 2+(N-1)\ln(2\cosh\beta J)].$$

在热力学极限下, 只有与 N 正相关的项是重要的, 所以有

$$G=-Nk_{\mathrm{B}}T\ln(2\cosh\beta J). \tag{3.35}$$

我们可以进一步给出外加磁场时的自由能. 为了忽略边界效应 (这一影响在热力学极限下并不重要), 采用周期性边界条件, 即第 N 个自旋与第一个自旋相连从而构成环状, 则

$$H=-J\sum_{i=1}^{N}\sigma_i\sigma_{i+1}-h\sum_{i=1}^{N}\sigma_i,$$

其中自旋的下标取除以 N 后的余数 (即 $N+i=i$). 哈密顿量可改写为

$$H=-\sum_{i=1}^{N}\left[J\sigma_i\sigma_{i+1}+\frac{h}{2}(\sigma_i+\sigma_{i+1})\right],$$

由此得到配分函数

$$\begin{aligned}Z_N&=\sum_{\sigma_1=\pm1}\cdots\sum_{\sigma_N=\pm1}\exp\left\{\beta\sum_{i=1}^{N}\left[J\sigma_i\sigma_{i+1}+\frac{h}{2}(\sigma_i+\sigma_{i+1})\right]\right\}\\&=\sum_{\sigma_i}\prod_{i=1}^{N}\exp\left\{\beta\left[J\sigma_i\sigma_{i+1}+\frac{h}{2}(\sigma_i+\sigma_{i+1})\right]\right\}.\end{aligned}$$

为方便起见, 引入 2×2 转移矩阵

$$\boldsymbol{P}=\begin{bmatrix}P_{11} & P_{1-1}\\ P_{-11} & P_{-1-1}\end{bmatrix},$$

其中

$$\begin{aligned}P_{11}&=\mathrm{e}^{\beta(J+h)},\\P_{-1-1}&=\mathrm{e}^{\beta(J-h)},\\P_{-11}=P_{1-1}&=\mathrm{e}^{-\beta J}.\end{aligned}$$

现在可以利用转移矩阵的乘积形式来表达配分函数:

$$Z_N=\sum_{\{\sigma_i\}}P_{\sigma_1\sigma_2}P_{\sigma_2\sigma_3}\cdots P_{\sigma_N\sigma_1}=\mathrm{Tr}\,\boldsymbol{P}^N,$$

其中矩阵 $\boldsymbol{P}$ 可对角化, 其本征值 λ_1,λ_2 是久期方程 79

$$|\boldsymbol{P}-\lambda\boldsymbol{I}|=0 \tag{3.36}$$

的根.

类似地, 矩阵 $\boldsymbol{P}^N$ 的本征值为 λ_1^N,λ_2^N, 则 $\boldsymbol{P}^N$ 的迹为其本征值之和, 即

$$Z_N=\lambda_1^N+\lambda_2^N.$$

式 (3.36) 的解为

$$\lambda_{1,2}=\mathrm{e}^{\beta J}\cosh\beta h\pm\sqrt{\mathrm{e}^{2\beta J}\sinh^2\beta h+\mathrm{e}^{-2\beta J}}.$$

令上式取加号对应的根为 λ_1, 则 λ_1 总是大于 λ_2. 自由能为

$$\begin{aligned}G&=-k_\mathrm{B}T\ln(\lambda_1^N+\lambda_2^N)=-k_\mathrm{B}T\left\{N\ln\lambda_1+\ln\left[1+\left(\frac{\lambda_2}{\lambda_1}\right)^N\right]\right\}\\&\to-Nk_\mathrm{B}T\ln\lambda_1,\qquad\text{当 }N\to\infty\text{ 时}.\end{aligned}$$

由此可得热力学极限下的自由能为

$$G = -Nk_{\mathrm{B}}T\ln\left[\mathrm{e}^{\beta J}\cosh\beta h + \sqrt{\mathrm{e}^{2\beta J}\sinh^2\beta h + \mathrm{e}^{-2\beta J}}\right]. \tag{3.37}$$

对 $h=0$ 的特殊情形, 可得到之前已经得到过的结果 (见式 (3.35)). 根据

$$m = \langle\sigma_0\rangle = -\frac{1}{N}\frac{\partial G}{\partial h} = \frac{k_{\mathrm{B}}T}{\lambda_1}\frac{\partial\lambda_1}{\partial h},$$

可以得到

$$m = \frac{\sinh\beta h}{\sqrt{\sinh^2\beta h + \mathrm{e}^{-4\beta J}}}. \tag{3.38}$$

可见, 当 $h=0$ 时, 在任何非零温度下都没有自发磁化. 然而, 在低温极限下, 对任何 $h\neq 0$ 都有

$$\sinh^2\beta h \gg \mathrm{e}^{-4\beta J},$$

且仅需很小的外场即可达到饱和磁化强度. 在 $T\to 0$ 的极限下, 零场的自由能趋近于 $G(T\to 0) = -NJ$, 它对应自旋方向完全一致的情况. 据此我们可以说当 $T=0$
80 时存在相变, 而当 $T\neq 0$ 时, 自由能是其变量的解析函数. 这一行为与平均场 (见 3.1 节) 或 Bragg-Williams (见 3.2 节) 近似的结果不同, 后两者存在由 $T=0$ 到 $T=T_{\mathrm{c}}$ 的共存曲线将序参量分别取正负值的区域区分开来, 而序参量在跨过这条曲线时有不连续的变化. 对于平均场近似解和精确解的更详尽比较将更加有趣. 图 3.5 给出了在不同外场下能量的精确解和 Bragg-Williams 近似解. 图 3.6 给出了不

81

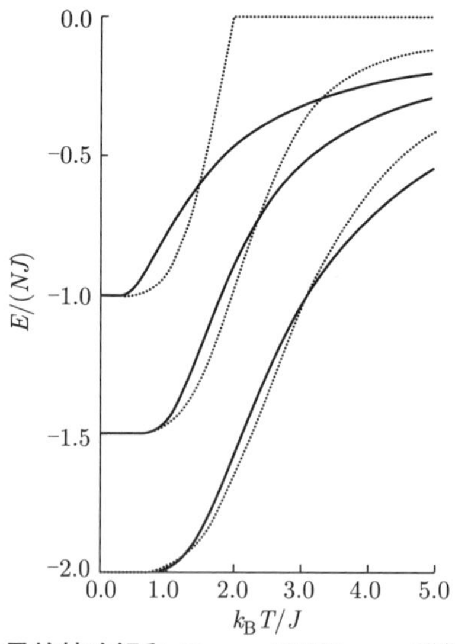

图 3.5 一维 Ising 链的能量的精确解和 Bragg-Williams 近似解的对比. 其中实线代表精确解, 虚线代表平均场近似解. 三组曲线分别对应 $h=0$, $h=0.5\ J$ 和 $h=J$ 的情况

同外场下两种近似给出的磁化率随温度的变化. 相应的比热结果在图 3.7 中给出, 此时 Bethe 近似的结果没有给出, 因为它和精确解一致.

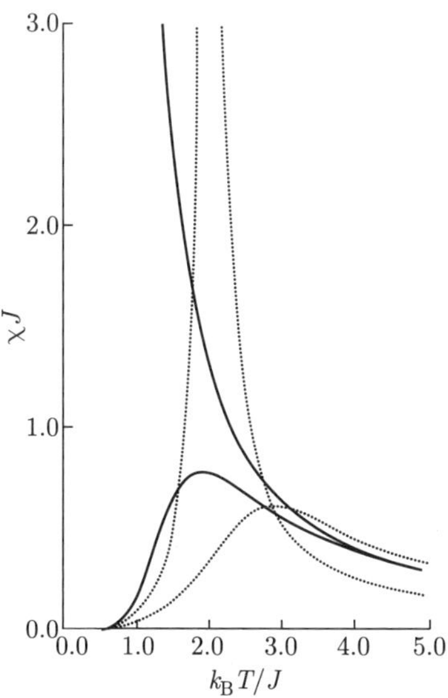

图 3.6　在一维 Ising 链下, 磁化率的精确解 (实线) 和 Bragg-Williams 近似解 (虚线) 的对比. 两组曲线分别对应 $h=0$ 和 $h=0.5\ J$ 的情况

82

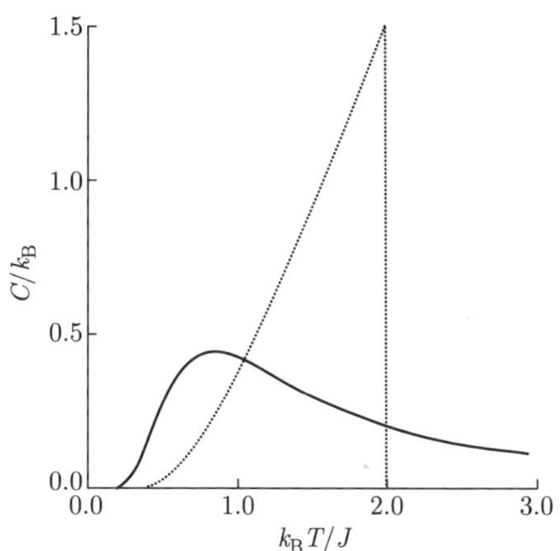

图 3.7　在一维 Ising 链下, 比热的精确解 (实线) 和 Bragg-Williams 近似解 (虚线) 的对比. 图中只给出了 $h=0$ 的情况. 对于 $h\neq 0$ 的情况, 其精确解和近似解的区别类似于图 3.6 中给出的磁化率的区别

在 3.4 节和 3.5 节中我们介绍了对分布函数

$$g(j) = \langle \sigma_0 \sigma_j \rangle,$$

并强调在平均场近似下, 我们忽略了自旋之间的长程关联. 在最简单的平均场理论中, 做了如下近似:

$$\langle \sigma_0 \sigma_j \rangle = \langle \sigma_0 \rangle \langle \sigma_j \rangle,$$

由此所导致的误差可通过研究自旋-自旋关联函数

$$\Gamma(j) = \langle \sigma_i \sigma_{i+j} \rangle - \langle \sigma_i \rangle \langle \sigma_{i+j} \rangle$$

加以分析. 对于 Ising 链来说, 此关联函数可直接计算. 为简单起见, 考虑零场 ($h = 0$) 情形. 当 $T \neq 0$ 时, 没有确定的自旋取向, 所以 $\langle \sigma_l \rangle = 0$, 因此 $\Gamma(j) = g(j)$. 假设一条两端自由的链, 且自旋 σ_i 和 σ_{i+j} 与两端相距很远. 我们另外假定自旋 l 和 $l+1$ 之间的交换积分是与 l 有关的变量 J_l, 在最后的计算结果中将令其等于常数 J, 因此得到

$$\langle \sigma_i \sigma_{i+j} \rangle = \frac{1}{Z_N} \sum_{\{\sigma_l\}} \sigma_i \sigma_{i+j} \exp\left\{ \beta \sum_{l=1}^{N-1} J_l \sigma_l \sigma_{l+1} \right\},$$

又从式 (3.34) 得

$$Z_N = 2 \prod_{l=1}^{N-1} (2 \cosh \beta J_l).$$

因为 $\sigma_i^2 = 1$, 所以

$$\begin{aligned}
\langle \sigma_i \sigma_{i+j} \rangle &= \frac{1}{Z_N} \sum_{\{\sigma_l\}} (\sigma_i \sigma_{i+1})(\sigma_{i+1} \sigma_{i+2}) \cdots (\sigma_{i+j-1} \sigma_{i+j}) \exp\left\{ \beta \sum_{l=1}^{N-1} J_l \sigma_l \sigma_{l+1} \right\} \\
&= \frac{1}{Z_N \beta^j} \left. \frac{\partial^j Z_N(J_0, \cdots, J_N)}{\partial J_i \cdots \partial J_{i+j-1}} \right|_{J_l = J} \\
&= (\tanh \beta J)^j = \mathrm{e}^{-j/\xi}.
\end{aligned} \tag{3.39}$$

这里, 我们定义关联长度

$$\xi = -[\ln(\tanh \beta J)]^{-1}.$$

因为 $\tanh \beta J < 1$, 所以 $\xi > 0$. 在任何非零温下, 自旋-自旋关联函数将随 j 的增加呈现出指数衰减的行为. 后面将说明关联长度这一概念的重要性. 低温下,

$$\ln(\tanh \beta J) \approx -\mathrm{e}^{-2\beta J},$$

可见关联长度在低温变得相当大. 关联长度在临界点发散是连续相变的普遍性质.

3.7 Landau 相变理论 83

1936 年, Landau 建立了相变的一般性理论, 其核心假设是在临界点的邻域内可将自由能按序参量 m 的幂级数展开. 处于平衡态时, m 的取值可使自由能取最小值. 必须立刻说明的是, 在 $m=0$ 时, 自由能是 m 的解析函数这一假定并不正确. 然而, Landau 理论作为定性的工具来说是非常有用的, 而且经过适当的推广后, 可以在 Wilson 提出的现代重整化理论中起到重要作用.

我们首先讨论一个 Gibbs 函数具有简单对称性 ($G(m,T)=G(-m,T)$) 的系统, 并默认与序参量 m 对应的共轭场 h 等于零. 在该对称性下, 将 $G(m,T)$ 做级数展开的一般形式为

$$G(m,T)=a(T)+\frac{1}{2}b(T)m^2+\frac{1}{4}c(T)m^4+\frac{1}{6}d(T)m^6+\cdots. \tag{3.40}$$

上式中引入分数形式的系数, 是为了接下来更方便处理问题. 在用平均场理论处理 Ising 模型时, 我们已经遇到过这类级数展开 (见 3.4 节), 但式 (3.40) 更具一般性.

在这里系数 $b(T),c(T),d(T),\cdots$ 的函数形式并没有给出, 下面将继续研究这些系数的不同会导致的不同结果. 首先考虑 $c,d,\cdots>0$, 且 $b(T)$ 在某个温度 $T_{\rm c}$ 时改变符号的情况. 假设在 $T=T_{\rm c}$ 附近, 有

$$b(T)=b_0(T-T_{\rm c}),$$

此时函数 $G(m,T)$ 在不同温度的取值如图 3.8 所示.

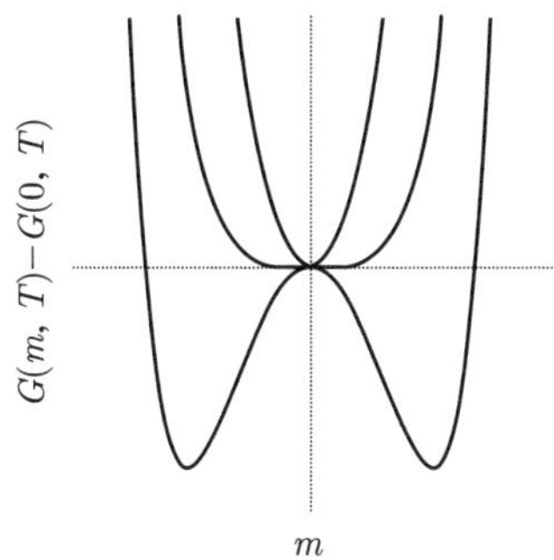

图 3.8 当 $c,d,\cdots>0$, 且 $b(T)=b_0(T-T_{\rm c})$ 时的自由能

$T<T_{\rm c}$, $m=0$ 对应自由能的局域最大值, 平衡态则对应发生自发对称性破缺的两个态之一, 此时 G 具有极小值. 可以很容易计算出序参量与温度的关系:

$$\left(\frac{\partial G}{\partial m}\right)_T=0=bm+cm^3+dm^5+\cdots.$$

84 忽略 dm^5 及以上的高阶项, 当 $T \to T_c^-$ 时, 可得到

$$m \approx \pm\sqrt{\frac{b_0}{c(T_c)}}\sqrt{T_c - T},$$

同样也可以得到热容的表达式

$$C = T\left(\frac{\partial S}{\partial T}\right).$$

如果用撇号代表对 T 的微分, 可得

$$S = -\frac{\partial G}{\partial T} = -a' - \frac{b'}{2}m^2 - \frac{c'}{4}m^4 - \cdots - \frac{b}{2}(m^2)' - \frac{c}{4}(m^4)' - \cdots.$$

当 $T \to T_c^-$ 时,

$$C \to -Ta'' - Tb'(m^2)' - \frac{Tc(m^4)''}{4},$$

其中

$$(m^2)' \to -\frac{b_0}{c},$$
$$b' \to b_0,$$
$$(m^4)'' \to \frac{2b_0}{c^2},$$

可得

$$C \to \begin{cases} -Ta'' + Tb_0^2/2c, & T \to T_c^-, \\ -Ta'', & T \to T_c^+. \end{cases}$$

可见, 序参量和热容与前面在 Ising 模型的平均场理论中所得结果的形式是相同的.

现考虑一个稍微不同的情况. 设 c 在某个温度时改变符号, 而 $d(T) > 0$, 且 $b(T)$
85 是随温度递减的函数, 但在所研究的区域内始终为正值. 此时自由能的图像如图 3.9 所示. 在这种情形中, 序参量有一个意料之中的不连续的跳跃. 为说明这一点, 令 $m_0 \neq 0$ 代表自由能取极小值的点. 必须指出的是, 当 $G(m_0, T_c) = G(0, T_c)$, $b(T_c) > 0$ 时, 在 $m = 0$ 处是一个局域的而非全局的最小值. 其平衡条件为

$$\left.\frac{\partial G}{\partial m}\right|_{m_0} = 0 = bm_0 + cm_0^3 + dm_0^5 + \cdots.$$

当满足

$$G(m_0) - G(0) = 0 = \frac{b}{2}m_0^2 + \frac{c}{4}m_0^4 + \frac{d}{6}m_0^6$$

时, 系统发生相变. 从中可以给出 m_0 的非零解

$$m_0^2 = -\frac{3c(T_c)}{4d}, \tag{3.41}$$

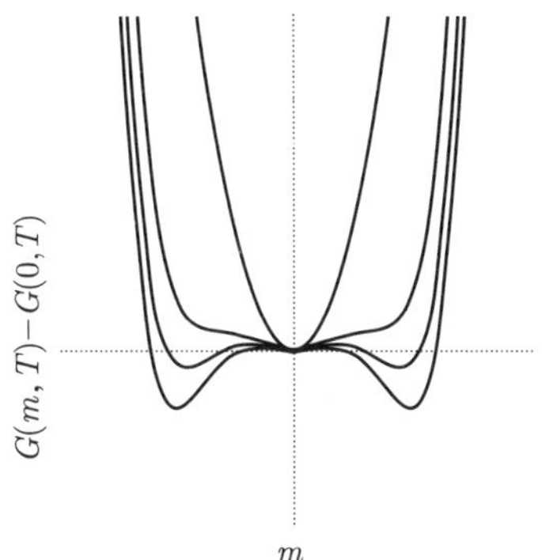

图 3.9 在 $b(T)$ 改变符号的温度以上，$c(T)$ 改变符号的情形下，一系列温度下的自由能图像

并且

$$b(T_c) = \frac{3c^2}{16d} > 0, \tag{3.42}$$

这就证明了之前所说的，一级相变发生在连续相变之前. 在这种条件下，b 和 c 在同一温度趋于零的情况一般不可能出现. 在 3.9 节我们将看到，当这些系数不仅取 86
决于温度还取决于其他热力学参数的变化，且不同的有序相之间存在竞争时，上述特殊的情形就会发生.

3.8 对称性分析

本节将讨论 $G(m,T) \neq G(-m,T)$ 的情形，即在 Landau 展开式中包含 m 的奇次幂项. 下面将通过三态 Potts 模型详细说明这一情形. 在 4.2 节中将讨论另一个例子：向列相液晶的 Maier-Saupe 模型. 首先讨论一般情形，由于 Landau 展开中关于序参量的线性项可以通过做 $m \to m + \Delta$ 的变换，并选择适当的 Δ 值来消除. 因此可设关于 m 的奇次幂项中的首项为 m 的立方项，从而有

$$G(m,T) = a(T) + \frac{1}{2}b(T)m^2 - \frac{1}{3}c(T)m^3 + \frac{1}{4}d(T)m^4 + \cdots . \tag{3.43}$$

为了稳定性，可假设 $d(T) > 0$ 且 $c(T) > 0$. 若 $c(T) < 0$，则仅对应将序参量变号的情形. 另外我们还像之前一样假设 $b(T)$ 为关于 T 的递减函数，且在 T^* 处改变符号. 在以上假设下，自由能将具有如图 3.10 所示的一般形式.

我们将会看到，一级相变仍旧在二级相变之前发生. 在相变点 T_c 处有 87

$$G(m_0, T_c) = G(0, T_c)$$

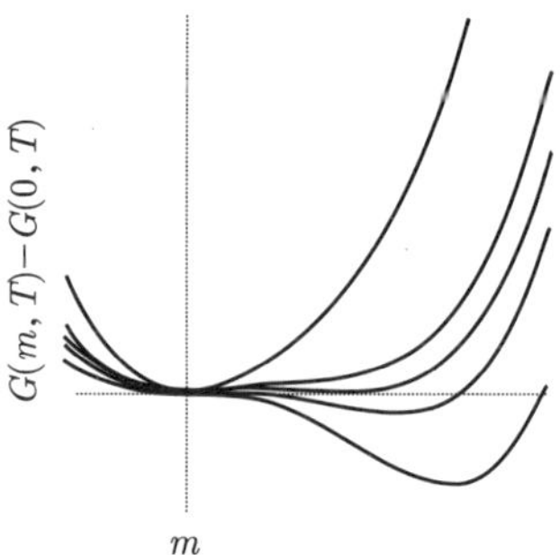

图 3.10　在 Landau 展开中包含一个 m 的立方项的情形下, 不同温度下的自由能

和

$$\left.\frac{\partial G}{\partial m}\right|_{m_0} = 0 = bm_0 - cm_0^2 + dm_0^3.$$

对上式求解可得

$$m_0 = \frac{2c}{3d},$$

且

$$b(T_\mathrm{c}) = \frac{2c^2}{9d} > 0.$$

由此可见, Landau 展开中立方项的出现预示一级相变的存在. 理论上得到的这一预言对三维系统的确成立, 但在二维的三态 Potts 模型中 (见 3.8.1 小节和 7.5.2 小节) , 相应的结果是不正确的. 这再一次暗示平均场理论对低维系统并不可靠.

3.8.1　Potts 模型

一个在 Landau 展开中出现立方项并预示一级相变存在的例子就是 Potts 模型. 考虑具有 N 个自旋的系统, 且每一个自旋都可以处在 q 个态之一. 每一个自旋仅与其最近邻且态相同的自旋发生相互作用, 且相互作用能为负. 系统的哈密顿量为

$$H = -J\sum_{\langle i,j\rangle}^{N} \delta_{S_i,S_j},$$

其中 $J > 0$.

当 $q = 2$ 时, 该模型即为 Ising 模型. 下面仅考虑 $q = 3$ 的情形, 并将相应的态标记为 A, B, C. 令浓度 $n_A = N_A/N, n_B = N_B/N, n_C = N_C/N$, 则在 Bragg-Williams 近似下, 自由能为

$$A = -\frac{qNJ}{2}[n_A^2 + n_B^2 + n_C^2] + Nk_\mathrm{B}T[n_A \ln n_A + n_B \ln n_B + n_C \ln n_C].$$

在高温无序相, $n_A = n_B = n_C = 1/3$. 当然在一般情况下, 浓度满足如下约束条件: 88

$$n_A + n_B + n_C = 1.$$

引入参数表达式:

$$\begin{aligned} n_A &= \frac{1}{3}(1+2y), \\ n_B &= \frac{1}{3}(1+\sqrt{3}x-y), \\ n_C &= \frac{1}{3}(1-\sqrt{3}x-y), \end{aligned} \tag{3.44}$$

这些参数可能的取值限制在如图 3.11 所示的正三角形内.

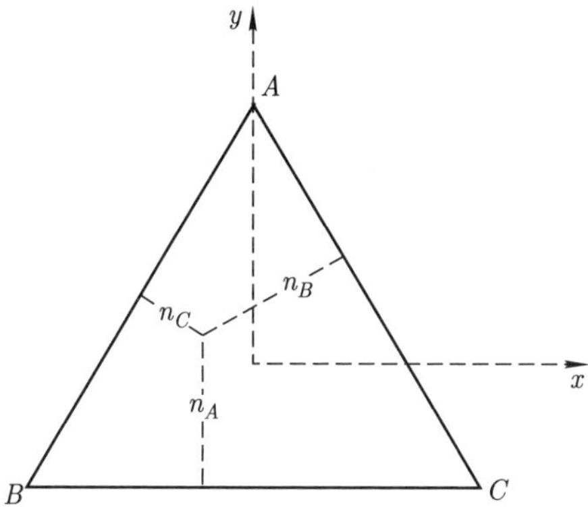

图 3.11 相应于所有 A, B, C **态的可能的** x, y **取值限制在一个以** $(0,1)$, $(\sqrt{3}/2,-1/2)$, $(-\sqrt{3},-1/2)$ **为顶点的正三角形内**

可能的有序相将优先占据 A, B 或 C 中的某个态. 由于对称性, 无论其占据哪个态, 对应的自由能都是一样的. 为了具体讨论, 我们将序参量选取为 $x=0, y=m$, 且 $-1/2 \leqslant m \leqslant 1$. 相应的自由能为

$$\begin{aligned} A = &-\frac{qNJ}{6}[1+2m^2] \\ &+Nk_{\mathrm{B}}T\left[\frac{2}{3}(1-m)\ln(1-m)+\frac{1}{3}(1+2m)\ln(1+2m)-\ln 3\right]. \end{aligned}$$

下面将说明, 在 $N \to \infty$ 的极限下, 随着降温, 该系统在某个温度 T_{c} 时将先经历一个一级相变, 使得 A, B, C 中某个态的占有数大于另外两个态. 89

自由能有如下的级数展开形式:

$$\frac{A}{N} = -\frac{qJ}{6} - k_{\mathrm{B}}T\ln 3 - \left(\frac{qJ}{3} - k_{\mathrm{B}}T\right)m^2 - \frac{k_{\mathrm{B}}T}{3}m^3 + \frac{k_{\mathrm{B}}T}{2}m^4 + \cdots,$$

该式中的立方项表明有序化的转变是一级的. 通过画出在某些温度下自由能随温度的变化图像就可以进一步证明这一点.

以 $J/k_{\rm B}$ 为单位的相变温度可以通过数值形式给出. 图 3.12 展示了当温度 T 在相变点附近时, 自由能随序参量的变化. 临近相变点时序参量 y 非常接近 1/2, 可以证明这一结果是精确的, 从而得出相变温度为

$$T_{\rm c} = \frac{J}{4k_{\rm B}\ln 2}.$$

因此在相变点有 $n_C = 2/3, n_A = n_B = 1/6$.

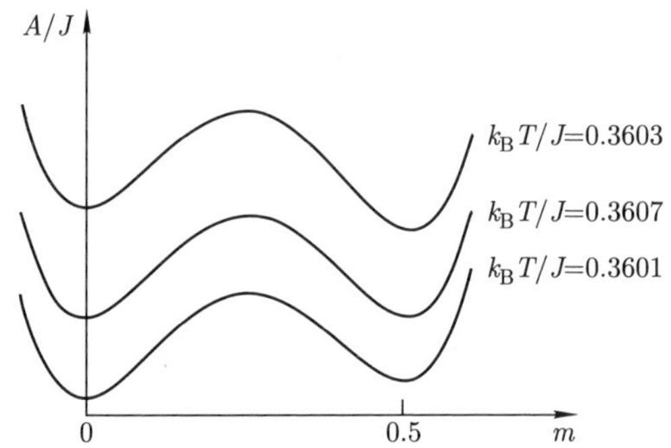

图 3.12 当 $k_{\rm B}T/J = 0.3603$, 0.3607 和 0.3601 时, 自由能 A/J 随序参量 m 的变化情况. 临近相变点时, 序参量 y 非常接近 1/2

因此一级相变的发生将伴随着相变潜热. 当 $m = 0$ 时, 每个自旋的熵变为
90 $k_{\rm B}\ln 3$; 而当 $x = 0, y = 1/2$ 时, 每个自旋的熵变为 $\dfrac{k_{\rm B}}{3}\ln\dfrac{27}{2}$. 可得相变潜热为

$$L = T\Delta S = \frac{J}{12}.$$

在 7.5.2 小节中, 我们将重新回到三态 Potts 模型, 那时将用它来模拟石墨上覆盖率为 1/3 的氦单层, 这一情形对应的空间维度为 $d = 2$, 平均场理论将给出错误的结果. 实际相变是连续的, 且并非一级相变. 在高维情形, 平均场理论的处理方法给出了在定性上正确的结果. Wu 给出了 Potts 模型的综述 [330].

3.9 三相临界点的 Landau 理论

正如在 3.7 节指出的, 当式 (3.40) 中 Landau 展开的系数 b 和 c 同时为零时, 将可能导致新的临界行为. 这一情况通常发生在当系统除了温度以外还有更多控制参数, 且多于一个序参量时. 作为一个例子, 在习题 3.13 中我们考虑一个可求解的

模型, 在该模型中 Ising 链与弹性场相互耦合. 4.3 节将考虑另一个系统, 即 ^{3}He-^{4}He 混合气的 Blume-Emery-Griffiths 模型. 其他具有三相临界点的例子还有反铁磁体 $\mathrm{FeCl_2}$, 该系统在外加磁场很低时将发生连续相变, 在外加磁场足够强时将发生一级相变而成为混合相 (反铁磁相和铁磁相共存); 以及固态 $\mathrm{NH_4Cl}$, 其取向相变随压强不同由二级变为一级; 另外还有铁电体 $\mathrm{KDPO_4}$、三元混合液体和一些液晶系统. 下面我们讨论一般的 Landau 处理方法. 三相临界现象的综述可参考 Lawrie 和 Sarbach 的文章 [167].

按之前的惯例, 定义系统的序参量为 m, 与之耦合的外场记为 h. 与其他序参量 x 耦合的外场记为 $\varDelta$. 在 $\mathrm{FeCl_2}$ 中,

$$m = M_Q = \sum_{\boldsymbol{r}} S_{\boldsymbol{r}} \exp\{\mathrm{i}\boldsymbol{Q}\cdot\boldsymbol{r}\}$$

表示交错磁化强度, 其中 $S_{\boldsymbol{r}}$ 为 $\boldsymbol{r}$ 处的自旋, h 为交错磁场 (它在实验室中是无法实现的) , x 为均匀磁化强度, $\varDelta$ 为均匀外加磁场. 在液晶的单轴和双轴相变中, m 和 91
x 分别代表式 (4.24) 中的序参量 P 和 Q, h 和 $\varDelta$ 分别为与之相对应的相互垂直的外场 (即电场和磁场) (见习题 4.4).

设自由能具有如下形式:

$$\frac{G(m,T,\varDelta)}{N} = a(T,\varDelta) + \frac{1}{2}b(T,\varDelta)m^2 + \frac{1}{4}c(T,\varDelta)m^4 + \frac{1}{6}d(T,\varDelta)m^6.$$

临界点由 $b(T,\varDelta)=0$ 给出, 对应 T-$\varDelta$ 平面上的一条曲线 (见图 3.13) . 三相临界点由 $b(T,\varDelta)=c(T,\varDelta)=0$ 给出, 该式一般给出一个确定的点 $(T_{\mathrm{t}},\varDelta_{\mathrm{t}})$.

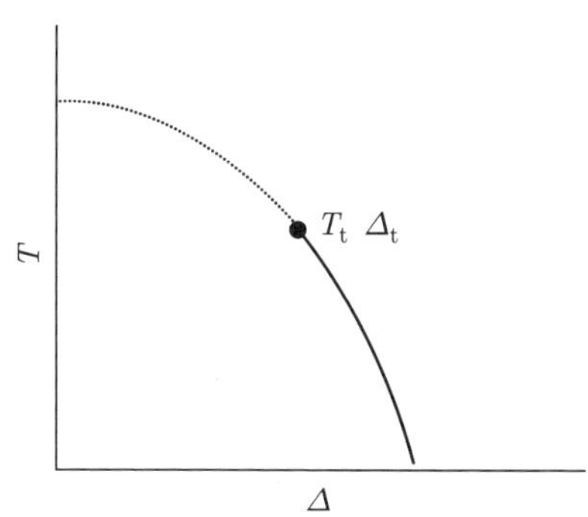

图 3.13 三相临界点附近的相行为. 实线代表一级相变, 虚线代表临界点

假设温度继续降低, 但 $\varDelta > \varDelta_{\mathrm{t}}$, 系数 c 比系数 b 先变为零. 此时常用的一级相变方程依然适用. 当 $\varDelta < \varDelta_{\mathrm{t}}$ 时, 相变是连续的. 首先我们将证明连接临界点的一级相变曲线是光滑的. 得到的一级相变曲线为

$$b(T,\varDelta) - \frac{3c^2(T,\varDelta)}{16d(T,\varDelta)} = 0. \tag{3.45}$$

临界点的相变曲线所满足的方程 $b(T,\Delta)=0$ 给出该曲线在 $b=0$ 处的斜率为

$$\left.\frac{\mathrm{d}\Delta}{\mathrm{d}T}\right|_{\text{crit}}=-\frac{\left.\dfrac{\partial b}{\partial T}\right|_{\Delta}}{\left.\dfrac{\partial b}{\partial \Delta}\right|_{T}}\equiv-\frac{b_T}{b_\Delta}. \tag{3.46}$$

92 上式中的下标表示偏微分, 则由式 (3.45) 可得一级相变曲线的斜率为

$$\left.\frac{\mathrm{d}\Delta}{\mathrm{d}T}\right|_{\text{first order}}=-\frac{b_Td+d_Tb-\dfrac{3}{8}cc_T}{b_\Delta d+d_\Delta b-\dfrac{3}{8}cc_\Delta}. \tag{3.47}$$

当 $(T,\Delta)\to(T_{\mathrm{t}},\Delta_{\mathrm{t}}),c\to 0,b\to 0$ 时, 式 (3.46) 和式 (3.47) 是相同的.

容易看出, 当 $\Delta>\Delta_{\mathrm{t}}$ 时, 一级相变意味着具有不同密度值的两相共存. 设 x 的期望值可通过自由能由

$$x=-\frac{1}{N}\left.\frac{\partial G}{\partial \Delta}\right|_{T} \tag{3.48}$$

求出, 其中负号符合 Δ 的符号约定. 一级相变发生于

$$G(m,T,\Delta)=G(0,T,\Delta) \tag{3.49}$$

和

$$\left.\frac{\partial G}{\partial m}\right|_{T,\Delta}=0 \tag{3.50}$$

时.

由式 (3.48)—(3.50) 导出 x 不连续的问题将留给读者作为习题. 由于沿一级相变曲线可到达三相临界点, 所以 x 的不连续性可表示为如下形式:

$$\delta x=-\frac{3}{8d}(b_\Delta c+c_\Delta b)+\mathcal{O}(c^2), \tag{3.51}$$

这里我们用了式 (3.41). 因此, 在 T-x 平面上的相图如图 3.14 所示.

在趋近于三相临界点时, 序参量和热容的渐近行为也是值得研究的. 求解式 (3.50) 可得

$$m^2=\sqrt{\frac{c^2}{4d^2}-\frac{b}{d}}-\frac{c}{2d}. \tag{3.52}$$

以不同的方式靠近三相临界点, 将使得该方程具有两种不同的渐近行为. 因为 b 和 c 都是以线性形式趋于零的, 所以可以期望在多数情况下有

$$\left|\frac{b}{d}\right|\gg\frac{c^2}{4d^2}.$$

93

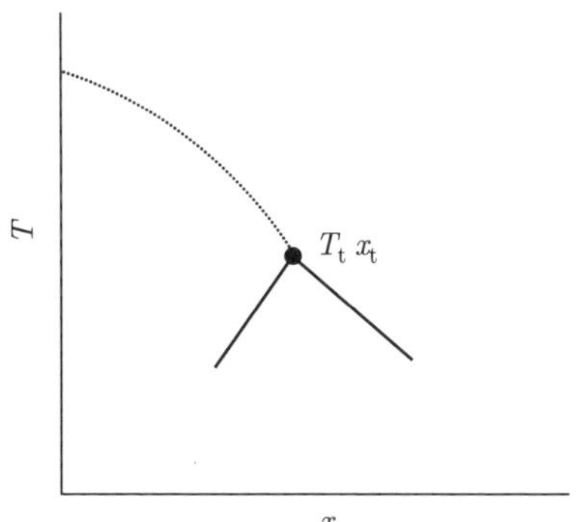

图 3.14 在 T-x 平面上三相临界点附近的相图

如果 $b(T,\mathit{\Delta}) = b_0(T - T_t)$, 则有

$$m(T) \approx \left[\frac{b_0}{d(T_t)}\right]^{1/4} (T_t - T)^{1/4}.$$

因此, 在三相临界点附近, 指数 β 的值为 $\dfrac{1}{4}$, 而非临界点附近, 指数 β 的值为 $\dfrac{1}{2}$. 然而, 在 T-$\mathit{\Delta}$ 平面上存在着一个由

$$\left|\frac{b}{d}\right| < \frac{c^2}{4d^2}$$

给出的很窄的区域. 在该区域中上述渐近行为是不正确的. 式 (3.52) 中的所有项在该区域都正比于 $(T_t - T)$, 从而

$$m \propto \sqrt{T_t - T}.$$

图 3.15 粗略地描述了三相临界点附近的临界区域和三相临界区域.

94

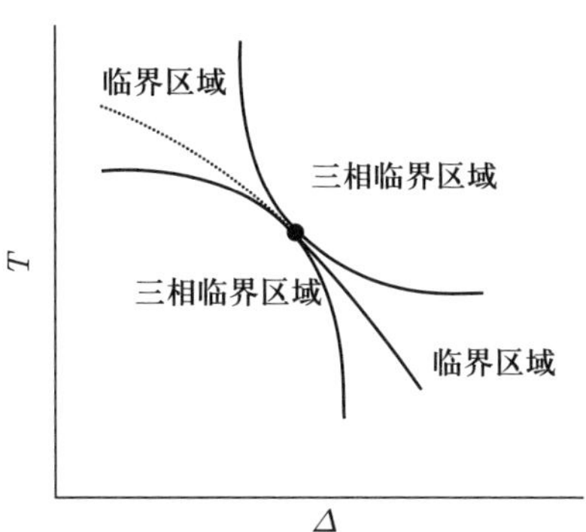

图 3.15 三相临界点附近的临界和三相临界区域

沿着位于三相临界区域的路径接近临界点时, 对应的指数用下标 t 标记; 相应地, 沿着位于临界区域的路径接近临界点时, 对应的指数用下标 u 标记. 因此, $\beta_{\mathrm{t}}=\dfrac{1}{4},\beta_{\mathrm{u}}=\dfrac{1}{2}$. 关于 $\gamma_{\mathrm{u}}=2,\gamma_{\mathrm{t}}=1,\alpha_{\mathrm{t}}=\dfrac{1}{2},\alpha_{\mathrm{u}}=-1$ 的证明将留作习题 (见习题 3.12). 一个值得注意的事实是, 在三维情形中对三相临界指数的预言是精确的 (在对数修正的范围以内[320]). 3.10 节给出的自洽性论证将说明导致该结果的原因, 并指出关于临界点的 Landau-Ginzburg 理论在空间维度 $d\geqslant 4$ 时是正确的.

3.10　涨落的 Landau-Ginzburg 理论

我们在 3.5 节中已经指出, 由于忽略了长程关联, 因此平均场理论在临界点附近的结论是不正确的. 但可以将 Landau 理论推广, 以使其至少可以近似加入涨落的影响. 这里不再使用在本章广泛应用的 Gibbs 自由能②, 而是通过 Legendre 变换得到 Helmholtz 自由能. 在均匀的情形下, 它对应 $A(M,T)=G+hM$, 而且 $\mathrm{d}A=-S\mathrm{d}T+h\mathrm{d}M$的情况. 现在我们允许独立变量与位置有关, 即

$$M=\int \mathrm{d}^3 r m(\boldsymbol{r}),$$

并设自由能可表示为

$$\begin{aligned}A(\{m(\boldsymbol{r})\},T)=\int \mathrm{d}^3 r\bigg\{&a(T)+\frac{b(T)}{2}m^2(\boldsymbol{r})+\frac{c(T)}{4}m^4(\boldsymbol{r})\\&+\frac{d(T)}{6}m^6(\boldsymbol{r})+\cdots+\frac{f}{2}[\nabla m(\boldsymbol{r})]^2\bigg\},\end{aligned}\tag{3.53}$$

95 前三项是对式 (3.40) 的简单推广, 最后一项表明当序参量在空间不均匀时, 自由能会增大. 因此, 假定系数 f 是正的. 在式 (3.53) 中已将自由能表示为自由能密度的体积分. 即使对离散系统, 如晶格中的自旋, 只要 $m(\boldsymbol{r})$ 的变化程度相对于间距足够大, 就可以将动力学变量 "粗粒化", 则上述表示还是正确的. 在临界点附近, 这一近似当然可行. 然而, 对 3.7 节中 Landau 理论最主要的异议, 即自由能并不一定是序参量的解析函数, 对非均匀形式 (见式 (3.53)) 也依然适用. 在均匀的情形下, 有

$$h=\left.\frac{\partial A}{\partial M}\right|_T.$$

② 我们也可利用 Gibbs 函数

$$G(\{h(\boldsymbol{r})\},T,\{m(\boldsymbol{r})\})=A-\int \mathrm{d}^3 r h(\boldsymbol{r})m(\boldsymbol{r}),$$

并且将 $m(\boldsymbol{r})$ 视为变分参数. 这可以得到与式 (3.54)—(3.59) 相同的结果.

在非均匀的情形中, 上述导数应该用泛函微分表述:

$$h(\boldsymbol{r})=\frac{\delta A}{\delta m(\boldsymbol{r})}.$$

我们可以构造 A 的变分为

$$\delta A=\int \mathrm{d}^3r\{\delta m(\boldsymbol{r})[bm(\boldsymbol{r})+cm^3(\boldsymbol{r})+dm^5(\boldsymbol{r})+\cdots]+f\nabla\delta m(\boldsymbol{r})\cdot\nabla m(\boldsymbol{r})\},$$

最后一项是通过分部积分和边界条件 $\delta m(\boldsymbol{r})=0$ 得到的. 由此可得

$$h(\boldsymbol{r})=bm(\boldsymbol{r})+cm^3(\boldsymbol{r})+dm^5(\boldsymbol{r})+\cdots-f\nabla^2 m(\boldsymbol{r}). \tag{3.54}$$

如果在上式中令 $h(\boldsymbol{r})=0, \nabla m(\boldsymbol{r})=0$, 就回到均匀的 Landau 理论的结果. 在二级相变附近, (均匀的) 序参量服从

$$m_0^2=-\frac{b}{c},\qquad \text{当 } T<T_\mathrm{c} \text{ 时}, \tag{3.55}$$

这已在 3.7 节中给出.

考虑对材料添加局域微扰 $h_0\delta(\boldsymbol{r})$, 我们可以根据式 (3.54) 来计算微扰对整个系统所产生的影响. 令 $m(\boldsymbol{r})=m_0(T)+\phi(\boldsymbol{r})$. 忽略 ϕ 中的非线性项, 可得 $m^3(\boldsymbol{r})=m_0^3+3m_0^2\phi(\boldsymbol{r})$. 根据以上近似, 可得

$$\nabla^2\phi(\boldsymbol{r})-\frac{b}{f}\phi(\boldsymbol{r})-3m_0^2\frac{c}{f}\phi(\boldsymbol{r})-\frac{b}{f}m_0-\frac{c}{f}m_0^3=-\frac{h_0}{f}\delta(\boldsymbol{r}). \tag{3.56}$$

当 $T>T_\mathrm{c}$ 时, $m_0=0$; 而当 $T<T_\mathrm{c}$ 时, m_0 的结果由式 (3.55) 给出, 最终得到 **96**

$$\begin{aligned}
&\nabla^2\phi-\frac{b}{f}\phi=-\frac{h_0}{f}\delta(\boldsymbol{r}), &&\text{当 } T>T_\mathrm{c} \text{ 时},\\
&\nabla^2\phi+2\frac{b}{f}\phi=-\frac{h_0}{f}\delta(\boldsymbol{r}), &&\text{当 } T<T_\mathrm{c} \text{ 时}.
\end{aligned} \tag{3.57}$$

在三维情形中, 这些方程在柱坐标系中很容易解得, 即

$$\phi=\frac{h_0}{4\pi f}\frac{\mathrm{e}^{-r/\xi}}{r}, \tag{3.58}$$

其中

$$\begin{aligned}
&\xi(T)=\sqrt{\frac{f}{b(T)}}, &&\text{当 } T>T_\mathrm{c} \text{ 时},\\
&\xi(T)=\sqrt{-\frac{f}{2b(T)}}, &&\text{当 } T<T_\mathrm{c} \text{ 时}.
\end{aligned} \tag{3.59}$$

函数 $\xi(T)$ 为关联长度, 且有

$$b(T) = b'(T - T_{\rm c}).$$

可见, 无论从低温或高温趋近于 $T_{\rm c}$ 时, 上式均发散. 在现在的理论中,

$$\xi(T) \propto |T - T_{\rm c}|^{-1/2}.$$

而在实验上, 以及更精确的理论中给出

$$\xi(T) \propto |T - T_{\rm c}|^{-\nu},$$

这里临界指数 ν 依赖于模型本身和系统的空间维度.

我们也可将函数 $\phi(\boldsymbol{r})$ 与关联函数相联系. 假设在哈密顿量中加上一项

$$-\int {\rm d}^3 r m(\boldsymbol{r}) h(\boldsymbol{r}),$$

则有

$$\langle m(\boldsymbol{r})\rangle = \frac{{\rm Tr}\, m(\boldsymbol{r}) \exp\left\{-\beta\left[H_0 - \int {\rm d}^3 r' m(\boldsymbol{r}') h(\boldsymbol{r}')\right]\right\}}{{\rm Tr}\ \exp\left\{-\beta\left[H_0 - \int {\rm d}^3 r' m(\boldsymbol{r}') h(\boldsymbol{r}')\right]\right\}},$$

其中 H_0 表示 H 中独立于 $h(\boldsymbol{r})$ 的部分. 可以看出

$$\frac{\delta\langle m(\boldsymbol{r})\rangle}{\delta h(0)} = \phi(\boldsymbol{r})/h_0 = \beta(\langle m(\boldsymbol{r})m(0)\rangle - \langle m(\boldsymbol{r})\rangle\langle m(0)\rangle) = \beta\Gamma(\boldsymbol{r}), \tag{3.60}$$

97 即函数 $\phi(\boldsymbol{r})$ 与序参量-序参量关联函数成正比. 磁化率由下式给出 (在液体中压缩率也有类似的表达式):

$$\chi = \beta \int {\rm d}^3 r \Gamma(\boldsymbol{r}),$$

容易看出, 这里可重新得到平均场的结果

$$\chi \propto |T - T_{\rm c}|^{-1}.$$

根据上面的结果, 我们可以建立一个平均场 (或 Landau) 理论的自洽判据, 称为 Ginzburg 判据. 首先, 我们将系统推广到 d 维空间. 式 (3.57) 和式 (3.58) 的推广是极为普遍的, 只需将算符 ∇^2 换成相应的 d 维空间的算符形式, 同时以相应的 d 维空间的 δ 函数取代式中的 δ 函数即可. 这时式 (3.57) 和式 (3.58) 的解一般并不具备式 (3.59) 的简单形式. 但是, 可以证明对任一维度 d, 当 $r \ll \xi$ 时, $\phi \propto r^{-d+2}$; 而当 $r \gg \xi$ 时, $\phi \propto {\rm e}^{-r/\xi}$. 为了做数量级估计, 可写成

$$\phi(\boldsymbol{r}) \approx \frac{{\rm e}^{-r/\xi}}{r^{d-2}}.$$

在平均场理论中, 我们往往在大距离时对关联函数 (见式 (3.60)) 做粗略近似. 因此, 可以预期, 这种近似成立的条件是两者之比

$$\frac{\displaystyle\int_{\Omega(\xi)} \mathrm{d}^d r[\langle m(\boldsymbol{r})m(0)\rangle - \langle m(\boldsymbol{r})\rangle\langle m(0)\rangle]}{\displaystyle\int_{\Omega(\xi)} \mathrm{d}^d r m_0^2} \ll 1, \tag{3.61}$$

其中积分区域是半径为 ξ 的 d 维超球面. 另外, 估算 Landau 理论能够正确描述临界行为的空间维度 d 也是很有趣的问题. 为此, 我们用 Landau 理论得出的渐近形式的解代替式 (3.61) 中出现的物理量, 即做如下替代:

$$m_0^2 \approx |T - T_\mathrm{c}|^{2\beta},$$

以及

$$\langle m(\boldsymbol{r})m(0)\rangle - \langle m(\boldsymbol{r})\rangle\langle m(0)\rangle \approx \frac{\exp\{-r/\xi\}}{r^{d-2}}.$$

在球坐标系中进行积分, 可得适用条件为 98

$$\frac{Bd\displaystyle\int_0^{\xi} \mathrm{d}r r^{d-1}\mathrm{e}^{-r/\xi_r-(d-2)}}{B\xi^d|T - T_\mathrm{c}|^{2\beta}} \ll 1, \tag{3.62}$$

其中 Br^d 为半径为 r 的 d 维球体的体积. 在上式的分子中做 $r = \xi x$ 的变换, 得

$$\left(d\int_0^1 \mathrm{d}x x\mathrm{e}^{-x}\right)|T - T_\mathrm{c}|^{d\nu-2\beta-2\nu} \ll 1.$$

上式中的第一个因子是数量级为 1 的常数. $T \to T_\mathrm{c}$ 时, 当且仅当 $d\nu - 2\beta - 2\nu > 0$, 或

$$d > 2 + \frac{2\beta}{\nu} \tag{3.63}$$

时, 不等式才成立. 在临界点, Landau 理论给出 $\beta = \dfrac{1}{2}, \nu = \dfrac{1}{2}$, 由此可得 $d_\mathrm{c} \geqslant 4$. 在三相临界点, 有 $\beta_\mathrm{t} = \dfrac{1}{2}, \nu_\mathrm{t} = \dfrac{1}{2}$, 相应地, $d_\mathrm{c} \geqslant 3$. 边界值 $d_\mathrm{c} = 4, d_\mathrm{t} = 3$ 称为上临界维度数, 它在发展临界现象的重整化群方法中发挥了重要作用. 在这些临界维度区域, Landau 临界指数有小的修正. 因此, Landau 的三相临界点理论是一个正确描述三维中协作效应的杰出例子.

Ginzburg 判据的另一个应用是: 关联长度的估算值可用来确定在 T_c 附近涨落起重要作用的温度区域[146]. 我们将在 11.3.4 小节回到这个问题, 在那里我们将指出在超导的 BCS 理论中, 该温度区域非常小. 另一方面, 在最近发现的高温超导体中, 临界区域的涨落非常重要[147]. 在 5.4 节, 我们将给出用 Landau–Ginzburg 理论研究气液界面的性质的例子.

3.11 多元序参量: n 矢量模型

对于很多具有物理研究价值的系统, 其基态的简并度往往都高于零场 Ising 模
99 型的两重简并. 其中一个例子就是 Heisenberg 模型, 在不含外场时, 其哈密顿量为

$$H = -\sum_{i<j} J_{ij} \boldsymbol{S}_i \cdot \boldsymbol{S}_j. \tag{3.64}$$

该模型的动力学变量是三维自旋算符

$$\boldsymbol{S}_i = (S_{xi}, S_{yi}, S_{zi}),$$

它满足一般的角动量对易关系. 当 $J_{ij} > 0$ 时, 哈密顿量 (见式 (3.64)) 倾向于使近邻自旋相互平行, 显然基态时所有自旋都处于同一方向, 记该方向为 z, 且 $S_{zi} = S$. 哈密顿量 (见式 (3.64)) 在自旋空间具有旋转对称性, 即 z 可以选为任意方向. 外加磁场将破坏这一对称性, 但决定系统临界行为的关联涨落在本质上依赖于旋转对称性的存在. 这一节仅为展示在考虑这种对称性的情况下, 如何对 Landau 理论做适当推广. Heisenberg 模型的平衡态可由下面三个热力学期望值来描述:

$$m_x = \frac{1}{N}\left\langle \sum_i S_{xi} \right\rangle,$$

$$m_y = \frac{1}{N}\left\langle \sum_i S_{yi} \right\rangle,$$

$$m_z = \frac{1}{N}\left\langle \sum_i S_{zi} \right\rangle.$$

通过构造一个在矢量的任意转动下都保持不变的 Landau 展开式, 即

$$G = a + \frac{1}{2}b(T)(m_x^2 + m_y^2 + m_z^2) + \frac{1}{4}c(T)(m_x^2 + m_y^2 + m_z^2)^2 + \cdots,$$

可以把哈密顿量 (见式 (3.64)) 的旋转对称性包含到 Landau 理论中. 更一般的 n 矢量模型是将 Heisenberg 模型中的三元序参量用 n 元序参量代替, 并根据变量

$$m^2 = \sum_{\alpha=1}^{n} m_\alpha^2$$

做 Landau 展开.

100 类似地, 在向列相液晶中序参量是由式 (4.21) 给出的对称的, 且迹等于零的张
量 $Q_{\alpha\beta}$. 此时 Landau 展开必然通过由张量构成的两个不变量来描述, 即

$$\sum_{\alpha,\beta} Q_{\alpha\beta} Q_{\beta\alpha},$$

$$\sum_{\alpha,\beta,\gamma} Q_{\alpha\beta}Q_{\beta\gamma}Q_{\gamma\alpha}.$$

从之前的讨论可以看出, 某种特定的对称性破缺也可以包含在 Landau 自由能中. 例如, 立方晶格中的磁体一般具有满足立方对称性的晶体场. 所以在立方晶格中, Heisenberg 模型的 Landau 自由能的恰当形式为

$$G(\{m\},T) = a + \frac{b}{2}(m_x^2 + m_y^2 + m_z^2) + \frac{c}{4}(m_x^2 m_y^2 + m_x^2 m_z^2 + m_y^2 m_z^2) \\ + \frac{d}{4}(m_x^4 + m_y^4 + m_z^4) + \cdots . \tag{3.65}$$

式 (3.65) 在不包含晶体场时, 有 $c(T) = 2d(T)$. 系统的平衡态行为可由满足下列方程的 n 元序参量来描述:

$$\frac{\partial G}{\partial m_\alpha} = 0, \qquad \alpha = 1, 2, \cdots, n.$$

其他具有多元序参量的系统还包括超流体 ^{4}He (两元)、超导体 (两元), 以及可用来描述许多二维、三维材料临界行为的 q 态 Potts 模型 ($q-1$ 元) (详见 3.8.1 小节和 7.5.2 小节) 等.

3.12 习　题

3.1 具有长程相互作用的 Ising 模型.

考虑一个自旋为 $\sigma = 1$ 或 -1 的长链, 自旋相互作用并不局限于最近邻格点之间, 而是长程的, 所以其哈密顿量为

$$H = -\sum_{i=1}^{N}\sum_{j<i}\frac{J}{|i-j|^\alpha}\sigma_i\sigma_j,$$

其中 α 为介于 1 和 2 之间的常数, 且 $J > 0$ (铁磁耦合). 设系统满足周期性边界条件. 101

(a) 在 $N \to \infty$ 的极限下对系统做平均场近似, 并估计铁磁相的转变温度, 以及转变温度以下的序参量 $m = \langle\sigma\rangle$. 其中对近邻自旋对求和可用积分来近似表示.

(b) 设自旋相互作用仅存在于最近邻格点上, 即其哈密顿量为

$$H = -J\sum_{i=1}^{N}\sigma_i\sigma_{i+1}, \quad J > 0.$$

我们讨论过, 通过一个 “畴壁” 将线段分成自旋向上和向下的区域所对应的能量为 $2J$, 而产生两个区域对应的熵将正比于 $\ln N$. 因为在热力学极限 $N \to \infty$ 时, 有 $\ln N > 2J$, 所以系统分成两个区域时是不稳定的, 即铁磁相不可能出现. 证明对于有长程相互作用, 且 $\alpha < 2$ 的系统, 在非零温时可能出现取向有序, 所以必须对这一论证进行修正.

3.2 一维 Ising 模型的 Bethe 近似.

在 Bethe 近似下, 计算磁场中的一维 Ising 模型的磁化强度, 并与精确解 (见式 (3.38)) 相比较.

3.3 临界指数.

(a) 补充课本中得到式 (3.30)—(3.31) 的具体推导步骤.

(b) 证明 $h=0$ 且 $q>2$ 时, 在 Bethe 近似下, 比热 C_h 在 $T=T_\mathrm{c}$ 处不连续.

(c) 证明在 Ising 模型的 Bethe 近似中, 靠近 T_c 时, $m(h=0)\propto|T-T_\mathrm{c}|^{1/2}$.

(d) 证明在 Ising 模型的 Bethe 近似中, 等温临界指数满足 $\delta=3$.

3.4 二维 Ising 模型的集团近似.

102 将 Bethe 近似加以改进来处理更一般类型的集团. 考虑二维正方格子和三角格子上的 Ising 模型. 分别将格子分成包含 4 个和 3 个自旋的区域块, 如图 3.16 所示. 对块内的相互作用做精确计算, 属于不同块的自旋之间的相互作用用分子场近似表示. 分别求 (a) 三角格子 (△), (b) 正方格子 (□) 的临界温度, 并将分子场理论的结果与以下精确值进行比较:

$$\frac{J}{k_\mathrm{B}T_\mathrm{c}}=0.441\cdots(\square),\qquad \frac{J}{k_\mathrm{B}T_\mathrm{c}}=0.275\cdots(\triangle).$$

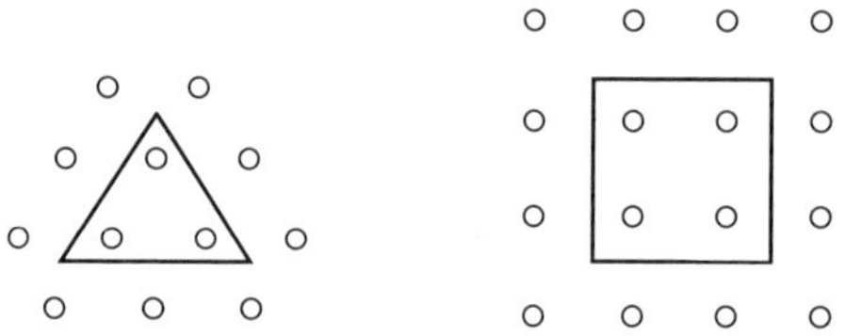

图 3.16 二维正方格子和三角格子上的 Ising 模型的集团

3.5 将一维 Ising 模型应用到聚合物问题中.

用一维 Ising 模型来描述以下现象: 在长链型聚合物分子的稀溶液中, 分子长度 l 随温度具有如图 3.17 所示的变化.

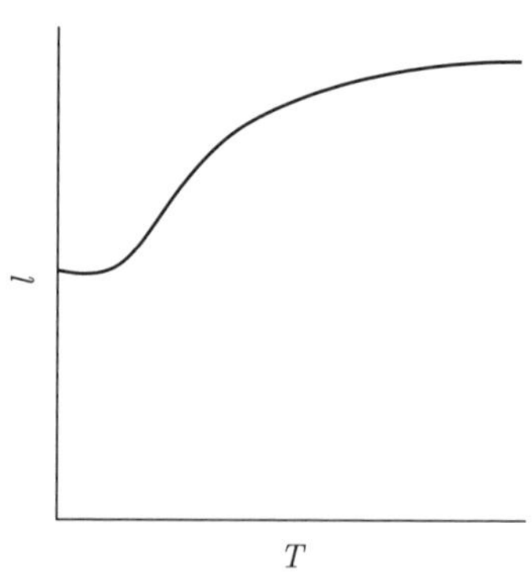

图 3.17 在长链型聚合物分子的稀溶液中, 分子长度 l 随温度的变化情况

3.6 自旋为 1 的一维 Ising 模型.

一维 Ising 模型的哈密顿量如下所示:

$$H = -J\sum_i \sigma_i\sigma_{i+1}, \qquad \text{当 } \sigma_i = 0, \pm 1, J > 0 \text{ 时}.$$

计算其内能. 在求解中需要对三次方程的根做微分. 该问题可数值求解.

3.7 广义无规行走问题.

应用转移矩阵方法求解如下广义无规行走问题: 仔细观察醉汉就会发现, 完全的无规 103
行走只是描述醉汉运动的粗略近似. 惯性在决定醉汉下一步往哪个方向走时起了重要作用. 因此, 醉汉下一步与前一步方向相同的概率会更大. 为构建描述这一运动的简单模型, 可假设最近邻的步子之间存在关联, 即下一步与前一步方向相同的概率为 p, 方向相反的概率为 $(1-p)$.

假定运动限制在一维空间里, 计算 N 步之后位移的均方值.

3.8 Ising 链的自旋集团.

(a) 考虑在外磁场 h 中具有周期性边界条件的一维 Ising 模型. 设 j 处的自旋处在向上或向下的某个态. 利用 3.6 节的转移矩阵方法计算 $j+1, j+2, \cdots, j+n$ 处的自旋与 j 处的自旋处于相同态, 且与 $j+n+1$ 处的自旋处于相反态的概率.

(b) 取消对 $j+n+1$ 处的自旋的限制, 重新计算上述概率.

3.9 一级相变的潜热.

考虑 Landau 自由能: 104

$$G(m,T) = a(T) + \frac{b}{2}m^2 + \frac{c}{4}m^4 + \frac{d}{6}m^6,$$

并假设 $b>0, c<0$, 从而会发生一级相变. 推导相变潜热的表达式.

3.10 三相临界点附近的渐近行为.

(a) 推导出在三相临界点附近通过一级相变曲线两侧的序参量不连续的方程式 (3.51).

(b) 证明在三相临界区域, $\gamma_{\mathrm{t}} = 1, \alpha_{\mathrm{t}} = \dfrac{1}{2}$.

(c) 证明在临界区域, Landau 理论预言的临界指数为 $\gamma_{\mathrm{u}} = 2, \alpha_{\mathrm{u}} = -1$.

3.11 晶体场中的 Heisenberg 模型.

3.11 节中式 (3.65) 给出了立方晶体场中的 Landau 自由能. 设 m 的幂次高于四次的项所对应的系数均为正, 试确定有序相的性质. 假设系统有序相的自旋取向在 (100), (111) 或 (110) 三个方向之一, 求自由能关于 m 的模的最小值, 并说明在什么条件下相变是不连续的?

3.12 Alben 模型.

二级相变的对称性破缺的特点可由一个简单的机械模型[9] 来解释. 设在横截面积为 a 的管中有一质量为 m 的活塞, 管被弯成了半径为 R 的半圆形 (如图 3.18 所示) . 系统温度恒为 T. 活塞的两侧都是由 N 个原子构成的理想气体. 活塞右侧体积为 $aR\left(\dfrac{\pi}{2}-\phi\right)$, 左侧体积为 $aR\left(\dfrac{\pi}{2}+\phi\right)$. 利用习题 2.6 中所推得的理想气体的 Helmholtz 自由能公式,

可以得到系统的自由能为

$$A = MgR\cos\phi - Nk_{\mathrm{B}}T\left[\ln\frac{aR\left(\frac{\pi}{2}+\phi\right)}{N\lambda^3} + \ln\frac{aR\left(\frac{\pi}{2}-\phi\right)}{N\lambda^3} + 2\right].$$

105 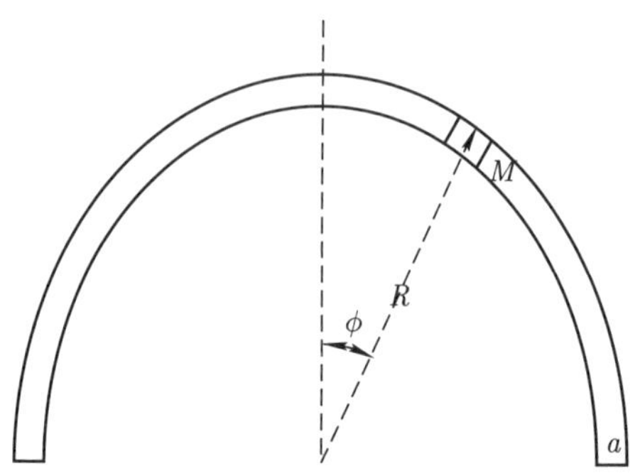

图 3.18　Alben 模型

(a) 通过使自由能取极小值来证明系统在以下温度时将发生对称性破缺相变:

$$T_{\mathrm{c}} = \frac{MgR\pi^2}{8Nk_{\mathrm{B}}}.$$

(b) 画出序参量 ϕ 在 $T < T_{\mathrm{c}}$ 时随 T/T_{c} 的变化情况.

(c) 若活塞左侧和右侧的原子数分别为 $N(1-\delta)$ 和 $N(1+\delta)$, 试描述相变将发生哪些变化?

(d) 在某一温度时, 发现右腔 (包含 $N(1+\delta)$ 个原子) 中有一摊液体与其蒸气共存, 下面关于平衡态的描述正确的是:

(i) 左腔中也会有液体与其蒸气共存;

(ii) 左腔只含蒸气;

(iii) 左腔只含液体.

3.13　三相临界点的可解析模型.

考虑有 N 个自旋 $\sigma_i = \pm 1$ 并具有周期性边界条件的 Ising 链. 该链与一弹性场 ϵ 耦合. 非零的 ϵ 值导致链的二聚化, 即交替性地加强 (或减弱) 相邻的键. 系统的无量纲哈密顿量为 (参考文献 [333] 中描述了类似的加上外场的模型)

$$H = -\sum_{i=1}^{N}[1-\epsilon(-1)^i]\sigma_i\sigma_{i+1} + N\omega\epsilon^2.$$

106 如 3.6 节讨论的那样, 配分函数中对各自旋求和可用转移矩阵方法

$$Z_\sigma = \mathrm{Tr}\,(\boldsymbol{PQ})^{\frac{N}{2}}$$

来计算.

对于偶数格点上的自旋有

$$
\boldsymbol{P} = \begin{pmatrix} \mathrm{e}^{\beta(1+\epsilon)} & \mathrm{e}^{-\beta(1+\epsilon)} \\ \mathrm{e}^{-\beta(1+\epsilon)} & \mathrm{e}^{\beta(1+\epsilon)} \end{pmatrix},
$$

对于奇数格点上的自旋有

$$
\boldsymbol{Q} = \begin{pmatrix} \mathrm{e}^{\beta(1-\epsilon)} & \mathrm{e}^{-\beta(1-\epsilon)} \\ \mathrm{e}^{-\beta(1-\epsilon)} & \mathrm{e}^{\beta(1-\epsilon)} \end{pmatrix},
$$

令 λ 为转移矩阵 $\boldsymbol{PQ}$ 的最大本征值, 则整个系统的配分函数在 $N \to \infty$ 时可写为

$$
Z_{\text{tot}} = \int_{-\infty}^{+\infty} \mathrm{d}\epsilon \mathrm{e}^{-\beta N g(\epsilon)},
$$

其中

$$
g(\epsilon) = -\frac{k_{\mathrm{B}}T}{2} \ln \lambda(\epsilon) + \omega\epsilon^2.
$$

若 $g(\epsilon)$ 在 ϵ_0 时取绝对极小值, 可知 $\epsilon = \epsilon_0$ 为平衡态, 此时每个自旋的平均自由能为 $g(\epsilon_0)$.

(a) 证明转移矩阵的最大本征值为

$$
\lambda = 2[\cosh(2\beta) + \cosh(2\beta\epsilon)].
$$

(b) 若 $\omega > 0.25$, 系统没有相变. 证明若 $\omega = 0.20$, 系统将经历二级相变成为二聚化态 ($\epsilon \neq 0$). 估计相变点的 β 值.

(c) 证明若 $\omega = 0.24$, 系统将先经历一级相变成为二聚化态. 估计相变点处的 β 值 (例如, 可在几个不同温度下画出自由能关于 ϵ 的函数).

(d) 估计三相临界点的 ω, β 值.

3.14 Potts 链.

考虑一个由 N 个自旋组成的链, 每个自旋可处于三个自旋态中的一个. 系统具有周
期性边界条件, 且处在各分量不同的均匀外场中. 若两个近邻自旋处于同一态, 则它们的 **107**
相互作用能为 $-J$, 否则为零, 即其哈密顿量为

$$
H = -\sum_{i=1}^{N} \left(J \delta_{S_i, S_{i+1}} + \sum_{\alpha=1}^{3} H_\alpha \delta_{S_i, \alpha} \right),
$$

其中

$$
\delta_{i,j} = \begin{cases} 0, & i \neq j, \\ 1, & i = j. \end{cases}
$$

(a) 写出系统的转移矩阵.

(b) 在热力学极限 $N \to \infty$ 下, 计算当 $H_1 = H, H_2 = H_3 = 0$ 时, 系统中每个自旋的自由能.

(c) 在 $J/k_{\mathrm{B}}T = 0.1, 1, 4$ 时, 分别画出 “磁化强度” $m = \langle S_1 \rangle$ 关于 $H/k_{\mathrm{B}}T$ 的函数图像.

3.15　q 态 Potts 模型的平均场理论.

用 3.8.1 小节中的方法分析一般的 q ($q \geqslant 3$) 态 Potts 模型

(a) 证明在温度

$$k_{\mathrm{B}}T = \frac{J(q-2)}{2(q-1)\ln(q-1)}$$

处存在一级相变, 且序参量突变为

$$m = \frac{q-2}{q-1}.$$

(b) 证明相变潜热为

108

$$L = \frac{J(q-2)^2}{2q(q-1)}.$$

第 4 章　平均场理论的应用

本章将继续讨论平均场理论. 前一章主要讨论了平均场理论的各种处理方法, 109
这些方法有着广泛的应用, 本章将给出几个典型的例子. Ising 模型最初是用来解决磁性问题的, 但在 4.1 节中我们将指出 Ising 模型的作用不限于此, 并将它应用于解决合金的有序-无序转变问题, 更多的应用例子将留作习题.

在 3.8 节中, 我们已经指出 Landau 展开中的立方项将导致系统出现一级 (不连续) 相变, 并通过三态 Potts 模型对这一观点加以论证. 在 4.2 节中, 我们给出了一个例子, 即描述液晶由各向同性到向列相转变的 Maier-Saupe 模型. 在 4.3 节中, 我们将把 3.9 节中关于三相临界点的讨论应用到 ^{3}He-^{4}He 混合物在低温下的相分离问题.

4.4 节所讨论的液体 van der Waals 理论是第一个现代的相变的平均场理论, 由它可导出暗含着普适性观点的对应态理论. 我们还将在第 6 章和第 7 章进一步讨论这个问题. 4.5 节将平均场理论拓展到生物种群问题, 并考虑一个在数学上与 van der Waals 模型很类似的虫害问题模型. 我们将论证可以将该问题建立在平衡态相
变的框架中. 我们还将在 8.2 节回到虫害问题并计算该模型的平衡态涨落. 最后, 110
在 4.6 节中, 我们将考虑一个更明确的非平衡态模型, 该模型将再一次展示与平衡态理论相似的相变性质.

4.1　有序-无序转变

在由近 50% Cu 原子和 50% Zn 原子组成的 Cu 和 Zn 的二元合金 (黄铜) 中, 原子占据在体心立方晶格的格点上, 从而构成 β 黄铜. 当温度高于 T_c (约为 740 K) 时, 原子在这些格点上的分布是无序的. 当温度低于 T_c 时, 每一种原子各自有序地分布在两套简单立方子晶格中的一套上 (β' 相, 如图 4.1 所示).

在解释这种低温结构的模型中, 最简单的是假设最近邻原子对的能量取决于原子对的种类. 定义最近邻原子对为 Cu—Cu, Zn—Zn 和 Cu—Zn 的数目分别为 N_{AA}, N_{BB} 和 N_{AB}, 对应的相应位形的能量为

$$E = N_{AA}e_{AA} + N_{AB}e_{AB} + N_{BB}e_{BB}, \tag{4.1}$$

其中 e_{AA}, e_{AB}, e_{BB} 分别为每个 Cu—Cu, Cu—Zn 和 Zn—Zn 对的能量. 111

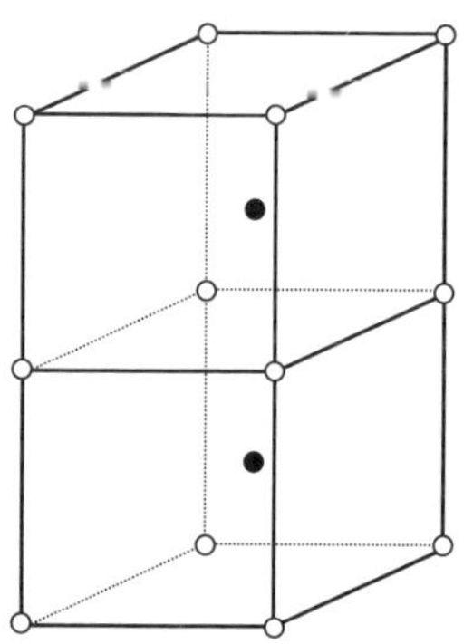

图 4.1　β' **黄铜的有序结构. 空心圆代表 Zn 原子, 实心圆代表 Cu 原子**

设原子格点总数为 N, Cu, Zn 原子的数目分别为 N_A, N_B. 根据图 4.1, 引入每套简单立方子晶格的占有数, N_{A1}, N_{B1} 表示每种原子在第一套子晶格上的数目, N_{A2}, N_{B2} 表示每种原子在第二套子晶格上的数目. 则有

$$\begin{aligned} N_{A1}+N_{A2}&=N_A=c_AN,\\ N_{B1}+N_{B2}&=N_B=c_BN,\\ N_{A1}+N_{B1}&=\frac{1}{2}N,\\ N_{A2}+N_{B2}&=\frac{1}{2}N. \end{aligned} \tag{4.2}$$

为了更明确地说明问题, 令 $N_A\leqslant N_B$, 并定义序参量

$$m=\frac{N_{A1}-N_{A2}}{N_A}. \tag{4.3}$$

在此定义下可知 $-1\leqslant m\leqslant 1$, 且有

$$\begin{aligned} N_{A1}&=\frac{1}{2}N_A(1+m), \qquad & N_{B1}&=\frac{1}{2}(N_B-N_Am),\\ N_{A2}&=\frac{1}{2}N_A(1-m), \qquad & N_{B1}&=\frac{1}{2}(N_B+N_Am). \end{aligned} \tag{4.4}$$

至此, 我们的处理都是精确的. 现在进行一步关键的近似:

$$\begin{aligned} N_{AA}&=q\frac{N_{A1}N_{A2}}{\frac{1}{2}N}, \qquad N_{BB}=q\frac{N_{B1}N_{B2}}{\frac{1}{2}N},\\ N_{AB}&=q\left(\frac{N_{A1}N_{B2}}{\frac{1}{2}N}+\frac{N_{A2}N_{B1}}{\frac{1}{2}N}\right), \end{aligned} \tag{4.5}$$

其中 q 为每个原子最近邻格点的个数. 将式 (4.5) 代入式 (4.1) 可得到平均能量, 而熵可由 3.2 节中的方法计算出来. 相应的自由能为

$$A = E - TS, \tag{4.6}$$

相应的能量为

$$E = \frac{1}{2}qN(e_{AA}c_A^2 + 2e_{AB}c_Ac_B + e_{BB}c_B^2) - qNc_A^2\epsilon m^2, \tag{4.7}$$

这里的 ϵ 定义为

$$\epsilon = \frac{1}{2}\left(e_{AA} + e_{BB}\right) - e_{AB}, \tag{4.8}$$

相应的熵为 112

$$\begin{aligned} S &= -k_\mathrm{B}\left(N_{A1}\ln\frac{2N_{A1}}{N} + N_{A2}\ln\frac{2N_{A2}}{N} + N_{B1}\ln\frac{2N_{B1}}{N} + N_{B2}\ln\frac{2N_{B2}}{N}\right) \\ &= -\frac{1}{2}Nk_\mathrm{B}\{c_A(1+m)\ln[c_A(1+m)] + c_A(1-m)\ln[c_A(1-m)] \\ &\quad +(c_B - mc_A)\ln[c_B - mc_A] + (c_B + mc_A)\ln[c_B + mc_A]\}, \end{aligned} \tag{4.9}$$

其中参数 c_A, c_B 是给定的, 而在平衡态时, m 的取值使得自由能取极小值. 取 A 对 m 的微分, 得

$$0 = -2qc_A\epsilon m + \frac{1}{2}k_\mathrm{B}T\ln\frac{(1+m)(c_B + c_Am)}{(1-m)(c_B - c_Am)}. \tag{4.10}$$

对于低温且 $\epsilon > 0$ 时, 式 (4.10) 有三个解: 一个平凡解 $m = 0$, 两个关于 $m = 0$ 对称的非平凡解. 在高温时, 仅存在平凡解. 将式 (4.10) 再对 m 取微分, 容易证明, 当满足

$$T > T_\mathrm{c} = \frac{2q\epsilon c_Ac_B}{k_\mathrm{B}}$$

时, $m = 0$ 的解对应自由能的极小值, 这与 3.2 节的情形类似. 若画出式 (4.6) 中的自由能关于序参量 m 的函数图像, 结果将与图 3.1 类似. 在 $c_A = c_B = \dfrac{1}{2}$ 的特殊情形中, 式 (4.10) 可写成

$$0 = -q\epsilon m + k_\mathrm{B}T\ln\frac{1+m}{1-m}, \tag{4.11}$$

这与在式 (3.15) 中令 $h = 0, J = \epsilon/2$ 的结果一致. 因此, 合金系统中的相变与 Ising 铁磁体的相变性质完全相同. 下面将证明, 上一结论并不依赖于平均场近似.

我们通过下面的方式引入变量 n_{iA}, n_{iB}. 如果 A 类原子占据格点 i, 则 $n_{iA} = 1$, 否则 $n_{iA} = 0$. 类似地, $n_{iB} = 1 - n_{iA}$. 这两个变量可用 Ising 自旋变量来代替:

$$\begin{aligned} n_{iA} &= \frac{1}{2}(1 + \sigma_i), \\ n_{iB} &= \frac{1}{2}(1 - \sigma_i), \end{aligned} \tag{4.12}$$

其中 $\sigma_i = \pm 1$. 取 $\epsilon = 2J$, 则式 (4.1) 中的能量可表示为

$$H = J\sum_{\langle ij\rangle}\sigma_i\sigma_j + \frac{q}{4}(e_{AA} - e_{BB})\sum_i \sigma_i + \frac{q}{8}N(e_{AA} + e_{BB} + 2e_{AB}). \tag{4.13}$$

113 考虑到我们所研究的是粒子总数固定的系统, 所以最后两项是常数, 因此并不重要. 于是我们得到其等效哈密顿量为

$$H = J\sum_{\langle ij\rangle}\sigma_i\sigma_j. \tag{4.14}$$

若 $J > 0$, 换句话说, 如果能量倾向于使自旋相反的原子成为最近邻, 那么上式的哈密顿量就代表反铁磁体.

可以证明, 在一定条件下, 反铁磁 Ising 模型和铁磁 Ising 模型等价. 考虑一个可以分成两套子晶格的晶体结构, 每一套子晶格上的格点的最近邻格点属于另一套子晶格 (例如正方形、蜂巢状、简单立方和体心立方晶格等, 但不包括三角形、面心立方或六角密排晶格等). 对这样的晶格可做如下变换: 当格点 i 处在某一套子晶格上时, $\sigma_i = -\tau_i$; 当格点 i 处在另一套子晶格上时, $\sigma_i = +\tau_i$. 从而哈密顿量可表示为

$$H = -J\sum \tau_i\tau_j. \tag{4.15}$$

因为 $\tau_l = \pm 1$, 所以哈密顿量 (见式 (4.15)) 所对应的配分函数与 $h = 0$ 的 Ising 铁磁体相同. 因此在任意温度下, 两系统有完全相同的热力学性质.

在上面给出的推导中, 允许两种成分的浓度自由变化. 在实际情况中, β 黄铜的浓度仅在 50% Cu 和 50% Zn 附近的极小范围内变化①. 在其他配比中, 面心立方, 以及更复杂的立方结构, 或六角密排结构可能是热力学稳定的, 或者系统可能处于不同相的混合状态. 一般而言, 并不能保证具体选择的晶格结构、子晶格的分解, 或者序参量的选取都是正确的. 所以, 应当通过物理直觉来尝试多种不同的可能选择, 找出其中使得自由能最小的一种.

各向同性的相具有最小的自由能也可以从相分离的角度来理解. 不同类型原子的浓度差可与 Ising 模型中的磁化强度类比, 而我们所研究的系统具有恒定的磁化强度 (而非恒定的外场) , 所以用 A 而非 G 来表示自由能. 考虑浓度为 $c_A = c_0$
114 的样本, 令最小的单相自由能为 $A(c_0)$. 若样本分离成两个相, 其中一个相占总格点数的比例为 y, 则 A 原子总浓度为 c_0 的约束条件可由杠杆定则表示为

$$yc_1 + (1-y)c_2 = c_0, \tag{4.16}$$

① 见参考文献 [156].

其中 c_1, c_2 分别为 A 原子在两相的浓度. 若 c_1, c_2 的所有可能取值满足

$$yA(c_1) + (1-y)A(c_2) > A(c_0), \tag{4.17}$$

那么各向同性相将是稳定的, 不会发生相分离. 几何上, 式 (4.17) 对应要求 $A(x)$ 为凸函数的情形. 若 $A(x)$ 存在二阶导数, 那么式 (4.17) 等价于以下条件:

$$\frac{\partial^2 A}{\partial c^2} > 0, \quad \text{对所有 } c \text{ 成立}. \tag{4.18}$$

当不满足凸函数要求时, 就会发生相分离. 相分离导致自由能处于函数 $A(c)$ 的凸包络上. 平衡态浓度 c_1, c_2 由杠杆定则 (见式 (4.16)) 及两相化学势相等的条件 $\partial A/\partial c|_{c_1} = \partial A/\partial c|_{c_2}$ 确定. 这实际上对应图 4.2 中的双切线构建. 关于相分离的简单模型可参见习题 4.1.

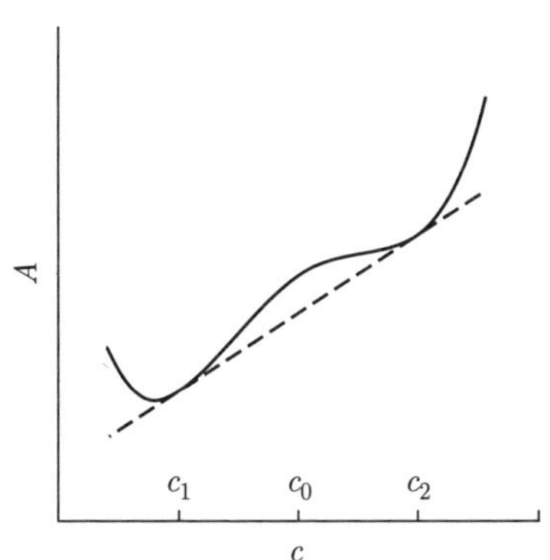

图 4.2　相分离. 起始浓度为 c_0 的材料分离成浓度分别为 c_1, c_2 的两相. 在每个相中的浓度可由双切线构建给出

4.2　Maier-Saupe 模型

能够导致 Landau 展开中出现立方项的一个模型是液晶由各向同性转变为向列相的 Maier-Saupe 模型②[186,187]. 考虑具有对称轴的各向异性分子. 第 i 个分子的中心位置记为 $\boldsymbol{r}_i$, 沿对称轴方向的单位矢量记为 $\hat{\boldsymbol{n}}_i$. 我们进一步假设方向 $\hat{\boldsymbol{n}}_i$ 和 $-\hat{\boldsymbol{n}}_i$ 是等价的. 分子间的相互作用由对势 $W(\boldsymbol{r}_j - \boldsymbol{r}_i, \hat{\boldsymbol{n}}_j, \hat{\boldsymbol{n}}_i)$ 来表示. 设单位体积内的分子数 ρ 为常数, 令 $f(\hat{\boldsymbol{n}})$ 表示分子对称轴沿 $\hat{\boldsymbol{n}}$ 方向的概率密度, 并记 $\boldsymbol{r}_{ji} = \boldsymbol{r}_j - \boldsymbol{r}_i$. 引入对分布函数 $g(\boldsymbol{r}_{ji}, \hat{\boldsymbol{n}}_j, \hat{\boldsymbol{n}}_i)$ 来表示当 $\boldsymbol{r}_j$ 处有一取向为 $\hat{\boldsymbol{n}}_j$ 的分子, $\boldsymbol{r}_i$ 处

② 为了解液晶性质, 推荐阅读 de Gennes 和 Prost 的著作 [71], Priestley 等的著作 [251], Stephens 和 Straley 的文章 [288], 以及 Chandrasekhar 的著作 [59].

115 有一取向为 $\hat{\boldsymbol{n}}_i$ 的分子的条件概率. 与 3.1 节中讨论 Weiss 分子场相类似, 我们可以给出赝势, 或者说平均总能量中依赖于 $\hat{\boldsymbol{n}}_i$ 的项

$$\epsilon(\hat{\boldsymbol{n}}_i) = 常数 + \rho\int \mathrm{d}^3 r_{ji}\int \mathrm{d}\Omega_j W(\boldsymbol{r}_{ji},\hat{\boldsymbol{n}}_i,\hat{\boldsymbol{n}}_j)f(\hat{\boldsymbol{n}}_j)g(\boldsymbol{r}_{ji},\hat{\boldsymbol{n}}_j,\hat{\boldsymbol{n}}_i),$$

其中对 Ω_j 的积分遍及立体角 $\hat{\boldsymbol{n}}_j$. 除了平均场近似外, Maier-Saupe 模型的另一个近似是忽略对分布函数对取向的依赖. 因此可将上式改写为

$$\epsilon(\hat{\boldsymbol{n}}_i) = 常数 + \rho\int \mathrm{d}\Omega_j f(\hat{\boldsymbol{n}}_j)\int \mathrm{d}^3 r_{ji} W(\boldsymbol{r}_{ji},\hat{\boldsymbol{n}}_i,\hat{\boldsymbol{n}}_j)g(\boldsymbol{r}_{ji}). \tag{4.19}$$

将式 (4.19) 中的第二个积分按 $\hat{\boldsymbol{n}}_i\cdot\hat{\boldsymbol{n}}_j$ 做 Legendre 级数展开可得

$$\epsilon(\hat{\boldsymbol{n}}_i) = 常数 + \rho\int \mathrm{d}\Omega_j f(\hat{\boldsymbol{n}}_j)(\gamma - 2U\mathrm{P}_2(\hat{\boldsymbol{n}}_i\cdot\hat{\boldsymbol{n}}_j) + \mathcal{O}[\mathrm{P}_4(\hat{\boldsymbol{n}}_i\cdot\hat{\boldsymbol{n}}_j)]\cdots), \tag{4.20}$$

其中 γ 和 U 为常数, 且 $U>0$, 它表明在能量上两分子对称轴相互平行. 式 (4.20)
116 中 $\mathrm{P}_2(x) = \frac{1}{2}(3x^2-1)$ 是二阶 Legendre 多项式, $\mathrm{P}_4(x)$ 为四阶 Legendre 多项式. 注意到已经假设方向 $\hat{\boldsymbol{n}}$ 和 $-\hat{\boldsymbol{n}}$ 是等价的, 所以在级数展开式 (4.20) 中没有奇数阶 Legendre 多项式. Maier-Saupe 模型的最后一个近似是仅保留 Legendre 展开的第二项. 定义

$$\sigma_{i\alpha\beta} = \frac{1}{2}(3n_{i\alpha}n_{i\beta} - \delta_{\alpha\beta}),$$

其中 $\alpha,\beta = x,y,z$, 且 $n_{i\alpha}$ 为 $\hat{\boldsymbol{n}}_i$ 的 Cartesian 分量, $\delta_{\alpha\beta}$ 为 Kronecker 符号. 利用方程

$$\mathrm{P}_2(\hat{\boldsymbol{n}}_j\cdot\hat{\boldsymbol{n}}_i) = \frac{2}{3}\sum_{\alpha,\beta=1}^{3}\sigma_{i\alpha\beta}\sigma_{j\alpha\beta},$$

并定义

$$Q_{\alpha\beta} = \langle\sigma_{j\alpha\beta}\rangle = \int \mathrm{d}\Omega_j \sigma_{j\alpha\beta} f(\hat{\boldsymbol{n}}_j), \tag{4.21}$$

可将式 (4.20) 改写为

$$\epsilon(\hat{\boldsymbol{n}}_i) = -\frac{4}{3}\rho U\sum_{\alpha\beta}Q_{\alpha\beta}\sigma_{i\beta\alpha}.$$

上式中已经忽略了与粒子取向无关的项. 又因为在对所有分子的对势求和时每一对相互作用能量都算了两次, 所以分子取向对内能的贡献为

$$E = -\frac{2}{3}\rho UN\sum_{\alpha\beta}Q_{\alpha\beta}Q_{\beta\alpha}. \tag{4.22}$$

分子取向对熵的贡献为

$$S_{\mathrm{or}} = -Nk_{\mathrm{B}}\int \mathrm{d}\Omega f(\hat{\boldsymbol{n}})\ln f(\hat{\boldsymbol{n}}).$$

然后, 根据 3.2 节的论证可知, 单粒子配分函数

$$f(\hat{\boldsymbol{n}}) = \frac{\exp\{-\beta\epsilon(\hat{\boldsymbol{n}})\}}{\displaystyle\int \mathrm{d}\Omega \exp\{-\beta\epsilon(\hat{\boldsymbol{n}})\}}$$

将使得自由能 $G = E - TS_{\mathrm{or}}$ 取极小值, 而序参量可由自洽判据

$$Q_{\alpha\beta} = \int \mathrm{d}\Omega \sigma_{\alpha\beta} f(\hat{\boldsymbol{n}}) \tag{4.23}$$

确定.

类比 Weiss 分子场理论知, 上式总有一个 $Q_{\alpha\beta} = 0$ 的解, 而且可以确定此解对 **117**
应于高温下的各向同性相. 低温时, 式 (4.23) 有非零解, 每个解都对应指向场 $\hat{\boldsymbol{n}}$ 的某个优先取向, 我们称这种相为向列相. 向列相并不具有长程的空间有序, 由此可将它同更复杂的近晶相区别开, 后者呈现出丰富的平移序. 由于系统的旋转对称性, 因此式 (4.23) 的非零解并不是唯一的. 然而, 由于 $Q_{\alpha\beta}$ 是实对称的, 所以总存在一个主轴坐标系, 使得 $Q_{\alpha\beta}$ 可以对角化. 令 θ, ϕ 为 $\hat{\boldsymbol{n}}$ 在该坐标系中的极角, 则

$$\begin{aligned} n_x &= \sin\theta\cos\phi, \\ n_y &= \sin\theta\sin\phi, \\ n_z &= \cos\theta. \end{aligned}$$

定义

$$\begin{aligned} &p = \frac{3}{2}\sin^2\theta\cos 2\phi, \quad q = \frac{1}{2}(3\cos^2\theta - 1), \\ &P = \langle p \rangle, \quad Q = \langle q \rangle, \end{aligned} \tag{4.24}$$

经过代数运算后得到

$$\begin{gathered} \boldsymbol{Q} = \begin{pmatrix} -\frac{1}{2}(Q-P) & 0 & 0 \\ 0 & -\frac{1}{2}(Q+P) & 0 \\ 0 & 0 & Q \end{pmatrix}, \\ \epsilon(\hat{\boldsymbol{n}}) = -2\rho U \left(Qq + \frac{1}{3}Pp \right), \\ E = -N\rho U \left(Q^2 + \frac{1}{3}P^2 \right). \end{gathered}$$

将 z 轴选为沿着 $\boldsymbol{Q}$ 的最大本征值的方向, 对具有对称轴的分子有 $P = 0, \mu = \cos\theta$, 及

$$g = \frac{G}{N} = -k_{\mathrm{B}}T \ln \left(4\pi \int_0^1 \mathrm{d}\mu \exp\left\{ \rho U \beta [(3\mu^2 - 1)Q - Q^2] \right\} \right). \tag{4.25}$$

现在可直接根据 Q 对式 (4.25) 做 Taylor 展开, 经计算得到展开后的级数为

$$g = -k_{\mathrm{B}}T\ln(4\pi) + \rho UQ^2\left(1 - \frac{2}{5}\beta\rho U\right)$$
$$-\frac{8}{105}\beta^2\rho^3U^3Q^3 + \frac{4}{175}\beta^3\rho^4U^4Q^4 + \cdots . \tag{4.26}$$

118 上面的展开式实际上与式 (3.43) 相同. 关于该模型一些细节的进一步计算将留给读者作为习题 (见习题 4.2).

在图 4.3 中, 我们画出了通过求式 (4.26) 的最小值得到的序参量随温度的变化关系. 图 4.3 同时也给出了由自洽方程 (见式 (4.23)) 解出的序参量. 在分子取向为沿 z 轴的主轴坐标系中, 式 (4.23) 具有如下形式:

$$Q = \frac{1}{2}\langle 3\mu^2 - 1\rangle = \frac{\displaystyle\int_0^1 \mathrm{d}\mu \frac{1}{2}(3\mu^2 - 1)\exp\{3\beta\rho UQ\mu^2\}}{\displaystyle\int_0^1 \mathrm{d}\mu \exp(3\rho\beta QU\mu^2)}. \tag{4.27}$$

上式最简单的解法是选取 $x = 3\beta\rho UQ$, 然后数值计算 Q, 最后用计算的 Q 值得到温度.

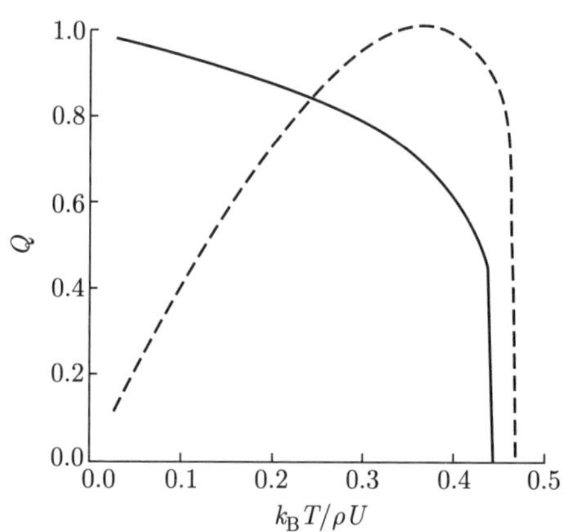

图 4.3　序参量随温度的变化曲线. 虚线是根据 Landau 展开 (见式 (4.26)) 得到的结果, 实线是根据自洽判据 (见式 (4.23)) 得到的结果

图 4.3 说明, 虽然 Landau 理论给出了正确的定性图像, 但用 Landau 展开来定量描述一级相变仍存在困难. 问题在于, 序参量在一级相变点的突变并不一定很小, 因此只保留到低阶级数的式 (3.43) 是不精确的.

注意到简单平均场理论 (见式 (4.27)) 预言的序参量 Q 在相变点的突变为 0.43, 但在实验上发现既有大于, 也有小于这一值的结果. 如 4.4 节采用 van der Waals 理
119 论一样, 进一步加入空间排列效应, 往往会得到更强的一级相变. 另一方面, 当考虑

实际分子并没有柱状对称性 (见 Straley 的文章 [291] 等) 时, 所得序参量的突变往往要小于 Maier-Saupe 理论给出的值. 所以, 从理论上说可能出现双轴相[59].

一个有趣的想法是将 Maier-Saupe 理论推广到包含磁场 (或电场) 的情形中. 一般来说, 磁化率是各向异性的, 令 $\chi_{/\!/}$ 和 $\chi_{\perp}$ 分别表示磁场取向为平行和垂直于分子对称轴时的磁化率. 单个分子在磁场中的能量为

$$-\chi_{/\!/}(\hat{\boldsymbol{n}}\cdot\boldsymbol{H})^2-\chi_{\perp}[H^2-(\hat{\boldsymbol{n}}\cdot\boldsymbol{H})^2]=-\frac{1}{3}H^2\{(\chi_{/\!/}+2\chi_{\perp})+(\chi_{/\!/}-\chi_{\perp})[3(\hat{\boldsymbol{n}}\cdot\boldsymbol{H})^2-1]\}. \tag{4.28}$$

为简单起见, 我们设 $\Delta\chi=(\chi_{/\!/}-\chi_{\perp})>0$ (即分子取向倾向于平行于磁场). 那么磁场的方向即为优先轴向. 忽略式 (4.28) 中与分子取向无关的第一项, 给出在磁场中分子的赝势为

$$\epsilon_H(\hat{\boldsymbol{n}})=-2\rho U(Q+\gamma)q, \tag{4.29}$$

其中

$$\gamma=\frac{\Delta\chi H^2}{3\rho U}. \tag{4.30}$$

相应的自洽方程变成

$$Q=\frac{\displaystyle\int_0^1 \mathrm{d}\mu\frac{1}{2}(3\mu^2-1)\exp\{3\rho U\beta(Q+\gamma)\mu^2\}}{\displaystyle\int_0^1 \mathrm{d}\mu\exp\{3\rho U\beta(Q+\gamma)\mu^2\}}. \tag{4.31}$$

给定 $x=3\rho U\beta(Q+\gamma)$, 很容易数值计算出序参量 Q. 一旦得到 Q, 即可解出有效温度. 计算结果见图 4.4.

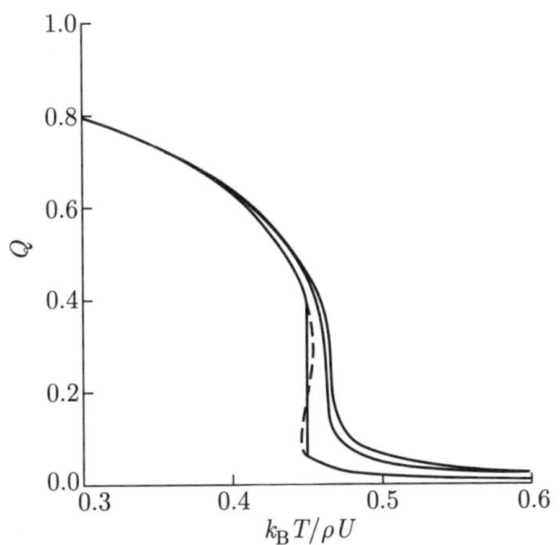

图 4.4　当 $\Delta x>0$ 时, 在不同磁场下, 序参量随温度的变化情况. 实线分别对应 $\gamma=0.005$, $\gamma=0.011=\gamma_\mathrm{c}$ 和 $\gamma=0.013$ 的情况. 虚线对应最小的 γ 值, 该曲线对应文中讨论的非物理行为的区域

由此可见, 当 γ 小于某个临界值 γ_c 时, 存在一个很窄的温度区域, 使得在此区域内 Q 是 T 的三值函数, 这些值并非都对应自由能的最小值. 这可以通过画出 g 关于 T 的变化关系看出 (见图 4.5). 图 4.5 中上端曲线的回路对应的是自由能不取最小值的区域. 这个区域对应图 4.4 中的虚线. 在其回路的交叉点将发生一级相
120 变. 在 T_c, γ_c 处, 回路将退化成一个普通的临界点, 并对应发生一个二级相变. 感兴趣的读者可查阅参考文献 [329, 229] 来了解更多细节 (后一篇文献的作者还讨论了 $\gamma < 0$ 这一有趣情形, 此时存在三相临界点和双轴相). 整体的相图见 Frisken 等的文章 [104].

图 4.5 不同 γ 值时, $g = G/N$ 随温度 T 的变化情况

4.3 Blume-Emery-Griffiths 模型

下面将考虑的是液相的 ^{3}He 和 ^{4}He 混合物, 这是一个具有三相临界点的系统的例子 (另见 3.9 节). 当温度降低时, 纯的 ^{4}He 会经历一个相变成为超流态 (见 11.2 节). 这个相变是连续的, 由于在相变点时比热会出现一个类似 λ 形状的奇点, 所以称其为 λ 相变. 若在 ^{4}He 中加入 ^{3}He, 相变温度会更低. 当 ^{3}He 浓度较低时, 无论高于还是低于临界温度, 系统均保持各向同性. 当掺杂浓度高于 $x_t = n_3/(n_3 + n_4) \approx 0.670$ 时, 相变是不连续的, 并伴随着相分离. 其中的一个共存相是类 ^{4}He 的超流相, 另一个是类 ^{3}He 的正常相. 分界点 x_t, T_t 正是本节开始
121 所指的三相临界点. 习题 3.13 也给出了一个简单的具有三相临界点的模型. 这里我们将讨论一个描述上述 ^{3}He-^{4}He 系统的模型, 该模型称为 Blume-Emery-Griffiths (BEG) 模型[45], 它是一个经典的格气模型, 忽略了 λ 相变的量子统计性质 (见 11.2 节) , 但考虑了无序杂质 (^{3}He) 对相变的影响. 最简单的 BEG 模型具有如下形式的哈密顿量:

$$H = -J \sum_{\langle ij \rangle} S_i S_j + \Delta \sum_i S_i^2 - \Delta N,$$

其中 $S_i=0$ 或 ±1, 且自旋占据在一个配位数为 q 的三维晶格上. 为将此 "磁性" 哈密顿量与 ^{3}He-^{4}He 系统相联系, 可将 $S_i=\pm1$ 视为在第 i 个格点 (或第 i 个元胞) 处有一个 ^{4}He 原子, 将 $S_i=0$ 视为在相应格点处有一个 ^{3}He 原子. 参数 Δ 控制 ^{3}He 原子的数目, $\mu_3-\mu_4$ 代表了两相化学势的差异. ^{3}He 原子的浓度由下式给出:

$$x=1-\langle S_i^2\rangle.$$

显然, 当 $\Delta\to-\infty$ 时, $x\to0$; 当 $\Delta\to+\infty$ 时, $x\to1$. 正常相到超流相的转变可由高温顺磁相 $\langle S_i\rangle=0$ 到有序铁磁相 $\langle S_i\rangle=m$ 的相变来模拟, 下面将继续用平均场理论来描述这一相变. 令 $p_i(S_i)$ 表示第 i 个格点上的自旋取 S_i 的概率. 按照平均场理论的思想, 假设 **122**

$$\tilde{p}(S_1,S_2,\cdots,S_N)=\prod_{i=1}^{N}p_i(S_i).$$

根据平移不变性知所有格点上的概率都一样, 即

$$p_i(S_i)=p(S).$$

所以有

$$\frac{G(T,\Delta)}{N}=-\frac{qJ}{2}\left(\sum_S p(S)S\right)^2+\Delta\sum_S p(S)S^2+k_\mathrm{B}T\sum_S p(S)\ln p(S)-\Delta. \tag{4.32}$$

与 2.5 节一样, 在 $\sum\limits_S p(S)=1$ 的约束条件下求式 (4.32) 的最小值, 可得

$$p(S)=\frac{\exp\{\beta(qJmS-\Delta S^2)\}}{1+2\mathrm{e}^{-\beta\Delta}\cosh(\beta qJm)}. \tag{4.33}$$

将式 (4.33) 代入式 (4.32), 得到近似自由能表达式为

$$\begin{aligned}\frac{G(T,\Delta,m)}{N}=&-\frac{1}{2}qJm^2+\Delta\langle S_i^2\rangle+k_\mathrm{B}T\left[\frac{\mathrm{e}^{\beta(qJm-\Delta)}}{D}\ln\frac{\mathrm{e}^{\beta(qJm-\Delta)}}{D}\right.\\&\left.+\frac{\mathrm{e}^{-\beta(qJm+\Delta)}}{D}\ln\frac{\mathrm{e}^{-\beta(qJm-\Delta)}}{D}-\frac{1}{D}\ln D\right]-\Delta,\end{aligned} \tag{4.34}$$

其中

$$D=1+2\mathrm{e}^{-\beta\Delta}\cosh\beta qJm,$$

$$\langle S_i^2\rangle=\frac{2\mathrm{e}^{-\beta\Delta}\cosh\beta qJm}{D}.$$

对对数项进行分解, 可将 G 的表达式简化为

$$\frac{G(T,\Delta,m)}{N}=\frac{1}{2}qJm^2-k_{\mathrm{B}}T\ln(1+2\mathrm{e}^{-\beta\Delta}\cosh\beta qJm)-\Delta. \tag{4.35}$$

为得到每个 (T,Δ) 所对应的平衡态, 必须继续求上式对 m 的最小值. 我们得到自由能的 Landau 展开式为

$$\frac{G(T,\Delta,m)}{N}=a(T,\Delta)+\frac{1}{2}b(T,\Delta)m^2+\frac{1}{4}c(T,\Delta)m^4+\frac{1}{6}d(T,\Delta)m^6+\cdots.$$

123 通过对应项相等可以得到

$$\begin{aligned}
a(T,\Delta)&=-k_{\mathrm{B}}T\ln(1+2\mathrm{e}^{-\beta\Delta})-\Delta,\\
b(T,\Delta)&=qJ\left(1-\frac{qJ}{\delta k_{\mathrm{B}}T}\right),\\
c(T,\Delta)&=\frac{qJ}{2\delta^2}(\beta qJ)^3\left(1-\frac{\delta}{3}\right),
\end{aligned}$$

其中 $\delta=1+\frac{1}{2}\mathrm{e}^{\beta\Delta}$. 在无序相中, $m=0$, 且

$$x(T,\Delta)=\frac{1}{1+2\mathrm{e}^{-\beta\Delta}}=\frac{\delta-1}{\delta}.$$

将上式与 $b(T_{\mathrm{c}}(\Delta))=0$ 联立得到

$$\frac{T_{\mathrm{c}}(x)}{T_{\mathrm{c}}(0)}=1-x, \tag{4.36}$$

再利用 $c(T_{\mathrm{t}},\Delta_{\mathrm{t}})=0$ 可得 $x_{\mathrm{t}}=\frac{2}{3}$.

上面得到的三相临界点的浓度值与实验结果 $x_{\mathrm{t}}\approx 0.670$ 符合得相当好. 但理论预言的相变温度对浓度的线性依赖关系并未观测到. 当 x 很小时, 实际相变温度随 x 的变化关系为 $(1-x)^{2/3}$, 这一矛盾是因为模型中所使用的是经典而非量子统计. 正是因为这个原因, 在BEG 模型中, 三相临界点出现的温度 $(T_{\mathrm{t}}/T_{\mathrm{c}}(0)=1/3)$ 略小于测量值 0.4.

术语 "三相临界点" 的命名正是来源于三条临界曲线在此交于一点的结果. 在我们对 BEG 模型的处理中, 由于并没有考虑与序参量 m 耦合的场 h 所产生的影响, 所以只得到了 λ 相变的曲线. 另外两条临界曲线由三相临界点开始在 $\pm h$ 方向以对称的方式出现. 建议感兴趣的读者阅读参考文献 [45], 其中给出了该模型的一般处理方法, 并做出了临界曲面的全貌图.

4.4 液体的平均场理论: van der Waals 方法

除了 Maier-Saupe 模型外, 到目前为止我们关于平均场理论的例子都局限于格
点模型. 本节将考虑具有相互作用的粒子构成液体的情形. 粒子间的相互作用通 124
过对势产生, 对势具有一个阻止粒子相互重合的硬核, 还具有一个弱的吸引力尾巴. 我们希望利用平均场理论的思想得到该系统的近似状态方程. 为了描述粒子间相互作用的影响, 人们对理想气体定律提出了许多修正, 其中之一是一百多年前, 由 van der Waals 提出的一个富有物理意义的修正方案. 有很多途径可以导出 van der Waals 状态方程, 或许最简单的方式是通过以下几点考虑:

1. 最初, 理想气体的内能是纯粹的动能, 与体积无关. 熵 (见式 (2.15)) 可以写成

$$S = Nk_{\mathrm{B}} \ln V + \text{与体积无关的项},$$

从而得到 Helmholtz 自由能为

$$A = -Nk_{\mathrm{B}}T \ln \frac{V}{N} + \text{与体积无关的项}.$$

根据这种形式的自由能可以得到关于压强的状态方程为

$$P = -\left(\frac{\partial A}{\partial V}\right)_T = \frac{Nk_{\mathrm{B}}T}{V}. \tag{4.37}$$

2. 第一个近似是, 粒子间的相互吸引减少了单个粒子的内能, 其减少量正比于每个粒子周围的平均粒子数 (即正比于密度) . 由此可将与体积有关的内能近似表示为

$$E = -a\left(\frac{N}{V}\right)N,$$

其中 a 是与分子特性有关的常数.

3. 短程排斥作用使得粒子之间不能靠得太近, 这对内能并无直接影响, 但减小了每个粒子的有效自由运动体积. 令 b 表示每个粒子所排除的体积, 则总的自由体积为 $V_{\mathrm{f}} = V - Nb$. 在推导熵的表达式 (2.15) 时, 熵对体积的依赖关系本质上应该理解为对自由体积的依赖关系, 而式 (2.15) 中的能量仅包含与体积无关的动能. 按此解释可得自由能为

$$A = -a\frac{N^2}{V} - Nk_{\mathrm{B}}T \ln \frac{V - Nb}{N} + \text{与体积无关的项}.$$

像式 (4.37) 那样微分后可得 van der Waals 状态方程, 经过整理后得 125

$$\left[P + a\left(\frac{N}{V}\right)^2\right](V - Nb) = Nk_{\mathrm{B}}T. \tag{4.38}$$

该方程可粗略地描述气体到液体的凝聚过程. 对极为稀薄的气体, $N/V \to 0, Nb \ll V$, 此时式 (4.38) 退化成理想气体状态方程. 现在, 我们更关心的是低温和高密度的情形.

在图 4.6 中, 我们画出了在 P-V 平面上 van der Waals 状态方程所预言的行为. 临界等温线可以利用此时系统具有无限的压缩率这一特点来确定, 也就是在 $T=T_{\mathrm{c}}, V=V_{\mathrm{c}}$ 处有

$$\left.\frac{\partial P}{\partial V}\right|_{N,T}=0.$$

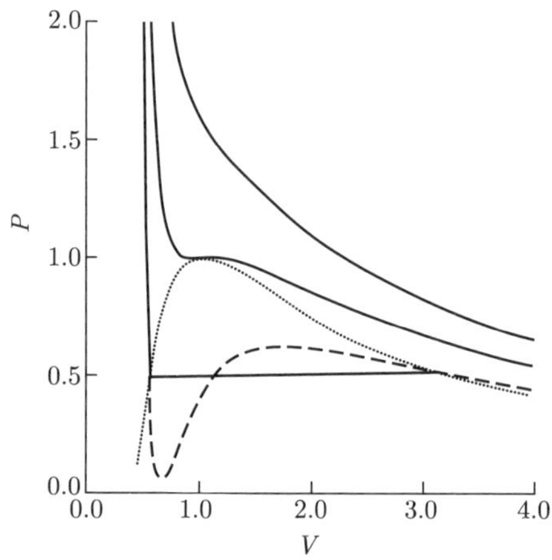

图 4.6 根据 van der Waals 理论得到的等温线和共存区域. 实线代表等温线, 虚线代表在共存区域内具有非物理行为的等温线, 点线代表共存区域. 压力和体积分别以 P_{c} 和 V_{c} 为单位

由式 (4.38) 预言的等温线, 在温度低于 $T=T_{\mathrm{c}}$ 时将同时有一个最大值和一个
126 最小值, 也就是在临界点以下某个压强时, 上述方程将有三个实根. 当 T 从小于 T_{c} 的方向趋近于 T_{c} 时, 等温线的最大值和最小值合并, 此时得到一个拐点, 因此临界点由下式给出:

$$\left(\frac{\partial P}{\partial V}\right)_T=\left(\frac{\partial^2 P}{\partial V^2}\right)_T=0. \tag{4.39}$$

解这些方程可以得到

$$V_{\mathrm{c}}=3Nb, \qquad P_{\mathrm{c}}=\frac{a}{27b^2}, \qquad k_{\mathrm{B}}T_{\mathrm{c}}=\frac{8a}{27b}. \tag{4.40}$$

利用这些临界参数值, 可将 van der Waals 方程写成无量纲形式. 定义约化变量:

$$v=\frac{V}{V_{\mathrm{c}}}, \qquad p=\frac{P}{P_{\mathrm{c}}}, \qquad t=\frac{T}{T_{\mathrm{c}}},$$

将约化变量代入 van der Waals 方程中, 即可得到对应态定律:

$$\left(p+\frac{3}{v^2}\right)\left(v-\frac{1}{3}\right)=\frac{8t}{3}. \tag{4.41}$$

现在必须对气液共存区域进行讨论. 当 $t<1$ 时, 系统经历一个由气态变为液态的一级相变. 在这一区域, 由式 (4.41) 给出的等温线出现非物理行为 (力学平衡条件不允许 $\partial p/\partial v>0$) , 它是平均场理论的共同特征. 有一个简单的方法, 我们称之为等面积构造或 Maxwell 构造. 根据力学和热学平衡条件, 可以消除这一非物理区域. 共存区域应具有相同的压强, 并处在同一等温线上. 化学势 (或单个粒子的 Gibbs 自由能) 满足

$$\mu=\frac{G}{N}=\frac{A+PV}{N}, \tag{4.42}$$

$$\mathrm{d}\mu=-\frac{S}{N}\mathrm{d}T+\frac{V}{N}\mathrm{d}P, \tag{4.43}$$

所以共存的两相必须具有相同的化学势, 则沿着等温线有

$$\int_1^2\mathrm{d}\mu=\mu(2)-\mu(1)=\frac{1}{N}\int V\mathrm{d}P=0, \tag{4.44}$$

其中共存的两相分别记为 1 和 2. 在图 4.7 中, 我们交换了图 4.6 中的两个坐标轴, 容易看出式 (4.44) 意味着两个阴影区域具有相同的面积, 因此该方法称为等面积 127
构造.

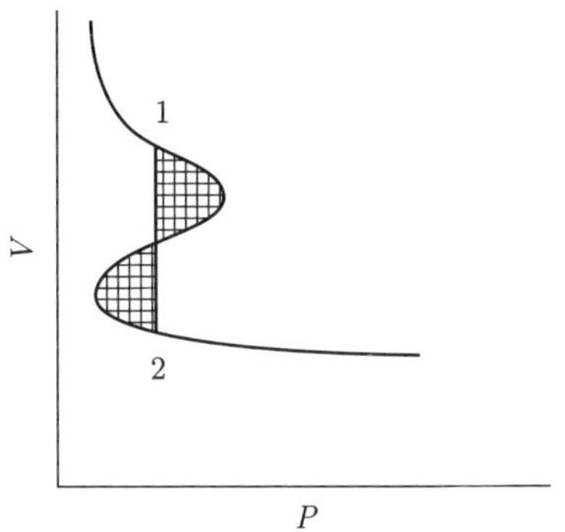

图 4.7 Maxwell 构造

注意到当 $T<T_\mathrm{c}$ 时, 方程 $(\partial p/\partial v)_T=0$ 定义了一条称为失稳界线的曲线. Van der Waals 指出共存曲线和失稳界线之间的态为单相亚稳态. 在 4.1 节所讨论的相分离中, 失稳界线由 $(\partial^2A/\partial c^2)_T=0$ 给出. 失稳界线也出现在 4.2 节里的 Maier-Saupe 模型中, 它们是一级相变在平均场理论中的一般性特征.

因为式 (4.41) 并不含其他任何自由参数, 所以对应态定律意味着当用约化变量来描述时, 所有液体将展现出类似的性质 (也就是说, 对所有液体而言, 用约化单位画出的共存区域看起来应当一样). 实验 (见图 4.8) 表明对应态定律是可靠的, 但 van der Waals 方程并不能给出很好的定量结果.

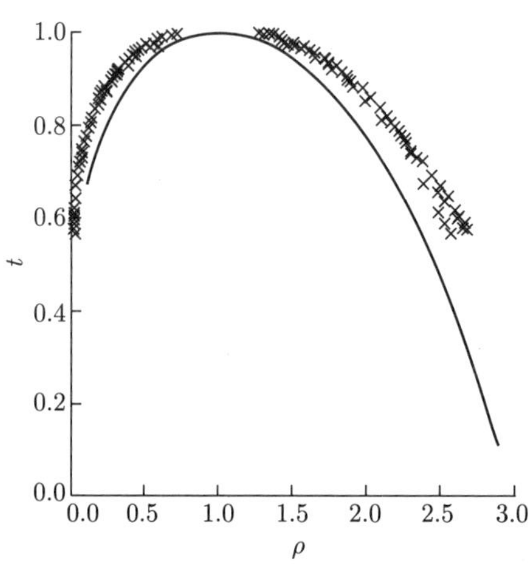

图 4.8 在约化单位下, 温度随密度的变化关系曲线是从对应态的 van der Waals 定律中得出的 (数据点取自参考文献 [124] 中的几种液体的实验结果)

上述 van der Waals 理论有许多推广. 许多文章 [123, 300, 179] 提出了很多以 van der Waals 常数 a, b 作为参数的唯象状态方程, 与最初的 van der Waals 理论相比, 它们与实验观测到的对应态符合得更好.

Van der Waals 方法还可推广到更复杂的系统. 首先考虑一个各向同性的混合系统, 它包含 N_i 个 i 类分子. 按照 3.2 节 Bragg-Williams 近似的思想, 我们可以得
128 到混合系统的 van der Waals 理论, 首先将每个粒子内能的位形部分写成

$$E = \frac{1}{2}\sum_{ij} N_i \rho_j e_{ij},$$

其中 $\rho_j = N_j/V$ 为 j 类分子的粒子数密度, 且 e_{ij} 为常数. 若将混合气体的熵记为

$$S_{\mathrm{m}} = -k_{\mathrm{B}} \sum_i N_i \ln \frac{N_i}{V_{\mathrm{f}}^i},$$

且将 i 类分子的自由体积记为

$$V_{\mathrm{f}}^i = V\left(1 - \frac{1}{2}\rho_j v_{ij}\right),$$

则可得到 Helmholtz 自由能的近似形式为

$$A = E + k_{\mathrm{B}}T\sum_i N_i \ln \frac{N_i}{V_{\mathrm{f}}^i}.$$

现可由公式 $P = -\partial A/\partial V$ 直接计算出压强, 并进一步得到状态方程. 由于参数取值的不同, 这一理论可以产生多种可能的相图. 利用力学和热学稳定性条件 (即每种 129
分子成分在每个相中具有相同的压强和化学势 $\mu_i = \partial A/\partial N_i$) 可得到相共存曲线. 关于这类计算的讨论, 感兴趣的读者可查阅 Hicks 和 Young 的文章 [130].

用类似的思想还可以构建像向列相这样各向异性系统的 van der Waals 理论[98,99,228]. 我们将在 5.4 节中讨论界面上的 van der Waals 理论.

4.5 云杉卷叶蛾模型

1978 年, Ludwig 等人曾提出一个简单的生态学模型, 用来描述云杉卷叶蛾虫害[181]. 该模型由树木、卷叶蛾和鸟三个种群构成. 树木会被卷叶蛾寄生, 卷叶蛾又会被鸟捕食. 在不同的时间尺度上, 三个种群的数目会发生变化, 其中卷叶蛾数量变化的时间尺度最短. 在对该模型的最简单描述中, 树木和鸟的数量可视为恒定的外参量. 卷叶蛾的数目 N 对时间的导数由如下常微分方程决定:

$$\frac{\mathrm{d}N}{\mathrm{d}t} = r_B N\left(1 - \frac{N}{K_B}\right) - \frac{BN^2}{A^2 + N^2} + \varDelta, \tag{4.45}$$

其中 r_B 是净生长率 (在没有捕食情况下的出生率与死亡率之差); 常数 K_B 一般称为 “承载容量”, 这是因为即使没有捕食者, 卷叶蛾的数量也会饱和; K_B 正比于可以被卷叶蛾寄生的树木的数量; 常数 B 正比于捕食者 (鸟) 的数量. 若卷叶蛾数量过少, 鸟类将转而捕食其他种类的昆虫, 因此捕食项与 N^2 成正比, 而非与 N 成正比. 捕食项中的分母用来描述饱和效应 —— 鸟类可以吃的昆虫不会超过昆虫的数量. 因其简洁性, 这一模型是生物种群研究[210] 中的一个重要的玩具模型. 式 (4.45) 右边最后一项代表迁徙. 这一项在原来的模型中并不存在, 但当存在涨落时就有必要增加此项 (在 8.2 节将讨论这一点). 这是因为当没有迁徙时, 种群数量为零的态就会变成吸收态, 意味着一旦达到这一状态将无法离开. 因为存在一个很小但有限的概率, 使得系统朝着吸收态演化. 这时, 如果 $\varDelta = 0$, 严格地讲, 昆虫种群最终将 130
灭绝. 应当注意到, 对这个系统更全面的描述至少需要一些能描述每一时刻每棵树上的卷叶蛾数量的动力学变量, 而不是简单的卷叶蛾总数 N. 从这个意义上讲, 式 (4.45) 是类似平均场方程的.

描述扩散现象的 Fick 定律假设粒子流正比于化学势的梯度. 对该定律的一个令人感兴趣的推广是假设序参量趋向于其平衡态值的速率正比于其所处状态的自

由能偏离平衡态自由能的差. 类比 Landau 相变理论的概念, 这一方法可称为时间依赖的 Landau 近似. 我们将 N 作为系统的序参量, 有

$$\frac{\mathrm{d}N}{\mathrm{d}t} \propto -\frac{\partial G}{\partial N}. \tag{4.46}$$

式 (4.46) 的稳态对应自由能 G 取局域最小值的态. 这一假设并非对任意系统都成立, 例如将该模型拓展到更多物种的动力学演化时就不适用了 (例如多种树木和多种参与捕食的鸟类). 问题在于, 一般而言找不到一个恰当微分③

$$\mathrm{d}G = \sum_i \frac{\partial G}{\partial N_i}\mathrm{d}N_i \tag{4.47}$$

使得在稳态附近产生的输运为

$$\dot{N}_i \propto -\frac{\partial G}{\partial N_i}. \tag{4.48}$$

根据参考文献 [210] 中的符号约定, 引入约化变量:

$$u = \frac{N}{A}, \qquad r = \frac{Ar_B}{B}, \qquad q = \frac{K_B}{A}, \qquad \delta = \frac{\Delta}{B}. \tag{4.49}$$

131 代入式 (4.45), 得

$$\frac{A}{B}\frac{\mathrm{d}u}{\mathrm{d}t} = ru\left(1-\frac{u}{q}\right) - \frac{u^2}{1+u^2} + \delta. \tag{4.50}$$

将式 (4.50) 对 u 积分, 可以发现当参数 r, q, δ 固定时, 约化 "自由能" 将正比于

$$g = -\frac{ru^2}{2} + \frac{ru^3}{3q} + (u - \arctan u) - \delta u. \tag{4.51}$$

在式 (4.45) 所描述的平均场理论的参数中, 假设 K_B, A, B 正比于系统的尺寸 (广延量), 而 r_B 为强度量 (与系统的尺寸无关). 类似地, 因变量 N 也是广延量, 而约化变量 u, r, q, g, δ 为强度量. 令式 (4.50) 右端为零, 即可得到稳态. 当 $\delta \to 0$ 时, 所得到的下述三次方程在某些方面类似于 van der Waals 理论的对应态定律 (见 4.4 节), 即

$$r(1+u^2)\left(1-\frac{u}{q}\right) - u^2 = 0. \tag{4.52}$$

③ 这一问题曾导致理论经济学中的一场争论. 根据 Mirowski 的著作《没有结果, 只有让人愤怒的讨论》[206], 这场争论可以追溯到 J. Willard Gibbs 时期. 人们经常尝试在热力学和经济学之间做一个类比, 如用效用来类比自由能, 用价格来类比热力学中的压强、化学势等 (最近的例子请见参考文献 [227] 等). Gibbs 反对这一观点, 认为实际中效用不存在恰当微分. 按照 Mirowski 的说法, Gibbs 的质疑从未被回答, 甚至没有被理解过, 因此就有了 Mirowski 的书名.

在图 4.9 中, 我们画了一些 "等 q 线" (类比 van der Waals 理论中的等温线) . 系统有一个临界点 $r=r_{\rm c}, q=q_{\rm c}$, 在该点 $u=u_{\rm c}$ 是式 (4.52) 的三重根之一. 在 $\delta\to 0$ 的极限下, 有

$$r_{\rm c}=\frac{3\sqrt{3}}{8},\quad q_{\rm c}=3\sqrt{3},\quad u_{\rm c}=\sqrt{3}. \tag{4.53}$$

当 $q<q_{\rm c}$ 时, 式 (4.52) 仅有一个实根; 当 $q>q_{\rm c}$ 时, 存在区域 $r_1<r<r_2$, 使得式 (4.52) 有三个实根 $u_{\rm g}<u_{\rm i}<u_{\rm l}$. 将曲线 $r_1(q)$ 和 $r_2(q)$ 称为失稳界线 (再次类比 van der Waals 理论) . 在这三个根中, $u_{\rm g}, u_{\rm l}$ 是局域稳定的, 而中间的根 $u_{\rm i}$ 却是不稳定的.

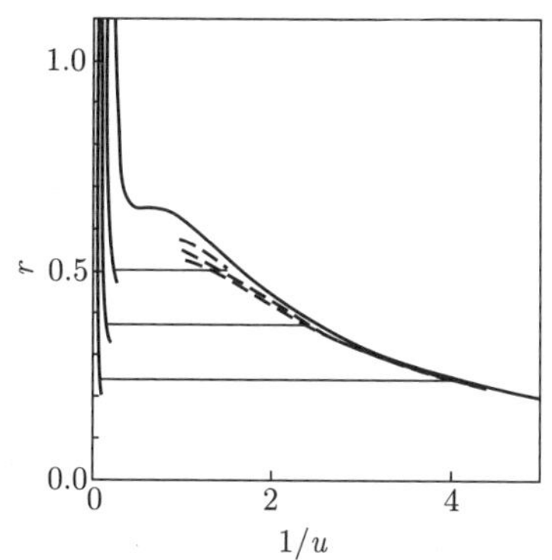

图 4.9 "等 q 线". 从上到下分别对应 $q=q_{\rm c}$, $q=8$, $q=12$, $q=20$. 虚线: 亚稳态, 对应自由能的局域极小值, 实线: 稳态, 对应自由能的全局极小值

图 4.10 给出了系统的相图. 若将 $g(u)$ 理解为自由能, 那么共存曲线将使区域 $g(u_{\rm l})<g(u_{\rm g})$ 与 $g(u_{\rm l})>g(u_{\rm g})$ 分离. 可以预见, 在共存曲线以下, 低密度相 (g) 是全局稳定的, 而高密度相 (l) 是亚稳态, 而在共存曲线以上, 情况则相反. 这一行为对应一级相变 (或不连续相变). 在 8.2 节将说明如何由微观随机模型得到不同的共存曲线.

图 4.9 和图 4.10 表明参数 $1/q$, r 和 u 可分别类比于 van der Waals 理论中的 132
温度、压强和密度④. 8.2 节将回到云杉卷叶蛾模型并讨论涨落的影响.

④ 这一类比有一定的任意性, 但这不足为虑, 因为即使在 van der Waals 理论中两相共存曲线也是既不和压强轴, 也不和温度轴平行的. 因此在 van der Waals 理论中的压强和温度并非标度场 (见 7.2 节).

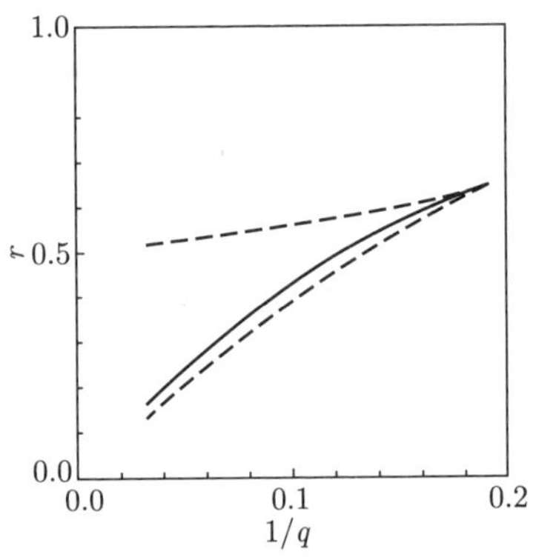

图 4.10 云彬卷叶蛾模型的相图. 实线代表共存曲线, 虚线代表失稳界线

4.6 非平衡系统: 二元非对称排斥模型

在 3.3 节中我们论证过, 处于平衡态的具有短程 (局域) 相互作用的一维系统,
133 在非零温度下不可能经历对称性破缺相变. 论证的依据基于对能够将两个等价对称
相分离的畴壁的自由能的估算. 若系统不处于平衡态, 相应的概率可能不服从平衡
态分布, 那么之前的论证就不一定适用. 然而, 要保持系统处于非平衡态, 则需要外
界为其补充能量. 在生物系统中, 这部分能量由生物体的新陈代谢提供. 对于导体
中的电流, 能量由电池或电源提供. 在这些情形中, 系统是通过破坏细致平衡条件
来维持非平衡态的. 我们将在 9.2.2 小节和 12.1 节中讨论细致平衡条件.

本节想说明对称性破缺相变可以发生在具有短程相互作用的一维驱动扩散系统中. Evans 等人[86] 已研究过该模型, 这里仅总结主要结果, 读者可通过查阅原文来了解细节.

该模型由一维晶格构成. 格点上每一点要么是空的, 要么被一个正电荷或负电
134 荷占据. 正电荷只能从左往右移动, 负电荷与之相反⑤ (这是该模型的非平衡态特
性).

排斥模型现在还是一个没有直接应用的玩具模型. 其最初的提出是用于研究超离子导体. 在高温下, 超离子导体材料可通过离子在外加电场的影响下在空格点之间的跃迁来传导电流. 相应的单元模型还被用来研究生物膜, 以及沸石中通过孔隙的离子抽运过程.

另一个研究该模型的可能动机是分子马达. 某些蛋白质, 如肌球蛋白、动力蛋白和驱动蛋白在细胞内沿着单纤维 (例如微管蛋白或肌纤蛋白) 移动. 因为每种马

⑤ 该模型因此被称为非对称的. 因为同一时刻在给定格点上只能占据一个电荷, 所以所处理的为排斥模型. 由此就得到了该模型的名字: 二元非对称排斥模型.

达蛋白只能沿着单纤维的一个方向移动(就像我们的模型中的两个电荷), 所以我们称单纤维是有极性的. 这些小马达 (它们的特征尺寸为 10 nm 的数量级) 发挥着重要的生物功能. 它们在细胞内外输运化学物质, 例如沿轴突传导神经递质. 它们在细胞分裂时帮助搬运染色体, 还为肌肉供能. 分子马达就像内燃机, 它违反细致平衡的单向运动所需的能量由水解作用和三磷酸腺苷 (ATP) → 二磷酸腺苷 (ADP) +P 的反应提供.

回到我们的玩具模型 (排斥模型), 该模型的时间演化由以下规则确定:

1. 正粒子将以单位速率跳到靠右侧的格点上 (也就是说, 在 $\mathrm{d}t$ 的时间间隔内, 粒子往右移的概率为 $\alpha\mathrm{d}t$ (即速率为 α)).

2. 负粒子将以单位速率跳到靠左侧的格点上.

3. 若有一个负粒子的左侧紧靠着一个正粒子, 那么它们将以速率 q 交换位置 $(+- \to -+)$.

4. 若最左侧格点是空的, 那么它在 $\mathrm{d}t$ 的时间间隔内被一个正粒子占据的概率为 $\alpha\mathrm{d}t$.

5. 最右侧的空格点在 $\mathrm{d}t$ 的时间间隔内被一个负粒子占据的概率为 $\alpha\mathrm{d}t$.

6. 一个占据在最左边格点上的负粒子将以速率 β 从链上跳下. 135

7. 一个占据在最右边格点上的正粒子将以同样的速率 β 从链上跳下.

注意这里的正负粒子间具有对称性. 我们期望当系统按照上述规则运行一段时间之后, 两类粒子将会达到一个具有近似恒定的电流 j_+ 和 j_- 的稳态. 由于对称性, 我们可能会期望两个电流是相等的. 令人惊奇的是结果并非一定如此, 原因是: 若速率 α 比 β 大很多, 那么粒子倾向于堆积在一起并导致 "交通堵塞", 这与太多车辆进入公路后发生的情况一样. 假设涨落使得系统中正粒子的数目多于负粒子, 那么正负交换规则使得负粒子和一些正粒子可能动起来, 而另一些正粒子则可能由于其最近邻格点上也是正粒子而被卡住. 这个效应会使得涨落被放大, 并导致系统发生对称性破缺, 这与习题 3.12 中的 Alben 模型有些类似.

更直接的方法是建立近似的平均场理论来研究长度为 N 的链的稳态. 在稳态, 沿着链的电流是恒定的. 令 p_i 表示从左边起第 i 个格点被正粒子占据的概率, m_i 对应该格点被负粒子占据的概率, 而该格点为空的概率为 $1-p_i-m_i$. 由此写出两项电流分别为

$$j_+ = p_i(1-p_{i+1}-m_{i+1}) + qm_{i+1}, \tag{4.54}$$

$$j_- = m_i(1-p_{i-1}-m_{i-1}) + qp_{i-1}, \tag{4.55}$$

其中 $i \neq 1, N$. 电流将受到边界条件约束, 即

$$j_+ = \alpha(1 - p_1 - m_1) = \beta p_N, \tag{4.56}$$

$$j_- = \beta m_1 = \alpha(1 - p_N - m_N). \tag{4.57}$$

在 $q = 1$ 的特殊情形, 式 (4.54) 和式 (4.55) 是解耦的, 容易求得解析结果. 这里仅总结部分结果, 有兴趣的读者可参考 Evans 等人的论文 [86].

1. 最大流相. 当满足

$$\frac{\alpha\beta}{\alpha+\beta} > \frac{1}{2}$$

136 时, 链中间的粒子数密度缓慢接近常数值 1/2. 趋近方式服从幂次定律, 而且正负粒子之间具有对称性. 此时电流取极大值 $j_\pm = 1/4$.

2. 低密度 ± 对称相. 当满足

$$\frac{1}{2} > \frac{\alpha\beta}{\alpha+\beta} > \frac{1}{2} - \frac{\alpha\beta}{\alpha-\beta}$$

时, 链中间的粒子数密度低于 1/2. 在出口附近会出现粒子堆积, 且链中间的粒子数密度按指数方式 (很快) 趋近于渐近值.

3. 非对称相. 当满足

$$\frac{\alpha\beta}{\alpha+\beta} < \frac{1}{2} - \frac{\alpha\beta}{\alpha-\beta}$$

时, 正负粒子之间的对称性被破坏. 在一个很小的参数范围内, 每种粒子的粒子数密度都很低, 但在大部分区域中, 一种粒子的粒子数密度低, 另一种粒子的粒子数密度高.

137 图 4.11 给出了 $q = 1$ 时的整体相图. 我们认为上面列出的各相之间的转变是连续的. 平均场相图给出的定性特征已经被模拟实验所检验过了. 当 $q \neq 1$ 时, 平均场方程只能数值求解, 所得的相与之前相同, 但一些相变是不连续的 (一级相变).

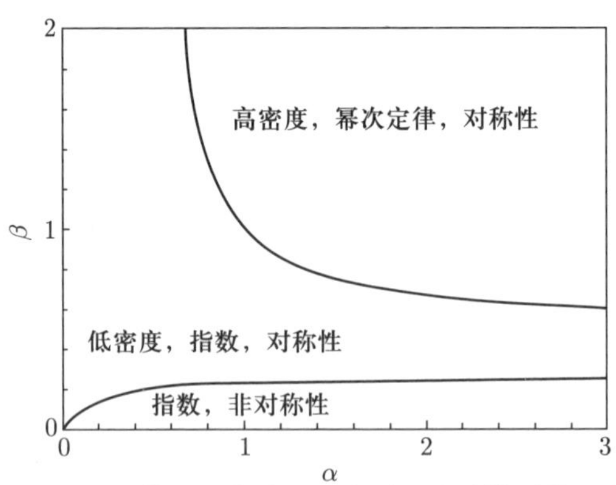

图 4.11 Evans 等人提出的二元非对称排斥模型的平均场相图

4.7 习　题

4.1 固固溶液.

一个晶态固体由 A, B 组分构成. 不同组分类型的最近邻原子对的能量分别为 e_{AA}, e_{BB}, e_{AB}. 设

$$\epsilon = \frac{1}{2}e_{AA} + \frac{1}{2}e_{BB} - e_{AB} < 0,$$

且每一个格点都有 q 个最近邻格点.

(a) 用 Bragg-Williams 近似计算各向同性系统的 Helmholtz 自由能, 这里 A 类原子浓度为 c_A, B 类原子浓度为 $c_B = 1 - c_A$.

(b) 证明当 $c_A = c_B = \dfrac{1}{2}$ 时, 低于温度 T_c 时系统将发生相分离, T_c 满足

$$k_\text{B}T_\text{c} = \frac{1}{2}q|\epsilon|.$$

(c) 若 $c_A \neq c_B$, 证明系统发生相分离的温度低于 (b) 中的 T_c.

(d) 数值求解共存曲线, 并将结果画在 $k_\text{B}T/q|\epsilon|, c_A$ 平面上.

4.2 液晶的 Maier-Saupe 模型.

(a) 利用 Maier-Saupe 模型的自由能表达式 (4.25) 推导 Landau 展开式 (4.26).

(b) 利用 (a) 中的展开式推导相变温度, 以及相变点处序参量的突变.

(c) 数值计算 Maier-Saupe 模型中的相变温度, 以及相变点处序参量和熵的突变 (Maier- 138
Saupe 模型的缺点之一是所预言的潜热通常太大).

4.3 具有正磁化率的各向异性液晶的临界点.

考虑一个由 Maier-Saupe 模型描述的液晶, 设其具有形如式 (4.29) 的赝势, 且 $\gamma > 0$. 当场强度参数 γ 从零开始增大时, 取向相变先是变成更弱的一级相变, 直至到达临界点. 找出在临界点处温度倒数 β 和 γ 的临界值, 以 $\rho U = 1$ 为单位.

4.4 具有负磁化率的各向异性液晶的三相临界点.

考虑一个液晶, 由式 (4.29) 给出的各向异性常数 γ 为负值. 在能量上倾向于使分子取向为垂直于磁场的方向. 若选取磁场沿 z 方向, 序参量 Q 将取负值, 双轴序参量 P 在低温相下是非零的. 可将 Maier-Saupe 模型中的赝势写为

$$\epsilon(\hat{\boldsymbol{n}}) = 2\rho U\left[(Q+\gamma)q + \frac{1}{3}Pp\right].$$

该模型在某个 β, γ 值外出现三相临界点. 问题就是要确定三相临界点的位置. 为计算方便, 用温度倒数参数作为单位, 则有 $\rho U = 1$. 一个可行的求解步骤如下:

(i) 推导下列 Landau 展开中的系数 a, b 的表达式:

$$G = a(\beta,\gamma) + \frac{1}{2}b(\beta,\gamma) + \frac{1}{4}c(\beta,\gamma) + \cdots,$$

假设 Q 由式 (4.31) 自洽地给出.

(ii) 对给定值 $x = 3\beta(Q+\gamma)$ 和 γ, 根据 x 和序参量 Q 的定义, 数值求出 Q.

(iii) 改变 β 的取值, 使得 $b(\beta,\gamma)$ 趋近于零, 并计算此时的 $c(\beta,\gamma)$.

(iv) 改变 γ 的取值, 重复步骤 (ii) 和 (iii), 直到 b 和 c 同时趋近于零. β,γ 的最后取值即为三相临界点的位置.

139 **4.5** Lotka Volterra 模型.

大鱼有时会吃小鱼. 如果大鱼找不到小鱼, 就会挨饿; 如果找到了小鱼, 大鱼种群就会增加. 小鱼按一定的速率繁殖, 但如果太多小鱼被大鱼吃掉, 小鱼的数量将大量减少. Vito Volterra 通过以下微分方程模拟了这一关系:

$$\begin{aligned}\frac{\mathrm{d}N_\mathrm{B}}{\mathrm{d}t} &= -aN_\mathrm{B} + bN_\mathrm{B}N_\mathrm{L},\\ \frac{\mathrm{d}N_\mathrm{L}}{\mathrm{d}t} &= cN_\mathrm{L} - dN_\mathrm{B}N_\mathrm{L}.\end{aligned} \tag{4.58}$$

(a) 求出稳态时的 $N_\mathrm{L}, N_\mathrm{B}$ 值, 并讨论其稳定性. 描述式 (4.58) 对任意初态的解的性质.

(b) 如果两个种群数量都很小, 那么迁徙就变得很重要. 将式 (4.58) 修正为

$$\begin{aligned}\frac{\mathrm{d}N_\mathrm{B}}{\mathrm{d}t} &= -a(N_\mathrm{B} - \lambda) + bN_\mathrm{B}N_\mathrm{L},\\ \frac{\mathrm{d}N_\mathrm{L}}{\mathrm{d}t} &= c(N_\mathrm{L} + \gamma) - dN_\mathrm{B}N_\mathrm{L},\end{aligned} \tag{4.59}$$

并假设 λ,γ 相对于 (a) 中得到的稳态的数量很小. 此时稳态的性质将发生什么变化?

(c) 若大鱼消失, 式 (4.58) 允许小鱼的数目无限增长. 为此做如下修正:

$$\begin{aligned}\frac{\mathrm{d}N_\mathrm{B}}{\mathrm{d}t} &= -aN_\mathrm{B} + bN_\mathrm{B}N_\mathrm{L},\\ \frac{\mathrm{d}N_\mathrm{L}}{\mathrm{d}t} &= cN_\mathrm{L}\left(1 - \frac{N_\mathrm{L}}{K_\mathrm{L}}\right) - dN_\mathrm{B}N_\mathrm{L},\end{aligned} \tag{4.60}$$

其中 K_L 表示物种的环境承载容量. 设 K_L 远大于 (a) 中给出的 N_L, 讨论稳态的性质如何变化, 以及其稳定性.

4.6 剪刀-石头-布模型.

考虑系列反应

$$A + B \Rightarrow 2B; B + C \Rightarrow 2C; C + A \Rightarrow 2A$$

140 可由下面的微分方程描述:

$$\begin{aligned}\frac{\mathrm{d}N_A}{\mathrm{d}t} &= \beta N_A(N_C - N_B),\\ \frac{\mathrm{d}N_B}{\mathrm{d}t} &= \beta N_B(N_A - N_C),\\ \frac{\mathrm{d}N_C}{\mathrm{d}t} &= \beta N_C(N_B - N_A).\end{aligned} \tag{4.61}$$

(a) 证明, 该系统的反应方程满足如下守恒定律:

$$N_A + N_B + N_C = N = \text{常数},$$

$$N_A N_B N_C = p = \text{常数}.$$

(b) 利用守恒定律来描述解系. 按类似三态 Potts 模型中式 (3.44) 所用的方法将各组分浓度分别用参数 $n_A = N_A/N, n_B = N_B/N, n_C = N_C/N$ 表示. 针对不同的常数 p, 将一族曲线画在如图 3.11 所示的三角形内.

4.7 横场中 Ising 模型的平均场理论.

考虑具有半整数自旋的 Ising 链, 其哈密顿量为

$$H = -J\sum_{\langle ij\rangle}\sigma_{iz}\sigma_{jz} - \Gamma\sum_{i}\sigma_{ix},$$

其中

$$\sigma_{ix} = \begin{pmatrix} 0 & 1 \\ 1 & 0 \end{pmatrix}_i, \quad \sigma_{iz} = \begin{pmatrix} 1 & 0 \\ 0 & -1 \end{pmatrix}_i.$$

这个模型最初由 de Gennes[69] 提出, 最近被广泛用于描述如 $LiHoF_4$ 等系统 (见 Rönnow 等的文章 [257] 及相应引文) 的量子相变. 按平均场理论的思想将磁化强度分量近似处理为

$$m_z \equiv \langle\sigma_{iz}\rangle = \frac{\mathrm{Tr}\,\sigma_z \exp(K\sigma_z + h\sigma_x)}{\mathrm{Tr}\,\exp(K\sigma_z + h\sigma_x)} = \frac{\partial}{\partial K}(\ln \mathrm{Tr}\,\exp(K\sigma_z + h\sigma_x)), \tag{4.62}$$

$$m_x = \frac{\partial}{\partial h}(\ln \mathrm{Tr}\,\exp(K\sigma_z + h\sigma_x)), \tag{4.63}$$

其中 q 为每个自旋的最近邻自旋数目, $K = \beta qJm_z$, $h = \beta\Gamma$.

(a) 通过对角化求下面矩阵的迹: 141

$$K\sigma_z + h\sigma_x = \begin{pmatrix} K & h \\ h & -K \end{pmatrix},$$

并证明

$$m_z = \frac{K}{\sqrt{K^2+h^2}}\tanh(\sqrt{K^2+h^2}),$$
$$m_x = \frac{h}{\sqrt{K^2+h^2}}\tanh(\sqrt{K^2+h^2}).$$

(b) 证明 (a) 中的结果表明该类 Ising 链会发生一个从高温顺磁相到低温铁磁相的相变, 且相变温度 $k_{\mathrm{B}}T_{\mathrm{c}} = 1/\beta_{\mathrm{c}}$ 可由下式给出:

$$\tanh(\beta_{\mathrm{c}}\Gamma) = \frac{\Gamma}{qJ}.$$ 142

第 5 章　稠密气体和液体

143 本章讨论处理非理想气体和液体的相关理论. 这一类问题有着很长的研究历史, 人们对其中基本现象的理解已相当深入. 最早的稠密气体理论之一就是著名的 van der Waals 方程, 在第 3 章作为平均场理论的一个例子进行过介绍. 本章不再回到液体的 van der Waals 理论, 而是将注意力放到更一般的气相和液相理论. 在讨论原子和分子气体及液体时, 除非粒子很轻 (比如氢或者氦), 否则我们通常可以放心地忽略量子效应, 而将注意力集中到经典配分函数

$$Z_{\mathrm{c}}=\frac{1}{N!h^{3N}}\int \mathrm{d}^{3N}p\mathrm{d}^{3N}r\mathrm{e}^{-\beta H} \tag{5.1}$$

的计算上.

对于简单的原子气体或液体, 我们有

$$H=\sum_{i}\frac{p_i^2}{2m}+\sum_{i<j}U(|\boldsymbol{r}_i-\boldsymbol{r}_j|). \tag{5.2}$$

值得注意的是, 即使考虑的是稀有气体原子系统 (如液态氩), 其哈密顿量 (见式 (5.2)) 也不完备. 三体相互作用 $V(\boldsymbol{r}_1,\boldsymbol{r}_2,\boldsymbol{r}_3)$ 对系统的热力学性质有重要影响. 在分子液体中, 势能除依赖于分子间的距离外, 通常还与分子的相对取向有关. 确定分子之间合适的相互作用势是量子力学的一大难题, 目前只得到了部分解决. 有关
144 分子间相互作用势所起的作用及参数化的讨论, 读者可以参考 Barker 和 Henderson 的综述 [28]. 更多细节的处理可参见 Hirshfelder 等的经典专著 [131], 以及较近出版的 Maitland 等的书 [188].

本章里, 我们只考虑仅含中心力场给出的两体力的哈密顿量 (见式 (5.2)). 积掉式 (5.1) 中的动量, Z_{c} 的计算可简化为

$$Z_{\mathrm{c}}=\lambda^{-3N}\frac{1}{N!}\int \mathrm{d}^{3N}r\exp\Big\{-\beta\sum_{i<j}U(r_{ij})\Big\}, \tag{5.3}$$

其中 $\lambda=[h^2/(2m\pi k_{\mathrm{B}}T)]^{1/2}$ 是式 (2.21) 引入的热波长. 被积函数中剩余的部分称为位形积分, 记为 $Q_N(V,T)$:

$$Q_N(V,T)=\frac{1}{N!}\int \mathrm{d}^{3N}r\exp\Big\{-\beta\sum_{i<j}U(r_{ij})\Big\}. \tag{5.4}$$

稠密气体与液体理论的核心问题就是如何估计 Q_N. 我们在后面将分节介绍几种不同的处理方法. 5.1 节讨论 $Q_N(V,T)$ 的位力展开. 5.2 节讨论约化分布函数, 并介绍解 Ornstein-Zernike 方程的几种较成功的近似方法. 5.3 节讨论微扰论. 5.4 节讨论非均匀液体的相关问题. 在这一节中, 我们将重新回到 van der Waals 理论, 构建气液界面的 Landau-Ginzburg 理论. 5.5 节以液体密度泛函理论的简单介绍结束本章.

最近三十年里, 计算机模拟大大促进了人们对包括液体的凝聚态系统的理解和直观图像的建立. 鉴于这项技术的重要性和享有的广泛关注, 我们将在第 9 章做专门介绍.

本章讨论的内容已有众多优秀的参考文献, 这里特别推荐 Hansen 与 McDonald 的书 [125] 及前面提到的 Barker 与 Henderson 的综述 [28].

5.1 位力展开 145

对于有相互作用的原子或分子系统, 理想气体状态方程只是在稀薄极限下的一个好的近似. 要讨论密度增加或温度降低所带来的效应, 一个系统的方法是位力展开, 即将压强写成密度的幂次展开形式:

$$\frac{P}{k_{\mathrm{B}}T}=\frac{N}{V}\left(1+B_2(T)\frac{N}{V}+B_3(T)\left(\frac{N}{V}\right)^2+\cdots\right), \tag{5.5}$$

其中 B_j 是位力系数. 推导位力系数最简洁的方法是运用巨正则系综而非正则系综, 这要归功于 J. E. Mayer. 在巨正则系综下, 压强可以写为

$$\frac{P}{k_{\mathrm{B}}T}=\frac{1}{V}\ln Z_{\mathrm{G}}=\frac{1}{V}\ln\left[\sum_{N=0}^{\infty}\mathrm{e}^{\beta\mu N}\lambda^{-3N}Q_N(V,T)\right], \tag{5.6}$$

其中 Q_N 由式 (5.4) 给出. 式 (5.4) 中出现的相互作用势 $U(r_{ij})$ 依赖于具体系统, 不过对于电中性系统来说, 其短程部分因电子云重叠而呈现出陡峭的排斥, 长程部分则通常为弱相互吸引. 常用 Lennard-Jones 势 (或称为 6-12 势) 描述稀有气体和液体, 其形式为

$$U(r)=4\epsilon\left[\left(\frac{\sigma}{r}\right)^{12}-\left(\frac{\sigma}{r}\right)^{6}\right]. \tag{5.7}$$

势函数在 $r=2^{1/6}\sigma$ 处取最小值 $-\epsilon$. 对于氩原子, 可取 $\epsilon/k_{\mathrm{B}}=120$ K, $\sigma=0.34$ nm.

当 r 趋近于无穷大时, 位形积分中出现的因子 $\mathrm{e}^{-\beta U(r)}$ 趋近于 1 而不是 0, 这为小量展开带来不便. 为了构造密度的幂次展开式, 我们需要另找一个势函数, 这个函数只有当原子相互接近时才显著非零. 满足此要求的函数是 Mayer 函数:

$$f_{ij}(r)=\exp\{-\beta U(r_{ij})\}-1. \tag{5.8}$$

图 5.1 给出了该函数的大致形状. 利用这一函数, 位形积分可变为

$$Q_N(V,T) = \frac{1}{N!}\int \mathrm{d}^{3N}r \prod_{j<m}(1+f_{jm}). \tag{5.9}$$

146 展开式 (5.9) 中的乘积, 可以得到

$$Q_N(V,T) = \frac{1}{N!}\int \mathrm{d}^{3N}r\left(1+\sum_{j<m} f_{jm} + \sum_{j<m,r<s} f_{jm}f_{rs} + \cdots\right). \tag{5.10}$$

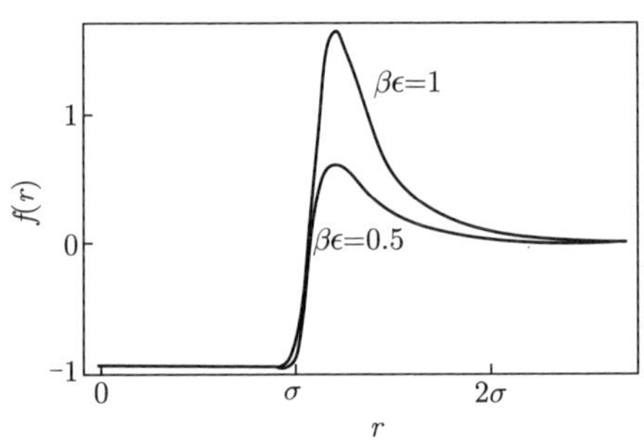

图 5.1 在两个不同的 β, ϵ 取值下, Lennard-Jones 势所对应的 Mayer 函数 $f(r)$

用图表示式 (5.1) 中的各项会更为方便. 每一项对应一个图, 我们用实心点标记粒子, 用点 j 与点 m 间的连线标记 Mayer 函数 f_{jm}. 这样, 式 (5.10) 中的每一项便对应一个由 N 个点和若干两点连线所组成的图. 表 5.1 给出了式 (5.10) 的被积函数中的不同项所对应的一些简单图形.

147 **表 5.1 式 (5.10) 的被积函数中的不同项所对应的一些简单图形**

被积函数	图
1	•
f_{12}	1•——•2
$f_{12}f_{23}$	1•—•2—•3

显然, 每个图中不连通的子图是可以分开计算的. 考虑内部相连的子图, 并为每个在拓扑上不相同的连通子图定义一个集团积分. 为了后面的约化, 我们定义图 j 的集团积分 $b_j(T)$ 为

$$b_j(T) = \frac{1}{n_j!V}\sum\int \mathrm{d}^3r_1\mathrm{d}^3r_2\cdots\mathrm{d}^3r_{n_j}\left(\prod_{i,j} f_{ij}\right). \tag{5.11}$$

在式 (5.11) 中, n_j 为图 j 的顶点 (粒子) 数, 连乘包括图中所有连线所代表的 Mayer 函数. 式 (5.11) 中的求和包括展开式 (5.10) 中出现的顶点标号的可区分置换, 这需要做一些说明. 先举几个简单例子示意采用的约定. 下面的两个三粒子图

1 —— 2 —— 3　　　　3 —— 2 —— 1

不可区分. 但它们与

2 —— 1 —— 3　　　　1 —— 3 —— 2

可区分. 四粒子图

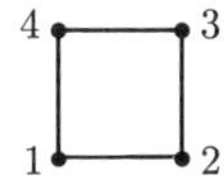

只有三种可区分的标号: (1234), (1324), (1243). 任何其他标号 (如 (1432)) 必与上述三种标号中的一种有相同的 Mayer 函数乘积, 而该乘积在位形积分 (见式 (5.10)) 中只出现一次. 我们又注意到式 (5.11) 中所有顶点都被积分掉, 因此集团积分只与图的拓扑结构有关, 在用图表示集团积分时可以不标明粒子标号. 此外, 由于函数 f 是短程的, 对每个连通图, 其中的每一个顶点 (或等价为这组粒子的质心坐标) 都可以在系统的体积内自由积分掉. 于是 $b_j(T)$ 与系统体积无关. 表 5.2 列出了前几个图的集团积分.

表 5.2　一些初级图及其对应的集团积分 148

j	图	$b_j(T)$
1	•	1
2		$\dfrac{1}{2}\displaystyle\int \mathrm{d}^3x f(x)$
3		$\dfrac{1}{2}\displaystyle\int \mathrm{d}^3x\mathrm{d}^3y f(x)f(y) = 2b_2^2(T)$
4		$\dfrac{1}{3!}\displaystyle\int \mathrm{d}^3x\mathrm{d}^3y f(x)f(y)f(\lvert\boldsymbol{x}-\boldsymbol{y}\rvert)$
5		$\dfrac{1}{4!V}\displaystyle\int \mathrm{d}^3r_1\cdots\mathrm{d}^3r_4[f_{12}f_{23}f_{14}f_{34}+f_{13}f_{14}f_{23}f_{24}+f_{12}f_{24}f_{34}f_{13}]$

如果用集团积分表示, 那么式 (5.10) 中的一般项可以写成

$$\frac{1}{N!}\left\{\frac{N!}{\prod\limits_j m_j!(n_j!)^{m_j}}\prod_s[Vn_s!b_s(T)]^{m_s}\right\}, \tag{5.12}$$

其中 m_j 为无标号的图 j 在该项中出现的次数, n_j 为图 j 的顶点数, 而 $Vn_s!b_s(T)$ 为把一组特定粒子分配到图的顶点上时, 图 s 对 Q_N 的贡献. 组合因子

$$\frac{N!}{\prod_j m_j!(n_j!)^{m_j}}$$

是把 N 个粒子分配到一组非连通图上的可能方式的数目, 这里 $N=\sum_j m_j n_j$.

我们用一个简单的例子来说明式 (5.12) 给出的贡献的正确性. 表 5.2 中的图 4 是位形积分中的一项, 直接计数可得该项的表达式为

$$\begin{aligned}&\frac{1}{N!}\sum_{i,j,k}\int \mathrm{d}^{3N}r f_{ij}f_{jk}f_{ki}\\&=\frac{N(N-1)(N-2)}{3!}\frac{V^{N-3}}{N!}\int \mathrm{d}^3r_1\mathrm{d}^3r_2\mathrm{d}^3r_3 f(r_{12})f(r_{13})f(r_{23}).\end{aligned}$$

149 由式 (5.12) 和 $m_4=1$, $m_1=N-3$, $n_1=1$, $n_4=3$, 可以得到与上面的表达式相同的结果, 即

$$\frac{N(N-1)(N-2)V^{N-3}}{N!}Vb_4(T).$$

建议读者检查其他几种简单情形.

回到巨正则系综下压强的表达式 (5.6), 即

$$\begin{aligned}\frac{P}{k_\mathrm{B}T}&=\frac{1}{V}\ln\left\{\sum_{N=0}^{\infty}z^N\lambda^{-3N}Q_N(V,T)\right\}\\&=\frac{1}{V}\ln\left\{\sum_{N=0}^{\infty}z^N\lambda^{-3N}\sum_{\{m_j\}}\prod_{j=1}^{\infty}\frac{[Vb_j(T)]^{m_j}}{m_j!}\right\},\end{aligned}\tag{5.13}$$

其中 $z=\mathrm{e}^{\beta\mu}$, 而 $\sum_{\{m\}}$ 表示对所有满足 $\sum_j m_j n_j=N$ 的图的组合求和. 式 (5.13) 中对乘积项的求和可以分解成对 m_j 求和项的乘积. 利用 $N=\sum_j m_j n_j$, 有

$$\begin{aligned}\frac{P}{k_\mathrm{B}T}&=\frac{1}{V}\ln\left\{\prod_j\sum_{m_j=0}^{\infty}\frac{(z\lambda^{-3})^{n_j}[Vb_j(T)]^{m_j}}{m_j!}\right\}\\&=\frac{1}{V}\ln\left\{\prod_j\exp[(z\lambda^{-3})^{n_j}Vb_j(T)]\right\}=\sum_j(z\lambda^{-3})^{n_j}b_j(T).\end{aligned}\tag{5.14}$$

为了得到位力展开, 还需要将化学势表示为密度 $n = N/V$ 和温度的函数. 这可以通过构造密度的展开式

$$N = z\left(\frac{\partial}{\partial z}\ln Z_{\rm G}\right)_{T,V} = Vz\frac{\partial}{\partial z}\left(\sum_{j=1}^{\infty}(z\lambda^{-3})^{n_j}b_j(T)\right)_{T,V}$$

或者

$$n = \frac{N}{V} = \sum_{j=1}^{\infty} n_j(z\lambda^{-3})^{n_j}b_j(T) \tag{5.15}$$

来实现.

将 $z = a_1 n + a_2 n^2 + a_3 n^3 + \cdots$ 代入, 并解出 a_j, 然后代入式 (5.14) , 最后我们得到位力展开

$$\frac{P}{k_{\rm B}T} = n + B_2(T)n^2 + B_3(T)n^3 + \cdots . \tag{5.16}$$

我们把计算过程留作习题, 在此仅给出结果: 150

$$\begin{aligned} B_2(T) &= -\frac{1}{2}\int {\rm d}^3 r f(r), \\ B_3(T) &= -\frac{1}{3V}\int {\rm d}^3 r_1 {\rm d}^3 r_2 {\rm d}^3 r_3 f_{12} f_{13} f_{23}. \end{aligned} \tag{5.17}$$

读者应该注意到只有表 5.2 中的图 4 对第三位力系数 B_3 有贡献, 而表 5.2 中的图 3 中对 B_3 有贡献的项在消去 z 时消失了. 这是一个一般性定理的具体表现. 该定理指出: 位力展开的任意阶项都可以表示成星图的集团积分. 星图不能通过消除一个顶点而被分解成不相连的子图. 星图和其他图的区别在于, 非星图的集团积分可以分解成子图的集团积分的乘积, 而星图则不行. 表 5.2 中的图 3 就给出了这样一个分解的例子. 该定理的一般证明并不复杂. Mayer 的文章 [195], 以及 Uhlenbeck 和 Ford 的书 [307] 详细推导了用星图的集团积分写出的位力展开的一般表达式.

对于实际的相互作用势, 即使是第三位力系数的计算也很有难度. 运用解析或数值方法, 硬球势的位力系数已算到了 B_7. 对于 6-12 势, 已算到了 B_5. 图 5.2 给出了位力展开至不同阶时硬球系统的状态方程, 图中的实点为模拟结果. 可以看出, 位力展开与模拟结果符合得相当好, 仅在更高的密度下出现偏差. 这些数据来自 Barker 和 Henderson 的工作 [27, 28].

从 6-12 势的位力展开的不同阶截断出发, 令 $\partial P/\partial V$ 与 $\partial^2 P/\partial V^2$ 同时为零, 便可得到临界温度 $T = T_{\rm c}$ 的一系列估算值. 表 5.3 给出了用这样的方法估算到的约化临界温度 $k_{\rm B}T_{\rm c}/\epsilon$ (引自 Temperley 等的著作 [299]). 氩气是典型的 Lennard-Jones 系统, 其约化临界温度的实验值为 1.26. 可见, 位力展开确有收敛的趋势, 尽管其收敛速度不算快.

151

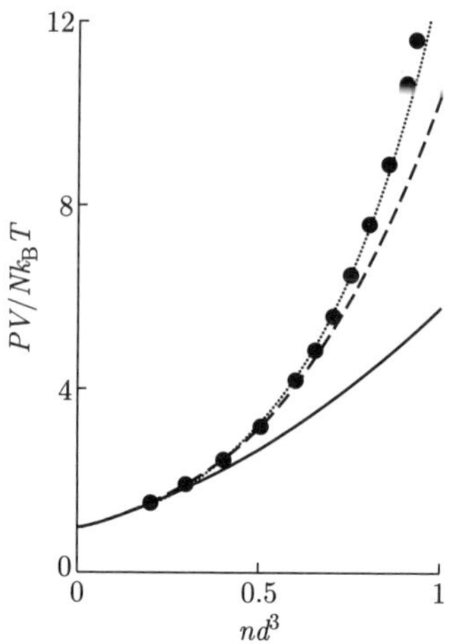

图 5.2 直径为 d 的硬球系统的位力方程. 实线、虚线和点线分别对应 2, 4 和 6 个位力系数的情况 (实心点为 Barker 和 Henderson 的 Monte Carlo 模拟结果)

表 5.3 位力展开得到的 Lennard-Jones 液体的临界温度

	k_BT_c/ϵ
B_3	1.445
B_4	1.300
B_5	1.291

5.2 分 布 函 数

5.2.1 两体关联函数

约化分布函数是液体理论中最实用的方法之一, 特别是通过一些精巧的近似方
152 案计算了两体关联函数. 考虑如下函数:

$$P(\boldsymbol{r}_1,\boldsymbol{r}_2,\cdots,\boldsymbol{r}_N)=\frac{1}{N!Q_N(V,T)}\exp\{-\beta W(\boldsymbol{r}_1,\boldsymbol{r}_2,\cdots,\boldsymbol{r}_N)\}, \tag{5.18}$$

其中 $W(\boldsymbol{r}_1,\boldsymbol{r}_2,\cdots,\boldsymbol{r}_N)=\sum_{i<j}U(\boldsymbol{r}_i-\boldsymbol{r}_j)$. 这一函数给出了 N 个粒子位于 $\boldsymbol{r}_1,\cdots,\boldsymbol{r}_N$ 处的概率密度. 它提供的信息量远远超过计算热力学函数所需要的量. 为了系统地

展开讨论, 我们先定义一系列约化分布函数:

$$n_1(\boldsymbol{x}) = \sum_{i=1}^{N} \langle \delta(\boldsymbol{x} - \boldsymbol{r}_i) \rangle, \tag{5.19}$$

$$n_2(\boldsymbol{x}_1, \boldsymbol{x}_2) = \sum_{i \neq j} \langle \delta(\boldsymbol{x}_1 - \boldsymbol{r}_i) \delta(\boldsymbol{x}_2 - \boldsymbol{r}_j) \rangle. \tag{5.20}$$

更一般地,

$$n_s(\boldsymbol{x}_1, \boldsymbol{x}_2, \cdots, \boldsymbol{x}_s) = \sum_{i \neq j \neq \cdots m} \langle \delta(\boldsymbol{x}_1 - \boldsymbol{r}_i) \delta(\boldsymbol{x}_2 - \boldsymbol{r}_j) \cdots \delta(\boldsymbol{x}_s - \boldsymbol{r}_m) \rangle. \tag{5.21}$$

在均匀系统中, 约化分布函数

$$n_1(\boldsymbol{r}_1) = N \frac{\displaystyle\int \mathrm{d}^3 r_2 \cdots \mathrm{d}^3 r_N \exp\left\{ -\beta \sum_{i<j} U(\boldsymbol{r}_i - \boldsymbol{r}_j) \right\}}{\displaystyle\int \mathrm{d}^3 r_1 \cdots \mathrm{d}^3 r_N \exp\left\{ -\beta \sum_{i<j} U(\boldsymbol{r}_i - \boldsymbol{r}_j) \right\}} \tag{5.22}$$

就是粒子的密度. 这一点很容易通过替换 $\boldsymbol{r}_j = \boldsymbol{r}_1 + \boldsymbol{x}_j (j \neq 1)$ 看出, 这时分子和分母都与 $\boldsymbol{r}_1$ 无关, 两者只差一个体积因子. 二粒子约化分布函数

$$n_2(\boldsymbol{x}_1, \boldsymbol{x}_2) = N(N-1) \frac{\displaystyle\int \mathrm{d}^3 r_3 \mathrm{d}^3 r_4 \cdots \mathrm{d}^3 r_N \exp\{-\beta W(\boldsymbol{x}_1, \boldsymbol{x}_2, \boldsymbol{r}_3, \cdots, \boldsymbol{r}_N)\}}{\displaystyle\int \mathrm{d}^3 r_1 \mathrm{d}^3 r_2 \cdots \mathrm{d}^3 r_N \exp\{-\beta W(\boldsymbol{r}_1, \boldsymbol{r}_2, \cdots, \boldsymbol{r}_N)\}} \tag{5.23}$$

给出两个粒子分别占据点 $\boldsymbol{x}_1$ 和 $\boldsymbol{x}_2$ 的概率. 当 $|\boldsymbol{x}_1 - \boldsymbol{x}_2| \to \infty$ 时, n_2 趋近于 $N(N-1)/V^2$. 很容易看出, 相互作用能的期望值可以由 $n_2(\boldsymbol{x}_1, \boldsymbol{x}_2)$ 给出, 即

$$\begin{aligned}
\langle U \rangle &= \sum_{i<j} \langle U(\boldsymbol{r}_i - \boldsymbol{r}_j) \rangle \\
&= \frac{1}{2} \sum_{i \neq j} \int \mathrm{d}^3 x_1 \mathrm{d}^3 x_2 \langle U(\boldsymbol{x}_1 - \boldsymbol{x}_2) \delta(\boldsymbol{x}_1 - \boldsymbol{r}_i) \delta(\boldsymbol{x}_2 - \boldsymbol{r}_j) \rangle \\
&= \frac{1}{2} \sum_{i \neq j} \int \mathrm{d}^3 x_1 \mathrm{d}^3 x_2 U(\boldsymbol{x}_1 - \boldsymbol{x}_2) \langle \delta(\boldsymbol{x}_1 - \boldsymbol{r}_i) \delta(\boldsymbol{x}_2 - \boldsymbol{r}_j) \rangle \\
&= \frac{1}{2} \int \mathrm{d}^3 x_1 \mathrm{d}^3 x_2 U(\boldsymbol{x}_1 - \boldsymbol{x}_2) n_2(\boldsymbol{x}_1, \boldsymbol{x}_2).
\end{aligned} \tag{5.24}$$

153

在均匀系统中, $n_2(\boldsymbol{x}_1, \boldsymbol{x}_2) = n_2(|\boldsymbol{x}_1 - \boldsymbol{x}_2|)$. 为了表述方便, 我们由

$$n_2(|\boldsymbol{x}_1 - \boldsymbol{x}_2|) = \left(\frac{N}{V} \right)^2 g(|\boldsymbol{x}_1 - \boldsymbol{x}_2|) \tag{5.25}$$

来定义函数 $g(|\boldsymbol{x}_1-\boldsymbol{x}_2|)$, 即所谓的两体分布函数.

在热力学极限 ($N\to\infty$, N/V 为常数) 下, $N(N-1)\approx N^2$, 当粒子间距离很大时, $g(|\boldsymbol{x}_1-\boldsymbol{x}_2|)\to 1$. 因此, 由式 (5.24) 及式 (5.25), 我们有

$$\langle U\rangle=\frac{N^2}{2V}\int \mathrm{d}^3 r U(r) g(r). \tag{5.26}$$

两体分布函数的 Fourier 变换与静态结构因子 $S(\boldsymbol{q})$ 有着密切联系. 后者的定义如下:

$$S(\boldsymbol{q})-1=\frac{N}{V}\int \mathrm{d}^3 r\{g(r)-1\}\mathrm{e}^{\mathrm{i}\boldsymbol{q}\cdot\boldsymbol{r}}. \tag{5.27}$$

按照式 (5.20) 和式 (5.25) 给出的定义, 我们有

$$S(\boldsymbol{q})=\frac{1}{N}\left\langle\sum_{i,j}\exp\{\mathrm{i}\boldsymbol{q}\cdot(\boldsymbol{r}_i-\boldsymbol{r}_j)\}\right\rangle-N\delta_{\boldsymbol{q},0}, \tag{5.28}$$

其中 $\delta_{\boldsymbol{q},0}$ 是三维 Kronecker 记号, 即

$$\delta_{\boldsymbol{q},0}=\frac{1}{V}(2\pi)^3\delta(\boldsymbol{q}).$$

式 (5.28) 可以视为结构因子的另一种定义. 最后一项有时被省略, 这样做仅仅是抹去了 $q=0$ 处无关紧要的奇异点. 结构因子的一个重要应用是解释中子或光的弹性散射实验. 要明白这一点, 需要考虑入射光为平面波的情形, 即

$$\Psi_{\boldsymbol{k}}(\boldsymbol{r})=\frac{1}{\sqrt{V}}\mathrm{e}^{\mathrm{i}\boldsymbol{k}\cdot\boldsymbol{r}}.$$

然后测量弹性散射后波矢为 $\boldsymbol{k}'=\boldsymbol{k}+\boldsymbol{q}$ 的散射波, 即

$$\Psi_{\boldsymbol{k}'}(\boldsymbol{r})=\frac{1}{\sqrt{V}}\mathrm{e}^{\mathrm{i}\boldsymbol{k}'\cdot\boldsymbol{r}}.$$

154 假设光与粒子的相互作用可以写成单粒子贡献之和, 即

$$\sum_i u(\boldsymbol{r}-\boldsymbol{r}_i).$$

再设 $u(\boldsymbol{r})$ 的 Fourier 变换为

$$u(\boldsymbol{q})=\int \mathrm{d}^3 r\, u(\boldsymbol{r})\mathrm{e}^{-\mathrm{i}\boldsymbol{q}\cdot\boldsymbol{r}}.$$

根据黄金定则, 从波矢 $\boldsymbol{k}$ 经过弹性散射跃迁到波矢 $\boldsymbol{k}'=\boldsymbol{k}+\boldsymbol{q}$ 上的概率为

$$W_{\boldsymbol{k}\to\boldsymbol{k}'}=\frac{2\pi}{\hbar}\left|\langle\boldsymbol{k}+\boldsymbol{q}|\sum_i u(\boldsymbol{r}-\boldsymbol{r}_i)|\boldsymbol{k}\rangle\right|^2\delta(\epsilon(\boldsymbol{k})-\epsilon(\boldsymbol{k}')). \tag{5.29}$$

对任意 $q \neq 0$, 式 (5.29) 中的散射矩阵元模方的热平均为

$$\frac{N}{V^2}|u(\boldsymbol{q})|^2 S(\boldsymbol{q}).$$

于是, 散射强度满足

$$I(\boldsymbol{k}' - \boldsymbol{k} = \boldsymbol{q}) \propto f(\boldsymbol{q}) S(\boldsymbol{q}) I_0, \tag{5.30}$$

其中 I_0 是入射光强度, $f(\boldsymbol{q}) = |u(\boldsymbol{q})|^2$ 是形状因子. 在中子散射实验中, 相互作用势 $u(\boldsymbol{r} - \boldsymbol{r}_i)$ 可以被看成 δ 势, 因此形状因子是 $\boldsymbol{q}$ 的慢变函数. 此时, $S(\boldsymbol{q})$ 正比于散射强度. 图 5.3 给出了稠密液体的 g 和 S 的大致形状.

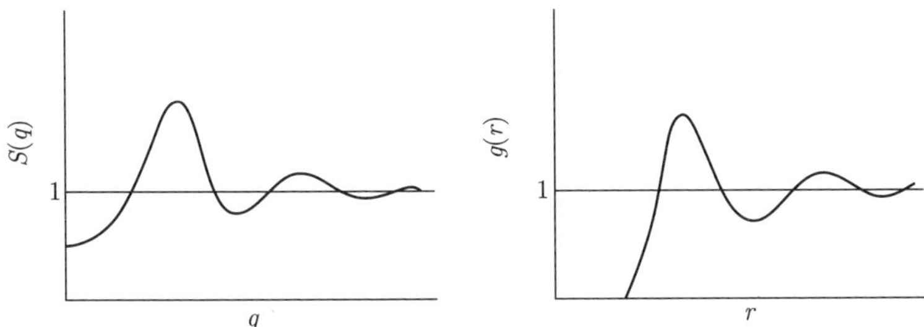

图 5.3 一种典型液体的 $S(q)$ 和 $g(r)$ 的示意图

两体分布函数不仅可以用来预测内能 (见式 (5.26)) 和弹性散射的实验结果, 也与压缩率 $K_T = -1/V(\partial V/\partial P)_T$ 有着密切联系. 下面我们会说明这一点.

对于粒子数为 N 的均匀系统, 有

$$\int \mathrm{d}^3 x_1 n_2(|\boldsymbol{x}_1 - \boldsymbol{x}_2|) = \frac{N(N-1)}{V}. \tag{5.31}$$

如果像巨正则系综那样, 允许粒子数涨落, 那么上式等号右侧将变为 $\langle N(N-1)\rangle/V$, 两体分布函数的定义式 (5.25) 则变为

$$g(|\boldsymbol{x}_1 - \boldsymbol{x}_2|) = \frac{V}{\langle N\rangle^2} n_2(|\boldsymbol{x}_1 - \boldsymbol{x}_2|).$$

从而有 155

$$\int \mathrm{d}^3 r(g(r) - 1) = \frac{V}{\langle N\rangle^2}\langle N(N-1)\rangle - V = V\frac{(\Delta N)^2}{\langle N\rangle^2} - \frac{V}{\langle N\rangle}, \tag{5.32}$$

其中

$$(\Delta N)^2 = \langle (N - \langle N\rangle)^2\rangle.$$

根据式 (2.65) 给出的粒子数涨落 ΔN 与压缩率的关系, 可以得到压缩率或粒子数涨落状态方程

$$n\int \mathrm{d}^3r[g(r)-1]=nk_\mathrm{B}TK_T-1, \tag{5.33}$$

其中

$$h(r)=g(r)-1 \tag{5.34}$$

通常称为两体关联函数.

这里需要说明用巨正则系综来定义 $g(r)$ 的做法. 压缩率的力学测量会在固定粒子数 N 的条件下进行. 但上面的讨论显示, 两体关联函数与弹性散射强度紧密相连, 数据也一般由这类散射实验提供. 在散射实验中, 光束只经过样品的一部分, 这部分区域中的粒子数虽然是宏观量, 但仍有涨落. 因此, 使用巨正则系综是合适的.

两体关联函数可以用于测量粒子的关联长度. 对于理想气体系统, $g(r)=1$, $h(r)=0$. 涨落状态方程 (见式 (5.33)) 可以直接给出其压缩率:

$$K_T=\frac{V}{Nk_\mathrm{B}T}. \tag{5.35}$$

156 同样的结果也可通过理想气体状态方程 $PV=Nk_\mathrm{B}T$ 和等温压缩率的定义 $K_T=-1/V(\partial V/\partial P)_{N,T}$ 来得到.

下面考虑粒子被锁定在固定位置 $\boldsymbol{R}_i$ 上的理想固体. 此时,

$$n\int \mathrm{d}^3rg(r)=\frac{1}{N}\sum_{i\neq j}\int \mathrm{d}^3r\delta(\boldsymbol{r}-\boldsymbol{R}_i+\boldsymbol{R}_j)=N-1, \tag{5.36}$$

于是

$$n\int \mathrm{d}^3r\ [g(r)-1]=-1.$$

将之代入涨落状态方程可以得到 $K_T=0$. 对应的物理图像是: 当不允许原子在平衡位置附近振动时, 系统的压缩率为零.

在这种远离临界点的自凝聚系统中, 如固体和液体, 其压缩率远小于理想气体的值, 因此有

$$0<nk_\mathrm{B}TK_T\ll 1.$$

因此, 对于几乎不可压缩的系统, 有

$$n\int \mathrm{d}^3r\ [g(r)-1]\approx -1.$$

涨落状态方程可以提供宝贵见解的另一个例子是关于临界区域 (即相图上气液相变临界点附近的区域) 的讨论. 在临界点上, $\partial P/\partial V=0$, 于是 $K_T=\infty$. 这意味着当系统趋近于临界点时, 有

$$\int \mathrm{d}^3r[g(r)-1]=\int \mathrm{d}^3rh(r)\to\infty. \tag{5.37}$$

积分的发散是由于 $h(r)$ 的长尾巴. 相反, 结构因子 $S(q)$ 在 q 值比较小时变得非常大. 这对应着光散射实验在临界点附近观察到的临界乳光现象.

读者应该注意到, 式 (5.33) 的等号左边等于

$$\lim_{q\to 0}[S(q)-1].$$

在正则系综中, 该极限值为 -1. 但前面已经指出, 在散射实验的观察区域中, 粒子
数是涨落的. 从图 5.3 可以看到, 当 q 变小时, $S(q)$ 实际上趋向于一个非零的正值. 157

在说明了两体分布函数的中心地位后, 我们接下来讨论该函数的计算方法.

5.2.2 BBGKY 级列方程

我们接下来推导一组在本节开头引入的约化分布函数所满足的方程, 它们是描述含时分布函数演化的 BBGKY (Born, Bogoliubov, Green, Kirkwood, Yvon) 级列方程 (见 Balescu 的著作 [23]) 中的平衡态形式. 考虑函数 $\nabla n_1(\boldsymbol{x})$:

$$\begin{aligned}\nabla n_1(\boldsymbol{x})=&\frac{N}{N!Q_N}\nabla\int \mathrm{d}^3r_2\mathrm{d}^3r_3\cdots\mathrm{d}^3r_N\\&\times\exp\left\{-\beta\left(\sum_{i\neq 1}U(\boldsymbol{x}-\boldsymbol{r}_i)+\sum_{1\neq i<j}U(\boldsymbol{r}_i-\boldsymbol{r}_j)\right)\right\}\\=&-\frac{\beta N(N-1)}{N!Q_N}\int \mathrm{d}^3r_2\nabla_x U(\boldsymbol{x}-\boldsymbol{r}_2)\int \mathrm{d}^3r_3\cdots\mathrm{d}^3r_N\\&\times\exp\{-\beta W(\boldsymbol{x}_1,\boldsymbol{r}_2,\cdots,\boldsymbol{r}_N)\}\\=&-\beta\int \mathrm{d}^3r_2[\nabla_x U(\boldsymbol{x}-\boldsymbol{r}_2)]n_2(\boldsymbol{x},\boldsymbol{r}_2),\end{aligned} \tag{5.38}$$

其中 $W(\boldsymbol{r}_1,\boldsymbol{r}_2,\cdots,\boldsymbol{r}_N)=\sum_{i<j}U(\boldsymbol{r}_{ij})$.

对于均匀系统, 式 (5.38) 的两边均为零. 继续运用该方法可以得到约化分布函

数的一系列微分积分方程, 比如

$$\begin{aligned}\nabla_1 n_2(\boldsymbol{x}_1-\boldsymbol{x}_2) &= \frac{N(N-1)}{N!Q_N}\nabla_1 \\ &\quad\times\int \mathrm{d}^3r_3\cdots\mathrm{d}^3r_N \exp\{-\beta W(\boldsymbol{x}_1,\boldsymbol{x}_2,\cdots,\boldsymbol{r}_N)\} \\ &= -\beta[\nabla_1 U(\boldsymbol{x}_1-\boldsymbol{x}_2)]n_2(\boldsymbol{x}_1,\boldsymbol{x}_2) \\ &\quad -\beta\int \mathrm{d}^3r_3[\nabla_1 U(\boldsymbol{x}_1-\boldsymbol{r}_3)]n_3(\boldsymbol{x}_1,\boldsymbol{x}_2,\boldsymbol{r}_3). \end{aligned} \tag{5.39}$$

转换为两体分布函数及三体分布函数:

$$n_2(\boldsymbol{x}_1,\boldsymbol{x}_2)=\left(\frac{N}{V}\right)^2 g(\boldsymbol{x}_1,\boldsymbol{x}_2),\qquad n_3(\boldsymbol{x}_1,\boldsymbol{x}_2,\boldsymbol{x}_3)=\left(\frac{N}{V}\right)^3 g_3(\boldsymbol{x}_1,\boldsymbol{x}_2,\boldsymbol{x}_3),$$

158 可以得到

$$\begin{aligned}-k_\mathrm{B}T\nabla_1 g(\boldsymbol{x}_1,\boldsymbol{x}_2) &= [\nabla_1 U(\boldsymbol{x}_1-\boldsymbol{x}_2)]g(\boldsymbol{x}_1,\boldsymbol{x}_2) \\ &\quad +n\int \mathrm{d}^3x_3[\nabla_1 U(\boldsymbol{x}_1-\boldsymbol{x}_3)]g_3(\boldsymbol{x}_1,\boldsymbol{x}_2,\boldsymbol{x}_3). \end{aligned} \tag{5.40}$$

式 (5.40) 是无穷级数 BBGKY 级列方程中的第一个. 这些方程将低阶分布函数与相邻的高阶函数联系起来, 若对 $j+1$ 阶 g_{j+1} 做适当的近似处理, 可解出 j 阶, 以及更低阶的分布函数. 最著名的近似是 Kirkwood 叠加近似, 它将三阶分布函数写为 $g_3(\boldsymbol{x}_1,\boldsymbol{x}_2,\boldsymbol{x}_3)=g(\boldsymbol{x}_1,\boldsymbol{x}_2)g(\boldsymbol{x}_1,\boldsymbol{x}_3)g(\boldsymbol{x}_2,\boldsymbol{x}_3)$. 在此假设下, 式 (5.40) 变成了一个对两体分布函数封闭的非线性方程, 也就是所谓的 Born-Green-Yvon (BGY) 方程. 这个方程已在多个系统中被求解. 特别是, 在硬球系统中, 它与数值模拟结果在低密度下符合得很好. 叠加近似采用的解耦方式决定了它只能在低密度情形下成立. 要验证这一点, 可以用 BGY 方程来计算 5.1 节的位力系数. 这种方法得到的 $g(r)$ 的密度展开的头两项是精确结果, 而高阶系数则是近似的. 对 BBGKY 级列方程的讨论到此为止. 读者可以在 Barker 和 Henderson 的书 [28] 中找到关于该方法的优点的讨论.

5.2.3 Ornstein-Zernike 方程

构造稠密气体和液体近似理论的一个常用方程是 Ornstein-Zernike 方程. 我们引入直接关联函数 $C(\boldsymbol{r}_1,\boldsymbol{r}_2)$, 要求其为如下积分方程的解:

$$h(\boldsymbol{r}_1,\boldsymbol{r}_2)=C(\boldsymbol{r}_1,\boldsymbol{r}_2)+n\int \mathrm{d}^3r_3 h(\boldsymbol{r}_1,\boldsymbol{r}_3)C(\boldsymbol{r}_3,\boldsymbol{r}_2), \tag{5.41}$$

其中 $h(\boldsymbol{r}_1,\boldsymbol{r}_2)=g(\boldsymbol{r}_1,\boldsymbol{r}_2)-1$. 从这个定义中可以看出 "直接关联" 的由来: 在低密度极限下, $C(\boldsymbol{r}_1,\boldsymbol{r}_2)$ 就是位于 $\boldsymbol{r}_1$ 及 $\boldsymbol{r}_2$ 两点上的粒子的关联函数, 由 Mayer 函数

$f(|\boldsymbol{r}_1-\boldsymbol{r}_2|)$ 给出. 等号右边的第二项给出三体及多体效应对函数 h 的贡献. 实际上, 式 (5.41) 只是两个未知函数的转换, 不包含具体系统的信息. 然而, 运用物理上某种合理的近似来建立 C 与 h 的关系, 便可得到封闭的方程. 这一类近似方法中最有用的一个是 Percus-Yevick 近似, 这里对该近似做简单介绍. 此时两体分布函 **159**
数由下式给出:

$$g(\boldsymbol{r}_1,\boldsymbol{r}_2)=V^2\frac{\displaystyle\int \mathrm{d}^3r_3\cdots\mathrm{d}^3r_N\exp\{-\beta W(\boldsymbol{r}_1,\boldsymbol{r}_2,\cdots,\boldsymbol{r}_N)\}}{\displaystyle\int \mathrm{d}^{3N}r\exp\{-\beta W(\boldsymbol{r}_1,\boldsymbol{r}_2,\cdots,\boldsymbol{r}_N)\}}. \tag{5.42}$$

由这个方程可以导出 g 的位力展开, 展开式的首项是 $\exp\{-\beta U(r_{12})\}$. 继而定义

$$y(\boldsymbol{r}_{12})\equiv\exp\{\beta U(\boldsymbol{r}_1-\boldsymbol{r}_2)\}g(\boldsymbol{r}_1,\boldsymbol{r}_2)=1+\sum_{j\geqslant 1}y_j(\boldsymbol{r}_1-\boldsymbol{r}_2)n^j, \tag{5.43}$$

这里 y_j 可以表示为集团积分, 方法与 5.1 节中关于压强的位力展开相同. $y_1(\boldsymbol{r}_{12})$ 的推导留作习题, 我们直接给出结果, 即

$$y_1(\boldsymbol{r}_1-\boldsymbol{r}_2)=\int\mathrm{d}^3r_3 f(\boldsymbol{r}_1-\boldsymbol{r}_3)f(\boldsymbol{r}_3-\boldsymbol{r}_2), \tag{5.44}$$

其中 $f(r)=\exp\{-\beta U(r)\}-1$. 注意到

$$h(r)=f(r)+\sum_{j\geqslant 1}n^j y_j(r)[1+f(r)],$$

代入式 (5.41), 我们得到

$$C(r)=\sum_{j=0}^{\infty}n^j C_j(r),$$

其中

$$\begin{aligned}C_0(r)&=f(r),\\ C_1(r)&=f(r)y_1(r).\end{aligned} \tag{5.45}$$

精确到密度的一阶项, 我们有如下近似:

$$C(r)=f(r)y(r)=\left(1-\mathrm{e}^{\beta U(r)}\right)g(r). \tag{5.46}$$

将其代入式 (5.41), 我们得到关于 g 的非线性积分方程, 这便是 Percus-Yevick 方程 (更多细节见参考文献 [23]). 对于三维硬球系统, 该方程可以解析求解[322,300]. 而对于一般的相互作用势, 该方程可以数值求解. 这个方程的重要性在于它很好地

100 给出了硬球系统的两体关联函数, 而硬球系统又是实际液体的一个简单且非常成功的模型[313]. 在图 5.4 中, 我们给出了由 Percus-Yevick 方程及分子动力学模拟得到的硬球系统的两体关联函数的对比结果. 除了在 $r/d = 1$ 那一点的差别, 两种方法给出的结果符合得很好. 对于更实际的相互作用系统, 比如 Lennard-Jones 势, Percus-Yevick 方程就没那么成功了, 特别是在热力学性质的预测上. 不过, 在很多近似方法中, 原子间相互作用的吸引部分仅作为一个小的微扰来处理. 这一处理方法为我们带来了成功的现代微扰论, 这一理论将在 5.3 节讨论.

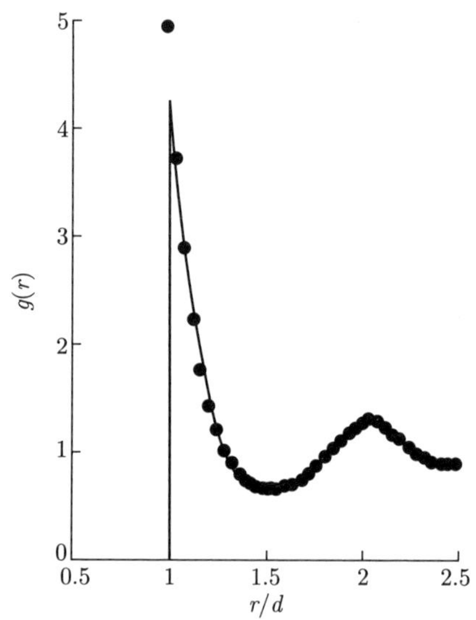

图 5.4 由 Percus-Yevick 方程得到的 $g(r)$ 与动力学模拟结果的对比. 这里 $n\pi d^3 = 0.463$, n 是密度, d 是硬球的直径 (数据取自 Alder 和 Hecht 的文章 [10])

Ornstein-Zernike 方程的近似闭合还有若干其他方案, 读者可以在参考文献 [28] 中找到这些理论的详细讨论. 我们提一下平均球近似和超网链近似. 平均球近似假设

$$\begin{aligned} g(r) &= 0, & r < d, \\ C(r) &= -\beta U(r), & r > d. \end{aligned} \tag{5.47}$$

161 这里考虑的相互作用势由直径为 d 的硬球核及其长程部分 $U(r)$ 组成, $C(r)$ 为直接关联函数. 在带电硬球[315,316] 及偶极子硬球[323] 中, 选取平均球近似为闭合方程, 那么 Ornstein-Zernike 方程可以被精确求解.

另一个常用的近似闭合是超网链近似 (HNC):

$$C(r) = h(r) - \beta U(r) - \ln[1 + h(r)]. \tag{5.48}$$

用位力展开来分析时, HNC 近似乍看起来比 Percus-Yevick 近似更好. 但实际计算中却发现, 对硬球及短程势, Percus-Yevick 近似给出了更好的结果. 在电解质或经典 Coulomb 气体等具有长程相互作用的系统中, HNC 近似则是更好的选择.

5.3 微 扰 论

本节简要介绍液体的现代微扰论, 并展示该理论的一些结果. 基本的物理思想是: 在通过像 6-12 势这样的势场发生相互作用的原子或分子系统中, 两体关联函数的结构主要由势的短程排斥部分决定. 因此, 我们可以将硬球系统作为参考系统, 而将势的吸引部分带来的修正作为微扰来处理. 尽管 6-12 势的排斥核是软核, 但这不会造成本质上的困难. 我们将对势分解为两项, 即

$$U(r_{ij},\lambda)=U_0(r_{ij})+\lambda U_1(r_{ij}),\tag{5.49}$$

其中

$$\begin{aligned}&U_0(r_{ij})=0,\ \text{当}\quad r_{ij}>\sigma\ \text{时},\\&U_1(r_{ij})=0,\ \text{当}\quad r_{ij}<\sigma\ \text{时}.\end{aligned}\tag{5.50}$$

在式 (5.49) 中, $\lambda=1$ 对应原来的势. 对于一般的 λ, 位形积分的对数为

$$\ln Q_N(V,T,\lambda)=\ln\frac{1}{N!}\int \mathrm{d}^{3N}r\exp\bigg\{-\beta\sum_{i<j}[U_0(r_{ij})+\lambda U_1(r_{ij})]\bigg\}.\tag{5.51}$$

将其按 λ 展开, 可得 162

$$\ln Q_N(V,T,\lambda)=\ln Q_N(V,T,0)+\lambda\frac{\partial}{\partial\lambda}\ln Q_N(V,T,\lambda)|_{\lambda=0}+O(\lambda^2),\tag{5.52}$$

其中

$$\begin{aligned}&\frac{\partial}{\partial\lambda}\ln Q_N(V,T,\lambda)|_{\lambda=0}\\&=-\beta\frac{N(N-1)}{2}\int \mathrm{d}^{3N}rU_1(r_{12})\frac{\exp\bigg\{-\beta\sum\limits_{i<j}U_0(r_{ij})\bigg\}}{N!Q_N(V,T,0)}\\&=-\frac{\beta}{2}\int \mathrm{d}^3r_1\mathrm{d}^3r_2U_1(r_{12})n_2^{(0)}(\boldsymbol{r}_1,\boldsymbol{r}_2)\\&=-\frac{\beta}{2}\left(\frac{N}{V}\right)^2\int \mathrm{d}^3r_1\mathrm{d}^3r_2U_1(r_{12})g^{(0)}(\boldsymbol{r}_1,\boldsymbol{r}_2),\end{aligned}$$

这里 $g^{(0)}$ 为 $\lambda=0$ 系统 (即参考系统) 的两体分布函数. 于是, 我们得到 Helmholtz 自由能为

$$A(V,T)=A_0(V,T)+\frac{N^2}{2V}\int \mathrm{d}^3r\, U_1(r)g^{(0)}(r)+\cdots. \tag{5.53}$$

上式中省略的高阶项可以类似地表示为参考系统的三体 (多体) 关联函数的积分. 理想的方案是选择硬球系统为参考系统, 好处之一是我们已经很清楚它的性质, 另一个好处是它可以成为一类系统的共同出发点. 这些系统的相互作用势都具有共同的一般形式, 但其 $U_0(r)$ 部分却不尽相同. 这个目标由 Barker 和 Henderson[26] 实现了, 我们不重复其推导过程, 只给出其结论: 用硬球关联函数替代 $g^{(0)}(r)$ 是可行的, 但硬球直径 d 应取为温度的函数, 即

$$d=\int_0^\sigma \mathrm{d}r[1-\exp\{-\beta U_0(r)\}]. \tag{5.54}$$

采用这个有效硬球直径, 得到的结果与数值模拟和实验结果都符合得非常好. 图 5.5 比较了零阶和一阶微扰论与计算机模拟给出的两体分布函数 $g(r)$. 一阶微扰论与计算机模拟结果符合得非常好, 说明这套方法背后的思想是正确的.

163

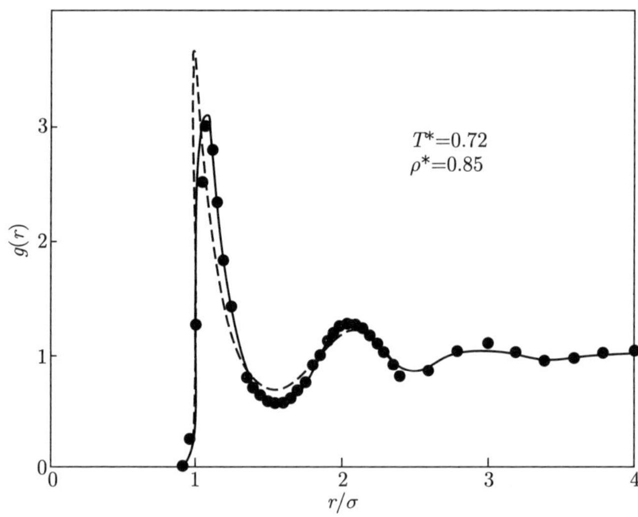

图 5.5 三相临界点 ($n=0.85\ \sigma^{-3}$, $T=0.72\ \epsilon/k_{\mathrm{B}}$) 附近, Lennard-Jones 液体的两体分布函数. 实心点为 Verlet[313] 的模拟结果, 虚线和实线分别对应零阶与一阶 Barker-Henderson 微扰论的结果 (见 Barker 和 Henderson 的文章 [28])

在这个简短的讨论中, 我们只介绍了一种可以运用到实际液体中的微扰论. 其他形式的微扰论也有不少, 读者可以参考文献 [28] 及那里引用的原始文献.

5.4 非均匀液体

这节讨论非均匀液体的若干性质. 5.4.1 小节介绍关于气液界面的 van der Waals 理论和表面张力. 5.4.2 小节构建一个简单的自由液体表面本征模 (表面张力波) 的理论.

5.4.1 气液界面 164

几乎所有基础物理课程都会提到液体表面张力的概念. 本小节将这一物理量与由界面分开的两个共存相 (气相与液相) 的统计力学相联系. 在第 1 章, 我们从热力学的角度引入了表面张力, 将 $\sigma \mathrm{d}\mathcal{A}$ 作为系统状态变化时做功的一部分. 在对界面做平均场处理之前, 我们先进一步讨论热力学的处理方法, 并更小心地定义相关的界面参数. 下面的讨论基本按照 Rowlinson 和 Widom[258] 的思路来展开.

考虑体积为 V, 温度为 T 的单组分系统. 设系统中液相与气相共存. 令两相的体积分别为 V_L 与 V_G, 并满足 $V_\mathrm{L}+V_\mathrm{G}=V$. 在远离界面的区域, 两相的粒子数密度分别为 n_L 和 n_G. $\boldsymbol{r}$ 点处的粒子数密度为 $n(\boldsymbol{r})$. 我们假定两相的界面为垂直于 z 轴的平面. V_L 和 V_G 的选取有一定的任意性. 粒子数密度由液相到气相需要经过一个宽度为 d 的过渡区, 因此气液的分界点并不那么确定. 即便如此, 我们接下来仍会介绍一种分界面的方便取法, 用以简化后续的计算.

我们通过以下方程来定义表面能 E_S、界面区域内的粒子数 N_S, 以及界面处的 Helmholtz 自由能 A_S:

$$
\begin{aligned}
V_\mathrm{L}n_\mathrm{L}+V_\mathrm{G}n_\mathrm{G}+N_\mathrm{S}&=N,\\
V_\mathrm{L}e_\mathrm{L}+V_\mathrm{G}e_\mathrm{G}+E_\mathrm{S}&=E,\\
V_\mathrm{L}a_\mathrm{L}+V_\mathrm{G}a_\mathrm{G}+A_\mathrm{S}&=A,
\end{aligned}
\tag{5.55}
$$

其中 N, E, A 分别为总粒子数、总能量和总 Helmholtz 自由能, 小写字母表示相应量在气相或液相中单位体积的值. 如果气液边界是突然跳跃的, 且与我们选取的分界面重叠, 那么界面区域内的粒子数 N_S 便为零.

我们假设系统的温度不变. 将 Gibbs-Duhem 方程 (见式 (1.39)) 的推导过程稍加推广, 可以得到

$$
A=-PV+\sigma\mathcal{A}+\mu N,
\tag{5.56}
$$

其中 $\mathcal{A}$ 为界面面积. 类似地, 165

$$
\begin{aligned}
A_\mathrm{L}&=-PV_\mathrm{L}+\mu N_\mathrm{L},\\
A_\mathrm{G}&=-PV_\mathrm{G}+\mu N_\mathrm{G}.
\end{aligned}
\tag{5.57}
$$

利用式 (5.55), 有

$$A_{\mathrm{S}} = \mathcal{A}a_{\mathrm{S}} = \sigma\mathcal{A} + \mu(N - N_{\mathrm{L}} - N_{\mathrm{G}})$$
$$= \sigma\mathcal{A} + \mu N_{\mathrm{S}}. \tag{5.58}$$

从式 (5.58) 可以看出, 如果我们恰当地选取 Gibbs 分界面 ($z = 0$), 令其满足

$$N_{\mathrm{S}} = \mathcal{A}\int_{-\infty}^{0} \mathrm{d}z[n(z) - n_{\mathrm{L}}] + \mathcal{A}\int_{0}^{\infty} \mathrm{d}z[n(z) - n_{\mathrm{G}}] = 0, \tag{5.59}$$

表面张力就等于单位面积的附加 Helmholtz 自由能, 即

$$\sigma = a_{\mathrm{S}}. \tag{5.60}$$

接下来按照 van der Waals[308], 以及 Cahn 和 Hilliard[53] 的思路给出关于界面区域的近似理论. 考虑温度与总体积 (气体 + 液体) 不变的系统, 那么在任意参数变分下取极小值的自由能就是 Helmholtz 自由能. 假设在系统的每个区域都可以定义单位体积 Helmholtz 自由能 $\varPsi(\boldsymbol{r})$. 在我们考虑的两相系统中, 它只依赖于 z, 记作 $\varPsi(z)$. 式 (5.60) 给出的表面张力与该函数的关系为

$$\sigma = \int_{-\infty}^{0} \mathrm{d}z[\varPsi(z) - \varPsi_{\mathrm{L}}] + \int_{0}^{\infty} \mathrm{d}z[\varPsi(z) - \varPsi_{\mathrm{G}}], \tag{5.61}$$

其中 $\varPsi_{\mathrm{L}} = A_{\mathrm{L}}/V_{\mathrm{L}}$, $\varPsi_{\mathrm{G}} = A_{\mathrm{G}}/V_{\mathrm{G}}$. 在给定温度下, 自由能密度是局域粒子数密度的泛函, 即 $\varPsi(z) = \varPsi[n(z)]$. 在下面的讨论里, 我们考虑一个由两部分组成的唯象自由能密度, 一项为 $\varGamma(\mathrm{d}n/\mathrm{d}z)^2/2$, 其中 $\varGamma$ 是大于零的常数, 而另一项为解析延拓至非物理的单相密度区的平均场自由能. 在 4.4 节中, 我们曾利用 Maxwell 构造避开此非物理区. 我们假设当 $T < T_{\mathrm{c}}$ 时, Helmholtz 自由能密度的取值类似于图 5.6 中给出的曲线, 其中连接气相密度与液相密度的直线来自 Maxwell 构造 (或等价于 4.1 节中的双切线构建).

166 图 5.6 中的虚线表示平均场自由能密度, 可以从 4.4 节中的 van der Waals 方程得到. 于是, 我们有

$$\sigma = \int_{-\infty}^{\infty} \mathrm{d}z\left\{\frac{\varGamma}{2}\left(\frac{\mathrm{d}n}{\mathrm{d}z}\right)^2 + [\varPsi_{\mathrm{n}}(n(z)) - \varPsi_{\mathrm{e}}(z)]\right\}, \tag{5.62}$$

其中 $\varPsi_{\mathrm{n}}$ 是非平衡态自由能密度 (见图 5.6 中的虚线), $\varPsi_{\mathrm{e}}$ 是气相 ($z > 0$) 或液相 ($z < 0$) 的平衡态单相自由能密度. 将式 (5.62) 对 $n(z)$ 求极小值, 就可以得到密度分布. 式 (5.62) 中的第一项是通常的 Landau-Ginzburg 项, 它可以减小自由能的涨落.

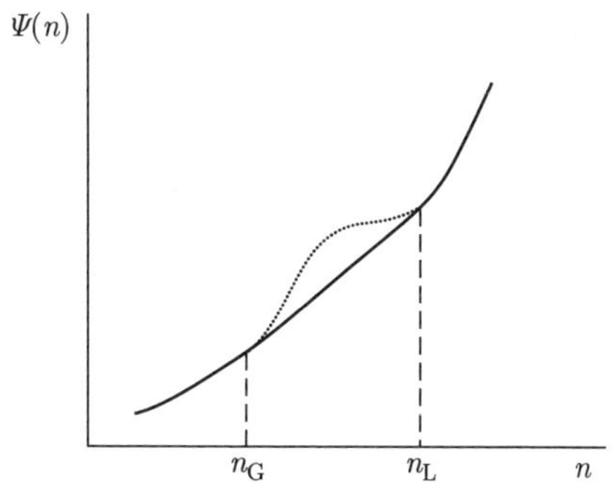

图 5.6 唯象自由能密度

要得到进一步的结果, 我们必须找到在转变区域的近似表达式, 即

$$\Delta\Psi = \Psi_{\mathrm{n}}(n(z)) - \Psi_{\mathrm{e}}(z).$$

我们定义 $n_0 = (n_{\mathrm{L}} + n_{\mathrm{G}})/2$, $\lambda = (n_{\mathrm{L}} - n_{\mathrm{G}})/2$, 并假设 $\Delta\Psi$ 可以被展开成下面的形式:

$$\Delta\Psi = \sum_j \alpha_j [n(z) - n_0]^j = \sum_j \alpha_j \zeta^j(z) \lambda^j, \tag{5.63}$$

其中引入了约化变量

$$\zeta(z) = \frac{2[n(z) - n_0]}{n_{\mathrm{L}} - n_{\mathrm{G}}}. \tag{5.64}$$

当 $n(z) = n_{\mathrm{G}}$ 时, $\zeta = -1$; 当 $n(z) = n_{\mathrm{L}}$ 时, $\zeta = 1$. 同时, 我们有 $\Delta\Psi(n_{\mathrm{G}}) = \Delta\Psi(n_{\mathrm{L}}) = 0$. 此外, 由于 Ψ 是自由能密度, 因此 $\mathrm{d}\Psi(n,T)/\mathrm{d}n = \mu$, 其中 μ 为化学 167
势. 在气相和液相, 化学势必须相等. 而且, 由图 5.6 的双切线构建可知, Ψ 应该光滑地与各单相相连, 即

$$\left.\frac{\mathrm{d}(\Delta\Psi)}{\mathrm{d}\zeta}\right|_{-1} = \left.\frac{\mathrm{d}(\Delta\Psi)}{\mathrm{d}\zeta}\right|_{+1} = 0. \tag{5.65}$$

如果将式 (5.63) 截断至第四阶, 我们有

$$\Delta\Psi = \alpha_4 \lambda^4 [1 - \zeta^2(z)]^2, \tag{5.66}$$

其中 α_4 为正的待定系数. 求式 (5.62) 关于 $n(z)$ (或 $\zeta(z)$) 的极值问题, 我们有

$$\Gamma \frac{\mathrm{d}^2\zeta}{\mathrm{d}z^2} + 4\alpha_4 \lambda^2 \zeta (1 - \zeta^2) = 0. \tag{5.67}$$

这一微分方程的第一积分很容易得到, 令 $\phi=\mathrm{d}\zeta/\mathrm{d}z$ 并注意到 $\mathrm{d}\phi/\mathrm{d}z=\phi\mathrm{d}\phi/\mathrm{d}\zeta$, 有

$$\frac{\mathrm{d}\phi^2}{\mathrm{d}\zeta}=-\frac{8\alpha_4\lambda^2}{\Gamma}\zeta(1-\zeta^2). \tag{5.68}$$

从 -1 至 ζ 做积分, 有

$$\phi^2(\zeta)-\phi^2(-1)=\frac{2\alpha_4\lambda^2}{\Gamma}(\zeta^4-2\zeta^2+1).$$

由于我们期望

$$\phi(-1)=\left.\frac{\mathrm{d}\zeta}{\mathrm{d}z}\right|_{\infty}=0,$$

所以

$$\frac{\mathrm{d}\zeta}{\mathrm{d}z}=-\sqrt{\frac{2\alpha_4\lambda^2}{\Gamma}}(1-\zeta^2).$$

上式右边的负号表示系统在 $z=-\infty$ 时是液态. 对 z 积分, 有

$$\zeta(z)=-\tanh\left(\sqrt{\frac{2\alpha_4\lambda^2}{\Gamma}}z\right), \tag{5.69}$$

从而, 气液界面附近的空间密度分布为

$$n(z)=\frac{n_\mathrm{L}+n_\mathrm{G}}{2}-\frac{n_\mathrm{L}-n_\mathrm{G}}{2}\tanh\left(\sqrt{\frac{2\alpha_4\lambda^2}{\Gamma}}z\right). \tag{5.70}$$

168 量 $\sqrt{\Gamma/(2\alpha_4\lambda^2)}$ 也出现在超导理论中, 称为 Landau-Ginzburg 相干长度. 在 11.3.4 小节中, 我们将用与以上推导相类似的方法讨论超导电性, 其中相干长度可以给出界面宽度. 从式 (5.70) 可以看出, 当 Γ 等于零时, 气液界面附近的变化将非常剧烈. 将式 (5.70) 代入式 (5.62), 我们得到表面张力

$$\sigma=2\alpha_4\lambda^4\int_{-\infty}^{\infty}\mathrm{d}z\,\mathrm{sech}^4\sqrt{\frac{2\alpha_4\lambda^2}{\Gamma}}z=\sqrt{2\alpha_4\Gamma}\lambda^3\int_{-\infty}^{\infty}\mathrm{d}y\,\mathrm{sech}^4 y. \tag{5.71}$$

当系统趋近于气液临界点时,

$$\lambda=\frac{n_\mathrm{L}-n_\mathrm{G}}{2}\sim(T_\mathrm{c}-T)^{1/2}.$$

由式 (5.71), 我们得到表面张力的经典标度形式为

$$\sigma\sim(T_\mathrm{c}-T)^{\mu},$$

其中 $\mu=\dfrac{3}{2}$.

Fisk 和 Widom[97] 推广了上述气液界面理论, 将其与临界现象 (见第 6 章) 的标度理论结合起来. 他们的工作超出了本书的范围. 我们的处理几乎完全是唯象的, 两个参数 α_4 和 Γ 在此框架下不能由系统的微观性质导出, 甚至假设的自由能形式本身也可能有问题. 其他更精密的平均场理论从非均匀的 Ornstein-Zernike 方程出发, 不含唯象参数, 空间密度分布完全由相互作用势、温度和气液两相的单相密度决定[245]. 一般情况下, 这些理论及密度泛函理论给出的表面张力与实验值的差小于 10%, 系统处在平均场理论失效的临界点附近时除外.

目前已有众多的气液界面的计算机模拟研究 (见 Chapela 等的文章 [60] 及其引用的文献) . 曾经有一段时间, 式 (5.70) 给出的光滑密度变化上是否附加小幅振荡引发了不小的争议. 对于分子液体, 如稠密的稀有气体, 现在的一般看法是: 空间密度分布并不存在振荡, 只要将唯象参数 $(\Gamma/2\alpha_4\lambda^2)^{1/2}$ 用一个与温度相关的长度 $d(T)$ 来替代, 式 (5.70) 就可以很好地拟合数值结果.

空间密度分布的实验测量有多种渠道. Beaglehole[31] 用椭圆偏振测量术测了 **169**
液态氩在 90 K 和 120 K 时的界面厚度. 在 90 K 时, 其厚度大约是 0.8 nm (定义为空间密度从液相值的 10% 上升到 90% 的距离) . 其他技术, 如用同步辐射光源在掠射角照射[12], 有望在近期获得界面区域更多的结构细节.

在上述空间密度分布 $n(z)$ 的推导中, 一个基本假设是界面是平面. 如果界面是可以拉伸的膜, 由热涨落激发的本征振动模将会扭曲界面并使其变得更厚. 下一小节的主题便是如何处理这类 "表面张力波" .

5.4.2 表面张力波

我们设想气液界面的位置可以用函数 $z(x,y)$ 来描述. 在这里, 气液界面既可以指理论中引入的无限清晰的分界面, 也可以取为展宽的空间密度分布 (见式(5.70)) 的中点. 若将位于 $z=0$ 的平坦界面的能量取为零, 那么由界面扭曲及位移导致的附加能量可写成

$$\Delta E = \int \mathrm{d}x\mathrm{d}y \left[\frac{n_{\mathrm{L}}-n_{\mathrm{G}}}{2} g z^2(x,y) + \sigma\left\{\sqrt{1+\left(\frac{\partial z}{\partial x}\right)^2+\left(\frac{\partial z}{\partial y}\right)^2}-1\right\}\right],$$

其中 σ 为表面张力, 系数 g 为重力加速度, n_{L} 和 n_{G} 分别为液相和气相的质量密度. 第一项为分界面位移导致的重力势能的改变, 其推导留作习题. 第二项来源于界面扭曲带来的界面面积的变化. 假设扭曲很小 ($|\partial z/\partial x|, |\partial z/\partial y| \ll 1$), 则我们可以将第二项展开, 得到

$$\Delta E = \int \mathrm{d}x\mathrm{d}y \left[\frac{n_{\mathrm{L}}-n_{\mathrm{G}}}{2} g z^2(x,y) + \frac{\sigma}{2}\left\{\left(\frac{\partial z}{\partial x}\right)^2+\left(\frac{\partial z}{\partial y}\right)^2\right\}\right]. \tag{5.72}$$

考虑一个边长为 L 的立方容器里的液体, 并在 x 和 y 方向上施加周期性边界条件:

$$z(x+L,y)=z(x,y+L)=z(x,y).$$

170 我们可以将能量 (见式 (5.72)) 表示为本征模能量的和. 令

$$z(x,y)=\frac{1}{L}\sum_{\boldsymbol{q}}\widehat{z}_{\boldsymbol{q}}\mathrm{e}^{\mathrm{i}\boldsymbol{q}\cdot\boldsymbol{r}}, \tag{5.73}$$

其中 $\boldsymbol{q}=2\pi(n_x,n_y)/L$, $n_x,n_y=0,\pm1,\pm2,\cdots$, 代入式 (5.72), 有

$$\Delta E=\frac{\sigma}{2}\sum_{\boldsymbol{q}}\left[\frac{(n_{\mathrm{L}}-n_{\mathrm{G}})g}{\sigma}+q^2\right]\widehat{z}_{\boldsymbol{q}}\widehat{z}_{-\boldsymbol{q}}. \tag{5.74}$$

量 $a^2=2\sigma/\{(n_{\mathrm{L}}-n_{\mathrm{G}})g\}$ 的量纲为长度的平方, 其平方根 a 被称为 “毛细长度”. 波长远大于毛细长度的本征模称为重力波, 波长小于 $2\pi a$ 的本征模则称为表面张力波.

分离 $\widehat{z}_{\boldsymbol{q}}$ 的实部与虚部, 利用经典统计的均分定理, 我们可以得到 $\widehat{z}_{\boldsymbol{q}}\widehat{z}_{-\boldsymbol{q}}$ 的热平均值, 即

$$\langle\widehat{z}_{\boldsymbol{q}}\widehat{z}_{-\boldsymbol{q}}\rangle=\frac{2k_{\mathrm{B}}T/\sigma}{2a^{-2}+q^2}. \tag{5.75}$$

本征模热激发产生的界面展宽, 可以用下面的量来度量:

$$\xi^2=\frac{1}{L^2}\int\mathrm{d}x\mathrm{d}y\langle[z(x,y)-\overline{z}]^2\rangle, \tag{5.76}$$

其中

$$\overline{z}=\frac{1}{L^2}\int z(x,y)\mathrm{d}x\mathrm{d}y.$$

将式 (5.73) 代入式 (5.76), 有

$$\xi^2=\frac{1}{L^2}\sum_{|\boldsymbol{q}|>0}\langle\widehat{z}_{\boldsymbol{q}}\widehat{z}_{-\boldsymbol{q}}\rangle=\frac{2k_{\mathrm{B}}T}{\sigma\mathcal{A}}\sum_{|\boldsymbol{q}|>0}\frac{1}{q^2+2a^{-2}}. \tag{5.77}$$

将关于 $\boldsymbol{q}$ 的求和化为积分 $\left(\sum_{\boldsymbol{q}}=\mathcal{A}/(2\pi)^2\int\mathrm{d}^2\boldsymbol{q}\right)$, 并在柱坐标下积分, 得到

$$\xi^2=\frac{k_{\mathrm{B}}T}{\pi\sigma}\int_{2\pi/L}^{q_{\max}}\mathrm{d}q\frac{q}{q^2+2a^{-2}}=\frac{k_{\mathrm{B}}T}{2\pi\sigma}\ln\frac{q_{\max}^2a^2/2+1}{2\pi^2a^2/L^2+1}. \tag{5.78}$$

这里我们引入了截断 $q_{\max}=2\pi/a_0$, 其中 a_0 为分子直径. 由于界面并不是真正的
171 连续介质, 所以大于 $2\pi/a_0$ 的波矢没有实际意义. 令 $a_0=0.34\ \mathrm{nm}$ (氩气), 表面张力

取为三相临界点附近的氩气的实验值 $\sigma = 1.51 \times 10^{-4}$ N/m, 计算得到毛细长度为 1.5 mm. 取 $L = 5$ cm, 式 (5.78) 给出 $\xi \approx 0.64$ nm. 由于对数函数变化缓慢, 所以 ξ 对 L 的依赖很弱.

在零重力下, 由长波模引起的界面宽度发散, 同样出现在其他物理系统中. 晶体生长的一些简单模型, 如固固模型[319], 会出现长波模激发带来的表面粗化现象. 类似地, 三维 Ising 系统中的畴壁也会由于同样的原因粗糙化.

5.5 密度泛函理论

密度泛函理论最初是在原子、分子和固体中电子的量子多体问题研究中发展起来的, 它在这些领域有巨大影响. 该理论的基本定理指出, 多电子系统的基态能量是其电子密度的唯一泛函, 在物理密度处取极小值. 这个定理被证明同样适用于经典流体的 Helmholtz 自由能和巨势, 接着出现了大量利用这套理论研究均匀和非均匀液体的工作. 目前, 密度泛函理论是研究稠密液体最成功的 "解析" 理论之一. 在本节中, 我们将介绍密度泛函理论的基本概念, 并演示如何用这套语言重写上两节的部分内容. 我们不详细讨论在这一理论框架下发展出来的大量近似方案, 而是推荐有兴趣的读者去阅读相关的参考文献 [87, 88].

5.5.1 泛函变分

在讨论密度泛函理论之前, 我们先简单地回顾一下泛函变分的基础知识. 读者可以在参考文献 [231] 中找到更详尽的讨论. 泛函的概念在经典力学的哈密顿原理中就已经出现了. 该原理指出

$$\delta I[q(t)] = \delta \int_{t_0}^{t_1} L(q(t), \dot{q}(t), t)\mathrm{d}t = 0,$$

即从时间 t_0 至 t_1 的粒子轨迹 $q(t)$ 对应了 Lagrange 积分 I 的极小值. 这里 I 是 $q(t)$ 的泛函. 操作 δ 给出在 $q(t)$ 的增量 $\delta q(t)$ 下 I 的变化, 这里 $\delta q(t)$ 为 "任意" 连 172
续无穷小函数, 满足 $\delta q(t_0) = \delta q(t_1) = 0$. 我们可以将这个方程表达成另一种形式:

$$\delta I[q(t)] = \int_{t_0}^{t_1} \frac{\delta I}{\delta q(t)} \delta q(t)\mathrm{d}t = 0.$$

比较含 N 个独立变量的函数 $F(x_1, x_2, \cdots, x_N)$, 上式的泛函变分可以看作是全微分 $\mathrm{d}F = \sum_{j=1}^{N}(\partial F/\partial x_j)\mathrm{d}x_j$ 的自然推广.

我们可以按照下面的方法写出泛函导数 $\delta I/\delta q(t)$ 的具体形式. 先设想在 $q(t)$

上加上任意函数 $\epsilon\widetilde{q}(t)$, 并考虑极限

$$\lim_{\epsilon\to 0}\frac{I[q(t)+\epsilon\widetilde{q}(t)]-I[q(t)]}{\epsilon}=\frac{\mathrm{d}}{\mathrm{d}\epsilon}I[q(t)+\epsilon\widetilde{q}(t)]\bigg|_{\epsilon=0}=\int_{t_0}^{t_1}\frac{\delta I}{\delta q(t)}\widetilde{q}(t)\mathrm{d}t.$$

令 $\widetilde{q}(t)=\delta(t-t')$, 我们有

$$\frac{\delta I[q(t)]}{\delta q(t')}=\lim_{\epsilon\to 0}\frac{I[q(t)+\epsilon\delta(t-t')]-I[q(t)]}{\epsilon}. \tag{5.79}$$

依据此式, 我们可以直接计算 $\delta I[q]/\delta q(t)$. 在讨论泛函导数的其他性质之前, 我们先看一个简单的例子. 在气液界面的 van der Waals 理论中, 我们遇到了自由能泛函 (见式 (5.62)), 即

$$\sigma=\int_{-\infty}^{\infty}\mathrm{d}z\left\{\frac{\Gamma}{2}\left(\frac{\mathrm{d}n}{\mathrm{d}z}\right)^2+[\Psi_{\mathrm{n}}[n(z)]-\Psi_{\mathrm{e}}(z)]\right\}.$$

利用定义 (见式 (5.79)), 我们可以写出其泛函导数

$$\frac{\delta\sigma[n(z)]}{\delta n(z')}=-\Gamma\frac{\mathrm{d}^2n(z')}{\mathrm{d}z'^2}+\Psi'_{\mathrm{n}}[n(z')].$$

第一项由表达式

$$\Gamma\int_{-\infty}^{\infty}\mathrm{d}z\left(\frac{\mathrm{d}n}{\mathrm{d}z}\right)\epsilon\frac{\mathrm{d}}{\mathrm{d}z}\delta(z-z')$$

的分部积分给出, 以消除 δ 函数的导数. 原则上讲, 上面的结果仍然是 $n(z)$ 的泛函, $\delta^2\sigma/\delta n(z)\delta n(z')$ 等高阶泛函导数的定义可完全效仿一阶泛函导数的做法. 还应该注意到式 (5.79) 的一个直接推论:

$$\frac{\delta q(t)}{\delta q(t')}=\delta(t-t'). \tag{5.80}$$

173 从基本定义式 (5.79) 出发, 很多我们熟悉的常规微分的法则也适用于泛函变分. 例如

$$\frac{\delta}{\delta q(t)}(aF[q(t)]+bG[q(t)])=a\frac{\delta F}{\delta q(t')}+b\frac{\delta G}{\delta q(t')},$$
$$\frac{\delta}{\delta q(t')}F[q(t)]G[q(t)]=F[q(t)]\frac{\delta G[q(t)]}{\delta q(t')}+G[q(t)]\frac{\delta F[q(t)]}{\delta q(t')}.$$

我们还可以得到泛函导数的链式法则. 假设 $q(t)$ 本身是 $s(t)$ 的泛函, 即 $q(t)=q[s(t),t]$, 有

$$\delta F=\int\frac{\delta F}{\delta q(t)}\delta q(t)\mathrm{d}t=\int\mathrm{d}t\int\mathrm{d}t'\,\frac{\delta F}{\delta q(t)}\frac{\delta q(t)}{\delta s(t')}\delta s(t')$$

及

$$\frac{\delta F}{\delta s(t')} = \int \mathrm{d}t\, \frac{\delta F}{\delta q(t)} \frac{\delta q(t)}{\delta s(t')},$$

这便是泛函导数的链式法则, 类似于常规微分的关系: $\mathrm{d}F/\mathrm{d}x = (\mathrm{d}F/\mathrm{d}z)(\mathrm{d}z/\mathrm{d}x)$. 最后, 我们注意到可以在形式上定义泛函导数的逆. 设 q 为 s 的泛函, 那么 s 自身也是 q 的泛函 (尽管泛函的求逆不一定那么简单). 于是有

$$\delta q(t) = \int \mathrm{d}t' \frac{\delta q(t)}{\delta s(t')} \delta s(t') = \int \mathrm{d}t' \int \mathrm{d}t'' \, \frac{\delta q(t)}{\delta s(t')} \frac{\delta s(t')}{\delta q(t'')} \delta q(t'').$$

利用式 (5.80), 我们有

$$\int \mathrm{d}t'' \frac{\delta q(t)}{\delta s(t'')} \frac{\delta s(t'')}{\delta q(t')} = \delta(t - t'), \tag{5.81}$$

这便是 $\delta q(t)/\delta s(t')$ 与 $\delta s(t')/\delta q(t'')$ 互逆关系的形式表述.

到这里, 我们讨论的都是单变量 (如 t 或 z) 函数 (如 $q(t)$ 或 $n(z)$) 的泛函. 推广到多变量函数并不困难. 令 $F = F[n(\boldsymbol{r})]$, 有

$$\frac{\delta F}{\delta n(\boldsymbol{r})} = \lim_{\epsilon \to 0} \frac{F[n(\boldsymbol{r}') + \epsilon \delta(\boldsymbol{r}' - \boldsymbol{r})] - F[n(\boldsymbol{r}')]}{\epsilon}, \tag{5.82}$$

以及

$$\frac{\delta n(\boldsymbol{r})}{\delta n(\boldsymbol{r}')} = \delta(\boldsymbol{r} - \boldsymbol{r}').$$

上面给出的其他关系也可以做类似的推广.

5.5.2 自由能泛函和关联函数 174

我们现在证明 Helmholtz 自由能 (或与之等价的巨势) 是密度 $n(\boldsymbol{r})$ 的唯一泛函. 这个非平庸的结果是 Kohn-Hohenberg 定理[231] 在有限温度下的推广, 该定理应用在多体系统量子基态能量时可以得到同样的结果. 我们对这个问题的讨论使用参考文献 [87] 的处理方法, 在那里读者也可以找到一些相关的原始文献.

考虑由式 (5.2) 描述的含两体相互作用的 N 粒子系统, 并引入依赖于位置空间的单粒子势 $v(\boldsymbol{r})$, 即

$$\begin{aligned} H &= \sum_i \frac{p_i^2}{2m} + \sum_{i<j} U(|\boldsymbol{r}_i - \boldsymbol{r}_j|) + \sum_i v(\boldsymbol{r}_i) \\ &= H_0 + \mathcal{V}(\boldsymbol{r}_1, \cdots, \boldsymbol{r}_N), \end{aligned} \tag{5.83}$$

其中 $\mathcal{V} = \sum\limits_i v(\boldsymbol{r}_i)$. 它的正则配分函数

$$Z_{\mathrm{c}} = \mathrm{e}^{-\beta A} = \frac{1}{N! h^{3N}} \int \mathrm{d}^{3N} p \mathrm{d}^{3N} r \mathrm{e}^{-\beta(H_0 + \mathcal{V})} \tag{5.84}$$

是外势 $v(\boldsymbol{r})$ 的泛函, Helmholtz 自由能 $A = A[N,V,T;v(\boldsymbol{r})]$ 也是一样. 类似地, 密度 $n(\boldsymbol{r})$ 的定义式 (5.19) 也可以写成

$$n(\boldsymbol{r}) = \sum_i \langle \delta(\boldsymbol{r} - \boldsymbol{r}_i) \rangle = n[\boldsymbol{r}; v(\boldsymbol{r})] \tag{5.85}$$

的形式, 它也是 $v(\boldsymbol{r})$ 的泛函. 这意味着 $v(\boldsymbol{r})$ 反过来也是 n 的泛函. 我们将证明: 除了一个常数外, 这两者的关系是唯一的. 更准确地说, 给定密度 $n(\boldsymbol{r})$ 及温度 T, $v(\boldsymbol{r})$ 就被唯一地确定了.

考虑一个满足

$$\mathrm{Tr}\, \rho(\boldsymbol{r}_i, \boldsymbol{p}_i) \equiv \frac{1}{N! h^{3N}} \int \mathrm{d}^{3N} r \mathrm{d}^{3N} p \; \rho(\boldsymbol{r}_i, \boldsymbol{p}_i) = 1 \tag{5.86}$$

的相空间概率密度 $\rho(\boldsymbol{r}_i, \boldsymbol{p}_i)$, 这里我们引入算符 Tr (经典意义下的求迹) 是为了简化记号. 正则平衡态概率密度

$$\rho_0(\boldsymbol{r}_i, \boldsymbol{p}_i) = \frac{1}{Z} \mathrm{e}^{-\beta H} \tag{5.87}$$

便是相空间概率密度的一个例子. 我们定义 Helmholtz 自由能泛函为

$$\mathcal{A}[\rho] = \mathrm{Tr}\, \rho \{ H + k_{\mathrm{B}} T \ln \rho \}. \tag{5.88}$$

175 当 ρ 为正则平衡态概率密度 ρ_0 时, 自由能泛函的取值 $A = \mathcal{A}[\rho_0]$ 即为平衡态自由能. 我们先证明在 N 粒子系统中, 对于任意 $\rho \neq \rho_0$, 有

$$\mathcal{A}[\rho] > \mathcal{A}[\rho_0]. \tag{5.89}$$

注意到, 由式 (5.87), 有 $H = -k_{\mathrm{B}} T \ln \rho_0 - k_{\mathrm{B}} T \ln Z = -k_{\mathrm{B}} T \ln \rho_0 + \mathcal{A}[\rho_0]$. 于是我们有

$$\mathcal{A}[\rho] = \mathrm{Tr}\, \rho \left\{ k_{\mathrm{B}} T \ln \frac{\rho}{\rho_0} + \mathcal{A}[\rho_0] \right\}, \tag{5.90}$$

也可以写成

$$\begin{aligned} \beta \{ \mathcal{A}[\rho] - \mathcal{A}[\rho_0] \} &= \mathrm{Tr} \left\{ \rho \ln \frac{\rho}{\rho_0} - \rho + \rho_0 \right\} \\ &= \mathrm{Tr}\ \rho_0 \left\{ \frac{\rho}{\rho_0} \ln \frac{\rho}{\rho_0} - \left(\frac{\rho}{\rho_0} - 1 \right) \right\}. \end{aligned} \tag{5.91}$$

上面的第一步中, 我们用到了 ρ 和 ρ_0 的归一化性质. 根据不等式 $x \ln x \geqslant x - 1$ (等号仅当 $x = 1$ 时成立) , 以及 $\rho_0 \geqslant 0$, 我们便证明了在正则概率密度下, Helmholtz 自由能泛函取极小值. 在 2.5 节中, 我们已用其他方法得到了同样的结果.

现在我们假设可以将外势 $v(\boldsymbol{r})$ 表示为密度 $n(\boldsymbol{r})$ 的泛函. 只要证明 v 由 n 唯一决定, 就证明了自由能可以被唯一地写成 $n(\boldsymbol{r})$ 的泛函. 在 v, n 关系的唯一性证明中, 我们采用反证法. 假设存在两个不同的外势 $v(\boldsymbol{r})$ 和 $v'(\boldsymbol{r})$, 它们给出相同的平衡态密度 $n(\boldsymbol{r})$. 这两个外势分别对应两个不同的归一化平衡态概率密度, 以及相应的 Helmholtz 自由能泛函 $\mathcal{A}[\rho]$, $\mathcal{A}[\rho']$. 令 $H = H_0 + \mathcal{V}, H' = H_0 + \mathcal{V}'$, 有

$$\begin{aligned}\mathcal{A}[\rho'] &= \operatorname{Tr}\rho'\{H' + k_{\mathrm{B}}T\ln\rho'\}\\ &< \operatorname{Tr}\rho\{H' + k_{\mathrm{B}}T\ln\rho\} = \mathcal{A}[\rho] + \operatorname{Tr}\rho\{\mathcal{V}' - \mathcal{V}\}.\end{aligned}$$

由于外势是单粒子势能的和, 因此上式中的最后一项可以写成

$$\operatorname{Tr}\rho\{\mathcal{V}' - \mathcal{V}\} = \int \mathrm{d}^3 r\, n(\boldsymbol{r})(v'(\boldsymbol{r}) - v(\boldsymbol{r})),$$

于是最后得到

$$\mathcal{A}[\rho'] < \mathcal{A}[\rho] + \int \mathrm{d}^3 r\, n(\boldsymbol{r})(v'(\boldsymbol{r}) - v(\boldsymbol{r})). \tag{5.92}$$

ρ 和 ρ' 都是平衡态分布, 将上述推导中的 H 与 H' 互换, 有 **176**

$$\mathcal{A}[\rho] < \mathcal{A}[\rho'] + \int \mathrm{d}^3 r\, n(\boldsymbol{r})(v(\boldsymbol{r}) - v'(\boldsymbol{r})). \tag{5.93}$$

式 (5.92) 与式 (5.93) 相加, 出现矛盾 $\mathcal{A}[\rho] + \mathcal{A}[\rho'] < \mathcal{A}[\rho'] + \mathcal{A}[\rho]$, 这说明 $v \neq v'$ (将导致 $\rho \neq \rho'$) 的假设是错误的. 于是, 我们证明了

$$\mathcal{A}[\rho] = \mathcal{A}[n(\boldsymbol{r})]. \tag{5.94}$$

在式 (5.89) 的推导中, 我们要求分布函数是给定粒子数的 N 粒子分布. 当我们将式 (5.89) 重新表述为 $n(\boldsymbol{r})$ 的泛函导数时, 必须加入对于总粒子数的约束条件: $\int \mathrm{d}^3 r n(\boldsymbol{r}) = N$. 这可以通过 Lagrange 乘子法实现, 乘子就是化学势 μ, 得到的方程是

$$\left.\frac{\delta\mathcal{A}}{\delta n(\boldsymbol{r})}\right|_{n_0(\boldsymbol{r})} - \mu = 0, \tag{5.95}$$

其中 $n_0(\boldsymbol{r})$ 是平衡态密度.

在巨正则系综里同样可以得到上面的结果. 用巨正则哈密顿量 $K = H_0 + \mathcal{V} - \mu N$ 代替 H, 我们可以证明:

$$\varOmega[\rho] = \varOmega[n(\boldsymbol{r})], \qquad \left.\frac{\delta\varOmega}{\delta n(\boldsymbol{r})}\right|_{n_0(\boldsymbol{r})} = 0, \tag{5.96}$$

其中

$$\Omega[\rho] = \operatorname{Tr}\rho(H - \mu N + k_{\mathrm{B}}T\ln\rho). \tag{5.07}$$

这里需要注意, 经典求迹运算包括对所有 N 的求和. 完整的证明留作习题. 泛函 $\mathcal{A}[n]$ 和 $\Omega[n]$ 由下式联系起来:

$$\Omega[n] = \mathcal{A}[n] - \mu\int \mathrm{d}^3 r n(\boldsymbol{r}). \tag{5.98}$$

考虑外势 $v(\boldsymbol{r})$ 作用下的理想气体, 我们可以将平衡态自由能泛函直接写出来, 即

$$\Omega_{\mathrm{ideal}}[n] = k_{\mathrm{B}}T\int \mathrm{d}^3 r[n(\boldsymbol{r})\ln\{n(\boldsymbol{r})\lambda^3\} - n(\boldsymbol{r})] + \int \mathrm{d}^3 r n(\boldsymbol{r})v(\boldsymbol{r}) - \mu\int \mathrm{d}^3 r n(\boldsymbol{r}), \tag{5.99}$$

177 其中 $\lambda = [h^2/(2m\pi k_{\mathrm{B}}T)]^{1/2}$ 为热波长. 求上式对 $n(\boldsymbol{r})$ 的泛函导数, 并利用式 (5.96), 有

$$\left.\frac{\delta\Omega_{\mathrm{ideal}}}{\delta n(\boldsymbol{r})}\right|_{n_0(\boldsymbol{r})} = k_{\mathrm{B}}T\ln n\lambda^3 - \mu + v(\boldsymbol{r}) = 0,$$

即

$$n_0(\boldsymbol{r}) = \frac{1}{\lambda^3}\exp\{-\beta(v(\boldsymbol{r}) - \mu)\}. \tag{5.100}$$

式 (5.100) 可以看作式 (2.20) 在非均匀系统中的推广.

当粒子间存在相互作用时, 我们可以将巨势分为两项, 其中一项包含粒子间相互作用的贡献, 即

$$\begin{aligned}\Omega[n(\boldsymbol{r})] &= \Omega_{\mathrm{ideal}}[n(\boldsymbol{r})] - \Phi[n(\boldsymbol{r})] \\ &= k_{\mathrm{B}}T\int \mathrm{d}^3 r[n(\boldsymbol{r})\ln\{n(\boldsymbol{r})\lambda^3\} - n(\boldsymbol{r})] \\ &\quad + \int \mathrm{d}^3 r n(\boldsymbol{r})u[\boldsymbol{r}; n(\boldsymbol{r})] - \Phi[n(\boldsymbol{r})],\end{aligned} \tag{5.101}$$

这里我们定义 $u[\boldsymbol{r}; n(\boldsymbol{r})] = v(\boldsymbol{r}) - \mu$, 并将其视作 $n(\boldsymbol{r})$ 的泛函. 由式 (5.96) 得

$$\begin{aligned}0 = \left.\frac{\delta\Omega}{\delta n(\boldsymbol{r})}\right|_{n_0} &= k_{\mathrm{B}}T\ln n_0(\boldsymbol{r})\lambda^3 + u(\boldsymbol{r}) - \left.\frac{\delta\Phi}{\delta n(\boldsymbol{r})}\right|_{n_0} \\ &= k_{\mathrm{B}}T\ln n_0(\boldsymbol{r})\lambda^3 + u(\boldsymbol{r}) - k_{\mathrm{B}}TC_1[\boldsymbol{r}; n_0(\boldsymbol{r})],\end{aligned} \tag{5.102}$$

其中我们定义 $C_1[\boldsymbol{r}; n_0(\boldsymbol{r})] \equiv \beta\delta\Phi/\delta n_0$. 于是, 得到下面关于密度的方程:

$$n_0(\boldsymbol{r})\lambda^3 = \exp\{-\beta u(\boldsymbol{r}) + C_1[\boldsymbol{r}; n_0(\boldsymbol{r})]\}. \tag{5.103}$$

一直到这里，所有推导完全是形式的，因为我们还没有说明如何确定函数 C_1. 在讨论此事之前，我们先证明 C_1 的泛函导数就是 Ornstein-Zernike 方程 (见式 (5.41)) 中出现的直接关联函数.

利用式 (5.102) 中的第二式，我们有

$$C_2[\boldsymbol{r},\boldsymbol{r}';n_0] \equiv \frac{\delta C_1[\boldsymbol{r};n_0]}{\delta n_0(\boldsymbol{r}')} = \frac{\delta(\boldsymbol{r}-\boldsymbol{r}')}{n_0(\boldsymbol{r})} + \beta\frac{\delta u[\boldsymbol{r};n_0(\boldsymbol{r})]}{\delta n_0(\boldsymbol{r}')}. \tag{5.104}$$

定义密度算符 $\widehat{n}(\boldsymbol{r}) = \sum_i \delta(\boldsymbol{r}-\boldsymbol{r}_i)$，则平衡态巨势泛函为 178

$$\begin{aligned}\varOmega[n_0] = &-k_{\mathrm{B}}T\ln\sum_N \frac{1}{N!}\int \mathrm{d}^{3N}r\lambda^{-3N} \\ &\times\exp\left\{-\beta\sum_{i<j}U(\boldsymbol{r}_i-\boldsymbol{r}_j) - \beta\int \mathrm{d}^3r\ u(\boldsymbol{r})\widehat{n}(\boldsymbol{r})\right\}.\end{aligned} \tag{5.105}$$

很明显，有

$$\frac{\delta\varOmega}{\delta u(\boldsymbol{r})} = n_0(\boldsymbol{r}), \tag{5.106}$$

以及

$$-k_{\mathrm{B}}T\frac{\delta^2\varOmega}{\delta u(\boldsymbol{r})\delta u(\boldsymbol{r}')} = \langle\widehat{n}(\boldsymbol{r})\widehat{n}(\boldsymbol{r}')\rangle - n_0(\boldsymbol{r})n_0(\boldsymbol{r}'). \tag{5.107}$$

注意到

$$\begin{aligned}\langle\widehat{n}(\boldsymbol{r})\widehat{n}(\boldsymbol{r}')\rangle &= \left\langle\sum_{i\neq j}\delta(\boldsymbol{r}-\boldsymbol{r}_i)\delta(\boldsymbol{r}'-\boldsymbol{r}_j) - \sum_i\delta(\boldsymbol{r}-\boldsymbol{r}_i)\delta(\boldsymbol{r}'-\boldsymbol{r}_i)\right\rangle \\ &= n_2(\boldsymbol{r},\boldsymbol{r}') + n_0(\boldsymbol{r})\delta(\boldsymbol{r}-\boldsymbol{r}'),\end{aligned} \tag{5.108}$$

其中 $n_2(\boldsymbol{r},\boldsymbol{r}')$ 为式 (5.20) 定义的两体约化分布函数，我们得到

$$n_2(\boldsymbol{r},\boldsymbol{r}') - n_0(\boldsymbol{r})n_0(\boldsymbol{r}') + n_0(\boldsymbol{r})\delta(\boldsymbol{r}-\boldsymbol{r}') = -k_{\mathrm{B}}T\frac{\delta n_0(\boldsymbol{r})}{\delta u(\boldsymbol{r}')} = -k_{\mathrm{B}}T\left[\frac{\delta u(\boldsymbol{r}')}{\delta n_0(\boldsymbol{r})}\right]^{-1}, \tag{5.109}$$

其中泛函导数的逆由式 (5.81) 形式给出. 利用式 (5.109) 及式 (5.104)，我们有

$$\begin{aligned}\int \mathrm{d}^3r''&[n_2(\boldsymbol{r},\boldsymbol{r}'') - n_0(\boldsymbol{r})n_0(\boldsymbol{r}'') + n_0(\boldsymbol{r})\delta(\boldsymbol{r}-\boldsymbol{r}'')] \\ &\times\left[-\frac{\delta(\boldsymbol{r}''-\boldsymbol{r}')}{n_0(\boldsymbol{r}'')} + C_2(\boldsymbol{r}'',\boldsymbol{r}')\right] = -\delta(\boldsymbol{r}-\boldsymbol{r}').\end{aligned} \tag{5.110}$$

现在定义 $n_2(\boldsymbol{r},\boldsymbol{r}')\equiv n_0(\boldsymbol{r})n_0(\boldsymbol{r}')[h(\boldsymbol{r},\boldsymbol{r}')+1]$, 其中 h 为两体关联函数 (见式 (5.34)) 在非均匀液体中的推广. 整理式 (5.110), 可以得到非均匀液体的 Ornstein-Zernike 方程为

$$h(\boldsymbol{r},\boldsymbol{r}')=C_2(\boldsymbol{r},\boldsymbol{r}')+\int \mathrm{d}^3r''n_0(\boldsymbol{r}'')h(\boldsymbol{r},\boldsymbol{r}'')C_2(\boldsymbol{r}'',\boldsymbol{r}'). \tag{5.111}$$

179 至此, 我们证明了 C_2 为直接关联函数.

最后, 需要注意到, 对粒子通过两体作用势 $U(\boldsymbol{r}_{ij})$ (见式 (5.83)) 发生相互作用的系统, 我们可以得到两体关联函数的另一个表达式. 将两体作用势写成如下形式:

$$\sum_{i<j}U(\boldsymbol{r}_i-\boldsymbol{r}_j)=\frac{1}{2}\int \mathrm{d}^3r\mathrm{d}^3r'(\widehat{n}(\boldsymbol{r})\widehat{n}(\boldsymbol{r}')-\widehat{n}(\boldsymbol{r})\delta(\boldsymbol{r}-\boldsymbol{r}'))U(\boldsymbol{r},\boldsymbol{r}').$$

将巨势或 Helmholtz 自由能视作 U 的泛函, 则有

$$\frac{1}{2}n_2(\boldsymbol{r},\boldsymbol{r}')=\frac{\delta\Omega}{\delta U(\boldsymbol{r},\boldsymbol{r}')}. \tag{5.112}$$

5.5.3 应用

在这一小节, 我们将描述如何将前面的理论框架应用到均匀相及非均匀液体中的问题. 首先考虑式 (5.101) 和式 (5.102), 有

$$\frac{\delta}{\delta n(\boldsymbol{r})}\{\Omega[n]-\Omega_{\mathrm{ideal}}[n]\}=-k_{\mathrm{B}}TC_1[n(\boldsymbol{r})].$$

假定我们已经知道在某个密度 $n_i(\boldsymbol{r})$ 下的巨势. 我们从 $n_i(\boldsymbol{r})$ 出发, 缓慢地将密度增加至 $n(\boldsymbol{r})$. 这可以由参数 λ 从 0 变到 1 来实现:

$$n_\lambda(\boldsymbol{r})=n_i(\boldsymbol{r})+\lambda[n(\boldsymbol{r})-n_i(\boldsymbol{r})]=n_i(\boldsymbol{r})+\lambda\Delta n(\boldsymbol{r}).$$

当 $\lambda\to\lambda+\mathrm{d}\lambda$ 时, $\delta n_\lambda(\boldsymbol{r})=\mathrm{d}\lambda\Delta n(\boldsymbol{r})$. 相应地, 巨势的变化为

$$\delta\{\Omega[n]-\Omega_{\mathrm{ideal}}[n]\}=-k_{\mathrm{B}}T\mathrm{d}\lambda\int \mathrm{d}^3r\Delta n(\boldsymbol{r})C_1[n_\lambda(\boldsymbol{r})].$$

这样, “附加” 自由能 $\Omega_{\mathrm{exc}}\equiv\Omega-\Omega_{\mathrm{ideal}}$ 可写为

$$\Omega_{\mathrm{exc}}[n(\boldsymbol{r})]=\Omega_{\mathrm{exc}}[n_i(\boldsymbol{r})]-k_{\mathrm{B}}T\int_0^1\mathrm{d}\lambda\int \mathrm{d}^3r\Delta n(\boldsymbol{r})C_1[n_\lambda(\boldsymbol{r})]. \tag{5.113}$$

较之 C_1, 更常用的是对直接关联函数 C_2 做近似. 为此, 我们再多走一步. 利用 C_2 的定义式 (5.104) 并重复上面的步骤, 我们可以将 C_1 表示为 C_2 的泛函积分, 即

$$C_1[\boldsymbol{r};n_\lambda(\boldsymbol{r})]=C_1[\boldsymbol{r};n_i(\boldsymbol{r})]+\int_0^\lambda \mathrm{d}\lambda'\int \mathrm{d}^3r'\Delta n(\boldsymbol{r}')C_2[\boldsymbol{r},\boldsymbol{r}';n_{\lambda'}].$$

将上式代入式 (5.113), 我们有 180

$$\begin{aligned}\Omega_{\text{exc}}[n(\boldsymbol{r})] &= \Omega_{\text{exc}}[n_i(\boldsymbol{r})] - k_{\text{B}}T\int \mathrm{d}^3r\Delta n(\boldsymbol{r})C_1[\boldsymbol{r};n_i] \\ &\quad -k_{\text{B}}T\int_0^1 \mathrm{d}\lambda\int_0^{\lambda}\mathrm{d}\lambda'\int \mathrm{d}^3r\int \mathrm{d}^3r'\Delta n(\boldsymbol{r})\Delta n(\boldsymbol{r}')C_2[\boldsymbol{r},\boldsymbol{r}';n_{\lambda'}] \\ &= \Omega_{\text{exc}}[n_i(\boldsymbol{r})] - k_{\text{B}}T\int \mathrm{d}^3r\Delta n(\boldsymbol{r})C_1[\boldsymbol{r};n_i] \\ &\quad -k_{\text{B}}T\int_0^1 \mathrm{d}\lambda(1-\lambda)\int \mathrm{d}^3r\int \mathrm{d}^3r'\Delta n(\boldsymbol{r})\Delta n(\boldsymbol{r}')C_2[\boldsymbol{r},\boldsymbol{r}';n_{\lambda}],\end{aligned} \tag{5.114}$$

最后一步中我们交换了 λ 和 λ' 的积分顺序. 在讨论这个复杂的表达式之前, 我们先看一个简单的例子, 即密度为 n 的均匀液体, 并以理想气体为参考系统. 有 $C_1[\boldsymbol{r};n_i]=0$, $\Delta n(\boldsymbol{r})=n$, 以及

$$\Omega(n) = \Omega_{\text{ideal}}(n) + k_{\text{B}}TV\int_0^1 \mathrm{d}\lambda(\lambda-1)\int \mathrm{d}^3rC_2[\boldsymbol{r};\lambda n]. \tag{5.115}$$

从这个式子, 我们可以看出该方法面临的一些困难. 为了计算右边的积分, 我们需要知道 $0<n'\leqslant n$ 范围内所有密度下的直接关联函数 $C_2[\boldsymbol{r};n']$. 这显然是不可能的. 尽管如此, 人们还是找到了应用式 (5.115) 的非常成功的近似方法, 甚至用式 (5.114) 来讨论限制在平行板间的液体这样的非均匀液体. Evans 的综述 [88] 有这类专题的详尽讨论. 式 (5.114) 也可以作为液体凝固理论的出发点. 在那里, 通常将均匀液体选为参考体系[128].

我们也可以与 5.3 节简单介绍的微扰论建立联系. 要做这件事, 可以利用式 (5.112), 并像增加密度那样逐渐提高对势, 即

$$U(\boldsymbol{r},\boldsymbol{r}') = U_0(\boldsymbol{r},\boldsymbol{r}') + \lambda U_1(\boldsymbol{r},\boldsymbol{r}'). \tag{5.116}$$

然后, 类似于式 (5.113), 我们有

$$\begin{aligned}\Omega[U] &= \Omega[U_0] + \int_0^1 \mathrm{d}\lambda\int \mathrm{d}^3r\int \mathrm{d}^3r'U_1(\boldsymbol{r},\boldsymbol{r}')\frac{\delta\Omega}{\delta U(\boldsymbol{r},\boldsymbol{r}')} \\ &= \Omega[U_0] + \frac{1}{2}\int_0^1 \mathrm{d}\lambda\int \mathrm{d}^3r\int \mathrm{d}^3r'U_1(\boldsymbol{r},\boldsymbol{r}')n_2[\boldsymbol{r},\boldsymbol{r}';\lambda].\end{aligned} \tag{5.117}$$

在均匀液体中, $n_2[\boldsymbol{r},\boldsymbol{r}';\lambda]=(N/V)^2g[r;\lambda]$, 由于对势仅依赖于粒子的相对位置, 因 181
此可以得到更简洁的形式:

$$\Omega = \Omega_0 + \frac{N^2}{2V}\int_0^1 \mathrm{d}\lambda\int \mathrm{d}^3rU_1(r)g[r;\lambda]. \tag{5.118}$$

对两体分布函数做近似, 即 $g[r;\lambda] \approx g[r;0]$, 我们便回到了 5.3 节中巨正则系综下的式 (5.53).

最后, 我们已经用密度泛函理论构建了气液界面的 van der Waals 理论. 当时选取的自由能泛函是自由能密度按泛函做 Taylor 展开的一个特例, 它适用于粒子数密度变化不太快的情况. 这类近似方法的系统讨论可见参考文献 [87, 88].

5.6 习 题

5.1 Tonks 气体.

考虑长度为 L 的带状区域中的一维硬球气体, 硬球直径为 a. 硬球间的相互作用为

$$\begin{aligned} U(x_i - x_j) &= \infty, \quad \text{当 } |\boldsymbol{x}_i - \boldsymbol{x}_j| < a \text{ 时}, \\ &= 0, \quad \text{当 } |\boldsymbol{x}_i - \boldsymbol{x}_j| > a \text{ 时}. \end{aligned}$$

(a) 精确给出系统的配分函数和状态方程.

(b) 计算位力系数 B_2, B_3, 并证明结果与 (a) 一致.

5.2 可约化图的分解.

考虑任意一个含有 $n = n_1 + n_2 - 1$ 个顶点的图 g. 设在某一顶点处做划分, 则这个图可以被分为两个不相连的子图: 含有 n_1 个顶点的 g_1 与含有 n_2 个顶点的 g_2. 将集团积分 $b(g)$ 用 $b(g_1)$ 及 $b(g_2)$ 表示出来.

5.3 两体分布函数的位力展开.

将 5.1 节中的方法推广到两体分布函数. 特别地, 写出式 (5.43) 中的函数 $y_1(\boldsymbol{r}_{12})$ 的表达式.

182 **5.4** 氩气的反转温度.

在 Joule-Thompson 过程中, 受驱气体从高压腔通过多孔栓进入低压腔. 过程中焓保持不变, 且温度变化可写为 $\mathrm{d}T = \mu_{\mathrm{J}}\mathrm{d}P$ 的形式, 这里 μ_{J} 为 Joule-Thompson 系数:

$$\mu_{\mathrm{J}} = \left(\frac{\partial T}{\partial P}\right)_{H,N} = \frac{1}{C_P}\left[T\left(\frac{\partial V}{\partial T}\right)_{P,N} - V\right].$$

$\mu_{\mathrm{J}} = 0$ 对应的是所谓的 Joule-Thompson 反转曲线. 用位力状态方程

$$P = \frac{Nk_{\mathrm{B}}T}{V}\left(1 + B_2(T)\frac{N}{V} + B_3(T)\left(\frac{N}{V}\right)^2 + \cdots\right)$$

的前三项, 计算 P-T 平面上反转曲线所对应的方程.

第 6 章　临界现象 I

在本章和第 7 章中, 我们将详细讨论连续相变. 在第 3 章中, 我们已经构造了 183
几种近似方法, 用来处理存在较强相互作用或高度关联的系统, 例如平均场方法及其扩展. 同时介绍了 Landau 相变理论. 我们也阐明了平均场理论固有的局限性, 这种局限性源自这样一个事实, 即在临界点附近出现了长程关联. 因此, 对于只能严格处理小范围内相互作用的理论, 我们不能期望它正确描述系统的临界行为.

在本章中, 我们将按照临界现象这一领域的历史发展脉络进行讲述. 在 6.1 节中, 我们以推导二维 Ising 模型的 Onsager 解开始. 在 6.2 节中, 我们讨论级数展开方法, 这种方法最初在 20 世纪 50 年代和 60 年代发展起来, 是为了刻画模型系统的临界性质. 6.3 节讨论 Widom[324], Domb 和 Hunter[79], 以及 Kadanoff 等人[324] 提出的标度理论. 6.4 节讨论标度理论在一维和更高有限维系统中的扩展. 在 6.5 节中, 我们关心普适性假设并检验其来自理论和实验的证据. 最后, 在 6.6 节中, 我们简单定性地讨论二维连续对称性相变的 Kosterlitz-Thouless 机制. 届时, 我们将有机会研究重整化群方法在临界现象中的应用. 重整化群方法是 Wilson 等人在 20 世纪 70 年代发展出来的, 它为标度律和普适性提供了坚实的理论基础, 与此相关的论述构成了第 7 章的主要内容.

6.1　二维 Ising 模型 184

在一篇里程碑式的文章 [222] 中, Onsager 严格计算了在没有磁场存在的情况下, 二维长方形格子上的铁磁 Ising 模型的自由能. 这项计算第一次为我们提供了一个存在相变的模型的严格解. 在 Onsager 的原始推导中, 数学形式十分复杂, 而自从他的文章发表后, 出现了很多更加清晰、更易理解的求解方法. 下面我们对其中之一进行简要说明, 这种求解方法由 Schultz 等人提出[270]. 我们把这部分求解计算列入下文有双重目的. 首先, 虽然本书的大部分内容集中于近似方法, 但是我们认为给出一种统计物理中的严格计算是非常有价值的, 它可以被认为是平均场理论和近似重整化群计算的有益补充; 其次, 比热和序参量的 Onsager 严格解会被频繁地引用, 所以我们认为如果不给出推导证明, 可能会引起一些读者的不快. 对计算细节不感兴趣的读者可以直接跳到 6.1.4 小节.

6.1.1 转移矩阵

在 3.6 节中, 我们已经用转移矩阵的方法对一维 Iisng 模型进行了求解, 同样地, 我们把这种方法应用于二维情形. 首先, 我们把一维问题用一种稍微不同的公式表达. 考虑如下哈密顿量:

$$H = -J\sum_{i=1}^{N}\sigma_i\sigma_{i+1} - h\sum_i \sigma_i. \tag{6.1}$$

配分函数为

$$Z = \sum_{\{\sigma\}}(\mathrm{e}^{\beta h\sigma_1}\mathrm{e}^{K\sigma_1\sigma_2})(\mathrm{e}^{\beta h\sigma_2}\mathrm{e}^{K\sigma_2\sigma_3})\cdots(\mathrm{e}^{\beta h\sigma_N}\mathrm{e}^{K\sigma_N\sigma_1}). \tag{6.2}$$

在上式中我们采用了不同于式 (3.36) 的分组方法, 并有 $K = \beta J$.

185 现在我们引入两个正交基矢 $|+1\rangle$和 $|-1\rangle$, 以及 Pauli 算符. Pauli 算符在这组基矢下可以表示为

$$\sigma_Z = \begin{pmatrix} 1 & 0 \\ 0 & -1 \end{pmatrix}, \qquad \sigma^+ = \begin{pmatrix} 0 & 1 \\ 0 & 0 \end{pmatrix}, \qquad \sigma^- = \begin{pmatrix} 0 & 0 \\ 1 & 0 \end{pmatrix}, \tag{6.3}$$

其中 $\sigma_X = \sigma^+ + \sigma^-, \sigma_Y = -\mathrm{i}(\sigma^+ - \sigma^-)$. 现在我们可以很容易发现, 根据

$$\langle +1|\boldsymbol{V}_1|+1\rangle = \mathrm{e}^{\beta h}, \quad \langle -1|\boldsymbol{V}_1|-1\rangle = \mathrm{e}^{-\beta h}$$

或者

$$\boldsymbol{V}_1 = \exp\{\beta h\sigma_Z\}, \tag{6.4}$$

Boltzmann 权重 $\exp\{\beta h\sigma_i\}$ 可以用对角矩阵 $\boldsymbol{V}_1$ 表示. 类似地, 我们定义对应最近邻耦合的算符 $\boldsymbol{V}_2$, 它的矩阵元在基矢空间中表示为

$$\langle +1|\boldsymbol{V}_2|+1\rangle = \langle -1|\boldsymbol{V}_2|-1\rangle = \mathrm{e}^{K},$$
$$\langle +1|\boldsymbol{V}_2|-1\rangle = \langle -1|\boldsymbol{V}_2|+1\rangle = \mathrm{e}^{-K}.$$

因此可以得到

$$\boldsymbol{V}_2 = \mathrm{e}^{K}\boldsymbol{1} + \mathrm{e}^{-K}\sigma_X = A(K)\exp\{K^*\sigma_X\}, \tag{6.5}$$

在第二步中我们用到了 $(\sigma_X)^{2n} = \boldsymbol{1}$. 常数 $A(K)$ 和 K^* 由下面的方程给出:

$$\begin{aligned} A\cosh K^* &= \mathrm{e}^{K}, \\ A\sinh K^* &= \mathrm{e}^{-K}, \end{aligned} \tag{6.6}$$

或者可以写成 $\tanh K^* = \exp\{-2K\}, A = \sqrt{2\sinh 2K}$ 的形式. 根据这些结果, 我们可以把配分函数写成如下形式:

$$
\begin{aligned}
Z &= \sum_{\{\mu=+1,-1\}} \langle\mu_1|\boldsymbol{V}_1|\mu_2\rangle\langle\mu_2|\boldsymbol{V}_2|\mu_3\rangle\langle\mu_3|\boldsymbol{V}_1|\mu_4\rangle\cdots\langle\mu_{2N}|\boldsymbol{V}_2|\mu_1\rangle \\
&= \mathrm{Tr}(\boldsymbol{V}_1\boldsymbol{V}_2)^N = \mathrm{Tr}(\boldsymbol{V}_2^{1/2}\boldsymbol{V}_1\boldsymbol{V}_2^{1/2})^N = \lambda_1^N + \lambda_2^N,
\end{aligned} \tag{6.7}
$$

其中 λ_1 和 λ_2 是如下 Hermite 算符的本征值:

$$
\boldsymbol{V} = (\boldsymbol{V}_2^{1/2}\boldsymbol{V}_1\boldsymbol{V}_2^{1/2}) = \sqrt{2\sinh 2K}\mathrm{e}^{K^*\sigma_X/2}\mathrm{e}^{\beta h\sigma_Z}\mathrm{e}^{K^*\sigma_X/2}. \tag{6.8}
$$

在得到转移矩阵 $\boldsymbol{V}$ 的对称形式的过程中, 我们用到了这样一个事实, 即矩阵乘
积的迹在矩阵因子的循环排列下保持不变. 显然在 $h=0$ 时, 我们可以给出两个本 186
征值: $\lambda_1 = A\exp\{K^*\}, \lambda_2 = A\exp\{-K^*\}$, 这样我们就重新得到了前面的结果 (见式 (3.37)).

顺便指出, 在上述过程中, 一个一维经典统计问题被转化成了零维 (只有一个格点) 量子力学基态问题 (最大本征值问题). 这个结果是非常普适的. 在 $d-1$ 维量子哈密顿量的基态和 d 维经典哈密顿量之间存在对应关系, 这种关系有时被应用于研究工作, 例如量子统计模型的数值模拟[296,297].

现在我们把这一过程推广到二维 Ising 模型. 考虑一个具有 $M\times M$ 周期性边界条件的正方格子 (见图 6.1), 其哈密顿量可以写成

$$
H = -J\sum_{r,c}\sigma_{r,c}\sigma_{r+1,c} - J\sum_{r,c}\sigma_{r,c}\sigma_{r,c+1}, \tag{6.9}
$$

上式中 r 用来标记行, c 用来标记列, 并且 $\sigma_{r+M,c} = \sigma_{r,c+M} = \sigma_{r,c}$.

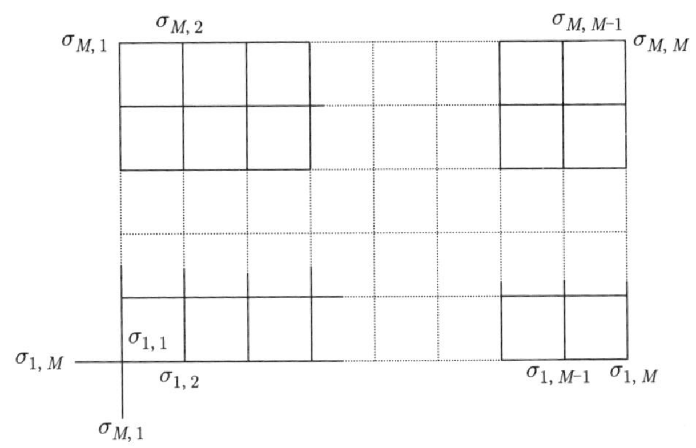

图 6.1 具有 $M\times M$ 周期性边界条件的正方格子

式 (6.9) 中的第一项只包含 c 列中的相互作用, 在这种意义下, 它类似式 (6.1) 中的磁场项; 第二项表示相邻两列之间的相互作用, 它会导致完整的转移矩阵中的一个非对角化因子.

类似一维情形, 我们引入 2^M 个态作基矢:

$$|\mu\rangle \equiv |\mu_1, \mu_2, \cdots, \mu_M\rangle \equiv |\mu_1\rangle|\mu_2\rangle\cdots|\mu_M\rangle, \tag{6.10}$$

187 其中 $\mu_j = \pm 1$, 并有 M 个 Pauli 算子集合 $(\sigma_{jX}, \sigma_{jY}, \sigma_{jZ})$, 它们作用于式 (6.10) 中的第 j 个态, 表示如下:

$$\begin{aligned}
\sigma_{jZ}|\mu_1, \mu_2, \cdots, \mu_j, \cdots, \mu_M\rangle &= \mu_j \quad |\mu_1, \mu_2, \cdots, \mu_j, \cdots, \mu_M\rangle, \\
\sigma_j^+|\mu_1, \mu_2, \cdots, \mu_j, \cdots, \mu_M\rangle &= \delta_{\mu_j,-1} \quad |\mu_1, \mu_2, \cdots, \mu_j+2, \cdots, \mu_M\rangle, \\
\sigma_j^-|\mu_1, \mu_2, \cdots, \mu_j, \cdots, \mu_M\rangle &= \delta_{\mu_j,1} \quad |\mu_1, \mu_2, \cdots, \mu_j-2, \cdots, \mu_M\rangle.
\end{aligned} \tag{6.11}$$

进一步, 对于 $j \neq m$, 我们加入对易关系 $[\sigma_{j\alpha}, \sigma_{m\beta}] = 0$; 对于 $j = m$, 通常的 Pauli 矩阵对易关系是适用的.

如果把 μ_i 想象为给定列中自旋 i 的方向, 我们会马上发现 Boltzmann 因子 $\exp\left\{K\sum_r \sigma_{r,c}\sigma_{r+1,c}\right\}$ 是由算符 $\boldsymbol{V}_1 = \exp\left\{K\sum_j \sigma_{jZ}\sigma_{j+1,Z}\right\}$ 给出的. 类似地, 我们可以得到矩阵元

$$\begin{aligned}
\langle\{\mu\}|\boldsymbol{V}_2|\{\mu'\}\rangle &= \langle\mu_M, \mu_{M-1}, \cdots, \mu_1|\prod_{j=1}^{M}(\mathrm{e}^K\mathbf{1} + \mathrm{e}^{-K}\sigma_{jX})|\mu'_1, \mu'_2, \cdots, \mu'_M\rangle \\
&= \exp\{(M-2n)K\},
\end{aligned} \tag{6.12}$$

其中 $\{\mu'\}$ 中有 n 个元素与 $\{\mu\}$ 中的相应矩阵元不同. 因此很容易验证在没有磁场的情况下, 二维 Ising 模型的配分函数可以写成如下形式:

$$\begin{aligned}
Z &= \sum_{\{\mu_1\},\{\mu_2\},\cdots,\{\mu_M\}} \langle\mu_1|\boldsymbol{V}_1|\mu_2\rangle\langle\mu_2|\boldsymbol{V}_2|\mu_3\rangle\langle\mu_3|\boldsymbol{V}_1|\mu_4\rangle\cdots\langle\mu_M|\boldsymbol{V}_2|\mu_1\rangle \\
&= \mathrm{Tr}(\boldsymbol{V}_1\boldsymbol{V}_2)^M = \mathrm{Tr}(\boldsymbol{V}_2^{1/2}\boldsymbol{V}_1\boldsymbol{V}_2^{1/2})^M.
\end{aligned} \tag{6.13}$$

当然式 (6.13) 中对 μ_j 的求和包含全部 2^M 个基矢. 利用式 (6.5) 和式 (6.6), 可以得到

$$\boldsymbol{V}_2 = (2\sinh 2K)^{M/2}\exp\left\{K^*\sum_{j=1}^{M}\sigma_{jX}\right\}, \tag{6.14}$$

并且我们已经把计算配分函数简化为计算如下 Hermite 算符的最大本征值问题:

$$\begin{aligned}\boldsymbol{V} &= \boldsymbol{V}_2^{1/2}\boldsymbol{V}_1\boldsymbol{V}_2^{1/2} \\ &= (2\sinh 2K)^{M/2}\exp\left\{\frac{K^*}{2}\sum_{j=1}^{M}\sigma_{jX}\right\} \\ &\quad\times\exp\left\{K\sum_{j=1}^{M}\sigma_{jZ}\sigma_{j+1,Z}\right\}\exp\left\{\frac{K^*}{2}\sum_{j=1}^{M}\sigma_{jX}\right\}.\end{aligned} \tag{6.15}$$ 188

即便这样, 这仍是一个不简单的任务, 因为式 (6.15) 中的因子都是互相不对易的, 并且在热力学极限下这是一个无穷维矩阵.

6.1.2 转化为一个有相互作用的费米子问题

接下来我们可以很方便地旋转这些自旋算子, 对于任意 j, 令 $\sigma_{jZ}\to-\sigma_{jX}$, $\sigma_{jX}\to\sigma_{jZ}$. 当然这些旋转保持本征值不变. 利用 $\sigma_{jZ}=2\sigma_j^+\sigma_j^--\mathbf{1}$ 和 $\sigma_{jX}=\sigma_j^++\sigma_j^-$, 我们可以得到

$$\begin{aligned}\boldsymbol{V}_1 &= \exp\left\{K\sum_{j=1}^{M}(\sigma_j^++\sigma_j^-)(\sigma_{j+1}^++\sigma_{j+1}^-)\right\}, \\ \boldsymbol{V}_2 &= (2\sinh 2K)^{M/2}\exp\left\{2K^*\sum_{j=1}^{M}\left(\sigma_j^+\sigma_j^--\frac{1}{2}\mathbf{1}\right)\right\}.\end{aligned} \tag{6.16}$$

Schultz 等人[270] 发现这些算符可以通过一系列变换而简化. 首先是 Jordan-Wigner 变换, 它可以把 Pauli 算符转换成费米子算符 (见附录中关于二次量子化的讨论). 这一步至关重要, 因为后续的正则变换不能对角动量算符进行操作. 我们可以得到

$$\begin{aligned}\sigma_j^+ &= \exp\left\{\pi\mathrm{i}\sum_{m=1}^{j-1}c_m^\dagger c_m\right\}c_j^\dagger, \\ \sigma_j^- &= c_j\exp\left\{-\pi\mathrm{i}\sum_{m=1}^{j-1}c_m^\dagger c_m\right\}=\exp\left\{\pi\mathrm{i}\sum_{m=1}^{j-1}c_m^\dagger c_m\right\}c_j,\end{aligned} \tag{6.17}$$

其中算符 $c, c^\dagger$ 服从如下对易关系:

$$\begin{aligned}&[c_j, c_m^\dagger]_+ \equiv c_jc_m^\dagger + c_m^\dagger c_j = \delta_{jm}, \\ &[c_j, c_m]_+ = [c_j^\dagger, c_m^\dagger]_+ = 0.\end{aligned}$$

$c_m^\dagger c_m$ 是格点 m 的费米子数算符, 它有整数本征值 0 和 1. 由于 $\mathrm{e}^{\mathrm{i}\pi n}=\mathrm{e}^{-\mathrm{i}\pi n}$, 因此有 $c_j\exp\left\{-\pi\mathrm{i}\sum_{m=1}^{j-1}c_m^\dagger c_m\right\}=\exp\left\{\pi\mathrm{i}\sum_{m=1}^{j-1}c_m^\dagger c_m\right\}c_j$. 为了理解自旋对易关系在这种 189

变换下保持不变, 考虑对于 $n>j$, 有

$$[\sigma_j^-,\sigma_n^+]=\exp\left\{\pi\mathrm{i}\sum_{m=j+1}^{n-1}c_m^\dagger c_m\right\}(c_j\mathrm{e}^{\pi\mathrm{i}c_j^\dagger c_j}c_n^\dagger-c_n^\dagger\mathrm{e}^{\pi\mathrm{i}c_j^\dagger c_j}c_j).$$

注意到 $\exp\{\pi\mathrm{i}c_j^\dagger c_j\}c_j=c_j$ 和 $c_j\exp\{\pi\mathrm{i}c_j^\dagger c_j\}=-c_j$, 对于 $n\neq j$, 有 $[\sigma_j^-,\sigma_n^+]=0$. 另外, 我们也可以看到格点上的反对易子:

$$[\sigma_j^-,\sigma_j^+]_+=[c_j,c_j^\dagger]_+=1.$$

我们把其他对易关系的验证和逆变换推导留作习题. 利用式 (6.17), 我们可以把 $\boldsymbol{V}_1$ 和 $\boldsymbol{V}_2$ 用费米子算符表达, 对于 $\boldsymbol{V}_2$, 不难得到

$$\boldsymbol{V}_2=(2\sinh 2K)^{M/2}\exp\left\{2K^*\sum_{j=1}^{M}\left(c_j^\dagger c_j-\frac{1}{2}\right)\right\}. \tag{6.18}$$

由于周期性边界条件的存在, $\boldsymbol{V}_1$ 的计算可能会有些困难. 我们首先注意到对于 $j\neq M$, 有

$$(\sigma_j^++\sigma_j^-)(\sigma_{j+1}^++\sigma_{j+1}^-)=c_j^\dagger c_{j+1}^\dagger+c_j^\dagger c_{j+1}+c_{j+1}^\dagger c_j+c_{j+1}c_j.$$

对于 $j=M$ 的特殊情况, 有

$$\begin{aligned}(\sigma_M^++\sigma_M^-)(\sigma_1^++\sigma_1^-)=&\exp\left\{\pi\mathrm{i}\sum_{j=1}^{M-1}c_j^\dagger c_j\right\}c_M^\dagger(c_1^\dagger+c_1)\\&+\exp\left\{\pi\mathrm{i}\sum_{j=1}^{M-1}c_j^\dagger c_j\right\}c_M(c_1^\dagger+c_1)\\=&\exp\left\{\pi\mathrm{i}\sum_{j=1}^{M}c_j^\dagger c_j\right\}[\mathrm{e}^{\pi\mathrm{i}c_M^\dagger c_M}(c_M^\dagger+c_M)(c_1^\dagger+c_1)]\\=&(-1)^n(c_M-c_M^\dagger)(c_1^\dagger+c_1),\end{aligned}$$

其中 $n=\sum\limits_j c_j^\dagger c_j$ 是总费米子数算符. n 与 $\boldsymbol{V}_2$ 对易, 但与 $\boldsymbol{V}_1$ 不对易. 另外 $(-1)^n$

190 与 $\boldsymbol{V}_1,\boldsymbol{V}_2$ 都对易. 由于 $\boldsymbol{V}_1$ 中的各项对总费米子数的改变为 0 或 ±2, 因此如果分开考虑总费米子数为奇数和偶数的子空间, 我们可以用一种简单的通用方法表达 $\boldsymbol{V}_1$, 即

$$\boldsymbol{V}_1=\exp\left\{K\sum_{j=1}^{M}(c_j^\dagger-c_j)(c_{j+1}^\dagger+c_{j+1})\right\}, \tag{6.19}$$

其中

$$
\begin{aligned}
&c_{M+1} \equiv -c_1, c_{M+1}^\dagger \equiv -c_1^\dagger, \quad && \text{若 } n \text{ 为偶数}, \\
&c_{M+1} \equiv c_1, c_{M+1}^\dagger \equiv c_1^\dagger, && \text{若 } n \text{ 为奇数}.
\end{aligned} \tag{6.20}
$$

根据这种费米子产生算符和湮灭算符上的边界条件, 我们恢复了平移不变性. 现在给出正则变换

$$
\begin{aligned}
a_q &= \frac{1}{\sqrt{M}} \sum_{j=1}^{M} c_j \mathrm{e}^{-\mathrm{i}qj}, \\
a_q^\dagger &= \frac{1}{\sqrt{M}} \sum_{j=1}^{M} c_j^\dagger \mathrm{e}^{\mathrm{i}qj},
\end{aligned} \tag{6.21}
$$

和逆变换

$$
\begin{aligned}
c_j &= \frac{1}{\sqrt{M}} \sum_{q} a_q \mathrm{e}^{\mathrm{i}qj}, \\
c_j^\dagger &= \frac{1}{\sqrt{M}} \sum_{q} a_q^\dagger \mathrm{e}^{-\mathrm{i}qj}.
\end{aligned} \tag{6.22}
$$

为了重现边界条件 (见式 (6.20)), 我们记 $q = j\pi/M$, 其中

$$
\begin{aligned}
&j = \pm 1, \pm 3, \cdots, \pm(M-1), && \text{若 } n \text{ 为偶数}, \\
&j = 0, \pm 2, \pm 4, \cdots, \pm(M-2), \pm M, \quad && \text{若 } n \text{ 为奇数}.
\end{aligned}
$$

并且为了不失一般性, 我们假设 M 是偶数. 不难看出 a_q 和 $a_q^\dagger$ 服从费米子对易关系, 即对于所有 q, q', 有 $[a_q, a_{q'}^\dagger]_+ = \delta_{q,q'}, [a_q, a_{q'}]_+ = [a_q^\dagger, a_{q'}^\dagger]_+ = 0$. 把它们代入式 (6.18) 和式 (6.19), 我们发现对于 n 为偶数的情况, 有

$$
\begin{aligned}
\boldsymbol{V}_2 &= (2\sinh 2K)^{M/2} \exp\left\{ 2K^* \sum_{q>0} (a_q^\dagger a_q + a_{-q}^\dagger a_{-q} - 1) \right\} \\
&= (2\sinh 2K)^{M/2} \prod_{q>0} \boldsymbol{V}_{2q}
\end{aligned} \tag{6.23}
$$

和 191

$$
\begin{aligned}
\boldsymbol{V}_1 &= \exp\left\{ 2K \sum_{q>0} [\cos q(a_q^\dagger a_q + a_{-q}^\dagger a_{-q}) - \mathrm{i}\sin q(a_q^\dagger a_{-q}^\dagger + a_q a_{-q})] \right\} \\
&= \prod_{q>0} \boldsymbol{V}_{1q}.
\end{aligned} \tag{6.24}
$$

在式 (6.23) 和式 (6.24) 中, 我们已经合并了对应 q 和 $-q$ 的项, 并把最后得到的算符写成积的形式, 这些不同波矢的双线性算符是对易的. 这是一个非常重要的简化, 因为通过这种简化方式, 我们可以把转移矩阵的本征值写成另外一些矩阵本征值的积. 我们将会看到, 它们最多是 4×4 矩阵. 对于 n 为奇数的情况, 我们还需要知道 $q=\pi$ 和 $q=0$ 时的算符 $\boldsymbol{V}_{1q}$ 和 $\boldsymbol{V}_{2q}$, 它们可以写成

$$\begin{aligned}\boldsymbol{V}_{10}&=\exp\{2Ka_0^\dagger a_0\}, \quad \boldsymbol{V}_{20}=\exp\left\{2K^*\left(a_0^\dagger a_0-\frac{1}{2}\right)\right\},\\ \boldsymbol{V}_{1\pi}&=\exp\{-2Ka_\pi^\dagger a_\pi\}, \quad \boldsymbol{V}_{2\pi}=\exp\left\{2K^*\left(a_\pi^\dagger a_\pi-\frac{1}{2}\right)\right\}.\end{aligned} \tag{6.25}$$

这已经是对角形式, 并且它们是互相对易的.

6.1.3 本征值的计算

现在在 $q\neq 0$ 和 $q\neq\pi$ 的情况下, 我们来计算如下算符的本征值:

$$\boldsymbol{V}_q=\boldsymbol{V}_{2q}^{1/2}\boldsymbol{V}_{1q}\boldsymbol{V}_{2q}^{1/2}.$$

因为我们正在处理费米子问题, 所以这里只可能有四个态: $|0\rangle, a_q^\dagger|0\rangle, a_{-q}^\dagger|0\rangle$ 和 $a_q^\dagger a_{-q}^\dagger|0\rangle$, 其中 $|0\rangle$ 是零粒子态, 可以定义为 $a_q|0\rangle=a_{-q}|0\rangle=0$. 这些态本来就是算符 $\boldsymbol{V}_2$ 的本征态, 并且对于算符 $\boldsymbol{V}_1$, 只有相差两个费米子数的态所对应的非对角矩阵元是非零的. 因此我们的问题简化成: 在基矢 $|0\rangle$ 和 $|2\rangle=a_q^\dagger a_{-q}^\dagger|0\rangle$ 下, 计算 $\boldsymbol{V}_q$ 的本征值. 注意到

$$\boldsymbol{V}_{1q}a_{\pm q}^\dagger|0\rangle=\exp\{2K\cos q\}a_{\pm q}^\dagger|0\rangle \tag{6.26}$$

和

$$\begin{aligned}\boldsymbol{V}_{2q}^{1/2}|0\rangle&=\exp\{-K^*\}|0\rangle,\\ \boldsymbol{V}_{2q}^{1/2}|2\rangle&=\exp\{K^*\}|2\rangle.\end{aligned} \tag{6.27}$$

为了得到 $\boldsymbol{V}_{1q}$ 在基矢 $|0\rangle$ 和 $|2\rangle$ 下的矩阵元, 我们令

$$\boldsymbol{V}_{1q}|0\rangle=\alpha(K)|0\rangle+\beta(K)|2\rangle.$$

192 对上式求关于 K 的微分, 我们得到

$$\begin{aligned}\frac{\mathrm{d}\alpha}{\mathrm{d}K}|0\rangle+\frac{\mathrm{d}\beta}{\mathrm{d}K}|2\rangle&=2[\cos q\{a_q^\dagger a_q+a_{-q}^\dagger a_{-q}\}\\ &\quad-\mathrm{i}\sin q\{a_q^\dagger a_{-q}^\dagger+a_q a_{-q}\}]\{\alpha|0\rangle+\beta|2\rangle\}\\ &=2\mathrm{i}\beta\sin q|0\rangle+[4\beta\cos q-2\mathrm{i}\alpha\sin q]|2\rangle\end{aligned} \tag{6.28}$$

或

$$\begin{aligned}\frac{\mathrm{d}\alpha}{\mathrm{d}K}&=2\mathrm{i}\beta(K)\sin q,\\ \frac{\mathrm{d}\beta}{\mathrm{d}K}&=4\beta(K)\cos q-2\mathrm{i}\alpha(K)\sin q.\end{aligned}\tag{6.29}$$

在边界条件为 $\alpha(0)=1,\beta(0)=0$ 的情况下求解上面的方程, 结果为

$$\begin{aligned}\langle 0|\boldsymbol{V}_{1q}|0\rangle&=\alpha(K)=\mathrm{e}^{2K\cos q}(\cosh 2K-\sinh 2K\cos q),\\ \langle 2|\boldsymbol{V}_{1q}|0\rangle&=\beta(K)=-\mathrm{i}\mathrm{e}^{2K\cos q}\sinh 2K\sin q.\end{aligned}\tag{6.30}$$

用同样的方法, 我们可以得到矩阵元 $\langle 2|\boldsymbol{V}_{1q}|2\rangle$, 并有 $\langle 0|\boldsymbol{V}_{1q}|2\rangle=\langle 2|\boldsymbol{V}_{1q}|0\rangle^*$, 且得到矩阵

$$\boldsymbol{V}_{1q}=\mathrm{e}^{2K\cos q}\begin{bmatrix}\cosh 2K-\sinh 2K\cos q & \mathrm{i}\sinh 2K\sin q\\ -\mathrm{i}\sinh 2K\sin q & \cosh 2K+\sinh 2K\cos q\end{bmatrix}\tag{6.31}$$

和

$$\boldsymbol{V}_q=\begin{bmatrix}\exp\{-K^*\} & 0\\ 0 & \exp\{K^*\}\end{bmatrix}[\boldsymbol{V}_{1q}]\begin{bmatrix}\exp\{-K^*\} & 0\\ 0 & \exp\{K^*\}\end{bmatrix}.\tag{6.32}$$

上述矩阵的本征值很容易计算. 为了计算自由能, 我们最终希望得到完整转移矩阵的最大本征值的对数, 因此我们把本征值写成如下形式:

$$\lambda_q^{\pm}=\exp\{2K\cos q\pm\epsilon(q)\}.\tag{6.33}$$

通过几步代数变换, 可以得到关于 $\epsilon(q)$ 的方程

$$\cosh\epsilon(q)=\cosh 2K\cosh 2K^*+\cos q\sinh 2K\sinh 2K^*.\tag{6.34}$$

为了方便起见, 选择 $\epsilon(q)\geqslant 0$. 我们发现式 (6.34) 右边的极小值发生在 $q\to\pi$ 时, 并且对于任意 q, 有如下关系:

$$\epsilon(q)>\epsilon_{\min}=\lim_{q\to\pi}\epsilon(q)=2|K-K^*|.\tag{6.35}$$

另外我们还注意到 193

$$\lim_{q\to 0}\epsilon(q)=2(K+K^*).\tag{6.36}$$

现在我们需要把所有信息结合起来. 首先考虑一个态的费米子数都是偶数的子空间. 在这种情况下, 被允许的波矢不包括 $q=0$ 和 $q=\pi$, 比较式 (6.33) 和式

(6.26), 我们发现对于每一个 q, $\boldsymbol{V}_q$ 的最大本征值是 λ_q^+. 因此这个子空间中的最大本征值 Λ_{e} 可以写为

$$\begin{aligned}\Lambda_{\mathrm{e}} &= (2\sinh 2K)^{M/2}\prod_{q>0}\lambda_q^+ \\ &= (2\sinh 2K)^{M/2}\exp\left\{\sum_{q>0}[2\cos q+\epsilon(q)]\right\} \\ &= (2\sinh 2K)^{M/2}\exp\left\{\frac{1}{2}\sum_q \epsilon(q)\right\},\end{aligned} \tag{6.37}$$

在上式最后一步中, 我们利用了 $\sum\limits_q \cos q = 0$, 并把求和扩展到 $-\pi < q < \pi$ 的区间.

另一个子空间需要我们更加谨慎地处理. 对于 $q \neq 0$ 和 $q \neq \pi$, 可能的最大本征值是 λ_q^+. 对于所有相应的本征态, 有 $(-1)^n = -1$. 为了保证所有态满足 $(-1)^n = -1$, 我们令 $q = 0$ 的态为占据态, $q = \pi$ 的态为非占据态, 这样就得到了其对本征值 Λ_{o} 的贡献为 $(2\sinh 2K)^{M/2}\exp\{2K\}$. 因此奇数子空间的最大本征值为

$$\Lambda_{\mathrm{o}} = (2\sinh 2K)^{M/2}\exp\left\{2K + \frac{1}{2}\sum_{q\neq 0,\pi}\epsilon(q)\right\}. \tag{6.38}$$

由于上面提到的两个子空间的波矢不是相同的, 因此直接比较两个最大本征值有一点复杂, 然而我们注意到

$$\begin{aligned}\frac{1}{2}\lim_{q\to 0}\epsilon(q) + \frac{1}{2}\lim_{q\to\pi}\epsilon(q) &= |K-K^*| + (K+K^*) \\ &= 2K, \quad \text{当 } K > K^* \text{ 时}, \\ &= 2K^*, \quad \text{当 } K^* > K \text{ 时}.\end{aligned}$$

因此如果 $K > K^*$, 这是很合理的, 并且对于热力学极限 $M \to \infty$, 可以严格证明
194 Λ_{o} 和 Λ_{e} 是简并的. 仔细思考一下我们就会发现, 如果这种简并不存在, 那么序参量 $m_0(T)$ 会严格为零. 因此二维 Ising 模型的临界温度由方程 $K = K^*$ 给出, 或者等价表示为 (来自式 (6.6))

$$\sinh 2K \sinh 2K^* = 1. \tag{6.39}$$

更常用的表达式为

$$\sinh\frac{2J}{k_{\mathrm{B}}T_{\mathrm{c}}} = 1, \tag{6.40}$$

或者 $k_{\mathrm{B}}T_{\mathrm{c}}/J = 2.269185\cdots$.

转移矩阵中的两个最大本征值是简并的, 其对无量纲自由能仅贡献大小为 $\ln 2$ 的附加项, 因此是可以忽略的. 对于任意温度, 自由能可以写成

$$\begin{aligned}\frac{\beta G(0,T)}{M^2} &= \beta g(0,T) = -\frac{1}{2}\ln(2\sinh 2K) - \frac{1}{2M}\sum_q \epsilon(q)\\ &= -\frac{1}{2}\ln(2\sinh 2K) - \frac{1}{4\pi}\int_{-\pi}^{\pi} \mathrm{d}q\epsilon(q),\end{aligned} \tag{6.41}$$

在这里我们已经把对波矢的求和转化成了积分.

6.1.4 热力学函数

通过一些数学变换, 我们可以在磁场为零的时候, 对式 (6.41) 做一些简化. 利用式 (6.39) 和由式 (6.6) 得到的 $\cosh 2K^* = \coth 2K$, 我们有

$$\cosh\{\epsilon(q)\} = \cosh 2K \coth 2K + \cos q. \tag{6.42}$$

现在考虑函数

$$f(x) = \frac{1}{2\pi}\int_0^{2\pi} \mathrm{d}\phi \ln(2\cosh x + 2\cos\phi). \tag{6.43}$$

对上式做关于 x 的微分, 并用围道积分法求微分后的值, 我们发现

$$\frac{\mathrm{d}f(x)}{\mathrm{d}x} = \mathrm{sign}(x) \quad 或者 \quad f(x) = |x|. \tag{6.44}$$

利用 $x = \epsilon(q)$, 我们可以得到积分表达式

$$\epsilon(q) = \frac{1}{\pi}\int_0^{\pi} \mathrm{d}\phi \ln(2\cosh 2K \coth 2K + 2\cos q + 2\cos\phi). \tag{6.45}$$

我们定义 195

$$\begin{aligned}I = \frac{1}{2\pi}\int_0^{\pi} \mathrm{d}q\epsilon(q) = \frac{1}{2\pi^2}\int_0^{\pi}\mathrm{d}q\int_0^{\pi}\mathrm{d}\phi \ln[&2\cosh 2K \coth 2K\\ &+2\cos q + 2\cos\phi].\end{aligned} \tag{6.46}$$

利用三角恒等式

$$\cos q + \cos\phi = 2\cos\frac{q+\phi}{2}\cos\frac{q-\phi}{2},$$

并把积分变量替换为

$$\omega_1 = \frac{q-\phi}{2}, \quad \omega_2 = \frac{q+\phi}{2},$$

我们可以得到

$$I = \frac{1}{\pi^2}\int_0^{\pi}\mathrm{d}\omega_2\int_0^{\pi/2}\mathrm{d}\omega_1 \ln[2\cosh 2K \coth 2K + 4\cos\omega_1\cos\omega_2]. \tag{6.47}$$

对 ω_2 的积分具有与式 (6.43) 几乎完全相同的形式, 我们可以通过如下变换得到上式:

$$\begin{aligned} I =& \frac{1}{\pi^2}\int_0^{\pi} d\omega_2 \int_0^{\pi/2} d\omega_1 \ln(2\cos\omega_1) \\ &+\frac{1}{\pi^2}\int_0^{\pi/2} d\omega_1 \int_0^{\pi} d\omega_2 \ln\left(\frac{\cosh 2K \coth 2K}{\cos\omega_1} + 2\cos\omega_2\right) \\ =& \frac{1}{\pi}\int_0^{\pi/2} d\omega_1 \ln(2\cos\omega_1) \\ &+\frac{1}{\pi}\int_0^{\pi/2} d\omega_1 \cosh^{-1}\frac{\cosh 2K\coth 2K}{2\cos\omega_1}. \end{aligned} \tag{6.48}$$

然而 $\cosh^{-1} x = \ln[x + \sqrt{x^2-1}]$, 因此有

$$I = \frac{1}{2}\ln(2\cosh 2K \coth 2K) + \frac{1}{\pi}\int_0^{\pi} d\theta \ln\frac{1+\sqrt{1-q^2(K)\sin^2\theta}}{2}, \tag{6.49}$$

其中

$$q(K) = \frac{2\sinh 2K}{\cosh^2 2K}. \tag{6.50}$$

代入式 (6.41), 我们最终可以得到每个自旋的自由能表达式

$$\beta g(0,T) = -\ln(2\cosh 2K) - \frac{1}{\pi}\int_0^{\pi/2} d\theta \ln\frac{1+\sqrt{1-q^2\sin^2\theta}}{2}. \tag{6.51}$$

196 在式 (6.50) 中定义的函数 $q(K)$, 如图 6.2 所示. 在 $\sinh 2K = 1$ 处, 有最大值 $q = 1$. 并且我们很清楚式 (6.51) 右边的积分项只有在这个最大值点是非解析的, 因为根号里面的项在 $q < 1$ 时是非零的, 系统中每个自旋的内能可以表示为

$$u(T) = \frac{d}{d\beta}[\beta g(T)] = -J\coth 2K\left[1 + \frac{2}{\pi}(2\tanh^2 2K - 1)K_1(q)\right], \tag{6.52}$$

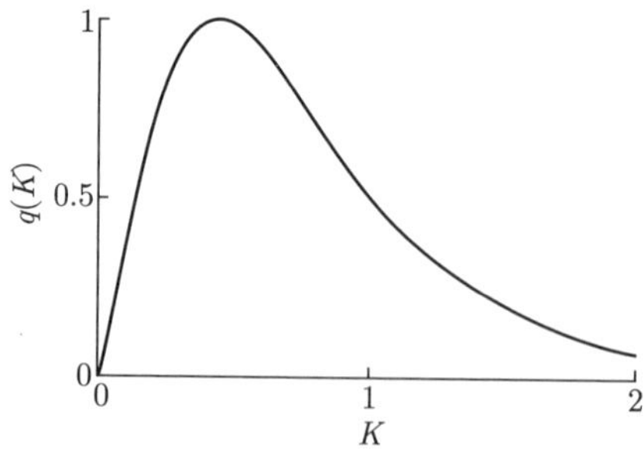

图 6.2 在式 (6.50) 中定义的函数 $q(K)$

其中

$$\mathrm{K}_1(q) = \int_0^{\pi/2} \frac{\mathrm{d}\phi}{\sqrt{1 - q^2 \sin^2 \phi}}$$

是第一类完全椭圆积分. 当 $q \to 1$ 时, $(2\tanh^2 2K - 1) \to 0$, 并且内能在相变点是连续的. 关于每个自旋的比热, 可以通过再对温度做一次微分来得到 (具体的计算方法留作习题 (见习题 6.2)), 即

$$\begin{aligned}\frac{1}{k_{\mathrm{B}}}\, c(T) = {} & \frac{4}{\pi}(K \coth 2K)^2 \Big\{ \mathrm{K}_1(q) - \mathrm{E}_1(q) \\ & -(1 - \tanh^2 2K) \left[\frac{\pi}{2} + (2\tanh^2 2K - 1)\mathrm{K}_1(q) \right] \Big\},\end{aligned} \tag{6.53}$$

其中

$$\mathrm{E}_1(q) = \int_0^{\pi/2} \mathrm{d}\phi \sqrt{1 - q^2 \sinh^2 \phi}$$

是第二类完全椭圆积分. 在相变点 T_{c} 附近, 比热 (见式 (6.53)) 可以由下式近似给出:

$$\frac{1}{k_{\mathrm{B}}} c(T) \approx -\frac{2}{\pi} \left(\frac{2J}{k_{\mathrm{B}} T_{\mathrm{c}}} \right)^2 \ln \left| 1 - \frac{T}{T_{\mathrm{c}}} \right| + \text{常数}. \tag{6.54}$$

图 6.3 给出了内能和比热的曲线. 197

比热的严格解与第 3 章中平均场和 Landau 理论得到的结果相比, 有着惊人的差异. 我们发现比热 $c(T)$ 是对数发散, 而不是连续的. 在临界现象的现代理论中, 通常假设比热具有如下形式:

$$c(T) \sim \left| 1 - \frac{T}{T_{\mathrm{c}}} \right|^{-\alpha}. \tag{6.55}$$

Onsager 得到的结果是这种幂律行为的一个特例. 我们有如下函数的极限形式:

$$\lim_{\alpha \to 0} \frac{1}{\alpha} (X^{-\alpha} - 1) = -\ln X.$$

因此式 (6.54) 可以看作 $\alpha = 0$ 时幂律奇异性的一个特例.

自发磁化强度的计算是当前推导的非平庸扩展, 读者可以参考 Schultz 等人的工作 [270]. 我们直接把结果写在这里:

$$\begin{aligned} m_0(T) &= -\lim_{h \to 0} \frac{\partial}{\partial h} g(h, T) \\ &= \left[1 - \frac{(1 - \tanh^2 K)^4}{16 \tanh^4 K} \right]^{1/8}, \quad T < T_{\mathrm{c}}, && (6.56) \\ &= 0, \qquad\qquad\qquad\qquad T > T_c. && (6.57) \end{aligned}$$

198

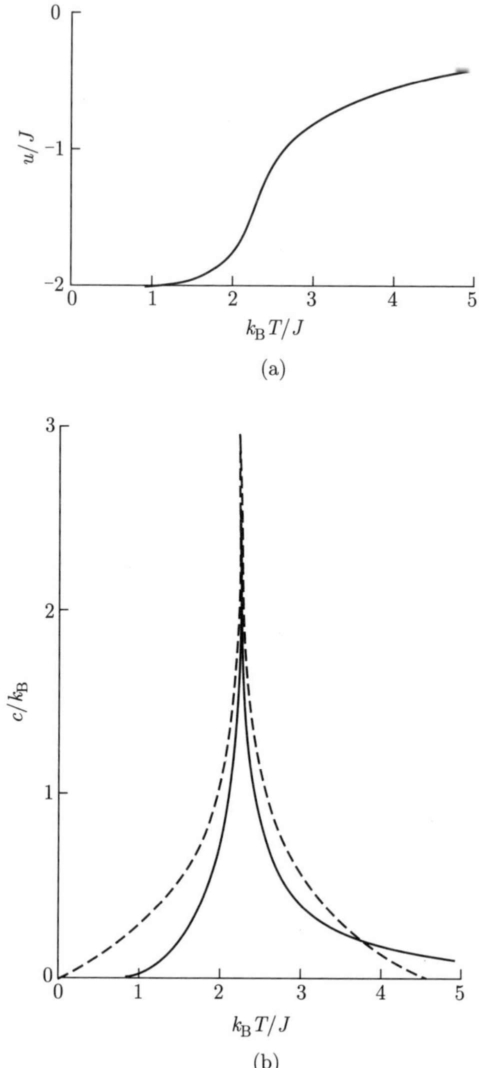

图 6.3 在二维 Ising 模型下, 正方格子的内能 (a) 和比热 (b), 虚线对应式 (6.54)

当从低温趋近于临界温度时, 自发磁化强度的极限形式由下式给出:

$$m_0(T) \approx (T_c - T)^{1/8} \equiv (T_c - T)^{\beta},$$

这和平均场的结果一致. 序参量在临界点有幂律奇异性, 但是临界指数 $\beta = \dfrac{1}{8}$, 而不是平均场和 Landau 理论给出的 $\dfrac{1}{2}$. 式 (6.56) 的推导最先由 Yang 发表[331], 但 Onsager 在更早的一次会议上已经宣布了这一结果. 在外加磁场为零的情况下, 磁

化率在 $T \to T_{\rm c}$ 时的极限形式为

$$\chi(0,T)=\lim_{h\to 0}\frac{\partial m(h,T)}{\partial h}\sim|T-T_{\rm c}|^{-7/4}=|T-T_{\rm c}|^{-\gamma}, \tag{6.58}$$

其中临界指数 $\gamma=\dfrac{7}{4}$, 而经典值为 $\gamma=1$. 根据我们前文中得到的严格结果, 可以很明显看出临界点附近的自由能函数形式与 Landau 理论假定的结果有很大差异.

6.1.5 结束语 199

如果有读者从头至尾推导了前面 4 个小节中的所有公式, 那么他一定能体会到即便是在没有外加磁场的情况下, 得到自由能函数的严格解也是一件有一定难度的工作. 虽然我们很容易写出在有限磁场情形下二维 Ising 模型的转移矩阵, 并给出式 (6.15) 的一般化形式, 然而在后续将其转化为费米子算符的步骤中会发现其不是费米子算符的双线性型, 也无法用已有方法将其对角化.

类似地, 我们还可以构造三维 Ising 模型的转移矩阵. 在这种情况下, 如果只讨论简单的 $M\times M\times M$ 立方格子, $\boldsymbol{V}$ 将是一个 $2^L\times 2^L$ 矩阵, 其中 $L=M^2$. 感兴趣的读者可以进行验证, 其计算的难度不在于转移矩阵维度的增加, 而在于 Jordan-Winger 变换 (见式 (6.17)) 不再产生费米子算符的双线性型.

由于 Onsager 解的出现, 其他一小部分二维问题也有了严格解. 读者可以参考 Baxter 的著作 [30]. 分形结构上的 Ising 模型的严格解将在 7.3 节中论述. 由于相变点附近的严格结果非常难以捉摸, 因此这一领域的工作者们设计了各种各样的近似方法来探索这一强相互作用系统中的临界行为. 我们将首先讨论级数展开方法, 最初这种方法为我们提供了大量关于临界行为的信息.

6.2 级数展开

级数展开方法最初由 Opechowski 引入[225]. 在现代计算机技术的辅助下, 这种方法已经被证明是一种研究临界现象的强有力的工具. 为了引入这一方法, 我们首先考虑一个简单函数 $f(z)$ 在 $z=0$ 处的幂级数展开, 即

$$f(z)=\left(1-\frac{z}{z_{\rm c}}\right)^{-\gamma}=\sum_{n=0}^{\infty}\binom{\gamma}{n}\left(\frac{z}{z_{\rm c}}\right)^n, \tag{6.59}$$

其中

$$\binom{\gamma}{n}=\frac{\gamma(\gamma+1)(\gamma+2)\cdots(\gamma+n-1)}{n!},$$

幂级数在 $|z|<|z_{\rm c}|$ 时收敛. 现在假设已经知道一个未知函数的幂级数展开中的某
些项, 我们能够从这些有限的信息中推测出这个未知函数的形式吗? 当然这个问题 200

的答案是: 不能. 但是如果我们有理由相信这个未知函数具有一种特殊结构, 像式 (6.59) 中的 $f(z)$ 具有幂律奇异性那样, 我们就有可能根据这些有限的信息, 确定参数 (例如 z_{c} 和 γ) 的值. 一般而言, 我们有下面的表达式:

$$f(z)=\sum_{n=0}^{\infty}a_nz^n. \tag{6.60}$$

对于式 (6.59) 中的情况, 两个连续系数 a_n 的比值有如下形式:

$$r(n)=\frac{a_n}{a_{n-1}}=\frac{\gamma+n-1}{n}\frac{1}{z_{\mathrm{c}}}=\frac{1}{z_{\mathrm{c}}}\left(1+\frac{\gamma-1}{n}\right). \tag{6.61}$$

如果把这个比值当作 $1/n$ 的函数来绘图, 取若干整数 n, 我们将得到一个离散的点集, 这个集合里的所有点都落在一条在 $1/n=0$ 处截距为 $1/z_{\mathrm{c}}$, 斜率为 $(\gamma-1)/z_{\mathrm{c}}$ 的直线上. 我们之所以把注意力集中在式 (6.59) 上, 是因为根据 Onsager 的严格解, 人们相信热力学函数在相变点附近正是具有这种结构 (其中 $z=1/T, z_{\mathrm{c}}=1/T_{\mathrm{c}}$). 当然真正的热力学函数比式 (6.59) 中给出的简单形式要复杂很多, 但我们还是有机会从级数展开的有限项中提取到我们关心的信息, 也就是临界温度和临界指数. 一般而言, 一个函数的幂级数展开系数 a_n 取决于复平面上距离展开点最近的奇异点, 至少当 n 比较大时是这样的. 温度的函数, 例如比热, 一般在 $1/T$ 复平面上有很多奇异点 (当然只有 $1/T$ 实平面是我们所关心的). 但是如果最近的奇异点就是有物理意义的 $1/T_{\mathrm{c}}$, 那么我们可以认为函数在 $T=\infty$ (即 $1/T=0$) 处的级数展开具有类似式 (6.59) 中的简单形式, 至少在第一项之后是成立的. 图 6.4 给出了函数 $f(z)=\exp\{z\}(1-z)^{-1.5}$ 的展开式中的两个连续系数 a_n 的比值 $r(n)$ 对 $1/n$ 的依赖关系. 可以明显看出 $r(n)$ 收敛于 $z_{\mathrm{c}}=1$. 这就是级数展开的基本思想. 在简单地讨论如何进行展开之后, 我们将回到如何分析这些级数.

6.2.1 高温展开

201 大体上, 高温展开的推导比较直观. 假设我们需要计算算符 O 在哈密顿量为 H 的系统中关于正则分布的期望值, 那么其期望值可以表示如下:

$$\langle O\rangle=\frac{\operatorname{Tr}O\mathrm{e}^{-\beta H}}{\operatorname{Tr}\mathrm{e}^{-\beta H}}=\frac{\operatorname{Tr}O\displaystyle\sum_{j=0}^{\infty}(-\beta H)^j/j!}{\operatorname{Tr}\displaystyle\sum_{j=0}^{\infty}(-\beta H)^j/j!}. \tag{6.62}$$

对于一个有 Z_0 个离散状态的系统 (Z_0 有限), 例如自旋系统, 我们能很方便地用 $Z_0=\operatorname{Tr}\mathbf{1}$ 把式 (6.62) 中的分子和分母分开, 并定义

$$\overline{O}=\frac{\operatorname{Tr}O}{\operatorname{Tr}\mathbf{1}}.$$

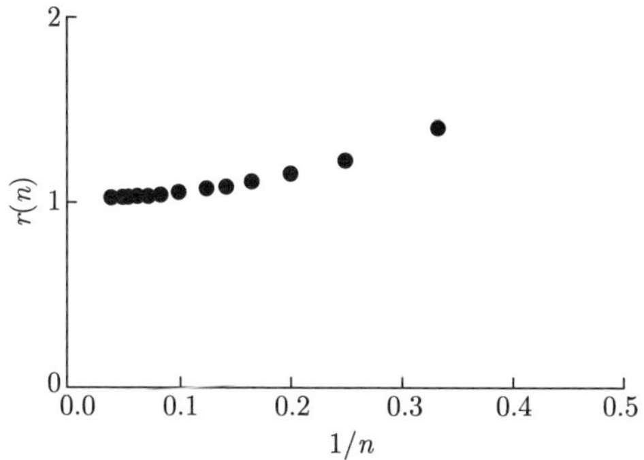

图 6.4 函数 $f(z)=\exp\{z\}(1-z)^{-1.5}$ 的展开式中的两个连续系数 a_n 的比值 $r(n)=a_n/a_{n-1}$ 对于 $1/n$ 的直到 $n=20$ 的图像, 为了看得更清晰, 我们忽略了一些点

注意到 Z_0 是 $T=\infty$ 时的配分函数, 因此 $\overline{O}$ 是 O 在无限温度时的系综平均. 在有限温度下, 我们有

$$\begin{aligned}\langle O\rangle &= \frac{\overline{O}-\beta\overline{OH}+\beta^2\overline{OH^2}/2!+\cdots}{1-\beta\overline{H}+\beta^2\overline{H^2}/2!+\cdots}\\ &= \overline{O}-\beta(\overline{OH}-\overline{O}\ \overline{H})\\ &\quad +\frac{\beta^2}{2!}(\overline{OH^2}-2\overline{OH}\ \overline{H}+2\overline{O}\ \overline{H}^2-\overline{O}\ \overline{H^2})+\cdots.\end{aligned} \tag{6.63}$$

因此, 如果

$$\langle O\rangle=\sum_n\frac{a_n}{T^n}, \tag{6.64}$$

我们可以得到

$$\begin{aligned}a_0 &= \overline{O},\\ a_1 &= -\frac{1}{k_{\mathrm{B}}}(\overline{OH}-\overline{O}\ \overline{H}),\\ a_2 &= \frac{1}{2!k_{\mathrm{B}}^2}(\overline{OH^2}-2\overline{OH}\ \overline{H}+2\overline{O}\ \overline{H}^2-\overline{O}\ \overline{H^2}),\\ &\cdots\cdots.\end{aligned} \tag{6.65}$$

202

类似于第 4 章中的 Mayer 展开, 图方法在构造这种级数展开时是非常有用的. 研究者们发展出很多不同的图方法, 而哪种方法最简便, 或者说最有力, 取决于问题的具体细节. 下面我们推导二维正方格子和三维立方格子上 Ising 模型高温展开的几项, 并把 Heisenberg 模型中的类似推导留作习题 (见习题 6.3).

我们考虑如下模型:

$$H=-J\sum_{\langle ij\rangle}\sigma_i\sigma_j-h\sum_i\sigma_i, \tag{6.66}$$

其中 $\sigma_l = +1$, 并且对 i, j 的求和遍及格子上的所有最近邻自旋对. 目前我们不指定是哪一种格子. 如果系统处于无序相, 零磁场下每个自旋的磁化率可以表示为

$$
\begin{aligned}
k_{\mathrm{B}}T\chi(T) &= \frac{1}{N}\frac{\sum\limits_{i,j}\mathrm{Tr}\,\sigma_i\sigma_j\exp\{-\beta H_0\}}{\mathrm{Tr}\exp\{-\beta H_0\}} \\
&= 1+\frac{1}{N}\frac{\sum\limits_{i\neq j}\mathrm{Tr}\,\sigma_i\sigma_j\exp\{-\beta H_0\}}{\mathrm{Tr}\exp\{-\beta H_0\}},
\end{aligned}
\tag{6.67}
$$

其中 $H_0 = -J\sum\limits_{\langle ij\rangle}\sigma_i\sigma_j$. 利用如下等式是方便的:

$$
\begin{aligned}
\exp\{\beta J\sigma_i\sigma_j\} &= \cosh\beta J + \sigma_i\sigma_j\sinh\beta J \\
&= \cosh\beta J(1+v\sigma_i\sigma_j),
\end{aligned}
\tag{6.68}
$$

其中 $v = \tanh\beta J$. 只要把式 (6.68) 左边用幂级数展开并利用 $\sigma_i^2 = 1$, 式 (6.67) 就很容易得到. 变量 v 在 T 趋于无穷时趋于零, 它可以代替 $1/T$ 当作展开参数. 下面我们用 v 的幂级数构造这一展开. 此时式 (6.67) 可以写成

$$
k_{\mathrm{B}}T\chi = 1+\frac{1}{N}\frac{\sum\limits_{i\neq j}\mathrm{Tr}\,\sigma_i\sigma_j\prod\limits_{\langle nm\rangle}(1+v\sigma_n\sigma_m)}{\mathrm{Tr}\prod\limits_{\langle jm\rangle}(1+v\sigma_j\sigma_m)}.
\tag{6.69}
$$

203 式 (6.69) 中的分子和分母的形式与第 4 章中出现的位形积分的 Mayer 展开相似, 现在我们进行类似的图展开. 把对应 $v\sigma_j\sigma_m$ 项的最近邻格点 j, m 用一条线表示. 我们还需要把分子和分母都除以 2^N, 由于求迹包含系统的 2^N 个态, 因此我们注意到有

$$
2^{-N}\mathrm{Tr}\,\mathbf{1} = 1 = 2^{-N}\mathrm{Tr}\,\sigma_i^2.
$$

现在考虑式 (6.69) 中分子的展开:

$$
\mathrm{Num} = 2^{-N}\sum_{i\neq j}\mathrm{Tr}\,\sigma_i\sigma_j\left(1+v\sum_{\langle nm\rangle}\sigma_n\sigma_m+v^2\sum_{\langle nm\rangle\neq\langle rt\rangle}\sigma_n\sigma_m\sigma_r\sigma_t+\cdots\right).
$$

由于 $\mathrm{Tr}\,\sigma_i = 0$, 因此所有不包含自旋变量的偶数幂 (包含零) 的项都为零. 我们不在两个不同, 但不受限制的格点 i, j 之间连线. 分子的前几项, 可以用图表示如下:

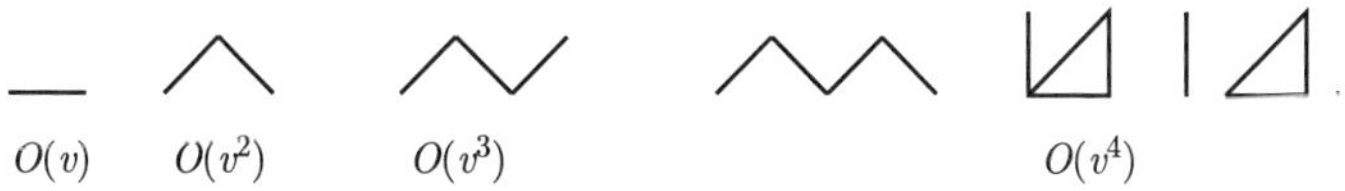

$O(v)$ $O(v^2)$ $O(v^3)$ $O(v^4)$

在某类型的格子, 例如正方格子、简单立方格子和体心立方格子中, 不会出现包含三角形的图. 假设我们讨论的格子正属于这种类型, 我们必须知道一种特定的图出现的次数. 这个次数被称作图 g 的晶格常数, 并记作 (g). 式 (6.69) 中对 i, j 的求和并不限于最近邻格点, 但是要求 $i \neq j$. 因此我们给定一个格点 i, 并对所有 $j \neq i$ 求和. 由于 v 只连接最近邻格点, 因此我们可以马上得到分子中出现的前三个图的晶格常数, 即

$$(g_1) = Nq,$$

$$(g_2) = Nq(q-1),$$

$$(g_3) = Nq(q-1)^2,$$

其中 q 是格子的配位数. 至于图 (g_4), 其组合因子并不是 $q(q-1)^3$, 因为这个数包 204
含了最后一个格点 j 等价于第一个格点 i 的位形的贡献. 经过更仔细的计算, 可以得到

$$(g_4) = \begin{cases} 100\ N\ (\text{正方格子}), \\ 726\ N\ (\text{简单立方格子}). \end{cases}$$

现在我们考虑分母. 第一个非零项来自正方形 $(g_5) = \square$. 这种图形在正方格子中出现 N 次, 在简单立方格子中出现 3 N 次. 针对这一点, 我们可以把磁化率表示为

$$\begin{aligned} k_{\mathrm{B}} T \chi &= 1 + \frac{1}{N} \frac{(g_1)v + (g_2)v^2 + (g_3)v^3 + (g_4)v^4 + \cdots}{1 + (g_5)v^4 + \cdots} \\ &= 1 + \frac{1}{N}[(g_1)v + (g_2)v^2 + (g_3)v^3 + (g_4)v^4 + \cdots] \\ &\quad \times [1 - (g_5)v^4 + \cdots]. \end{aligned} \tag{6.70}$$

$(g_6) = (g_1)(g_5)$ 的阶数为 $N^2 v^5$, 初看之下, 这个展开会趋近于一个依赖于 N 的极限. 为了说明情况并非如此, 我们必须为分子加入五次项的贡献, 它由如下三个图组成:

$(g_7)=$ 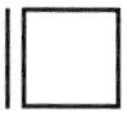 $(g_8)=$ 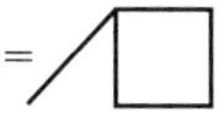 $(g_9)=$  ,

其中图 (g_8) 前要乘以因子 2, 添加这个因子是由于正方形可以通过线段的两端, 也就是 i 或 j, 来连接到这条线上. 因此 v^5 项的完整表达式为

$$(g_7)+2(g_8)+(g_9)-(g_1)(g_6).$$

对于分离的图 (g_7), 它的晶格常数与最后一项的晶格常数的乘积有关. 由于线段的两端都不能和正方形接触, 因此我们有

$$(g_7)=(g_1)(g_6)-2(g_8)-(g_{10}),$$

其中新出现的图 (g_{10}) 为

205 $(g_{10})=$.

因此五次项可以简化为

$$[(g_9)-(g_{10})]v^5. \tag{6.71}$$

由于这两个图都是连通的, 因此我们可以看出其贡献是 N 阶的. 削去正比于 N 的更高次幂的项是很常见的, 在各次项的计算中都会遇到. 通过这个例子, 我们可以很清楚地看到计算级数中的高次项是十分复杂的, 为了尽可能多地推算级数中的各项, 人们发展了很多烦琐的方法. 我们已经计算了式 (6.71) 中的晶格常数, 可以得到二维正方格子和三维简单立方格子的五次以下的级数展开分别为

$$k_{\mathrm{B}}T\chi=1+4v+12v^2+36v^3+100v^4+276v^5+\cdots \tag{6.72}$$

和

$$k_{\mathrm{B}}T\chi=1+6v+30v^2+150v^3+726v^4+33510v^5+\cdots. \tag{6.73}$$

在上面结果的推导中, 我们已经应用了比较容易得到的结果: $(g_9)=284\ N$ (正方格子) 或 $3534\ N$ (简单立方格子), $(g_{10})=8\ N$ (正方格子) 或 $24\ N$ (简单立方格子).

在有限的时间里, 我们能够推导出的序列长度显然依赖于格子结构. 密致堆积格子, 例如三角格子和面心立方格子, 相对于开放的格子结构, 例如简单立方格子, 有更多非零晶格常数图. 对于面心立方格子, 我们已计算其磁化率到 v^{15} 次项[20]; 对于体心立方格子, 已计算到 v^{22} 次项[216]. 在这里我们不逐一列出这些展开, 但在 6.2.3 小节的级数分析中, 我们将用到所有已知的级数. 虽然在上面的例子中, 我们只集中分析了磁化率的展开, 但很显然, 研究者们可以, 或者说已经用类似的方法对其他热力学变量或其他格子模型来构造级数. 展开方法之所以有效, 是由于对格子模型来说, 自旋变量的求迹本质上是简单的. 而 Mayer 展开中的相应步骤, 即计算集团积分, 则成为这种方法应用于液体研究的限制因素.

206　6.2.2 低温展开

如果我们已知系统的基态, 并且可以简单地给激发态分类, 那么就有可能构造另一个级数展开, 它可以作为高温展开的补充. 这种展开主要应用于 Ising 模型, 但

是对于 Heisenberg 模型和 XY 模型, 则不能用这种方法处理, 因为它们的元激发构成了连续谱 (对于经典和量子 Heisenberg 模型来说, 这是已知的, 而对于 XY 模型还没有完全了解). 对于 Heisenberg 模型, Dyson 用不同的方法得到了一个比较短的低温级数展开[82].

我们再次考虑零温下有外磁场存在的 Ising 模型. 这时基态是完全一致排列的铁磁态. 基于铁磁态的激发态由翻转的自旋形成的集团组成. 翻转单个自旋需要的能量为 $2qJ+2h$, 其中 q 是格子的配位数. 因此配分函数可以写成

$$Z=\left[1+Nu^{q}w+\frac{N(N-q-1)}{2}u^{2q}w^{2}+\frac{qN}{2}u^{2q-2}w^{2}+\cdots\right]\mathrm{e}^{-\beta E_0},$$

其中 $u=\mathrm{e}^{-2\beta J}, w=\mathrm{e}^{-2\beta h}, E_0$ 是基态能量. 第三项和第四项对应着两个自旋发生翻转的情况, 其中第三项来自两个不相邻的自旋发生翻转, 而第四项则对应着两个相邻的自旋发生翻转的情况. 显然 u 和 w 适合作为幂级数展开的变量. 类似高温展开, Z 的对数只包含正比于 N 的项. 推导较长的低温级数展开是一项具有高度技巧性的工作, 对于细节的讨论, 请读者参考 Domb 的综述 [78].

6.2.3 级数分析

在本小节中, 我们讨论一些相对简单的级数分析方法和这些方法用于分析高温级数展开得到的结果. 为了介绍这一主题, 我们考虑一个有如下幂律奇异性的函数:

$$\chi(v)=(v-v_{\mathrm{c}})^{-\gamma}, \tag{6.74}$$

级数展开中相邻项的系数比为

$$\frac{a_n}{a_{n-1}}=\frac{1}{v_{\mathrm{c}}}\left(1+\frac{\gamma-1}{n}\right).$$

我们构造如下序列: 207

$$r_n=n\frac{a_n}{a_{n-1}}-(n-1)\frac{a_{n-1}}{a_{n-2}}.$$

这个序列应该比简单的系数比 a_n/a_{n-1} 更快地接近 $1/v_{\mathrm{c}}$, 因为我们消去了 $1/n$ 次项. 如果 χ 具有式 (6.74) 的形式, 不考虑其他奇异性和解析修正项, 近似式 r_n 就是 $1/v_{\mathrm{c}}$, 其中 v_{c} 是 Ising 模型中 $\tanh\beta J$ 的临界值. 如果 χ 包含形如式 (6.74) 的项, 我们希望 n 足够大时, r_n 将趋近于一个极限, 也就是 $1/v_{\mathrm{c}}$. 在表 6.1 中, 我们列出了正方格子和简单立方格子的近似值, 这些近似值来自目前已知的展开项. 这些值由 Domb 得到, 请见参考文献 [78] 中的表 I.

我们可以看到, 偶数下标的近似值 $(r_n, n=2,4,6,\cdots)$ 随着 n 的增大而增大, 奇数下标的近似值 $(r_n, n=3,5,7,\cdots)$ 则减小, 并且它们似乎趋近于一个共同的极

限. 如果简单地在 $1/n$ 轴上将奇数和偶数近似值外推到它们相交的地方, 我们可以得到一个大概的估计值: 对于正方格子, $1/v_c = 2.4151$, 相应地, $k_BT_c/J = 2.2701$. Onsager 严格解的结果是 $2.269185\cdots$. 可见级数展开对临界温度给出了很好的估计.

208 **表 6.1 正方格子和简单立方格子的近似值**

n	r_n(正方格子)	r_n(简单立方格子)	S_n (正方格子)	S_n (简单立方格子)
2	2	4		
3	3	5	1.7265	1.2687
4	2.1111	4.3600	1.6007	1.2188
5	2.6889	4.8136	1.7140	1.2677
6	2.2870	4.3905	1.6610	1.2245
7	2.5671	4.7368	1.7239	1.2567
8	2.3277	4.4553	1.6877	1.2276
9	2.4962	4.6966	1.7213	1.2510
10	2.3714	4.4870	1.7031	1.2288
11	2.4625	4.6716	1.7227	1.2468
12	2.3857	4.5060	1.7106	1.2287
13	2.4500	4.6556	1.7250	1.2432
14	2.3914	4.5191	1.7152	1.2280
15	2.4424	4.6445	1.7265	1.2401
16	2.3959	4.5287	1.7186	1.2270
17	2.4365	4.6363	1.7274	1.2373
18	2.3996		1.7221	
19	2.4322		1.7281	
20	2.4021		1.7227	
21	2.4292		1.7285	

对于简单立方格子, 相应的 T_c 计算得到的结果为 $k_BT_c/J = 4.515$. 我们在前面提到的级数分析方法是非常不精确的, 实际上基于级数的 Padé 近似值还有一些更精确的方法[106]. 这些方法对于临界温度可以给出收敛得非常好的估计. 我们顺便指出, 在正方格子和简单立方格子中, r_n 序列的振荡, 实际上是一类格子的特性. 这一类格子可以被分成两个子格子, 每个子格子格点的最近邻都是另一个子格子的格点. 在这种情况下, 在 $-v_c$ 处有一个奇点, 它代表最近邻 Ising 反铁磁相变. 对于紧致堆积格子, 例如三角格子和面心立方格子, 反铁磁相变发生在更低的温度 (三角格子的 $T_c = 0$). 因此反铁磁奇异性来自 v_c 复平面上的原点, 并且前面提及的近似值振荡现象也消失了.

我们知道 γ 值刻画了奇异性. 为了得到指数 γ 的一系列估计值, 我们可以构造近似值序列, 例如

$$S_n = 1 + n\left(\frac{a_n}{a_{n-1}}v_{\mathrm{c}} - 1\right),$$

在 $n \to \infty$ 时, 该序列趋近于 γ. 由于我们要预先知道 v_{c} 的值, 因此在这个意义上指数的近似值序列是有偏差的. 就确定临界温度 T_{c} 而言, 实际上有更好的工具, 在这里我们用这种方法只是为了说明高温级数展开的作用, 正方格子和简单立方格子的近似值 S_n 同样在表 6.1 中给出. 考虑到我们粗略估计的 v_{c} 值使近似值产生了偏差, 可以看出每个序列内部还是表现出了很好的收敛性. 二维格子的近似值随着 n 的增大而增大, 并且显然与严格解 $\gamma = \dfrac{7}{4}$ 符合得很好. 简单立方格子的近似值也是高度收敛的, 并且表明 γ 值接近 1.25. 很长一段时间以来, 很多研究者推测这个
结果 $\left(\text{即 } \gamma = \dfrac{5}{4}\right)$ 可能是严格解, 然而最近得到的更长级数展开[216]表明稍小一点 209
的值, 即 $\gamma = 1.239$ 更接近真实情况.

这里有一个有趣的问题, 即 χ 奇异性的本质是否对格子类型、相互作用范围或自旋取值等细节是敏感的. 参考文献 [78] 中的表格给出了一些二维和三维格子的系数 a_n, 有兴趣的读者可以直接完成上文阐述过的分析. 结果表明指数 γ 对格子结构是不敏感的, 而 T_{c} 和 v_{c} 则恰恰相反. 如果模型中包含了次近邻和长程相互作用, 其对临界指数也不会产生影响, 而且自旋的大小也不起作用. 这些细节与临界指数是 "不相关" 的, 用重整化群理论的语言来讲, 是 "普适性" 的具体表现, 我们将在 6.5 节中讨论这个问题.

其他热力学变量的级数展开, 例如比热、磁化强度 (低温级数)、磁化率的二阶导数 $\partial^2\chi/\partial h^2$ 等, 都已经被推导出来了. 对这些级数的分析揭示了一般的热力学函数具有幂律奇异性, 而指数不依赖于格子结构和其他细节, 即

$$\begin{aligned}
\chi(0,T) &\sim A_{\pm}|T-T_{\mathrm{c}}|^{-\gamma},\\
C(0,T) &\sim E_{\pm}|T-T_{\mathrm{c}}|^{-\alpha},\\
m(0,T) &\sim B(T_{\mathrm{c}}-T)^{\beta},\\
m(h,T_{\mathrm{c}}) &\sim |h|^{1/\delta}\mathrm{sign}(h).
\end{aligned} \tag{6.75}$$

直到最近, 三维 Ising 模型临界指数的计算, 才被证实符合如下结果: $\gamma = \dfrac{5}{4}, \alpha = \dfrac{1}{8}, \beta = \dfrac{5}{16}, \delta = 5$. 我们引用这些指数来说明某种简单的关系, 例如

$$\begin{aligned}
\alpha + 2\beta + \gamma &= 2,\\
\gamma &= \beta(\delta - 1).
\end{aligned} \tag{6.76}$$

这一类型的关系被称为标度律, 人们相信它是严格的. 我们将在 6.3 节中详细讨论这一问题.

在详细讨论标度律之前, 我们简单介绍一下其他模型的级数展开结果. 对于 Heisenberg 模型

$$H = -J\sum_{\langle ij\rangle} \boldsymbol{S}_i \cdot \boldsymbol{S}_j,$$

210 研究者们只推导出一些基本的高温展开级数, 因此临界指数 β 和 δ 只能通过标度律 (见式 (6.76)) 得到. Heisenberg 模型的级数长度比 Ising 模型短, 并且可得的临界指数与 Ising 模型的相应临界指数有本质差异. 我们再一次指出, 在级数分析的误差范围内, 没有发现临界指数对格子结构和自旋大小的依赖性. 对于自旋为 $-\frac{1}{2}$ 的三维 Heisenberg 模型, 磁化率指数为 $\gamma = 1.43 \pm 0.01$; 对于自旋为 $-\infty$ (即经典自旋) 的情况, $\gamma = 1.425 \pm 0.02$ (请参考 Camp 和 van Dyke 在文献 [56] 中的讨论).

对于 Heisenberg 模型, 比热的级数很难分析, 我们还不知道指数 α 的精确取值. 然而有证据表明 α 很小并且取负值, 对应着比热尖峰而非发散. 另外空间维度对临界行为的影响比 Ising 模型更加显著. 对于二维情形, Heisenberg 模型在任意有限温度都不是有序的, 这一点可以被严格证明 (见 Mermin 和 Wagner的文章 [203]).

另一个被广泛研究的模型是 XY 模型, 它的哈密顿量有如下形式:

$$H = -J\sum_{\langle ij\rangle}(S_i^x S_j^x + S_i^y S_j^y).$$

人们认为这个模型很好地描述了液态 ^{4}He 从普通流体到超流体转变过程中的临界行为. 和 Heisenberg 模型的情况类似, 研究者们只能得到 XY 模型的高温级数. 临界指数 α 和 γ 在三维情形中的最好估计值为 $\gamma = \frac{4}{3}, \alpha = 0$ (对数发散)[36]. 这些指数与 Heisenberg 模型和 Ising 模型都不同. 类似二维 Heisenberg 模型, 我们可以严格证明二维 XY 模型的序参量在任意有限温度都为零. 然而对于二维情形, 在有限温度下, XY 模型还是经历了一个相变, 通常被称作 Kosterlitz-Thouless 相变 (见 6.6 节). 从实验角度来看, 可以观察到液氦薄层展现出这种相变.

最后我们要提到 n 矢量模型的研究结果 (有时也被称作 D 矢量模型), 这种模型等价于把 Heisenberg 模型的自旋空间推广到 n 维, 即 $S_j = (S_1, S_2, \cdots, S_n)$, 并
211 且有哈密顿量

$$H = -J\sum_{\langle ij\rangle}\sum_{\alpha=1}^{n} S_{i\alpha}S_{j\alpha}.$$

Ising 模型、XY 模型和 Heisenberg 模型分别是 n 矢量模型在 $n = 1, 2, 3$ 时的特殊情况. 这个模型的三维磁化率指数与 n 的函数关系可以近似表示为

$$\gamma(n) = \frac{2n+8}{n+7},$$

它与格子结构无关[283]. 这个表达式是完全唯象的, 并且没有理论基础.

6.3 标　　度

在 6.2 节中我们曾经提到, 对高温展开和低温展开的级数分析表明临界指数之间存在形如式 (6.76) 的简单关系. 来自不同材料的实验数据表明, 在误差范围内, 它们与标度律是一致的[314]. 在本节中我们将从另一个角度探索这一事实, 并说明标度律象征在临界点附近的自由能有一种特殊结构.

6.3.1 热力学讨论

首先要指出的是, 通过热力学稳定性我们可以得到关于临界指数的不等式. 最简单的例子可见 Rushbrooke 的论文 [261]. 考虑一个磁性系统. 在给定外场下的比热 C_H 和给定磁化强度下的比热 C_M 满足如下关系 (见习题 1.4):

$$\chi_T(C_H - C_M) = T\left(\frac{\partial M}{\partial T}\right)_H^2, \tag{6.77}$$

其中 $\chi_T = \left(\dfrac{\partial M}{\partial H}\right)_T$ 是等温磁化率. 热力学稳定性要求 χ_T, C_H 和 C_M 都大于等于零. 因此我们得到

$$C_H > T\chi_T^{-1}\left(\frac{\partial M}{\partial T}\right)_H^2. \tag{6.78}$$

现在我们考虑一个没有外磁场的系统, 且它的温度在临界温度 T_{c} 以下, 但很 212
接近 T_{c}, 所以可以应用式 (6.75). 我们得到

$$(T_{\mathrm{c}} - T)^{-\alpha} > 常数 \cdot (T_{\mathrm{c}} - T)^{\gamma+2(\beta-1)}. \tag{6.79}$$

由此可以得到 Rushbrooke 不等式

$$\alpha + 2\beta + \gamma \geqslant 2. \tag{6.80}$$

我们还可以推导出类似的不等式, 更多细节请参考 Stanley 的著作 [282]. 这些不等式有一个非常有趣的特征, 就是当它们变成等式时依然成立, 因此只有少数几个临界指数是独立的.

6.3.2 标度假设

具体来讲, 我们先假设有这样一个系统, 它的自由能是两个独立的热力学变量的函数 (例如 $E(S,M), A(T,M), G(T,H)$). 在系统的临界点, 这些变量的取值为

T_c, H_c 和 M_c 等. 我们引入约化变量

$$
\begin{aligned}
h &= H - H_{\mathrm{c}}, \\
m &= M - M_{\mathrm{c}}, \\
t &= \frac{T - T_{\mathrm{c}}}{T_{\mathrm{c}}},
\end{aligned}
\tag{6.81}
$$

并考虑物理量

$$
\begin{aligned}
\chi(t, h=0) &= \left(\frac{\partial m}{\partial h}\right)_t, & &\sim (-t)^{-\gamma'}, & &t<0, \\
& & &\sim\ t^{-\gamma}, & &t>0, \\
C_h(t,0) &= -\frac{T}{T_0^2}\left(\frac{\partial^2 G}{\partial t^2}\right)_h, & &\sim (-t)^{-\alpha'}, & &t<0, \\
& & &\sim t^{-\alpha}, & &t>0, \\
m(t,0) &= -\left(\frac{\partial G}{\partial h}\right)_t, & &\sim (-t)^{\beta}, & &t<0, \\
m(0,h) &\sim |h|^{1/\delta}\mathrm{sign}(h).
\end{aligned}
\tag{6.82}
$$

应用 Helmholtz 自由能, 可以得到系统的状态方程为

$$
h = \left(\frac{\partial A}{\partial m}\right). \tag{6.83}
$$

213 很多研究者想知道, 为了得到正确的临界指数, 自由能或者状态方程应该具有什么样的函数形式 (在 Griffiths 的文章 [117] 中有更完整的讨论). 我们在 3.7 节中了解到如果假设自由能在临界点处是解析的, 即

$$
A(t, m) = a_0 + \frac{1}{2}a_2 m^2 + \frac{1}{4}a_4 m^4 + \cdots, \tag{6.84}
$$

并且在 $t=0$ 附近取 $a_2 \approx at$, 会得到状态方程

$$
h \approx am\left(t + \frac{a_4}{a}m^2 + \cdots\right).
$$

从这个状态方程出发, 可以自然地获得经典临界指数: $\alpha = 0, \beta = \dfrac{1}{2}, \gamma = 1$ 和 $\delta = 3$. 如果我们把状态方程改写为

$$
h \approx m\left(t + cm^{1/\beta}\right),
$$

就可以得到任意的 β 值. 这个方程还是不能令人满意, 因为如果在常数 t 下对方程做微分, 我们会发现

$$
\frac{\partial h}{\partial m} \sim t,
$$

即不论参数取何值, γ 始终为 1.

我们可以通过假设状态方程具有下面的形式来改进这一点:

$$h \approx m\left(t + cm^{1/\beta}\right)^{\gamma},$$

或者, 更一般地, 假设

$$h = m\psi(t, m^{1/\beta}),$$

其中 ψ 为任意 γ 次齐次函数, 即

$$\psi(\lambda^{1/\gamma}t, \lambda^{1/\gamma}m^{1/\beta}) = \lambda\psi(t, m^{1/\beta}). \tag{6.85}$$

为了使表述更加系统化, 我们假设在临界点附近, 自由能的奇异部分 $G(h,t)$ 的变化 (依照相应的标度变换关系①) 为

$$G(t,h) = \lambda^{-d}G(\lambda^{y}t, \lambda^{x}h), \tag{6.86}$$

其中 d 是空间维度. 这种形式的自由能表示 $m = -\dfrac{\partial G}{\partial h}$ 有下面的标度关系: 214

$$m(t,h) = \lambda^{-d+x}m(\lambda^{y}t, \lambda^{x}h), \tag{6.87}$$

并且,

$$\begin{aligned} \chi(t,h) &= \lambda^{-d+2x}\chi(\lambda^{y}t, \lambda^{x}h), \\ C_h(t,h) &= \lambda^{-d+2y}C_h(\lambda^{y}t, \lambda^{x}h). \end{aligned} \tag{6.88}$$

现在我们考虑特殊情况, 即 $h = 0, \lambda = |t|^{-1/y}$ 和 $t = 0, \lambda = |t|^{-1/x}$, 可以得到

$$\begin{aligned} m(t,0) &= (-t)^{(d-x)/y}m(-1,0), \\ m(0,h) &= |h|^{(d-x)/x}m(0,\pm 1), \\ \chi(t,0) &= |t|^{-(2x-d)/y}\chi(\pm 1,0), \\ C_h(t,0) &= |t|^{-(2y-d)/y}C_h(\pm 1,0). \end{aligned} \tag{6.89}$$

在式 (6.89) 中, 主要幂律项系数是在远离奇异点 $(t = 0, h = 0)$ 处得到的热力学函数, 因此它们只是有限大小的常数. 我们发现, 当临界点两边都存在临界指数时, 它们是相等的 (见式 (6.82)), 即

$$\begin{aligned} \alpha &= \alpha', \\ \gamma &= \gamma', \end{aligned} \tag{6.90}$$

① 式 (6.86) 的传统形式为 $G(t,h) = \eta G(\eta^{s}t, \eta^{r}h)$. 由于 η 是任意的, 选择 $\eta = \lambda^{-d}$, 即可得到当前的形式, 其中 $x = -s/d, y = -r/d$.

但两边的幂律因子一般是不同的, 因为没有理由要求 $C_h(1,0)$ 或 $\chi(1,0)$ 与 $C_h(-1,0)$ 或 $\chi(-1,0)$ 相等. 通过与式 (6.82) 比较可以得到

$$\begin{aligned}
\alpha &= \frac{2y-d}{y}, \\
\beta &= \frac{d-x}{y}, \\
\gamma &= \frac{2x-d}{y}, \\
\delta &= \frac{x}{d-x}.
\end{aligned} \tag{6.91}$$

我们发现只有两个临界指数是独立的, 而它们的标度关系

$$\begin{aligned}
\alpha + 2\beta + \gamma &= 2, \\
\beta(\delta - 1) &= \gamma
\end{aligned} \tag{6.92}$$

215 可以从式 (6.91) 中直接得到. 我们将在 6.4 节中看到, 如果对 T_c 附近的两体关联函数行为做出如同式 (6.85) 的假设, 就会有更进一步的标度关系浮现出来.

6.3.3 Kadanoff 块区自旋

在 6.3.2 小节中, 我们得到的结果与实验数据和级数分析结果的符合程度令人十分满意. 但是标度律公式没有为基本假设 (见式 (6.86)) 做出物理解释. 与此相关的一个重要进展是 Kadanoff 对自由能的标度形式提出了一个既直观又巧妙的合理观点 (有一篇具有很强可读性的综述文章, 包含了当时的相关理论, 请见参考文献 [146]).

我们考虑 d 维超立方格子上的 Ising 模型, 最近邻格点距离为 a_0. 在临界点附近, 所有系统的共同表现为关联长度 $\xi \gg a_0$, 并且在临界点 T_c 处 $\xi = \infty$. 我们可以用两个参数来刻画系统的状态, 即 $t = (T - T_c)/T_c$ 和 h. 现在考虑一个小的自旋块区, 如图 6.5 所示, 正方格子上相邻的九个自旋被组合成一个自旋块区, 而这些自旋块区之间也组成了一个格子长度为 $3a_0$ 的正方形. 就单个自旋块区而言, 它可能处在 2^9 个态中的任意一个, 或者更一般地, 是 2^n 个态中的任意一个, 其中 $n = L^d$, L 是自旋块区的线性长度. 在下面的分析中, 我们假设 $\xi/a_0 \gg L$. 在这种情况下, 很多态都会被抑制, 因为在短距离内自旋之间有很强的关联.

依照 Kadanoff 的观点, 我们假设第 J 个自旋块区可以用 Ising 自旋 σ_J 表示, 新的动力学变量取值仍然是 ± 1, 和原来格点上的自旋取值相同. 试探性地, 我们期望这种块区自旋系统能够用有效参数 $\tilde{t}, \tilde{h}$ 来刻画, 它们可以度量这个块区自旋系统到临界点的距离. 参数 $\tilde{t}, \tilde{h}$ 依赖于 t 和 h, 同时也依赖于自旋块区的线性长度 L.

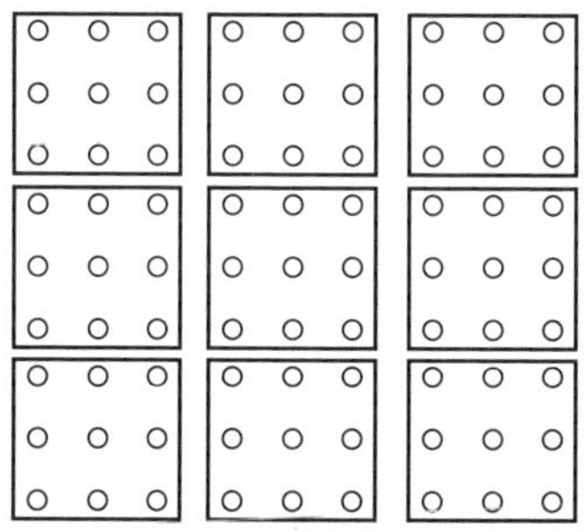

图 6.5　把正方格子上的自旋分成九个自旋块区

上述变量之间的关系, 即需要满足的对称性要求是: 当 $h \to -h$ 时, $\tilde{h} \to -\tilde{h}$, 当 $t \to -t$ 时, $\tilde{t} \to \tilde{t}$, 并且 $t = h = 0$ 时, $\tilde{t} = \tilde{h} = 0$, 那么最简单的关系可以表示为

$$
\begin{aligned}
\widetilde{h} &= hL^x, \\
\widetilde{t} &= tL^y,
\end{aligned}
\tag{6.93}
$$

其中 x 和 y 不需要给定, 但是要求它们必须大于零, 这是为了保证块区自旋系统距
离临界点比原来的格点自旋系统远. 块区自旋系统的自由能函数的奇异部分对于 $\tilde{t}$ 216
和 $\tilde{h}$ 的函数形式必须与原来的格点自旋系统的自由能函数的奇异部分对于 t 和 h 的函数形式是相同的. 因为每个块区自旋中包含 L^d 个格点自旋, 所以我们有

$$
G(t,h) = L^{-d}G(L^y t, L^x h). \tag{6.94}
$$

这个关系完成了自由能标度形式的推导. 式 (6.94) 与式 (6.86) 有相同的形式, 后者中的 λ 现在可以被认为是一个 "扩张" 参数. 由于块区自旋之间的距离是格点自旋之间距离的 L 倍, 因此我们希望关联长度可以以同样的因子缩小, 即

$$
\xi(t,h) = L\xi(L^y t, L^x h). \tag{6.95}
$$

最后一个方程可以导致新预言的产生, 即在临界点附近, 关联长度依照如下形式发散:

$$
\xi(t,0) \sim |t|^{-\nu}.
$$

现在我们把指数 υ 和没有指定的指数 y 关联起来. 假设式 (6.94) 和式 (6.95) 对任意 L 值都成立, 在式 (6.94) 和式 (6.95) 中令 $L = |t|^{-1/y}$, 并且令 $h = 0$, 我们可以得到

$$
G(t,0) = |t|^{d/y}G(\pm 1, 0), \tag{6.96}
$$

$$
\xi(t,0) = |t|^{-1/y}\xi(\pm 1, 0). \tag{6.97}
$$

指数 d/y 通过 $d/y = 2 - \alpha = d\nu$ 与比热的指数相关联, 因此我们可以得到包含了空间维度的标度关系

$$d\nu = 2 - \alpha, \tag{6.98}$$

217 它被称为超标度方程. 如果我们只应用自由能的标度形式, 可以很容易得到式 (6.85)—(6.92) 的结果. 现在只是得到了关联长度的标度形式. 我们还可以找到关联函数 $\Gamma(r,t,h) = \langle\sigma_r\sigma_0\rangle - \langle\sigma_r\rangle\langle\sigma_0\rangle$ 的标度形式, 方法是引入局域场 h_r 和 $\tilde{h}_r$, 并要求由局域场变化引起的自由能变化在格点自旋系统和块区自旋系统中是相同的. 我们有如下结果:

$$\Gamma(r) = \frac{\delta^2 G}{\delta h(r)\delta h(0)}$$

和

$$\delta^2 G = \Gamma(r)\delta h(0)\delta h(r) = L^{-2d}\Gamma\left(\frac{r}{L}\right)\delta\widetilde{h}(0)\delta\widetilde{h}\left(\frac{r}{L}\right). \tag{6.99}$$

利用 $\tilde{h} = L^x h$, 可以得到

$$\Gamma(r,t,h) = L^{2(x-d)}\Gamma\left(\frac{r}{L}, L^y t, L^x h\right). \tag{6.100}$$

在临界点, 关联函数 $\Gamma(r,0,0)$ 有渐近形式 $\Gamma(r,0,0) \sim r^{-(d-2+\eta)}$. 我们令 $L = r$, 并发现 $2(x-d) = 2-d-\eta$, 或

$$2 - \eta = 2x - d. \tag{6.101}$$

磁化率指数 γ 可以从式 (6.94) 得到, 即

$$\begin{aligned}\gamma &= (2x-d)/y = (2x-d)\nu, \\ \gamma &= (2-\eta)\nu.\end{aligned} \tag{6.102}$$

其他标度关系的推导将作为习题留给读者.

标度律的证明是一件很困难的事情, 然而就我们目前所知, 所有实验结果与由自由能的标度形式得到的严格值都是一致的 ②. 在图 6.6 中, 我们给出了在铁磁材料 $CrBr_3$ 中, $h/|t|^{\gamma+\beta}$ 为缩放过的磁化强度 $m/|t|^\beta$ 的函数的数据. 应用序参量的标度形式

$$m(t,h) = |t|^\beta m\left(\pm 1, \frac{h}{|t|^{\beta+\gamma}}\right) = |t|^\beta \phi_\pm\left(\frac{h}{|t|^{\beta+\gamma}}\right), \tag{6.103}$$

② 对于有平均场临界指数的系统, 超标度不再适用, 这与系统维度是不相关的.

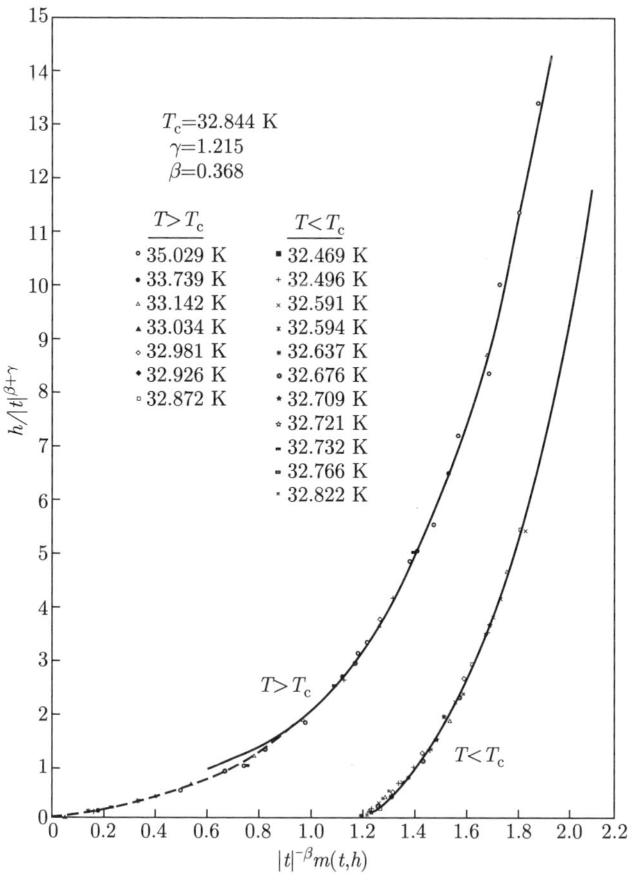

图 6.6　在临界区域中, $CrBr_3$ 的缩放过的磁化强度 (图片取自 Ho 和 Litster 的文章 [132])

上式很容易从式 (6.89) 中得到, 我们期望这些数据最多落到两条普适的曲线上, 一条是 $t<0$ 时的函数 ϕ_-, 另一条是 $t>0$ 时的函数 ϕ_+. 我们可以看到, 在 T_c 附近, 218
情况的确如此.

我们可以用二维 Ising 模型对标度关系进行更精确的检验, 因为对这个模型来说, 可以很精确地知道其临界指数: $\alpha=0, \beta=\dfrac{1}{8}, \gamma=\dfrac{7}{4}, \eta=\dfrac{1}{4}$ 和 $\nu=1$. 显然它们与所有标度关系都符合. 对三维 Ising 模型而言, 很多年来, 级数展开的结果都符合不涉及关联长度指数 ν 的标度关系. 然而似乎超标度关系 (见式 (6.98)) 却不成立. 直到最近, Nickel 的工作 [216] 发现: 根据目前精度水平上的级数展开结果, 超标度关系并没有被违反. 关于用实验验证标度律的更详细讨论, 请读者参考 Vincentini-Missoni 的文章 [314].

我们用很大篇幅重点介绍了 Kadanoff 对标度律的启发性推导, 是因为用单个等效动力学变量来替换一组动力学变量的理念可以转化为有力的计算工具. 并且这显然是处理较长关联长度问题的正确方法 (即动力学变量在很大距离上是强耦合的). 我们希望通过连续消除中间过程中的动力学变量把问题简化 (关联长度相对于新系统的单位长度 La_0 变得更小). 而临界行为被认为是连续粗粒化过程中, 被重新标度的块区自旋相互作用 (t, h) 的性质. 这就是重整化群方法的操作过程, 具体细节我们将在第 7 章中讨论.

6.4 有限尺寸标度

我们将以临界点附近的有限尺寸效应开始本节的讨论. 无论是从认识角度还是实践角度, 这都是一个很重要的问题. 从认识角度出发, 我们知道任何一个有限大小的系统都不可能在非零温度有真正的奇异性. 就离散模型而言, 例如任何维度的 Ising 模型, 这都非常容易理解. 对于格点上的有限 Ising 自旋集合, 配分函数由较长但有限的 $v = \tanh K$ 多项式组成 (见 6.2 节), 并且这个多项式是 v 的光滑函数. 其他热力学函数当然也符合这个条件. 这一点在 6.1 节中, 当我们讨论二维 Ising 模型转移矩阵的两个最大本征值的简并时, 已经提到过了. 我们曾说明只有在热力学
219 极限 $M \to \infty$ 下, 简并才会发生, 而没有简并就不可能有自发磁化产生. 实验系统当然是有限的, 但是也非常巨大. 就实践目的而言, 真正的相变又的确发生在这些有限尺寸的系统中, 因此我们必须调和这一事实和有限尺寸系统中没有相变的严格证明. 这就是有限尺寸标度理论所扮演的角色.

如同我们在其他章节 (第 9 章) 中的讨论, 用 Monte Carlo 和分子动力学方法对有限尺寸系统进行模拟, 是统计物理研究中最强有力的方法. 相对实验而言, 有限尺寸效应给有限数量粒子或自旋的模拟带来了更大困扰. 同时对数值结果进行恰当的分析, 尤其是在相应的无穷大系统临界点附近, 需要很好地理解有限尺寸标
220 度性. 最后, 对于二维系统, 最强有力的重整化群技巧之一, 源自有限尺寸标度理论. 这方面内容将在 7.6 节中讨论. 更多关于本节和 7.6 节的内容, 可以参考 Barber 的综述 [24], 这是一篇极好的文章.

根据参考文献 [24], 我们以样本几何学开始这一节的讨论. 很显然, 如果样本至少有两维是无限的, 而另一维有限, 那么这时的有限尺寸效应与有限体积样本中的表现是有所不同的. 对于有限体积样本, 例如一个 $L \times L \times L$ 格子, 我们在上文中提到过, 可以被归类为没有真正热力学相变的系统. 这时磁化率和比热在所有温度下都保持有限值, 而在无限大系统中的幂律发散则被替换为光滑的峰. 有限尺寸标度理论的作用之一在于描述峰的高度及观察到幂律行为的温度范围与系统尺寸 L 的依赖关系. 对于另一种情况, 例如 $L \times \infty \times \infty$ 格子上的 Ising 模型, 即使对有限

大小的 L, 系统也会发生真正的相变. 然而至少在渐近临界点的区域, 观察到的临界指数是二维 Ising 模型的临界指数. 另一方面, 如果 L 不是特别小, 那么将存在一个温度区域, 在这个区域内可以观察到三维 Ising 模型的临界指数, 并且存在一个中间的跨接区域, 其中包含两种幂律行为. 我们也将讨论这种情况.

我们首先考虑有限系统, 该系统可以用长度 L 标记, L 以格子间距为单位. 为了明确起见, 我们假设研究的系统是一块磁铁, 并且关心零外场下磁化率 $\chi(0,T)$ 的温度依赖性. 我们已经多次指出, 每个自旋的磁化率可以表示成自旋-自旋关联函数的形式, 即

$$k_{\mathrm{B}}T\chi(0,T)=\frac{1}{V}\sum_{\boldsymbol{r},\boldsymbol{r}'}\Gamma(|\boldsymbol{r}-\boldsymbol{r}'|)=\frac{1}{L^d}\sum_{\boldsymbol{r},\boldsymbol{r}'}\{\langle S_{\boldsymbol{r}}S_{\boldsymbol{r}'}\rangle-\langle S_{\boldsymbol{r}}\rangle\langle S_{\boldsymbol{r}'}\rangle\}. \tag{6.104}$$

无限系统关联函数的近似形式为

$$\Gamma(|\boldsymbol{r}-\boldsymbol{r}'|)\sim\frac{\exp\{-|\boldsymbol{r}-\boldsymbol{r}'|/\xi(T)\}}{|\boldsymbol{r}-\boldsymbol{r}'|^{d-2+\eta}},$$

很显然, 当关联长度 ξ 接近系统尺寸 L 时, 磁化率达到最大值. 把这种效应整合到标度理论中的方法之一是假定磁化率有如下形式:

$$\chi(L,T)=|t|^{-\gamma}g\left(\frac{L}{\xi(t)}\right), \tag{6.105}$$

其中 $t=(T-T_{\mathrm{c}})/T_{\mathrm{c}}, T_{\mathrm{c}}$ 对应无限系统的临界温度, 并且标度函数 g 有极限行为: 221
当 $x\to\infty$ 时, $g(x)\to$常数; 当 $x\to 0$ 时, $g(x)\sim x^{\gamma/\nu}$. 第一个极限保证了当 $L\to\infty$ 时, 无限系统恢复正确的幂律行为. 由于 $\xi(t)\sim|t|^{-\nu}$, 当 (无限系统的) 关联长度远大于 L 时, 第二个极限导致磁化率不随温度变化, 因此这个行为预测了磁化率的最大值随系统尺寸有如下变化③:

$$\chi_{\max}\sim L^{\gamma/\nu}. \tag{6.106}$$

显然磁化率没有任何特别之处. 其他量, 例如比热, 也服从类似的标度关系:

$$C(L,t)=|t|^{-\alpha}f\left(\frac{L}{\xi(t)}\right), \tag{6.107}$$

它的最大值用 L 标度为 $C_{\max}\sim L^{\alpha/\nu}$. 这里最本质的假设是临界点附近关联的范围只取决于关联长度 ξ. 在有限系统的计算机模拟中, 人们发现例如 C,χ 等热力学

③ 对于有限系统, 当温度低于 $T_{\mathrm{c}}(\infty)$ 时, 必须根据 $x=\langle m^2\rangle-\langle|m|\rangle^2$ 来计算磁化率, 因为 $\langle m\rangle$ 恒为零.

函数的最大值所对应的温度也是 L 的函数, 并且当 $L \to \infty$ 时, 逐渐接近无限系统中的 T_c. 如果把对应 χ 峰值的温度记为 $T_c(L)$, 一个自然的假设是

$$\xi(T_c(L) - T_c) = aL, \tag{6.108}$$

其中 a 是一个常数, 并得到

$$T_c(L) = T_c + bL^{-1/\nu}. \tag{6.109}$$

上面的结果连同标度形式 (见式(6.105)—(6.107)), 已经在很多有限系统的计算中得到了验证. 例如函数 $Q(|t|, L)$ 在热力学极限下标度为 $|t|^y$, 把它乘以 $L^{y/\nu}$, 我们可以得到如下标度形式:

$$L^{y/\nu}Q(|t|, L) = (L^{1/\nu}|t|)^y \phi(L^{1/\nu}|t|).$$

如果有限尺寸标度假设成立, 那么上式右边只与变量 $L^{1/\nu}|t|$ 有关. 图 6.7 展示了在不同尺寸和不同温度下, 二维 Ising 模型的磁化强度 $m(|t|, L)$.

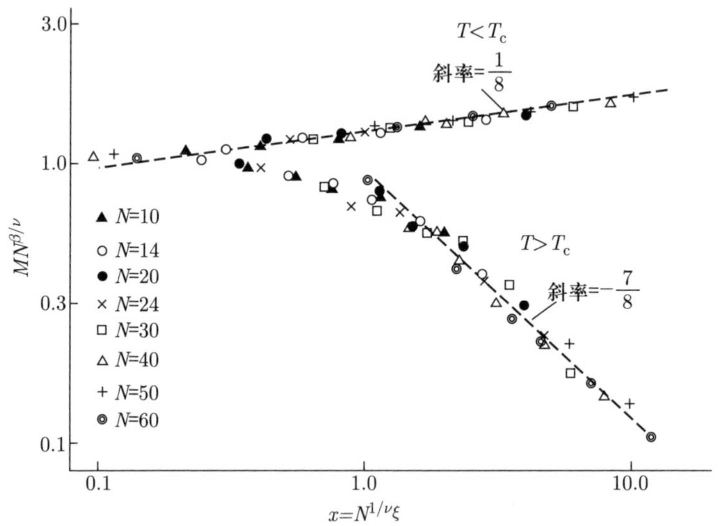

图 6.7 标度过的二维 Ising 模型的磁化强度, 格子的线性长度为 N, 图中给出了 $T > T_c$ 和 $T < T_c$ 时的不同 N 对应的值 (图片取自参考文献 [38])

222 现在我们开始讨论板状空间中的有限尺寸效应. 具体而言, 假设一个系统, 例如 Ising 模型, 在二维和三维情形中都有连续相变. 我们把二维相变的临界指数记作 $\alpha_2, \beta_2, \gamma_2$ 等, 对三维临界指数不标记下标. 现在考虑一块 $L \times \infty \times \infty$ 的厚板, 并给这个系统降温, 其初始温度为远高于二维和三维临界温度的 T_i. 需要特别指出的

是, 初始条件中 $\xi(T_{\rm i}) \ll L$. 当温度开始降低, 系统中的关联长度各向同性地增加, 至少在远离表面的地方是这种情况. 因此如果 L 足够大以至于当温度足够接近三维无限系统的临界温度时, 有 $\xi(T) \sim L$, 那么存在一个温度区域, 在这个区域内可以看到以三维临界指数为特征的幂律行为. 相反地, 对于 $\xi(T) > L$, 关联只在两个无限方向增长, 同时可以观察到二维临界行为. 图 6.8 示意地反映了这种情况. 从一种临界行为转变到另一种, 被称作跨接行为, 很多情况都会导致这种现象, 当然这要求相应的对称性破缺效应只在非常接近临界点的时候才出现.

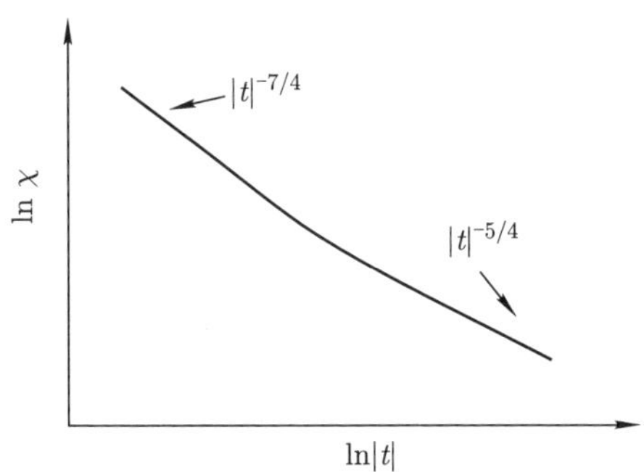

图 6.8 厚板 Ising 模型中的跨接行为

我们用与上述相同的方法来构建有限尺寸标度效应. 以磁化率为例, 假定其具有如下形式: 223

$$\chi(L,t) = |t|^{-\gamma} g\left(\frac{L}{\xi(t)}\right),$$

其中 $t = (T - T_{\rm c}(L))/T_{\rm c}(L)$. 如果 $x \to \infty$ 时, $g(x) \to$常数, 则可以重新得到正确的三维标度行为. 另一方面, 对于有限的 L, 我们有 $\chi \sim |t|^{-\gamma_2}$. 如果取 $g(x) \to x^{(\gamma-\gamma_2)/\nu}$, 就可以得到这个形式. 因此二维片状物体的磁化率的 "振幅" 在较大的 L 极限下, 标度为 L. 我们还可以估计 L 取不同值时的跨接温度. 如式 (6.109), 我们发现 $[T^* - T_{\rm c}(L)]^{-\nu} \sim L$, 其中 T^* 表示二维效应开始占主导的温度.

最后, 应该注意到我们完全可以用与上文中完全类似的方法, 为关联长度 ξ 构造标度形式, 对这种情况的讨论将出现在 7.6 节中, 因为这种特殊的标度关系将把我们引向强大的位置空间重整化群方法.

6.5 普 适 性

我们在 6.2 节中已经看到, 无论格子结构如何, 三维 Ising 模型的临界指数都是一样的. 另一方面, 它们与二维 Ising 模型的临界指数不同, 与诸如 Heisenberg 模型和 XY 模型等其他三维自旋模型也不同. 很自然, 我们会问这样的问题, 究竟

224 系统的什么性质对于决定其相变本质是重要的. 我们能想到很多可能性. 格子结构已经被排除掉了, 其他的可能性包括粒子间相互作用的范围、自旋的大小、量子力学自旋而非经典自旋、真正液体而非格气中的连续平移自由度、自旋空间的维度 ($n=1,2,3,\cdots$, 见 6.2 节)、晶体场效应等. 人们进行了大量关于不同自旋系统的研究, 这些研究很清楚地表明临界行为与很多细节都是无关的.

然而有两个参数是非常重要的. 我们提到过, 空间维度 d 和自旋空间维度 n, 是确定能影响临界行为的参数. 另一方面, 有人会提出这样的问题, 一个具有如下形式的哈密顿量的系统:

$$H=-J\sum_{\langle ij\rangle}\boldsymbol{S}_i\cdot\boldsymbol{S}_j-D\sum_i(S_i^z)^2, \tag{6.110}$$

它的自旋空间维度为 $n=3$, 是否与各向同性的 Heisenberg 模型 ($D=0$) 具有相同的临界指数. 结果发现这个模型与 Ising 模型具有相同的临界指数 ($n=1$), 因此我们的概念需要做一些改进.

从经验出发 (例如来自级数展开), 人们发现有序相的对称性扮演着至关重要的角色. 哈密顿量 (见式 (6.110)) 在 $D>0$ 时有这样的基态, 即全部自旋沿 z 方向排列. 令基态能量和 $T>0$ 时的自由能保持不变的唯一变换是对所有 i, 都有 $S_i^z\to -S_i^z$. 另一方面, Heisenberg 哈密顿量具有完全的三维旋转对称性矢量 $\boldsymbol{m}=1/N\sum_i\boldsymbol{S}_i$. 该矢量可能在三维球体表面的任何一个地方. 用来标记自旋空间维度的参数 n, 被修改为旋转群 $O(n)$ 的指标, 在这种操作下自由能保持不变.

Jasnow 和 Wortis 论证了指标 n 是一个重要参数[141], 他们研究了有如下哈密顿量的经典自旋系统:

$$H=-J\sum_{\langle ij\rangle}(\boldsymbol{S}_i\cdot\boldsymbol{S}_j+\eta S_i^zS_j^z). \tag{6.111}$$

这个哈密顿量的基态满足: 当 $\eta=0$ 时, $n=3$; 当 $\eta>0$ 时, $n=1$; 当 $-2<\eta<0$ 时, $n=2$. 因此当 η 变化时, 这个模型从 XY 基态变成 Heisenberg
225 基态最后变成 Ising 基态. Jasnow 和 Wortis 推导并分析了不同 η 对应的磁化率级数. 任何有限的级数都不能得到明确的结论, 但是分析结果清楚地表明在基态对称性发生改变时, 随着 η 的变化, 指数 γ 有连续的变化.

前面提到过的其他大部分参数也可以被排除掉. 我们可以定性地理解其中的一些结论. 由于在 $T_{\rm c}$ 时关联长度是发散的, 因此人们会认为量子力学在临界现象中不扮演任何角色. ξ^d 个自旋组成的集团可以等效为一个经典的个体 ④. 类似地, 连续平移还是离散平移, 应该是不重要的. 把一个流体粒子固定在大小为 a 的单元中

④ 例外是相变发生在 $T_{\rm c}=0$ 时, 它是哈密顿量中某些参数的函数. 关于量子力学相变的问题请参考 Sachedev 在著作 [262] 中的讨论.

并且只允许它跳到最近邻单元中, 这在 ξ 尺度上也是不重要的. 的确, 在实验误差范围内, 经典流体与三维 Ising 模型有同样的临界指数.

当然相互作用范围可能是重要的. 现在我们相信 (见 Aharony 的著作 [7]) 只要相互作用范围是有限的, 或者相互作用随着距离足够迅速地衰减, 那么系统的临界行为与最近邻相互作用系统相同.

大量实验证据导致了普适性假设[145] 或者平滑假设[119] 的形成. 这个假设提出系统的临界行为只依赖于空间维度 d 和有序相的对称性 n. 重整化群方法使我们有机会细致地理解这个通用的结论.

在前面的讨论中, 我们只考虑了对称群 $O(n)$. 当然还存在其他离散的或连续的对称性. 例如一个立方格子中的真实自旋系统, 一般而言, 受晶体场影响, 其基态磁化强度将沿晶体的对称方向之一排列. 这种对称性既不是 Ising 型的, 也不是 $n=3$ 时的 $O(n)$. 这种类型的场会造成影响吗? 答案是: 会, 我们将在第 7 章中回到这个问题. 这里我们只简单地给出结论, 再次陈述普适性观念, 并说明很多微观层面差异很大的系统可以被归入少数几个普适类中, 这是一种既简洁又强有力的思想.

6.6 Kosterlitz-Thouless 相变 226

为了完成第 1 章中关于临界现象的讨论, 我们将简要讨论基态具有连续对称性的平面系统, 这种系统区别于只有离散对称性的系统, 例如 Ising 模型只有对称性 $m \to -m$. 我们选择这样的系统, 是因为它们中的一部分可能存在特别的有限温度相变, 而低温相没有长程序. 这种相变称作 Kosterlitz-Thouless 相变[158]. 人们认为具有这种相变的物理系统包括某种平面磁体、液氦薄膜 (lambda 相变的二维版本)、超导体薄膜、液晶单层、温度上升时变得粗糙的晶体表面, 还有某些情况下吸附在晶体表面上的气体. 我们在后文中会详细讨论这部分内容, 但是在开始部分, 我们先要启发式地说明空间维度 2 分隔了简单的临界行为 (如本章其他内容的讨论和第 6 章内容) 和非有序情况.

我们将以二维 XY 模型为例 (见 6.2 节), 用经典矢量表示自旋. 在第 9 章中, 我们将说明在 $d \leqslant 2$ 的理想 Bose 气体中不会发生 Bose 凝聚. 在第 10 章中, 我们请读者说明 (见习题 10.6) 在自旋波近似下, Heisenberg 模型有相同的结果.

考虑如下哈密顿量:

$$H = -J\sum_{\langle ij\rangle}(S_{ix}S_{jx} + S_{iy}S_{jy}) = -JS^2\sum_{\langle ij\rangle}\cos(\phi_i - \phi_j), \qquad (6.112)$$

其中自旋 $\boldsymbol{S}_j$ 是模为 S 的经典矢量, 被束缚在 S_x-S_y 平面上. 因此这些自旋可以用它们与 S_x 轴的夹角 $\phi_i(0 \leqslant \phi_i < 2\pi)$ 来表示. 现在先假设位置 i 处于 d 维超格子

中, 我们注意到哈密顿量具有连续对称性: 对所有 i 做变换 $\phi_i \to \phi_i + \phi_0$ 时, 哈密顿量保持不变. 在第 11 章中我们会看到, 超导体的 BCS 理论和有相互作用的 Bose 气体中也存在这种对称性.

在式 (6.112) 的基态中, 对所有 i, 自旋以 $\phi_i = \phi$ 排列, 其中 ϕ 可以是 0 和 2π 之间的任意角度. 现在我们假设温度足够低的时候, 对于最近邻 i 和 j, 有 $|\phi_i - \phi_j| \ll$
227 2π. 并且把式 (6.112) 近似为如下表达式:

$$
\begin{aligned}
H &= -\frac{qNJS^2}{2} + \frac{1}{2}JS^2\sum_{\langle ij\rangle}(\phi_i - \phi_j)^2 \\
&= E_0 + \frac{JS^2}{4}\sum_{\boldsymbol{r},\boldsymbol{a}}[\phi(\boldsymbol{r}+\boldsymbol{a}) - \phi(\boldsymbol{r})]^2,
\end{aligned} \tag{6.113}
$$

其中 E_0 是基态能量, 对 $\boldsymbol{a}$ 的求和遍及位置 $\boldsymbol{r}$ 的所有最近邻格点. 如果对于 $\boldsymbol{r}$ 来说, $\phi(\boldsymbol{r})$ 是一个变化很慢的函数, 那么可以用一个连续模型, 进一步把式 (6.112) 近似为式 (6.113). 把式 (6.113) 中的有限差替换成微分, 并把对格点的求和替换为积分, 我们得到如下表达式:

$$
H = E_0 + \frac{JS^2}{2a^{d-2}}\int \mathrm{d}^d r[\nabla\phi(\boldsymbol{r})\cdot\nabla\phi(\boldsymbol{r})], \tag{6.114}
$$

其中 a 是最近邻距离. 式 (6.114) 中的第二项是自旋波能量的经典形式 (见第 12 章).

ϕ 必须在 0 到 2π 之间会导致一些不便, 我们放松这个约束条件, 允许 ϕ 的取值在 $-\infty$ 到 ∞ 之间. 于是计算系统的配分函数和其他热力学性质就是一项比较简单的工作. 特别地, 我们希望计算关联函数

$$
g(r) = \langle \exp\{\mathrm{i}[\phi(\boldsymbol{r}) - \phi(0)]\}\rangle. \tag{6.115}
$$

在传统的长程有序相中, 当 $r \to \infty$ 时, 关联函数趋近于一个常数. 当然在基态时, $g(r) = 1$. 应用周期性边界条件并写出

$$
\phi(\boldsymbol{r}) = \frac{1}{\sqrt{N}}\sum_{\boldsymbol{k}}\phi_{\boldsymbol{k}}\mathrm{e}^{\mathrm{i}\boldsymbol{k}\cdot\boldsymbol{r}}, \tag{6.116}
$$

我们可以得到

$$
\begin{aligned}
H &= E_0 + \frac{JS^2a^2}{2}\sum_{\boldsymbol{k}} k^2\phi_{\boldsymbol{k}}\phi_{-\boldsymbol{k}} \\
&= E_0 + JS^2a^2{\sum_{\boldsymbol{k}}}' k^2(\alpha_{\boldsymbol{k}}^2 + \gamma_{\boldsymbol{k}}^2),
\end{aligned} \tag{6.117}
$$

其中 $\phi_{\boldsymbol{k}} = \alpha_{\boldsymbol{k}} + \mathrm{i}\gamma_{\boldsymbol{k}} = (\phi_{-\boldsymbol{k}})^*$, 而第二个表达式中的 $\sum'$ 表示我们已经合并了 $\boldsymbol{k}$ 和 $-\boldsymbol{k}$ 项, 并且只对半个 Brillouin 区求和. 容易求得式 (6.115) 的期望值 (见习题 6.6), 结果是

$$g(r) = \exp\left\{-\frac{k_{\mathrm{B}}T}{NJS^2a^2}\sum_{\boldsymbol{k}}\frac{1-\cos(\boldsymbol{k}\cdot\boldsymbol{r})}{k^2}\right\}. \tag{6.118}$$

我们把式 (6.118) 中对 $\boldsymbol{k}$ 的求和以常规方式变换为积分: 228

$$\frac{1}{N}\sum_{\boldsymbol{k}} \to \left(\frac{a}{2\pi}\right)^d \int \mathrm{d}^d k,$$

可以得到如下表达式:

$$g(r) = \exp\left\{-\frac{k_{\mathrm{B}}Ta^{d-2}}{(2\pi)^d JS^2}\int \mathrm{d}^d k\frac{1-\cos(\boldsymbol{k}\cdot\boldsymbol{r})}{k^2}\right\}. \tag{6.119}$$

如果取 $d=2$, 忽略 Brillouin 区的几何性质, 在极坐标下积分, 利用

$$\int_0^{2\pi}\mathrm{d}\theta\cos(kr\cos\theta) = 2\pi\mathrm{J}_0(kr),$$

其中 J_0 是 Bessel 函数的零阶项, 可以得到

$$g(r) = \exp\left\{-\frac{k_{\mathrm{B}}T}{2\pi JS^2}\int_0^{\pi/a}\mathrm{d}k\frac{1-\mathrm{J}_0(kr)}{k}\right\}, \tag{6.120}$$

其中积分上限 r/a 是到区域边界的大概距离. 做替换 $x=kr$, 我们得到式 (6.120) 中的积分为

$$\int_0^{\pi r/a}\mathrm{d}x\frac{1-\mathrm{J}_0(x)}{x}.$$

对于比较大的 r/a 值, 主要贡献来自 $x \gg 1$ 的区域, 这时可以忽略 Bessel 函数, 我们最终可以得到

$$g(r) \approx \exp\left\{-\frac{k_{\mathrm{B}}T}{2\pi JS^2}\ln\frac{\pi r}{a}\right\} = \left(\frac{\pi r}{a}\right)^{-k_{\mathrm{B}}T/2\pi JS^2} = \left(\frac{\pi r}{a}\right)^{-\eta(T)}. \tag{6.121}$$

因此我们发现对于 $d=2$, 在任意有限温度, 关联函数都会代数衰减, 所以系统中不会出现长程序. 如果在式 (6.119) 中, 我们取 $d=3$, 就很容易看到当 r 增大时, $g(r)$ 趋近于一个常数值 (见习题 6.6). 从物理角度而言, 有限温度下没有长程序出现, 是由于长波长低能量自旋波的激发. 在式 (6.119) 中, 自旋波的权重为相空间因子 k^{d-1}, 当 d 减小的时候, 它们变得越来越重要.

上文中的内容可以被严格论证[203], 它对 Heisenberg 模型、超流薄膜和超导体也是正确的, 并且适用于任何有序相有连续对称性的短程相互作用的二维系统. 连

229 续的对称性说明至少存在一支元激发谱, 当波长变大的时候, 能量连续地接近零 (Goldstone 玻色子, 见 Anderson 在参考文献 [17] 中的讨论).

在式 (6.121) 中, 关联函数的代数衰减让我们想起具有有限温度相变的系统在临界点的行为. 回顾关联函数的一般形式:

$$\begin{aligned} g(r) &\approx \frac{\exp\{-r/\xi(T)\}}{r^{d-2+\eta}} \\ &\approx \frac{1}{r^{d-2+\eta}}. \end{aligned} \tag{6.122}$$

由此, 我们在平面磁体中发现了依赖于温度的 “临界” 指数 $\eta(T)$. 在我们的自旋波近似中, 系统似乎在任何温度都表现出临界点上的状态. 这个结果显然不具有物理意义. 在温度足够高时, 我们期待关联函数呈指数衰减. 现在根据 Kosterlitz 和 Thouless 的观点[158], 我们提出存在另一种激发, 把系统从自旋波近似描述的低温 “临界” 相, 变换成简单的高温无序相.

Kosterlitz 和 Thouless 把这种激发识别为一种涡旋, 这种涡旋在低温时发生在互相紧束缚的自旋对中, 而在临界点, 这些自旋对之间是没有束缚的. 为了能看到这一机制导致的相变, 我们首先考虑一个孤立的涡旋, 如图 6.9 所示. 我们把处于 r, θ 位置的自旋的方向标记为 $\phi(r, \theta)$. 使用连续近似 $\phi(r, \theta) = n\theta$, 其中 n 是涡旋强度, 因此有

$$\oint \mathrm{d}\boldsymbol{l} \cdot \nabla\phi = 2\pi n \quad 和 \quad \nabla\phi = \frac{n}{r}\widehat{\boldsymbol{\theta}},$$

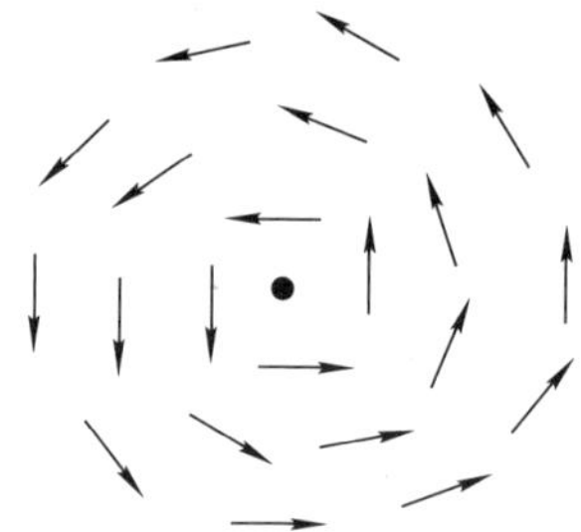

图 6.9　平面磁体上单位强度涡旋的示意图

其中 $\hat{\boldsymbol{\theta}}$ 是 θ 增加方向的单位矢量. 孤立涡旋的能量很容易通过计算得到, 即

$$E = \frac{JS^2}{2}\int \mathrm{d}^2\boldsymbol{r} \nabla\phi(\boldsymbol{r}) \cdot \nabla\phi(\boldsymbol{r}) = \pi JS^2 n^2 \int_a^L \mathrm{d}r \frac{1}{r} = \pi JS^2 n^2 \ln\frac{L}{a}, \tag{6.123}$$

其中 L 是系统的线性长度, a 是晶格常数. 可见孤立涡旋的能量在热力学极限下是无穷的. 与之相关的熵是 $S = k_{\mathrm{B}} \ln(L/a)^2$, 形成涡旋带来的自由能变化为

$$\Delta G = (\pi JS^2 n^2 - 2k_{\mathrm{B}}T) \ln\frac{L}{a}. \tag{6.124}$$

当 $k_{\mathrm{B}}T < \pi JS^2/2$ 时, 它是一个正数, 因此当温度低于这个值时, 不会有孤立涡旋 230
出现.

下面考虑一对距离为 r 的涡旋. 我们注意到自旋系统的基态位形由下式给出:

$$\delta E(\{\phi\}) = \delta \int \mathrm{d}^2 r \frac{JS^2}{2} [\nabla\phi(\boldsymbol{r})]^2 = 0. \tag{6.125}$$

由上式得到

$$\nabla^2 \phi(\boldsymbol{r}) = 0. \tag{6.126}$$

这个 Laplace 方程的补充条件为

$$\oint_C \nabla\phi \cdot \mathrm{d}\boldsymbol{l} = 2\pi n_1, \tag{6.127}$$

其中 C 是围道, 它只包围强度为 n_1 的涡旋 1; 对只包围涡旋 2 的围道, 也有类似条件.

式 (6.127) 使我们想到由电流分布引起磁感应的 Ampère 定律:

$$\oint_C \boldsymbol{B} \cdot \mathrm{d}\boldsymbol{l} = \mu I,$$

其中 I 是由围道 C 包围的电流. 用这种类比方式, 我们可以确定 $\nabla\phi$ 的等价磁场. 用 SI 单位, 对应关系是 $I_1 = 2\pi JS^2 n_1$ 和 $\mu = 1/JS^2$, 其中 μ 是 "电容率", I_1 是与强度为 n_1 的涡旋对应的等效电流. 在这种类比下, 可以得到一对强度为 n_1 和 n_2 的涡旋的相互作用能

$$E_{\mathrm{pair}}(\boldsymbol{r_1}, \boldsymbol{r_2}) = -2\pi JS^2 n_1 n_2 \ln\left|\frac{\boldsymbol{r_1} - \boldsymbol{r_2}}{a}\right|. \tag{6.128}$$

在这里我们已经令最近邻涡旋的能量为零. 相互作用能对距离的对数依赖关系也 231
出现在二维带电粒子, 或者更准确地说, 电荷线中. 因此平面磁体和二维 Coulomb 气体的激发之间也存在类似关系. 我们注意到, 式 (6.128) 表明带有相反 "电荷" 涡旋的最低能量状态是两个最近邻涡旋的紧束缚位形.

由于系统尺寸没有在式 (6.128) 中出现, 但却出现在熵的表达式中, 我们可以看到系统的低温态将由互相束缚的涡旋对组成, 这些涡旋对保持着平衡态密度. 平衡态密度由对与对之间的相互作用决定, 目前我们尚未讨论这一点. 在高温态, 涡旋解离机制 (见式 (6.124)) 会破坏凝聚相.

我们同时注意到, 通过上述内容, 还不能得到任何关于涡旋解离相变本质的信息. 这些内容仅仅定性地说明在不同的温度范围内, 系统有两个不同的态. 使用重整化群方法, 有可能进一步确定相变的性质, 我们请读者参考 Jose 等人的文章 [144].

上述讨论可以直接应用于超流薄膜. 在超流中 (见 11.2 节), $\nabla\phi$ 正比于薄膜相对于它吸附的基底的速度, 而涡旋则直接代表材料的循环.

二维晶体的熔化是一个颇为复杂的情况. 在物理吸附中, 我们注意到把格气和漂浮单层区分开来是非常重要的. 格气的例子在 7.5.2 小节中有所讨论 (氦吸附在石墨平面上). 在这种系统中, 被吸附层没有连续的平移对称性. 大致上, 原子在基底上占据离散的格点, 在热力学激发作用下, 原子在合适的格点之间跃迁. 这样的格气在临界温度以下具有传统的长程序.

另一方面, 对于漂浮单层, 被吸附物与基底之间的相互作用的周期性不会对它产生很强的扰动. 在理想情况下, 它的基态位形完全由被吸附物之间的粒子相互作用决定, 整个单层可以用任何平行于基底表面的量一致地表示. 对于这样的漂浮单层, 可以说明在任何非零温度下, 二维晶体不存在长程的位置序[202]. 这个结果在实
232 验中的表现为: 在衍射实验中, 人们不能观察到真正的 Bragg 峰 (δ 函数的峰值在二维晶体倒格矢的中心), 而只能看到在倒格矢附近强度呈幂律衰减的峰值. 至于实空间的关联, 自旋-自旋关联函数 (见式 (6.115)) 的类似形式为

$$g_G(\boldsymbol{R}) = \langle \mathrm{e}^{\mathrm{i}\boldsymbol{G}\cdot[\boldsymbol{u}(\boldsymbol{R})-\boldsymbol{u}(0)]}\rangle, \tag{6.129}$$

其中原子的位置由 $\boldsymbol{r} = \boldsymbol{R} + \boldsymbol{u}(\boldsymbol{R})$ 表示, $\boldsymbol{G}$ 是基态晶体的倒格矢. 研究表明 (见 Nelson 的著作 [213]), 在简谐波近似中,

$$g_G(\boldsymbol{R}) \sim |\boldsymbol{R}|^{-\eta_G(T)}, \tag{6.130}$$

其中 “临界” 指数 $\eta_G(T)$ 线性依赖于温度, 平方依赖于倒格矢 $\boldsymbol{G}$. 因此我们得到与平面磁体的自旋波理论类似的情况 (见式 (6.121)).

关于二维结晶问题, 还存在一个附加的性质. 在有限温度下, 有可能出现长程的、方向性的序. 我们考虑三角格子的基态, 并令

$$g_\theta(\boldsymbol{r}) = \langle \mathrm{e}^{6\mathrm{i}[\theta(\boldsymbol{r})-\theta(0)]}\rangle, \tag{6.131}$$

其中 $\theta(\boldsymbol{r})$ 是两个原子间最近邻键的夹角, 其中一个原子在位置 $\boldsymbol{r}$ 处. 可见 $g\theta(\boldsymbol{r})$ 是方向序的一种度量. 可以证明长波长声子会破坏长程的位置序, 但不会破坏长程的方向序, 并且当温度足够低时, 有

$$\lim_{r\to\infty} g_\theta(\boldsymbol{r}) = \text{常数}.$$

虽然二维晶体的熔化比平面磁体的无序化复杂得多, 但是我们还是可以构造与这个过程相似的图像. 类似于磁体中涡旋的拓扑缺陷是位错. 这些位错之间通过对数势发生相互作用 (见式 (6.128)), 与涡旋类似, 但是对应 “电荷” 的是位错的

Burger 矢量, 而不是一个标量. 关于熔化的位错-调和理论已经由 Halperin, Nelson 和 Young 建立起来了 (见综述 [213] 和其原始参考文献).

现在我们来简单谈一谈实验情况 (计算机实验和实验室实验). 以 ^{4}He 薄层为例, Kosterlitz-Thouless 理论 (和随后的详细阐述) 预言了超流密度 $\rho_s(T_c)/T_c$ 存 233
在一个普适的不连续. 临界温度随着薄层厚度的变化而改变, Bishop 和 Reppy[43], Rundnick[260] 已经完成了这个实验, 实验结果与 Kosterlitz-Thouless 预言是一致的. 平面磁体上的计算机实验 (见 Tobbochnik 和 Chester 的文章 [303], 或 Saito 和 Muller-Krumbhaar 的著作 [264]) 与自旋波理论的低温预测和涡旋解离机制都是一致的.

至少就二维熔化而言, 还是有争议存在的. 与 Kosterlitz-Thouless 理论一致的熔化行为已经在胶体悬浮体系中被观察到了 (见 Murray 和 Van Winkle 的文章 [211]). 而在另一些实例中, 熔化看上去就是传统的一级相变. 基底效应和长弛豫时间使实验室实验复杂化, 而后者同样困扰着计算机实验. 然而很清楚的是相变的本质依赖于所研究系统的微观参数, 因此它不是二维熔化的普适性质. 我们不打算汇报关于这些奇异系统的具体计算或实验结果, 而是请读者参考 Abraham 的文章 [1]、Saito 和 Müller-Krumbhaar 的综述 [264], 以及 Nelson 的综述 [213].

6.7 习 题

6.1 正方格子 Ising 模型的近似解.

考虑修改后的转移矩阵

$$\boldsymbol{V}=(2\sinh 2K)^{M/2}\exp\left\{K^*\sum_{j=1}^{M}\sigma_{jX}+K\sum_{j=1}^{M}\sigma_{jZ}\sigma_{j+1,Z}\right\},$$

它由式 (6.15) 得到, 忽略了 $\boldsymbol{V}_1$ 和 $\boldsymbol{V}_2$ 不对易的行为. 这个转移矩阵的最大本征值可以用 6.1.2 小节和 6.1.3 小节中的方法求得, 计算复杂度相对减少了. 请计算自由能, 并说明比热在临界点有对数发散.

6.2 二维 Ising 模型的内能和比热.

(a) 给出式 (6.52) 和式 (6.53) 中间省略的步骤. 提示: 不完全椭圆积分 $\mathrm{F}(\phi,q)$ 和 234
$\mathrm{E}(\phi,q)$ 定义如下:

$$\mathrm{F}(\phi,q)=\int_0^{\phi}\mathrm{d}x\frac{1}{\sqrt{1-q^2\sin^2 x}},$$

$$\mathrm{E}(\phi,q)=\int_0^{\phi}\mathrm{d}x\sqrt{1-q^2\sin^2 x}.$$

首先说明

$$\frac{\partial\mathrm{F}(\phi,q)}{\partial q}=\frac{1}{1-q^2}\left[\frac{\mathrm{E}(\phi,q)-(1-q^2)\mathrm{F}(\phi,q)}{q}-\frac{q\sin\phi\cos\phi}{\sqrt{1-q^2\sin^2\phi}}\right].$$

因此

$$\frac{\mathrm{dK}_1(q)}{\mathrm{d}q} = \frac{\mathrm{E}_1(q)}{q(1-q^2)} - \frac{\mathrm{K}_1(q)}{q}.$$

(b) 说明式 (6.53) 意味着比热的对数奇异性 (见式 (6.54)).

6.3 Heisenberg 模型的磁化率的高温级数.

考虑简单晶格上自旋 $-\frac{1}{2}$ 的 Heisenberg 模型:

$$H = -J\sum_{\langle ij\rangle} \boldsymbol{S}_i \cdot \boldsymbol{S}_j - h\sum_i S_{iz}.$$

(a) 构造每个自旋磁化率

$$\chi(0,T) = \frac{\partial}{\partial h}\langle S_{iz}\rangle = \beta\frac{\mathrm{Tr} S_{iz}S_{jz}\exp\{\beta J\sum\limits_{\langle nm\rangle}\boldsymbol{S}_m\cdot\boldsymbol{S}_n\}}{\mathrm{Tr}\exp\left\{\beta J\sum\limits_{\langle nm\rangle}\boldsymbol{S}_m\cdot\boldsymbol{S}_n\right\}}$$

的直到 (并包含)J^2 次的高温级数.

(b) 利用下式分析前面得到的级数:

$$\chi(0,T) = \frac{1}{T}\left(\frac{a_1 - a_2/T}{1 - a_3/T}\right),$$

这是简单的 Padé 近似 (见参考文献 [106]), 并找到 T_{c}.

(c) 比较由两项展开得到的临界温度和由更长级数得到的最佳估计 $k_{\mathrm{B}}T_{\mathrm{c}}/J\hbar^2 = 0.84$.

235 **6.4** 高温级数分析.

对于三角格子的 Ising 铁磁模型, 分析零外场下磁化率的高温级数的前 10 项, 求出 T_{c} 和 γ 的估计值. 级数的系数请见参考文献 [78].

6.5 标度.

在 $T = T_{\mathrm{c}}$, h 很小的情况下, 我们希望关联长度 ξ 有如下标度形式:

$$\xi(h,0) \sim |h|^{-\nu_H},$$

两体关联函数有如下近似形式:

$$g(r,h,0) \sim \frac{\mathrm{e}^{-r/\xi}}{r^{d-2+\eta_H}}.$$

(a) 用 Landau-Ginzburg 理论 (见第 3 章) 推导临界指数 ν_H 和 η_H 的经典值.

(b) 我们还希望在临界等温线上, 当 $|h| \to 0$ 时, 磁化率以指数 γ_H 的形式发散. 用 ν_H 和 η_H 给出 γ_H 的表达式.

(c) 用标度形式 (见式 (6.68)) 说明 $\gamma_H\delta = \gamma/\beta$.

6.6 自旋波近似下的关联函数.

(a) 完成式 (6.115) 中定义的关联函数 $g(r)$ 的计算, 推导出式 (6.118).

236 (b) 说明在三维情形中, 当 r 趋近于无穷时, 函数 $g(r)$ 趋近于一个常数值.

第 7 章　临界现象 II: 重整化群

在这一章中, 我们将引入重整化群的方法来了解临界现象. 与第 6 章不同, 我 237
们没有按照时间顺序来安排内容, 相反地, 在 7.1 节中, 我们从重整化群的角度来考虑一个简单可解的模型, 也即是我们熟悉的 Ising 模型, 这个模型在 3.6 节里已经有过讨论. 在 7.2 节中, 我们进一步讨论不动点的性质, 它们与标度和普适性概念都有一定的关联. 在接下来的 7.3 节中, 我们通过一个存在相变并确定可解的模型 (钻石分形上的 Ising 模型) 来探讨上述概念是如何工作的. 重整化群方法的大部分应用都需要进行必要的近似. 在 7.4 节中, 针对一个二维模型, 在位置空间重整化群的背景下, 我们讨论累积量近似并使用一种复杂的近似方法计算出了临界指数. 在 7.5 节中, 我们阐述其他位置空间重整化群方法在相变上的应用. 基于 6.4 节里介绍的有限尺寸标度的思想,“唯象重整化群” 是 7.6 节讨论的主要内容. 在最后的 7.7 节中, 我们通过发展动量空间方法和 ϵ 展开来总结全章.

7.1　Ising 链回顾 238

再次考虑具有周期性边界条件的一维链上的 Ising 模型 (见 3.6 节), 其哈密顿量是

$$\widetilde{H} = -J\sum_{i=1}^{N}\sigma_i\sigma_{i+1} - \widetilde{h}\sum_{i=1}^{N}\sigma_i, \tag{7.1}$$

其中 $\sigma_i = \pm 1$, $\sigma_{N+1} = \sigma_1$. 我们定义无量纲哈密顿量

$$H = -\beta\widetilde{H} = K\sum_{i=1}^{N}\sigma_i\sigma_{i+1} + h\sum_{i=1}^{N}\sigma_i, \tag{7.2}$$

其中 $K = \beta J, h = \beta\tilde{h}$. 配分函数为

$$Z_{\mathrm{c}} = \operatorname*{Tr}_{\{\sigma_i\}} \mathrm{e}^{H} = \sum_{\{\sigma_i\}=\pm 1} \exp\left\{\sum_{i=1}^{N}[K\sigma_i\sigma_{i+1} + h\sigma_i)]\right\}. \tag{7.3}$$

我们现在分两步对所有的自由度进行求和, 即

$$\sum_{\{\sigma_i\}=\pm 1} \mathrm{e}^{H} = \sum_{\sigma_2=\pm 1}\sum_{\sigma_4=\pm 1}\cdots\sum_{\sigma_N=\pm 1}\left[\sum_{\sigma_1=\pm 1}\sum_{\sigma_3=\pm 1}\cdots\sum_{\sigma_{N-1}=\pm 1}\mathrm{e}^{H}\right]. \tag{7.4}$$

方括号内的求和很容易计算. 每一个奇数指标的自旋通过最近邻相互作用只与偶数指标的自旋相连. 因此在 H 里与 σ_1 相关的项可以简单写成

$$K\sigma_1(\sigma_N+\sigma_2)+h\sigma_1.$$

对 σ_1 求迹, 我们发现

$$\sum_{\sigma_1=\pm 1}\mathrm{e}^{K\sigma_1(\sigma_N+\sigma_2)+h\sigma_1}=2\cosh[K(\sigma_N+\sigma_2)+h].$$

利用 Ising 自旋的特性: $\sigma^{2n}=1,\sigma^{2n+1}=\sigma$, 我们得到

$$\begin{aligned}&2\mathrm{e}^{h(\sigma_N+\sigma_2)/2}\cosh[K(\sigma_N+\sigma_2)+h]\\&=\exp\left\{2g+K'\sigma_N\sigma_2+\frac{1}{2}h'(\sigma_N+\sigma_2)\right\},\end{aligned}\tag{7.5}$$

其中

$$K'=\frac{1}{4}\ln\frac{\cosh(2K+h)\cosh(2K-h)}{\cosh^2 h},\tag{7.6}$$

239

$$h'=h+\frac{1}{2}\ln\frac{\cosh(2K+h)}{\cosh(2K-h)},\tag{7.7}$$

以及

$$g=\frac{1}{8}\ln[16\cosh(2K+h)\cosh(2K-h)\cosh^2 h].\tag{7.8}$$

式 (7.4) 方括号中的其他所有求和给出相同的结果, 因此我们可以得到

$$\sum_{\sigma_1,\sigma_3,\cdots,\sigma_{N-1}}\mathrm{e}^H=\exp\left\{Ng(K,h)+K'\sum_i\sigma_{2i}\sigma_{2i+2}+h'\sum_i\sigma_{2i}\right\},\tag{7.9}$$

指数上变成了对所有剩下的偶数指标的自旋求和. 我们注意到对偶数指标的自旋求和所构成的问题与计算原来的配分函数完全是同类的. 疏剪后的链上剩下的自旋通过一个 “重整化” 后的耦合常数 K' 与它们的最近邻自旋发生作用, 同时受到一个重整化后的磁场 h' 的作用. 因此我们得到

$$Z_{\mathrm{c}}(N,K,h)=\mathrm{e}^{Ng(K,h)}Z_{\mathrm{c}}\left(\frac{N}{2},K',h'\right).\tag{7.10}$$

这种情形可以形象地表示成

□ K □ K □ K □ K □　K　□ K □ K □ K □ K □
K'　□　K'　□　K'　　□　K'　□　K'　□
K''　　□　　K''　　□　　K''
…….

很明显这个过程可以无限继续下去. 需要注意的是, 根据式 (7.10), 我们可以得到一个自由能的表达式, 即

$$\begin{aligned} -\beta G(N,K,h) &= \ln Z_{\mathrm{c}}(N,K,h) \\ &= Ng(K,h) + \ln Z_{\mathrm{c}}\left(\frac{1}{2}N, K', h'\right), \end{aligned} \tag{7.11}$$

或者可以写成

$$\begin{aligned} -\frac{\beta G}{N} \equiv f(K,h) &= g(K,h) + \frac{1}{2}g(K',h') + \frac{1}{4}g(K'',h'') + \cdots \\ &= \sum_{j=0}^{\infty}\left(\frac{1}{2}\right)^j g(K_j,h_j). \end{aligned} \tag{7.12}$$

上述表达式中最重要的特征是由于重整化后的哈密顿量具有相同的形式, 同一个函
数 g 出现在迭代的每一步中. 为了讨论式 (7.12) 中求和的收敛情况, 我们必须了解 **240**
与耦合函数 K, h 有关的 "流". 让我们先研究 $h=0$ 的情形. 相应地对所有的指标 j 来说, 有 $h_j = 0$. 根据式 (7.6), 我们得到

$$K' = \frac{1}{2}\ln\cosh 2K \leqslant K. \tag{7.13}$$

等式 $K' = K$ 在两个特殊点 $K = 0$ 和 $K = \infty$ 处成立. 这些点称为重整化变换中的不动点. 对任何有限的 K 来说, 一次次的自由度疏剪使得哈密顿量里剩下的自旋间的耦合不断减弱. 因此在耦合常数空间里的流会向着含有无相互作用自由度的哈密顿量流动. 只要 h 保持为零, 这些不动点, 也可以看成是无限温度不动点, 是稳定的. 相反地, 另一个在 $K = \infty$, 或者说 $T = 0$ 的不动点, 是不稳定的 —— 一个偏离 $K = \infty$ 的无量纲哈密顿量在重整化后会流向 $K = 0$. 现在很清楚地知道式 (7.12) 中的求和对于任何有限的耦合常数 K 都会收敛. 从式 (7.8) 出发, 我们得到

$$g(K,0) = \frac{1}{2}\ln 2 + \frac{1}{4}\ln(\cosh 2K). \tag{7.14}$$

当 K 减小时, 式 (7.14) 中的第二项趋近于零. 如果忽略该项在式 (7.12) 的求和中对所有 $j > n$ 项的贡献, 我们会得到

$$f(K,0) = \sum_{j=0}^{n} g(K_j,0)\left(\frac{1}{2}\right)^j + 2^{-(n+1)}\ln 2. \tag{7.15}$$

最后一项正好是剩下的 $N/2^{n+1}$ 个自旋的平均熵. 该系统等效于无相互作用的自旋系统.

考虑非零 h 下的耦合常数流的情形是非常有趣的. 从式 (7.7) 我们看到, 对于所有有限的 K 来说,

$$\frac{\partial h'}{\partial h} > 1.$$

因此一个小磁场会在迭代过程中逐渐变大, 同时, 由于 K 变小, 系统会流向 $K = 0$ 的线. 在 K-h 平面上, 一系列由不同初始点出发的流可以通过图 7.1 表示出来.

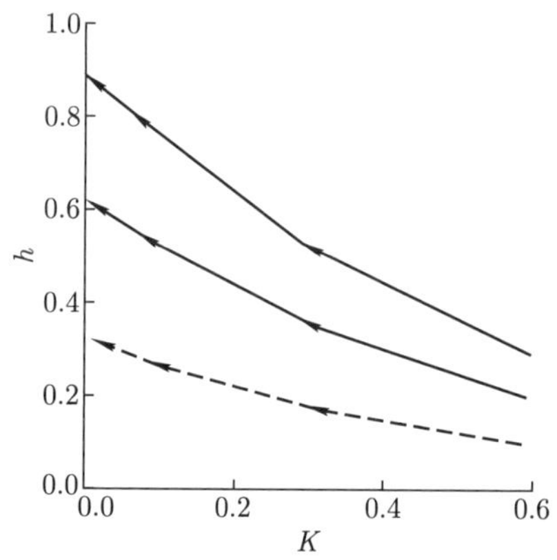

图 7.1 一维 Ising 模型的重整化流

在 3.6 节中, 我们计算了关联长度并且发现: 当 $K = 0$ 时, $\xi = 0$; 当 $K = \infty$
241 时, $\xi = \infty$. 耦合常数的流可以通过 Kadanoff 的标度图像 (见 6.3.3 小节) 和关联长度的行为来理解. 大致上说, 我们将一对自旋替换成块区自旋. 这些块区自旋之间的间距是格点自旋的两倍. 在 Kadanoff 的标度图像中, 一般会认为块区自旋间的关联长度比格点自旋间的关联长度小, 除非系统处于临界状态 ($\xi = \infty$) 或者没有任何相互作用 ($\xi = 0$). 因此这两个不动点可以理解为其关联长度在重新标度下不变的哈密顿量. 其中一个哈密顿量 ($K = 0$) 是平庸的, 而另一个哈密顿量 ($K = \infty$) 在此图像下是临界状态. 在具有有限温度相变的高维系统中, 我们相信至少存在三个不动点, 其中两个普通不动点分别对应无限温度和零温时的平庸情形, 另一个则是临界不动点.

在我们详细讨论不动点的性质之前, 先总结一下这一节的重要内容. 首先, 我们发展了一套通过不断疏剪自由度来计算配分函数的新方法. 因为哈密顿量在这种"标度变换"下形式保持不变, 所以我们可以通过简单的迭代来计算自由能. 在这个框架下, Kadanoff 图像中的关联长度降低的现象得到体现, 表现为产生一个向着耦合常数持续减小的哈密顿量移动的流. 这样一个自由度不断疏剪的过程被 Wilson

称为重整化群, 因为在这个过程里, 相继的两个操作具有如下性质:

$$R_b(R_b(\{K\})) = R_{b^2}(K),$$

其中 $R_b(K) = K'$ 描述了将 b^d 个自旋替换成一个块区自旋后给耦合常数带来的影 242
响. 事实上由于并不存在一个反操作 R_b^{-1}, 因此称之为 “群” 其实并不恰当.

7.2 不 动 点

现在我们回到对重整化群方法比较一般的讨论上来. 在 7.1 节中, 我们推导了一维 Ising 模型里的一组无量纲耦合常数 (K, h) 的递归关系. 我们现在考虑一个在 d 维格子上, 具有一组耦合常数 $\{K\} = (K_1, K_2, \cdots, K_n)$ 的具体系统. 这里 K_1 对应最近邻相互作用, K_2 对应次近邻相互作用, K_3 对应磁场, 以此类推. 我们假设这一组耦合常数在重整化变换的意义上是完备的, 即当我们用一个自由度来替换 b^d 个自由度时, 得到的哈密顿量中的动力学变量中有与替换前完全一样形式的相互作用. 我们可以用一个无量纲哈密顿量来描述这个系统, 即

$$H = -\beta\widetilde{H} = \sum_{\alpha=1}^{n} K_\alpha \psi_\alpha(\sigma_i), \tag{7.16}$$

其中

$$\psi_1 = \sum_{\langle ij\rangle} \sigma_i\sigma_j, \quad \psi_2 = \sum_{\{ij\}} \sigma_i\sigma_j, \quad \psi_3 = \sum_i \sigma_i, \quad \cdots.$$

指标 $\langle ij\rangle$ 表示最近邻对, $\{ij\}$ 表示次近邻对. 一个重整化变换可以产生一个新的哈密顿量

$$H' = \sum_{\alpha=1}^{n} K'_\alpha \psi_\alpha(\sigma_I) + Ng(\{K\}), \tag{7.17}$$

其中剩下的自由度 $\{\sigma_I\}$ 和原来的自由度具有同样的代数性质, 并且 ψ_α 的函数形式在变换下不变. 式 (7.17) 包含了一项 $g(\{K\})$, 这是因为我们可以从式 (7.8) 看到, 通常来说在计算部分迹时会出现一个跟自旋完全无关的项. 假设可以进行疏剪自由度的操作, 我们会得到如下关系:

$$K'_\alpha = R_\alpha(K_1, K_2, \cdots, K_n) \tag{7.18}$$

和 243

$$\operatorname*{Tr}_{\{\sigma_i\}} \mathrm{e}^{H(\{K\})} = \operatorname*{Tr}_{\{\sigma_I\}} \mathrm{e}^{H'(\{K'\})}, \tag{7.19}$$

或者利用

$$\begin{aligned}\operatorname{Tr} \mathrm{e}^{H} &= \mathrm{e}^{Nf(\{K\})},\\ \operatorname{Tr} \mathrm{e}^{H'} &= \mathrm{e}^{Nf(\{K'\})/b^d + Ng(\{K\})},\end{aligned} \tag{7.20}$$

我们得到

$$f(\{K\}) = g(\{K\}) + b^{-d} f(\{K'\}). \tag{7.21}$$

式 (7.11) 正是上述表达式的一个特殊形式. 我们暂时将自由能的递归关系放到一边, 先集中考虑式 (7.18) 中的耦合函数. 在 7.1 节中, 我们已经看到这个递归关系中的不动点对应没有相互作用或临界的哈密顿量. 然而我们将会看到, 在通常情况下总会存在非不动点的临界点. 想象一个由耦合函数 K_1, K_2 构成的二维空间, 含有一个临界点 $K_{1\mathrm{c}}, K_{2\mathrm{c}}$. 我们注意到这个临界点一般来说会位于由一系列临界点构成的一条线上. 为了明白这一点, 我们假想一组不同的系统具有不同的次近邻与最近邻相互作用比 J_2/J_1. 临界温度 T_c 依赖于这些比值. 因此当 J_2/J_1 变化时, 临界点

$$(K_{1\mathrm{c}}, K_{2\mathrm{c}}) = \left(\frac{J_1}{k_\mathrm{B} T_\mathrm{c}}, \frac{J_2}{k_\mathrm{B} T_\mathrm{c}}\right)$$

在 K_1, K_2 平面上画出一条曲线. 曲线上的每一个点对应了一组哈密顿量里的某一个特定模型的临界点. 这种情况在图 7.2 中形象地表示了出来.

244

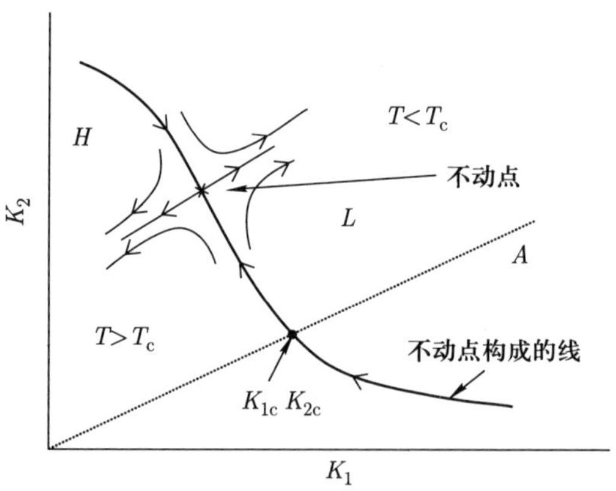

图 7.2 带箭头的线表示由递归关系给出的流的方向. 虚线表示给定 $K_2/K_1 = J_2/J_1$ 取值后系统的可能状态

图 7.2 中的虚线代表了当温度从 $T = \infty (K_1 = K_2 = 0)$ 降低到 $T = 0$, 并且 $K_2/K_1 = J_2/J_1$ 保持不变的过程中, 某一个特定系统在耦合常数空间中的演化路径. 现在我们尝试通过这条路径将系统的性质与重整化变换下的耦合常数的流联

系起来, 这个流具有一些简单的性质. 首先, 我们很清楚该流不会趋近于临界点构成的线, 这是因为关联长度在这条线上无限大, 而在其他地方却是有限的. 我们曾经讨论过, 当系统的自由度被疏剪时, 与新间距相关的关联长度只会减小. 临界线右边的状态对应一个有序的低温相, 而高温一侧的状态都是无序的. 这个事实不可能因为自由度的疏剪而改变, 因此产生的流也不可能穿过临界线. 总而言之, $T > T_c$ 和 $T < T_c$ 两个区间里的流必须如图 7.2 所示. 在 $H(T > T_c)$ 区间里, 流会向着 $T = \infty$ 的无相互作用不动点 $K_1 = K_2 = 0$ 流动. 在 $L(T < T_c)$ 区间里, 流则会向着温度为零 (基态) 的不动点流动. 相反地, 从临界线上某一点 K_{1c}, K_{2c} 出发的流只能沿着临界线流动, 因为在线上 $\xi = \infty$. 作为一个特例, 临界线上的所有点都有可能是稳定的 (也即是重整化变换下的不动点), 但在一般情况下, 会出现几个孤立的不动点. 我们假设 K_1^*, K_2^* 是临界线上的一个不动点, 即

$$
\begin{aligned}
K_1^* &= R_1(K_1^*, K_2^*), \\
K_2^* &= R_2(K_1^*, K_2^*),
\end{aligned} \tag{7.22}
$$

并且临界线上的流会流向这一点. 现在考虑在 K_1^*, K_2^* 附近的流. 让 $\delta K_1 = K_1 - K_1^*, \delta K_2 = K_2 - K_2^*$. 在一阶近似下, 有

$$
\begin{aligned}
K_1' &= R_1(K_1^* + \delta K_1, K_2^* + \delta K_2) \\
&= K_1^* + \delta K_1 \frac{\partial R_1}{\partial K_1}\bigg|_{K_1^*, K_2^*} + \delta K_2 \frac{\partial R_1}{\partial K_2}\bigg|_{K_1^*, K_2^*}.
\end{aligned} \tag{7.23}
$$
245

K_2' 也可以找到一个类似的表达式. 我们将这些表达式写成矩阵的形式, 即

$$
\begin{aligned}
\delta K_1' &= M_{11}\delta K_1 + M_{12}\delta K_2, \\
\delta K_2' &= M_{21}\delta K_1 + M_{22}\delta K_2,
\end{aligned} \tag{7.24}
$$

并且通过求解左矢本征值问题:

$$
\sum_{i=1,2} \phi_{\alpha i} M_{ij} = \lambda_\alpha \phi_{\alpha j} = b^{y_\alpha} \phi_{\alpha j}, \tag{7.25}
$$

来寻找一个合适的坐标系描述流. 在式 (7.25) 的最后一步中, 鉴于群的性质: $\lambda_\alpha(b)\lambda_\alpha(b) = \lambda_\alpha(b^2)$, 我们将 λ_α 换成 b^{y_α}, 从而通过

$$
\lambda_\alpha = b^{y_\alpha} \tag{7.26}
$$

定义一个与 b 无关的量 y_α. 现在考虑下面的新变量 $(\alpha = 1, 2)$:

$$
U_\alpha = \delta K_1 \phi_{\alpha 1} + \delta K_2 \phi_{\alpha 2}. \tag{7.27}
$$

我们利用式 (7.24) 中的线性化重整化变换和 ϕ_α 作为一个左矢本征态的事实, 得到

$$\begin{aligned} U'_\alpha &= \delta K'_1\phi_{\alpha1} + \delta K'_2\phi_{\alpha2} \\ &= \lambda_\alpha U_\alpha = b^{y_\alpha}U_\alpha. \end{aligned} \tag{7.28}$$

从几何上来说, U_α 对应了相对不动点的偏移 $(\delta K_1, \delta K_2)$ 在 ϕ_α 基矢上的投影. 这些 U_α 被称为标度场, 其原因会在后面的讨论中清楚地看出来.

针对不动点附近的流, 我们可以做进一步的阐述. 其中一个指数, 比如说 y_2, 必须是负的, 而另一个指数 y_1 则一定是正的. 这是因为我们假设所有从临界线上出发的流一定会流向不动点. 因此其中一个基矢, 例如 ϕ_2, 必须在不动点与邻界面相切. 而其他矢量必须不在临界面内. 由于矩阵 $\boldsymbol{M}$ 一般来说是非对称的, 因此 ϕ_1 和 ϕ_2 并不一定要相互正交. 但是这和我们下面的讨论无关. $y_2 = 0$ 的特殊情形对应于不动点线而不是孤立的不动点.

246 现在我们回到式 (7.21) 中关于自由能的递归关系. 由于第一项 $g(\{K\})$ 是消除对相变没有影响的短程涨落而得到的, 因此 $g(\{K\})$ 应该是耦合常数的某一个解析函数. 而自由能的奇异部分满足关系

$$f_{\rm s}(\{K\}) = b^{-d}f_{\rm s}(\{K'\}). \tag{7.29}$$

现在我们假设一个点 $\{K\}$, 它距离 $\{K^*\}$ 足够近, 使得我们可以应用线性化递归关系式 (7.26), 将 K, K' 用 U_1, U_2 表示, 因此我们可以得到

$$f_{\rm s}(U_1, U_2) = b^{-d}f_{\rm s}(b^{y_1}U_1, b^{y_2}U_2), \tag{7.30}$$

这是一个自由能的标度形式. 现在假设在场不变的情况下改变温度, 对应 U_1 改变而 U_2 不变的情况. 在第 6 章中定义的临界指数之间的关系现在可以理解成: 如果 $T \neq T_{\rm c}$, 那么 $U_1 \neq 0$; 相反地, 如果 $T = T_{\rm c}$, 那么 $U_1 = 0$. 这是因为系统相应的点必须位于临界线上. 定义

$$t = U_1 = \frac{T - T_{\rm c}}{T_{\rm c}},$$

我们得到

$$f_{\rm s}(t, U_2) = b^{-d}f_{\rm s}(b^{y_1}t, b^{y_2}U_2). \tag{7.31}$$

上述表达式对任意 b 都成立, 因此我们可以令 $b = |t|^{-1/y_1}$, 从而得到

$$f_{\rm s}(t, U_2) = |t|^{d/y_1}f_{\rm s}(t/|t|, |t|^{-y_2/y_1}U_2). \tag{7.32}$$

这个关系式表现了临界点的两个重要特性. 首先, 不动点的角色变得明确: 临界指数由不动点附近的线性化递归关系的本征值决定. 由于比热正比于 f 的二阶时间

导数, 我们有 $f_{\mathrm{s}} \propto |t|^{2-\alpha}$, 其中 α 是比热的临界指数. 因此我们有 $d/y_1 = 2-\alpha$, 以及 $y_1 = \ln\lambda_1/\ln b$. 下面我们来看普适性的概念是怎样在理论中出现的. 我们在前面说过 $y_2 < 0$. 当 $t \to 0$ 时,

$$|t|^{-y_2/y_1}U_2 \to 0,$$

并且自由能的渐近行为与 U_2 无关. 换句话说, 其哈密顿量在重整化下流向同一个临界不动点的所有系统具有同样的临界指数. 这是从重整化群方法得到的最重要的定性结果.

为了得到一个完整的描述, 现在将我们的分析扩展到高维空间. 在 n 维耦合常 **247**
数空间里的不动点可以写成

$$K_j^* = R_j(K_1^*, K_2^*, \cdots, K_n^*).$$

而 $\boldsymbol{M}$ 变成了一个 $n \times n$ 矩阵, 满足

$$\delta K_j' = \sum_l M_{jl}\delta K_l.$$

现在一共有 n 个本征值, 它们对应本征值问题的解, 即

$$\phi_\alpha \boldsymbol{M} = b^{y_\alpha}\phi_\alpha, \tag{7.33}$$

推广后的式 (7.30) 变成

$$f_{\mathrm{s}}(U_1, U_2, \cdots, U_n) = b^{-d} f_{\mathrm{s}}(b^{y_1}U_1, b^{y_2}U_2, \cdots, b^{y_n}U_n). \tag{7.34}$$

通常的临界点由两个独立指数来表征 (见 6.3 节), 因此我们认为这两个 y, 比如说 y_1 和 y_2 是正的, 而其余的 y 都是负的. 在广义 Ising 模型里, 我们预期 $U_1 \propto (T-T_{\mathrm{c}})/T_{\mathrm{c}}, U_2 \propto h$, 同时其他所有的标度场 (例如 $J_2/J_1 - J_2^*/J_1^*$, 其中 J_2 代表次近邻相互作用) 在渐近临界行为中不发挥任何作用.

当然, 有可能临界面含有几个不动点从而形成不同的吸引域. 各向异性 Heisenberg 模型 (见 6.5 节) 的临界面就很可能是这样一个临界面. 在这个例子中, 有一个不动点, 即 Heisenberg 不动点, 相对于一个正比于各向异性参数 η (见式 (6.111)) 的第三个标度场, 是不稳定的. 对于非零 η, 临界面上的流要么流向 Ising 不动点, 要么流向 XY 不动点. 在上述分析的基础上, 我们看到只有在这个标度场或者是各向异性参数 η 为零的情况下, 才有可能观察到 Heisenberg 临界指数. 在其他任何情况下, 只要距离临界点足够近, 我们都只会观察到 XY 或 Ising 指数. 这个从式 (7.34) 很容易就能得到的结论与 Jasnow 和 Wortis 用级数展开得到的结果一致[141].

值得一提的是存在一套方便的术语来描述不同类型的标度场. 我们称指数 $y_\alpha > 0$ 的标度场 U_α 为相关标度场, $y_\alpha < 0$ 的标度场为无关标度场, 而特殊情况 $y_\alpha = 0$ 的标度场称为临界标度场.

248 在结束这一节之前, 要注意到我们使用了一些大家心照不宣的假设. 首先, 我们隐含地假设了所有的重整化变换在耦合常数空间里处处是解析的, 特别是在临界点. 另外, 我们也假设了系统可以用一组有限的耦合常数来表征. 这个假设绝非显而易见的, 在实际应用中, 通常会有另一个具体的近似来保证耦合常数的数目是有限的, 以及递归关系具有解析的表达式. 后面, 我们会就这几点做进一步的讨论.

同时在不太严格的意义上, 我们还假设了式 (7.21) 中的自由能存在一个奇异项, 它满足简单的关系:

$$f_{\mathrm{s}}(\{K\}) = b^{-d} f_{\mathrm{s}}(\{K'\}).$$

我们可以利用式 (7.21) 将自由能写成一个解析函数 $g(\{K\})$ 的无穷级数:

$$f(\{K\}) = \sum_{j=1}^{\infty} b^{-jd} g(\{K^{(j)}\}),$$

并且尝试去证明这个奇异项是如何在求和中出现的. Niemeijer 和 van Leeuwen 在参考文献 [217] 中讨论过这方面的工作, 有兴趣的读者可以参考这篇文献.

最后, 我们假设只要系统接近临界面, 线性近似即使在远离不动点的时候仍然成立. 这个假设可以通过在式 (7.23) 中系统地加入高阶项来逐步取消[217]. 在接下来的两节中, 我们考虑重整化群计算在具体系统中的应用. 与一维 Ising 模型不同的是, 这些系统都存在相变.

7.3　严格可解模型: 钻石分形上的 Ising 自旋

下面我们考虑一个简单模型, 该模型具有非平均场型临界行为的相变. 我们的讨论受到 Saleur 等人[265] 的启发, 然而我们强调的重点与之有很大不同. 考虑这样一个系统, 即 Ising 自旋位于钻石分形的顶点上. 这个几何体是通过如下方式得到的.
249 在开始的第 0 步, 只有一个单键连接着两个自旋. 在第 1 步时, 这个单键被四个键和另外两个自旋替代, 如图 7.3 所示.

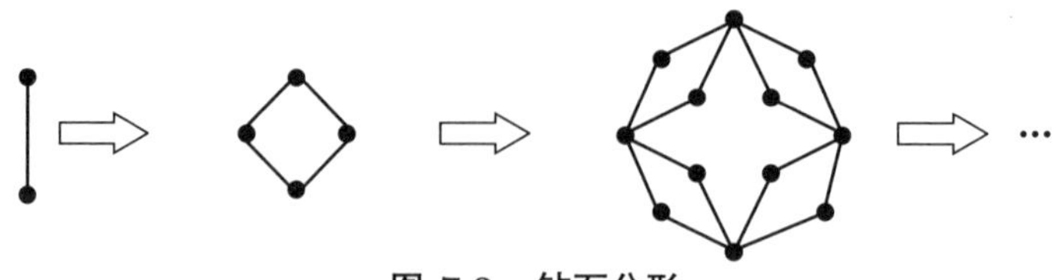

图 7.3　钻石分形

这个过程可以连续进行 p 步. 在通过一点思考后, 读者可以确信: 在第 p 层一共有 4^p 个键连着 $\frac{2}{3}(2+4^p)$ 个自旋. 每一个自旋都可以取 $\sigma=\pm 1$.

我们将最高步后的那些键标记为 $l=1,2,\cdots,N$, 并且令 $i(l),j(l)$ 分别代表这个键的上下两端. 因此这个分形上的 Ising 模型的哈密顿量变成

$$H=-\sum_{l=1}^{N}\widehat{J}\sigma_{i(l)}\sigma_{j(l)}-\widehat{h}\sum_{i}\sigma_i.$$

为了简化指标, 定义

$$J=\beta\widehat{J},\ h=\beta\widehat{h},\ \Theta=\mathrm{e}^{J},\ \Gamma=\mathrm{e}^{h},$$
$$b(l)=\sigma_{i(l)}\sigma_{j(l)},$$

其中 b_l 可以取 ± 1. 这个系统的正则配分函数是

$$Z=\sum_{\sigma_i=\pm 1}\left(\prod_{l=1}^{N}\Theta^{b(l)}\right)\left(\prod_{i}\Gamma^{\sigma_i}\right).$$

我们现在对最高步后的钻石的中间两个自旋进行求和, 得到 (见图 7.4)

$$Z=\sum_{\sigma_{i(4n)}=\pm 1}\left(\prod_{n=1}^{N/4}A_n(\sigma_{i(4n)},\sigma_{i(4n+4)})\right)\left(\prod_{i'}\Gamma^{\sigma_{i'}}\right),$$

其中 i' 代表剩下的自旋, 并且

$$A_n=\sum_{\sigma_{i(4n+1)}=\pm 1,\sigma_{i(4n+2)}=\pm 1}\Theta^{b(4n+1)}\Theta^{b(4n+2)}\Theta^{b(4n+3)}\Theta^{b(4n+4)}\Gamma^{\sigma_{i(4n+1)}}\Gamma^{\sigma_{i(4n+2)}}.$$

我们有 **250**

$$A(1,1)=\left(\Theta^2\Gamma+\frac{1}{\Theta^2\Gamma}\right)^2,$$
$$A(-1,1)=A(1,-1)=\left(\Gamma+\frac{1}{\Gamma}\right)^2,$$
$$A(-1,-1)=\left(\frac{\theta^2}{\Gamma}+\frac{\Gamma}{\theta^2}\right)^2.$$

我们希望将配分函数重新写成一个只含有剩余自旋的求和, 即

$$Z=\sum_{\sigma_{i'}=\pm 1}\left(\prod_{n=1}^{N/4}C\Theta_{\mathrm{new}}^{b(n)}\right)\left(\prod_{i'}\Gamma_{\mathrm{new}}^{\sigma_{i'}}\right),$$

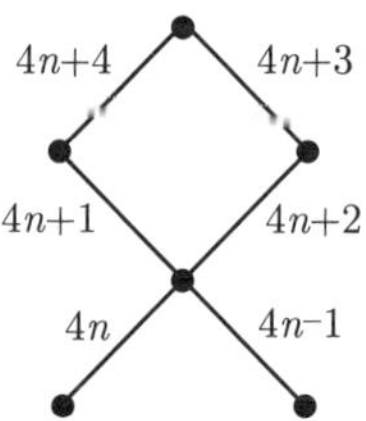

图 7.4 递归关系中的键

其中 C 是一个常数. 我们发现

$$\begin{aligned} C\varTheta_{\text{new}}\varGamma_{\text{new}} &= A(1,1)\varGamma, \\ \frac{C}{\varTheta_{\text{new}}} &= A(1,-1), \\ \frac{C\varTheta_{\text{new}}}{\varGamma_{\text{new}}} &= \frac{A(-1,-1)}{\varGamma}, \end{aligned}$$

对应解为

$$\begin{aligned} C &= [A(1,1)A(1,-1)A(-1,1)A(-1,-1)]^{1/4}, \\ \varTheta_{\text{new}} &= \left[\frac{A(1,1)A(-1,-1)}{A(1,-1)^2}\right]^{1/4}, \\ \varGamma_{\text{new}} &= \left[\frac{A(1,1)}{A(-1,-1)}\right]^{1/2}\varGamma. \end{aligned}$$

251 我们根据 $C=\mathrm{e}^{4g}$ 定义一个新的变量 g, 并且令重整化后的耦合常数 $J'=\ln\varTheta_{\text{new}}$, $h'=\ln\varGamma_{\text{new}}$. 利用

$$\begin{aligned} \varTheta^2\varGamma+\frac{1}{\varTheta^2\varGamma} &= 2\cosh(2J+h), \\ \left(\frac{\theta^2}{\varGamma}+\frac{\varGamma}{\theta^2}\right) &= 2\cosh(2J-h), \\ \varGamma+\frac{1}{\varGamma} &= 2\cosh h, \end{aligned}$$

我们得到配分函数的递归关系为

$$Z(N,J,H)=\mathrm{e}^{Ng(J,h)}Z(N/4,J',h'),$$

其中

$$
\begin{aligned}
g &= \frac{1}{8}\ln[16\cosh(2J+h)\cosh(2J-h)\cosh^2 h], \\
J' &= \frac{1}{2}\ln\left[\frac{\cosh(2J+h)\cosh(2J-h)}{\cosh^2 h}\right] \equiv R_1(J,h), \qquad (7.35) \\
h' &= h+\ln\frac{\cosh(2J+h)}{\cosh(2J-h)} \equiv R_2(J,h). \qquad (7.36)
\end{aligned}
$$

我们可以利用这些结果在任意的精确度要求下计算系统的自由能. 令 f/β 代表每一个键的自由能, 则有

$$
-f(J,h) = \frac{-\beta G}{N} = g(J,h) - \frac{1}{4}f(J',h')
$$

或者

$$
-f(J,h) = g(J,h) + \frac{1}{4}g(J',h') + \frac{1}{16}g(J'',h'') + \cdots ,
$$

其中

$$
\begin{aligned}
J'' &= R_1(J',h'), \\
h'' &= R_2(J',h').
\end{aligned}
$$

图 7.5 画出了式 (7.35) 和式 (7.36) 中的一些从不同的 J 和 h 出发的重整化流. 注意到所有的递归流, 只要不是从 $h=0$ 的轴出发, 都会流向 $J=0$ 的轴上.

252

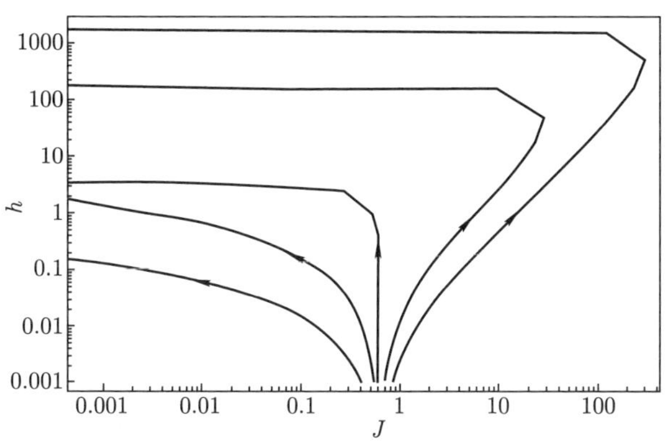

图 7.5 钻石分形上 Ising 模型的重整化流. 耦合常数的初始值分别是 $h=0.001$**,** $J=J^*-0.2$**,** $J=J^*-0.07$**,** $J=J^*$**,** $J=J^*+0.1$**,** $J=J^*+0.24$**. 注意使用的是对数坐标**

为了更好地理解这个解的性质, 我们首先考虑这个重整化变换的不动点 J^*, h^*. 这些点对应的耦合常数在标度变换下不变, 即

$$J^* = R_1(J^*, h^*),$$
$$h^* = R_2(J^*, h^*).$$

首先, 我们注意到如果 $J > 0$, 场 h 的递归关系总是使 h 的强度增加, 而如果 $J = 0$, 强度则维持不变. 如果初始时, $J < 0$ (反铁磁耦合), 那么 J 将会变成正的, 并且在以后的标度改变下不再改变符号. 因此在 J-h 平面上, 这些不动点必须位于 $h = 0$ 的正轴或者 $J = 0$ 的轴上. 如果 $h = 0$, 则递归关系简化成

$$J' = \ln[\cosh(2J)].$$

通过将等式右边画出来, 可以很明显地看到一共有以下几个不动点:

$J = 0$, 任意 h 上的所有态;

$J = \infty, h = 0$ 对应 $T = 0$ 的有序态;

$J = J^* = 0.60938\cdots$ 对应 $k_{\mathrm{B}}T^* = 1.64102\ \widehat{J}$ 的态.

253 我们将会看到最后一个不动点对应着相变. $J = 0$ 的不动点是临界稳定的, 而其他所有不动点都是不稳定的. 如果 $J = 0, T = \infty$, 我们有 $g(0,0) = \dfrac{1}{2}\ln 2$. 我们发现

$$f(0,0) = -\frac{1}{2}\ln 2\left[1 + \frac{1}{4} + \frac{1}{16} + \cdots\right] = -\frac{2}{3}\ln 2.$$

对于很大的 p, 平均每一个键上有 $\dfrac{2}{3}$ 个自旋. 在高温情况下, 预计平均能量为零而每个自旋的平均熵是 $k_{\mathrm{B}}\ln 2$. 因此每个自旋的自由能大致等于 $-k_{\mathrm{B}}T\ln 2$, 它与上式中的结果一致.

接下来, 当 J 变得很大, 即当温度接近绝对零度时, 递归关系变成

$$J' \approx 2J - \ln 2 \approx 2J,$$

并且

$$g(J,h) \approx \frac{1}{8}\ln(4\mathrm{e}^{4J}) \approx \frac{J}{2},$$

从而得到

$$f \approx -\frac{J}{2}\left[1 + \frac{2}{4} + \frac{4}{16} + \cdots\right] = J.$$

这个结果与低温时每个键的能量近似等于 J, 并且熵非常小的事实一致.

在接近不动点 $(J = J^*, h = 0)$ 的地方, 我们假设

$$t = J^* - J \propto T - T^*,$$

且 h 非常小. 因此我们可以将临界点附近的递归关系线性化, 即

$$
\begin{aligned}
t' &= \frac{\partial R_1}{\partial J}\Big|_{J=J^*,h=0} t + \frac{\partial R_1}{\partial h}\Big|_{J=J^*,h=0} h, \\
h' &= -\frac{\partial R_2}{\partial J}\Big|_{J=J^*,h=0} t + \frac{\partial R_2}{\partial h}\Big|_{J=J^*,h=0} h.
\end{aligned}
$$

如果对 R_1 和 R_2 做微分, 我们会发现

$$
\frac{\partial R_1}{\partial h}\Big|_{J=J^*,h=0} = \frac{\partial R_2}{\partial J}\Big|_{J=J^*,h=0} = 0,
$$

在临界点代入 J^* 的值, 可以得到

$$
\begin{aligned}
\frac{\partial R_1}{\partial J}\Big|_{J=J^*,h=0} &= 1.67857\cdots, \\
\frac{\partial R_2}{\partial h}\Big|_{J=J^*,h=0} &= 2.67857\cdots.
\end{aligned}
$$ 254

方程 $g(J,h)$ 在临界点附近是光滑的函数, 因此自由能的奇异部分必须具有下面的标度形式:

$$
f_{\mathrm{s}}(t,h) = \frac{1}{4} f_{\mathrm{s}}\left(\frac{\partial R_1}{\partial J}t, \frac{\partial R_2}{\partial h}h\right) = \frac{1}{\lambda} f_{\mathrm{s}}(\lambda^y t, \lambda^x h),
$$

其中 $\lambda = 4$, 而且

$$
\begin{aligned}
y &= \frac{\ln 1.67857}{\ln 4} = 0.373618, \\
x &= \frac{\ln 2.67857}{\ln 4} = 0.710732,
\end{aligned}
$$

从而得到临界指数

$$
\begin{aligned}
\alpha &= \frac{2y-1}{y} = -0.676532, \\
\beta &= \frac{1-x}{y} = 0.774234, \\
\gamma &= \frac{2x-1}{y} = 1.12806, \\
\delta &= \frac{x}{1-x} = 2.45701.
\end{aligned}
\tag{7.37}
$$

现在让我们来计算一些热力学变量. 作为对这个方法的检测, 我们首先考虑 $J=0, h\neq 0$ 的情况. 在这个情况下, $J'=J=0$, 且 $h'=h$. 我们发现

$$
g(0,h) = \frac{1}{8}\ln[16\cosh^4 h] = \frac{1}{4}\ln(2\cosh h),
$$

以及

$$f=-\frac{1}{2}\ln(2\cosh h)\left[1+\frac{1}{4}+\frac{1}{16}+\cdots\right]=-\frac{2}{3}\ln(2\cosh h).$$

每个键的磁化强度为

$$m_{\mathrm{b}}=-\frac{\partial G}{\partial \widehat{h}}=-\frac{\partial f}{\partial h}=\frac{2}{3}\tanh h.$$

当 N 较大时, 每个键平均有 2/3 个自旋, 则每个自旋的磁化强度为

$$m_s=\tanh h=\frac{\mathrm{e}^{\beta\widehat{h}}-\mathrm{e}^{-\beta\widehat{h}}}{\mathrm{e}^{\beta\widehat{h}}+\mathrm{e}^{-\beta\widehat{h}}}.$$

255 这个结果和我们对一个由独立自旋组成的系统的预期一致.

下面我们讨论零磁场下的比热. 为了简单起见, 我们令 $\widehat{J}=1$, 这样一来 $J=\dfrac{1}{k_{\mathrm{B}}T}$. 我们得到每个键的平均熵为

$$s=-\frac{\partial G}{N\partial T}=-k_{\mathrm{B}}f(J,0)+k_{\mathrm{B}}J\frac{\partial f}{\partial J}.$$

每个键的平均比热变成

$$\begin{aligned}c=T\frac{\partial s}{\partial T}=T\frac{\partial J}{\partial T}\frac{\partial s}{\partial J}=-k_{\mathrm{B}}J^2\frac{\partial^2 f(J,0)}{\partial J^2},\\ \frac{\partial^2 f(J,0)}{\partial J^2}\approx\frac{f(J+\delta,0)+f(J-\delta,0)-2f(J,0)}{\delta^2}.\end{aligned}\tag{7.38}$$

我们看到比热是连续的, 并在临界点的地方形成一个尖峰. 比热导数的发散行为与比热指数处于 $-1<\alpha<0$ 之间的事实吻合, 如图 7.6 所示.

256 相比而言, 磁性性质更加复杂. 在临界温度以上, 正如计算比热那样, 我们可以通过数值计算自由能对场的二阶导数来计算磁化率, 即

$$\left.\frac{\partial^2 f(J,h)}{\partial h^2}\right|_{h=0}=\lim_{\delta\to 0}\frac{f(J,\delta)+f(J,-\delta)-2f(J,0)}{\delta^2}.$$

因为磁化率指数 γ 为正, 所以当 f 展开式中越来越多的项被考虑进来以后, 其结果在临界点就会出现发散. 在临界温度以下, 磁化率也会发散.

针对 J 值低于、高于和等于临界值的情况, 图 7.7 中分别画出了磁化强度作为场的函数. 为了计算这些曲线, 需要迭代自由能的递归关系, 并一项一项地按照

$$m=-\frac{3\partial G}{2N\partial h}\tag{7.39}$$

进行数值微分直至收敛. 式 (7.39) 中的系数 3/2 反映了一个事实, 即在热力学极限下, 每个键提供 2/3 个自旋.

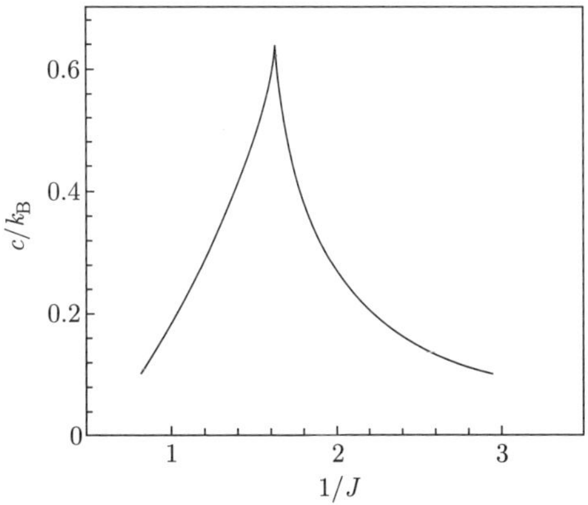

图 7.6 通过迭代递归关系直至收敛得到 $f(J,h)$, 然后利用式 (7.38) 进行数值微分, 从而得到的比热

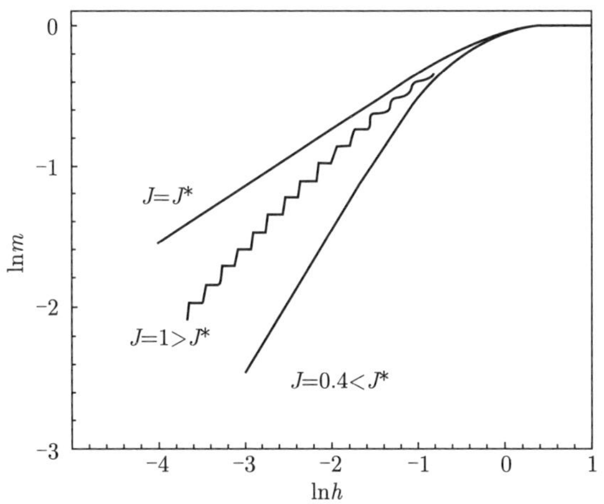

图 7.7 在钻石分形上的 Ising 模型中, 磁化强度与场的对数-对数图, 其中耦合常数 J 有三个不同的取值

当 J 低于相变值并处于弱场近似下, 磁化强度会随着场强线性增加并最终达到饱和. 在 J 的临界值, 磁化强度在弱场情况下按照 $m = h^{1/\delta}$ 的规律随着场强增 257
加, 并且在对数-对数图中, 其斜率与临界指数 $\delta = 2.45701$ 相仿.

当 J 高于它的临界值 (低于临界温度) 时, 因为指数 $\beta < 0$, 所以我们一般会很自然地认为将出现自发磁化. 然而自发磁化的问题比较微妙, 这是因为

$$\left.\frac{\partial g(J,h)}{\partial h}\right|_{h=0} = 0,$$

并且 m 递归级数里的所有项都将为零. 因此磁化强度的正确表达式变成

$$m = \lim_{\delta\to 0}\lim_{N\to\infty} \left.\frac{\partial f(J,h)}{\partial h}\right|_{h=\delta},$$

即我们应该在 $h\to 0$ 之前先取热力学极限 $N\to\infty$. 但是当我们在有限场的情况下数值求和递归级数从而得到收敛的值, 然后再慢慢减小场强时, 我们发现磁化强度趋近于零, 也就是说没有发生自发磁化. 但我们却遇到一个新现象, 叫作对数周期振荡 (即磁化强度遵循某个复指数的幂律). 当耦合常数接近临界值时, 对数周期振荡仅在弱场情况下存在, 而对于中等强度的场就消失了. 对于大的耦合常数, 振荡现象普遍存在并且几乎饱和. 我们在图 7.8 中展示了这种行为.

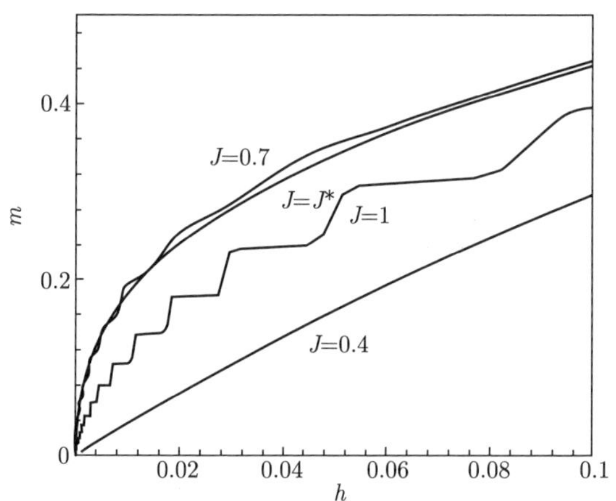

图 7.8　部分 J 值下的磁化强度 m 随 h 的线性变化图

对数周期振荡行为可以通过原始自旋的等级组织来理解. 大部分自旋都和两个近邻的自旋相连, 然而有一些会和四个自旋相连, 更少的一些会和八个自旋相连, 以此类推. 当钻石分形被外场极化, 高连通的自旋会表现出比低连通自旋强很多的有效场. 如果外场很弱, 只有最高连通的自旋会被极化, 而 "普通" 的自旋是无序的. 随着外场增加, 自旋一层接着一层被极化, 在极低温度下, 在下一层感受到外场之前, 上一层的极化基本上已经达到饱和了. 在目前的情况下, 对数周期振荡算不上是一个临界现象, 事实上在临界点上什么事情也没有发生, 只有极少数几个超连通的自旋会发生变化.

对数周期振荡近来受到很多关注 (见 Sornette 的书和综述 [278, 279]). 在这些参考文献里, 对数周期振荡与临界点的突变事件密切相关, 有证据表明它们在一系
258 列实例, 例如气体容器在高压下的破裂[20]、股市崩盘[279], 以及地震[143]中很重要. 鉴于预测这些事件的重要性, 我们就不应该奇怪这些发现所引起的各种争议 (困难

在于必须要在参数数目远多于、数据点远少于我们目前能力的情况下分析有噪声的数据). 从目前的情况来看, 对数周期振荡并没有在临界点发出突变的信号, 相反它们消失了. 但是假如我们将高连通的自旋看作统治者, 而低连通的自旋看作统治对象, 那么在临界点附近, 我们注意到统治者们完全脱离了它们的统治对象. 当选举来临时, 对于统治者来说, 这当然是一场灾难!

7.4 位置空间重整化: 累积量方法

下面我们转向那些没有严格解的系统. 尽管上一节的求解过程说明了重整化群
方法的一些关键特性, 然而其模型的等级结构仍然产生了一些特殊的性质. 我们现 259
在对三角格子上的二维模型进行类似的计算[217]. 这些计算虽然只是近似的, 然而
却能进一步体现 7.2 节中讨论的特征, 同时强调了在相对真实的系统中可能会遇到
的一系列困难. 考虑无量纲哈密顿量

$$H=\frac{1}{2}\sum_{ij}K_{ij}\sigma_i\sigma_j+h\sum_i\sigma_i, \tag{7.40}$$

其中 $\sigma_j=\pm1$, 自旋占据了一个三角格子的格点, 同时求和不再局限于最近邻格点.

从图 7.9 中我们可以看到, 整个格子可以被分成很多三角形的自旋块区, 每一个自旋块区含有三个自旋. 这些三角形仍然形成三角格子, 其间距是原来的 $\sqrt{3}$ 倍. 我们的操作将原来的系统映射到一个与式 (7.40) 形式一样的新系统, 然而块区自旋 $\mu_I=\pm1$ 代表的是由三个自旋 $\sigma_{1I},\sigma_{2I},\sigma_{3I}$ 组成的自旋块区 I 的状态. 我们用一个投影算符来准确描述这个映射过程:

$$P(\mu_I,\sigma_{1I},\sigma_{2I},\sigma_{3I})=P(\mu_I,\{\sigma_I\}), \tag{7.41}$$

并且 260

$$\mathrm{e}^{Ng(K,h)+H'(\{\mu\},K',h')}=\operatorname*{Tr}_{\{\sigma\}}\left(\prod_I P(\mu_I,\{\sigma\})\right)\mathrm{e}^{H(\{\sigma\},K,h)}. \tag{7.42}$$

如果我们要求这个投影算符满足

$$\operatorname*{Tr}_{\{\mu\}}P(\mu_I,\{\sigma\})=1, \tag{7.43}$$

那么

$$\operatorname*{Tr}_{\{\mu\}}\mathrm{e}^{Ng+H'}=\operatorname*{Tr}_{\{\sigma\}}\mathrm{e}^{H}, \tag{7.44}$$

并且在我们能够执行式 (7.42) 的操作的前提下, 自由能在变换下严格保持不变. 投影算符 P 的一个可能的形式为

$$P(\mu,\{\sigma\})=\delta_{\mu,\phi(\{\sigma\})}, \tag{7.45}$$

其中 $\phi(\{\sigma\}) = \frac{1}{2}(\sigma_1 + \sigma_2 + \sigma_3 - \sigma_1\sigma_2\sigma_3)$, $\delta_{\mu,\varphi}$ 是 Kronecker 符号. 注意到当三角形中的两个或两个以上自旋等于 +1 时, $\phi(\{\sigma\}) = 1$; 当两个或两个以上自旋等于 −1 时, $\phi(\{\sigma\}) = -1$. 因此投影算符会根据多数规则来给块区自旋 μ 赋 +1 或 −1 的值.

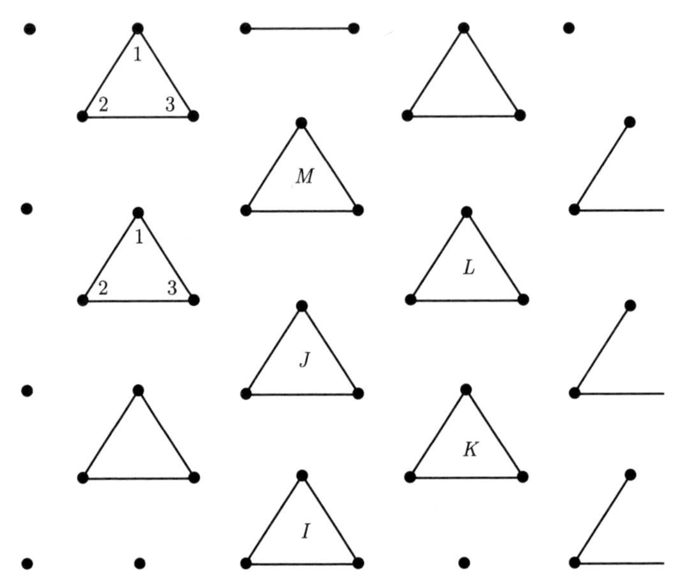

图 7.9　将三角格子拆分成由三个自旋组成的自旋块区. 数字用来标记每个自旋块区内部的结构, 大写字母用来标记不同的自旋块区

到目前为止, 我们的计算都是精确的, 然而如果不采用任何近似, 式 (7.42) 将无法求解. 在进行近似计算之前, 我们注意到要判断式 (7.42) 加上式 (7.45) 是否可以定义一个解析的递归关系 (见 7.2 节) 实际是一个非常困难的数学问题. Griffiths 和 Pearce 曾经考虑过这个问题[120], 他们证明了这个重整化变换一般来说是非解析的. 然而式 (7.42) 的近似形式和式 (7.45) 确实可以给出一个解析的递归关系, 其他一些更复杂的重整化变换也是如此.

式 (7.42) 的近似方案有很多种不同的可能. 我们首先简单讲述一下 Niemeijer 和 van Leeuwen 的累积量方法[217], 这可能是在技术上最简单的方法了. 我们将哈密顿量分成两个部分:

$$H(\{\sigma\}, K, h) = H_0(\{\sigma\}, K, h) + V(\{\sigma\}, K, h), \tag{7.46}$$

其中 H_0 代表哈密顿量中不涉及不同自旋块区的自旋间耦合的那一部分, 而 V 对

261 应了不同自旋块区之间的自旋的耦合. 因此

$$H_0 = \sum_I K_1(\sigma_{1I}\sigma_{2I} + \sigma_{1I}\sigma_{3I} + \sigma_{2I}\sigma_{3I}) + h\sum_I(\sigma_{1I} + \sigma_{2I} + \sigma_{3I}), \tag{7.47}$$

$$V=\sum_{I,J,n}K_n\sum_{\alpha,\beta}\sigma_{\alpha I}\sigma_{\beta J},\tag{7.48}$$

其中 K_n 是 n 阶最近邻耦合常数, 指标 α,β 分别对应自旋块区 I,J 里所有适当的指标. 从图 7.9 中我们可以看到, 在最近邻相互作用的情形下, 邻近的自旋块区主要通过两类耦合项进行相互作用, 即

$$\begin{aligned}V_{IJ}&=K_1(\sigma_{1I}\sigma_{2J}+\sigma_{1I}\sigma_{3J}),\\V_{IK}&=K_1(\sigma_{1I}\sigma_{2K}+\sigma_{3I}\sigma_{2K}).\end{aligned}\tag{7.49}$$

我们现在可以将式 (7.42) 写成

$$\operatorname*{Tr}_{\{\sigma\}}\left(\prod_I P(\mu_I,\{\sigma_I\})\right)\mathrm{e}^H=\operatorname*{Tr}_{\{\sigma\}}\left(\prod_I^{N/3}P(\mu_I,\{\sigma_I\})\right)\mathrm{e}^{H_0}\mathrm{e}^V=Z_0\langle\mathrm{e}^V\rangle,\tag{7.50}$$

其中

$$Z_0=\operatorname*{Tr}_{\{\sigma\}}\left(\prod_I^{N/3}P(\mu_I,\{\sigma_I\})\right)\mathrm{e}^{H_0},\tag{7.51}$$

并且

$$\langle A\rangle=\frac{1}{Z_0}\operatorname*{Tr}_{\{\sigma\}}\left(\prod_I^{N/3}P(\mu_I,\{\sigma_I\})\right)A\mathrm{e}^{H_0}.\tag{7.52}$$

这个表达式仍然是严格的. 现在我们用一个截断的累积量展开来近似表示 $\langle\mathrm{e}^V\rangle$:

$$\begin{aligned}\langle\mathrm{e}^V\rangle&=\left\langle 1+V+\frac{V^2}{2!}+\cdots+\frac{V^n}{n!}+\cdots\right\rangle\\&=\exp\left\{\langle V\rangle+\frac{1}{2!}(\langle V^2\rangle-\langle V\rangle^2)+\frac{1}{3!}(\langle V^3\rangle-3\langle V\rangle\langle V^2\rangle+2\langle V\rangle^3)+\cdots\right\}\\&=\exp\{C_1+C_2+C_3+\cdots\}.\end{aligned}\tag{7.53}$$

那么第 j 阶累积量近似就对应着保存前 j 项累积量 $C_1,\cdots,C_j$.

7.4.1 一阶近似 262

让我们假设只存在最近邻相互作用, 并且令 $K_1=K,K_2=K_3=\cdots=0$. 式 (7.51) 中很容易对非耦合自旋块区求迹. 将 Z_0 写成

$$Z_0=\prod_I\mathrm{e}^{A+B}\mu_I,\tag{7.54}$$

我们得到

$$\begin{aligned}\mathrm{e}^{A+B}&=\mathrm{e}^{3K+3h}+3\mathrm{e}^{-K+h},\\\mathrm{e}^{A-B}&=\mathrm{e}^{3K-3h}+3\mathrm{e}^{-K-h},\end{aligned}$$

或者写成

$$
\begin{aligned}
A &= \frac{1}{2}\ln[(\mathrm{e}^{3K+3h}+3\mathrm{e}^{-K+h})(\mathrm{e}^{3K-3h}+3\mathrm{e}^{-K-h})],\\
B &= \frac{1}{2}\ln\frac{\mathrm{e}^{3K+3h}+3\mathrm{e}^{-K+h}}{\mathrm{e}^{3K-3h}+3\mathrm{e}^{-K-h}}.
\end{aligned} \tag{7.55}
$$

由于哈密顿量 H_0 中不含有自旋块区 I 与 J 之间的耦合, 那么像 $\langle\sigma_{\alpha I}\sigma_{\beta J}\rangle$ 这一类表达式的期望值可以被分解成两个期望值的乘积. 正是由于这个原因, $\langle V\rangle$ 的期望值也很容易得到, 即

$$
\langle V\rangle = K\sum_{\alpha I,\beta J}\langle\sigma_{\alpha I}\rangle\langle\sigma_{\beta J}\rangle. \tag{7.56}
$$

根据平移不变性, 期望值 $\langle\sigma_{\alpha I}\rangle$ 与 α 无关, 并且可以写成

$$
\langle\sigma_{\alpha I}\rangle = C + D\mu_I, \tag{7.57}
$$

其中

$$
\begin{aligned}
C &= \frac{1}{2}\left(\frac{\mathrm{e}^{3K+3h}+\mathrm{e}^{-K+h}}{\mathrm{e}^{3K+3h}+3\mathrm{e}^{-K+h}}-\frac{\mathrm{e}^{3K-3h}+\mathrm{e}^{-K-h}}{\mathrm{e}^{3K-3h}+3\mathrm{e}^{-K-h}}\right),\\
D &= \frac{1}{2}\left(\frac{\mathrm{e}^{3K+3h}+\mathrm{e}^{-K+h}}{\mathrm{e}^{3K+3h}+3\mathrm{e}^{-K+h}}+\frac{\mathrm{e}^{3K-3h}+\mathrm{e}^{-K-h}}{\mathrm{e}^{3K-3h}+3\mathrm{e}^{-K-h}}\right).
\end{aligned} \tag{7.58}
$$

结合上述结果, 我们有

$$
\begin{aligned}
&Ng(K,h)+H'(\{\mu_I\},K',h')\\
&=\frac{1}{3}NA(K,h)+B\sum_I\mu_I+2K\sum_{\langle IJ\rangle}(C+D\mu_I)(C+D\mu_J),
\end{aligned} \tag{7.59}
$$

263 其中 A,B,C,D 由式 (7.55) 和式 (7.58) 给出. 将重整化后的哈密顿量 H' 重新写成原来 (见式 (7.40)) 的形式, 即

$$
H' = K'\sum_{\langle IJ\rangle}\mu_I\mu_J + h'\sum_I\mu_I, \tag{7.60}
$$

我们可以得到递归关系

$$
\begin{aligned}
K' &= 2KD^2(K,h),\\
h' &= B(K,h)+12KC(K,h)D(K,h),\\
g(K,h) &= \frac{1}{3}A(K,h)+2KC^2(K,h).
\end{aligned} \tag{7.61}
$$

根据递归关系 (见式 (7.61)) 得到的 K-h 平面里的流如图 7.10 所示. 由于到铁磁态的相变发生在 $h=0$ 的位置, 我们希望找到一个不动点 $(K^*,h^*)=(K_c,0)$, 其

中 $K_c = J/k_B T_c$. 对于 $h=0, B=C=0$ 的情况, 我们的递归关系 (见式 (7.61)) 可简化成

$$K' = 2K\left(\frac{e^{3K}+e^{-K}}{e^{3K}+3e^{-K}}\right)^2, \tag{7.62}$$

$$h' = h = 0. \tag{7.63}$$

递归关系 (见式 (7.62)) 具有非常简单的极限行为. 当 $K \ll 1$ 时, $K' \approx (2K)\left(\frac{1}{2}\right)^2 = \frac{1}{2}K$; 而当 $K \gg 1$ 时, $K' \approx 2K$, 并且我们看到流将在某一个有限的 K 值发生反向. 对于比较小的 K 值, 流会向着无相互作用的高温不动点流动; 而对于比较大的 K 值, 流则会向着 $K=\infty$ 的基态不动点流动. 临界点由下式给出:

$$\frac{e^{3K^*}+e^{-K^*}}{e^{3K^*}+3e^{-K^*}} = \frac{1}{\sqrt{2}}. \tag{7.64}$$

这个方程很容易解析求解, 通过代入 $x=\exp\{4K^*\}$ 并对 x 求解, 可以得到 $K^* = J/k_B T_c \approx 0.3356$. 这个模型的严格解给出 $K^* = 0.27465\cdots$, 平均场给出的结果是 $K^* = \frac{1}{6}$. 我们看到一阶近似给出的临界温度和严格解并不是很吻合. 然而由于重整化群的这种结构, 该模型的这种处理方式确实可以产生非平庸 (即不与平均场类似) 的临界指数. 根据对称性, 有

$$\left.\frac{\partial h'}{\partial K}\right|_{K^*,h^*} = \left.\frac{\partial K'}{\partial h}\right|_{K^*,h^*} = 0,$$

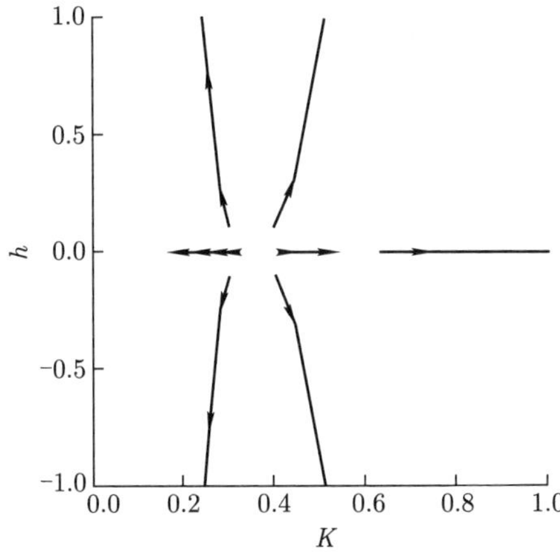

图 7.10 一阶累积量近似下, 二维 Ising 模型的耦合常数流

264 这样, 我们可以很快得到

$$b^{y_t} = \left.\frac{\partial K'}{\partial K}\right|_{K^*,h^*}, \qquad b^{y_h} = \left.\frac{\partial h'}{\partial h}\right|_{K^*,h^*}, \tag{7.65}$$

其中 $b=\sqrt{3}$. 通过计算在临界点的导数, 我们发现 $y_t = 0.882, y_h = 2.034$. 在一阶近似下, 比热指数 $\alpha = 2 - d/y_t = -0.267$, 磁化指数 $\beta = (d - y_h)/y_t = -0.039$. 同样, 这些结果并不是特别准确的 (在严格理论中 $\alpha = 0, \beta = 1/8$). 尽管如此, 我们的确发展出了一套可以抓住临界行为的本质并可以进行系统化改进的理论.

7.4.2 二阶近似

在式 (7.53) 的等级结构中的下一阶近似含有

$$\langle V\rangle + \frac{1}{2}(\langle V^2\rangle - \langle V\rangle^2).$$

这一项的计算比较麻烦, 不过我们在这儿做一个简单的概述, 因为这一项的计算可以揭示出 7.2 节的定性讨论里提到的一些特征, 并强调一些重整化计算中的技术性问题.

重新考虑图 7.9, 其中画出了一些典型的元胞. 在三角格子元胞中, I, J 互为
265 最近邻元胞, I, L 互为次近邻元胞, I, M 互为第三近邻元胞. 很显然, 二阶累积量 $\langle V^2\rangle - \langle V\rangle^2$ 中含有比最近邻更长程的相互作用. 例如第三近邻元胞 I 和 M 通过下面的式子相互耦合:

$$\begin{aligned} &K^2\langle\sigma_{1I}(\sigma_{2J}+\sigma_{3J})\sigma_{1J}(\sigma_{2M}+\sigma_{3M})\rangle \\ &- K^2\langle\sigma_{1I}(\sigma_{2J}+\sigma_{3J})\rangle\langle\sigma_{1J}(\sigma_{2M}+\sigma_{3M})\rangle \\ &= 4K^2\{\langle\sigma_{1I}\rangle\langle\sigma_{1J}\sigma_{2J}\rangle\langle\sigma_{1M}\rangle - \langle\sigma_{1I}\rangle\langle\sigma_{2J}\rangle^2\langle\sigma_{2M}\rangle\}. \end{aligned} \tag{7.66}$$

让我们先考虑一个简单的情况, 即 $h = 0$, 这样式 (7.66) 可以很容易计算出来. 我们需要一个新的期望值

$$\langle\sigma_{1J}\sigma_{2J}\rangle = \frac{\mathrm{e}^{3K} - \mathrm{e}^{-K}}{\mathrm{e}^{3K} + 3\mathrm{e}^{-K}} = E(K), \tag{7.67}$$

它不依赖于 μ_J. 在 $\langle V^2\rangle$ 的展开中, 式 (7.66) 出现了两次, 刚好抵消掉式 (7.53) 中累积量展开里的系数 1/2. 我们看到重整化后的哈密顿量含有一个第三近邻耦合项 $K_3'\mu_I\mu_M$. 注意到对 $h = 0, B = C = 0$, 有

$$K_3' = 4K^2[D^2(K)E(K) - D^4(K)], \tag{7.68}$$

其中 $D(K)$ 和 $E(K)$ 分别由式 (7.58) 和式 (7.67) 给出. 在下一阶迭代中, 第二个累积量会通过 $(K_3')^2$ 阶项继续产生更长程的相互作用. 因此我们必须找到方法来截断系统的递归关系.

Niemeijer 和 van Leeuwen 首先提出的方法[217] 是根据首次产生的最近邻耦合的幂次来把耦合常数排列成等级关系. 这样唯一的一阶项即是最近邻耦合常数, 二阶项是次近邻和第三近邻常数 K_2 和 K_3. 在二阶累积量近似中, 次近邻和第三近邻相互作用只出现在 $\langle V\rangle$ 中, 而最近邻相互作用则在 $\langle V\rangle$ 和 $\langle V^2\rangle-\langle V\rangle^2$ 中都得到保存. 在这样的选择下, 每一个迭代项中都只会出现固定数目的耦合常数. 这种相互作用的划分其实是很任意的. 在 7.5.1 小节中, 我们会介绍一个更好的方法, 即有限集团近似. 这个方法也是由 Niemeijer 和 van Leeuwen 提出的[217]. 但是我们注意到在非严格求解模型中进行的所有位置空间计算都必须引入一些人为的近似来避免处理式 (7.42) 中隐含的无限个耦合常数. 这样一个截断的合理性在于, 在不动点只会出现很少几个相关标度场 (见 7.2 节). 我们希望通过合理选择有限的一系 **266**
列耦合常数, 得到这些相关标度场的一个准确表述.

二阶迭代关系有

$$
\begin{aligned}
K_1' &= 2K_1D^2 + 4(D^2 + D^2E - 2D^4)K_1^2 + 3D^2K_2 + 2D^2K_3,\\
K_2' &= K_1^2(7D^2E + D^2 - 8D^4) + K_3D^2,\\
K_3' &= 4K_1^2(D^2E - D^4),
\end{aligned}
\tag{7.69}
$$

其中 D 和 E 由式 (7.58) 和式 (7.67) 给出. 不动点位于

$$
K_1^* = 0.27887, \quad K_2^* = -0.01425, \quad K_3^* = -0.01523.
$$

最近邻模型的临界点可以通过寻找临界面和 K_1 轴的交点来得到. 我们发现 $K_{1c} = 0.2575$, 与一阶近似得到的结果相比, 它更靠近严格解 ($K_{1c} = 0.27465$).

在 $\{K^*\}$ 点, 线性化后的递归关系给出矩阵 $\boldsymbol{M}$ (见 7.2 节). 矩阵 $\boldsymbol{M}$ 为

$$
\boldsymbol{M} = \begin{bmatrix} 1.8313 & 1.3446 & 0.8964 \\ -0.0052 & 0 & 0.4482 \\ -0.0781 & 0 & 0 \end{bmatrix},
$$

并具有本征值 $\lambda_1 = 1.7728, \lambda_2 = 0.1948, \lambda_3 = -0.1364$. 相关标度场对应 λ_1, 且具有指数 $y_t = y_1 = 1.042$, 它与严格解 $y_t = 1.0$ 很接近. 比热指数是 $\alpha = 0.081$ (非常小). 在严格解中, 比热只存在一个对数奇点 ($\alpha = 0$).

人们可能会问, 如果我们考虑更高阶的累积量、更大的元胞, 或者是除多数规则以外的权重函数, 是不是会得到更好的结果? 到目前为止的经验是令人颇为沮丧的. 但是确实存在累积量方法以外的其他进行位置空间重整化的方法能够给出更好的结果. 在 7.5 节中, 我们会涉及其中的一些内容.

267

7.5 其他的位置空间重整化群方法

7.5.1 有限格点方法

有限格点方法, 也叫集团近似, 是重整化群技术中最有用的方法之一. 其基本想法是用一个小系统的严格递归关系来模拟一个无限系统的递归关系. 在这里我们不会全面介绍这个方法, 有兴趣的读者可以参考 Niemeijer 和 van Leeuwen 的评论文章 [217]. 我们通过分析一个用来模拟三角格子上的 Ising 铁磁体的最小集团来说明这个处理过程. 在接下来的一节里, 我们将会讨论另一个在物理上更直观有趣的例子.

考虑一个系统, 它由一对最近邻元胞组成, 每一个元胞含有三个自旋 (见图 7.11). 正如在累积量近似中的讨论一样, 我们也使用 "多数规则" 来投影式 (7.45). 现在我们不需要对 $\langle e^V\rangle$ 做任何近似. 我们可以直接对这六个自旋的 2^6 个位形求迹, 从而得到 $\langle e^V\rangle$ 的表达式. 为了简单起见, 我们只考虑 $h=0$ 的情况. 在这种情况下, 重整化后的哈密顿量为

$$\begin{aligned} e^{g(K)+H'(K',\mu)} &= e^{g+K'\mu_I\mu_J} \\ &= \operatorname*{Tr}_{\sigma} P(\mu,\{\sigma\})\exp\left\{K\sum_{\langle ij\rangle}\sigma_i\sigma_j\right\}. \end{aligned} \tag{7.70}$$

函数 g 和 K' 可以通过下面的关系来决定:

$$\begin{aligned} e^{g+K'} &= \operatorname*{Tr}_{\sigma} P(\mu_i=+1,\{\sigma\})P(\mu_J=+1,\{\sigma\})e^H, \\ e^{g-K'} &= \operatorname*{Tr}_{\sigma} P(\mu_i=+1,\{\sigma\})P(\mu_J=-1,\{\sigma\})e^H. \end{aligned} \tag{7.71}$$

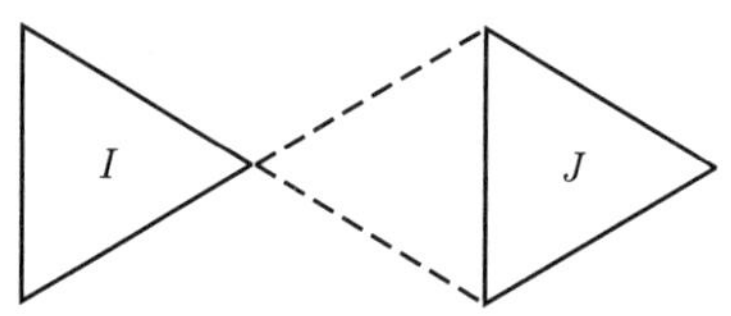

图 7.11 六自旋集团

由于投影算符对迹的限制, 上面每一个式子都有十六项贡献. 因此我们得到

$$\begin{aligned} e^{g+K'} &= e^{8K}+3e^{4K}+2e^{2K}+3+6e^{-2K}+e^{-4K}, \\ e^{g-K'} &= 2e^{4K}+2e^{2K}+4+6e^{-2K}+2e^{-4K}, \end{aligned} \tag{7.72}$$

268 或写成

$$K'=\frac{1}{2}\ln\frac{e^{8K}+3e^{4K}+2e^{2K}+3+6e^{-2K}+e^{-4K}}{2e^{4K}+2e^{2K}+4+6e^{-2K}+2e^{-4K}}. \tag{7.73}$$

上述递归关系给出一个不动点 $K^* = K_c = 0.3653$ 和指数 $y_t = 0.7922$. 这个简单计算的结果可能并不能令人满意, 然而 Niemeijer 和 van Leeuwen[217] 针对三角格子上的 Ising 铁磁体, 使用更大更对称的集团得到了非常好的临界温度与临界指数. 上面这个简单的例子并不能让我们很明显地看到长程耦合常数是如何进入计算里的. 希望通过思考可以令读者相信所有与哈密顿量和集团对称性相一致的耦合常数最终都可以在迭代中产生. 因此在没有磁场的情况下, 对于正方格子上的 Ising 模型, 将十六个自旋组成的集团拆分为四个自旋的元胞可以允许发生最近邻与次近邻相互作用 K_1 与 K_2, 以及一个四自旋相互作用 $K_4'\mu_1\mu_2\mu_3\mu_4$. $K_1, K_2, K_4 \to K_1', K_2', K_4'$ 的计算已经由 Nauenberg 和 Nienhuis[212] 完成, 他们的结果与 Onsager 的严格解非常吻合. 由于每一个自旋块区含有偶数个自旋, 因此有必要改变多数规则以便处理 "票数" 相同的情形.

在这个时候, 读者可能会觉得重整化群方法, 除了能自动产生标度化的自由能和普适性之外, 只是一个局限于已知模型的计算工具. 在下一小节里我们讨论一个与实验相关的模型, 对于此模型, 平均场的方法会给出令人误导的结果.

7.5.2 吸附单层: Ising 反铁磁体

最近几年涌现了大量针对物理吸附系统的研究, 这是因为这些系统可以实现丰富多样的相变, 其中一些是二维系统所特有的. 在这里, 我们讨论其中一个这样的 269
系统, 即石墨表面的氦.

如图 7.12 所示, 石墨表面具有蜂窝状结构, 而石墨与氦之间的相互作用在蜂窝状结构中心的正上方产生优势吸附占位. 为了从一个优势吸附占位移动到下一个, 氦原子必须跨过一个势垒. 我们假设这些势垒足够大, 这样就可以将这个系统看作二维格气, 而吸附占位要么被填满 $(n_j = 1)$, 要么空着 $(n_j = 0)$. 如果存在氦-氦两体相互作用 $V(r_{ij})$, 我们将得到一个如下的哈密顿量:

$$H = \sum_{i<j} V(r_{ij}) n_i n_j. \tag{7.74}$$

氦-氦两体相互作用可以用 Lennard-Jones 势 (见式 (5.7)) 来近似, 并在蜂窝状结构的最近邻距离 (0.246 nm) 和次近邻距离 ($\sqrt{3}\times0.246$ nm = 0.426 nm) 之间的某个位置具有一个最小值. 我们忽略次近邻及更高阶的相互作用, 在如下的理想化的哈密顿量下进行研究:

$$H = V_0 \sum_{\langle ij\rangle} n_i n_j, \tag{7.75}$$

其中 $V_0 > 0$, 求和包括由六边形的中心组成的最近邻对. 在巨正则系综下研究该系统是很方便的 (在实验中, 吸附氦原子与氦蒸气相互平衡). 因此我们在哈密顿量里

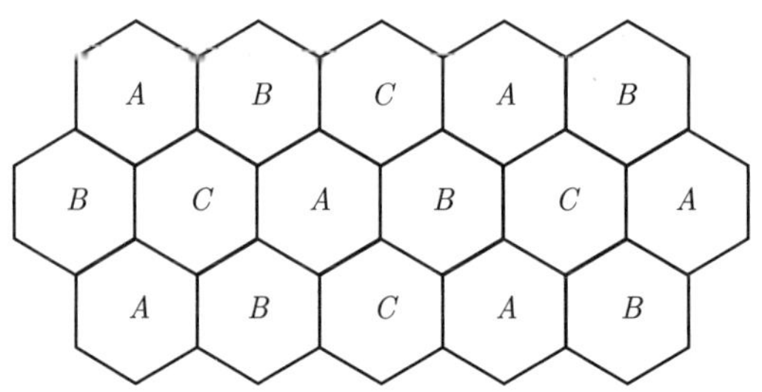

图 7.12 单层石墨的蜂窝状结构

270 增加一项 $-\mu\sum_i n_i$. 为了将哈密顿量写成 Ising 形式, 我们进行如下转换:

$$n_i = \frac{1}{2}(1+\sigma_i), \tag{7.76}$$

其中 $\sigma_i = \pm 1$. 从而可得

$$H = J\sum_{\langle ij\rangle}\sigma_i\sigma_j - h\sum_i \sigma_i + c, \tag{7.77}$$

其中 $J = V_0/4, h = \frac{1}{2}(\mu - 3V_0), c = \frac{1}{4}N(3V_0 - 2\mu)$, 即我们面临的是一个与磁场中的 Ising 反铁磁体等价的问题. 零磁化强度态精确地对应一半的格点被占据的情况. $h=0$ 的特殊情况已经被 Houtappel[135], 以及 Husimi 和 Syozi[137] 解决了. 他们发现对于任何非零温度, 系统都是无序的, 并且不存在相变. 没有相变的物理原因是基态的高度简并. 为了说明这一点, 我们注意到三角格子可以分成三套子格子 (见图 7.12 中的 A, B, C). 每套子格子上的所有格点的最近邻格点都在其他两套子格子上, 而不在同一套子格子上. 某些简并的基态位形在其中的某套子格子上 (例如 A) 有 $\sigma_i = +1$, 而在另一套子格子上 (例如 B) 有 $\sigma_i = -1$. 由于反铁磁相互作用, 这样做可以比完全的无序位形能量低. 但是一旦 A 和 B 的自旋给定, C 上的自旋就完全 "失措" 了 (也即是说, 它们的取向完全不确定了). 因此基态的简并度大于 $2^{N/3}$, 并且即使在零温的时候也有剩余熵存在. 另一方面, 如果在式 (7.77) 中 $h \neq 0$, 那么基态的简并会遭到破坏, 我们则预期会出现一个如图 7.13 所示的相图.

我们现在简单介绍一下 Schick 等人在处理式 (7.77) 中的哈密顿量时所用到的重整化群方法[267]. 在处理具有对称性的模型时, 很重要的一点是在重整化变换下保持该对称性. 这样做的原因在于尽管式 (7.42) 和式 (7.50) 是严格的, 且对于任意的分块方式都成立, 但它们必须在一定的近似下进行计算. 在近似计算下, 抛弃一种对称性可能会意味着重整化后的哈密顿量与原来的哈密顿量属于不同的普适类.

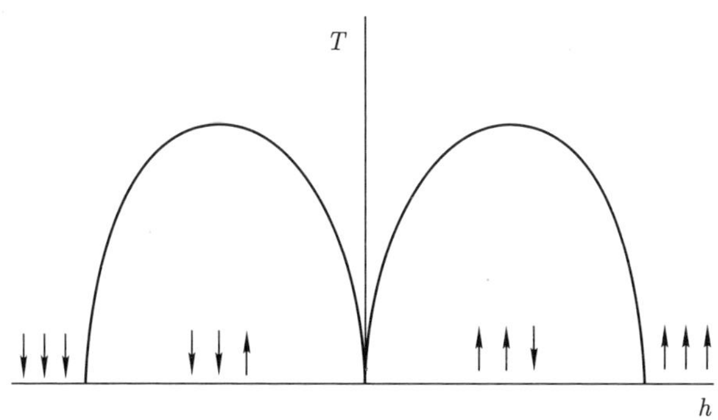

图 7.13 三角格子上的二维 Ising 反铁磁体的相图

对于现在的问题, 我们希望在重整化变换下保留三套子格子的等价性. 这个
$\sqrt{3}\times\sqrt{3}$ 的有序态, 有 $\dfrac{1}{3}$ 的覆盖率, 且 A, B, C 中的任意一套子格子都比其他子格子 271
的占有数多, 我们希望在重整化变换下保持这种特性. 我们注意到这个系统的有序态, 即正好 $\dfrac{1}{3}$ 覆盖率的情况下, 可以用一个二元序参量来描述. 在无序相, 每一套子格子的密度为 $\dfrac{1}{3}$, 并且对三套子格子的倾向程度分别由 $\langle n_A\rangle-\dfrac{1}{3}, \langle n_B\rangle-\dfrac{1}{3}, \langle n_C\rangle-\dfrac{1}{3}$ 三个数给出. 在密度固定的情况下, 这三个数之和必须为零, 所以一共有两个独立变量来描述系统. 系统离散的三重对称性 (对应着序参量旋转 $2\pi/3$) 通常称为三态 Potts 对称性, 我们预期这个系统的相变和之前在 3.8.1 小节里介绍的三态 Potts 模型[248] 一致. 我们可以使用式 (3.44) 中的参数化方式来描述这个二元序参量, 即

$$\begin{aligned}\langle n_A\rangle &= \frac{1}{3}+\frac{2}{3}y,\\ \langle n_B\rangle &= \frac{1}{3}+\frac{1}{\sqrt{3}}x-\frac{1}{3}y,\\ \langle n_C\rangle &= \frac{1}{3}-\frac{1}{\sqrt{3}}x-\frac{1}{3}y,\end{aligned} \tag{7.78}$$

x 和 y 的可能取值范围如图 3.11 所示. Potts 模型 (或我们的反铁磁体) 的 Landau 自由能中含有一个三阶项, 暗示存在一个一级相变. 在这种情况下, Landau 理论定
性上就不正确了, 因为可以严格证明在二维情况下相变一定是连续的[29] . 在三维 272
情况下, Landau 的结果似乎是正确的.

鉴于上面的讨论, 可以清楚地看出重整化变换需要保留三套子格子的等价性. 符合这个要求的最简单的分块方式如图 7.14 所示. 这三个相互渗透的三角形代表了具有等价格点的三个自旋块区, 并且我们可以把一个块区自旋 (例如 σ_A) 和原来格子上的格点自旋联系起来. 在这个时候, 我们可能会选择一个近似方式 (集团方法、累积量方法等). 这样得到的重整化变换后的哈密顿量应该具有合适的三重对称性. 但在这里, 我们不打算完成计算. 关于有限集团计算的细节可以在 Schick 等人的文章 [267] 中找到.

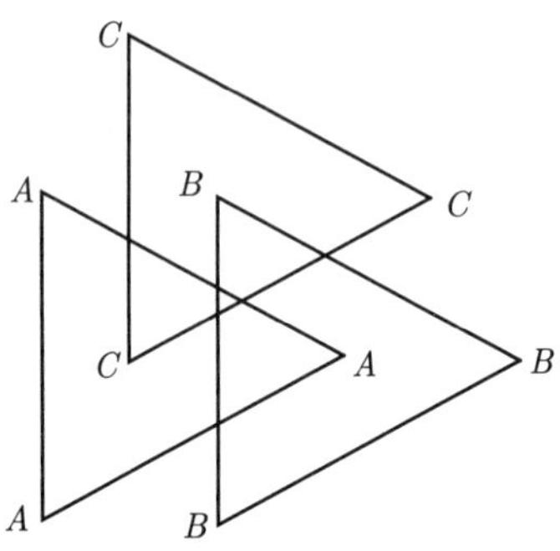

图 7.14　保留三重对称性的分块方法

7.5.3　Monte Carlo 重整化

在前面几节, 我们发展了重整化群理论并描述了几种利用重整化群来计算的方法. 这些方法中没有一个在得到准确的临界耦合常数和临界指数方面特别成功. 现在它们的价值更多地体现在它们提供的物理直觉 (例如什么时候会出现一些相互竞争的不动点), 而不是在准确的具体结果上. 现在我们再考虑一套重整化群方法, 该方法至少在经典自旋的问题上可以得到非常准确的临界指数.

Monte Carlo 重整化群方法首先由 Ma[183] 提出, 随后由 Swendsen 及其合作者
273 们进一步发展[292—295,44,236]. 考虑一个 d 维格子上的 Ising 系统. 我们将哈密顿量写成紧凑形式:

$$H=\sum_{\alpha}K_\alpha\psi_\alpha(\sigma_i), \tag{7.79}$$

其中指标 α 代表某一类耦合 (见式 (7.16)). 现在我们对于哈密顿量 H 里含有的耦合种类没有任何限制. 我们注意到自旋算符的期望值是

$$\langle\psi_\alpha\rangle=\frac{\partial\ln Z}{\partial K_\alpha}, \tag{7.80}$$

其中

$$Z=\mathrm{Tr}\,\mathrm{e}^H,$$

关联函数是

$$\langle\psi_\alpha\psi_\beta\rangle-\langle\psi_\alpha\rangle\langle\psi_\beta\rangle=\frac{\partial\langle\psi_\alpha\rangle}{\partial K_\beta}\equiv S_{\alpha\beta}. \tag{7.81}$$

现在考虑一个很大但有限的具有形如式 (7.79) 的哈密顿量的系统, 并满足 (通常的) 周期性边界条件. 我们将在第 9 章中讨论如何用 Monte Carlo 方法来模拟这样一个系统. 对于有限系统而言, 式 (7.80) 和 式 (7.81) 中的期望值可以通过足够长时间的采样来达到任意的精确度.

我们现在将这个有限系统分块. 例如对于一个 d 维立方格子, 可以选择由 2^d 个自旋构成一个自旋块区, 那么 $N/2^d$ 个自旋块区又会重新构成一个立方格子. 我们同时定义一个规则 (比如多数规则), 从而可以根据初始自旋的位形来为块区自旋赋值. 这样的话, 当我们在运行每一次 Monte Carlo 计算时, 可以同时追踪块区自旋和格点自旋的位形. 事实上, 如果原来的格子足够大, 我们可以累积好几代自旋的信息 (N_0 个格点自旋, $N_1 = N_0/2^d$ 个块区自旋, $N_2 = N_1/2^d$ 个二代块区自旋, 等等).

我们假设第 n 代块区自旋的哈密顿量可以写成

$$H^n = \sum_\alpha K_\alpha^n \psi_\alpha(\sigma_i^n), \tag{7.82}$$

其中函数 ψ_α 对于所有代都是一样的. 我们的目的是得到递归关系 $K_\alpha^n = R_\alpha(K_1^{n-1}, K_2^{n-1}, \cdots)$. 我们写出

$$\exp\{H^n\} = \operatorname*{Tr}_{\sigma^{n-1}} P(\sigma^n, \sigma^{n-1}) \exp\{H^{n-1}\}. \tag{7.83}$$

定义 $S_{\alpha\beta}^n$ 为对应第 n 代分块时计算的关联函数 (见式 (7.81)), 同时定义 $S_{\alpha\beta}^{n,n-1}$ 为 274
连接 n 与 $n-1$ 两代分块的关联函数, 即

$$S_{\beta\alpha}^{n,n-1} \equiv \frac{\partial\langle\psi_\beta^n\rangle}{\partial K_\alpha^{n-1}} = \frac{\partial}{\partial K_\alpha^{n-1}} \frac{\operatorname*{Tr}_{\sigma^n} \psi_\beta^n \operatorname*{Tr}_{\sigma^{n-1}} P(\sigma^n, \sigma^{n-1}) \exp\{H^{n-1}\}}{\operatorname*{Tr}_{\sigma^n} \operatorname*{Tr}_{\sigma^{n-1}} P(\sigma^n, \sigma^{n-1}) \exp\{H^{n-1}\}}. \tag{7.84}$$

对式 (7.84) 的右边求导, 并利用

$$\operatorname*{Tr}_{\sigma^n} P(\sigma^n, \sigma^{n-1}) = 1,$$

我们得到

$$\begin{aligned} S_{\beta\alpha}^{n,n-1} = &\frac{\operatorname*{Tr}_{\sigma^n} P(\sigma^n, \sigma^{n-1}) \psi_\beta^n \psi_\alpha^{n-1} \exp\{H^{n-1}\}}{\operatorname{Tr} \exp\{H^{n-1}\}} \\ &- \frac{\operatorname*{Tr}_{\sigma^n} \psi_\beta^n \exp\{H^n\}}{\operatorname*{Tr}_{\sigma^n} \exp\{H^n\}} \frac{\operatorname*{Tr}_{\sigma^{n-1}} \psi_\alpha^{n-1} \exp\{H^{n-1}\}}{\operatorname*{Tr}_{\sigma^{n-1}} \exp\{H^{n-1}\}}. \end{aligned} \tag{7.85}$$

利用导数的链式法则, 我们发现

$$S_{\beta\alpha}^{n,n-1} \equiv \frac{\partial\langle\psi_\beta^n\rangle}{\partial K_\alpha^{n-1}} = \sum_\gamma \frac{\partial\langle\psi_\beta^n\rangle}{\partial K_\gamma^n} \frac{\partial K_\gamma^n}{\partial K_\alpha^{n-1}}, \tag{7.86}$$

或者写成

$$S_{\beta\alpha}^{n,n-1} = \sum_{\gamma} S_{\beta\gamma}^{n} \frac{\partial K_{\gamma}^{n}}{\partial K_{\alpha}^{n-1}}. \tag{7.87}$$

式 (7.87) 是 Monte Carlo 重整化群方法的基本方程. 矩阵元 $S_{\beta\gamma}^{n}$ 与 $S_{\beta\alpha}^{n,n-1}$ 可以通
275 过对 Monte Carlo 运算中产生的不同位形的平均来计算. 它们只依赖于格点自旋哈密顿量的耦合常数, 以及定义分块的投影算符 P. 如果格点自旋哈密顿量位于临界面上, 在 n 变大时, 递归关系 $\partial K_{\gamma}^{n}/\partial K_{\alpha}^{n-1}$ 趋近于稳定不动点的线性递归关系, 即

$$T_{\gamma\alpha}^{n,n-1} \equiv \frac{\partial K_{\gamma}^{n}}{\partial K_{\alpha}^{n-1}} \to M_{\gamma\alpha}. \tag{7.88}$$

在矩阵语言下,

$$\boldsymbol{M} = [\boldsymbol{S}^{n}]^{-1}[\boldsymbol{S}^{n,n-1}]. \tag{7.89}$$

这个矩阵的本征值给出了临界指数.

到目前为止, 我们在几个重要的技术点上仍然非常不清楚. 就像我们之前注意到的一样, 耦合常数空间是无限维的. 在一个有限大小的系统里, 只能容纳有限个独立自旋算符和耦合常数. 根据这里简述的 Monte Carlo 方法, 可以利用的耦合常数的个数由最后一代块区自旋的数目决定. 然而通过在保留相同迭代次数的情况下扩大格点自旋的数目或减少分块次数, 我们可以很直接地增加更多的耦合常数.

在式 (7.89) 中, 我们暗示通过有限次迭代, 可以足够接近不动点, 以至于 $\boldsymbol{T}$ 矩阵基本上等同于 $\boldsymbol{M}$ 矩阵. 在实际操作中, 对于临界面附近小区域内的耦合常数来说, 相应的作为 n 的函数的 $\boldsymbol{T}^{n,n-1}$ 矩阵, 其本征值很快趋近于稳态值, 因此有足够的理由相信这是一个合理的假设. 想知道进一步的技术细节, 以及 Monte Carlo 重整化群方法的一些更重要的应用结果, 我们推荐读者阅读在这一节开头提到的参考文献.

7.6 唯象重整化群

"唯象重整化群" 这一术语有时被用来特指 Nightingale[218] 发展出来的一套方法, 该方法对于可以构建转移矩阵的二维系统尤其有用. 这样的系统包括 Ising 模型、Potts 模型, 以及其他很多具有短程相互作用的离散自旋模型. 这个方法同时
276 也和 6.4 节里介绍的有限尺寸标度理论密切相关. 我们将通过在二维 Ising 模型上的应用来说明该方法, 但是我们先从更一般的讨论开始. 考虑一个满足周期性边界条件的二维自旋系统. 假设配分函数可以通过一个转移矩阵 $\boldsymbol{V}$ (对于 $\boldsymbol{V}$, 我们不做赘述) 来计算 (见 6.1 节), 即

$$Z = \operatorname*{Tr}_{\{\sigma_1\}} \operatorname*{Tr}_{\{\sigma_2\}} \cdots \operatorname*{Tr}_{\{\sigma_M\}} \boldsymbol{V}_{\sigma_1,\sigma_2} \boldsymbol{V}_{\sigma_2,\sigma_3} \cdots \boldsymbol{V}_{\sigma_M,\sigma_1}. \tag{7.90}$$

在式 (7.90) 里, 操作 $\operatorname*{Tr}_{\{\sigma_j\}}$ 代表对第 j 行的所有自旋参数求迹. 就像我们前面展示的一样, 配分函数即简单地变成矩阵 $\boldsymbol{V}$ 的最大本征值 λ_0 的 M 次幂. 现在我们说明关联长度 ξ 可以由该矩阵的两个最大本征值表示. 考虑最简单的关联函数, 即两个自旋位于同一行并相隔 j 列:

$$g(j) = \langle \sigma_{i,1}\sigma_{i,j+1} \rangle. \tag{7.91}$$

令 λ_n 表示 $\boldsymbol{V}$ 的第 n 大本征值, $|n\rangle$ 代表相应的归一化本征态. 我们隐含地定义一个矩阵 $\boldsymbol{W}$, 并使得式 (7.91) 可以被写成

$$g(j) = \frac{\operatorname*{Tr}_{\{\sigma_1\}} \operatorname*{Tr}_{\{\sigma_2\}} \cdots \operatorname*{Tr}_{\{\sigma_M\}} \boldsymbol{W}\boldsymbol{V}^{j-1}\boldsymbol{W}\boldsymbol{V}^{M-j-1}}{\lambda_0^M}, \tag{7.92}$$

其中矩阵 $\boldsymbol{W}$ 和 $\boldsymbol{V}$ 不同是因为 $\sigma_{i,1}, \sigma_{i,j+1}$ 会乘上对应于第 1 列和第 $j+1$ 列的 Boltzmann 权重因子. 由于分子中的 $\boldsymbol{V}^{M-j-1}$, 式 (7.92) 的期望值在热力学近似 $M \to \infty$ 下, 可约化成

$$g(j) = \frac{\langle 0|\boldsymbol{W}\boldsymbol{V}^{j-1}\boldsymbol{W}|0\rangle}{\lambda_0^{j+1}}. \tag{7.93}$$

利用 $\sum\limits_n |n\rangle\langle n| = \mathbf{1}$, 我们可以进一步简化这个方程, 从而得到

$$g(j) = \frac{\langle 0|\boldsymbol{W}|0\rangle^2}{\lambda_0^2} + \sum_{n>0} \frac{\langle n|\boldsymbol{W}|0\rangle^2}{\lambda_0\lambda_n}\left(\frac{\lambda_n}{\lambda_0}\right)^j. \tag{7.94}$$

式 (7.94) 中的第一项很清楚地代表了序参量的平方 $\langle\sigma_{ij}\rangle^2$, 而第二项是自旋-自旋关联函数 $\Gamma(j)$. 当我们增大 j 时, 只有第二大本征值 277

$$\Gamma(j) \sim \frac{\langle 1|\boldsymbol{W}|0\rangle^2}{\lambda_0\lambda_1}\left(\frac{\lambda_1}{\lambda_0}\right)^j = a\mathrm{e}^{-j/\xi} \tag{7.95}$$

的贡献最为重要, 其中

$$\xi^{-1} = -\ln\frac{\lambda_1}{\lambda_0}. \tag{7.96}$$

我们在 3.6 节里已经给出过上述表达式的一个例子, 在那里我们推导了一维 Ising 模型的两体关联函数.

在上面的推导中我们使用了一系列假定, 最重要的是矩阵元 $\langle 1|\boldsymbol{W}|0\rangle$ 非零. 虽然我们还不清楚关于这种情况的一般证明, 但是它对于二维 Ising 模型来说也是成立的, 并且对于一般的情况也应该成立. 我们也计算了一个相对特殊的关联函数, 即同一行里的两个自旋间的关联函数. 这让我们在不给定转移矩阵的情况下仍然

可以进行运算. 我们现在可以从对称性的角度来阐述式 (7.96) 的结果应该是普遍存在的. 将格子划分为行和列的做法其实是一个人为的技术手段, 而行和列上的关联函数必须是一样的. 同样在距离较大的情况下, 只有两个自旋间的距离会进入关联函数, 而这两个自旋间连线的方向不会参与进来.

我们利用这些结果来构建一个近似的重整化过程. 首先, 让我们回顾一下 6.4 节中的有限尺寸标度理论. 在那里我们假设在临界点附近, 对于一个在 T_c 处具有幂指数奇点的无限系统来说, $Q(L,T)$ 可以写成如下形式①:

$$Q(L,T) = |t|^{-\rho} f\left(\frac{L}{\xi(t)}\right),$$

其中标度函数 f 具有某种适当的极限形式. 针对我们现在的目的, 可以将上述表达式写成一个更方便的等价形式, 即

$$Q(L,T) = L^{\rho/\nu} g(|t|L^{1/\nu}), \tag{7.97}$$

其中当 $L \to \infty$ 时, 为了重现 $|t|^{-\rho}$ 的行为, 我们必须令 $g(x) \sim |x|^{-\rho}$. 我们现在可以在有限系统的关联长度 ξ 中利用这个形式, 并得到

$$\xi(L,T) = Lg(|t|L^{1/\nu}). \tag{7.98}$$

278 比较线性维度分别是 L 和 L' 的两个系统, 我们有下面的关系:

$$\frac{\xi(L,T)}{L} = \frac{\xi(L',T')}{L'}, \tag{7.99}$$

该式定义了两个系统的温度 T 和 T' 之间的关系, 因为我们可以认为这两个系统中较小的一个, 比如说大小为 L 的那一个, 是通过大小为 L' 的那一个进行块区自旋变换而得到的, 所以这个关系定义了一个重整化变换. 下面的过程特别有效. 考虑两个宽度分别为 L 和 L' 的无限长的带. 这两个带之间的转移矩阵具有有限维度 (对于 Ising 模型来说是 $2^L \times 2^L$), 并且对于相当大的矩阵, 我们可以很容易计算出其中最大的两个本征值. 利用式 (7.96) 与式 (7.99), 可以得到类温耦合的递归关系. 临界点或不动点 $T^*(L,L')$ 由 $\xi(L,T^*)/L = \xi(L',T^*)/L'$ 给出, 我们预期 $T^*(L,L')$ 会在 $L,L' \to \infty$ 时收敛到无限系统的临界温度上. 在这个不动点附近, 我们会得到

$$\frac{\xi(L,T^*+\mathrm{d}T)}{L} = \frac{\xi(L',T^*+\mathrm{d}T')}{L'},$$

或写成

$$\left.\frac{\mathrm{d}T}{\mathrm{d}T'}\right|_{T^*} = b^{y_t} = \left.\frac{L\xi'(L',T')}{L'\xi'(L,T)}\right|_{T^*}, \tag{7.100}$$

① 想了解利用位置空间重整化群方法得到这个标度形式的推导过程, 请见参考文献 [24].

其中 $b = L'/L$, 热指数 $y_t = 1/\nu$.

我们通过二维 Ising 模型的简单计算来说明这个过程. 考虑两个宽度分别为 $L' = 4$ 和 $L = 2$ 的带. 我们可以很容易将转移矩阵对角化. 但是由于 6.1 节中的严格解, 我们有最大本征值的解析表达式. 根据之前的式 (6.37) 及式 (6.38), 并注意到 $\boldsymbol{V}$ 的两个最大本征值分别是偶数子空间和奇数子空间里的两个最大值, 我们有

$$\xi^{-1}(M, K) = -2K + \sum_{q_1 \neq 0, \pi} \epsilon(q_1) - \sum_{q_2} \epsilon(q_2),$$

其中对于一个宽度为 M 的带来说, $q_1 = (0, \pm 2, \pm 4, \cdots, \pm M)\pi/M, q_2 = (\pm 1, \pm 3, \cdots, \pm(M-1))\pi/M$, 而且 $\cosh \epsilon(q) = \cosh 2K \coth 2K + \cos q$. 有了本征值就可以很容易确定 $L' = 4, L = 2$ 的不动点. 找到的 $K^* = J/k_{\mathrm{B}}T_{\mathrm{c}} = 0.4266$ 和严格解 $K_{\mathrm{c}} = 0.4407$ 相当吻合. 类似地, 从式 (7.100) 得到的热本征值为 $y_t = 1.075$, 也和严格解 $y_t = 1.0$ 吻合得很好.

我们发现, 只需要多做一点工作, 唯象重整化群和严格解之间的吻合度就可以得到很大提高. 但是更加重要的是这个方法可以应用到其他很多二维系统, 一般来 279
说都可以得到不错的结果. 如果读者希望有更广泛的了解, 可以阅读参考文献 [24], 以及其中引用到的文献.

7.7 ϵ 展 开

下面我们从一个不同的角度来发展重整化群. 撇开对于具体模型的处理, 例如某种具体格子上的 Ising 模型, 我们希望从普适性的角度来进行研究, 并且只保留哈密顿量中我们认为最基本的一些特征. 我们的推导将沿用 Wilson 关于重整化群的原始理论方法[325,327]. 首先考虑一个 d 维立方格子上的 n 元自旋系统. 哈密顿量可以写成

$$\widetilde{H} = -\sum_{\boldsymbol{r},\boldsymbol{a}} J(\boldsymbol{a}) \boldsymbol{S}_{\boldsymbol{r}} \cdot \boldsymbol{S}_{\boldsymbol{r}+\boldsymbol{a}} - \widetilde{h} \sum_{\boldsymbol{r}} S_{\boldsymbol{r}}^{\alpha}, \tag{7.101}$$

其中 $J(\boldsymbol{a})$ 是相互作用能量, $\tilde{h}$ 是一个指向 α 方向的磁场, $\boldsymbol{r}$ 是 d 维格子上的点. 将自旋变量取为连续的 (经典的) n 元矢量 $\boldsymbol{S}_{\boldsymbol{r}} = (S_{\boldsymbol{r}}^x, S_{\boldsymbol{r}}^y, \cdots)$, 满足

$$\sum_{\gamma=1}^{n} (S_{\boldsymbol{r}}^{\gamma})^2 = 1.$$

为了方便起见, 我们取消自旋具有固定大小的限制, 相反地, 利用一个权重函数来允许自旋大小的涨落:

$$Z = \left(\prod_{\boldsymbol{r},\gamma} \int_{|\boldsymbol{S}_{\boldsymbol{r}}|=1} \mathrm{d}S_{\boldsymbol{r}}^{\gamma} \right) \mathrm{e}^{-\beta \widetilde{H}} \to \left(\prod_{\boldsymbol{r},\gamma} \int_{-\infty}^{\infty} \mathrm{d}S_{\boldsymbol{r}}^{\gamma} W(|\boldsymbol{S}_{\boldsymbol{r}}|) \right) \mathrm{e}^{-\beta \widetilde{H}}. \tag{7.102}$$

如果我们选择

$$W(|\boldsymbol{S_r}|)=\delta\left(\sum_{\gamma}(S_{\boldsymbol{r}}^{\gamma})^2-1\right),$$

那么式 (7.102) 就是一个恒等变换. 然而我们可以通过将 δ 函数替换成一个如下的连续函数来简化计算:

$$W(\boldsymbol{S_r})=\mathrm{e}^{-(1/2)b|\boldsymbol{S_r}|^2-c(\boldsymbol{S_r}\cdot\boldsymbol{S_r})^2}, \tag{7.103}$$

280 其中 $b<0, c=-b/4$. 这个函数在 $|\boldsymbol{S}|=1$ 的地方有一个极大值, 并且如果 $|b|$ 很大, W 会随着 $|\boldsymbol{S}|$ 与 1 的偏差的增大而迅速减小. 我们在有效哈密顿量中加入权重函数的对数, 并应用如下自旋变量的动量空间表示来重写有效哈密顿量:

$$\boldsymbol{S_r}=\frac{1}{\sqrt{N}}\sum_{\boldsymbol{q}}\boldsymbol{S_q}\mathrm{e}^{\mathrm{i}\boldsymbol{q}\cdot\boldsymbol{r}}. \tag{7.104}$$

这里矢量 $\boldsymbol{q}$ 被限制在 d 维简单立方格子的第一 Brillouin 区内 $(-\pi/a\leqslant q_i<\pi/a), i=1,2,\cdots,d$. 将之代入式 (7.104), 我们可以得到

$$\begin{aligned}H&=-\beta\widetilde{H}+\ln W(\{\boldsymbol{S_r}\})\\&=-\sum_{\boldsymbol{q}}\left[\frac{b}{2}-K(\boldsymbol{q})\right]\boldsymbol{S_q}\cdot\boldsymbol{S_{-q}}\\&\quad-\frac{c}{N}\sum_{\boldsymbol{q}_1,\boldsymbol{q}_2,\boldsymbol{q}_3}(\boldsymbol{S}_{\boldsymbol{q}_1}\cdot\boldsymbol{S}_{\boldsymbol{q}_2})(\boldsymbol{S}_{\boldsymbol{q}_3}\cdot\boldsymbol{S}_{-\boldsymbol{q}_1-\boldsymbol{q}_2-\boldsymbol{q}_3})+\sqrt{N}h_0S_0^{\alpha},\end{aligned} \tag{7.105}$$

其中

$$K(\boldsymbol{q})=\beta\sum_{\boldsymbol{a}}J(\boldsymbol{a})\mathrm{e}^{-\mathrm{i}\boldsymbol{q}\cdot\boldsymbol{a}}, \tag{7.106}$$

$h_0=\beta\tilde{h}$. 考虑一个最近邻间距为 a 的格子, 并且只考虑其最近邻相互作用. 令 $\beta J(\boldsymbol{a})=\frac{1}{2}K_0$, 在长波长 (小 q) 近似下, 我们有

$$K(\boldsymbol{q})=K_0\sum_{j=1}^{d}\cos q_ja\approx dK_0-\frac{1}{2}K_0a^2q^2. \tag{7.107}$$

由于临界点附近重要的涨落主要是长波长的, 因此在式 (7.107) 里, 我们只保留到 q^2 阶的各项, 而关键的物理则体现在第一项中 ②. 下面我们重新标度自旋变量, 使得有效哈密顿量里的 q^2 项的系数等于 1/2, 最终得到

$$\begin{aligned}H(\{\boldsymbol{S_q}\})=&-\frac{1}{2}\sum_{\boldsymbol{q}}(r+q^2)\boldsymbol{S_q}\cdot\boldsymbol{S_{-q}}+\sqrt{N}h_0S_0^{\alpha}\\&-\frac{u}{N}\sum_{\boldsymbol{q}_1,\boldsymbol{q}_2,\boldsymbol{q}_3}(\boldsymbol{S}_{\boldsymbol{q}_1}\cdot\boldsymbol{S}_{\boldsymbol{q}_2})(\boldsymbol{S}_{\boldsymbol{q}_3}\cdot\boldsymbol{S}_{-\boldsymbol{q}_1-\boldsymbol{q}_2-\boldsymbol{q}_3}),\end{aligned} \tag{7.108}$$

② 关于这一点的更多细节请参见 Chaikin 和 Lubensky 的书中的 5.8.4 小节.

其中 281

$$r = \frac{b - 2dK_0}{K_0 a^2}, \quad h = \frac{h_0}{(K_0 a^2)^{1/2}}, \quad u = \frac{c}{K_0^2 a^4}.$$

在下面的讨论中, 我们继续使用普适性, 而忽略简单立方 Brillouin 区的几何结构, 将现在的无量纲波矢 $\boldsymbol{q}$ 限制在 d 维单位球里面. 这样期望的配分函数为

$$Z = \left(\prod_{q \leqslant 1} \int \mathrm{d}\boldsymbol{S}_{\boldsymbol{q}}\right) \mathrm{e}^{H(\{\boldsymbol{S}_{\boldsymbol{q}}\})}. \tag{7.109}$$

为了说明动量空间重整化群, 我们首先考虑 $u = 0$ 的简单情况, 该情况也被称为 Gauss 模型.

7.7.1 Gauss 模型

Gauss 模型的配分函数

$$Z = \left(\prod_{\boldsymbol{q},\alpha} \int \mathrm{d}S_{\boldsymbol{q}}^{\alpha}\right) \exp\left\{-\frac{1}{2}\sum_{\boldsymbol{q}} (r + q^2)\boldsymbol{S}_{\boldsymbol{q}} \cdot \boldsymbol{S}_{-\boldsymbol{q}} + \sqrt{N} h S_0^{\alpha}\right\} \tag{7.110}$$

可以直接计算. 但是为了说明问题, 我们将进行重整化群计算. 计算步骤如下:

1. 对所有满足 $q > q_l = 1/l$ 的 $\boldsymbol{S}_{\boldsymbol{q}}$ 进行泛函积分, 其中 $l > 1$ 是一个参数. 在位置空间重整化群方法中, 这对应粗粒化操作或块区自旋的选取. 在对 $q > 1/l$ 的 $\boldsymbol{S}_{\boldsymbol{q}}$ 进行积分后, 最小的长度尺度会从 1 变到 l, 距离小于 l 的关联将无法被分辨. 积分以后将得到如下结果 (其中 A 是一个常数):

$$Z = A\left(\prod_{q < q_l, \alpha} \int \mathrm{d}S_{\boldsymbol{q}}^{\alpha}\right) \exp\left\{-\frac{1}{2}\sum_{q < q_l} \boldsymbol{S}_{\boldsymbol{q}} \cdot \boldsymbol{S}_{-\boldsymbol{q}}(r + q^2) + \sqrt{N} h S_0^{\alpha}\right\}. \tag{7.111}$$

2. 将长度重新标度到原来的大小 (即令 $\boldsymbol{q} = \boldsymbol{q}'/l$, 并满足 $q' \leqslant 1$). 在这个变换下, 式 (7.111) 中的指数项变成

$$H' = -\frac{1}{2}\sum_{\boldsymbol{q}'} \left[r + \left(\frac{q'}{l}\right)^2\right] l^{-d} \boldsymbol{S}_{\boldsymbol{q}'/l} \cdot \boldsymbol{S}_{-\boldsymbol{q}'/l} + \sqrt{N} h S_0^{\alpha}. \tag{7.112}$$

因子 l^{-d} 弥补了在扩展 (保持 $\boldsymbol{q}$ 空间的点密度不变的情况下) 球形 Brillouin 区剩 282
余部分时产生的多余自由度.

3. 我们要求除了一个常数外, H' 必须和 H 具有相同的形式. 我们规定 H 中的 $\frac{1}{2}q^2 \boldsymbol{S}_{\boldsymbol{q}} \cdot \boldsymbol{S}_{-\boldsymbol{q}}$ 项的系数为 1. 式 (7.112) 中的对应项是 $\frac{1}{2}q'^2 l^{-(d+2)} \boldsymbol{S}_{\boldsymbol{q}'/l} \cdot \boldsymbol{S}_{-\boldsymbol{q}'/l}$. 为

了让这一项的系数取与 l 无关的固定值, 我们进行如下自旋重置标度的变换:

$$\begin{aligned} \boldsymbol{S}_{\boldsymbol{q}'/l} &= \zeta(l)\boldsymbol{S}_{\boldsymbol{q}'}, \\ \zeta(l) &= l^{1+d/2}. \end{aligned} \tag{7.113}$$

这个自旋重置标度的操作与位置空间重整化群 (见 7.2 节与 7.4 节) 里要求块区自旋与格点自旋为同一类型的思想是一致的 (关于这一点的进一步讨论, 可参见 Pfeuty 和 Toulouse 的著作[242] 中的第 66 页).

因此 H' 的最终形式为

$$\begin{aligned} H' &= -\frac{1}{2}\sum_{\boldsymbol{q}'}(rl^2 + q'^2)\boldsymbol{S}_{\boldsymbol{q}'}\cdot\boldsymbol{S}_{-\boldsymbol{q}'} + \sqrt{N}hl^{1+d/2}S_0^{\alpha} \\ &= -\frac{1}{2}\sum_{\boldsymbol{q}}(r' + q^2)\boldsymbol{S}_{\boldsymbol{q}}\cdot\boldsymbol{S}_{-\boldsymbol{q}} + \sqrt{N}h'S_0^{\alpha}, \end{aligned} \tag{7.114}$$

其中

$$r' = rl^2, \quad h' = hl^{1+d/2}. \tag{7.115}$$

式 (7.115) 就是 Gauss 模型的递归关系. 我们发现对于 $h = 0$, 存在三个不动点: $r = +\infty$ 对应 $T = \infty, r = -\infty$ 对应 $T = 0$, $r = 0$ 对应临界不动点. 假设 r 是一个类似温度的变量, 我们可以得到自由能 (见式 (6.94)) 中的发散部分的标度形式为

$$g(t, h) = l^{-d}g(tl^2, hl^{1+d/2}). \tag{7.116}$$

可以很容易找到临界指数

$$\alpha = 2 - \frac{1}{2}d, \quad \beta = \frac{d}{4} - \frac{1}{2}, \quad \gamma = 1,$$

并且我们看到这些指数在 $d = 4$ 时与 Landau 指数相等.

283　现在考虑关联函数 $\Gamma(\boldsymbol{r}) = \langle S_0^{\alpha}S_{\boldsymbol{r}}^{\alpha}\rangle$:

$$\begin{aligned} \Gamma(\boldsymbol{r}) &= \frac{1}{N}\sum_{\boldsymbol{x}}\langle S_{\boldsymbol{x}}^{\alpha}S_{\boldsymbol{x}+\boldsymbol{r}}^{\alpha}\rangle = \frac{1}{N^2}\sum_{\boldsymbol{q}\boldsymbol{q}'\boldsymbol{x}}\langle S_{\boldsymbol{q}}^{\alpha}S_{\boldsymbol{q}'}^{\alpha}\rangle \mathrm{e}^{\mathrm{i}\boldsymbol{q}\cdot\boldsymbol{x}}\mathrm{e}^{\mathrm{i}\boldsymbol{q}'\cdot(\boldsymbol{x}+\boldsymbol{r})} \\ &= \frac{1}{N}\sum_{\boldsymbol{q}}\langle S_{\boldsymbol{q}}^{\alpha}S_{-\boldsymbol{q}}^{\alpha}\rangle \mathrm{e}^{-\mathrm{i}\boldsymbol{q}\cdot\boldsymbol{r}} = \frac{1}{N}\sum_{\boldsymbol{q}}\Gamma(\boldsymbol{q})\mathrm{e}^{-\mathrm{i}\boldsymbol{q}\cdot\boldsymbol{r}}, \end{aligned} \tag{7.117}$$

其中

$$\Gamma(\boldsymbol{q}) = \frac{\displaystyle\int \mathrm{d}S_{\boldsymbol{q}}^{\alpha}\mathrm{d}S_{-\boldsymbol{q}}^{\alpha}S_{\boldsymbol{q}}^{\alpha}S_{-\boldsymbol{q}}^{\alpha}\exp\{-(r+q^2)S_{\boldsymbol{q}}^{\alpha}S_{-\boldsymbol{q}}^{\alpha}\}}{\displaystyle\int \mathrm{d}S_{\boldsymbol{q}}^{\alpha}\mathrm{d}S_{-\boldsymbol{q}}^{\alpha}\exp\{-(r+q^2)S_{\boldsymbol{q}}^{\alpha}S_{-\boldsymbol{q}}^{\alpha}\}}. \tag{7.118}$$

为了得到式 (7.118), 我们令 $h=0$, 并且对除 $S_{\boldsymbol{q}}^{\alpha}, S_{-\boldsymbol{q}}^{\alpha}$ 以外的所有自旋变量进行积分. 由于 $S_{\boldsymbol{q}}^{\alpha} S_{-\boldsymbol{q}}^{\alpha}$ 在哈密顿量里出现了两次, 因此指数项里的 $\frac{1}{2}$ 消失了. 将自旋变量里的实部和虚部分开:

$$S_{\boldsymbol{q}}^{\alpha}=x+\mathrm{i}y, \quad S_{-\boldsymbol{q}}^{\alpha}=x-\mathrm{i}y,$$

进行积分可以得到

$$\begin{aligned}\Gamma(\boldsymbol{q}) &= \frac{\displaystyle\int_{-\infty}^{\infty} \mathrm{d}x \int_{-\infty}^{\infty} \mathrm{d}y (x^2+y^2) \exp\{-(r+q^2)(x^2+y^2)\}}{\displaystyle\int_{-\infty}^{\infty} \mathrm{d}x \int_{-\infty}^{\infty} \mathrm{d}y \exp\{-(r+q^2)(x^2+y^2)\}} \\ &= \frac{1}{r+q^2}.\end{aligned} \tag{7.119}$$

空间关联函数由

$$\Gamma(\boldsymbol{x})=\left(\frac{1}{2\pi}\right)^d \int \mathrm{d}^d q \frac{1}{r+q^2} \mathrm{e}^{\mathrm{i}\boldsymbol{q}\cdot\boldsymbol{x}} \tag{7.120}$$

给出. 积分的形式取决于维度 d, 但是 $r \to 0$ 时的积分值主要是由 $q=\mathrm{i}r^{1/2}$ 的极点贡献的, 因此我们得到

$$\Gamma(\boldsymbol{x}) \sim \mathrm{e}^{-|\boldsymbol{x}| r^{1/2}} \equiv \mathrm{e}^{-|\boldsymbol{x}|/\xi}, \tag{7.121}$$

其中 $\xi=r^{-1/2}$. 因为 $\xi \sim |t|^{-\nu}$, 所以我们得到在任何维度下, $\nu=\frac{1}{2}$, 这和 Landau-Ginzburg 的结果一致.

在 $q<1/l$ 的情况下, 对关联长度 $\Gamma(\boldsymbol{q})$ 进行上述的重整化过程会得到有趣的结果. 我们稍微改变一下哈密顿量, 加上一个与 $\boldsymbol{q}$ 有关的磁场, 即

$$H=-\frac{1}{2} \sum_{\boldsymbol{q}}(r+q^2) \boldsymbol{S}_{\boldsymbol{q}} \cdot \boldsymbol{S}_{-\boldsymbol{q}}+\sum_{\boldsymbol{q}} \boldsymbol{h}_{\boldsymbol{q}} \cdot \boldsymbol{S}_{-\boldsymbol{q}}. \tag{7.122}$$

那么, 284

$$\langle\boldsymbol{S}_{\boldsymbol{q}}\rangle=\frac{\partial \ln Z}{\partial \boldsymbol{h}_{-\boldsymbol{q}}},$$

并且,

$$\Gamma(\boldsymbol{q}, r, \boldsymbol{h})=\langle\boldsymbol{S}_{\boldsymbol{q}} \cdot \boldsymbol{S}_{-\boldsymbol{q}}\rangle-\langle\boldsymbol{S}_{\boldsymbol{q}}\rangle \cdot\langle\boldsymbol{S}_{-\boldsymbol{q}}\rangle=\frac{\partial^2 \ln Z}{\partial \boldsymbol{h}_{\boldsymbol{q}} \partial \boldsymbol{h}_{-\boldsymbol{q}}}. \tag{7.123}$$

我们现在对 $q>1/l$ 的自旋变量进行积分, 利用式 (7.113) 和 $\boldsymbol{q}=\boldsymbol{q}'/l$, 我们得到

$$\begin{aligned}H' &= -\frac{1}{2} \sum_{\boldsymbol{q}'}(rl^2+q'^2) \boldsymbol{S}_{\boldsymbol{q}'} \cdot \boldsymbol{S}_{-\boldsymbol{q}'}+\sum_{\boldsymbol{q}'} \boldsymbol{h}_{\boldsymbol{q}'/l} \zeta l^{-d} \boldsymbol{S}_{\boldsymbol{q}'} \\ &= -\frac{1}{2} \sum_{\boldsymbol{q}}(r'+q^2) \boldsymbol{S}_{\boldsymbol{q}} \cdot \boldsymbol{S}_{-\boldsymbol{q}}+\sum_{\boldsymbol{q}} \boldsymbol{h}_{\boldsymbol{q}}' \cdot \boldsymbol{S}_{-\boldsymbol{q}},\end{aligned} \tag{7.124}$$

其中 $r' = rl^2, \boldsymbol{h}'_{\boldsymbol{q}} = \boldsymbol{h}_{\boldsymbol{q}/l}\zeta l^{-d}$. 块区自旋的关联函数 $\Gamma(\boldsymbol{q}, r', \boldsymbol{h}')$ 为

$$\Gamma(\boldsymbol{q}, r', \boldsymbol{h}') = \frac{\partial^2 \ln Z'(r', \boldsymbol{h}')}{\partial \boldsymbol{h}'_{\boldsymbol{q}} \partial \boldsymbol{h}'_{-\boldsymbol{q}}} = \zeta^{-2} l^{2d} \frac{\partial^2 \ln Z'(r', \boldsymbol{h}')}{\partial \boldsymbol{h}_{\boldsymbol{q}/l} \partial \boldsymbol{h}_{-\boldsymbol{q}/l}}. \tag{7.125}$$

最后我们令 $\boldsymbol{q} \to l\boldsymbol{q}$, 可以得到

$$\Gamma(l\boldsymbol{q}, r', \boldsymbol{h}') = \zeta^{-2} l^{2d} \frac{\partial^2 \ln Z'(r', \boldsymbol{h}')}{\partial \boldsymbol{h}_{\boldsymbol{q}} \partial \boldsymbol{h}_{-\boldsymbol{q}}} = \zeta^{-2} l^d \Gamma(\boldsymbol{q}, r, \boldsymbol{h}), \tag{7.126}$$

其中我们使用了式 (7.116), 即 $\ln Z' = l^{-d} \ln Z$. 下面我们令 $h = |\boldsymbol{h}| \to 0$, 从而找到了关联函数的标度关系:

$$\Gamma(l\boldsymbol{q}, r') = l^{-2} \Gamma(\boldsymbol{q}, r). \tag{7.127}$$

在不动点 $r = 0$ 处, 令 $l = q^{-1}$, 我们发现

$$\Gamma(\boldsymbol{q}, 0) = q^{-2} \Gamma(\widehat{q}, 0).$$

一般来说, 我们写成 $\Gamma(\boldsymbol{q}, 0) \sim q^{-2+\eta}$, 因此和式 (7.119) 中一样, 我们发现 Gauss 模型对应 $\eta = 0$ 的情况.

7.7.2 S^4 模型

我们现在转向一个更一般的情况, 考虑一个有效哈密顿量

285

$$\begin{aligned} H = &-\frac{1}{2} \sum_{\boldsymbol{q}} (r + q^2) \boldsymbol{S}_{\boldsymbol{q}} \cdot \boldsymbol{S}_{-\boldsymbol{q}} \\ &-\frac{u}{N} \sum_{\boldsymbol{q}_1, \boldsymbol{q}_2, \boldsymbol{q}_3} (\boldsymbol{S}_{\boldsymbol{q}_1} \cdot \boldsymbol{S}_{\boldsymbol{q}_2})(\boldsymbol{S}_{\boldsymbol{q}_3} \cdot \boldsymbol{S}_{-\boldsymbol{q}_1 - \boldsymbol{q}_2 - \boldsymbol{q}_3}) \\ &-\frac{w}{N^2} \sum_{\boldsymbol{q}_1, \cdots, \boldsymbol{q}_5} (\boldsymbol{S}_{\boldsymbol{q}_1} \cdot \boldsymbol{S}_{\boldsymbol{q}_2})(\boldsymbol{S}_{\boldsymbol{q}_3} \cdot \boldsymbol{S}_{\boldsymbol{q}_4}) \\ &\times (\boldsymbol{S}_{\boldsymbol{q}_5} \cdot \boldsymbol{S}_{-\boldsymbol{q}_1 - \boldsymbol{q}_2 - \boldsymbol{q}_3 - \boldsymbol{q}_4 - \boldsymbol{q}_5}) + \cdots + h\sqrt{N} S_0^{\alpha}, \end{aligned} \tag{7.128}$$

其在式 (7.108) 的基础上加上了六阶和更高阶的项, 因为我们预期这些项会在重整化变换下产生出来. 由于其类似于 Landau-Ginzburg 自由能泛函 (见 3.10 节), 因此式 (7.128) 的哈密顿量通常叫作 Landau-Ginzburg-Wilson 哈密顿量. 我们的重整化过程和前一节提到的一样, 不过由于对四阶及更高阶自旋项的积分很困难, 因此我们会对配分函数进行累积量展开. 我们写出

$$H = H_0 + H_1, \tag{7.129}$$

其中

$$H_0 = -\frac{1}{2}\sum_{\boldsymbol{q}}(r + q^2)\boldsymbol{S_q} \cdot \boldsymbol{S_{-q}} + h\sqrt{N}S_0^{\alpha}, \tag{7.130}$$

$$H_1 = -\frac{u}{N}\sum_{\boldsymbol{q}_1,\cdots,\boldsymbol{q}_4}(\boldsymbol{S}_{\boldsymbol{q}_1} \cdot \boldsymbol{S}_{\boldsymbol{q}_2})(\boldsymbol{S}_{\boldsymbol{q}_3} \cdot \boldsymbol{S}_{\boldsymbol{q}_4})\Delta(\boldsymbol{q}_1 + \boldsymbol{q}_2 + \boldsymbol{q}_3 + \boldsymbol{q}_4) + \cdots. \tag{7.131}$$

在式 (7.131) 中, $\Delta(\boldsymbol{q}_1 + \boldsymbol{q}_2 + \boldsymbol{q}_3 + \boldsymbol{q}_4)$ 是 d 维 Kronecker 函数. 继续按照 7.4 节的操作, 我们得到

$$\begin{aligned}
\mathrm{e}^{H'} &\propto \left(\prod_{\alpha,q>q_l}\int \mathrm{d}S_{\boldsymbol{q}}^{\alpha}\right)\mathrm{e}^{H_0+H_1} \\
&= \left(\prod_{\alpha,q>q_l}\int \mathrm{d}S_{\boldsymbol{q}}^{\alpha}\right)\left(1 + H_1 + \frac{1}{2}H_1^2 + \cdots\right)\mathrm{e}^{H_0} \\
&= \mathrm{e}^{H_0}\exp\left\{\langle H_1\rangle + \frac{1}{2}(\langle H_1^2\rangle - \langle H_1\rangle^2) + \cdots\right\},
\end{aligned} \tag{7.132}$$

其中

$$\langle A\rangle = \frac{\displaystyle\prod_{\alpha,q>q_l}\int \mathrm{d}S_{\boldsymbol{q}}^{\alpha}A\mathrm{e}^{H_0}}{\displaystyle\prod_{\alpha,q>q_l}\int \mathrm{d}S_{\boldsymbol{q}}^{\alpha}\mathrm{e}^{H_0}}. \tag{7.133}$$

和位置空间重整化群里的累积量近似一样, 系统化的近似方法需要保留尽量多的累积量. 我们会按照这样的做法保留到二阶, 这样我们就可以得到关于临界指数的 286
第一个非平庸结果. 然而即使是这样一个低阶运算, 也会涉及相当可观的代数运算, 因此我们将大部分的计算细节放到本章的附录里. 在这里我们简单介绍一下运算过程, 完成一阶运算, 接着讨论二阶近似下的不动点结构和临界指数. 考虑累积量序列的一阶截断为

$$H' = H_0 + \langle H_1\rangle. \tag{7.134}$$

在 H_1 中, 有一部分量的波矢 $\boldsymbol{q}$ 位于内层 $q < 1/l$ 中. 这些量都不会受到外层自旋积分的影响, 而会对 H' 产生如下贡献:

$$\begin{aligned}
H_1' = &-\frac{1}{2}\sum_{q<1/l}(r + q^2)\boldsymbol{S_q} \cdot \boldsymbol{S_{-q}} - \frac{u}{N}\sum_{q_j<1/l}(\boldsymbol{S}_{\boldsymbol{q}_1} \cdot \boldsymbol{S}_{\boldsymbol{q}_2})(\boldsymbol{S}_{\boldsymbol{q}_3} \cdot \boldsymbol{S}_{\boldsymbol{q}_4}) \\
&-\frac{w}{N^2}\sum_{q_j<1/l}(\boldsymbol{S}_{\boldsymbol{q}_1} \cdot \boldsymbol{S}_{\boldsymbol{q}_2})(\boldsymbol{S}_{\boldsymbol{q}_3} \cdot \boldsymbol{S}_{\boldsymbol{q}_4})(\boldsymbol{S}_{\boldsymbol{q}_5} \cdot \boldsymbol{S}_{\boldsymbol{q}_6}) + \sqrt{N}hS_0^{\alpha},
\end{aligned} \tag{7.135}$$

其中中间两项的波矢之和必须为零. 在 H_1 中含有部分或者全部外层波矢的项可以分成以下几类 (对四阶项而言).

1. $\boldsymbol{q}_1, \boldsymbol{q}_2, \boldsymbol{q}_3, \boldsymbol{q}_4$ 都位于 $q > q_l$ 区域内. 由于所有的变量都被积分掉了, 因此这些项对分子的贡献仅仅是常数. 这些项对自由能有贡献, 对重整化后的哈密顿量却没有贡献.

2. 矢量 $\boldsymbol{q}_i$ 中的一项或三项位于 $q > q_l$ 区域内. 根据对称性, 这些项的贡献为零.

3. 矢量 $\boldsymbol{q}_i$ 中的某两项的模大于 q_l. 此时存在两种不同的可能:

(a) $\boldsymbol{q}_1 = -\boldsymbol{q}_2, \boldsymbol{q}_3 = -\boldsymbol{q}_4$. 假设后面两个矢量的模大于 q_l, 那么这一项的期望值为

$$n\Gamma(q_3)\sum_{\boldsymbol{q}_1,\alpha} S^{\alpha}_{\boldsymbol{q}_1}\boldsymbol{S}^{\alpha}_{-\boldsymbol{q}_1},$$

其中 $\Gamma(q)$ 是上面计算的 Gauss 关联函数, n 是自旋矢量的分量个数.

287 (b) $\boldsymbol{q}_1 = -\boldsymbol{q}_3, \boldsymbol{q}_2 = -\boldsymbol{q}_4$ (或 $\boldsymbol{q}_1 = -\boldsymbol{q}_4, \boldsymbol{q}_2 = -\boldsymbol{q}_3$). 如果我们选择第一种可能性并让前两个矢量的模小于 q_l, 则得到如下贡献:

$$\sum_{\alpha} S^{\alpha}_{\boldsymbol{q}_1} S^{\alpha}_{\boldsymbol{q}_3}\langle S^{\alpha}_{\boldsymbol{q}_2} S^{\alpha}_{\boldsymbol{q}_4}\rangle \Delta(\boldsymbol{q}_1+\boldsymbol{q}_2+\boldsymbol{q}_3+\boldsymbol{q}_4) = \boldsymbol{S}_{\boldsymbol{q}_1}\cdot\boldsymbol{S}_{-\boldsymbol{q}_1}\Gamma(q_2).$$

将所有项加起来, 我们发现

$$\begin{aligned} H' = &-\frac{1}{2}\sum_{q<q_l}\left[r+q^2+\frac{u}{N}4(n+2)\sum_{q'>q_l}\Gamma(q')\right]\boldsymbol{S}_{\boldsymbol{q}}\cdot\boldsymbol{S}_{-\boldsymbol{q}} \\ &-\frac{u}{N}\sum_{q_1,\cdots,q_4<q_l}(\boldsymbol{S}_{\boldsymbol{q}_1}\cdot\boldsymbol{S}_{\boldsymbol{q}_2})(\boldsymbol{S}_{\boldsymbol{q}_3}\cdot\boldsymbol{S}_{\boldsymbol{q}_4})\Delta(\boldsymbol{q}_1+\boldsymbol{q}_2+\boldsymbol{q}_3+\boldsymbol{q}_4) \\ &-\frac{w}{N^2}\sum_{q_j<q_l}(\boldsymbol{S}_{\boldsymbol{q}_1}\cdot\boldsymbol{S}_{\boldsymbol{q}_2})(\boldsymbol{S}_{\boldsymbol{q}_3}\cdot\boldsymbol{S}_{\boldsymbol{q}_4})(\boldsymbol{S}_{\boldsymbol{q}_5}\cdot\boldsymbol{S}_{\boldsymbol{q}_6}) \\ &\times\Delta(\boldsymbol{q}_1+\boldsymbol{q}_2+\boldsymbol{q}_3+\boldsymbol{q}_4+\boldsymbol{q}_5+\boldsymbol{q}_6). \end{aligned} \tag{7.136}$$

我们遵循式 (7.111)—(7.115) 的过程重置标度, 并得到递归关系:

$$r' = rl^2 + 4(n+2)l^2\frac{u}{N}\sum_{q_1>1/l}\Gamma(q_1), \tag{7.137}$$

$$u' = ul^{-3d}\zeta^4 = ul^{4-d}, \tag{7.138}$$

$$w' = wl^{-5d}\zeta^6 = wl^{6-2d}, \tag{7.139}$$

$$h' = hl^{1+\frac{1}{2}d}. \tag{7.140}$$

我们注意到好像存在 w 到 u' 阶的贡献, 但是我们在附录里会看到, 这些项其实是不相关的. 不需要计算式 (7.137) 里对 q_1 的求和, 从式 (7.138) 中我们看到, 如果 $d > 4$, 那么 $u' < u$. 在这种情况下, Gauss 不动点在加上四阶项后是稳定的. 相反

地, 对于 $d < 4, u' > u$, 四阶项会变大, 表明存在另一个非零的不动点 r^* 和 u^*, 它决定了系统的临界指数. 式 (7.138) 的结构很有意思. 假设将累积量展开计算到 u^2 阶, 那么我们预计式 (7.138) 会变成

$$u' = ul^{4-d} + \psi(l, r)u^2, \tag{7.141}$$

其中 $\psi(l,r)$ 是某个函数. 这个函数可以被用来决定 u^* 的取值, 即

$$u^* = -\frac{l^{4-d} - 1}{\psi(l, r^*)} = -\frac{l^{\epsilon} - 1}{\psi(l, r^*)} \approx -\frac{\ln l}{\psi(l, r^*)}\epsilon,$$

其中 $\epsilon = 4 - d$. 参数 ϵ 是这个问题的一个自然的展开参数, 有名的 Wilson 和 Fisher 288
的 ϵ 展开方法就是基于这个想法. 首先将式 (7.128) 中的耦合常数 $u, w, \cdots$ 按照它们出现在不动点方程里的 ϵ 的主幂项进行分类, 然后系统地按 ϵ^0, ϵ 或 ϵ^2 等, 来构建不动点. 接着我们可以找到临界指数, 它可以表示为 ϵ 的级数形式, 据此可以在 $\epsilon = 1 (d = 3)$ 的情况下计算该级数. 下面我们会看到, 六阶耦合常数 $w^* \propto \epsilon^3$, 而在不动点的更高阶耦合常数相应地对应更高阶的 ϵ 幂次.

现在我们必须要考虑累积量展开 (见式 (7.132)) 中的二阶项. 为了简化计算, 我们将标度重置参数选为 $l = 1 + \delta$, 其中 δ 为无穷小量. 寻找 u' 的非零贡献项的计算相当繁复, 具体的细节可以在本章的附录里找到. 在保留到足够得到临界指数的 ϵ 阶时, 其递归关系为

$$\begin{aligned} r' &= rl^2 + \frac{4(n+2)ul^2 C\delta}{1+r}, \\ u' &= l^{4-d}\left[u - \frac{4(n+8)C\delta}{(1+r)^2}u^2\right], \\ h' &= hl^{1+d/2}, \end{aligned} \tag{7.142}$$

其中 C 是一个常数. 上面的前两个方程可以写成如下形式:

$$r' - r = \delta\frac{\partial r}{\partial \delta} = [(1+\delta)^2 - 1]r + \frac{4(n+2)C\delta}{1+r}u, \tag{7.143}$$

$$u' - u = \delta\frac{\partial u}{\partial \delta} = [(1+\delta)^{4-d} - 1]u + \frac{4(n+8)C\delta}{(1+r)^2}u^2. \tag{7.144}$$

在不动点 $r = r' = r^*, u = u' = u^*$ 处, 展开到 δ 的最低阶, 我们发现

$$u^* = \frac{\epsilon(1+r^*)^2}{4(n+8)C}, \qquad r^* = -\frac{2(n+2)C}{1+r^*}u^*. \tag{7.145}$$

只保留 ϵ 的一阶项, 我们得到

$$u^* = \frac{\epsilon}{4(n+8)C}, \qquad r^* = -\frac{(n+2)\epsilon}{2(n+8)}. \tag{7.146}$$

289 现在让我们考虑该不动点的线性递归关系. 根据式 (7.142), 同样只保留 ϵ 和 δ 的一阶项, 我们有

$$\begin{aligned}\frac{\partial r'}{\partial r} &= l^2 - \frac{4(n+2)l^2 C\delta u^*}{(1+r^*)^2} = l^2 - \frac{(n+2)\delta\epsilon}{n+8} \\ &= 1 + 2\delta - \delta\epsilon\frac{n+2}{n+8} \approx (1+\delta)^{2-\epsilon(n+2)/(n+8)}, \end{aligned} \tag{7.147}$$

$$\frac{\partial r'}{\partial u} = \frac{4(n+2)C\delta}{1+r^*}, \tag{7.148}$$

$$\frac{\partial u'}{\partial r} = O(\epsilon^2), \tag{7.149}$$

$$\frac{\partial u'}{\partial u} = (1+\delta)^{\epsilon} - 8(n+8)U^* C\delta = (1+\delta)^{\epsilon} - 2\epsilon\delta \approx (1+\delta)^{-\epsilon}. \tag{7.150}$$

决定了本征值乃至临界指数的矩阵 $\boldsymbol{M}$ 的形式为

$$\boldsymbol{M} = \begin{bmatrix} l^{2-\epsilon(n+2)/(n+8)} & 4(n+2)C\delta \\ 0 & l^{-\epsilon} \end{bmatrix}, \tag{7.151}$$

我们得到

$$y_1 = 2 - \epsilon\frac{n+2}{n+8}, \quad y_2 = -\epsilon. \tag{7.152}$$

到现在为止, 我们一直忽略了磁场. 哈密顿量里跟磁场相关的项, 在重整化变换下, 如式 (7.115) 一样简单地重置了标度, 即

$$h'_\alpha = l^{1+d/2} h_\alpha.$$

因此

$$y_h = 1 + \frac{1}{2}d = 3 - \frac{1}{2}\epsilon. \tag{7.153}$$

一般的临界指数都是通过自由能的标度形式来决定的. 根据矩阵 $\boldsymbol{M}$ 的本征矢量所确定的标度场 u_1 和 u_2, 我们得到每一个自旋的自由能为

$$g(u_1, u_2, h) = l^{-d} g(u_1 l^{y_1}, u_2 l^{y_2}, h l^{y_h}), \tag{7.154}$$

其相应的临界指数为 (见 6.3 节)

290

$$\begin{aligned}\alpha &= 2 - \frac{d}{y_1} = \epsilon\left[\frac{1}{2} - \frac{n+2}{n+8}\right] + O(\epsilon^2), \\ \beta &= \frac{d-y_h}{y_1} = \frac{1}{2} - \frac{3\epsilon}{2(n+8)} + O(\epsilon^2), \\ \gamma &= \frac{2y_h - d}{y_1} = 1 + \frac{(n+2)\epsilon}{2(n+8)} + O(\epsilon^2), \\ \delta &= \frac{y_h}{d-y_h} = 3 + \epsilon + O(\epsilon^2). \end{aligned} \tag{7.155}$$

因此三维 Ising 模型 $(n=1)$ 的到 ϵ 阶的磁化率指数 γ 是 $\frac{7}{6}$. 对于 XY 模型 $(n=2)$, 我们得到 $\gamma=\frac{6}{5}$. 对于 Heisenberg 模型 $(n=3)$, 我们得到 $\gamma=\frac{27}{22}$. 这些估算并不是太准确, 不过的确正确展示了随着 n 增加 γ 也增加的定性趋势. 对于 Ising, XY 和 Heisenberg 模型, 级数展开对 γ 最好的估计值是 1.24,1.33 和 1.43.

同时我们重新得到了临界指数的至少到 ϵ 阶的普适性. 由于指数 y_2 为负, 标度场 u_2 是不相关的量, 因此不会影响临界指数. 但是我们注意到式 (7.128) 中的四自旋相互作用并没有破坏哈密顿量的 n 维旋转对称性. 为了决定到底是哪一个不动点 (Ising, XY, Heisenberg) 将会主导各向异性 Heisenberg 模型的临界行为, 我们必须在式 (7.128) 中引入一个对称性破缺项, 并检查 Heisenberg 不动点对于这些场的稳定性 (见习题 7.5).

最后我们简单讨论一下耦合常数空间里的流. 通过非平庸不动点附近的线性递归关系的分析, 发现耦合常数沿着 $(r-r^*)/(u-u^*)=-2(n+2)/C$ 的曲线接近不动点. 这条线连接非物理 (因为 $\epsilon>0$) 的 Gauss 不动点和非平庸不动点. 耦合常数沿着 $u^*=u$ 的曲线远离 Gauss 不动点. 因此流的定性行为大致上如图 7.15 所示. 当 ϵ 减小时, 物理不动点沿着临界面接近 Gauss 不动点, 并且在 $\epsilon=0$ 的地方两个不动点重合. 对于 $\epsilon<0$ $(d>4), u^*(\epsilon)<0$, 非平庸不动点变得不稳定了, 因而也变得非物理了. 对于 $d>4$ 的所有情况, 这些自旋系统的临界性质都由 Gauss 不动点决定. 在图中, 我们没有画出磁场的方向, 它可以被看成是垂直于 r 轴和 u 轴的第三个轴.

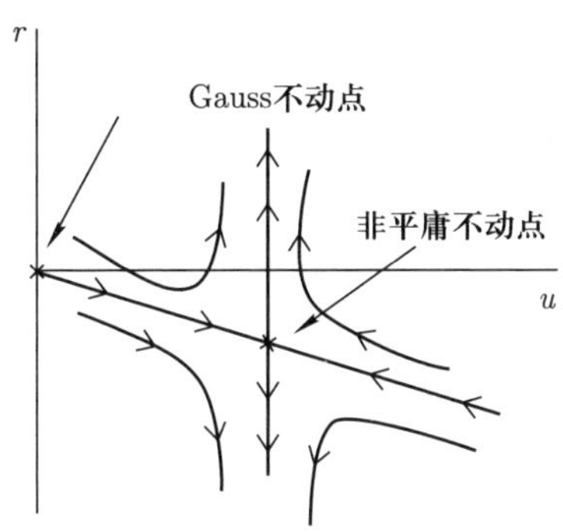

图 7.15 S^4 模型在 $d<4$ $(\epsilon>0)$ 时的耦合常数空间里的流

7.7.3 结论

前面的推导和附录都很长, 其部分原因是我们假设读者可能不熟悉 Feynman 图方法. 对于前面所有结果的一个更优美的推导可以在 Ma 的书 [182], 或者是

Pfeuty 和 Toulouse 的书 [242], 以及 Wilson 和 Kogut 的综述文章 [327], 还有 Fisher
291 的综述文章 [96] 中找到. 在科研工作者的不断努力下, ϵ 展开可以推广到更高阶——目前最高达到 ϵ^{5}[114,173]. 虽然 ϵ 展开是一个渐近的, 而不是收敛的级数, 但其有效求和技术可以用来在三维甚至是二维情形下计算临界指数. 这些估算值和 $d=3$ 的高温级数结果吻合得相当好, 并且和 $d=2$ 的 Ising 模型的严格解的指数也是一致的[173].

其他用来计算 Landau-Ginzburg-Wilson 哈密顿量 (见式 (7.128)) 的临界指数的方法也得到了发展. 特别是, 场论方法[52] 被证实是非常有效的, 事实上 Baker 等人[22] 针对三维 Ising 模型的结果首度令人信服地证实了重整化群方法可以达到和高温级数同样精确的临界指数计算.

在我们看来, 从重整化群方法得到的最重要的结果是普适性概念的建立. 人们现在有了一个工具可以用来判断微观哈密顿量的哪些特性对于决定临界行为来说是重要的. 例如我们可以很直接地将对称性破缺项 (立方的, 或单轴各向异性), 或偶极性和各向同性长程相互作用加到 Landau-Ginzburg-Wilson 哈密顿量中, 在低 ϵ 阶时, 确定其临界面上的流. 通常人们相信在 $d<4$ 的情况下, 不动点的稳定性不会对 ϵ 有很强的依赖, 并且可以通过低阶计算得到可靠的结论. 因此可以构建一个
292 临界面上的准全局流图, 当系统的临界点落入某不动点的吸引域内, 系统在接近临界点附近的渐近行为由这个不动点决定. 针对临界面外的这种映射的讨论, 读者可以参考文献 [96,7]. 在结束这个话题之前, 我们必须要指出重整化群方法的概念和技术具有比我们在本章中所提到的广泛得多的应用. 从它的发现开始, 重整化群方法已经被应用到临界动力学、动力系统、Kondo 问题、无序材料的导电性, 以及许多其他的问题当中 (见第 13 章). 现在它已经成为凝聚态理论中的标准工具, 也是因为这个原因, 我们花费了相当大的篇幅来介绍它.

附录: 二阶累积量展开

为了能够得到 ϵ 阶的不动点和指数, 我们希望计算式 (7.132) 中的

$$\frac{1}{2}(\langle H_1^2\rangle - \langle H_1\rangle^2)$$

对 r 和 u 的递归关系的贡献. 首先回顾一下系数为 w 的六阶项, 我们曾经说过这一项没有四阶项重要. 为了简化计算, 我们将标度重置参数选为 $1+\delta$, 其中 δ 是一个无穷小量. 耦合常数 w 的递归关系可以简单写成

$$\begin{aligned} w' &= l^{-5d}\zeta^6 w + O(u^2) \\ &= l^{-2d+6} w + O(u^2). \end{aligned} \tag{7.156}$$

由于 u^2 阶项在不动点上也是 ϵ^2 阶项, 因此似乎有 $w^* \propto \epsilon^2$. 但是我们发现式 (7.156) 中的 u^2 阶项为零, 因此最低阶的项至少是 u^3 阶的. 为了明白这一点, 我们必须考虑 u^2 阶项对重整化后的哈密顿量的影响, 该哈密顿量保留到重整化后的自旋变量的六阶项. 一般来说,

$$\begin{aligned}
&\frac{1}{2}(\langle H_1^2\rangle - \langle H_1\rangle^2)\\
&\quad = \frac{u^2}{2N^2}\sum_{\boldsymbol{q}_1,\cdots,\boldsymbol{q}_8}\langle(\boldsymbol{S}_{\boldsymbol{q}_1}\cdot\boldsymbol{S}_{\boldsymbol{q}_2})(\boldsymbol{S}_{\boldsymbol{q}_3}\cdot\boldsymbol{S}_{\boldsymbol{q}_4})(\boldsymbol{S}_{\boldsymbol{q}_5}\cdot\boldsymbol{S}_{\boldsymbol{q}_6})(\boldsymbol{S}_{\boldsymbol{q}_7}\cdot\boldsymbol{S}_{\boldsymbol{q}_8})\rangle\\
&\qquad \times\Delta(\boldsymbol{q}_1,\cdots,\boldsymbol{q}_4)\Delta(\boldsymbol{q}_5,\cdots,\boldsymbol{q}_8) - \frac{1}{2}\langle V\rangle^2. \qquad (7.157)
\end{aligned}$$

对于式 (7.157) 中的项 $-\frac{1}{2}\langle H_1\rangle^2$, 我们要求 $\boldsymbol{q}_1,\cdots,\boldsymbol{q}_4$ 中的某一些波矢会与矢量 **293**
$\boldsymbol{q}_5,\cdots,\boldsymbol{q}_8$ 中的另一些配对. 因此在自旋变量的六阶项里, 必须有 $\boldsymbol{q}_1,\cdots,\boldsymbol{q}_4$ 中的一个 $\boldsymbol{q}$, 例如 $\boldsymbol{q}_4$, 位于外层 $1/(1+\delta) < q_4 < 1$. 同样地, 某一个矢量, 例如 $\boldsymbol{q}_8$, 也必须在同一层里. 通过式 (7.135) 后面的第 2 个条件可知, 对于波矢的这种排列, 我们有 $\langle V\rangle = 0$, 并且得到如下形式的贡献:

$$\begin{aligned}
&\frac{u^2}{2N^2}\sum_{\boldsymbol{q}_1,\cdots,\boldsymbol{q}_7}(\boldsymbol{S}_{\boldsymbol{q}_1}\cdot\boldsymbol{S}_{\boldsymbol{q}_2})(\boldsymbol{S}_{\boldsymbol{q}_3}\cdot\boldsymbol{S}_{\boldsymbol{q}_7})(\boldsymbol{S}_{\boldsymbol{q}_5}\cdot\boldsymbol{S}_{\boldsymbol{q}_6})\Gamma(q_4)\\
&\qquad \times\Delta(\boldsymbol{q}_1+\boldsymbol{q}_2+\boldsymbol{q}_3+\boldsymbol{q}_4)\Delta(\boldsymbol{q}_5+\boldsymbol{q}_6+\boldsymbol{q}_7-\boldsymbol{q}_4). \qquad (7.158)
\end{aligned}$$

Kronecker 函数的乘积可以写成如下形式:

$$\Delta(\boldsymbol{q}_1+\boldsymbol{q}_2+\boldsymbol{q}_3+\boldsymbol{q}_5+\boldsymbol{q}_6+\boldsymbol{q}_7)\Delta(\boldsymbol{q}_5+\boldsymbol{q}_6+\boldsymbol{q}_7-\boldsymbol{q}_4).$$

由于 $\boldsymbol{q}_4$ 处在一个厚度为 δ 的壳里, 因此第二个 Kronecker 函数也将 $\boldsymbol{q}_5+\boldsymbol{q}_6+\boldsymbol{q}_7$ 限制在一个厚度为 δ 的壳里. 当 $\delta\to 0$ 时, 这些项为零, 就不再有 u^2 阶的贡献了. 因此如果我们只关心到 ϵ 阶时的不动点和指数, 就可以很安全地忽略掉 w. 我们也可以忽略 u^2 阶项对 r' 的贡献, 因为我们已经有 $r^* = O(u^*) = O(\epsilon)$ (见式 (7.137)). 因此我们的目标是计算式 (7.157) 对重整化后的四阶项的贡献.

和计算六阶项一样, 由于出现了 $-\frac{1}{2}\langle H_1\rangle^2$ 项, 我们可以只考虑动量 $\boldsymbol{q}_1,\cdots,\boldsymbol{q}_4$ 和 $\boldsymbol{q}_5,\cdots,\boldsymbol{q}_8$ 中各有两个位于外层的那些项的贡献. 共存在两种主要情形, 我们将在下面分别说明.

1. 分别来自两组外层的两个矢量来源于同一个标量积. 一个典型的项可以是在外层有 $\boldsymbol{q}_3 = -\boldsymbol{q}_7$, $\boldsymbol{q}_4 = -\boldsymbol{q}_8$. 一共有八个这样的项, 加在一起得到

$$
\begin{aligned}
&\frac{4u^2}{N^2} \sum_{\substack{q_1,q_2,q_5,q_6<q_l \\ q_3,q_4>q_l}} (\boldsymbol{S}_{\boldsymbol{q}_1} \cdot \boldsymbol{S}_{\boldsymbol{q}_2})(\boldsymbol{S}_{\boldsymbol{q}_5} \cdot \boldsymbol{S}_{\boldsymbol{q}_6}) \sum_{\alpha\beta} \langle S^{\alpha}_{\boldsymbol{q}_3} S^{\beta}_{-\boldsymbol{q}_3} S^{\alpha}_{\boldsymbol{q}_4} S^{\beta}_{-\boldsymbol{q}_4} \rangle \\
&\qquad \times \Delta(\boldsymbol{q}_1 + \boldsymbol{q}_2 + \boldsymbol{q}_3 + \boldsymbol{q}_4)\Delta(\boldsymbol{q}_5 + \boldsymbol{q}_6 - \boldsymbol{q}_3 - \boldsymbol{q}_4) \\
&\quad = \frac{4nU^2}{N} \sum_{q_1,q_2,q_5,q_6<q_l} (\boldsymbol{S}_{\boldsymbol{q}_1} \cdot \boldsymbol{S}_{\boldsymbol{q}_2})(\boldsymbol{S}_{\boldsymbol{q}_5} \cdot \boldsymbol{S}_{\boldsymbol{q}_6}) \Delta(\boldsymbol{q}_1 + \boldsymbol{q}_2 + \boldsymbol{q}_5 + \boldsymbol{q}_6) \\
&\qquad \times \frac{1}{N} \sum_{q_3,q_4>q_l} \Gamma(q_3)\Gamma(q_4)\Delta(\boldsymbol{q}_5 + \boldsymbol{q}_6 - \boldsymbol{q}_3 - \boldsymbol{q}_4).
\end{aligned} \tag{7.159}
$$

294 2. 剩下的从 $\boldsymbol{q}_1, \cdots, \boldsymbol{q}_4$ 和 $\boldsymbol{q}_5, \cdots, \boldsymbol{q}_8$ 两组中选出来的两两相配的六十四对矢量全部给出同样的期望值, 我们在这里给出 $\boldsymbol{q}_2 = -\boldsymbol{q}_6$ 和 $\boldsymbol{q}_4 = -\boldsymbol{q}_8$ 的情况, 即

$$
\begin{aligned}
&\frac{32u^2}{N^2} \sum_{\substack{q_1,q_3,q_5,q_7<q_l \\ q_2,q_4>q_l}} \sum_{\alpha,\beta,\gamma,\nu} S^{\alpha}_{\boldsymbol{q}_1} S^{\beta}_{\boldsymbol{q}_3} S^{\gamma}_{\boldsymbol{q}_5} S^{\nu}_{\boldsymbol{q}_7} \langle S^{\alpha}_{\boldsymbol{q}_2} S^{\gamma}_{-\boldsymbol{q}_2} S^{\beta}_{\boldsymbol{q}_4} S^{\nu}_{-\boldsymbol{q}_4} \rangle \\
&\qquad \times \Delta(\boldsymbol{q}_1 + \boldsymbol{q}_2 + \boldsymbol{q}_3 + \boldsymbol{q}_4)\Delta(\boldsymbol{q}_5 - \boldsymbol{q}_2 + \boldsymbol{q}_7 - \boldsymbol{q}_4) \\
&\quad = \frac{32u^2}{N^2} \sum_{\substack{q_1,q_3,q_5,q_7<q_l \\ q_2,q_4>q_l}} \sum_{\alpha,\beta} S^{\alpha}_{\boldsymbol{q}_1} S^{\alpha}_{\boldsymbol{q}_5} S^{\beta}_{\boldsymbol{q}_3} S^{\beta}_{\boldsymbol{q}_7} \Gamma(q_2)\Gamma(q_4) \\
&\qquad \times \Delta(\boldsymbol{q}_1 + \boldsymbol{q}_2 + \boldsymbol{q}_3 + \boldsymbol{q}_4)\Delta(\boldsymbol{q}_5 - \boldsymbol{q}_2 + \boldsymbol{q}_7 - \boldsymbol{q}_4) \\
&\quad = \frac{32u^2}{N} \sum_{q_1,q_3,q_5,q_7<q_l} (\boldsymbol{S}_{\boldsymbol{q}_1} \cdot \boldsymbol{S}_{\boldsymbol{q}_5})(\boldsymbol{S}_{\boldsymbol{q}_3} \cdot \boldsymbol{S}_{\boldsymbol{q}_7}) \Delta(\boldsymbol{q}_1 + \boldsymbol{q}_2 + \boldsymbol{q}_5 + \boldsymbol{q}_7) \\
&\qquad \times \frac{1}{N} \sum_{q_2,q_4>q_l} \Gamma(q_2)\Gamma(q_4)\Delta(\boldsymbol{q}_2 + \boldsymbol{q}_4 - \boldsymbol{q}_5 - \boldsymbol{q}_7).
\end{aligned} \tag{7.160}
$$

其他情形, 如 $\boldsymbol{q}_3 = -\boldsymbol{q}_4 = \boldsymbol{q}_7 = -\boldsymbol{q}_8$ 全部都在外层的情况占有的相空间几乎为零, 因此完全可以被忽略.

因此在重新标度后, 重整化后的哈密顿量的四阶项变成

$$
\begin{aligned}
&\frac{u}{N} l^{4-d} \sum_{\boldsymbol{q}_1,\boldsymbol{q}_2,\boldsymbol{q}_3,\boldsymbol{q}_4} (\boldsymbol{S}_{\boldsymbol{q}_1} \cdot \boldsymbol{S}_{\boldsymbol{q}_2})(\boldsymbol{S}_{\boldsymbol{q}_3} \cdot \boldsymbol{S}_{\boldsymbol{q}_4}) \Delta(\boldsymbol{q}_1 + \boldsymbol{q}_2 + \boldsymbol{q}_3 + \boldsymbol{q}_4) \\
&\qquad \times \left[1 - 4(n+8)\frac{u}{N} \sum_{q,q'>q_l} \Gamma(q)\Gamma(q')\Delta(\boldsymbol{q}_3 + \boldsymbol{q}_4 - \boldsymbol{q} - \boldsymbol{q}')\right].
\end{aligned} \tag{7.161}
$$

对于二阶项, 我们有

$$
r' = rl^2 + 4(n+2)ul^2 \frac{1}{N} \sum_{q>q_l} \Gamma(q). \tag{7.162}
$$

我们现在将式 (7.162) 中的求和转化成积分:

$$\frac{1}{N}\sum_{q>q_l}\Gamma(q)=\left(\frac{1}{2\pi}\right)^d\int_{1>q>1/(1+\delta)}\mathrm{d}^d q\frac{1}{r+q^2}=\frac{C\delta}{1+r},\tag{7.163}$$

其中 $C=A_d/(2\pi)^d$, 而 A_d 是 d 维单位圆的面积. 因此我们有

$$r'=rl^2+4(n+2)Ul^2\frac{C\delta}{1+r}.\tag{7.164}$$

出现在式 (7.161) 的四自旋项中的求和具有下列形式: 295

$$\frac{1}{N}\sum_{q,q'>q_l}\Gamma(q)\Gamma(q')\Delta(\boldsymbol{q}_3+\boldsymbol{q}_4-\boldsymbol{q}-\boldsymbol{q}').\tag{7.165}$$

就像我们前面说到的一样, 对应的积分依赖于 q, 我们只需要 q 的最低阶项, 即 $\boldsymbol{q}_3+\boldsymbol{q}_4=0$, 因此

$$\frac{1}{N}\sum_{q>q_l}\Gamma^2(q)=\frac{C\delta}{(1+r)^2}.\tag{7.166}$$

将其代入式 (7.161) 以后, 我们最终得到

$$u'=l^{4-d}\left[u-\frac{4(n+8)u^2C\delta}{(1+r)^2}\right].\tag{7.167}$$

7.8 习 题

7.1 Ising 链的重整化.

(a) 从 $K=1$ 出发, 应用式 (7.13)—(7.15) 进行迭代, 求得四阶的 K_j 和 $g(K_j,0)$, 应用所得的结果, 求每个无量纲自旋的自由能 f 的近似值. 得到的结果应该与精确值 $f=1.127\cdots$ 很接近.

(b) 证明零场下的递归关系 (见式 (7.13)) 可以写成

$$\tanh K'=\tanh^2 K,$$

它意味着关联函数的递归关系是

$$\xi'(K',0)=\frac{1}{2}\xi(K,0).$$

7.2 一阶累积量近似.

应用图 7.16 中的自旋分块方法, 在一阶累积量近似下, 求出 (a) 正方形, (b) 三角形, (c) 蜂窝状格子上的二维 Ising 模型的临界指数. 同样可以得到这些系统的临界温度, 从精确解得到的临界温度分别是 $K_{\mathrm{c,sq}}\approx 0.441$, $K_{\mathrm{c,triang}}\approx 0.275$, $K_{\mathrm{c,hon}}\approx 0.658$.

296

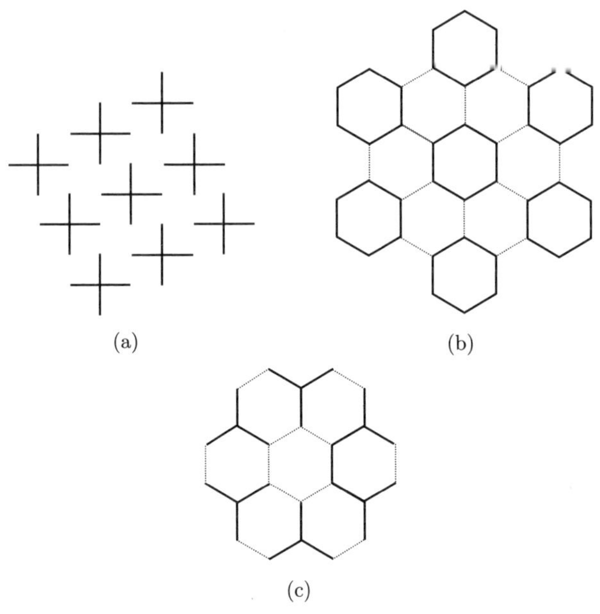

图 7.16 习题 7.2 中的自旋分块方法

7.3 二阶累积量近似.

应用式 (7.68) 下面的截断方法, 在二阶累积量近似下, 得到三角格子上的 Ising 模型的递归关系式 (7.69).

7.4 Migdal-Kadanoff 变换.

考虑正方格子上的 Ising 模型, 根据下面两个步骤来构造重整化变换:

第 1 步, 将一半水平键平移一个晶格, 得到如图 7.17 所示的修正的相互作用. 这可以

297

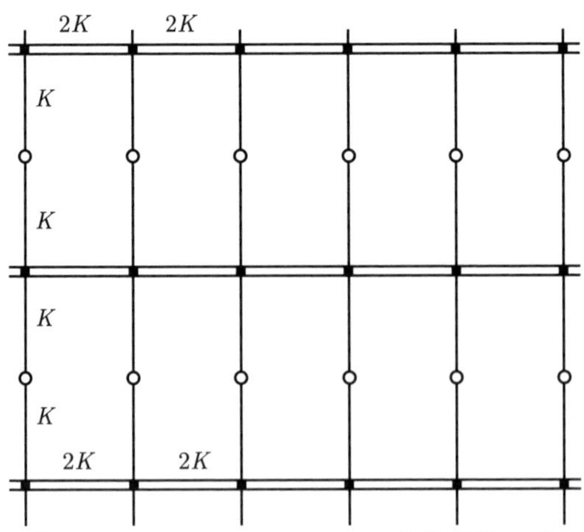

图 7.17 Migdal-Kadanoff 变换的第 1 步

通过对空心圆圈标记的格点上的自旋进行求迹来得到, 它将导致如图 7.18 所示的各向异性的重整化哈密顿量. 298

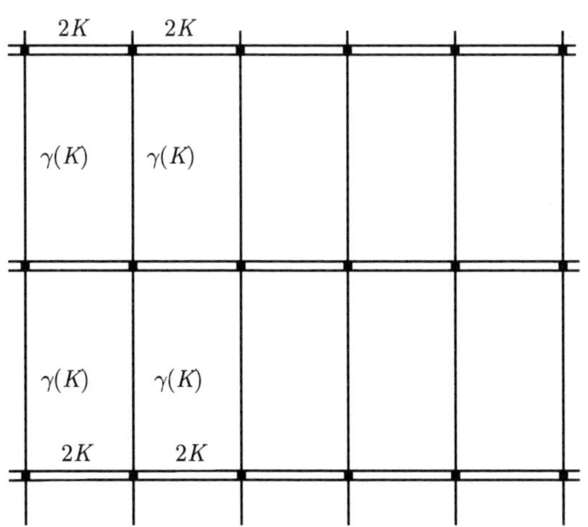

图 7.18 第 1 步变换后得到的各向异性的 Ising 模型

第 2 步, 再将一半垂直键平移一个晶格, 得到如图 7.19 所示的修正的相互作用, 再次对空心圆圈标记的格点上的自旋进行求迹, 得到如图 7.20 所示的新的重整化哈密顿量. 对哈密顿量进行对称化处理后, 得到

$$K' = \frac{1}{2}(2\gamma' + 2\gamma) = \gamma'(K) + \gamma(K).$$

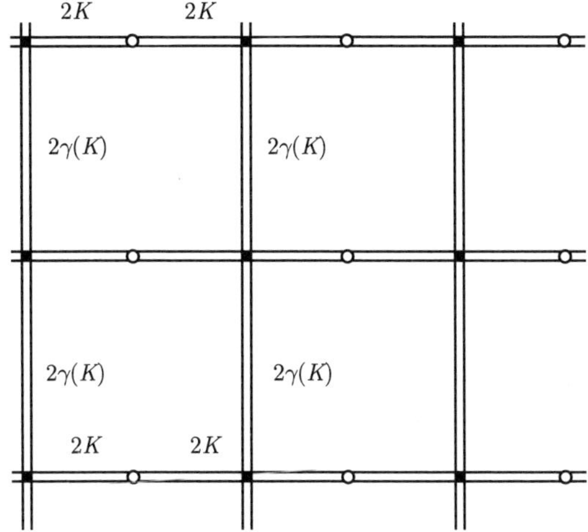

图 7.19 Migdal-Kadanoff 变换的第 2 步

299

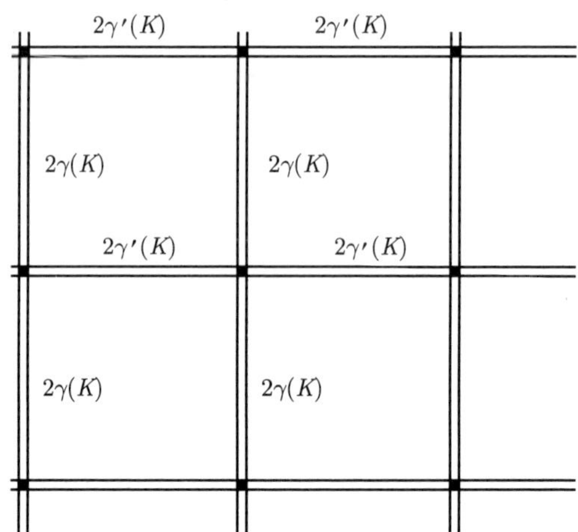

图 7.20 第 2 步变换后得到的重整化的 Ising 模型

在此情形下, 标度重置参数为 $b = 2$. 求解此变换下的不动点, 得到热指数首项 y_t, 并与临界温度和比热指数的精确值进行比较.

7.5 各向异性 Heisenberg 模型的 ϵ 展开.

将 7.7 节中的方法应用到具有如下 Landau-Ginzburg-Wilson 哈密顿量的各向异性 n 矢量模型中:

$$\begin{aligned}H = &-\frac{1}{2}\sum_{\boldsymbol{q}}\sum_{\alpha=1}^{n-1}(r_{\rm s}+q^2)S_{\boldsymbol{q}}^{\alpha}S_{-\boldsymbol{q}}^{\alpha} - \frac{1}{2}\sum_{\boldsymbol{q}}(r_{\rm n}+q^2)S_{\boldsymbol{q}}^{n}S_{-\boldsymbol{q}}^{n} \\ &+\frac{V_1}{N}\sum_{\{\boldsymbol{q}_j\}}\sum_{\alpha,\beta<n-1} S_{\boldsymbol{q}_1}^{\alpha}S_{\boldsymbol{q}_2}^{\alpha}S_{\boldsymbol{q}_3}^{\beta}S_{-\boldsymbol{q}_1-\boldsymbol{q}_2-\boldsymbol{q}_3}^{\beta} \\ &+\frac{2V_2}{N}\sum_{\{\boldsymbol{q}_j\}}\sum_{\alpha<n} S_{\boldsymbol{q}_1}^{\alpha}S_{\boldsymbol{q}_2}^{\alpha}S_{\boldsymbol{q}_3}^{n}S_{-\boldsymbol{q}_1-\boldsymbol{q}_2-\boldsymbol{q}_3}^{n} \\ &+\frac{V_3}{N}\sum_{\{\boldsymbol{q}_j\}} S_{\boldsymbol{q}_1}^{n}S_{\boldsymbol{q}_2}^{n}S_{\boldsymbol{q}_3}^{n}S_{-\boldsymbol{q}_1-\boldsymbol{q}_2-\boldsymbol{q}_3}^{n}. \end{aligned} \tag{7.168}$$

显然, $r_{\rm s} = r_{\rm n}, V_1 = V_2 = V_3$ 对应了各向同性的 n 矢量模型. Ising 模型对应 $r_{\rm s} = \infty, V_1 = V_2 = 0$, $m = (n-1)$ 矢量模型对应 $r_{\rm s} = \infty, V_2 = V_3 = 0$.

(a) 证明保留到 ϵ 的一阶近似后的递归关系为

$$\begin{aligned} r_{\rm s}' &= l^2\left[r_{\rm s} - \frac{4(n+1)c\delta}{1+r_{\rm s}}V_1 - \frac{4c\delta}{1+r_{\rm n}}V_2\right], \\ r_{\rm n}' &= l^2\left[r_{\rm n} - \frac{4(n-1)c\delta}{1+r_{\rm s}}V_2 - \frac{12c\delta}{1+r_{\rm n}}V_3\right], \\ V_1' &= l^{\epsilon}\left[V_1 + \frac{4(n+7)c\delta}{(1+r_{\rm s})^2}V_1^2 + \frac{4c\delta}{(1+r_{\rm n})^2}V_2^2\right], \end{aligned} \tag{7.169}$$

$$V_2' = l^\epsilon\Big[V_2 + \frac{16c\delta}{(1+r_{\rm s})(1+r_{\rm n})}V_2^2 + \frac{4(n+1)c\delta}{(1+r_{\rm s})^2}V_1V_2 + \frac{12c\delta}{(1+r_{\rm n})^2}V_2V_3\Big],$$

$$V_3' = l^\epsilon\left[V_3 + \frac{36c\delta}{(1+r_{\rm n})^2}V_3^2 + \frac{4(n-1)c\delta}{(1+r_{\rm s})^2}V_2^2\right],$$

其中 $l = 1+\delta$ 在两体关联函数的外壳层积分时应用了近似 (见式 (7.163) 和式 300
(7.166)).

(b) 证明对于 Heisenberg, XY 和 Ising 模型, 可以重新得到线性化的递归关系式 (7.147) 和 (7.151).

(c) 考虑各向同性的 n 矢量不动点处的一般线性化递归关系. 特别是在保留到 ϵ 的一阶时, 证明矩阵 $\boldsymbol{M}$ (类似于式 (7.151)) 对于 $j = 3,4,5$ 时, 具有 $M_{j1} = M_{j2} = 0$. 因此有两个如下形式的右本征矢:

$$\begin{bmatrix} a \\ b \\ 0 \\ 0 \\ 0 \end{bmatrix}.$$

证明对应的指数为

$$y_1 = 2 - \frac{n+2}{n+8}\epsilon, \quad y_2 = 2 - \frac{2}{n+8}\epsilon.$$

对于很小的各向异性, 有

$$a = \frac{r_{\rm n} - r_{\rm s}}{r_{\rm s}}.$$

我们可以将临界点处的零场自由能的奇异部分表达成如下的标度形式:

$$g_{\rm s}(t,a,0) = l^{-d}g_{\rm s}(tl^{y_1}, al^{y_2}, 0) = |t|^{d/y_1}\psi(a/|t|^\phi),$$

其中

$$\phi = \frac{y_2}{y_1} = 1 + \frac{n}{2(n+8)}\epsilon$$

被称为跨接指数. 注意此时稳定的不动点是 Ising 不动点, 而不是各向同性不动点.

(d) 研究 $a = 10^{-3}$ 的各向异性 Heisenberg 模型. 给出能够测量出渐近的 Ising 临界指数的温度范围.

(e) 在 Ising 和 XY 不动点, 重做 (c) 部分 ($n = 3$) 的分析, 证明指数 y_2 是负的 (两个不动点都是稳定的).

7.6 分形格子上的 Ising 模型. 301

考虑按如下步骤构造的分形体: 在第 0 步, 它是一个键连着两个 Ising 自旋, 自旋可以取值为 ± 1; 下一步, 每个键由 6 个键和附加的 3 个自旋来替代, 如图 7.21 所示.

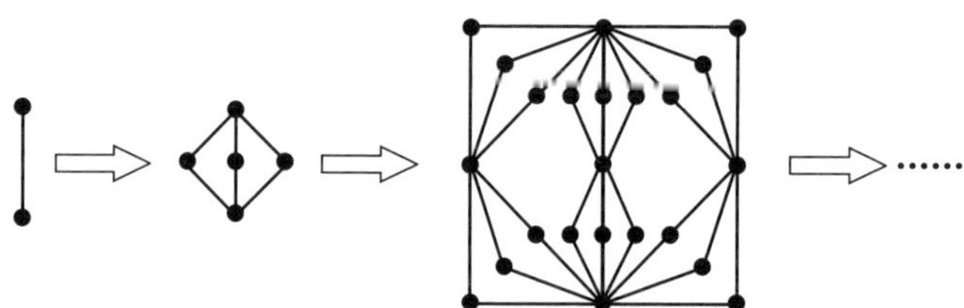

图 7.21　构造分形体的步骤

在最后的迭代后, 键上自旋间的相互作用是铁磁耦合 $\widehat{J}$, 系统处在外场 $\widehat{h}$ 中, 令

$$J = \frac{\widehat{J}}{k_{\mathrm{B}}T}, \quad h = \frac{\widehat{h}}{k_{\mathrm{B}}T}.$$

(a) 应用重整化变换, 求出铁磁转变温度 T_{c} 和临界指数 $\alpha, \beta, \gamma, \delta$ (分别对应比热、序参量、磁化率和临界等温线).

(b) 通过计算如下极限下的自由能来检查所得结果:

$$h = 0, J \to 0 \quad 和 \quad J \to \infty,$$

302

$$J = 0, h \neq 0.$$

第 8 章　随 机 过 程

到目前为止, 我们所接触的都是处于热力学极限的大系统. 它们的行为由确定 303
性原理决定. 然而现代生物物理学和电子学所涉及的尺度却越来越小. 在这一章里, 我们要讨论的正是这类介观系统. 它们的尺度不大, 所以不能忽略涨落和噪声, 但是又没有小到或者温度低到让量子相干性起重要作用. 而我们要关注的正是由随机的、不确定的事件所构成的一类过程. 这种随机性或许来源于不相干量子过程的概率性, 或许来源于无需穷究细节的热涨落, 再或者, 这种随机性来源于不可预测的外界因素对开放系统的影响. 把统计力学方法推广到生态学和经济学里的多主体系统时, 最后一种随机性来源是最为重要的.

在 8.1 节里, 我们将特别讨论这样一类系统: 它们从一个微观态转移到另一个微观态时的转移速率只依赖于系统的当前状态, 而和历史无关. 这类过程我们称之为 Markov 过程. 它的演化可由主方程来刻画. 生灭过程是其中的一个重要特例, 我们将在 8.2 节中以随机版的虫害模型为例来阐述此特例. 在 4.5 节中, 我们已经看到该模型在大尺度极限下存在一级相变. 生灭过程有时还可以用分支过程来描述, 这是 8.3 节的主题. 分支过程的动力学是可解的. 在 8.4 节中, 我们将看到如果
微观过程是离散的, 但是每个离散事件跨越的尺度比我们关注的尺度小得多时, 主 304
方程就可以转化为一类偏微分方程, 即 Fokker-Planck 方程. 我们将在 8.5 节中应用该方程来求解流行病学中的 SIR (Susceptible-Infected-Removed) 模型. 在 8.6 节中, 我们将看到连续过程的主方程也可以通过跃迁矩展开转化成 Fokker-Planck 方程. 我们将通过分析 Brown 运动、Rayleigh 方程 (描述速率衰减) 和 Kramers 方程 (刻画带惯性的 Brown 运动) 来说明该方法. 在 8.7 节中, 我们将讨论吸收态, 并区分自然边界条件和人为边界条件 (见 8.7.2 小节). 对于前者我们将通过 8.7.1 小节中的 Kimura-Weiss 遗传漂移模型来说明, 而后者与 8.7.3 小节中的首次通过时间问题相关. 在 8.7.4 小节中, 我们将讨论 Kramers 公式, 它刻画了粒子从势阱中的逃逸速率. 推导 Fokker-Planck 方程得到的往往是非 Hermite 微分方程. 在 8.8 节中, 我们将阐述如何通过消除非均匀扩散项来变换 Fokker-Planck 方程, 并通过将其变换为类 Schrödinger 方程来实现自伴. 其本征值可以理解为不同过程的速率. 这种变换可以帮我们把漂移过程和扩散过程分离开来.

我们对概率论和随机过程的介绍将是直截了当的. 如需严谨但又易读的导论, 我们推荐 Durrett 的著作 [81]. 在应用方面, Riley 等人对各种常见分布的特点做了

通俗的总结[255]. 而 van Kampen 的著作 [309] 可作为本章许多内容的配套参考资料. 在本章中我们会花大量篇幅求解各种形式的 Fokker-Planck 方程. 有关这类方程的求解方法请参考 Risken 的一本非常优秀的著作 [256].

8.1 Markov 过程和主方程

一个随机变量 q 在每次具体实现 (或事例) 中可以取不同的值. 通过这些取值所满足的概率分布 $P(q)$ 可以对这种变量进行较为完整的描述. 对于连续分布, $P(q)\mathrm{d}q$ 表示随机变量的取值落在 q 和 $q+\mathrm{d}q$ 之间的概率. 对于离散分布 $P(q)$, q 只能取离散的数值, 例如种群大小只能取整数值. 任何分布都必须是半正定的, 而且
305 必须满足归一化条件

$$P(q) \geqslant 0, \quad \sum_q P(q) = 1 \quad \text{或者} \quad \int P(q)\mathrm{d}q = 1. \tag{8.1}$$

在这里, 我们令 q 代表动力学系统的微观状态, 并假设系统随时间在各态之间随机转移, 从 q_{old} 变到 q_{new} 的转移速率为 $W(q_{\mathrm{new}}|q_{\mathrm{old}})$. 给定这些速率便给定了模型. 这种描述有很强的应用潜力, 例如:

- 如果我们忽略量子纠缠和量子相干, 则量子力学中的动力学普遍可以用 Fermi 黄金定则来描述. 因此状态 q 可以是各种系统的基态和激发态, 它们包括原子、分子、固体中的声子或者聚合物链的构象等.
- 在遗传学中, q 可以表示不同等位基因在以生灭过程演化的群体中的出现频率.
- 群体生物学所关注的也是群体的大小. 群体大小依赖于出生和死亡、捕食者-猎物间的相互作用, 以及群体的迁出和迁入.
- 流行病学所关注的是不同类别之间的转变, 比如易感类、已感类和康复类之间的转变, 近年来也开始关注病毒和蠕虫在不同电脑之间的传播.
- 金融学试图刻画价格和股票、物品及货币的成交量是如何在随机环境中随时间变化的.

通常我们只考虑这样的情形: 微观涨落发生的时间尺度要比其他我们所关心的时间尺度短. 我们可以通过模拟 (第 9 章) 来实现系统的单次演化过程, 从而研究各种输出结果的统计量. 但是在这一章中, 我们采取一个更为完整的描述, 即考虑系统在 t 时刻处于 q 态的概率 $P(q,t)$. 这个概率满足积分-微分方程

$$\frac{\partial P(q,t)}{\partial t} = \int \mathrm{d}q'[W(q|q')P(q',t) - W(q'|q)P(q,t)], \tag{8.2}$$

对于离散系统, 积分变成求和. 该方程称为主方程.

这里的物理图像是这样的: 动力学过程是由状态的跳入和跳出导致的变化所 306
组成的. 需要强调的是: 主方程只描述概率分布的演化, 并不描述系统真实状态的演变轨迹. 在所有情况下, 我们都假设系统具有内在随机性, 并按照 Markov 过程进行演化. Markov 过程中的转移速率仅仅依赖于系统的状态, 即过程中没有记忆. 显然原子和分子并不会记住它们是如何进入它们所在的状态的, 但人类是有记忆的 (有时记得少, 有时却记得太多, 连不该记的也记住了). 我们可以通过增大状态空间, 把 "大脑的状态" 也包含进来, 从而在理论上避开这个问题. 有些过程并不是以恒定的速率发生的, 而是要经过一定的潜伏期之后才可能发生. 这个问题可以通过引入新的 "潜伏" 态来部分回避.

系统最终可能会进入一个不再随时间变化的状态 $P_{\mathrm{s}}(q)$, 我们称之为稳态. 有时稳态也是一个平衡态. 如果是这种情况, 我们要求解可以写成如下形式:

$$P_{\mathrm{s}}(q)=\frac{\exp(-\beta F(q))}{\sum\limits_{q}\exp(-\beta F(q))},$$

其中 $F(q)$ 为自由能.

主方程 (见式 (8.2)) 描述的是连续时间演化. 我们将在 9.2 节中介绍 Monte Carlo 模拟方法. 通常情况下, 模拟中的转移事件都发生在离散的时间点上. 我们将看到在稳态时, 如果转移概率满足细致平衡的话, 那么不同微观状态在任意时刻出现的频率都将遵循平衡态分布. 如果我们只关心平衡态性质的话, 那么转移概率是否描述真实动力学则无关紧要.

8.2 生 灭 过 程

如果系统的状态可以用整数 n 来表示, 则主方程为离散形式:

$$\frac{\partial P(n,t)}{\partial t}=\sum_{n'}[W(n|n')P(n',t)-W(n'|n)P(n,t)]. \tag{8.3}$$

通常情况下, $n'\to n$ 的转移可以描述为生灭过程, 且一次只增减一个. 因此对于这类所谓的一步过程, 我们有

$$W(n|n')=d(n')\delta_{n,n'-1}+b(n')\delta_{n,n'+1}, \tag{8.4}$$

其中 d 为整体死亡速率, b 为出生速率. 我们现在要做的是找到相应的稳态解. 对 307
于一步过程, 稳态概率分布必然满足

$$0=d(n+1)P_{\mathrm{s}}(n+1)+b(n-1)P_{\mathrm{s}}(n-1)-d(n)P_{\mathrm{s}}(n)-b(n)P_{\mathrm{s}}(n). \tag{8.5}$$

由于个体数不可能为负, 因此对于生灭过程必然存在 $d(0)=0$ 和 $P_{\mathrm{s}}(-1)=0$. 利用这两个条件, 并把 $n=0$ 代入式 (8.5), 我们得到

$$d(1)P_{\mathrm{s}}(1)=b(0)P_{\mathrm{s}}(0).$$

通过迭代, 对于 $n=1,2,\cdots$, 可得

$$d(n)P_{\mathrm{s}}(n)=b(n-1)P_{\mathrm{s}}(n-1), \tag{8.6}$$

这使我们可以把主方程的解先写成 $P_{\mathrm{s}}(0)$ 的函数的形式, 即

$$P_{\mathrm{s}}(n)=\frac{\prod\limits_{i=0}^{n-1}b(i)}{\prod\limits_{i=1}^{n}d(i)}P_{\mathrm{s}}(0), \tag{8.7}$$

然后利用归一化条件

$$\sum_{n}P_{\mathrm{s}}(n)=1 \tag{8.8}$$

求出 $P_{\mathrm{s}}(0)$. 这种求稳态解的方法仅适用于只含一个独立变量 n 的情况. 当有更多的变量时, 我们需要采用其他方法 (见 8.5 节).

我们以 4.5 节中的虫害模型为例, 将其看作一步生灭过程, 其中各常数的定义仍参照 4.5 节. 不同的是, 我们现在需要分别给出个体的实际出生速率 β 和死亡速率 $r_B-\beta$, 而不只是有效繁殖速率 r_B. 我们将速率 $b(n)$ (见式 (4.45)) 定义为

$$b(N)=\beta N+\Delta, \tag{8.9}$$

将速率 $d(N)$ 定义为

$$d(N)=(\beta-r_B)N+\frac{r_BN^2}{K_B}+\frac{BN^2}{A^2+N^2}. \tag{8.10}$$

式 (8.9) 和式 (8.10) 定义了该模型的随机版本. 如果 $\Delta=0$, 则 $b(0)=0$, 并且对于所有的 $N>0$, 都有 $P_{\mathrm{s}}(N)=0$. 如果 Δ 不为零, 但很小, 那么我们可以采用其他基准数并得到

$$\ln\frac{P_{\mathrm{s}}(N_2)}{P_{\mathrm{s}}(N_1)}\approx\int_{N_1}^{N_2}\mathrm{d}N\ln\left(\frac{b(N)}{d(N)}\right). \tag{8.11}$$

308 我们已经把对 N 的求和近似为积分了, 这对于 N 很大的情况是合理的. 若 $b(N)>d(N)$, 则 $P_{\mathrm{s}}(N)$ 为 N 的递增函数, 否则为 N 的递减函数. 比较式 (4.45) 和

式 (8.9)、式 (8.10), 我们发现 $P_s(N)$ 的极大值与 4.5 节中的平均场模型的稳态解相同. 我们引入与式 (4.49) 相同的约化变量

$$u=\frac{N}{A},\quad r=\frac{Ar_B}{B},\quad q=\frac{K_B}{A},\quad \delta=\frac{\Delta}{B},$$

并定义 $\rho=A\beta/B$, $p_s(u)=AP_s(N)$. 我们得到

$$I(u_1,u_2)\equiv\ln\left(\frac{p_s(u_2)}{p_s(u_1)}\right)=A\int_{u_1}^{u_2}\mathrm{d}u\ln\frac{\rho u+\delta}{(\rho-r)u+\dfrac{ru^2}{q}+\dfrac{u^2}{1+u^2}}. \tag{8.12}$$

假设 u_1 和 u_2 是 4.5 节中平均场模型在双稳态参数范围内的稳态解. 若 $I(u_1,u_2)>0$, 则 u_2 为 $p_s(u)$ 的最大值点; 若 $I(u_1,u_2)<0$, 则 u_1 为 $p_s(u)$ 的最大值点. 对于大系统, 这个最大值点可以很自然地理解为真正的平衡态. 这个结果与 4.5 节的结果定性上相似, 但细节上不同, 在那里我们的解是根据式 (4.51) 给出的最低 "自由能" g 得到的. 验证过程留作习题. 值得注意的是, 这里的结果不只依赖于有效繁殖 309
速率 r_B, 而是同时依赖于实际出生速率 β 和有效繁殖速率 r_B.

在图 8.1 中, 我们分别在双峰参数范围内, 以及临界点上画出了 $p_s(u)$ 的对数图. 当稳态值 $u=u_s$ (译者注: u_s 是图 8.1(a) 中极大值点所在的位置) 时, 死亡和产生速率相等, 并且

$$I(u-u_s)\propto A(u-u_s)^2.$$

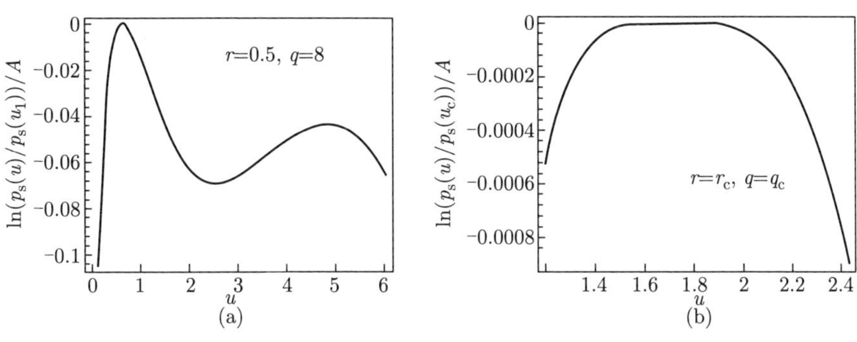

图 8.1 (a) 概率分布 $p_s(u)$ 的对数图, 其中 $r=0.5$, $q=0.8$, 此时存在两个极大值. 在极大值附近, $p_s(u)$ 接近 Gauss 分布. (b) 当 $r=r_c$, $q=q_c$ 时, 概率分布 $p_s(u)\propto(-(u-u_c)^4/a)$ 在 $u=u_c$ 附近的对数图

这意味着 N 的涨落为 Gauss 型, 数量级约为 $\sqrt{N}$. 在临界点附近有

$$I(u-u_c)\propto A(u-u_c)^4, \tag{8.13}$$

推导过程留作习题. 因此涨落主要在 $N^{3/4}$ 的数量级上.

8.3 分 支 过 程

接下来我们考虑一种特别简单的生灭过程, 其个体之间相互独立, 且要么自我复制, 要么死亡, 即

$$A \to A + A \quad 或者 \quad A \to 0,$$

其速率分别为 β 和 δ. 这种过程即为分支过程, 如图 8.2 所示.

个体数为零的状态是吸收态. 一旦系统进入吸收态则永远留在那里. 相应的主方程为

$$\frac{\partial P_n(t)}{\partial t} = \beta(n-1)P_{n-1}(t) + \delta(n+1)P_{n+1}(t) - (\delta+\beta)nP_n(t). \tag{8.14}$$

假设在 $t=0$ 时只有一个个体. 那么我们感兴趣的是在接下来的过程 (或级联) 中, 个体的数目和持续时间. 其中一个有意义的量是存活概率

$$P_a(t) = 1 - P_0(t), \tag{8.15}$$

这是持续时间超过 t 的过程所占的比例. 我们特别注意一下它的渐近值

$$P_\infty = \lim_{t\to\infty} P_a(t), \tag{8.16}$$

P_∞ 可以表示一个新的突变引入到一个群体后存活下来的概率.

310

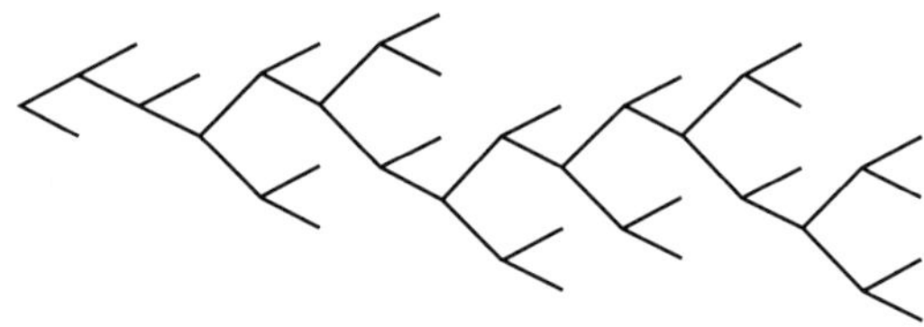

图 8.2 分支过程

当 $\varDelta \equiv \beta - \delta = 0$ 时, 我们发现有几个量表现出幂律 (临界) 行为:

$$P_a(t) \sim t^{-\gamma}, \tag{8.17}$$

$$P_\infty \sim \varDelta^{\theta}. \tag{8.18}$$

我们将推导出这几个指数.

许多概率问题都可以用生成函数的方法解决. 生成函数定义为

$$G(z,t) = \sum_{n=0}^{\infty} P_n(t) z^n. \tag{8.19}$$

利用生成函数对 z 在 $z=1$ 处的各阶导数, 我们便可以得到各阶矩, 例如

$$\langle n\rangle = \left.\frac{\partial G(z)}{\mathrm{d}z}\right|_{z=1} \tag{8.20}$$

和

$$\langle n(n-1)\rangle = \left.\frac{\partial^2 G(z)}{\mathrm{d}z^2}\right|_{z=1}. \tag{8.21}$$

量

$$\phi_m = \langle n(n-1)(n-2)\cdots(n-m+1)\rangle = \left.\frac{\mathrm{d}^m G(z)}{\mathrm{d}z^m}\right|_{z=1} \tag{8.22}$$

称为阶乘矩. 利用阶乘矩我们可以反过来得到概率

$$P_n = \frac{1}{n!}\sum_{m=n}^{\infty}\frac{(-1)^k}{k!}\phi_m, \tag{8.23}$$

其中 $k=m-n$. 我们把条件概率 311

$$P_{n/m}(t_2,t_1) = P_{n/m}(t_2-t_1) \tag{8.24}$$

定义为在时刻 t_1 给定 m 个个体, 则时刻 t_2 有 n 个个体的概率.

该条件概率满足 Chapman-Kolmogorov 方程:

$$P_{n/m}(t+h) = \sum_{m'} P_{n/m'}(t)P_{m'/m}(h), \tag{8.25}$$

该式仅仅表明在中间时刻 t, 系统必然在某个态上. 该条件概率的时间导数为

$$\frac{\mathrm{d}}{\mathrm{d}t}P_{n/m}(t) = \lim_{h\to 0}\frac{1}{h}(P_{n/m}(t+h)-P_{n/m}(t)). \tag{8.26}$$

我们把态 $m'=m$ 单独写出, 即

$$\frac{\mathrm{d}}{\mathrm{d}t}P_{n/m}(t) = \lim_{h\to 0}\frac{1}{h}\left(\sum_{m'\neq m} P_{n/m'}(t)P_{m'/m}(h) + (P_{m/m}(h)-1)P_{n/m}(t)\right), \tag{8.27}$$

并定义转移速率为

$$W(m'|m) = \lim_{h\to 0}\frac{P_{m'/m}(h)}{h}. \tag{8.28}$$

那么发生 “任意事件” 的速率为

$$\lim_{h\to 0}\frac{1}{h}(1-P_{m/m}(h)) = \sum_{m'\neq m} W(m'|m). \tag{8.29}$$

整理各项, 我们得到 Kolmogorov 向后方程:

$$\frac{\mathrm{d}P_{n/m}(t)}{\mathrm{d}t} = \sum_{m'} W(m'|m)(P_{n/m'}(t) - P_{n/m}(t)). \tag{8.30}$$

对于我们的分支过程, 给定初始个体数为 1 的边界条件, 则向后方程为

$$\frac{\mathrm{d}P_{n,1}(t)}{\mathrm{d}t} = -(\delta+\beta)P_{n/1}(t) + \beta P_{n/2}(t) + \delta P_{n/0}(t). \tag{8.31}$$

注意到个体数为零的状态是吸收态, 因此

$$P_{n/0}(t) = \begin{cases} 1, & n = 0, \\ 0, & n > 0. \end{cases} \tag{8.32}$$

312 我们定义如下条件生成函数:

$$\begin{aligned} G_1(z,t) &= \sum_{n=0}^{\infty} P_{n/1}(t) z^n, \\ G_2(z,t) &= \sum_{n=0}^{\infty} P_{n/2}(t) z^n. \end{aligned} \tag{8.33}$$

利用条件生成函数可将向后方程变为

$$\frac{\partial G_1(z,t)}{\partial t} = -(\delta+\beta)G_1(z,t) + \beta G_2(z,t) + \delta. \tag{8.34}$$

在我们的模型中, 任意一条分支上发生的事件与其他分支上发生的事件相互独立. 因此有

$$P_{n/2}(t) = \sum_{m=0}^{n} P_{n-m/1}(t) P_{m/1}(t),$$

由此可得

$$G_2(z,t) = [G_1(z,t)]^2, \tag{8.35}$$

且

$$\frac{\partial G_1(z,t)}{\partial t} = -(\delta+\beta)G_1 + \beta G_1^2(z,t) + \delta,$$

初始条件为

$$G_1(z,0) = z,$$

解得

$$G_1(z,t) = \frac{\mathrm{e}^{(\delta-\beta)t}(\beta z - \delta) + \delta(1-z)}{\mathrm{e}^{(\delta-\beta)t}(\beta z - \delta) + \beta(1-z)}. \tag{8.36}$$

我们现在的任务是找出该解的一些性质. 从单个个体出发的过程的存活概率为

$$P_a(t) = 1 - G_1(0,t) = \frac{\delta - \beta}{\delta \mathrm{e}^{(\delta-\beta)t} - \beta}. \tag{8.37}$$

正如预期的那样, 当 $\beta < \delta$ (死亡速率大于实际出生速率) 时, 存活概率在长时间后趋于零. 相反, 当 $\beta > \delta$ 时, 长时间后的存活概率为

$$P_\infty = 1 - \frac{\delta}{\beta} = \frac{\Delta}{\beta}. \tag{8.38}$$

上文提到过的临界指数 θ 的取值为 $\theta = 1$. 当 $\delta = \beta$ 时, 存活概率为 **313**

$$P_a(t) = \frac{1}{1+\beta t}, \tag{8.39}$$

因此临界指数 $\gamma = 1$.

8.4 Fokker-Planck 方程

考虑一般的一步生灭过程, 其主方程为

$$\begin{aligned}\frac{\partial P(n,t)}{\partial t} = {} & b(n-1)P(n-1,t) + d(n+1)P(n+1,t) \\ & -(b(n)+d(n))P(n,t),\end{aligned} \tag{8.40}$$

其中 $b(n)$ 和 $d(n)$ 分别为出生速率和整体死亡速率. 为了方便起见, 引入升降算符

$$\begin{aligned} Eg(n) &\equiv g(n+1) = \exp\left\{\frac{\partial}{\partial n}\right\} g(n), \\ E^{-1}g(n) &\equiv g(n-1) = \exp\left\{-\frac{\partial}{\partial n}\right\} g(n), \end{aligned} \tag{8.41}$$

其中 $g(n)$ 是个体数目的任意函数. 偏导算符的指数函数是根据指数函数的 Taylor 展开定义的. 利用这些算符, 主方程变为

$$\frac{\partial P(n,t)}{\partial t} = ((E^{-1}-1)b(n) + (E-1)d(n))P(n,t). \tag{8.42}$$

在 8.2 节中, 我们从虫害模型中看到, 除了临界点外, 平均场附近的涨落与系统尺寸参数 A 的平方根成正比 (在该特例中, A 表示虫口数的一个阈值, 超过该阈值, 虫子被捕食的速率便开始饱和). 现在假设在一般情况下我们可以定义一个系统尺寸参数, 称之为 Ω. 该参数可以是任意广延量, 例如总面积或体积, 或者承载容量. 我们进一步假设

$$n = \Omega\phi(t) + \sqrt{\Omega}x. \tag{8.43}$$

314 这里 $\phi(t)$ 是描述平均个体数密度的一个非涨落函数, 它满足常微分方程. 围绕该平均个体数密度的涨落可由 x 来刻画. x 是连续随机变量, 其概率分布为 $\Pi(x,t)$. 当 n 发生大小为 Δn 的涨落时, x 的涨落大小则为 $\Delta x = \Delta n/\sqrt{\Omega}$. 我们发现

$$\Pi(x,t) = \sqrt{\Omega}P(\Omega\phi(t) + \sqrt{\Omega}x, t), \tag{8.44}$$

$$\frac{\partial \Pi}{\partial x} = \Omega\frac{\partial P}{\partial n}, \tag{8.45}$$

$$\frac{\partial P}{\partial t} = \frac{1}{\sqrt{\Omega}}\frac{\partial \Pi}{\partial t} - \frac{\mathrm{d}\phi}{\mathrm{d}t}\frac{\partial \Pi}{\partial x}, \tag{8.46}$$

$$E - 1 = \frac{1}{\sqrt{\Omega}}\frac{\partial}{\partial x} + \frac{1}{2\Omega}\frac{\partial^2}{\partial x^2} + \cdots, \tag{8.47}$$

$$E^{-1} - 1 = -\frac{1}{\sqrt{\Omega}}\frac{\partial}{\partial x} + \frac{1}{2\Omega}\frac{\partial^2}{\partial x^2} + \cdots. \tag{8.48}$$

代入主方程并转化为关于 Π 的方程, 将各项按照 Ω 的阶数高低分离出来. 做稍许运算, 我们得到

$$\frac{\partial \Pi(x,t)}{\partial t} = \Omega^{1/2}\frac{\partial \Pi}{\partial x}[\ \ ] + \{\ \ \}\Pi + O(\Omega^{-1/2}), \tag{8.49}$$

其中算符 [ ] 和 { } 分别表示为

$$[\ \ ] = \frac{\mathrm{d}\phi}{\mathrm{d}t} - r(\phi), \tag{8.50}$$

$$\{\ \ \}\Pi = -\frac{r(\phi)}{d\phi}\frac{\partial}{\partial x}(x\Pi) + D(\phi)\frac{\partial^2 \Pi}{\partial x^2}. \tag{8.51}$$

平均个体再生速率为

$$r(\phi) = \frac{b(\Omega\phi) - d(\Omega\phi)}{\Omega},$$

而

$$D(\phi) = \frac{b(\Omega\phi) + d(\Omega\phi)}{2\Omega}$$

是平均个体转移速率. 为了得到这些方程, 我们已经利用了如下近似:

$$b(\Omega\phi + \sqrt{\Omega}x) \approx b(\Omega\phi) + x\sqrt{\Omega}\frac{\mathrm{d}b(\Omega\phi)}{\mathrm{d}\phi}.$$

315 为了使 Ω 展开有效, 我们必须令 [ ]=0 及 { } = 0. 前者导致

$$\frac{\mathrm{d}\phi}{\mathrm{d}t} = r(\phi), \tag{8.52}$$

此即平均场速率方程. 式 (8.52) 的解只依赖于净繁殖率, 与转移速率无关. 我们要求在展开中不依赖于 Ω 的各项之和为零. 结果即为 Fokker-Planck 方程:

$$\frac{\partial \Pi(x,t)}{\partial t} = -\frac{\mathrm{d}r(\phi)}{\mathrm{d}\phi}\frac{\partial}{\partial x}(x\Pi) + D(\phi)\frac{\partial^2}{\partial x^2}\Pi. \tag{8.53}$$

这里我们需要把式 (8.52) 的解 $\phi(t)$ 代入其中.

注意到我们可以不经过求解 Fokker-Planck 方程便得到 x 的平均值和方差. 定义强度量

$$f(\phi) = -\frac{\mathrm{d}r(\phi)}{\mathrm{d}\phi}, \tag{8.54}$$

可以得到平均值的时间导数, 即

$$\frac{\mathrm{d}\langle x\rangle}{\mathrm{d}t} \equiv \int_{-\infty}^{+\infty} \frac{\partial x\Pi(x,t)}{\partial t}\mathrm{d}x = \int_{-\infty}^{\infty} x\mathrm{d}x\left(f(\phi)\frac{\partial x\Pi}{\partial x} + D(\phi)\frac{\partial^2 \Pi}{\partial x^2}\right).$$

进行分部积分并假设当 $x \to \pm\infty$ 时, $\Pi \to 0$, 则有

$$\frac{\mathrm{d}\langle x\rangle}{\mathrm{d}t} = -f(\phi)\langle x\rangle. \tag{8.55}$$

根据类似方法可得

$$\frac{\mathrm{d}\langle x^2\rangle}{\mathrm{d}t} = -2f(\phi)\langle x^2\rangle + 2D(\phi). \tag{8.56}$$

稳态 $\phi = \phi_0$ 附近的涨落是我们非常关心的, 此时 $f(\phi_0) = f_0 =$ 常数, 且 $D(\phi_0) = D_0 =$ 常数. 假设初始时 $x = \langle x\rangle = x_{\mathrm{i}}$, 则式 (8.55) 和式 (8.56) 的解为

$$\begin{aligned} \langle x\rangle &= x_{\mathrm{i}}\exp(-f_0 t), \\ \sigma^2 = \langle x^2\rangle - \langle x\rangle^2 &= \frac{D_0}{f_0}(1-\exp(-2f_0 t)). \end{aligned} \tag{8.57}$$

我们可以看到要使稳态解稳定, 必须有 $f_0 > 0$. 已知稳态时 $r = (b-d)/\Omega = 0$, 且
我们在 8.2 节中看到在临界点处有 $f = -\mathrm{d}r/\mathrm{d}\phi = 0$, 因此此时式 (8.57) 发散. 这说 316
明在临界点附近按照 $\sqrt{\Omega}$ 的幂次进行系统尺寸展开是不适用的. 这也是意料之中的, 因为我们在 8.5 节中已经看到临界涨落正比于 $\Omega^{1/4}$. 因此这时原则上我们应该按照 $\Omega^{1/4}$ 的幂次进行系统尺寸展开.

我们可以在稳态时求解式 (8.53), 此时

$$0 = \frac{\mathrm{d}}{\mathrm{d}x}\left(f_0 x\Pi + D_0\frac{\mathrm{d}\Pi}{\mathrm{d}x}\right).$$

如果我们要求概率分布必须归一, 则解为

$$\Pi_{\mathrm{s}}(x) = \sqrt{\frac{f_0}{2\pi D_0}}\exp\left(\frac{-f_0 x^2}{2D_0}\right). \tag{8.58}$$

该稳态解为 Gauss 分布, 方差为 D_0/f_0. 在下面两节中我们将把这些结果推广到多变量情形, 以及连续过程中.

8.5 多变量 Fokker-Planck 方程: SIR 模型

我们将以流行病学中的 SIR 模型为例来说明多个随机变量情形下的系统尺寸展开法. 该模型可能是最基本的流行病学模型. 本书内容以平衡或者近平衡系统为主. 虽然 SIR 模型的稳态不能被视为平衡态, 但这并不影响分析的方法, 因此我们将该模型纳入讨论. 生态和流行病学模型可以分为确定性和随机性模型两大类. 前者以常微分方程为描述方法, 该方法与第 4 章的平均场方法非常相似. 系统尺寸展开法的一个优点是它同时为两种方法提供了工具.

在 SIR 模型中, 群体被分为三大类: 易感者 S、已感者 I 和排除者 (或康复者)R. 总人口数则为

$$N = S + I + R. \tag{8.59}$$

我们可以把平均总人口数作为我们的系统尺寸参数 Ω. 在我们的模型中, 假设易
317 感者的死亡速率为 γ, 新个体的引入速率为 $\Omega\gamma$, 已感者的占比为 ρ, 剩余的为易感者, 占比为 $(1-\rho)$. 易感者与已感者接触后可以被感染, 感染速率为 $\beta SI/\Omega$. 已感者由于死亡或者获得免疫将以速率 λ 从易感者人群中排除. 我们这里已经做了一个简化, 即均匀混合. 如要和真实数据比较, 这种简化可能会带来很大影响. 这种影响可以在一定程度上通过引入集合种群来消除. 在每个种群内部都采用均匀混合, 但减小种群之间的接触. 另一个方法是采用二维空间模型. 但是随着近年来全球化的加强, 这种模型变得不太合适, 有时被流行病和计算机病毒的网络模型所取代[215,232,233].

与 8.4 节相同, 我们采用升降算符, 并用脚标 S 和 I 分别代表易感者和已感者. 该模型可以用如下主方程来描述:

$$\begin{aligned}\frac{\partial P(S,I,t)}{\partial t} = &(\Omega(1-\rho)\gamma(E_S^{-1}-1) + \Omega\rho\gamma(E_I^{-1}-1) + \lambda(E_I-1)I \\ &+\beta\Omega^{-1}(E_S E_I^{-1}-1)SI + \gamma(E_S-1)S)P(S,I,t),\end{aligned} \tag{8.60}$$

其中 $P(S,I,t)$ 表示在 t 时刻有 S 个易感者和 I 个已感者的概率. 与 8.4 节相同, 我们假设个体数涨落正比于系统尺寸的平方根, 即

$$S = \Omega\phi(t) + \sqrt{\Omega}s, \quad I = \Omega\psi(t) + \sqrt{\Omega}i, \tag{8.61}$$

可以预料 ϕ 和 ψ 满足确定性速率方程, 而随机变量 s 和 i 满足 Fokker-Planck 方程.

令 $\Pi(s,i,t)$ 为 s 和 i 的概率分布. 我们有

$$\Pi(s,i,t) = \Omega P(\Omega\phi(t) + \sqrt{\Omega}s, \Omega\psi(t) + \sqrt{\Omega}i, t), \tag{8.62}$$

其中前面的因子 Ω 来源于归一化条件:

$$1=\sum_{S,I}P(S,I,t)=\iint \mathrm{d}s\mathrm{d}i\Pi(s,i,t).$$

我们有

$$\frac{\partial P}{\partial t}=\frac{1}{\Omega}\frac{\partial \Pi}{\partial t}-\frac{1}{\sqrt{\Omega}}\frac{\mathrm{d}\phi}{\mathrm{d}t}\frac{\partial \Pi}{\partial s}-\frac{1}{\sqrt{\Omega}}\frac{\mathrm{d}\psi}{\mathrm{d}t}\frac{\partial \Pi}{\partial i}.$$

接下来我们按照 $\sqrt{\Omega}$ 的幂次进行展开. 除了式 (8.47) 和式 (8.48) 之外, 我们还需要 **318**

$$E_SE_I^{-1}-1=\frac{1}{\sqrt{\Omega}}\left(\frac{\partial}{\partial s}-\frac{\partial}{\partial i}\right)+\frac{1}{2\Omega}\left(\frac{\partial^2}{\partial i^2}+\frac{\partial^2}{\partial s^2}-2\frac{\partial^2}{\partial s\partial i}\right). \tag{8.63}$$

将式 (8.63) 代入主方程, 并解出 $\dfrac{\partial \Pi}{\partial t}$, 可得如下表达式:

$$\frac{\partial \Pi}{\partial t}=\sqrt{\Omega}\{\quad\}+[\quad]+O\left[\frac{1}{\sqrt{\Omega}}\right].$$

上式中正比于 $\sqrt{\Omega}$ 的项必须为零, 即

$$\{\quad\}=\frac{\partial \Pi}{\partial s}\left(\frac{\mathrm{d}\phi}{\mathrm{d}t}-(1-\rho)\gamma+\beta\psi\phi+\gamma\phi\right)+\frac{\partial \Pi}{\partial i}\left(\frac{\mathrm{d}\psi}{\mathrm{d}t}-\rho\gamma-\beta\psi\phi+\lambda\psi\right),$$

因此我们可得速率方程:

$$\begin{aligned}\frac{\mathrm{d}\phi}{\mathrm{d}t}&=(1-\rho)\gamma-\beta\psi\phi-\gamma\phi,\\ \frac{\mathrm{d}\psi}{\mathrm{d}t}&=\rho\gamma+\beta\psi\phi-\lambda\psi.\end{aligned} \tag{8.64}$$

根据条件 $[\quad]=0$, 我们可得 Fokker-Planck 方程:

$$\begin{aligned}\frac{\partial \Pi}{\partial t}=&\frac{\partial}{\partial i}(\lambda i-\beta\psi s-\beta\phi i)\Pi+\frac{\partial}{\partial s}(\gamma s+\beta\psi s+\beta\phi i)\Pi\\&+\frac{1}{2}[(1-\rho)\gamma+\beta\psi\phi+\gamma\phi]\frac{\partial^2\Pi}{\partial s^2}\\&+\frac{1}{2}(\rho\gamma+\lambda\psi+\beta\phi\psi)\frac{\partial^2\Pi}{\partial i^2}-\beta\phi\psi\frac{\partial^2\Pi}{\partial s\partial i},\end{aligned} \tag{8.65}$$ **319**

其中 ϕ 和 ψ 由速率方程的解给出. 我们可以通过令速率方程的时间导数项为零, 即

$$0=(1-\rho)\gamma-\beta\psi\phi-\gamma\phi,$$
$$0=\rho\gamma+\beta\psi\phi-\lambda\psi,$$

来得到宏观稳态解

$$\begin{aligned}\phi_0 &= \frac{1}{2c}(1 + c - \sqrt{(1-c)^2 + 4c\rho}),\\ \psi_0 &= \frac{\gamma}{2c\lambda}(c - 1 + \sqrt{(1-c)^2 + 4c\rho}),\end{aligned} \tag{8.66}$$

其中 $c = \beta/\lambda$. 如果 $\rho = 0$ (即不迁入已感者), 那么上式可简化为

$$\phi_0 = \begin{cases} 1, & \text{当 } c < 1 \text{ 时},\\ \dfrac{1}{c}, & \text{当 } c > 1 \text{ 时},\end{cases}$$

$$\psi_0 = \begin{cases} 0, & \text{当 } c < 1 \text{ 时},\\ \dfrac{\gamma}{\lambda}\left(1 - \dfrac{1}{c}\right), & \text{当 } c > 1 \text{ 时}.\end{cases}$$

在图 8.3 中, 我们画出了 ϕ 和 $\lambda\psi/\gamma$ 在 $\rho = 0.001$ 时随参数 $c = \beta/\lambda$ 的变化情况.

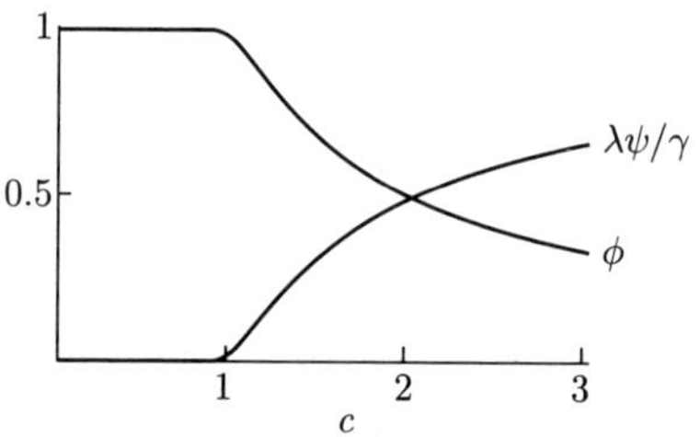

图 8.3　易感者和已感者稳态人口随参数 c 的变化, 这里 $\rho \ll 1$

当 $c < 1$ 且 $\rho \ll 1$ (间断区) 时, 只有很少的人被感染, 且由已感者的迁入带来的流行病会很快消失. 整个群体将保持健康状态直到下一个易感者到来. 当 $c > 1$ 时, 疾病会一直保持, 总有一部分个体处于感染状态 (流行病区). 要使 Ω 展开有效, 我们必须有 $\Omega\psi_0 \gg 1$, $\Omega\phi_0 \gg 1$. 前一个条件是最难保证的.

- 当 $c > 1$ 且 $\Omega \gg 1$ 时, 我们需令 $\rho = 0$.
- 当 $c < 1$ 且 $\rho \ll 1 - c$ 时, 我们必须有 $\gamma\rho\Omega/(\lambda(1-c)) \gg 1$.
- 当 $c = 1$ 时, 我们必须有 $\Omega\sqrt{\rho}/\lambda \gg 1$.

320 我们把 ψ 和 ϕ 解释为许多次样本的系综平均.

我们在图 8.4 中展示了已感人口在某些参数下向稳态的趋近过程. 我们假设初始时有一半人口已被感染的占比为 $\rho \ll 1$. 注意到在流行病区内已感人口有时以阻尼振荡的形式向稳态趋近. 我们把以振荡形式趋近于平衡态的精确条件留作习题. 平均值、方差和涨落关联 $\langle si\rangle - \langle s\rangle\langle i\rangle$ 的计算方法与 8.4 节相同. 我们将流行病区外的这些量的计算留作习题. 把我们的这种方法推广到多个随机变量的情况在原则上是很直接的, 但是运算会有些复杂.

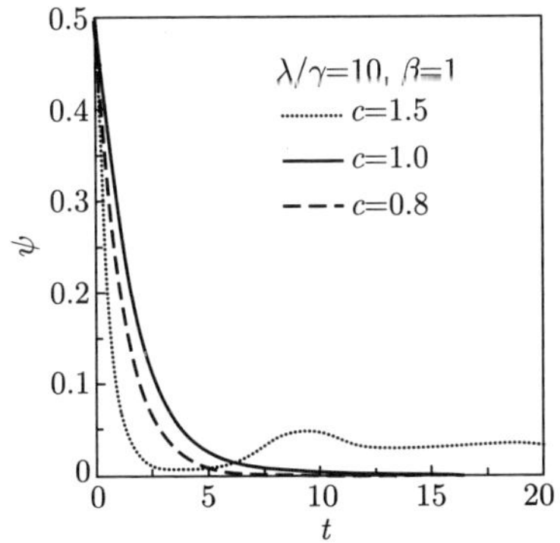

图 8.4 在不同参数下, 已感人口随时间趋近于稳态的过程

8.6 连续变量的跃迁矩 321

到目前为止, 我们只讨论了生灭过程的 Fokker-Planck 方程. 对于这种情况, 根据系统尺寸来展开是很自然的. 我们现在考虑连续过程. 重要的例子包括在黏滞液体中的颗粒运动, 以及一般的扩散问题. 我们仍将处理一般形式的 Fokker-Planck 方程[①]:

$$\frac{\partial P(x,t)}{\partial t}=-\frac{\partial}{\partial x}A(x)P(x,t)+\frac{\partial^2}{\partial x^2}D(x)P(x,t). \tag{8.67}$$

在这里, 该方程也叫作 Smoluchowski 方程或者第二 Kolmogorov 方程. 该方程可以写成

$$\frac{\partial P(x,t)}{\partial t}=-\frac{\partial J}{\partial x} \tag{8.68}$$

的形式, 以使其结构更为清楚, 其中

$$J=A(x)P(x,t)-\frac{\partial}{\partial x}D(x)P(x,t) \tag{8.69}$$

是概率流, $A(x)P(x,t)$ 一般称为漂移或者输运项, $\dfrac{\partial}{\partial x}D(x)P(x,t)$ 是扩散项. 这些术语与处理宏观流时所常用的一致. 假设 $n(x)$ 是某守恒量的浓度, 比如粒子数, 则

$$\int n(x,t)\mathrm{d}x=\text{常数}.$$

那么

$$\frac{\partial n(x,t)}{\partial t}=-\nabla\cdot\boldsymbol{j},$$

① 我们下面的讨论只限于单个随机变量的情况. 式 (8.67) 的高维形式为 $\partial P(\boldsymbol{x},t)/\partial t=-\nabla\cdot\boldsymbol{A}(\boldsymbol{x},t)P(\boldsymbol{x},t)+\nabla^2D(\boldsymbol{x})P(\boldsymbol{x},t)$. 式 (8.68) 的一般形式显然为 $\partial P(\boldsymbol{x},t)/\partial t=-\nabla\cdot\boldsymbol{J}$.

其中 $\boldsymbol{j}$ 为粒子流密度. 该粒子流密度通常可以从一个如下的本构关系中得到:

$$\boldsymbol{j} = \mu \boldsymbol{f} n - D\nabla n,$$

其中 μ 是迁移率, 对于过阻尼系统即为漂移速率 (见 12.4.2 小节) $\langle \boldsymbol{v} \rangle = \mu \boldsymbol{f}$ ($\boldsymbol{f}$ 为
322 力, 例如重力或电场力). D 为扩散常数. Fokker-Planck 方法的主要区别是它所处理的是概率分布而不是粒子流密度.

根据定义, Fokker-Planck 方程对于 P 总是线性的. 然而一般只有当 $A(x)$ 是 x 的线性函数且 $D(x)$ 为常数时, 我们才说该 Fokker-Planck 方程是线性的. 由线性 Fokker-Planck 方程

$$\frac{\partial P(x,t)}{\partial t} = -\frac{\partial}{\partial x}[A_0 + A_1 x]P + D\frac{\partial^2 P}{\partial x^2}$$

所描述的过程称为 Ornstein-Uhlenbeck 过程. 要使该过程可以弛豫到一个稳态需要 $D > 0$. 线性过程的含时 Fokker-Planck 方程可以精确求解, 而非线性过程的求解则有各种数值方法可以利用.

对于任意的 $A(x)$ 和 $D(x)$, 我们都可以得到该方程的稳态解, 因为在稳态时概率流为零:

$$0 = A(x)P_{\mathrm{s}}(x) - \frac{\mathrm{d}}{\mathrm{d}x}D(x)P_{\mathrm{s}}(x),$$

其解为

$$P_{\mathrm{s}}(x) = \frac{常数}{D(x)} \exp\left[\int^x \frac{A(y)}{D(y)}\mathrm{d}y\right], \tag{8.70}$$

其中常数依赖于积分下限的选择, 且由归一化条件决定. 我们接下来用 Planck 最初的方法从如下连续主方程出发推导 Fokker-Planck 方程:

$$\frac{\partial P(q,t)}{\partial t} = \int \mathrm{d}q'[W(q|q')P(q',t) - W(q'|q)P(q,t)].$$

我们把方程重新以 "跳跃" $r = q - q'$ 和跳跃转移速率 $w(q', r) = W(q|q')$ 的形式写出, 即

$$\frac{\partial P(q,t)}{\partial t} = \int \mathrm{d}r w(q-r,r)P(q-r,t) - P(q,t)\int \mathrm{d}r w(q,-r). \tag{8.71}$$

我们把 $w(q-r,r)P(q-r,t)$ 关于 r 展开. 式 (8.71) 中的第一个积分可化为

$$\int \mathrm{d}r w(q,r)P(q,t) - \frac{\partial}{\partial q}\int \mathrm{d}r r w(q,r)P(q,t)$$
$$+\frac{1}{2}\frac{\partial^2}{\partial q^2}\int \mathrm{d}r r^2 w(q,r)P(q,t) + \cdots .$$

323 我们现在定义跃迁矩

$$a_n = \int \mathrm{d}r r^n w(q,r). \tag{8.72}$$

如果把式 (8.71) 的展开截断到二阶, 可以重新得到 Fokker-Planck 方程:

$$\frac{\partial P(q,t)}{\partial t} = -\frac{\partial}{\partial q}[a_1(q)P(q,t)] + \frac{1}{2}\frac{\partial^2}{\partial q^2}[a_2(q)P(q,t)]. \tag{8.73}$$

该推导的另外一个好处是我们还从描述过程的主方程出发得到了函数 $A(q)$ 和 $B(q)$. 我们在 8.8.1 小节中指出各向异性系统的本构关系是较模糊的. 另一方面, 我们将发现从唯象角度获取跃迁矩通常会比较方便.

为什么截断到二阶? 如果我们把展开后的所有项都保留下来, 得到的是 Kramers-Moyal 展开式:

$$\frac{\partial P(q,t)}{\partial t} = \sum_{n=1}^{\infty}\frac{(-1)^n}{n!}\frac{\partial^n}{\partial q^n}[a_n(q)P(q,t)]. \tag{8.74}$$

该展开式的实用性受 Pawula 定理限制.Pawula 定理告诉我们, 尽管包括所有阶的展开与主方程是一样的, 但如果我们截断到任何高于二阶的项, $P(q,t)$ 将不再是正定的. 另外一个看法是当按系统尺寸展开有效时, 高于二阶的跃迁矩是 $\Omega^{-1/2}$ 的高阶项. 关于这类细节问题的更多讨论请参考 van Kampen 的书 [309].

8.6.1 Brown 运动

我们希望通过考察介观粒子在稳定液体中的运动来说明上面这些结果. 一个微米尺度的粒子每秒可以与液体分子发生 10^{12} 次或更多次碰撞, 而我们可能只关心介观粒子在毫秒或者微秒的时间尺度上的运动. 这么大的时间尺度差使得我们可以引入一个 "无穷小" 时间 δt, 它比平均碰撞时间 τ_c 长, 但比我们所关心的时间尺度 t 短. 令 f为作用在粒子上的外力, $\mu = \langle v\rangle/f$ 为迁移率, $\langle v\rangle$ 为粒子的漂移速率. 在 324
时间 δt 内粒子移动的位移为 δx. 我们可得跃迁矩为

$$a_1 = \frac{\langle\delta x\rangle}{\delta t} = f\mu, \tag{8.75}$$

$$a_2 = \frac{\langle(\delta x)^2\rangle}{\delta t}. \tag{8.76}$$

我们可以把它们代入如式 (8.73) 所示的 Fokker-Planck 方程中. 作为第一个例子, 我们考虑自由 Brown 运动, 即 $f=0, a_1=0$, 可得

$$\frac{\partial P(x,t)}{\partial t} = \frac{\langle(\delta x)^2\rangle}{2\delta t}\frac{\partial^2 P}{\partial x^2},$$

此即扩散方程. 因此我们要求

$$D = \frac{\langle(\delta x)^2\rangle}{2\delta t}. \tag{8.77}$$

该方程没有稳态解, 但是我们可以得到条件概率:

$$P(x,t|0,0)=\frac{\exp\left[-\dfrac{x^2}{4Dt}\right]}{\sqrt{4\pi Dt}}. \tag{8.78}$$

这类 Gauss 过程称为 Bachelier-Wiener 过程. 因为我们已经假设了 $\delta t \gg \tau_c$, 所以在该过程中虽然粒子在运动, 漂移速率为零, 但是真实速率并没有被定义. 关于这类过程的理论最初是由 Bachelier② 在研究市场价格的涨落而非 Brown 运动时发展起来的.

我们现在通过 Fokker-Planck 方程

$$\frac{\partial P(x,t)}{\partial t}=-\mu\frac{\partial}{\partial x}f(x)P+D\frac{\partial^2 P}{\partial x^2} \tag{8.79}$$

来考虑力 $f(x)$ 的效应. 一个简单的例子是粒子在重力场中的运动, 此时我们有 $a_1=-Mg\mu$. 在短时间内, 位置的涨落正比于时间的平方根, 而漂移带来的位移正比于时间. 这仅仅是由于前者是随机的, 而后者不是, 在中间时间尺度上, 它们的数量级
325 可以相同. 因此外场的存在对 a_2 的影响可以忽略. 于是 Fokker-Planck 方程变为

$$\frac{\partial P(x,t)}{\partial t}=Mg\mu\frac{\partial P}{\partial x}+D\frac{\partial^2 P}{\partial x^2}. \tag{8.80}$$

同样, 在 $-\infty<x<+\infty$ 之间不存在稳态解.

但是我们可以通过引入一个移动参考系来求解这个含时方程, 即

$$y=x+Mg\mu t,$$
$$P(x,t)=\Pi(x+Mg\mu t,t),$$

并得到

$$\frac{\partial P}{\partial t}=\frac{\partial \Pi}{\partial t}+Mg\mu\frac{\partial \Pi}{\partial x},$$

之后我们可以得到一个关于 Π 的扩散方程, 其解为

$$P(x,t|0,0)=\frac{\exp\left\{-\dfrac{(x+Mg\mu t)^2}{4Dt}\right\}}{\sqrt{4\pi Dt}}. \tag{8.81}$$

我们接下来考虑反射边界的效应. 假设容器在 $x=0$ 处有底盘, 扩散粒子无法穿过该底盘. 这要求概率流在 $x=0$ 处为零. 对于含时问题, 我们只能在 $x=0$ 处

② 对科学史有兴趣的读者可以在网页 http://www-groups.dcs.st-and.ac.uk/~history/Mathematicians/Bachelier.htm 上查看文章 *Louis Bachelier*.

应用零概率流这个条件, 但是在稳态时概率流处处为零. 令 $P_s(x)$ 为稳态概率分布. 零概率流条件给出

$$J = 0 = -Mg\mu P_s(x) - D\frac{dP_s}{dx},$$

其解为

$$P_s(x) = 常数 \times \exp\left[-\frac{Mg\mu x}{D}\right].$$

在平衡态, 我们必须有

$$P_e(x) = \frac{Mg}{k_B T}\exp\left[-\frac{Mgx}{k_B T}\right],$$

由此可得 Einstein 关系

$$D = \mu k_B T. \tag{8.82}$$

Einstein 关系隐含另外一个条件, 即扩散粒子所在液体处于热平衡态.

8.6.2 Rayleigh 和 Kramers 方程 326

到目前为止, 我们假设所涉及的运动都是强阻尼运动, 且采用了 "Aristotle" 的观点, 即与力成正比的是速度而非加速度. 宏观运动方程为

$$v = \dot{x} = \mu f,$$

它不是 Newton 方程

$$M\frac{dv}{dt} = f - \frac{v}{\mu}.$$

我们接下来考虑惯性. 此时速度 v 是随机变量, 我们假设 δt 比碰撞时间长得多, 但比速度的弛豫时间 (正是我们将要得到的) 短得多. 宏观定律为 $M\dot{v} = F - \frac{1}{\mu}v$, 其中 M 是粒子质量. 对于一个球形 "Stokes" 粒子, 有

$$\mu = \frac{1}{6\pi\eta r},$$

其中 r 是粒子的半径, η 是粒子所在液体的黏度. 如果没有外力, 则一阶跃迁矩为

$$a_1 = \frac{\delta v}{\delta t} = -\frac{1}{M\mu}v. \tag{8.83}$$

我们假设二阶跃迁矩可以近似为常数

$$a_2 = \frac{\langle(\delta v)^2\rangle}{\delta t}. \tag{8.84}$$

因此 Fokker-Planck 方程为

$$\frac{\partial P(v,t)}{\partial t} = \frac{1}{M\mu}\frac{\partial vP}{\partial v} + \frac{a_2}{2}\frac{\partial^2 P}{\partial v^2}. \tag{8.85}$$

在稳态时, 概率流 $J(v)=0$, 可得

$$\frac{1}{M\mu}vP+\frac{a_2}{2}\frac{\partial P}{\partial v}=0,$$

其解为

$$P_{\mathrm{s}}(v)\propto\exp\left[-\frac{v^2}{a_2M\mu}\right]. \tag{8.86}$$

327 如果稳态是平衡态, 那么 $P_{\mathrm{s}}(v)$ 应满足 Maxwell-Boltzmann 分布:

$$P_{\mathrm{e}}(v)=\sqrt{\frac{M}{2\pi k_{\mathrm{B}}T}}\exp\left[-\frac{Mv^2}{2k_{\mathrm{B}}T}\right].$$

比较两式, 可得

$$\frac{a_2}{2}=\frac{k_{\mathrm{B}}T}{M^2\mu}.$$

代入式 (8.85), 可以得到 Rayleigh 方程:

$$\frac{\partial P(v,t)}{\partial t}=\frac{1}{M\mu}\left[\frac{\partial vP}{\partial v}+\frac{k_{\mathrm{B}}T}{M}\frac{\partial^2P}{\partial v^2}\right]. \tag{8.87}$$

根据我们的术语用法, 该方程是线性的, 且描述 Ornstein-Uhlenbeck 过程, 其条件概率为

$$P(v,t|v_0,0)=\frac{\exp\left[-\dfrac{M(v-v_0\mathrm{e}^{-t/\tau_v})^2}{2k_{\mathrm{B}}T(1-\mathrm{e}^{-t/\tau_v})}\right]}{\sqrt{\dfrac{2\pi k_{\mathrm{B}}T}{M}(1-\mathrm{e}^{-t/\tau_v})}}, \tag{8.88}$$

初始分布为

$$P(v,0|v_0,0)=\delta(v-v_0),$$

其中 $\tau_v=M\mu$ 是速度的弛豫时间. 利用该分布, 我们可以得到平均速度, 以及它的均方涨落随时间变化的函数, 即

$$\langle v(t)\rangle=v_0\mathrm{e}^{-t/\tau_v},\langle v(t)^2\rangle-\langle v\rangle^2=\frac{k_{\mathrm{B}}T}{M}(1-\mathrm{e}^{-t/\tau_v}). \tag{8.89}$$

我们也可以计算平衡态的速度-速度关联函数

$$\langle v(t)v(0)\rangle=\int v\mathrm{d}v\int v_0\mathrm{d}v_0P(v,t|v_0,0)P_{\mathrm{e}}(v_0), \tag{8.90}$$

并可得到

$$\langle v(t)v(0)\rangle_{\mathrm{e}}=\frac{k_{\mathrm{B}}T}{M}\mathrm{e}^{-t/\tau_v}. \tag{8.91}$$

以上结果说明 Aristotle 力学对于 $\delta t \approx \tau_v$ 时, f 为常数, 或

$$\frac{\mathrm{d}f}{\mathrm{d}x} v\tau_v \ll f \tag{8.92}$$

的情况是一个很好的近似. 把 $\mu f = v$, $\tau_v = M\mu$ 代入上式, 我们发现该不等式等价 328
于

$$\frac{\mathrm{d}f}{\mathrm{d}x} \ll \frac{1}{M\mu^2}. \tag{8.93}$$

如果该条件无法满足, 我们必须同时考虑两个随机变量 v 和 x. 此时跃迁矩为

$$\begin{gathered}
\frac{\langle \delta x\rangle}{\delta t} = v, \quad \frac{\langle \delta v\rangle}{\delta t} = \frac{f}{M} - \frac{v}{\mu}, \\
\frac{\langle (\delta x)^2\rangle}{\delta t} = v^2 \delta t \approx 0, \quad \frac{\langle \delta x \delta v\rangle}{\delta t} = v\left[\frac{\mu f - v}{M\mu}\right]\delta t \approx 0, \\
\frac{\langle (\delta v)^2\rangle}{\delta t} = \frac{k_\mathrm{B} T}{M^2\mu},
\end{gathered} \tag{8.94}$$

且 Fokker-Planck 方程变为

$$\frac{\partial P(x,v,t)}{\partial t} = -v\frac{\partial P}{\partial x} - \frac{f}{M}\frac{\partial P}{\partial v} + \frac{1}{M\mu}\left[\frac{\partial vP}{\partial v} + \frac{k_T}{M}\frac{\partial^2 P}{\partial v^2}\right], \tag{8.95}$$

该式称为 Kramers 方程. 有关该方程在各种不同情形中的解的详细讨论, 请参考 Risken 的著作 [256].

8.7 扩散、首次通过和逃逸

在这一节中, 我们将考虑一个粒子或群体趋向吸收态或吸收边界的扩散运动. 一旦达到吸收边界, 该系统就停止演化. 对于生灭问题, 出生速率 $b(n)$ 和整体死亡速率 $d(n)$ 在边界上都为零. 如果当 $n \to 0$ 时, $d(n)$ 和 $b(n)$ 也趋近于零, 那么我们把该吸收边界称为自然边界. 而如果

$$\lim_{n\to 0} d(n), \quad b(n) \neq 0,$$

我们则称之为人为边界. 前者是很直接的, 而对于后者的人为边界我们必须在连续极限中加一个边界条件. 另外一种看法是这种人为边界可用于求解到边界的首次通过时间.

8.7.1 自然边界: 遗传漂移的 Kimura-Weiss 模型 329

Kimura 和 Weiss 位于现代遗传学的奠基人之列. 他们认为遗传进化在很大程度上是中性的. 我们的很多基因在繁衍上并不存在优势或劣势. 它们在群体中的出现率以扩散过程的方式发生变化, 最终导致某些群体的灭绝.

在最简单的模型中, 一个基因可用等位基因 a 或者 A 来表示. 我们假设存在一个稳定的群体大小, 其个体之间随机配对. 每一对产生两个后代, 之后便消失. 这些过程可以写为

$$\begin{array}{rcll} A+A & \Rightarrow & A+A & \text{概率 } 1, \\ a+a & \Rightarrow & a+a & 1, \\ a+A & \Rightarrow & a+A & 1/2, \\ & \Rightarrow & a+a & 1/4, \\ & \Rightarrow & A+A & 1/4. \end{array}$$

只有最后两个过程会改变群体的成分. 我们令这些过程的速率为

$$\beta n(\Omega - n)/\Omega, \tag{8.96}$$

其中 Ω 为群体大小, n 为基因型为 a 的个体数. 主方程为

$$\frac{\partial P(n,t)}{\partial t} = (E_n + E_n^{-1} - 2)\frac{\beta n(\Omega - n)}{\Omega} P(n,t), \tag{8.97}$$

其中 E_n 和 E_n^{-1} 为常用的关于 n 的升降算符. 我们现在考虑连续极限, 令宏观变量 $x = \dfrac{n}{\Omega}, \tau = \dfrac{t}{\Omega}$. 我们有

$$\frac{1}{\Omega}\Pi(x,\tau) = P(n,t). \tag{8.98}$$

此时平均场速率方程是平凡的. 因为 $a + A \to 2a$ 和 $a + A \to 2A$ 发生的概率相同, 所以在平均场近似中浓度不会发生变化. 如果把升降算符按系统尺寸的幂次展开, 取最低阶可得 Fokker-Planck 方程:

$$\frac{\partial \Pi(x,\tau)}{\partial \tau} = \beta \frac{\partial^2}{\partial x^2} x(1-x)\Pi(x,\tau). \tag{8.99}$$

330 用分离变量法解得

$$\Pi(x,\tau) = \sum_{m=0}^{\infty} \alpha_m \mathrm{e}^{-\lambda_m \tau} \psi_m(x), \tag{8.100}$$

并可以得到常微分方程

$$\lambda_m \psi_m(x) = \beta \frac{\mathrm{d}^2}{\mathrm{d}x^2} x(1-x)\psi_m(x). \tag{8.101}$$

这与我们在求解氢原子的 Schrödinger 方程并得到 Legendre 和 Laguerre 方程时所遇到的情形一致. 在该例中, 微分方程在 $x = 0$ 和 $x = 1$ 处是奇异的. 这意味着我们不能任意选择边界条件. 对本征方程在 $x = 0$ 和 $x = 1$ 处的合理要求将决定本征值 λ 的取值. 我们令

$$\psi = \sum_{l=0} a_k x^k,$$

并得到迭代关系

$$a_{k+1} = \left(1 - \frac{\lambda}{\beta(k+2)(k+1)}\right) a_k.$$

该级数的收敛半径为 $x = 1$, 除非通过合理选择的本征值把级数截断, 否则它将以 $(1-x)^{-1}$ 的形式发散. 因此可取的本征值为

$$\lambda_m = \beta(m+2)(m+1), \quad m = 0, 1, 2, \cdots, \tag{8.102}$$

本征函数 $\psi_m(x)$ 为 m 阶多项式.

最小本征值为 $\lambda_0 = 2\beta$. 在群体中发现两个等位基因都存在的概率以如下形式渐近衰减:

$$P_a \propto \exp(-2\beta\tau) = \exp\left(-\frac{2\beta t}{\varOmega}\right).$$

我们注意到灭绝所需时间与群体大小 $\varOmega$ 成正比.

可以看出 ψ 的微分方程是超几何方程的一个特例. 一般解可用 Gegenbauer 多项式表达. 详见 Kimura 的文章 [151].

8.7.2 人为边界 331

如果边界是人为的, 而且我们希望处理连续极限, 那么必须引入显式边界条件. 为此, 根据 van Kampen 的著作 [309], 我们在边界 S 上引入一个假想态, 并令该态出现的概率 $P = 0$, 此即我们所给的边界条件. 到达边界的粒子并不进入该假想态, 而是进入不确定态, 我们用 (*) 标记, 即用 $P^*(t)$ 表示不确定态的概率. 归一化条件为

$$P^*(t) + \sum_{n=0}^{\infty} P(n,t) = 1. \tag{8.103}$$

为了进一步详细说明该问题, 我们来考虑在峭壁附近的扩散. 假设某粒子以速率 λ 在 $\pm x$ 和 $\pm y$ 方向跳跃, 步长为 a, S 为吸收边界, 则主方程在峭壁之外满足

$$\frac{\partial P(n,m,t)}{\partial t} = \lambda[E_x + E_x^{-1} + E_y + E_y^{-1} - 4]P(n,m,t), \tag{8.104}$$

其中 $P(n,m,t)$ 表示 t 时刻粒子位于 $na\hat{\boldsymbol{x}} + ma\hat{\boldsymbol{y}}$ 处的概率 (见图 8.5).

我们引入连续变量 $x = na$ 和 $y = ma$, 并约定 $a \ll L$, 其中 L 是宏观尺度. 比值 $\varOmega = L/a$ 是无量纲系统的尺寸参数. 我们现在把主方程写成连续变量的形式:

$$\frac{1}{a^2}\varPi(x,y,t)\mathrm{d}x\mathrm{d}y = P(n,m,t),$$

$$E_x - 1 = a\frac{\partial}{\partial x} + \frac{a^2}{2}\frac{\partial^2}{\partial x^2} + \cdots, \quad 332$$

$$E_y - 1 = a\frac{\partial}{\partial y} + \frac{a^2}{2}\frac{\partial^2}{\partial y^2} + \cdots.$$

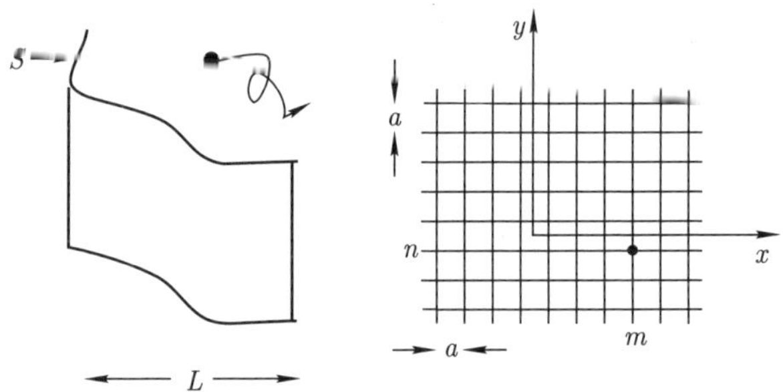

图 8.5 峭壁附近的扩散

相应的 Fokker-Planck 方程即为扩散方程:

$$\frac{\partial \Pi(x,y,t)}{\partial t}=D\left(\frac{\partial^2}{\partial x^2}+\frac{\partial^2}{\partial y^2}\right)\Pi, \tag{8.105}$$

其中 $D=\lambda a^2$. 吸收边界条件为在 S 上 $\Pi=0$. 可用分离变量法将其转化为本征值问题. 作为例子, 我们可以考虑一个以 $(0,0)$, $(0,L)$, (L,L) 和 $(L,0)$ 为顶点的正方形, 其四条边为吸收边界. 对于该例子, 有

$$\begin{aligned}
\Pi(x,y,t) &= \sum_{n,m=1}^{\infty}\alpha_{nm}\psi_{nm}\exp(-\beta_{nm}t),\\
\psi_{nm} &= \frac{2}{L}\sin\frac{n\pi}{L}\sin\frac{m\pi}{L},\\
\beta_{nm} &= \frac{D(n^2+m^2)\pi^2}{L^2},\\
\alpha_{nm} &= \int_0^L \mathrm{d}x\int_0^L \mathrm{d}y\psi_{nm}(x,y)\Pi(x,y,0).
\end{aligned}$$

对于长时间情形, 最小本征值 $\beta_{11}=2D\pi^2/L^2$ 起决定作用, 存活概率的渐近形式为

$$\Pi_{\mathrm{s}}(t)\approx\frac{8L\alpha_{11}}{\pi^2}\exp\left(-\frac{2D\pi^2 t}{L^2}\right).$$

8.7.3 首次通过时间和逃逸概率

在许多重要的问题中, 扩散粒子的吸收并不发生在边界上, 而是发生在某些特殊位置. 例如电荷载体被非晶光电导体捕获, 再如反应物通过扩散与另一个静止反应物接触发生化学反应, 还有捕食者对被捕食者的突袭③. 在这些情形中, 一个有
333 意义的量是首次通过时间的分布, 它刻画了扩散粒子的寿命. 与该问题相关, 且可

③ Redner 的著作 [253] 对首次通过时间问题做了大量详细讨论, 我们这里限于篇幅只举几个例子.

以用相同方法处理的另一个问题是逃逸概率问题. 在该问题中, 我们将计算扩散粒子永不会再回到它的原点的概率

我们考虑一个格点模型, 粒子在其中相邻格点上跃迁. 为了简便起见, 我们假设该格点模型是一个边长为 L 的 d 维超立方体. 粒子在 $t=0$ 时刻从原点出发, 在 t 时刻到达 $\boldsymbol{x}$ 处的概率可以分解为

$$P(\boldsymbol{x},t|0,0)=\sum_{n}\varPi_n(\boldsymbol{x})\,\varPsi_n(t), \tag{8.106}$$

其中 $\varPi_n(\boldsymbol{x})$ 是粒子跳 n 步之后移动距离为 $\boldsymbol{x}$ 的概率, $\varPsi_n(t)$ 是粒子在 t 时间内跳 n 步的概率. 对于规则格点, 若跳跃速率为常数 λ 且 $t\lambda\gg 1$, 则 $\varPsi_n(t)$ 满足 Gauss 分布, 其平均值为 $\langle n\rangle=\lambda t$, 标准差为 $\sqrt{\lambda t}$. 分布 $P(\boldsymbol{x},t|0,0)$ 和 $\varPi_{\lambda t}(\boldsymbol{x})$ 本质上一致④, 所以为了方便起见, 我们将只关注 $\varPi_n$. 假设每一步的概率分布 p 可由下式给出:

$$\varPi_{n+1}(\boldsymbol{x})=\sum_{\boldsymbol{x}'}p(\boldsymbol{x},\boldsymbol{x}')\varPi_n(\boldsymbol{x}'). \tag{8.107}$$

对于具有平移不变性的格点, 有 $p(\boldsymbol{x},\boldsymbol{x}')=p(\boldsymbol{x}-\boldsymbol{x}')$, 式 (8.107) 可用生成函数和 Fourier 变换求解. 生成函数为

$$G(\boldsymbol{x},z)=\sum_{n=0}^{\infty}\varPi_n(\boldsymbol{x})z^n. \tag{8.108}$$

代入式 (8.107) 可得

$$G(\boldsymbol{x},z)=\delta_{\boldsymbol{x},0}+z\sum_{\boldsymbol{x}'}p(\boldsymbol{x}-\boldsymbol{x}')G(\boldsymbol{x}',z). \tag{8.109}$$

我们定义 Fourier 变换

$$\begin{aligned}g(\boldsymbol{k},z)&=\sum_{\boldsymbol{x}}\exp(\mathrm{i}\boldsymbol{k}\cdot\boldsymbol{x})G(\boldsymbol{x},z),\\ \lambda(\boldsymbol{k})&=\sum_{\boldsymbol{x}}\exp(\mathrm{i}\boldsymbol{k}\cdot\boldsymbol{x})p(\boldsymbol{x}),\end{aligned} \tag{8.110}$$

334

对于周期性边界条件, 有

$$\boldsymbol{k}=\frac{2\pi}{L}(n_1\boldsymbol{e}_1+n_2\boldsymbol{e}_2+\cdots+n_d\boldsymbol{e}_d),$$

④ 在某些情况中 (一个例子就是非晶半导体的光电导), 偶尔出现的长等待时间会导致定性上的差别 (亚扩散). 而当活性以突然爆发的形式 (超扩散) 发生时, 也会带来一些问题. 货币和股票市场经常发生这种情况. 有关反常扩散的评述, 请参见 Bouchaud 和 Georges 的文章 [50].

其中 n_i 是整数, $\boldsymbol{e}_i$ 是第 i 个方向上的单位向量. n_i 的取值范围是 $-\dfrac{L}{a} < n_i \leqslant \dfrac{L}{a} - 1$. 如果只允许发生最近邻格点之间的跳跃, 那么

$$\lambda(\boldsymbol{k}) = \frac{2}{d}\sum_{i=1}^{d}\cos(\boldsymbol{k}\cdot a\boldsymbol{e}_i), \tag{8.111}$$

其中因子 $1/d$ 是跃迁到 d 个最近邻格点中的任何一个的概率. 代入式 (8.109) 得

$$g(\boldsymbol{k}, z) = \frac{1}{1 - z\lambda(\boldsymbol{k})}, \tag{8.112}$$

做 Fourier 逆变换后得

$$G(\boldsymbol{x}, z) = \frac{1}{L^d}\sum_{\boldsymbol{k}}\frac{\exp(-\mathrm{i}\boldsymbol{k}\cdot\boldsymbol{x})}{1 - z\lambda(\boldsymbol{k})}. \tag{8.113}$$

我们感兴趣的是首次通过时间的分布函数 $\varPhi_n(\boldsymbol{x})$, 即在第 n 步后首次到达 $\boldsymbol{x}$ 的概率. 我们有

$$\varPi_n(\boldsymbol{x}) = \sum_{n'=1}^{n}\varPhi_{n'}(\boldsymbol{x})\varPi_{n-n'}(0). \tag{8.114}$$

$\varPhi$ 的生成函数是

$$\varGamma(\boldsymbol{x}, z) = \sum_{n=1}^{\infty}\varPhi_n(\boldsymbol{x})z^n.$$

式(8.114) 两边同乘以 z^n 并从 1 到 ∞ 求和, 可得

$$\begin{aligned} G(\boldsymbol{x}, z) &= \delta_{\boldsymbol{x},0} + \sum_{n=1}^{\infty}\sum_{n'=1}^{n} z^{n'}\varPhi_{n'}(\boldsymbol{x})z^{n-n'}\varPi_{n-n'}(0) \\ &= \delta_{\boldsymbol{x},0} + G(0, z)\varGamma(\boldsymbol{x}, z). \end{aligned} \tag{8.115}$$

我们发现

335

$$\begin{aligned} \varGamma(0, z) &= 1 - \frac{1}{G(0, z)}, \\ \varGamma(\boldsymbol{x}, z) &= \frac{G(\boldsymbol{x}, z)}{G(0, z)}, \quad x = |\boldsymbol{x}| \neq 0. \end{aligned} \tag{8.116}$$

这就完成了对首次通过时间问题的形式解. 注意到我们或许可以通过下式得到任意 n 的 $\varPhi_n(\boldsymbol{x})$, 即

$$\varPhi_n(\boldsymbol{x}) = \frac{1}{2\pi}\int_0^{2\pi}\mathrm{d}\theta\mathrm{e}^{-\mathrm{i}n\theta}\varGamma(\boldsymbol{x}, \mathrm{e}^{\mathrm{i}\theta}).$$

在该节最后, 我们会在 $d = 1$ 的特例中回到首次通过时间问题. 下面我们先讨论逃逸概率.

粒子在任意时刻回到它的出发点 ($\boldsymbol{x}=0$) 的概率为

$$\Gamma(0,1)=\Phi_1(0)+\Phi_2(0)+\Phi_3(0)+\cdots.$$

如果在无限大格点极限下, $G(0,1)<\infty$, 那么逃逸概率为一有限值. 而如果 $G(0,1)=\infty$, 那么即使在无限大格点的极限下, 粒子也总是可以回到其出发点. 在热力学极限 $L\to\infty$ 下, 式 (8.113) 中对 $\boldsymbol{k}$ 的求和可以用积分替代:

$$\frac{1}{L^d}\sum_{\boldsymbol{k}}\Rightarrow\frac{1}{2/\pi^d}\int \mathrm{d}^d k,$$

积分范围是超立方格子的第一 Brillouin 区, 即 k 的最大值为有限值 ($\approx 1/a$). 该积分的收敛或发散依赖于被积函数在小 k 处的行为. 当 k 很小时, 有

$$1-\lambda(\boldsymbol{k})\propto k^2a^2.$$

我们知道, 由于 $\mathrm{d}^dk\propto k^{d-1}\mathrm{d}k$, 积分在 $d\leqslant 2$ 时是发散的. 所以对于 $d>2$ 的情况, 从原点出发的粒子总会逃逸掉. 对于 $d\leqslant 2$, 扩散粒子不断地回到它们的原点. 为了行文简便, 我们只针对立方格子得到了该结果, 但是该结果是相当普适的. 对于体心、面心和简单立方格子, $G(0,1)$ 已经被解析求解, 返回概率为

$$\begin{aligned}&0.256318237\cdots\ (\text{面心立方格子}),\\&0.282229983\cdots\ (\text{体心立方格子}),\\&0.340537330\cdots\ (\text{简单立方格子}).\end{aligned}\tag{8.117}$$

为了得到首次返回分布在 $d\leqslant 2$ 时的渐近行为, 我们考察当 $\epsilon=\lambda-1\Rightarrow 0$ 时, $G(0,\lambda)$ 是如何发散的:

$$\begin{aligned}&\text{当 } d=1 \text{ 时,}\quad G(0,1+\epsilon)\propto\epsilon^{-1/2},\\&\text{当 } d=2 \text{ 时,}\quad G(0,1+\epsilon)\propto\ln\frac{1}{\epsilon}.\end{aligned}$$
336

从中可以看出, 对于 $d=1$, 粒子 n 步 (n 很大) 后还没有返回原点的概率正比于 $n^{-\frac{1}{2}}$; 对于 $d=2$, 该概率正比于 $1/\ln n$.

对于一维情况, 我们可以求出首次通过时间的分布 (对 $x\neq 0$) 在连续极限下的表达式. 我们令 x 的取值范围为 $x_1<x<x_2$. 从 x_1 到 x_2 的一维无规行走至少要通过 x 一次. 令 $P(x_2-x_1,t)$ 为在 t 时间内从 x_1 运动到 x_2 的概率, $\Phi(x-x_1,\tau)$ 为在 τ 时刻首次到达 x 的概率, 有

$$P(x_2-x_1,t)=\int_0^t P(x_2-x,t-\tau)\Phi(x-x_1,\tau)\mathrm{d}\tau.\tag{8.118}$$

令 $L(x,u)$ 为 $P(x,t)$ 的 Laplace 变换, $\Lambda(x,u)$ 为 $\Phi(x,\tau)$ 的 Laplace 变换. 我们发现

$$L(x_2-x_1,u)=L(x_2-x,u)\Lambda(x-x_1,u).$$

337 对于无偏 Gauss 无规行走,

$$P(x,t)=\frac{\exp\left(-\dfrac{x^2}{4Dt}\right)}{\sqrt{4\pi Dt}},$$

其 Laplace 变换为

$$L(x,u)=\frac{\exp(-\sqrt{x^2u/D})}{\sqrt{4uD}}.$$

我们发现

$$\Lambda(x-x_1,u)=\exp(-\sqrt{(x-x_1)^2u/D}).$$

做 Laplace 逆变换, 我们最终得到

$$\Phi(x,t)=\frac{1}{t}\sqrt{\frac{x^2}{4\pi Dt}}\exp\left[-\frac{x^2}{4Dt}\right]. \tag{8.119}$$

我们在图 8.6 中画出了式 (8.119) 的分布图. 该分布名为 Levy-Smirnov 分布. 它有一个奇特性质, 即给定 x, 任何一次实现的 t 总是有限值. 该时间分布是归一化的, 且对于大部分实现, 都有 $t\approx x^2/D$. 但是 $\langle t\rangle$ 的均值和方差都为无穷大 ⑤. 注意到我们已经令 x 为连续变量了, 所以在式 (8.119) 中 x 不能取为零.

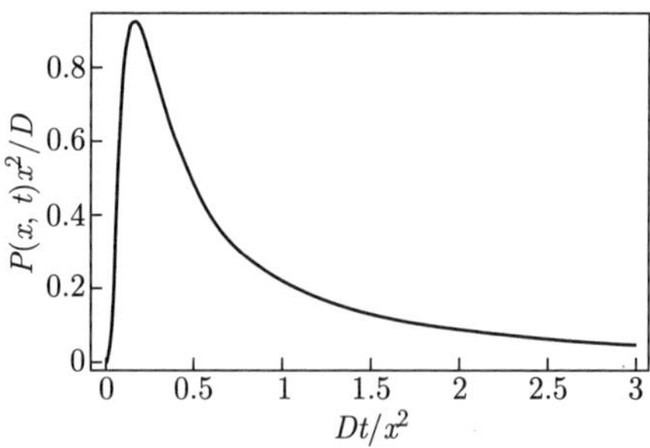

图 8.6 一维 Bachelier-Wiener 过程的首次通过时间分布

⑤ 类似情形出现在 Petersburg 游戏中, 它在 1730 年首次由 Daniel Bernoulli 讨论. 在单次游戏中, 重复抛一个真实的硬币直到结果为反面. 如果抛了 n 次才出现反面, 那么玩家可以得到 2^n 个达克特 (译者注: 当时欧洲的一种金币). 那么平均收益为

$$\frac{2}{2}+\cdots+\frac{2^n}{2^n}+\cdots=\infty.$$

对于任何一次实现, 结果都为有限值, 且结果的概率分布可以被归一化 (见参考文献 [227]).

8.7.4 Kramers 逃逸速率

我们考虑一个过阻尼粒子在自由能势阱中的运动. 该势阱有一个局域极小和一个深渊, 如图 8.7 所示. 粒子的运动来源于热涨落, 且只要 $k_{\mathrm{B}}T \ll U(d) - U(b)$, 我们就可以推断粒子将在 b 点附近逗留相当长的时间. 但是它最终还是会逃逸掉. 本小节的目标就是估计该逃逸速率, 即所谓的 Kramers 逃逸速率.

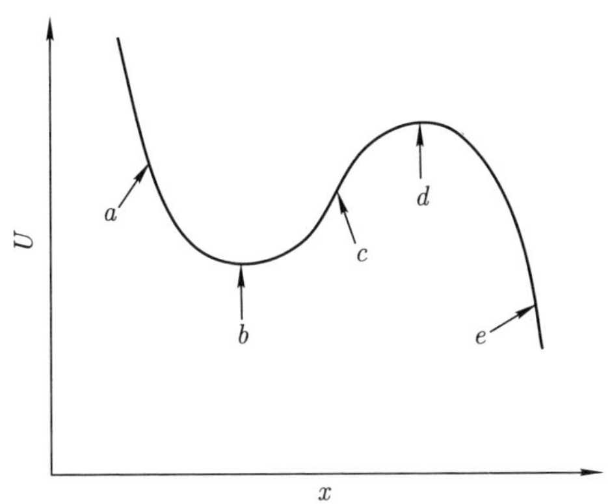

图 8.7　粒子在亚稳态附近的一个势阱中运动

我们可以用 Fokker-Planck 方程来刻画该问题. 粒子在 x 处的受力为 $f(x)$, 即 338

$$f(x) = -\frac{\mathrm{d}U(x)}{\mathrm{d}x}, \tag{8.120}$$

并假设迁移率由 Einstein 关系式 (8.82) 给出. 根据该假设, Fokker-Planck 方程可写为

$$\frac{\partial P(x,t)}{\partial t} = -\frac{D}{k_{\mathrm{B}}T}\frac{\partial}{\partial x}f(x)P(x,t) + D\frac{\partial^2 P(x,t)}{\partial x^2}. \tag{8.121}$$

我们进一步假设一旦粒子到达 e 点便消失, 这意味着 e 点为吸收边界. 概率流 $J(x,t)$ 为

$$\begin{aligned} J(x,t) &= \frac{D}{k_{\mathrm{B}}T}f(x)P(x,t) - D\frac{\partial P(x,t)}{\partial x} \\ &= -D\exp\left(-\frac{U(x)}{k_{\mathrm{B}}T}\right)\frac{\partial}{\partial x}\exp\left(\frac{U(x)}{k_{\mathrm{B}}T}\right)P(x,t). \end{aligned} \tag{8.122}$$

该流不为零, 因为我们前面提到过粒子最终是会逃逸掉的. 我们现在再加一个假设: $J(x,t) = J$, 即概率流不依赖于 x. 式 (8.122) 两边同时乘以 $\exp\left(\frac{U(x)}{k_{\mathrm{B}}T}\right)$, 然后从 b 点到 e 点积分, 并利用 $P(e,t) = 0$(吸收边界), 得

$$D\exp\left(\frac{U(b)}{k_{\mathrm{B}}T}\right)P(b,t) = J\int_b^e \mathrm{d}x\exp\left(\frac{U(x)}{k_{\mathrm{B}}T}\right).$$

339 为了得到逃逸速率 r，我们用概率流 J 除以粒子在 b 点附近的概率 p. 在 b 点附近, 我们有

$$P(x,t) \approx P(b,t)\exp\left(-\frac{U(x)-U(b)}{k_{\mathrm{B}}T}\right),$$

因此

$$p = P(b,t)\exp\left(\frac{U(b)}{k_{\mathrm{B}}T}\right)\int_a^c \exp\left(-\frac{U(x)}{k_{\mathrm{B}}T}\right)\mathrm{d}x,$$

其中积分限对结果影响不大, 可取任意值. 我们得到逃逸速率为

$$r = \frac{J}{p} = \frac{D}{\displaystyle\int_a^c \mathrm{d}x \exp\left(\frac{-U(x)}{k_{\mathrm{B}}T}\right)\int_b^e \mathrm{d}y \exp\left(\frac{U(y)}{k_{\mathrm{B}}T}\right)}, \tag{8.123}$$

该式中的积分可以数值求解, 并可达到任意精度. 为了得到一个更简单且容易记住的式子, 我们注意到对分母上第一个积分的最主要贡献来源于极小值附近的区域. 把势能在 $x=b$ 附近展开, 得

$$U(x) \approx U(b) + \frac{1}{2}k_{\mathrm{B}}T(x-b)^2\alpha.$$

对第二个积分的主要贡献来源于极大值附近的区域, 因此

$$U(y) \approx U(d) - \frac{1}{2}k_{\mathrm{B}}T(y-d)^2\beta.$$

把积分限推广到 $(-\infty,\infty)$, 并做 Gauss 积分, 我们最终得到 Kramers 逃逸速率

$$r = \frac{D\sqrt{\alpha\beta}}{2\pi}\exp\left(-\frac{\Delta U}{k_{\mathrm{B}}T}\right). \tag{8.124}$$

该式在逃逸速率比指数函数前的因子明显小的时候有效. 有关低阶修正项, 请参见 Risken 的著作 [256]. 该式有一个奇特性质, 即逃逸速率只依赖于能量差和势能在极值点处的曲率, 而不依赖于势能 $U(x)$ 的具体形式. 这个结果要成立, 必须要求扩散常数 D 不依赖于 x. 对于扩散常数在空间上有变化的情况, 我们将在下面进行讨论.

340

8.8 Fokker-Planck 方程的变换

8.8.1 非均匀扩散

考虑如下形式的 Fokker-Planck 方程:

$$\frac{\partial P(x,t)}{\partial t} = -\frac{\partial}{\partial x}\left[A(x)P(x,t) - \frac{\partial}{\partial x}D(x)P(x,t)\right]. \tag{8.125}$$

我们在 8.6 节中提到过, 如果 D 为常数且漂移项的形式为 $A_0 + A_1 x$, 那么该方程是线性的. 它描述 Ornstein-Uhlenbeck 过程. 我们已经看到将其推广到非线性漂移项 (在原则上) 是很直接的. 我们现在考虑扩散项 $D(x)$ 不是常数的情况, 并称之为非均匀扩散.

我们首先介绍如何建立坐标变换, 使得扩散项变成常数, 与此同时漂移项也会发生改变, 即

$$x \Rightarrow y = y(x), \quad y' = \frac{\mathrm{d}y}{\mathrm{d}x}. \tag{8.126}$$

在该变换下, 我们有

$$P(x,t) = \frac{\mathrm{d}y}{\mathrm{d}x}\Pi(y,t) = y'\Pi(y,t). \tag{8.127}$$

我们定义以下两个函数: $a(y) = A(x), \delta(y) = D(x)$. Fokker-Planck 方程在新坐标下成为

$$\frac{\partial \Pi(y,t)}{\partial t} = -\frac{\partial}{\partial y}\left[a(y)y'\Pi(y,t) - y'\frac{\partial}{\partial y}\delta(y)y'\Pi(y,t)\right]. \tag{8.128}$$

利用

$$y'\frac{\mathrm{d}y'}{\mathrm{d}y} = \frac{\mathrm{d}^2 y}{\mathrm{d}x^2} = y'',$$

并定义

$$y'\frac{\mathrm{d}\delta}{\mathrm{d}y} = D',$$

我们发现

$$\frac{\partial \Pi}{\partial t} = -\frac{\partial}{\partial y}[y'(a - D') - \delta y'']\Pi(y,t) - (y')^2\delta\frac{\partial^2 \Pi}{\partial y^2}. \tag{8.129}$$

到目前为止我们还没有把坐标变换具体化, 但是现在要选择一个变换使其满足 341

$$(y')^2\delta(y) = \left(\frac{\mathrm{d}y}{\mathrm{d}x}\right)^2 D(x) = \Delta = \text{常数}, \tag{8.130}$$

其解为

$$y = \sqrt{\Delta}\int^x \frac{\mathrm{d}z}{\sqrt{D(z)}}, \tag{8.131}$$

积分下限可以任意选择. 我们最终得到如下形式的 Fokker-Planck 方程:

$$\frac{\partial \Pi(y,t)}{\partial t} = -\frac{\partial f\Pi}{\partial y} + \Delta\frac{\partial^2 \Pi}{\partial y^2}, \tag{8.132}$$

其中 f 为新的 “有效” 力:

$$f(y) = y'(a - D') - \delta y''. \tag{8.133}$$

最终的非均匀扩散问题就变换成扩散系数为常数的扩散问题了, 但是需要引入新的有效漂移项. 这会伴随一些物理效应. 其中一个例子就是 12.4.3 小节中的热电效应, 即温度差引起电动势, 电场引起热流. 另一个例子是热分子效应[272], 即稀薄气体的温度梯度引起压力梯度.

我们通过下面的例子来解释该方法. 该例子不够自然, 但是足够简单. 假设

$$\begin{aligned} A(x) &= -\frac{\mathrm{d}U(x)}{\mathrm{d}x} = -\eta\sin x, \\ D(x) &= \xi(1+\alpha\sin x), \end{aligned} \tag{8.134}$$

因此 Fokker-Planck 方程为

$$\frac{\partial P(x,t)}{\partial t} = \eta\frac{\partial}{\partial x}\sin(x)P(x,t) + \xi\frac{\partial^2}{\partial x^2}(1+\alpha\sin x)P(x,t).$$

在做坐标变换 (见式 (8.130)) 时, 我们对常数 Δ 的选择是任意的. 令 $\Delta=\xi$ 并发现对于 $y(x)$, 有

$$y(x) = \int^x \frac{\mathrm{d}z}{\sqrt{1+\alpha\sin z}}. \tag{8.135}$$

342 我们还需要知道

$$\begin{aligned} y' &= \frac{\mathrm{d}y}{\mathrm{d}x} = \frac{1}{\sqrt{1+\alpha\sin x}}, \\ y'' &= -\frac{\alpha\cos x}{2(1+\alpha\sin x)^{3/2}}, \\ D' &= 2\xi\alpha\cos x. \end{aligned} \tag{8.136}$$

有效力 $f(y)$ 为

$$\begin{aligned} f(y) &= y'(a-D') - \delta y'' \equiv F(x) \\ &= \frac{-\eta\sin x - \dfrac{\xi\alpha}{2}\cos x}{\sqrt{1+\alpha\sin x}}, \end{aligned} \tag{8.137}$$

相应的势能为

$$\begin{aligned} U &= -\int^y \mathrm{d}z f(z) = -\int^x \mathrm{d}x' y'(x')F(x') \\ &= \int^x \frac{\eta\sin x' + \dfrac{\xi\alpha}{2}\cos x'}{1+\alpha\sin x'}. \end{aligned} \tag{8.138}$$

我们现在只考虑 $\alpha \ll 1$ 的情况. 取 α 的第一阶得

$$\begin{aligned} U(x) &\approx \int \mathrm{d}x \left[\eta\sin x - \alpha(\eta\sin^2 x - \frac{\xi}{2}\cos x)\right] \\ &= -\eta\cos x + \frac{\alpha}{2}[\eta(-x+\sin x\cos x) - \xi\sin x] + \text{常数}. \end{aligned} \tag{8.139}$$

在该近似下, $U(x)$ 有局域极小值, 位于

$$x = n2\pi - \frac{\xi\alpha}{2\eta}, \quad n = 0, \pm 1, \pm 2, \cdots,$$

以及局域极大值, 位于

$$x = (2n+1)\pi - \frac{\xi\alpha}{2\eta}, \quad n = 0, \pm 1, \pm 2, \cdots.$$

相邻两个极小值之间的势能差为

$$U[2n\pi - \xi\alpha/2\eta] - U[(2n+2)\pi - \xi\alpha/2\eta] = \pi\alpha\eta,$$

因此 $U(x)$ 有 "洗衣板" 的形式, 如图 8.8 所示. 给定一个极小值, 其左右势垒分别为

$$\Delta U_{\mathrm{L}} = \eta\left(2 + \frac{\alpha\pi}{2}\right), \quad \Delta U_{\mathrm{R}} = \eta\left(2 - \frac{\alpha\pi}{2}\right).$$

343

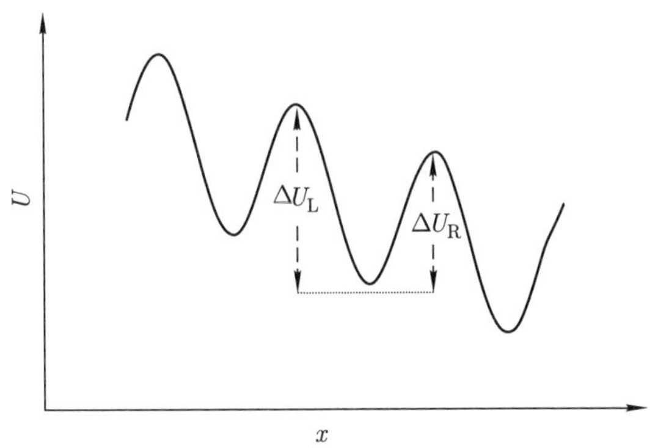

图 8.8 根据式 (8.139) 得到的势能 $U(x)$

Kramers 逃逸速率为

$$r_{\mathrm{L,R}} = \eta \exp\left[-\frac{\eta}{\xi}\left(2 \pm \frac{\alpha\pi}{2}\right)\right]. \tag{8.140}$$

因此粒子在该势能中的净速率为

$$\langle v \rangle = 2\pi(r_{\mathrm{R}} - r_{\mathrm{L}}) = 4\pi\eta \mathrm{e}^{-2\eta/\xi} \sinh\left(\frac{\alpha\eta\pi}{2\xi}\right). \tag{8.141}$$

我们可以得到如下结论: 随空间变化的扩散常数可以产生有效力, 使粒子发生漂移.

8.8.2 变换到 Schrödinger 方程

考虑如下线性微分方程:

$$L\phi_\lambda = \rho(x)\lambda\phi_\lambda,$$

其本征值为 λ. 当式

$$\int_a^b f^*(x)Lg(x)\rho(x)\mathrm{d}x = \left(\int_a^b g^*(x)Lf(x)\mathrm{d}x\right)^* \tag{8.142}$$

344 对任意 $f(x)$ 和 $g(x)$ 都成立时, 定义在区间 (a,b) 上的本征函数 ϕ_λ 是自伴的. 这里的 L 是线性算符, $\rho(x)$ 是非负权重函数. 因此本征函数具有正交性, 即

$$\int_a^b \phi_i^*(x)\phi_j(x)\rho(x)\mathrm{d}x = 0, \tag{8.143}$$

且本征值为实数 (除非 $\lambda_i = \lambda_j$). 在简并情况中, 本征函数总是可以正交化的.

Fokker-Planck 方程一般都不是自伴的. 因此与反射或吸收边界条件相关的本征函数不一定正交. 这会带来一些不便. 但是 Fokker-Planck 方程可以变换成自伴的形式 (与 Schrödinger 方程很像). 考虑 Fokker-Planck 方程

$$\frac{\partial P(x,t)}{\partial t} = -\frac{\partial f(x)P}{\partial x} + \xi\frac{\partial^2 P}{\partial x^2},$$

其中 f 为保守力:

$$f = -\frac{\mathrm{d}U}{\mathrm{d}x}. \tag{8.144}$$

我们希望通过分离变量法来求解该方程, 即令

$$P(x,t) = \sum_n \varPi_n(x)\exp(-\lambda_n t), \tag{8.145}$$

其中本征函数 $\varPi_n(x)$ 满足

$$-\lambda_n\varPi_n(x) = -\frac{\mathrm{d}f(x)\varPi_n(x)}{\mathrm{d}x} + \xi\frac{\mathrm{d}^2\varPi_n(x)}{\mathrm{d}x^2}. \tag{8.146}$$

我们引入新的函数 $\varPsi(x)$, 其与 $\varPi$ 的关系为

$$\varPi = \exp\left(-\frac{U(x)}{2\xi}\right)\varPsi(x). \tag{8.147}$$

$\varPsi(x)$ 满足 “Schrödinger” 方程

$$-\xi\frac{\mathrm{d}^2\varPsi}{\mathrm{d}x^2} + \left[\frac{1}{4\xi}\left(\frac{\mathrm{d}U}{\mathrm{d}x}\right)^2 - \frac{1}{2}\frac{\mathrm{d}^2U}{\mathrm{d}x^2}\right]\varPsi = \lambda\varPsi, \tag{8.148}$$

方括号里面的表达式扮演有效势的角色. 容易看出该方程是自伴的, 而且我们可以像求解真实 Schrödinger 方程那样求解该方程.

8.9 习 题 345

8.1 云杉卷叶蛾模型的概率分布.

(a) 验证式 (8.13).

(b) 对一个给定的参数 q, 数值求解式 (8.12) 中的积分, 找到使概率分布 $P_s(u)$ 的极大值相等的 u 和 r. 自由能 (见式 (4.51)) 在这些参数下是否相同?

8.2 SIR 模型的稳定性和趋于平衡态的过程.

(a) 验证当 $c<1$ 时, 在极限 $\rho\to 0$ 下, 稳态解 (见式 (8.60)) 趋于 $s=1, i=0$. 验证该解是稳定的, 且在长时间极限下系统一致地趋近于该解.

(b) 当 $\rho=0, c>1$ 时, 求稳态解.

(c) 在什么条件下,(b) 中的解以阻尼振荡的形式趋向稳态? 把答案表示成比值 λ/γ 的函数形式.

(d) 讨论当 $\rho=0, c=1$ 时, 向稳态趋近的时间依赖性.

8.3 生灭过程的稳态概率分布.

有某一群体, 其个体的整体死亡速率 (取合适单位)$d(n)=n$, 出生速率 $b(n)=0.9\,n$, 新个体的迁入速率为 0.1. 画出该群体大小的稳态概率分布.

8.4 振荡势中的 Brown 粒子.

一个过阻尼粒子以扩散常数 D、温度 T, 在如下简谐振子势中运动:

$$U=\frac{kx^2}{2}.$$

求解概率分布 $P_{x/x'}(t)$.

8.5 简谐力下的 Kramers 方程.

一个粒子受简谐力作用, 受力常数为 k, 且与温度为 T 的热浴接触. 粒子的迁移率为 μ, 且在时刻 $t=0$ 时, 位置为 x_0, 速度为 v_0.

(a) 写出该问题的 Kramers 方程.

(b) 求解 $\langle v(t)\rangle$ 和 $\langle x(t)\rangle$. 346

(c) 求出含有如下矩阵元的协方差矩阵:

$$\langle x(t)^2\rangle-\langle x(t)\rangle^2,\quad \langle x(t)v(t)\rangle-\langle x(t)\rangle\langle v(t)\rangle,\quad \langle v(t)^2\rangle-\langle v(t)\rangle^2.$$

8.6 一个过阻尼单摆受一恒定的小扭矩 τ 作用, 并满足 Fokker-Planck 方程

$$\frac{\partial P(\theta,t)}{\partial t}=\frac{1}{\gamma}\left[\frac{\partial}{\partial\theta}(Mgl\sin\theta-\tau)P+k_{\mathrm{B}}T\frac{\partial^2 P}{\partial\theta^2}\right].$$

这里 θ 是单摆和垂直方向的夹角, M 是单摆质量, l 是其长度, γ 是适当选择的阻尼项. 因为扭矩足够小, 单摆的转动无法避免热噪声. 稳态概率流不为零. 稳态性质受制于周期性边界条件 $P_s(\theta+2\pi)=P_s(\theta)$. 估计单摆转动的平均速率.

8.7 化学反应 $X+X\to 0$.

考虑一个化学反应, 其反应物 X 的产生速率为一恒定值 $\beta\Omega$. 如果两分子碰撞, 它们便发生反应生成一个新的惰性产物, 且该产物随即从系统中移除. 令碰撞速率为 $\alpha n(n-1)/\Omega$, 其中 n 为 X 分子数. 该反应不可逆. 我们可以写出如下形式的主方程:

$$\frac{\partial P(n,t)}{\partial t} = \Omega\beta(E^{-1}-1)P(n,t) + \frac{\alpha}{\Omega}(E^2-1)n(n-1)P(n,t),$$

其中 E 为升算符.

(a) 对主方程进行系统尺寸展开, 并得到关于 $\Pi(x,t)$ 的 Fokker-Planck 方程, 其中

$$n = \phi\Omega + x\sqrt{\Omega}.$$

(b) 求稳态浓度 ϕ 和 x 的方差, 精确到 Ω 的一阶项.

(c) 正如 Mazo 的文章 [196] 所示, 该问题可以严格求解. 求 Fokker-Planck 方程的严格解, 该解应与一阶项相符.

347 **8.8** Kimura-Weiss 模型.

(a) 做适当变换使得 Fokker-Planck 方程 (见式 (8.101)) 成为线性和自伴的.

(b) 修改 Kimura-Weiss 主方程 (见式 (8.97)), 使其允许新个体迁入. 等位基因 A 的迁入概率为 p, a 的迁入概率为 $1-p$. 一旦有一个新个体迁入, 我们就从群体中随机
348 抽取另一个个体, 将其移除, 以保证个体数守恒. 求稳态解, 并求出浓度 x 的方差.

第 9 章 模　　拟

随着现代计算机速度和功能的不断增强, 大尺度有限系统的模拟已经成为凝聚 349
态物理中越来越重要的工具. 模拟技术在概念上相当简单 —— 先设法生成有限系统的代表态, 然后把相关的热力学变量外推到热力学极限. 我们这一章的目的只是向读者提供这些方法的基本思路. 由于这些方法都务求在有限的计算资源下模拟尽可能大的系统, 因此需要非常成熟的算法来实现精巧的计算. 我们不会去讨论相关方面的细节, 但是会推荐相关专业书目供读者参考.

我们首先讨论两种最为常用的技术: 分子动力学和 Monte Carlo 方法. 在分子动力学里, 我们考虑的是由经典粒子 (非量子) 组成的系统. 这些粒子之间存在一组相互作用力. 通过对运动方程进行数值积分, 并沿系统在相空间的轨迹做时间平均便可得到相关状态变量的平均值. 分子动力学的最早版本是建立在微正则系综上的. 在哈密顿动力学中, 如果势能与时间无关, 则总能量守恒, 系统的轨迹位于等能面上. 各态遍历假说 (见 2.1 节) 在此至关重要, 它使得通过时间平均得到的结果等于由微正则概率密度求得的结果.

随后人们开发出可模拟正则系综的分子动力学算法. 这些算法有的通过引入 350
摩擦项来实现能量耗散 (Brown 动力学), 有的通过合理选择随机作用或者通过交换所研究的系统和大量附加粒子之间的能量来增加能量 (Nosé-Hoover 算法). 如果我们关心的是动力学性质, 那么最好采用微正则方法, 但如果只关心静态热力学变量, 那么正则方法更具优势, 因为该算法稳定性更好.

与之相反,Monte Carlo 方法则试图直接模拟我们所考虑的这些分布之一, 最常模拟的是正则分布. 它不涉及动力学, 而是用计算机产生有限系统的态, 这些态的权重正比于正则或者巨正则概率密度. 为了给该思想打下基础, 我们通过简单介绍离散时间 Markov 过程理论来讨论 Monte Carlo 方法. 然后, 我们介绍一些从模拟数据中提取热力学信息的重要技巧. 最后, 我们举两个例子, 简单讨论一下模拟退火和一个简单的神经网络模型, 看看模拟是如何对非传统研究领域产生影响的.

9.1　分子动力学

我们考虑一个经典粒子组成的系统. 粒子间具有向心的两体相互作用力, 该作用力可从对势 $u(r_{ij})$ 中得到, 其中 $r_{ij} = |\boldsymbol{r}_i - \boldsymbol{r}_j|$. 粒子 j 对粒子 i 的作用力 $\boldsymbol{f}_{ij}(\boldsymbol{r}_{ij})$

为

$$\boldsymbol{f}_{ij} = \nabla_j u(|\boldsymbol{r}_i - \boldsymbol{r}_j|) = -\nabla_i u(|\boldsymbol{r}_i - \boldsymbol{r}_j|).$$

如果每个粒子的质量为 m, 则第 i 个粒子的运动方程为

$$m\frac{\mathrm{d}^2\boldsymbol{r}_i}{\mathrm{d}t^2} = \sum_{j\neq i} \boldsymbol{f}_{ij}(\boldsymbol{r}_{ij}). \tag{9.1}$$

我们现在只考虑 Lennard-Jones 势 (或称为 6-12 势) (见式 (5.7)), 此时力的 x 分量为

$$f_{ij,x}(\boldsymbol{r}_{ij}) = \frac{24\epsilon}{\sigma^2}(x_i - x_j)\left[2\left(\frac{\sigma}{r_{ij}}\right)^{14} - \left(\frac{\sigma}{r_{ij}}\right)^{8}\right], \tag{9.2}$$

其他分量的表达式与此类似. 在该势下, 把运动方程无量纲化是很有启发性的. 长
351 度的自然单位是 σ. 对所有 i, 我们定义 $\boldsymbol{r}_i = \sigma\widetilde{\boldsymbol{r}}_i$. 代入式 (9.1) 和式 (9.2), 我们看到时间的自然单位为 $t_0 = \sqrt{m\sigma^2/\epsilon}$. 令 $t = t_0\tau$, 我们得到如下形式的运动方程:

$$\frac{\mathrm{d}^2\widetilde{r}_{i,\alpha}}{\mathrm{d}\tau^2} = 24\sum_j(\widetilde{r}_{i,\alpha} - \widetilde{r}_{j,\alpha})[2\widetilde{r}_{ij}^{-14} - \widetilde{r}_{ij}^{-8}], \tag{9.3}$$

其中 α 表示位置矢量 $\widetilde{\boldsymbol{r}}_i$ 的分量. 对于由氩原子组成的系统, Lennard-Jones 势的合适参数为 $\sigma = 0.34$ nm, $\epsilon/k_{\mathrm{B}} = 120$ K, $m \approx 6.7 \times 10^{-26}$ kg. 因此时间的基本单位为 $t_0 \approx 2.15 \times 10^{-12}$ s. 因为运动方程 (见式 (9.3)) 高度非线性, 所以一般需要对其做数值积分, 并且时间步长需要比 t_0 小很多. 显然, 如果粒子数很大, 那么即使只对运动方程迭代一纳秒, 其计算量也很大.

在讨论式 (9.3) 的积分之前, 我们注意到分子动力学的计算时间主要不是耗在对方程的积分上, 而是耗在计算每个粒子的受力上. 在最原始的算法中, 如果系统有 N 个粒子, 则式 (9.3) 右边的计算需要 N^2 步. 因为 Lennard-Jones 势是短程势 (距离大于 2.5 σ 时, 势能约等于零), 一个给定的粒子在任意时刻只和少数其他粒子发生作用. 因此有高效的算法 (单元法和近邻表格法) 把力的计算量降低到 N 步的数量级. 这在 Allen 和 Tildesley 的著作 [11] 中有详细描述.

我们先简单介绍一下有关保守 (能量守恒) 和正则 (恒温) 分子动力学的典型算法, 然后再简单讨论一下如何计算热力学变量或者随时间变化的量.

9.1.1 保守分子动力学

我们现在的任务是对 Newton 运动方程

$$\frac{\mathrm{d}v_{i\alpha}}{\mathrm{d}t} = \frac{f_{i\alpha}(t)}{m} = a_{i\alpha}(t), \tag{9.4}$$

$$\frac{\mathrm{d}r_{i\alpha}}{\mathrm{d}t} = v_{i\alpha}(t) \tag{9.5}$$

做积分. 这可以通过选择一种有限差分法 (引入离散的时间步长 δt) 来完成. 因为我们希望能量守恒, 所以有限差分法必须尽可能接近连续演变. 但是为了提高效率, 352
又必须在每一个时间步里保持相对少的操作, 所以必须有所取舍. 一个常用的算法是蛙跳算法或称为速度 Verlet 算法. 我们现在简略介绍一下.

对式 (9.4) 做如下最简单的迭代:

$$v_{i\alpha}(t+\delta t) = v_{i\alpha}(t) + \delta t a_{i\alpha}(t), \tag{9.6}$$

$$r_{i\alpha}(t+\delta t) = r_{i\alpha}(t) + \delta t v_{i\alpha}(t). \tag{9.7}$$

该算法在计算位置和速度的变化中都有误差, 其数量级为 $(\delta t)^2$. 为了看出这一点, 考虑时间间隔 $(t, t+\delta t)$ 内的速度方程

$$\begin{aligned} v_{i\alpha}(t+\delta t) &= v_{i\alpha}(t) + \int_t^{t+\delta t} \mathrm{d}t' a_{i\alpha}(t') \\ &= v_{i\alpha}(t) + \int_t^{t+\delta t} \mathrm{d}t' \left[a_{i\alpha}(t) + (t'-t)a'_{i\alpha}(t) + \frac{1}{2}(t'-t)^2 a''_{i\alpha}(t) + \cdots \right] \\ &= v_{i\alpha}(t) + \delta t a_{i\alpha}(t) + \frac{1}{2}(\delta t)^2 a'_{i\alpha}(t) + \cdots, \end{aligned} \tag{9.8}$$

其中我们已经把加速度在点 t 附近做了 Taylor 展开. 对式 (9.7) 的类似计算显示位置的变化误差也在 $(\delta t)^2$ 的数量级上.

一个非常简单高效的改进算法为

$$v_{i\alpha}(t+\delta t) = v_{i\alpha}(t) + \frac{\delta t}{2}[a_{i\alpha}(t) + a_{i\alpha}(t+\delta t)], \tag{9.9}$$

$$r_{i\alpha}(t+\delta t) = r_{i\alpha}(t) + \delta t v_{i\alpha}(t) + \frac{(\delta t)^2}{2} a_{i\alpha}(t). \tag{9.10}$$

在该算法中, 位置和速度的误差最多在 $(\delta t)^3$ 的数量级, 其中第一个方程不仅需要知道 t 时刻的力, 也需要知道 $t+\delta t$ 时刻的力. 该算法实现起来是很直接的. 利用 t 时刻的速度和力来更新位置, 利用 t 时刻的加速度来部分更新速度. 得到 $t+\delta t$ 时刻的位置后, 又可以用来计算 $t+\delta t$ 时刻的力, 最后完成速度的更新. 正如之前提到的那样, 最耗时的步骤是计算力. 重要的是, 除了在 $t=0$ 时需要额外计算一次力, 我们在每完成一次位置和速度的更新时只需计算一次力. 该算法已被证实适用 353
于很多场合. 对 δt 的合理选择可以保证在许多个时间步之后能量仍然守恒.

值得指出的是任何一个用于对类似式 (9.3) 做积分的有限差分法都有内在的不稳定性. 这是由于相空间中的轨迹对初始条件的微小变化是极度敏感的. 邻近的轨迹在长时间后以指数形式相互分离. 因为改变时间步长 δt 本质上等同于改变初始条件, 对方程的积分在有限时间之后便不可能达到任意精度. 初看上去, 邻近轨迹相互分离会带来麻烦, 但其实并没有太大关系. 在分子动力学模拟中, 我们希望采

样的是系统的等能面. 只要总能量守恒, 相空间中的真实点轨迹并不是那么重要, 因为我们只关心热力学变量的期望值. 然而能量守恒是非常重要的. 可是有限差分法也不能保证在一定时间后能量仍然守恒. 我们只能希望这个 “一定时间” 比任何一个感兴趣的物理量的弛豫时间都长. 人们已经开发了许多 “经验规则”, 用于把总能量的涨落限制在可容忍的范围内. 关于这一点, 以及其他有限差分法 (预估校正法、齿轮算法等) 的讨论请见参考文献 [11].

9.1.2 Brown 动力学

我们在前面提到过有些分子动力学技术是模拟正则分布的, 其中一个就是 Brown 动力学技术. 我们通过一个非常简单的例子来说明该技术. 在该例子中只有一个自由粒子在黏滞液体中运动. 黏滞液体既阻碍粒子的运动, 也可以通过碰撞给粒子提供随机作用力. 这个过程通常可以用如下 Langevin 方程来描述:

$$\frac{\mathrm{d}\boldsymbol{v}(t)}{\mathrm{d}t}+\gamma\boldsymbol{v}(t)=\boldsymbol{\eta}(t), \tag{9.11}$$

其中阻尼系数 $\gamma=1/\tau$ 是与液体黏度相关的弛豫时间的倒数. $\eta(t)$ 是 Gauss 噪声项, 它有如下性质:

$$\langle\eta(t)\rangle=0,\quad \langle\eta_\alpha(t)\eta_\beta(t')\rangle=\lambda\delta(t-t')\delta_{\alpha\beta}. \tag{9.12}$$

354 我们在下面把噪声强度 λ 和阻尼系数 γ 联系在一起.

式 (9.11) 的一个形式解为

$$\boldsymbol{v}(t)=\int_{-\infty}^{t}\mathrm{d}t'\boldsymbol{\eta}(t')\mathrm{e}^{-\gamma(t-t')}. \tag{9.13}$$

根据式 (9.12), 我们有 $\langle\boldsymbol{v}(t)\rangle=0$. 但是, 速度-速度关联函数是非平庸的:

$$\begin{aligned}\langle v_\alpha(t)v_\beta(t')\rangle&=\int_{-\infty}^{t}\mathrm{d}t_1\int_{-\infty}^{t'}\mathrm{d}t_2\langle\eta_\alpha(t_1)\eta_\beta(t_2)\rangle\mathrm{e}^{\gamma(t_1+t_2-t-t')}\\&=\frac{\lambda\delta_{\alpha\beta}}{2\gamma}\mathrm{e}^{-\gamma(t-t')},\end{aligned} \tag{9.14}$$

其中我们已经令 $t>t'$. 令 $t'=0$, 我们有

$$\langle v_\alpha(t)v_\beta(0)\rangle=\frac{\lambda\delta_{\alpha\beta}}{2\gamma}\mathrm{e}^{-\gamma t},$$

且 $\langle v_\alpha^2(0)\rangle=\lambda/(2\gamma)=k_{\mathrm{B}}T/m$, 其中 m 为 Brown 粒子的质量. 在最后一步我们利用了能量均分定理. 这样我们就把噪声强度 λ 和温度, 以及阻尼系数联系在一起了, 即 $\lambda=2\gamma k_{\mathrm{B}}T/m$. 速度的自相关函数通过下式与 Brown 粒子的扩散常数联系在一起[125]:

$$D=\frac{1}{3}\int_0^\infty\mathrm{d}t\langle\boldsymbol{v}(t)\cdot\boldsymbol{v}(0)\rangle=\frac{k_{\mathrm{B}}T}{m\gamma}.$$

上述 D 与速度自相关函数的关系是普适的. 它是将在第 12 章中讨论的 Green-Kubo 关系的一个特例. 当然这个具体的结果 $D = k_{\mathrm{B}}T/m\gamma$ 只对我们这个简单的模型成立.

通过应用阻尼系数和合理选择的噪声分布, 我们可以构建分子动力学算法来产生相空间中的正则分布. 我们从粒子 i 的运动方程

$$\begin{aligned}\frac{\mathrm{d}\boldsymbol{v}_i}{\mathrm{d}t} &= -\gamma\boldsymbol{v}_i + \frac{\boldsymbol{f}_i}{m_i} + \boldsymbol{\eta}_i(t),\\ \frac{\mathrm{d}\boldsymbol{r}_i}{\mathrm{d}t} &= \boldsymbol{v}_i,\end{aligned} \tag{9.15}$$

出发, 其中噪声函数 $\boldsymbol{\eta}_i$ 满足式 (9.12), 且与阻尼系数相关 (和单粒子情形一样). 力
$\boldsymbol{f}_i$ 是其他粒子作用在粒子 i 上的总力, 这与保守分子动力学一致. 把这些方程在时 355
间上离散化, 并对有限时间间隔 δt 做积分, 速度和位置方程便转换成含有关联噪声的随机方程. 详见 Allen 和 Tildesley 的著作 [11].

9.1.3 数据分析

典型的分子动力学计算包含以下步骤. 首先随机选择初始位置和速度 (要保证质心速度为零), 并对方程迭代一段时间使系统达到平衡态, 然后 "有效运行" 一定时间步数来收集数据. 此操作的一个例子可在参考文献 [313] 里找到.

现在的问题是, 我们如何从分子动力学轨迹中获取热力学或动力学性质? 我们把恒定能量模拟作为第一个例子. 在该例子中, 温度是涨落量, 它的平均值可以根据能量均分定理对动能做平均得到, 即对三维空间中 N 个粒子的系统, 有

$$\frac{1}{2}\left\langle\sum_i m v_i^2\right\rangle = \frac{3}{2}Nk_{\mathrm{B}}\langle T\rangle,$$

或者

$$\langle T\rangle = \frac{2\langle\text{动能}\rangle}{3Nk_{\mathrm{B}}}.$$

我们下面考虑压强. 量

$$\mathcal{V} = \sum_i \boldsymbol{p}_i\cdot\boldsymbol{r}_i$$

为位力. 在平衡态时, 位力的平均值不依赖于时间. 因此

$$\begin{aligned}\left\langle\frac{\mathrm{d}\mathcal{V}}{\mathrm{d}t}\right\rangle = 0 &= \sum_i\langle\boldsymbol{p}_i\cdot\dot{\boldsymbol{r}}_i\rangle + \sum_i\langle\dot{\boldsymbol{p}}_i\cdot\boldsymbol{r}_i\rangle\\ &= \sum_i\langle m v_i^2\rangle + \sum_i\langle\boldsymbol{r}_i\cdot\boldsymbol{f}_i\rangle.\end{aligned} \tag{9.16}$$

356 根据前面的计算知式 (9.16) 中的第一项为 $3Nk_\mathrm{B}T$. 作用在粒子 i 上的力 $\dot{\boldsymbol{p}}_i$ 可以分为由容器壁的压强带来的外力, 和其他粒子带来的内力. 对于外力我们有

$$\left\langle\sum_i \boldsymbol{r}_i\cdot\boldsymbol{f}_i^{\mathrm{ext}}\right\rangle = -P\int \boldsymbol{r}\cdot\mathrm{d}\boldsymbol{A},$$

其中 $\mathrm{d}\boldsymbol{A}$ 是垂直于容器壁方向朝外的单位面元. 根据 Gauss 定理有

$$\left\langle\sum_i \boldsymbol{r}_i\cdot\boldsymbol{f}_i^{\mathrm{ext}}\right\rangle = -P\int (\nabla\cdot\boldsymbol{r})\mathrm{d}^3r = -3PV.$$

Newton 第三定律给出

$$\sum_i \boldsymbol{r}_i\cdot\boldsymbol{f}_i^{\mathrm{int}} = \sum_{i\neq j}\boldsymbol{r}_i\cdot\boldsymbol{f}_{ij} = \frac{1}{2}\sum_{i\neq j}\boldsymbol{r}_{ij}\cdot\boldsymbol{f}_{ij},$$

最后一步利用了 $\boldsymbol{f}_{ij}=-\boldsymbol{f}_{ji}$. 整理各项得

$$PV = Nk_\mathrm{B}T + \frac{1}{6}\left\langle\sum_{i\neq j}\boldsymbol{r}_{ij}\cdot\boldsymbol{f}_{ij}\right\rangle. \tag{9.17}$$

式 (9.17) 称为位力状态方程. 由于在模拟中需要跟踪位置和力, 因此可以很直接地对压强进行平均. 式 (9.17) 可以用 5.2.1 小节中的对分布函数 $g(\boldsymbol{r})$ 重新表示为

$$PV = Nk_\mathrm{B}T\left[1-\frac{n}{6k_\mathrm{B}T}\int \mathrm{d}^3r(\boldsymbol{r}\cdot\nabla u(\boldsymbol{r}))g(\boldsymbol{r})\right]. \tag{9.18}$$

式 (9.18) 称为位力状态方程或压强状态方程. 对于只有两体相互作用的经典粒子系统, 式 (9.18) 和式 (9.17) 是严格的. 因此对式 (9.18) 做微分得到的压缩率应该与式 (5.33) 的结果相符. 当我们使用严格的两体分布函数时, 这一点是显然成立的. 但是当使用 $g(\boldsymbol{r})$ 的近似形式时, 我们就很难保证这两式相符. 所以比较这两个式子可以帮助我们检验近似的有效性.

我们同样可以得到其他热力学变量. 在保守动力学中, 计算温度的同时很容易
357 得到势能的平均值. 比热 C_V 可以从动能 (或等价的温度 T) 的涨落中得到. 合适的表达式为[169]

$$\frac{\langle T^2\rangle-\langle T\rangle^2}{\langle T\rangle^2} = \frac{2}{3N}\left(1-\frac{3Nk_\mathrm{B}}{2C_V}\right).$$

我们同样注意到, 像比热这种通过其他量的涨落计算得到的量一般来说无法像势能那样精确.

从分子动力学模拟中还可以得到输运系数, 以及其他动力学量. 我们已经介绍过自扩散系数, 以及它与速度-速度关联函数的关系. 类似的涉及压力-压力关联函数的 Green-Kubo 公式可从平衡态分子动力学模拟中给出液体或气体的剪切黏度.

由于经济因素, 一般我们模拟的系统最多只含几千个粒子, 虽然 10^6 个粒子的模拟也有人做过. 对于小系统, 有限尺寸效应会很明显, 这点我们将在下面详细讨论. 其中一种可引起误差的有限尺寸效应是表面带来的扰动. 该效应可以通过采用周期性边界条件来降低.

9.2 Monte Carlo 方法

在 Monte Carlo 模拟中, 我们模拟的并非系统的动力学, 而是通过随机过程产生态 $i, j, \cdots$, 并使得态 i 的概率 $\pi(i)$ 满足合适的分布 (正则、巨正则等). 在一次 "有效运行" 中产生 N 个态, 对每个态都可求出一个目标量 x_i (能量、磁化强度、压强等). 如果概率是正确的, 则

$$\langle x\rangle = \lim_{\mathcal{N}\to\infty}\frac{1}{\mathcal{N}}\sum_i x_i. \tag{9.19}$$

我们最常模拟的是正则系综:

$$\pi(i) = \frac{1}{Z}\mathrm{e}^{-\beta E(i)}, \quad Z = \sum_i \mathrm{e}^{-\beta E(i)}.$$

现在就产生两个问题:

计算机如何产生这些态?

如何保证概率的正确性?

9.2.1 离散时间 Markov 过程 358

现在考虑一个有限的经典系统, 它有有限的 M 个微观态. 例如对于含有 N 个自旋的 Ising 模型, $M = 2^N$, 且很容易计算任意态 i 的能量 E_i. 如果我们希望根据正则分布来计算期望值, 那么可以用随机数产生器给所有自旋分配数值, 并将该微观态的贡献乘上权重 $\exp\{-\beta E\}$, 然后重复这些步骤, 直到相关期望值收敛为止. 这种算法的效率极其低下, 因为所有态都等概率出现, 包括那些权重很小的态, 这些态实际上对热力学平均值并无贡献. 为了使采样过程更为有效, 我们必须着眼于那些对感兴趣的量有主要贡献的态. 这可以根据离散时间 Markov 过程产生一条态序列来实现. 此处与 8.1 节之间的区别在于我们这里的态的改变以等时间间隔发生. 在过程的一次实现中, 不同微观态的出现频率反映了稳态概率分布.

假设系统处于给定微观态 i 上, 则序列中的下一个态 j 的产生是由转移概率 $P_{j\leftarrow i}$ 决定的, 这个概率不依赖于系统之前的历史. 在一般情况下, 这类过程在暂态之后所产生的态满足唯一的稳态概率分布. 该稳态概率 $\pi(j)$ 是转移矩阵对应本征

值为 1 的本征矢量:

$$\pi(j) = \sum_i P_{j\leftarrow i}\pi(i). \tag{9.20}$$

如果 $P_{j\leftarrow i}$ 是正规矩阵, 即对于某些整数 $n, (P_{j\leftarrow i})^n$ 的所有矩阵元都是非零的正数, 则该稳态概率分布是唯一的. 从物理上来看, 这意味着总是可以在有限的步数内从任意一个态到任意其他态, 例外的情况是转移矩阵是块对角矩阵, 例如

$$\begin{bmatrix} P_{1\leftarrow 1} & P_{1\leftarrow 2} & 0 & 0 \\ P_{2\leftarrow 1} & P_{2\leftarrow 2} & 0 & 0 \\ 0 & 0 & P_{3\leftarrow 3} & P_{3\leftarrow 4} \\ 0 & 0 & P_{4\leftarrow 3} & P_{4\leftarrow 4} \end{bmatrix}.$$

359 因为无法从态 1 或 2 到态 3 或 4, 所以稳态概率分布取决于初始状态是前两态之一还是后两态之一.

Markov 过程的例子

某学生在如图 9.1 所示的房子里做 "无规行走". 每隔一定时间间隔, 他以等概率从任一扇门离开他所在的房间, 进入另一个房间. 该学生坚持走很长时间, 我们的任务是求出他在每一个房间的时间所占的比例. 在我们的模拟中, 如果该学生在某一时刻位于房间 2, 那么一定的时间间隔后他将有 1/2 的概率进入房间 3,1/2 的概率进入房间 1. 如果该学生位于房间 3, 那么一定的时间间隔后他将有 1/3 的概率进入其他任意 3 个房间之一. 我们可以用矩阵来表示转移概率, 行指标表示终态, 列指标表示初态:

$$P_{j\leftarrow i} = \begin{bmatrix} 0 & \frac{1}{2} & \frac{1}{3} & 0 \\ \frac{1}{2} & 0 & \frac{1}{3} & 0 \\ \frac{1}{2} & \frac{1}{2} & 0 & 1 \\ 0 & 0 & \frac{1}{3} & 0 \end{bmatrix}.$$

该学生位于某给定房间的稳态概率 $\pi(i)$ 是满足以下归一化条件的本征值问题 (见式 (9.20)) 的解:

$$\sum_{i=1}^{4} \pi(i) = 1.$$

本征值 1 所对应的本征矢量为 $\pi(1) = \pi(2) = 1/4$, $\pi(3) = 3/8$, $\pi(4) = 1/8$.

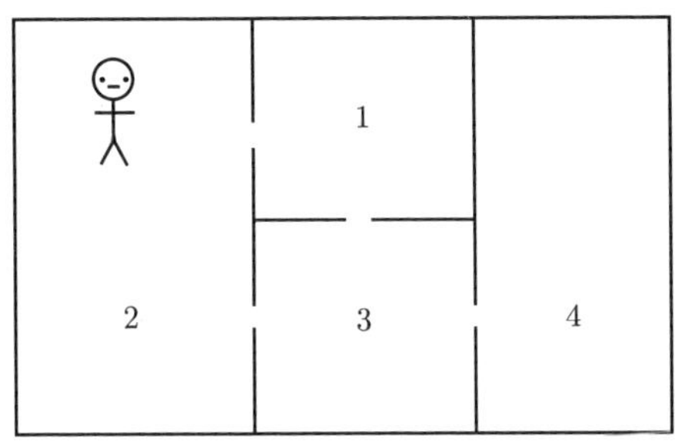

图 9.1

9.2.2 细致平衡和 Metropolis 算法

我们以温度为 T 的 Ising 模型的模拟为例来介绍 Monte Carlo 方法. 考虑一组格点 $\{\alpha\}$, 每一个格点上有自旋 σ_α, 其取值为 +1 或者 -1. 位形 (或微观态) i 由所有 α 上的 σ_α 的取值决定. 我们现在希望找到转移矩阵 $P_{i\leftarrow j}$, 使得稳态分布为

$$\pi(i) = \exp\{-\beta E(i)\}/Z, \tag{9.21}$$

其中 Z 为配分函数. 要产生一个以态 i 为初态的态序列, 一个可行的方法是随机选 360
择一个格点 α, 并根据一定条件翻转 (改变正负号) 其自旋. 我们将翻转后的态 (如果翻转失败则仍为态 i) 称为 j. 令 $P_{j\leftarrow i}$ 为 $i \to j$ 的转移概率. n 步后, 转移概率 $P_{f\leftarrow i}(n)$ 为

$$P_{f\leftarrow i}(n) = \sum_{i_1, i_2, \cdots, i_{n-1}} P_{f\leftarrow i_{n-1}} P_{i_{n-1}\leftarrow i_{n-2}} \cdots P_{i_1\leftarrow i}.$$

正如之前所讨论的那样, 很多步后系统将达到一个极限分布:

$$\pi(f) = \lim_{n\to\infty} P_{f\leftarrow i}(n).$$

如果转移矩阵是正规的, 则该分布独立于初始位形. 要求概率分布归一化, 并且对于任意一对态 m, j, 满足

$$\frac{\pi(m)}{\pi(j)} = \exp[-\beta\{E(m) - E(j)\}],$$

我们就得到了期望的分布 (见式 (9.21)). 现在我们还要求转移概率满足归一化条件

$$\sum_j P_{j\leftarrow m} = 1 \tag{9.22}$$

和

$$\frac{P_{j\leftarrow m}}{P_{m\leftarrow j}} = \frac{\pi(j)}{\pi(m)} = \exp[-\beta\{E(j) - E(m)\}], \tag{9.23}$$

361 求得

$$\pi(m) = \sum_j P_{j\leftarrow m}\pi(m) = \sum_j P_{m\leftarrow j}\pi(j). \tag{9.24}$$

式 (9.24) 中的第一步来自归一化条件 (见式 (9.22)), 第二步利用了式 (9.23). 从式 (9.20) 中可以看出, $\pi(m)$ 是该过程的稳态概率分布. 式 (9.23) 被称为细致平衡原理, 且可知它是达到正确的极限概率分布的充分条件, 只要我们选择的转移过程不会陷入不动态, 即总是允许从一个任意微观态到达另一个任意微观态.

实现细致平衡的最简单且最常用的方法是 Metropolis 算法:

(i) 随机选择一个格点 α.

(ii) 计算格点 α 上的自旋翻转前后的能量差 $\Delta E = E(f) - E(i)$.

(iii) 如果 $\Delta E \leqslant 0$, 则翻转格点 α 上的自旋; 如果 $\Delta E > 0$, 则以概率 $\exp(-\beta\Delta E)$ 翻转格点 α 上的自旋.

(iv) 重复步骤 (i) 和 (iii) 直到收集到足够的数据.

通常用来取代步骤 (iii) 的另一个方法是以概率 $[\exp(\beta\Delta E) + 1]^{-1}$ 来翻转自旋 σ_α, 而不关心 ΔE 的正负. 很容易看出对于任意一对态, 这两种方法都能使式 (9.23) 得到满足. 于是只要模拟足够长时间以达到稳态, 所有容许态都将以正确的概率出现.

原则上, 很容易将这些步骤推广到其他系统. 对于受限于箱子中的粒子, 可随机选择一个粒子, 将其沿任意方向移动一定距离, 该距离可以从某给定的最大距离中随机取一部分. 根据细致平衡原理, 这个最大距离如何选择并不重要, 虽然系统趋于平衡态的速率依赖于该选择. 如果这个距离太长, 那么移动的接受率很低; 如果距离太短, 那么系统在位形空间中运动很慢. 对于非球形分子, 除了平移还有转动.

我们同样可以将其推广到恒定压强而非恒定体积的系统, 或者恒定化学势而非恒定粒子数的系统, 这只需把 Boltzmann 因子修改为相应的系综形式, 并允许改变体积或者粒子数. 因此在 NPT 系综中, 压强保持不变但是体积可变, 我们只要把
362 每个微观态的能量用焓 $H(i) = E(i) + PV(i)$ 来代替, 并在我们的移动中引入体积的随机变化.

在一般情况下, Monte Carlo 模拟包含以下步骤:

(1) 选择初始位形.

(2) 选择某个移动.

(3) 基于细致平衡的判断标准, 接受或者拒绝这个移动.

(4) 重复步骤 (2) 和 (3) 直到收集到足够多的数据.

通常来说, 不需要收集一次模拟过程初始部分的数据, 因为此时系统还没有达到平衡态.

可以通过引入一个 "妖" 将本节所介绍的 Monte Carlo 方法推广到微正则系综[65]. 最近发展出的一些 "集团算法" 在某些情况中可以显著缩短达到平衡态所需的时间, 以及关联时间衰减到平衡值的时间[115]. 对于连续相变附近的短程相互作用系统, 集团算法尤为有效, 它们可以帮助克服与 "临界慢化" 相关的困难.

在低温下, Monte Carlo 方法存在另外一个问题, 即超高拒绝率, 此时几乎所有转移在能量上都是不受欢迎的. 一个可能更好的方法是直接模拟动力学的主方程 (见 8.1 节). 为此我们首先要确定所有可能事件的发生速率 r_α. 假设 rand() 是一个在 0 和 1 之间均匀分布的随机数. 对于每一个可能事件 α, 有一列数

$$\tau_\alpha = \frac{-\ln(\mathrm{rand}())}{r_\alpha},$$

它列出了每个事件的可能发生时间, 与主方程是一致的. 我们可以排列这些时间, 并执行最先发生的那个事件. 这有可能会改变某些事件的发生速率, 因此这些事件在序列中的位置需要更新. 但是大部分的速率不会受到影响. 二叉树和 "堆" 等数据结构, 可以被用来提高整理事件序列的效率. 但是具体怎么做已经超出了本书的范围. Bortz 等人[49] 发展了适用于 Ising 自旋的这类方法, 而 Gillespie[109,110] 也发展了适用于化学反应系统的类似的方法. 化学反应一般来说是被驱动且远离平衡状态的, 因此不可能满足细致平衡条件. 只要反应速率是已知的, 对其 "实时" 模拟是唯一可行的方法.

9.2.3 直方图方法 363

我们通过介绍一些优化尝试来继续讨论 Monte Carlo 方法. 假设在一次有效模拟运行中共产生 $\mathcal{N}$ 个态, 并进一步假设我们观测的变量 x 在微观态 i 上的取值为 $x(i)$. 如果概率 $\pi(i)$ 正确, 则 x 的平均值为

$$\langle x\rangle \approx \frac{1}{\mathcal{N}}\sum_{i=1}^{\mathcal{N}} x(i).$$

在正则系综中, 不同态的出现频率由以下概率分布给出:

$$\pi(i) = \frac{1}{Z}\exp[-\beta E(i)].$$

通常我们需要计算的不是单个 $\beta = 1/k_{\mathrm{B}}T$ 取值下的 $\langle x\rangle$, 而是一定温度范围下的 $\langle x\rangle$ 值.

因此现在的问题是: 我们是否需要对每个温度都做一次模拟? 我们将会看到[92], 原则上只需在某个温度下做一次长时间的模拟. 为此令 $\pi(i)$ 为实际模拟温度 T 下微观态 i 的正确概率, $\pi'(i)$ 为另一温度 T' 下的概率. 我们有

$$\frac{\pi'(i)}{\pi(i)}=\frac{Z}{Z'}\exp[-(\beta'-\beta)E(i)].$$

如果在温度 T 时, 微观态从正确的频率出现, 则

$$\langle x(T)\rangle=\frac{1}{\mathcal{N}}\sum_{i=1}^{\mathcal{N}}x_i. \tag{9.25}$$

在温度 T' 时, 与式 (9.25) 中的同一微观态需要乘上权重

$$w_i(T')=\frac{\mathrm{e}^{-(\beta'-\beta)E_i}}{\sum\limits_{j=1}^{\mathcal{N}}\mathrm{e}^{-(\beta'-\beta)E_j}}, \tag{9.26}$$

且

$$\langle x(T')\rangle=\sum_{j=1}^{\mathcal{N}}w_j(T')x_j. \tag{9.27}$$

364 式 (9.27) 表明我们可以从某特定温度下的单次运行中计算目标变量与温度的依赖关系. 该 "优化的 Monte Carlo 方法" 并非毫无瑕疵. 很重要的一点是温度差 $|T-T'|$ 不能太大. 如果太大, 有时会导致 $\exp[-(\beta'-\beta)E_i]$ 太大, 以至于采样对稀有事件的依赖性太强从而失真, 也就是说, 在温度 T 时很重要且在期望值 (见式 (9.25)) 中占主导的微观态可能在温度 T' 时只起很小的作用. 该方法的另一个弱点是它很难进行数值误差估计. 一般来说, 该方法对小系统很适用, 但是当系统增大时, 适用温度范围急剧缩小.

仿照第 3 章中的讨论精神, 直方图方法也可以用来构建自由能对序参量的依赖关系[112]. 令 h 为与序参量 m 共轭的场, 并考虑一个 h 和 T 给定的系综. 令 x_m 是序参量为 m 的微观态, 为了简单起见, 我们假设它为离散变量. 配分函数可写为

$$Z=\sum_m\sum_{x_m}\mathrm{e}^{-\beta H(x_m)}=\sum_m\mathrm{e}^{-\beta G_m}, \tag{9.28}$$

其中 G_m 为由序参量为 m 的态所构成的子集的 "自由能". 因此系统处于序参量为 m 的态的概率为

$$p(m)=\frac{1}{Z}\mathrm{e}^{-\beta G(m)}. \tag{9.29}$$

我们可以在某给定温度时做一次 Monte Carlo 模拟, 并跟踪序参量出现在 m 到 $m+\mathrm{d}m$ 之间的频率, 从而获得近似概率分布 (见式 (9.29)). 原则上我们也可以利

用式 (9.26) 将其外推到不同的温度. $-\beta^{-1}\ln p(m)$ 关于 m 的图给出了自由能 $G(m)$ 对序参量的依赖关系, 并且我们可以得到类似于图 3.8 和图 3.9 的相变附近的结果. 特别地, 该方法可用于区别一级和二级相变. 在一级相变的情况下, $p(m)$ 在临界温度或在临界温度以下至少有两个峰, 而对于连续相变的情况, 在靠近 T_c 时, 这些峰会合并起来. 有关有限尺寸标度特性的讨论请见参考文献 [170].

9.3 数据分析 365

在前一节中, 我们已经介绍了 Monte Carlo 方法的基本程序. 现在来分析计算所得的数据①. 这里有两个方面很重要. 首先, 因为模拟的系统尺寸有限, 我们需要将相关的热力学变量外推到热力学极限. 如果不是非常靠近无限系统的临界点的系统, 那么这是非常直观的. 因为在这种情况下关联长度 ξ 是有限的, 我们甚至可能模拟线性尺度大于 ξ 的系统. 另一方面, 更为有趣的情况是接近临界点的系统, 此时基于有限尺寸标度理论 (见 6.4 节) 的方法至关重要. 我们将在下面讨论这些方法. 我们首先讨论一个基本且普遍的话题, 即如何从一组有噪声的数据中获取可靠信息.

9.3.1 涨落

在一个有限大小的系统中, 由于涨落的存在, 计算热力学变量所能达到的精度存在极限值. 举个例子, 考虑用正则系综 Monte Carlo 方法来模拟系统的能量. 因为我们固定的是温度, 那么能量是有涨落的. 图 9.2 显示的就是这种情况, 这里画出的是: 运行一次典型的 Monte Carlo 模拟达到稳态区间后, 能量作为 "时间" 的函数. 在第 2 章中, 我们阐述了涨落和响应函数之间的关系. 对能量而言, 其涨落和比热相关, 即

$$\langle E^2\rangle - \langle E\rangle^2 = \langle(\Delta E)^2\rangle = k_B T^2 C_V. \tag{9.30}$$

该式在计算机模拟中非常有用. 首先, 这使我们可以用平均值 $\langle E^2\rangle - \langle E\rangle^2$ 来估算比热. 因为能量是 Monte Carlo 算法的核心部分, 因此我们可以从模拟中顺便求得比热. 其次, 该式可以帮助我们检查系统是否真正进入了平衡态, 因为我们还可以利用两个不同的温度来计算 C_V:

$$C_V \approx \frac{\langle E(T+\delta) - E(T-\delta)\rangle}{2\delta}.$$

如果这两个估算的结果不符合, 则说明模拟时间不够长. 另一个检查模拟质量的方
法是对能量做等间隔采样, 并用得到的数据做直方图. 根据中心极限定理, 该直方 366

① 有关该节内容的进一步阅读材料, 请见参考文献 [38, 41].

图应该近似为 Gauss 分布. 图 9.2 展示了计算机模拟的另一方面. 大的能量涨落经常持续好多个时间步. 如果能量或其他物理量的采样时间不能比涨落的时间大的话, 则并不能使我们获得更多的信息, 这是因为更频繁的采样结果是不独立的. 我们将在后面再回来讨论该问题.

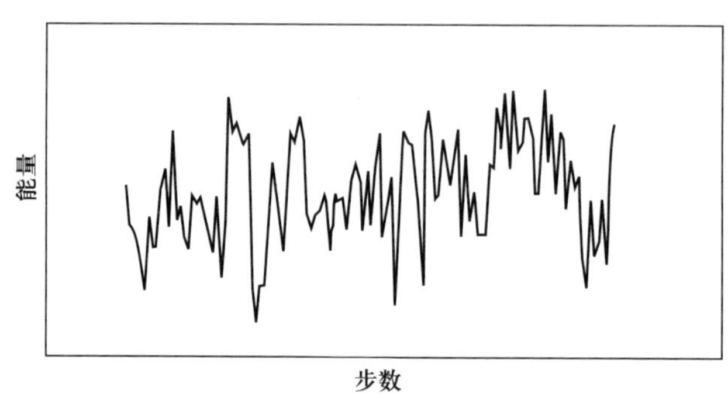

图 9.2 正则系综 Monte Carlo 模拟的能量涨落

显然, 类似的考虑也适用于 Monte Carlo (或 Brown 动力学) 模拟中的任何其他量. 例如在 NPT 系综中, 我们可以用体积涨落来估计等温压缩率. 考虑 NPT 系综的配分函数

$$Z_{NPT} = \sum_{\alpha} \mathrm{e}^{-\beta H_{\alpha}},$$

其中 $H_{\alpha} = E_{\alpha} + PV_{\alpha}$ 为系统在微观态 α 上的焓. 因为

$$\langle V \rangle = -k_{\mathrm{B}}T \frac{\partial \ln Z_{NPT}}{\partial P},$$
$$\langle V^2 \rangle = \frac{(k_{\mathrm{B}}T)^2}{Z_{NPT}} \frac{\partial^2 Z_{NPT}}{\partial P^2},$$

所以可得体积涨落为

$$(\Delta V)^2 = \langle V^2 \rangle - \langle V \rangle^2 = k_{\mathrm{B}}T \langle V \rangle K_T,$$

其中 K_T 为等温压缩率 (见式 (1.50)). 通过在模拟中跟踪恒定 NPT 下的体积涨
367 落, 我们便可以估算 K_T. 跟能量一样, 我们还可以通过两个不同压强下的模拟来估算 K_T. 磁性系统的磁化率可以通过完全相似的关系得到. 类似地, 对于固定化学势 μ 的开放系统, 态 α 的权重函数为巨正则哈密顿量 $H_{\alpha} = E_{\alpha} - \mu N_{\alpha}$, 此时我们可以得到粒子数涨落和压缩率之间的关系 (见式 (2.65)):

$$\langle (\Delta N)^2 \rangle = \frac{k_{\mathrm{B}} T K_T \langle N \rangle^2}{V}.$$

9.3.2 误差估计

每一步 Monte Carlo 模拟通常只引起系统很小的变化. 在相变附近, 大系统趋于平衡态的速度很慢. 这个现象有时称为临界慢化, 是大系统模拟中最大的困难. 假设 $x(s)$ 是某观测量在 s 步 Monte Carlo 模拟后的取值, $x(s+t)$ 是再做 t 步后的取值. 在有效模拟中, 对初态的记忆会衰退, 即

$$\lim_{t\to\infty}\langle x(s+t)x(s)\rangle-\langle x\rangle^2=0,$$

通常我们把它与一个时间尺度 τ (即关联时间) 联系起来. 如果系统不是处在临界点附近或共存点上, 则其衰减近似为指数形式, 即

$$\frac{\langle x(s+t)x(s)\rangle-\langle x\rangle^2}{\langle x^2\rangle-\langle x\rangle^2}\approx \mathrm{e}^{-t/\tau}.$$

只有在 τ 步之后, 才有一次关于 x 的独立测量. 这意味着当采样频率超过每隔 τ 时间一次后, 继续增加采样频率也无法再提高数据的质量了. 了解这一点是很有用的, 特别是当采样过程有很重的计算工作量时. 每次计算的统计误差为

$$\sigma=\sqrt{\langle x^2\rangle-\langle x\rangle^2}, \tag{9.31}$$

因此一次运行 N 步的平均随机误差为

$$\Delta x\approx\sigma\sqrt{\frac{\tau}{N}}. \tag{9.32}$$

跟实验物理一样, 对观测量做一个误差估计总是有益的. 我们还可以多做几次独立
的长时间运行, 看看计算值的弥散宽度是否和式 (9.32) 一致. 如果计算所得 $\langle x\rangle$ 的 368
弥散宽度明显比期望值大, 那系统可能有不止一个弛豫时间. 我们还可做另一个检查, 即将几个短时间运行结果的弥散宽度与一个长时间运行中若干个与短时间运行等时间部分的结果的弥散宽度进行比较. 如果两者有差别, 那么我们必须怀疑随机数产生器. 如果从单次长时间的等分部分计算所得的弥散宽度比期望值小, 则问题也可能很严重, 因为这或许说明 Markov 过程有问题.

我们不会去详细讨论 Monte Carlo 模拟结果对随机数产生器质量好坏的依赖. 通常在 Monte Carlo 模拟中, 我们采用伪随机数产生器, 它产生的随机数是有周期的, 其周期大小与采用的算法, 以及初始数都有关. 简单随机数产生器的最大周期往往为 $2^{31}-1$, 这与大部分计算机的单精度字符的字节数有关. 对于现代计算机, 要想用更随机的随机数来做 Monte Carlo 模拟并非难事. 对于这类计算, 我们必须用一个有更长周期的随机数产生器. 为保险起见, 它的周期应超出模拟最大步数很多倍. 除了有限周期的问题之外, 同一序列中的不同 “随机” 数之间也可能存在关联. 这些问题不能在本书中得到解决. 有关随机数产生器的问题请见参考文献 [249].

9.3.3 外推到热力学极限

无论是分子动力学还是 Monte Carlo 模拟, 它们的一个重要问题就是将 N 个粒子或自旋的系统的热力学函数外推到热力学极限 $N=\infty$. 这在临界点附近是很困难的, 正如第 6 章所示, 与无穷大系统临界行为相关的奇异性会被光滑行为所取代, 因为此时关联长度 ξ 与系统尺寸 L 相等. 在该小节中我们将看到其中一些困难对于点阵尺度为 L^d 的 d 维 Iisng 模型是可以被解决的. 而更普适、更深入的讨论请见参考文献 [42].

首先注意到, 因为任何有限系统都不存在相变, 所以大小为 L 的系统的序参量
369 $m_L(T)$ 在所有不为零的温度下都为零. 从序参量概率 (见式 (9.29)) 的角度来看, 这意味着当温度 $T<T_{\mathrm{c}}$ 时, $p_L(m)$ 是一个极大值位于 $m=\pm m_0(T)$ 处的双峰函数. 对于有限系统, $p_L(m)$ 在 $-1<m<1$ 的范围内都是有限的, 这表明在模拟中系统最有可能位于两个有序态之一, 但会在这两个态之间来回变化, 变化频率随着系统尺寸的增大而减小. 毫无疑问, 如果模拟时间足够长, 则序参量的平均值为 0. 这个问题可通过计算序参量平方的平均值来解决, 即

$$m_{\mathrm{rms}}(T)=\left\langle\left(\frac{1}{N}\sum_i\sigma_i\right)^2\right\rangle^{1/2}. \tag{9.33}$$

该平均值主要依赖于位于 $\pm m_0$ 处的双峰. 用该函数取代 $m(T)$ 的一个缺点是它在所有 $T>T_{\mathrm{c}}$ 温度下都不为零. 因此 T_{c} 和临界指数 β 的确定是个非平庸的问题. 我们注意到如果系统的序参量具有连续对称性, 例如 Heisenberg 模型, 此时采用式 (9.33) 这样的公式会比在 Ising 模型中更重要.

$m_{\mathrm{rms}}(T)$ 与 L 之间的函数关系很容易得到. 对于 $T>T_{\mathrm{c}}$, 我们有

$$m_{\mathrm{rms}}^2(T)=\frac{1}{N^2}\left\langle\sum_{i,j}\sigma_i\sigma_j\right\rangle=\frac{1}{N}k_{\mathrm{B}}T\chi(L,T),$$

其中 $\chi(L,T)$ 为有限系统单位自旋的磁化率. 对于 $L\gg\xi(T)$, 我们有 $m_{\mathrm{rms}}(T)\sim L^{-d/2}$, 因为此时 $\chi(L,T)$ 对 L 的依赖可以忽略. 相反地, 在临界点附近, 我们必须采用 χ 的有限尺寸标度形式:

$$\chi(L,T)=L^{\gamma/\nu}Q(L/\xi(T)). \tag{9.34}$$

当 $L\ll\xi(T)$ 时, 序参量的大小随着系统尺寸以 $m_{\mathrm{rms}}(T)\sim L^{\gamma/2\nu-d/2}\sim L^{1-\eta/2-d/2}$ 的形式变化, 这里我们用了标度关系 $\gamma=\nu(2-\eta)$. 知道热力学函数和系统尺寸的这些关系对于我们在模拟中确定 T_{c}, 以及临界指数非常有帮助. 类似的分析还可以用于一定 L 和 T 范围内的任何其他函数.

求解 T_{c} 的另一个方法是考察 $p_L(m)$. 对于 $T > T_{\mathrm{c}}$, 该概率分布为 Gauss 分布,
其宽度由磁化率 $\chi(L,T)$ 给出, 即 370

$$p_L(m) = \sqrt{\frac{1}{2\pi k_{\mathrm{B}} T \chi(L,T)}} \exp\left\{-\frac{m^2}{2k_{\mathrm{B}} T \chi(L,T)}\right\}. \tag{9.35}$$

对于 $T < T_{\mathrm{c}}$, 单个 Gauss 分布被双峰函数取代, 在低温下变成两个 Gauss 分布的和. 另一方面, 在临界点附近, 我们可以用有限尺寸标度理论来得到一些有用的结论. 具有正确性质的一个函数为[42]

$$p_L(m) = L^y \widetilde{P}(mL^y, L/\xi(T)). \tag{9.36}$$

因此序参量大小的平均值为

$$\begin{aligned}\langle |m| \rangle &= L^y \int_{-\infty}^{\infty} \mathrm{d}m|m|\widetilde{P}(mL^y, L/\xi(T)) \\ &= L^{-y} \int_{-\infty}^{\infty} \mathrm{d}z|z|\widetilde{P}(z, L/\xi(T)) = L^{-y}\varPhi(L/\xi(T)).\end{aligned} \tag{9.37}$$

这就是非常有用的序参量的有限尺寸标度形式, 因此 $y = \beta/\nu$. 注意到在无限系统的临界温度下, 该分布的某些矩之间的适当比值成为不依赖于 L 的普适常数. 这为我们提供了一个求解 T_{c} 的非常有效的方法. 考虑临界范围内的平均值 $\langle m^2 \rangle$ 和 $\langle m^4 \rangle$, 显然

$$\langle m^2 \rangle = L^{-2/y} \int_{-\infty}^{\infty} \mathrm{d}z z^2 \widetilde{P}(z, L/\xi(T)), \tag{9.38}$$

$$\langle m^4 \rangle = L^{-4/y} \int_{-\infty}^{\infty} \mathrm{d}z z^4 \widetilde{P}(z, L/\xi(T)). \tag{9.39}$$

因此, 比值

$$R = \frac{\langle m^4 \rangle}{\langle m^2 \rangle^2} = \varPsi(L/\xi(T)). \tag{9.40}$$

当 $\xi(T) \to \infty$ 时, 方程右边将不依赖于 L. 注意到对于 $T \gg T_{\mathrm{c}}$, Gauss 分布 (见式 (9.35)) 给出 $R = 3$, 且从物理角度来看, 当 $T \to 0$ 时, 应该有 $R \to 1$, 我们看到如果把

$$U_L(T) = 1 - \frac{R}{3} \tag{9.41}$$

作为 T 的函数在不同的 L 下画出来, 这些曲线将在无限系统的临界点 T_{c} 处相交. 有关该方法的进一步讨论及阐述, 还有更复杂情况的有限尺寸分析, 请见参考文献 [42].

371 9.4 神经网络的 Hopfield 模型

在过去的十年中, 对神经网络模型的研究已经成为统计物理学中的热门领域. 虽然这些研究的最初动机是希望理解人类大脑的运作 —— 学习过程、记忆的本质等, 但是这类模型的应用范围非常广泛, 在从联想存储器 (按内容寻址存储器) 到自催化系统和分类系统等中都有应用. 该模型与自旋玻璃理论之间也有重要联系. 我们在此把它作为新兴领域 (其中许多重要的结果已经通过模拟得到) 的一个例子简要讨论一下.

人类的神经系统是一个由约 10^{11} 个神经元相互连接的复杂网络. 就我们下面讨论的问题, 每个神经元可以用一个只有两态的动力学变量来描述. 活性态表示此时信号正通过轴突从神经元的胞体向突触传导. 相反地, 非活性态是神经元的静息态. 突触是不同神经元相互作用 (即传递信号) 的连接点. 在人类的大脑皮层中, 一个神经元往往要与大概 10^4 个其他神经元发生相互作用. 因此在这个高度简化的模型中, 我们的动力学系统由通过一组耦合常数为 $J_{\alpha\gamma}$ 的突触相互连接的 Ising 自旋 ($s_\alpha = 1 \equiv$ 活性态, $s_\alpha = -1 \equiv$ 非活性态) 构成. 我们将突触的耦合常数取为对称形式: $J_{\alpha\gamma} = J_{\gamma\alpha}$.

现在我们需要定义系统状态的演化规则. 这里我们考虑 Hopfield② 模型[134], 它是神经网络的标准模型之一. 我们令 $J_{\alpha\gamma} > 0$ 对应激活输入, $J_{\alpha\gamma} < 0$ 对应抑制输入, 并每隔一固定时间就根据以下规则来更新神经元的状态:

$$s_\alpha(t+1) = \text{sign}\left(\sum_\gamma J_{\alpha\gamma} s_\gamma(t) - h_\alpha\right). \tag{9.42}$$

式 (9.42) 可以解释为: 如果对神经元 i 的激活数超出抑制数的某一阈值 h_i, 则该神经元将在下一时间区间处于活性态. 否则该神经元将成为非活性态. 如果神经网络
372 是对称的, 我们便可以把它与物理学挂钩, 用具有以下哈密顿量的 Ising 模型来刻画:

$$H = -\sum_{\alpha<\gamma} J_{\alpha\gamma} s_\alpha s_\gamma + \sum_\alpha h_\alpha s_\alpha. \tag{9.43}$$

更新规则 (见式 (9.42)) 表明, 如果 s_α 取 $+1$ 可使 H 减小, 则取 $+1$, 否则取 -1. 该规则和用 Metropolis 算法做零温 Monte Carlo 模拟的规则等价. 在神经网络中, 我们可以按随机顺序来更新自旋, 也可以同时更新所有自旋. 采用后者时, 系统像 "元胞自动机" 那样运作, 且网络的行为是确定的.

这一模型与记忆有何关联? 任一字符串, 或者图画中的像素, 都可以用二进制序列来表示. 因此由 N 个神经元组成的网络的一个状态 $\{s_1, s_2, \cdots, s_N\}$ 对应 2^N

② 该模型是 McCulloch 和 Pitts 首次提出的[199], 但是在物理学界被称为 Hopfield 模型.

个可能模式之一. 在讨论神经网络怎样存储信息, 或者前面说的学习构型 (译者注: 由于需要学习或记忆的状态是由一组二进制数构成的, 因此我们以后称这种状态为构型) 之前, 我们注意到式 (9.42) 给出的动力学提供了一个重新恢复信息的机制. 假设网络的初始态或 “刺激” 为 $i=\{s_\alpha\}$. 之后神经网络根据式 (9.42) 演化, 直到 (但愿可以) 达到某个终态 f. 如果刺激与前一个 “学到” 的构型足够相似, 我们希望有一个正确运作的记忆来恢复那个构型. 显然, 我们的网络可以学习或者存储信息的唯一方法是每当出现一个新的刺激时便调节突触的耦合. 其标准做法是 Hebb 规则③. 根据该规则, 通过改变突触的强度以使

$$J_{\alpha\gamma}^{\rm new}=\lambda J_{\alpha\gamma}^{\rm old}+\epsilon\sigma_\alpha^i\sigma_\gamma^i, \tag{9.44}$$

就可以把新的构型 i 加入到网络的记忆库中. 在式 (9.44) 中, $\lambda>0$, $\epsilon>0$. σ_α^i 是刺激 i 的第 α 个比特. 我们看到, 如果 $\{s_\alpha(t)\}$ 与构型 σ_α^i “相似”, σ_α^i 中的正比特将被激活, 而负比特将被抑制. 另一方面, 如果 $\{s_\alpha(t)\}$ 与其他构型基本正交 (下面将给出这种正交的准确定义), 它们将几乎不产生影响. 然而如果记忆了太多的构型, 这些记忆的响应之间会相互干扰. 这个问题在一定程度上可以通过令 $\epsilon>\lambda$ 来解决, 此时当新的记忆进入时, 旧的记忆就会衰退或 “忘记” 掉.

为了验证该方法的可行性, 我们考虑几个简单情况. 假设初始时对于所有 $\alpha\gamma$, 373
都有 $J_{\alpha\gamma}=0$, 并取 $\epsilon=1/N$. 当被某一构型 $\{\sigma_i\}$ 刺激后, 突触的耦合强度变成

$$J_{\alpha\gamma}(1)=\frac{1}{N}\sigma_\alpha\sigma_\gamma. \tag{9.45}$$

现在假设该网络受到一个刺激, 该刺激与第一个构型相似, 即其中有 $N-n$ 个比特相同, $n(n\ll N)$ 个比特不同. 为了简单起见, 我们令所有 α 都取阈值场 $h_\alpha=0$. 一步之后, 自旋 α 的值成为

$$\begin{aligned}s_\alpha(1)&=\mathrm{sign}\left(\frac{1}{N}\sum_\gamma\sigma_\alpha\sigma_\gamma s_\gamma(0)\right)\\&=\mathrm{sign}\left(\sigma_\alpha\frac{N-2n}{N}\right).\end{aligned} \tag{9.46}$$

根据假设, $N-2n>0$, 因此一步之后网络的状态对应学到的构型. 由于只有一个构型被学习了, 要恢复该构型的唯一条件是半数以上的刺激比特和存储构型相符.

该例子很容易推广到有 M 个构型被记忆的情况. 在学习过程中, 我们取 $\lambda=1$,

③ 以加拿大心理学家 Donald O. Hebb (1904—1985) 的名字命名. 有关他的生平和著作的简介请参考 Milner 的文章 [205]. 该文在某种意义上隐去了加拿大科学史上的一段黑暗时期, 在 Hebb 任麦吉尔大学心理学系系主任时, 该系对 CIA 发起的心理战研究投入巨大.

且继续保持 $\epsilon = 1/N$, 则在学习过程结束的时候突触的耦合强度为

$$J_{\alpha\gamma} = \frac{1}{N}\sum_{j=1}^{M}\sum_{\alpha\gamma}\sigma_\alpha^j\sigma_\gamma^j, \tag{9.47}$$

其中 $\{\sigma_\alpha^j\}$ 为第 j 个刺激的比特构型. 假设现在有一个比特构型为 $\{\sigma_\alpha^l\}$ (对应第 l 个记忆的构型) 的刺激作用在网络上. 神经元 i 在 $t = 0$ 时看到的 "场" 为

$$\begin{aligned} H_\alpha &= \frac{1}{N}\sum_{j=1}^{M}\sum_{\beta}\sigma_\alpha^j\sigma_\beta^j\sigma_\beta^l \\ &= \sigma_\alpha^l + \frac{1}{N}\sum_{j\neq l}\sum_{\beta}\sigma_\alpha^j\sigma_\beta^j\sigma_\beta^l, \end{aligned} \tag{9.48}$$

在第二个表达式中, 右边的求和含有 $N(M-1)$ 项. 如果存储构型之间差别很大, 那
374 么这些项取 +1 和 −1 的概率相等. 因此可知

$$\frac{1}{N}\sum_{j\neq l}\sum_{\beta}\sigma_\beta^l\sigma_\alpha^j\sigma_\beta^j \approx \sqrt{\frac{M-1}{N}}.$$

所以我们看到在极限 $M/N \to 0$ 时, 作用在神经元 i 上的场的正负号与存储构型 l 的比特的正负号一致. 一步之后, 可以恢复该构型. 类似地, 可知如果初始刺激与学到的构型之一非常接近, 那么正确的构型很可能被恢复.

我们可以根据下式来定义构型 1 和构型 2 之间的距离 d, 从而把两个构型间的差别定量化:

$$d^2 = \frac{1}{2N}\sum_{\alpha=1}^{N}(s_\alpha^1 - s_\alpha^2)^2 = 1 - \frac{1}{N}\sum_{\alpha=1}^{N}s_\alpha^1 s_\alpha^2.$$

两个相似态 (1) 和 (2) 之间有较大 "重叠",

$$\frac{1}{N}\sum_{\alpha}s_\alpha^1 s_\alpha^2 \approx 1,$$

而两个非相似态趋于正交:

$$\frac{1}{N}\sum_{\alpha}s_\alpha^1 s_\alpha^2 \approx 0,$$

对于 "几乎相反" 的态有

$$\frac{1}{N}\sum_{\alpha}s_\alpha^1 s_\alpha^2 \approx -1.$$

我们不会试图去导出一个记忆能够可靠运行所需的条件. 在假设了副本对称性 (见 13.4.3 小节), 以及神经元数目 $N \to \infty$ 和已存的构型是随机构型的前提下, Amit 等人[13] 分析过这个问题. 在下面的讨论中, "所有" 和 "总是" 要理解为 "几乎总是"

或者概率近似为 1. 因为或许会存在很少的孤立的特殊情况. 如果 M 是存储构型的数目, 且 $c=\lambda=1$, 则主要会有四种可能性:

1. 当 $N\to\infty$ 时, 有 $M/N\to 0$. 在这种情况下, 如果刺激足够接近, 则所有已存构型都能被正确恢复, 也会出现些伪解. 如果某刺激与任何已存构型都不相符, 375
则该网络会产生一个新解. 因为系统不可能说 "我不知道"④.

2. 当 $M\to\infty$ 时, 有 $M/N\to\alpha$ 且 $\alpha<0.05$. 如果刺激足够接近, 那么几乎所有存储构型都能被比较准确地恢复, 但有些比特可能不同.

3. 和情况 (2) 存储一致, 只是 $0.05<\alpha<\alpha_{\mathrm{c}}\approx 0.14$. 大部分但非所有构型都能被恢复. 这些可恢复构型中的某些比特偶尔会出错.

4. 与情况 (2) 和 (3) 一致, 只是 $\alpha>\alpha_{\mathrm{c}}$. 此时系统的响应是混沌的.

在参考文献 [13] 中的工作的启发下, 许多作者都试图超越副本对称性, 但是本质上结论都是一致的. 有关讨论请参考 Stiefvater 等人的文章 [289].

这里我们只讨论了最原始形式的神经网络. 在实际应用中, 我们还必须修改模型以刻画实际问题的具体特征. 至今已有大量相关文献, 且有很多正在应用中. 在实践中, 人们经常将网络分层, 输入层在底部, 输出层在顶部, 中间是一个或更多个隐藏层. 其目的是在给定输入下得到满足需要的输出. 我们可以在处理过程中引入一组训练输入构型, 它们的输出我们是知道的. 然后可采用特殊的 "向后传播" 算法, 该算法使期望误差最小化. 有关容易操作的神经网络的最新例子的介绍, 请见参考文献 [103] 或 [209]. Hertz 等人的著作 [129] 最接近这里所用的统计力学方法.

从这类模型的研究中, 我们得知含有随机耦合强度 J_{ij} 的 Ising 模型在能量上有很多局域极小. 我们在 13.4 节关于自旋玻璃的讨论中会回到这个问题. 在神经网络的情况中, 人们可以利用这一事实在系统中存储信息. 在 9.5 节中, 我们进入离散组合问题, 在那里 "能量" 是成本函数. 在这种情况下, 存在许多能量极小值是该问题的一个特性, 它使得该问题非常难解.

9.5 模拟淬火和退火 376

我们通过一个例子来说明如何把之前讨论的某些统计力学技术应用到一类包含组合优化的重要问题中. 假设一个销售代理必须到访 N 个城市: $c_1, c_2, \cdots, c_N$. 城市 c_i 和 c_j 之间的距离为 $d(i,j)$, 该距离可以在表中找到. 要解决的问题是寻找一条最短行程, 该行程要求每个城市至少经过一次, 并最后回到出发城市. 这就是 "旅行推销员问题". 有很多与之类似的涉及时间安排的问题, 例如课程表的设计, 城市交通系统中司机的值班安排等.

④ 可通过使网络非对称来克服该问题, 详细的描述请见参考文献 [230].

可能的行程数随着 N 的增加以 $N!$ 的形式增加. 对于有限的 N, 原则上可以穷举所有行程, 然后选取最短的一个. 但是当城市数远多于十个时, 这种方法是不可行的. 为了解决这类实际问题, 人们发展了很多满足特定目的或者 "探索性" 的技术. 实际上, 某些方法本身就是解的一部分. 有关这些方法的例子如下.

1. 不破不补法.

该方法被许多大学用于课程表的制定. 课程时间被固定下来, 不会一年一年发生变化, 除非有冲突出现.

2. 最速下降法.

旅行推销员首先去最近的城市, 然后去还未去过的最近城市.

3. 分而治之法.

在旅行推销员问题中, 我们可以先把整个构型分成多个区域, 在每个区域中找到最短行程, 然后把这些行程连起来.

这里我们介绍一个应用统计力学来解决组合优化问题的方法. 在旅行推销员问题中, 我们用数组 c_i 来描述可能行程, c_i 表示第 i 段行程后访问的城市. 那么该行程的 "成本" 为

$$L(c) = \sum_{i=1}^{N-1} d(c_i, c_{i+1}) + d(c_N, c_1). \tag{9.49}$$

377 下一步是引入一个虚拟 "温度" 倒数 β. 对于给定 β, 行程的平均长度为

$$\langle L \rangle = \frac{\displaystyle\sum_{\text{trips}} L(c)\mathrm{e}^{-\beta L(c)}}{\displaystyle\sum_{\text{trips}} \mathrm{e}^{-\beta L(c)}}. \tag{9.50}$$

长行程的路径比短行程多, 因此如果温度很高, 则大部分行程都很长, 而温度很低时, 大部分行程都很短. 在 $\beta = \infty$ 的平衡态下, 只存在最短行程. 因此求最优解就等价于寻找系统的基态. 问题的难点在于成本函数 L 往往有很多局域极小值.

我们可以用 Monte Carlo 方法来寻找近似最优解. 每一可能行程都可以用数 1,2, $\cdots$, N 的一个置换来表示. 例如一个经历十个城市的可能行程

$$5, 2, 8, 10, 9, 1, 3, 7, 4, 6,$$

其中第八个城市在第三段行程后到达. 一个可能的 Monte Carlo 步骤为置换任意两个城市, 例如置换第三和第七个城市得到的行程为

$$5, 2, 3, 10, 9, 1, 8, 7, 4, 6.$$

从任意初始位形出发, 通过一系列置换后, 所有可能行程都能实现. 令 L_{i} 为置换前行程的成本函数, L_{f} 为置换后行程的成本函数. 我们可以利用 Metropolis 算法来得到某些代表性行程:

如果 $L_{\mathrm{f}} < L_{\mathrm{i}}$, 则接受置换.

如果 $L_{\mathrm{f}} > L_{\mathrm{i}}$, 则以概率 $\mathrm{e}^{\beta(L_{\mathrm{i}}-L_{\mathrm{f}})}$ 接受置换.

在 $\beta = \infty$ 的特例中, 我们只接受使行程变短的置换, 此时的 Monte Carlo 方法被称为零温淬火. 如果成本函数中有很多局域极小值, 零温淬火往往不能给出很好的解. 而利用最速下降法可以得到稍微好些的结果. 由于在任何时刻都只有 $N(N-1)/2$ 种可能的置换方式, 因此我们可以计算出每一种置换导致的成本函数的变化. 在最速下降法中, 我们选择使成本函数减小最多的那种置换.

利用模拟退火可以得到进一步的改进[154]. 该算法从一个高温位形出发, 然后 378
将系统缓慢降温, 随着 $\beta \to \infty$ 达到真正的全局最小. 为了得到这个结果, 退火过程必须足够慢 —— 到达某一特定 β 值所用的典型时间步数往往要随着 β 指数增长[108,66]. 然而人们也发展了 "快速模拟退火" 技术[298]. 假设我们有一个状态空间中距离的度量 x (例如 Ising 模型中不同自旋的数目). 不同于传统的 Metropolis 算法 (只在局域搜索可接受的变化), 这里的候选位形可以按照 Cauchy/Lorentz 分布来选择, 即

$$G(x) = \frac{T(\beta)}{T(\beta)^2 + x^2}, \tag{9.51}$$

其中 $T(\beta)$ 是唯象参数. 与之前一样, 仍然根据细致平衡准则来接受或拒绝候选置换. 该快速模拟退火法通过偶然出现的长跳跃降低了陷入浅势阱的风险, 且原则上允许按温度倒数的线性函数来降温[298].

在实践中, 达到低温下的热平衡所需的计算时间会很长, 这使得纯粹的模拟退火不太实用. 更为启发式的退火/淬火算法可按如下步骤进行:

(1) 选择初始的允许位形 (可随机选择, 也可利用一些简单的经验方法).

(2) 进行零温淬火 (可利用最速下降法).

(3) 重新将系统升到某个合适温度 β^{-1}.

(4) 缓慢降温, 最后进行零温淬火.

(5) 重复步骤 (3) 和 (4), 记录最优解.

该过程可以有很多变形, 但是我们将它们留给读者去想象. 总体来说, 模拟退火法对于获取组合问题的近似最优解是一个很好的方法. 它主要有两个优点: 一是它的普适性, 二是它很容易转化成计算机程序. 但是我们仍需强调的是, 对于像旅
行推销员这类研究了多年的 "经典问题", 有一些满足特定目的的算法, 它们在 N 379
很大时比模拟退火更为有效.

9.6 习 题

9.1 方桌上的弹子.

考虑一个粒子与方形箱子的四壁进行碰撞的模拟. 每次反射, 动量的切向分量都是守恒的, 而法向分量的正负号发生变化. 在模拟中, 我们必须设定好粒子的初始位置 x_0, y_0, 以及速度的 x 和 y 分量 v_x 和 v_y (见图 9.3). 在微正则系综里, 粒子的速率由其能量决定, 而速度的方向和粒子在箱子内的位置是等概率分布的. 在分子动力学模拟中, v_x 和 v_y 的大小不会发生变化, 且存在无限多的周期性轨道, 它无法覆盖箱子的所有部分, 见图 9.3(b)⑤.

380

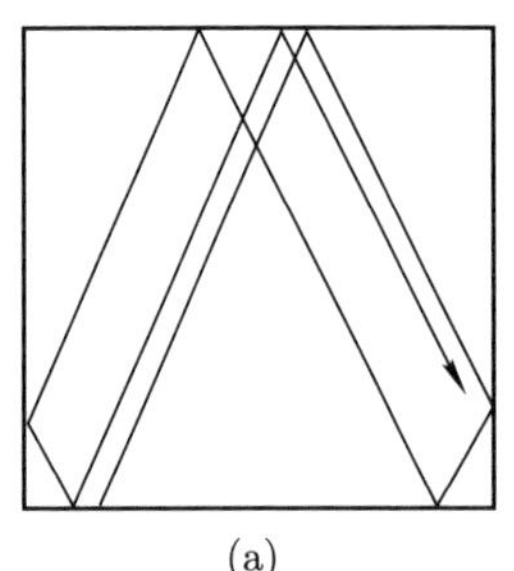
(a)

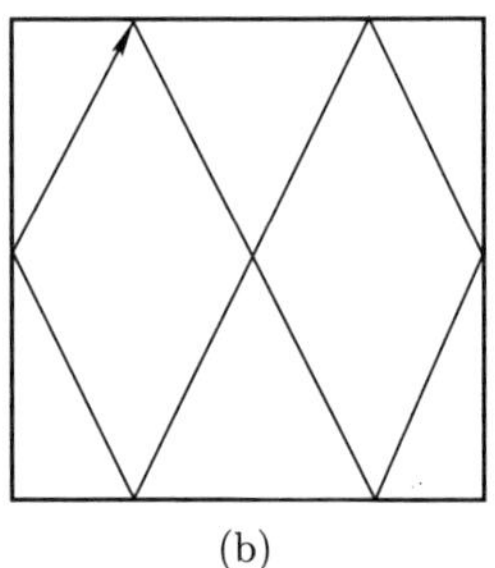
(b)

图 9.3 方形箱子内的粒子轨道样本. (a) 覆盖所有空间的轨道, (b) 周期性轨道

(a) 验证周期性轨道的存在, 它们无法到达箱子的所有部位. 短周期的周期性轨道有何特征?

(b) 说明如果速度的 x 或 y 分量是采样速度的倍数, 则采样分布是不均匀的.

(c) 如果是周期性轨道, 选择初始条件, 使得其周期与运行时间相比很长. 此时每个格子到访次数的分布如何随着粒子的速率变化 (采样频率为给定常数)?

9.2 恒压下的一维理想气体.

对含有 N 个质量为 m 的粒子的一维系统 (见图 9.4) 进行模拟.其一端有一个质量为 M 的活塞, 它被恒力 P 推向气体.另一端是固定的墙壁. 当和墙壁碰撞时, 粒子速度反向, 但是大小保持不变. 和活塞碰撞时,粒子和活塞系统的能量和动量保持守恒.活塞和墙壁之间的瞬时距离为 $L(t)$.该气体为理想气体, 即粒子间的相互作用可忽略⑥.

(a) 验证系统的焓 ($PL+$ 动能) 守恒.

(b) 解释即使系统从非平衡态速度分布 (例如所有粒子都以恒定速率向相同方向运动,
381 但是位置是随机的) 出发, 一段时间后, 气体总是趋向 Maxwell-Boltzmann 速度分

⑤ 可从网页 http://www.physics.ubc.ca/~birger/equilibrium.htm 上得到 c 语言程序 "ergode.c". 该程序将单位大小的箱子等分成小格子. 在每个等分时间点上, 粒子处于其中一个小格子上. 程序的最后将到达每个格子的次数画成了直方图. 该直方图可与 Gauss 分布比较, 其方差等于到达每个格子的平均次数. 类似的直方图也可通过 "随机数产生器" 来产生.

⑥ 该程序源代码见网页 http://www.physics.ubc.ca/~birger/equilibrium.htm 内的 "ideal.c".

布:

$$P(v) \sim \exp\left(-\frac{1}{2}\beta m v^2\right), \tag{9.52}$$

其中 β^{-1} 为 $\frac{1}{2}\times$ 每个粒子动能的平均值.

(c) 从不同的初始能量和固定的 P 出发, 当系统与外界达到热平衡时, “测量” 温度和 L 在一次有效运行中的平均值. 验证该系统近似满足理想气体定律.

(d) 有人或许会试图通过令与固定墙壁碰撞的粒子有一速度分布 (见式 (9.52)) (该分布可用中心极限定理产生, 即可以通过让一个粒子在速度空间做 “无规行走” 来实现) 来做恒温恒压模拟. 验证这时温度比式 (9.52) 预测的要低. 为什么?

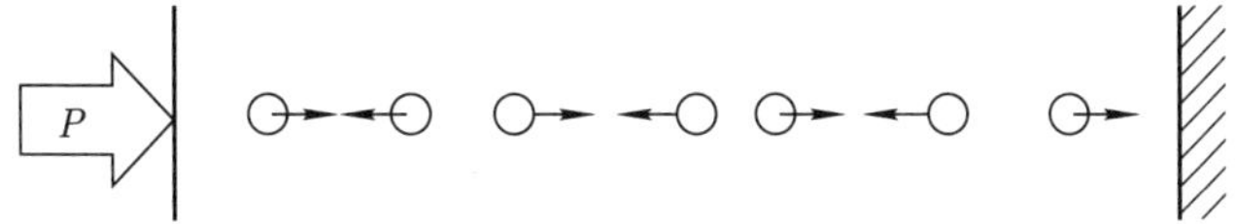

图 9.4 恒压下的一维理想气体

9.3 Markov 过程的另一个例子.

初始时, 在箱子 A 中有两个白色弹子, 在箱子 B 中有一个黑色弹子. 从每一个箱子里随机选一个弹子, 并将它们进行交换. 态 $\alpha = [\circ\bullet][\circ], \beta = [\circ\circ][\bullet]$ 的稳态概率分别是多少?

9.4 Ising 链.

考虑含有 N 个自旋, 并具有自由边界条件 (见式 (3.1)) 的一维 Ising 链.

(a) 用 Metropolis 算法对该自旋系统做 Monte Carlo 模拟 (根据你们的计算资源来选择自旋数). 用涨落公式 (见式 (9.30)) 和能量的数值微分来计算温度 $T = 2J/k_{\mathrm{B}}$ 时的平均能量和热容. 并与 3.1 节的精确解进行比较. 382

(b) 用涨落公式和 9.2.3 小节的直方图方法, 从温度 J/k_{B} 时的单次运行中求比热, 将其画出来, 并与比热的精确解进行比较.

9.5 用模拟退火解旅行推销员问题.

写出并调试求解旅行推销员问题的计算机程序. 许多城市之间的距离可在大部分公路地图册里找到. 如果觉得手动输入大矩阵太麻烦, 可先把城市随机排成一列, 然后让计算机来产生距离表格. 我们的经验是, 只有当城市数达到 30 个或者更多时, 模拟退火才会体现出优势, 否则只需做多次零温淬火并从中选择最优解.

第 10 章　聚合物与膜

383 本章讨论线性聚合物、液体膜与拴定膜的统计力学的若干问题. 聚合物的研究已有相当长的历史, 直至今日, 它仍然是当前的研究热点之一. 这里只关心这类系统在大尺度上的普适性质, 而不考虑不同聚合物在微观层面上的差异. 当然对于聚合物化学家来说, 后者是他们的研究重点. 但在长链极限下, 微观结构对系统长程性质的影响却很微弱. 因此我们的模型将是极其简单的. 下面会看到, 即使是非常简单的线性聚合物模型也能对系统平衡态的众多性质给予出乎意料的准确预言.

在简单的引言后, 10.1 节讨论最简单的大分子模型, 即 Gauss 链模型. 由这个模型, 我们引入熵弹性的概念, 它是弹簧的 Hooke 定律在聚合物, 以及橡胶 (交联聚合物) 中的对应概念. 10.2 节讨论良溶剂中自回避效应对聚合物性质的影响. 10.3 节建立聚合物统计理论与 7.5 节中讨论的 n 矢量模型之间的联系, 用连续相变理论来讨论聚合物的标度性质. 10.4 节简要讨论高浓度聚合物溶液. 10.5 节讨论膜的统计物理的若干问题. 这里我们引入两类膜的模型: 一为拴定膜, 由彼此相连构成二
384 维网络的粒子组成; 一为液体膜, 由浮动在二维面上的自由粒子组成, 它可被拉伸、弯曲或重新排列粒子的位置. 与生物学中有精密结构的膜相比, 这里讨论的膜的模型非常简单, 只能反映真实生物膜的部分大尺度物理性质. 尽管如此, 这些模型本身具有理论价值, 它们的研究也再次展示了维度在统计物理中的重要性.

关于聚合物的优秀专著有不少. 这里的讨论主要是按照 de Gennes 的著作 [73], 以及 Doi 和 Edwards 的著作 [76] 的思路展开的. 另一本是 Flory 的著作 [100], 尽管时间较早但仍很有价值. Des Cloiseaux 和 Jannink[75] 用更为现代和详尽的方式讨论了这个领域的发展. 最新的专著是 Rubinstein 和 Colby 的书 [259]. 相比之下, 凝聚态物理界对膜的广泛关注在 19 世纪 80 年代中期才开始. 我们还没有见到综合讨论这一新领域的专著, 因此本章介绍的膜的分析主要来自近期的相关文献.

10.1　线性聚合物

本节将聚合物视为很长的软链, 不考虑单体尺度上的结构细节. 图 10.1 (a) 展示了由 CH_2 单体通过 C—C 键结合成的聚乙烯的结构. CH_2 单体的数目 N 被称为聚合度. 一般而言, 聚合度并不固定, 可以达到 10^5 甚至更大. 正因为如此, 统计方法也适用于单链, 而我们的计算也将在热力学极限 $N \to \infty$ 下进行. 在微观尺度上, 相邻 C—C 键可取数种位形. 如图 10.1 (b) 所示, 相邻 C—C 键的夹角为固

定值 $\theta = 68°$, 但 C_{n-1}—C_n 键可绕 C_{n-2}—C_{n-1} 键旋转. 图 10.1 (c) 给出了位形能量对方位角 ϕ 的依赖. 能量在 ϕ_0 处取最小值, 这种位形被称为反式位形. 在 $\phi \approx \psi_0 \pm 2\pi/3$ 时, 能量取相等的局域极小值, 这两个位形称为旁式位形. 反式位形与旁式位形的能量差约为 $\Delta E/k_{\mathrm{B}} \approx 250\ \mathrm{K}$[100]. 显然, 室温下平衡时, 有相当部分的键呈旁式位形. 当然能量 $E(\phi)$ 还依赖于链上近邻键的位形, 但这只会带来次阶修正, 不影响我们的结论: 室温下聚乙烯中反式位形和旁式位形并存.

385

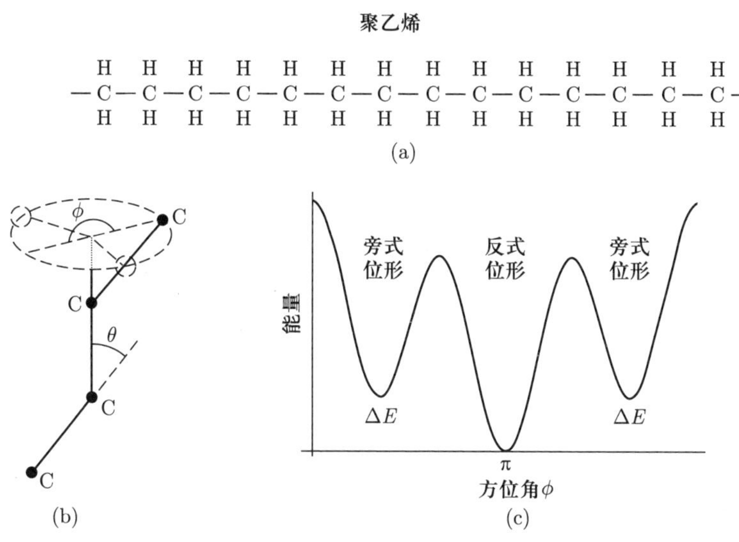

图 10.1 (a) 聚乙烯的化学结构, (b) 链上的 C—C 键, (c) 不同方位角 ϕ 对应的 C—C 键的能量

显然, 随着链上的距离变大, 有关键取向的记忆迅速减弱. 这种关联的衰减是软聚合物具有普适结构特性的基本原因. 衰减的特征长度 l 称为 Kuhn 长度或者持续长度. 当两键间距大于 l 时, 键的取向相互独立. l 依赖于链的微观细节, 如聚乙烯的 ΔE. 当 l 远小于总长度 Na 时 (a 为最近邻单元间的距离), 聚合物的位形普适地依赖于 Na/l.

由于键取向的无序性, 聚合物的位形与有偏无规行走有诸多相似之处, 后面几节会反复用到这一类比. 我们会看到, 软聚合物的统计物理在一阶近似下就是实现熵极大化的无规行走. 但软链的一个重要特性使得聚合物问题比无规行走问题更
有挑战性:链上原子拥有硬核, 因此不能在空间重叠. 这导致聚合物的体积随着链长 386
的增加以一种非平庸的方式增长 (至少在聚合物的上临界维度 ($d < 4$) 下是这样的). 上临界维度的出现暗示聚合物问题在某种意义下是一种临界现象, 我们将看到事实确实如此. 另外必须注意到, 尽管硬核相互作用在 d 维空间上是短程的, 但

换算成链上的距离却是长程的, 链上相距很远的单体之间也能有很强的相互作用. 这使得聚合物问题变得很不平庸.

10.1.1 小节先讨论最简单的聚合物模型, 即自由连接链的统计力学.

10.1.1　自由连接链

如图 10.2 所示, 考虑 $N+1$ 个点粒子组成的链, 点间由长度为 a 的键相连. 键可以在三维空间内自由取向. 与前面讨论的聚乙烯链不同, 这里的键长 a 不是原子间距离, 而是之前提到的持续长度. 记粒子的空间位置为一组矢量 $\boldsymbol{R}_0, \boldsymbol{R}_1, \cdots,$
387 $\boldsymbol{R}_N$, 其中 $\boldsymbol{R}_i - \boldsymbol{R}_{i-1} \equiv \boldsymbol{r}_i$, 且 $|\boldsymbol{r}_i| = a$. 键的自由连接这一假设意味着

$$\langle \boldsymbol{r}_i \cdot \boldsymbol{r}_j \rangle = a^2 \delta_{ij}. \tag{10.1}$$

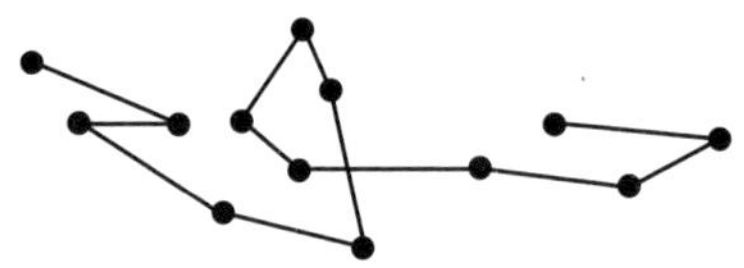

图 10.2　自由连接链

我们以两个端点之间的距离及回旋半径来刻画链的位形. 端点间距离的平方是

$$S^2(N) = \langle (\boldsymbol{R}_N - \boldsymbol{R}_0)^2 \rangle, \tag{10.2}$$

回旋半径定义为

$$R_{\mathrm{g}}^2 = \frac{1}{N} \sum_{i=0}^{N} \langle (\boldsymbol{R}_i - \overline{\boldsymbol{R}})^2 \rangle, \tag{10.3}$$

其中 $\overline{\boldsymbol{R}} = \dfrac{1}{N+1} \sum\limits_{i=0}^{N} \boldsymbol{R}_i$, 尖括号表示对位形的平均. 这个简单模型的 $\mathcal{S}^2(N)$ 可以直接计算:

$$\begin{aligned}
\mathcal{S}^2(N) &= \langle (\boldsymbol{R}_N - \boldsymbol{R}_0)^2 \rangle \\
&= \langle (\boldsymbol{R}_N - \boldsymbol{R}_{N-1} + \boldsymbol{R}_{N-1} - \boldsymbol{R}_{N-2} + \cdots + \boldsymbol{R}_1 - \boldsymbol{R}_0)^2 \rangle \\
&= \sum_{i=1}^{N} \langle \boldsymbol{r}_i^2 \rangle + \sum_{i \neq j} \langle \boldsymbol{r}_i \cdot \boldsymbol{r}_j \rangle \\
&= N a^2,
\end{aligned} \tag{10.4}$$

最后一步利用了式 (10.1). 类似地, 我们可以得到回旋半径

$$\begin{aligned}R_{\mathrm{g}}^2 &= \frac{1}{N}\sum_{i=0}^{N}\langle(\boldsymbol{R}_i-\overline{\boldsymbol{R}})^2\rangle = \frac{1}{2N(N+1)}\sum_{i,j=0}^{N}\langle(\boldsymbol{R}_i-\boldsymbol{R}_j)^2\rangle \\ &= \frac{1}{N(N+1)}\sum_{i>j}\langle(\boldsymbol{r}_i+\boldsymbol{r}_{i-1}+\cdots+\boldsymbol{r}_{j+1})^2\rangle.\end{aligned} \tag{10.5}$$

当键自由连接时, 上式简化为

$$R_{\mathrm{g}}^2 = \frac{1}{N(N+1)}\sum_{i>j}(i-j)a^2 = \frac{N+2}{6}a^2 \approx \frac{Na^2}{6}. \tag{10.6}$$

端点间距离与回旋半径均正比于 $\sqrt{N}$. 注意到自由连接链实际上就是固定步长为 a 的 N 步无规行走, 这个关系并不出人意料. 更一般地, 我们定义指数 ν, 用 388
来描述这两个特征量与聚合物链长的关系:

$$\mathcal{S}(N) \sim R_{\mathrm{g}}(N) \sim N^{\nu}. \tag{10.7}$$

本章后半部分的主要任务便是计算各类更真实模型的 ν 值.

给出这个简单模型的端点间距的概率分布也是很有趣的. 键 $\{\boldsymbol{r}_1,\boldsymbol{r}_2,\cdots,\boldsymbol{r}_N\}$ 的概率分布为一串 δ 函数的连乘:

$$P(\boldsymbol{r}_1,\boldsymbol{r}_1,\cdots,\boldsymbol{r}_N) = \prod_{i=1}^{N}\frac{1}{4\pi a^2}\delta(|\boldsymbol{r}_i|-a).$$

于是 $\boldsymbol{R}=\boldsymbol{R}_N-\boldsymbol{R}_0$ 的概率密度 $P_N(\boldsymbol{R})$ 为

$$\begin{aligned}P_N(\boldsymbol{R}) &= \left(\prod_{i=1}^{N}\frac{1}{4\pi a^2}\int \mathrm{d}^3r_i\delta(|\boldsymbol{r}_i|-a)\right)\delta(\boldsymbol{R}-\boldsymbol{R}_N+\boldsymbol{R}_0) \\ &= \frac{1}{(4\pi a^2)^N}\left(\prod_{i=1}^{N}\int \mathrm{d}^3r_i\delta(|\boldsymbol{r}_i|-a)\right)\delta(\boldsymbol{R}-\boldsymbol{r}-\cdots-\boldsymbol{r}_N).\end{aligned} \tag{10.8}$$

为了估计这一分布, 我们先做 Fourier 变换:

$$\begin{aligned}\widehat{P}(\boldsymbol{k}) &= \int \mathrm{d}^3RP_N(\boldsymbol{R})\mathrm{e}^{-\mathrm{i}\boldsymbol{k}\cdot\boldsymbol{R}} \\ &= \frac{1}{(4\pi a^2)^N}\prod_{i=1}^{N}\left[\int \mathrm{d}^3r_i\mathrm{e}^{-\mathrm{i}\boldsymbol{k}\cdot\boldsymbol{r}_i}\delta(|\boldsymbol{r}_i|-a)\right].\end{aligned} \tag{10.9}$$

在球坐标下积掉每个键长, 可以得到

$$\widehat{P}(\boldsymbol{k}) = \left(\frac{\sin ka}{ka}\right)^N. \tag{10.10}$$

在热力学极限 $N \to \infty$ 下, 上述函数在 $k=0$ 处的峰变得非常尖, 可以近似为

$$\ln \widehat{P} \approx N \ln\{1-k^2a^2/6\} \approx -\frac{Nk^2a^2}{6}, \tag{10.11}$$

389 以及

$$\begin{aligned} P_N(\boldsymbol{R}) &= \int \frac{\mathrm{d}^3 k}{(2\pi)^3} \exp\left[-\frac{Nk^2a^2}{6} + \mathrm{i}\boldsymbol{k}\cdot\boldsymbol{R}\right] \\ &= \left(\frac{3}{2\pi N a^2}\right)^{3/2} \exp\left[-\frac{3R^2}{2Na^2}\right]. \end{aligned} \tag{10.12}$$

式 (10.12) 实际上给出的是三维无规行走端点间距离所满足的 Gauss 分布. 考虑式 (10.11) 中的高阶项, 我们将得到式 (10.12) 的 $\mathcal{O}(1/N)$ 阶修正.

正如在引言中提到过的, 实际聚合物中相邻键之间的相对取向的确有一定的自由度, 但键之间绝对不是像自由连接链那样完全自由地连接的. 通过限制键之间的相对取向, 即要求 $\boldsymbol{r}_i \cdot \boldsymbol{r}_{i-1} = a^2\cos\theta$ 且 θ 固定, 我们可以得到更为实际的模型. 尽管这个模型仍然允许粒子 i 与 $i-1$ 的键以粒子 $i-2$ 与 $i-1$ 的键为轴自由转动, 但显然已经比自由连接链模型更为实际. 不难发现 (见习题 10.1), 在这个模型中, 端点间距离和回旋半径仍然正比于 $\sqrt{N}$. 不同的是, 这里将出现一个依赖于 θ 的有效键长. (译者注: 习题 10.1 解释了自由连接链模型的唯象参数 (键长 a) 的由来, 请不要漏过.)

10.1.2 Gauss 链

现在介绍 Gauss 链模型. 在热力学极限下, 它形式上等价于自由连接链模型. 设对任意 i, 连接粒子 $i-1$ 与 i 的矢量的概率分布 $P(\boldsymbol{r}_i)$ 为

$$P(\boldsymbol{r}_i) = \left(\frac{3}{2\pi a^2}\right)^{3/2} \exp\left[-\frac{3\boldsymbol{r}_i^2}{2a^2}\right], \tag{10.13}$$

显然 N 个矢量 $\boldsymbol{r}_1, \boldsymbol{r}_2, \cdots, \boldsymbol{r}_N$ 的概率分布为单键分布之积. 在位形空间中, $N+1$ 个粒子位置的联合概率密度为

$$\begin{aligned} P(\boldsymbol{R}_0, \boldsymbol{R}_1, \cdots, \boldsymbol{R}_N) &= \frac{1}{V}\left(\frac{3}{2\pi a^2}\right)^{3N/2} \exp\left[-\frac{3}{2a^2}\sum_{i=1}^{N}(\boldsymbol{R}_i - \boldsymbol{R}_{i-1})^2\right] \\ &= \frac{\exp(-\beta H)}{Z}, \end{aligned} \tag{10.14}$$

390 式 (10.14) 的最后一步在形式上将概率密度写成 Boltzmann 权重的形式. 式 (10.14) 中的 V 是体积. 这里出现体积的原因是质心可以在容器中的任意位置. “配分函

数" Z 为归一化常数 $V(2\pi a^2/3)^{3N/2}$. 有效哈密顿量是

$$H=\frac{3k_{\mathrm{B}}T}{2a^2}\sum_{i=1}^{N}\{\boldsymbol{R}_i-\boldsymbol{R}_{i-1}\}^2, \tag{10.15}$$

这实际上就是依次耦合的弹簧串的能量, 弹簧的弹性系数正比于温度. 耦合弹簧的类比清晰地说明了无规行走的熵导致了熵弹性. 熵弹性解释了橡胶 (一种连接链聚合物) 的很多惊人性质. 比如橡胶带受热收缩, 而不是通常原子 (分子) 固体的膨胀.

现在我们计算 Gauss 链的端点间距离, 以此说明它确实等价于自由连接链. 为此我们需要积掉粒子 $1,2,\cdots,N-1$ 的位置, 只固定粒子 0 和 N 的位置. 这可以通过几种不同的方法做到. 注意到

$$\begin{aligned}&\left(\frac{3}{2\pi a^2}\right)^{3/2}\int \mathrm{d}^3R_1\exp\left\{-\frac{3}{2a^2}[(\boldsymbol{R}_1-\boldsymbol{R}_0)^2+(\boldsymbol{R}_2-\boldsymbol{R}_1)^2]\right\}\\ &=\left(\frac{1}{2}\right)^{3/2}\exp\left[-\frac{3}{4a^2}(\boldsymbol{R}_2-\boldsymbol{R}_0)^2\right]\end{aligned} \tag{10.16}$$

仅需展开指数上的二次项, 并用常见的完全平方方法就可得到式 (10.16). 显然, 如果把从 $\boldsymbol{R}_1$ 开始的所有奇数标号的原子的位置都积掉, 有

$$\begin{aligned}&\int \mathrm{d}^3R_1\mathrm{d}^3R_3\cdots\mathrm{d}^3R_{N-1}P(\boldsymbol{R}_0,\boldsymbol{R}_1,\cdots,\boldsymbol{R}_N)\\ &=\left(\frac{3}{4\pi a^2}\right)^{3N/4}\exp\left[-\frac{3}{4a^2}\sum_{i=1}^{N/2}\{\boldsymbol{R}_{2i}-\boldsymbol{R}_{2i-2}\}^2\right],\end{aligned} \tag{10.17}$$

这可以被看作 $N/2$ 个原子组成的 Gauss 链, 其弹性系数为 N 原子链的一半. 我们重复这项操作, 直到

$$P(\boldsymbol{R}_N,\boldsymbol{R}_0)=\frac{1}{V}\left(\frac{3}{2N\pi a^2}\right)^{3/2}\exp\left[-\frac{3}{2Na^2}\{\boldsymbol{R}_N-\boldsymbol{R}_0\}^2\right], \tag{10.18}$$

这等价于式 (10.12). 式 (10.18) 就是概率论里的中心极限定理. 由于 $\boldsymbol{R}_N-\boldsymbol{R}_0$ 是 391
一组 Gauss 分布的随机变量之和, 因此它的分布必然也是 Gauss 形式的.

在下节讨论硬核排斥对聚合物构象的影响之前, 我们先简单地导出将链视为连续介质的 Gauss 模型. 将式 (10.15) 中的 $\boldsymbol{R}_i$ 视为连续变量 i 的矢量函数. 由 $\boldsymbol{R}_n-\boldsymbol{R}_{n-1}\to\partial\boldsymbol{R}(n)/\partial n$, 以及 $\sum_{i=1}^{N}\to\int_0^N\mathrm{d}n$, 得到式 (10.15) 的连续形式为

$$H=\frac{3k_{\mathrm{B}}T}{2a^2}\int_0^N\mathrm{d}n\left(\frac{\partial\boldsymbol{R}}{\partial n}\right)^2, \tag{10.19}$$

后面几节会用到式 (10.19).

10.2 体斥效应: Flory 理论

正如引言中提到的, 聚合物统计中的一个重要且难以处理的方面是真实链不能在空间交叉, 或者说, 两个粒子之间的距离必须大于其硬核直径. 此效应对聚合物构象的影响在格点模型中最容易发现, 其中研究最彻底的聚合物模型便是格点上的自回避随机行走. 前面已经指出, 如果只关心不依赖于微观细节的普适性质, 当尺度大于持续长度时, 可以用随机行走模型来描述聚合物. 而格点上无规行走与连续随机行走应属于同一普适类. 通过穷举在选定格点上的所有自回避无规行走, 可以方便地计算各近似函数的前几项, 例如由式 (10.2) 定义的 $S^2(N)$. 正方格子上不受自回避限制的无规行走有 $S^2(N) \propto N$. 这可以由随机行走的多项式分布得到. 与之不同, 列举一些较短的自回避随机行走, 马上就能看到平均端点间距离要大很多 (见习题 10.2). 运用穷举法研究二维和三维格子上的自回避随机行走 (见参考文献 [75] 中的第 4 章), 可以知道

$$\mathcal{S}^2(N) \sim N^{2\nu(d)}, \tag{10.20}$$

其中 d 是格点维度. 二维格子的严格结果为 $\nu(2) = 0.75$, 三维格子的近似结果为
392 $\nu(3) \approx 0.6$. 由于体斥效应, 无规行走明显地肿胀起来:不仅幅度变化, 指数也发生变化. 这里我们还看到了临界行为中常见的普适性: 指数 ν 仅依赖于 d, 与格子的类型无关.

自回避随机行走与无限制随机行走的另一个不同之处是 N 步行走的可能位形数为 $\mathcal{N}_N$. 无限制行走的每一步可以取 q 个不同方向 (q 为晶格的配位数). N 步无限制行走总共有 $\mathcal{N}_N = q^N$ 种可能位形. 另一方面, 自回避随机行走有

$$\mathcal{N}_N \sim \overline{q}^N N^{\gamma-1} \tag{10.21}$$

种可能的位形, 其中 $\overline{q} < q$ 为 "有效配位数", 依赖于格子类型. γ 是另一个普适的指数. 我们将在后面给出, γ 对应磁性模型中的磁化率的临界指数.

现在讨论 Flory 提出的近似理论. 这个理论虽然简单, 却能成功描述自回避聚合物. 自回避模型中短程排斥作用的引入导致的链扩张, 致使回旋半径 R_g 大于 Gauss 模型的 $R_{\mathrm{g}0}$. 链所占据的区域内的单体密度则正比于 N/R_g^d, 其中 d 为空间维度. 这样可以简单地估计相互作用势能

$$E_{\mathrm{int}} = vN\left(\frac{N}{R_\mathrm{g}^d}\right), \tag{10.22}$$

其中 v (一个正数) 用来描述势能的强弱. 为了估计聚合物拉伸所引起的熵改变, 我们假设式 (10.15) 给出的 Gauss 链模型的 "熵作用量" $H = -TS$ 在这里依然适用, 即

$$\Delta S = \frac{3k_\mathrm{B}}{2Na^2}(R_{\mathrm{g}0}^2 - R_\mathrm{g}^2). \tag{10.23}$$

由式 (10.22) 与式 (10.23) 可以得到自回避链的自由能. 求自由能关于 R_{g} 的极值, 我们有

$$\frac{\partial A(R_{\mathrm{g}})}{\partial R_{\mathrm{g}}} = \frac{\partial}{\partial R_{\mathrm{g}}}(E_{\mathrm{int}} - T\Delta S) = \frac{\partial}{\partial R_{\mathrm{g}}}\left(v\frac{N^2}{R_{\mathrm{g}}^d} + \frac{3k_{\mathrm{B}}T}{2Na^2}R_{\mathrm{g}}^2\right) = 0, \tag{10.24}$$

或者

$$R_{\mathrm{g}} = \left(\frac{vda^2}{3k_{\mathrm{B}}T}\right)^{1/(d+2)} N^{3/(d+2)} = \left(\frac{vda^2}{3k_{\mathrm{B}}T}\right)^{1/(d+2)} N^{\nu_{\mathrm{F}}(d)}, \tag{10.25}$$

其中 Flory 指数 $\nu_{\mathrm{F}}(d) = 3/(d+2)$ 的值是 $\nu_{\mathrm{F}}(1) = 1$, $\nu_{\mathrm{F}}(2) = 3/4$, $\nu_{\mathrm{F}}(3) = 3/5$. 这 **393**
个指数对于一维和二维格子是精确的, 在三维格子下也是很好的近似结果. 注意到 $\nu_{\mathrm{F}}(4) = 1/2$, $\nu_{\mathrm{F}}(d > 4) < 1/2$. 而 Gauss 链模型对于任意维度 d 都有 $R_{\mathrm{g}} \sim N^{1/2}$, 而 $\nu_{\mathrm{F}}(d > 4) < 1/2$ 意味着当 $d > 4$ 时, 自回避限制 (短程排斥作用) 不再影响回旋半径. 从数学角度来看, 当 $d \geqslant 4$ 时, 不受自回避限制的无规行走的自交叉概率也为零.

以上 Flory 近似的推导与 3.6 节中液体的 van der Waals 理论很像. 有趣的是, van der Waals 理论及其他所有平均场理论在临界区域都会失效, 不能给出正确的临界指数, 而 Flory 理论却能在 $d = 2, 3$ 时给出准确的临界指数. Flory 理论的成功很有可能是由于误差阴差阳错地完全抵消所实现的. Cloizeaux 和 Jannink 的书 [75] 中的第 8 章对此进行了详细讨论. 其根本原因似乎是由于式 (10.22) 与式 (10.23) 做出的估计都有问题. 前者不是相互作用能量的主要部分, 后者也不是链伸长引起熵改变的主要部分. 在式 (10.24) 中, 能量与熵的主要部分以某种方式相互抵消. 显然这不是在给出 Flory 理论时就能预计到的. 此外所有改进 Flory 理论的尝试都失败了. 失败的原因与原始 Flory 理论成功的原因一样: 对式 (10.22) 或者式 (10.23) 做稍许改进, 误差相消的微妙平衡就被破坏了. Flory 理论可以很容易推广到聚合物膜 (见 10.4 节). 读者自然会好奇, 在这类系统中, Flory 理论是否仍能给出正确的指数.

我们再简单讨论一下参数 v. 它描述链的片段之间的短程排斥作用的强度. 在本章的讨论中, 我们一直假设链自由地在空间漂浮, 而忽略了溶剂的影响. 事实上, 聚合物片段之间的有效相互作用是通过溶剂来实现的. 因此 v 这类参数依赖于温度、密度及溶剂的化学性质. 聚合物的相关文献中将溶剂大致分为两类: 良溶剂与不良溶剂. 简单说来, 在良溶剂条件下, 聚合物分子与溶剂分子的相互作用较聚合物分子之间的作用更为重要. 换种说法, 我们可以忽略聚合物分子之间的长程吸引
作用, 如 van der Waals 力. 另一方面, 自回避效应则不能被忽略, 它可以由上面引 **394**
入的排斥作用参数 v 来表征. 溶剂不再是良溶剂时, 聚合物分子间的吸引作用的效应便逐步显现. 虽然并不那么直观, 后面的讨论会说明吸引作用使得 v 不断减小.

当 v 等于零时, 系统便到达了所谓的 θ 点, 这时聚合物的表现如同 Gauss 链 (尽管仍然是自回避的). 当溶解性更差时, 链会进入坍缩态.

作为本节的总结, 我们简单讨论被称为 Edwards 模型的连续模型. 与上面的处理相比, 对连续模型可以引入更系统的处理方法, 例如微扰论、重整化群方法等. 在式 (10.19) 的熵弹性上加上简单的两体项

$$\beta H = K\int_0^N \mathrm{d}s\left(\frac{\partial \boldsymbol{R}(s)}{\partial s}\right)^2 + w\int_0^N \mathrm{d}s\int_0^N \mathrm{d}s'\delta^d(\boldsymbol{R}(s)-\boldsymbol{R}(s')), \tag{10.26}$$

其中 s 标记单体在链上的位置, $\boldsymbol{R}(s)$ 则是其在 d 维空间的位置. 还可以用同样的方法加入三体和多体相互作用

$$\begin{aligned} &w_n\int_0^N \mathrm{d}s_1\int_0^N \mathrm{d}s_2\cdots\int_0^N \mathrm{d}s_n\delta^d(\boldsymbol{R}(s_1)-\boldsymbol{R}(s_2)) \\ &\times\delta^d(\boldsymbol{R}(s_2)-\boldsymbol{R}(s_3))\cdots\delta^d(\boldsymbol{R}(s_n-1)-\boldsymbol{R}(s_n)). \end{aligned} \tag{10.27}$$

下面的分析指出, 对于良溶剂中的聚合物, 多体相互作用可以忽略.

我们用简单的标度分析来考察上述哈密顿量中各项的重要程度. 将链上距离除以标度因子 l. 参照回旋半径及端点间距离的标度形式, $\boldsymbol{R}(s)$ 则除以因子 l^ν, 其中 ν 为待定标度指数. 由此得到标度变换

$$\begin{aligned} s &= l\widetilde{s}, \\ \boldsymbol{R}(s) &= l^\nu\boldsymbol{R}(\widetilde{s}), \\ \mathrm{d}s &= l\mathrm{d}\widetilde{s}, \\ \delta^d(\boldsymbol{R}(s)-\boldsymbol{R}(s')) &= l^{-d\nu}\delta^d(\boldsymbol{R}(\widetilde{s})-\boldsymbol{R}(\widetilde{s}')). \end{aligned} \tag{10.28}$$

将式 (10.28) 代入式 (10.26), 可以得到标度变换后的无量纲哈密顿量:

$$\begin{aligned} \beta\widetilde{H} = &Kl^{2\nu-1}\int_0^{N/l}\mathrm{d}\widetilde{s}\left(\frac{\partial\boldsymbol{R}(\widetilde{s})}{\partial\widetilde{s}}\right)^2 \\ &+wl^{2-d\nu}\int_0^{N/l}\mathrm{d}\widetilde{s}\int_0^{N/l}\mathrm{d}\widetilde{s}'\delta^d(\boldsymbol{R}(\widetilde{s})-\boldsymbol{R}(\widetilde{s}')). \end{aligned} \tag{10.29}$$

395 当 $\nu=\dfrac{1}{2}$ 时, 描述 Gauss 链的第一项不依赖于标度. 这个结果是很自然的. 在 "Gauss 不动点" 附近, 考察第二项的变化. $d<4$ 时, 该项在标度变换下增加. $d>4$ 时, 该项在标度变换下减小. 换句话说, 作为扰动的 w 在维度小于 4 时将影响系统的性质, 在维度大于 4 时则不影响系统的性质. 对式 (10.27) 给出的一般的 n 体项, 做同样的标度变换, 有

$$w_n \to w_n l^{n-(n-1)d\nu}. \tag{10.30}$$

与两体作用相比, 这些项在更低的维度时才变得重要起来. 当然我们得注意到 $d<4$ 时, Gauss 不动点已失稳, n 体项的贡献需要在另一个非平庸不动点附近重新讨论.

由式 (10.29), 我们可以看到在 Gauss 分布附近做展开的微扰论的困难之处. 标度变换中的因子 $l^{2-d\nu}$ 暗示着微扰论的展开参数不是 w, 而是 $wN^{2-d\nu}$, 三维 $(d=3)$ 时即为 $wN^{1/2}$. 这导致微扰展开只是渐近展开, 并不收敛.

最后, 我们通过另一条途径从式 (10.29) 重新回到 Flory 理论. 若我们要求式 (10.29) 中的两项在标度变换下的行为相同, 则有

$$l^{2\nu-1}=l^{2-d\nu} \tag{10.31}$$

或

$$\nu=\frac{3}{d+2}.$$

这便回到了 Flory 理论的预言. 读者稍加思考便能看出, 这里的近似与前面的自由能极小化在思路上是相同的.

10.3 聚合物与 n 矢量模型

重整化群的理念已通过不同的渠道用来处理聚合物问题, 参考文献 [75, 102,
224] 对此有较好的描述. 本节里, 我们不从 Edwards 模型的直接重整化群计算入
手, 而是采纳 de Gennes 的一个想法[72], 建立自回避无规行走与 n 矢量模型在特定 396
极限下的联系. 有了这个联系, 我们就可以将 7.7 节的结果直接搬到聚合物系统上.
从经典 (连续自旋变量) n 矢量模型出发, 其约化哈密顿量为

$$\mathcal{H}\equiv-\beta H=K\sum_{\langle i,j\rangle,\alpha}S_i^aS_j^\alpha+\sum_{i,\alpha}h_\alpha S_i^\alpha, \tag{10.32}$$

这里自旋为一组 n 分量经典矢量 $\boldsymbol{S}_i=S_i^1,S_i^2,\cdots,S_i^n$. 每个矢量的长度固定为

$$\sum_\alpha(S_i^\alpha)^2=n. \tag{10.33}$$

这个系统的配分函数为

$$\begin{aligned}Z(K,h)&=\left(\prod_{i,\alpha}\int\mathrm{d}S_i^\alpha\delta((\boldsymbol{S}_i)^2-n)\right)\exp\{\mathcal{H}(K,h,\{\boldsymbol{S}\})\}\\&=n^{N/2}\left(\prod_i\int\mathrm{d}\Omega_i\right)\exp\{\mathcal{H}(K,h,\{\boldsymbol{S}\})\}.\end{aligned} \tag{10.34}$$

在上面的第二个表达式中, 原来的自旋分量积分转换成了半径为 $\sqrt{n}$ 的 n 维球面积分, $\mathrm{d}\Omega_i$ 是相应的立体角元. 类似地, 对自旋的任意函数, 其热力学平均有

$$\langle A\rangle = \frac{\displaystyle\int\prod_i \mathrm{d}\Omega_i A(\{\boldsymbol{S}\})\exp\{\mathcal{H}(K,h,\{\boldsymbol{S}\})\}}{\displaystyle\int\prod_i \mathrm{d}\Omega_i \exp\{\mathcal{H}(K,h,\{\boldsymbol{S}\})\}}. \tag{10.35}$$

当 $h=0$ 时, 有

$$\langle S_i^\alpha S_i^\beta\rangle = \delta_{\alpha\beta}. \tag{10.36}$$

考虑到其对称性和式 (10.33), 这个结果是很显然的. 当 n 为自然数时, 该模型对应着前面章节引入的自旋模型: $n=1$ 对应 Ising 模型, $n=2$ 对应 XY 模型, 等等. 但这里我们更关心的是 $n=0$, 它与自回避无规行走密切相关. 接下来我们先假定 n 为自然数进行计算, 并在恰当的时候令 $n=0$. 值得注意的是, $n=0$ 时, 式 (10.36) 依然成立. 这是由于与自旋大小有关的因子 $\sqrt{n}$ 在计算平均值时被消掉了.

397 在第 6 章里, 我们构造了磁性系统的高温展开. 依照展开, 零外场磁化率可被写作

$$\begin{aligned} k_{\mathrm{B}}T\chi_{\alpha\alpha} &= k_{\mathrm{B}}T\left.\frac{\partial\langle S_i^\alpha\rangle}{\partial h_\alpha}\right|_{h=0} = \sum_j \langle S_i^\alpha S_j^\alpha\rangle \\ &= 1 + \frac{1}{Z_0}\sum_{j\neq i}\left\langle S_i^\alpha S_j^\alpha \sum_{m=0}^{\infty}\frac{\mathcal{H}^m}{m!}\right\rangle_0, \end{aligned} \tag{10.37}$$

其中

$$Z_0 = \left\langle \sum_{m=0}^{\infty}\frac{\mathcal{H}^m}{m!}\right\rangle_0, \tag{10.38}$$

这里 $\langle\cdots\rangle_0$ 表示温度为无穷大时的热力学平均. 6.3 节已经说明如何构系统地构建高温展开. 通常高阶项的计算是一个技术难题. 但是在 $n=0$ 的极限下, 绝大部分展开项都为零. 下面我们用 de Gennes[73] 引入的技巧说明这一点. 定义函数 $f(\boldsymbol{k})$:

$$f(\boldsymbol{k}) = \langle\exp\{\mathrm{i}\boldsymbol{k}\cdot\boldsymbol{S}_i\}\rangle_0, \tag{10.39}$$

这里 $\boldsymbol{k}$ 为有 n 个分量的矢量. 由于热力学平均过程, 显然有 $f(\boldsymbol{k}) = f(k)$. 考虑

$$\nabla_{\boldsymbol{k}}^2 f(\boldsymbol{k}) = \sum_\alpha \frac{\partial^2}{\partial k_\alpha^2}\langle\exp\{\mathrm{i}\boldsymbol{k}\cdot\boldsymbol{S}_i\}\rangle_0 = -nf(\boldsymbol{k}), \tag{10.40}$$

式 (10.40) 的最后一步利用了式 (10.36). 由于 $f(\boldsymbol{k}) = f(k)$, 因此可以把左边写成

$$\begin{aligned}\frac{\partial f}{\partial k_\alpha} &= \frac{k_\alpha}{k}\frac{\mathrm{d}f}{\mathrm{d}k},\\ \sum_\alpha \frac{\partial^2 f}{\partial k_\alpha^2} &= \frac{n-1}{k}\frac{\mathrm{d}f}{\mathrm{d}k} + \frac{\mathrm{d}^2 f}{\mathrm{d}k^2}.\end{aligned} \tag{10.41}$$

结合式 (10.40) 和式 (10.41), 我们有

$$\frac{\mathrm{d}^2 f}{\mathrm{d}k^2} + \frac{n-1}{k}\frac{\mathrm{d}f}{\mathrm{d}k} = -nf. \tag{10.42}$$

最后, 令式 (10.42) 中的 $n=0$, 得到微分方程

$$\frac{\mathrm{d}^2 f}{\mathrm{d}k^2} - \frac{1}{k}\frac{\mathrm{d}f}{\mathrm{d}k} = 0, \tag{10.43}$$

其通解为 $f(k) = a + bk^2$. 将式 (10.39) 展开为 $\boldsymbol{k}$ 的级数, 则 **398**

$$\begin{aligned}f(\boldsymbol{k}) &= 1 - \frac{1}{2!}\sum_{\alpha,\beta} k_\alpha k_\beta \langle S_i^\alpha S_i^\beta\rangle + \cdots\\ &= 1 - \frac{1}{2}\sum_\alpha k_\alpha^2 + \cdots = 1 - \frac{1}{2}k^2 + \cdots\end{aligned} \tag{10.44}$$

对任意 n 都成立. 因此当 $n=0$ 时, 有

$$f(k) = 1 - \frac{1}{2}k^2. \tag{10.45}$$

这个结论很重要, 它指出在所有同一格点自旋分量乘积的热力学平均中, 仅有 $\langle S_i^\alpha S_i^\alpha\rangle$ 不为零. 例如由于 $n=0$ 时, $f(k)$ 中没有 k 的四阶项, 因此期望值为

$$\langle S_i^\alpha S_i^\beta S_i^\gamma S_i^\delta\rangle = \frac{\partial^4}{\partial k_\alpha \partial k_\beta \partial k_\gamma \partial k_\delta} f(k)|_{k=0} = 0.$$

现在回到式 (10.37) 给出的磁化率, 进行热力学平均后, 分子上不为零的项必须具有以下形式:

$$\langle S_i^\alpha S_j^\alpha (S_i^\alpha S_m^\alpha)(S_m^\alpha S_r^\alpha)\cdots(S_t^\alpha S_j^\alpha)\rangle,$$

即每个格点在乘积中出现两次. 这样在格子上, 每个展开项便对应了一个连接格点 i 与格点 j 的自回避行走. 这是因为如果相交, 那么将有四个同一格点的自旋. (译者注: 因为哈密顿量中只包含最近邻作用, 上式中圆括号内的下标必须是最近邻格点. 这样的一串格点便对应着一条行走路径, 且每个格点只能被访问一次, 因此行走不能自交叉, 即是自回避的.) 在 $\mathcal{H}^m$ 的展开中, 每一条 m 步的行走共有 $m!$ 种方式, 它与式 (10.37) 中的 $1/m!$ 相消. 又注意到, 式 (10.38) 给出的 Z_0 实际上等于

1. 对分母起贡献的只有闭合的多边形, 但分子则不同, 分子中只出现一个 α 指标, 因此自旋的期望值必须对 α 求和. 于是除了 $m=0$ 项, 其他各项都含有因子 n. 在 $n=0$ 的极限下, 这些项都等于零. 至此, 我们得到

$$k_{\mathrm{B}}T\chi_{\alpha\alpha}=1+\sum_{j}\sum_{N}\mathcal{N}_N(i,j)K^N=1+\sum_{N=1}^{\infty}\mathcal{N}_NK^N, \tag{10.46}$$

其中 $\mathcal{N}_N(i,j)$ 为连接格点 i 与格点 j 的 N 步自回避无规行走的数目, $\mathcal{N}_N$ 是 N 步自回避无规行走的总数.

399 现在我们可以将 n 矢量模型与聚合物问题联系起来. 当 N 变大时, 给定格子上 N 步自回避无规行走的数目有渐近行为: $\mathcal{N}_N\to\overline{q}^NN^{\gamma-1}$. 这里 $\overline{q}$ 由格点种类决定, 指数 γ 依赖于维度 d. 由式 (10.46) 知, 磁化率在耦合强度取临界值 K_{c} ($K_{\mathrm{c}}\overline{q}=1$) 时发散, 而当 K 小于该临界值时, 磁化率序列是收敛的. 令 K 稍小于临界值, 即 $K=K_{\mathrm{c}}(1-t)\approx K_{\mathrm{c}}\mathrm{e}^{-t}$ 时, 可以将式 (10.46) 写成

$$\begin{aligned}k_{\mathrm{B}}T\chi&=1+\sum_{N=1}^{\infty}N^{\gamma-1}\mathrm{e}^{-Nt}\approx\int_0^{\infty}\mathrm{d}NN^{\gamma-1}\mathrm{e}^{-Nt}\\&=t^{-\gamma}\left[\int_0^{\infty}\mathrm{d}xx^{\gamma-1}\mathrm{e}^{-x}\right],\end{aligned} \tag{10.47}$$

在最后一步中我们做了替换: $N=t^{-1}x$.

这个方程有几个值得注意的地方. 首先, 描述自回避随机行走非平庸标度行为的指数 γ 实际上对应 n 矢量模型在 $n\to0$ 极限下的磁化率临界指数. 其次, 聚合物的热力学极限 $N\to\infty$ 与磁性系统 (或者其他系统) 趋近于临界点的关系明朗化了. 就像热力学临界点 $t=0$ 一样, $N^{-1}=0$ 是自回避聚合物的临界点. 最后, 对于磁性系统, 给定温度 t, 系统会拥有特征长度 $\xi(t)$. 当 $t\to0$ 时, 该特征长度按 $\xi(t)\sim|t|^{-\nu}$ 的形式发散. 类似地, 聚合物问题也拥有一个特征长度: 对于给定的链长 N, 有 $S(N)\sim R_{\mathrm{g}}(N)\sim N^{\nu}$. 因此可以很自然地将磁性系统中的关联长度与聚合物的回旋半径挂钩, 此时两个系统的指数 ν 便是一回事了.

现在用 7.7 节中的结果推算当 $\epsilon=4-d$ 时, 聚合物指数 ν 和 γ 的一阶近似. 由式 (7.155) 可知, 当 $n=0$ 时, $\gamma=1+\epsilon/8$. 类似地, 由式 (7.155) 和式 (6.98) 得 $\nu=1/2+\epsilon/16$. 因此在三维系统中, 有 $\nu=0.5625$, 以及 $\gamma=1.125$. 与之相比, 级数展开及 Monte Carlo 方法[259] 中得到的最佳估计为 $\nu=0.588\pm0.01$ 和 $\gamma=1.166\pm0.003$. 与 n 取其他值的 n 矢量模型一样, 一阶 ϵ 展开的结果不那么好. 加入 ϵ 的高阶项后, 重整化群计算结果与其他方法得到的结果便吻合得很好了.

10.4 高浓度聚合物溶液 400

我们现在讨论当溶液中的聚合物之间的相互作用不能被忽略时的情形. 我们可以构建称为 Flory-Huggins 理论的平均场理论. 在这个理论中, 我们用格气模型描述溶剂和大分子, 并计算混合熵和内能. 假定空间被分割成体积为 a^3 的单元, 每个单元包含一个粒子, 它既可以是溶剂分子也可以是聚合物链上的单体. 设总数为 N_0 的单元中分布着 $\widetilde{n}$ 条链, 每条链含 N 个单体. 系统的熵完全由聚合物的位形数决定: 当聚合物的分布给定后, 不可分辨的溶剂分子的分布也被唯一确定下来了. 要计算这些大分子的熵, 我们设想已经有 $j-1$ 条链处在格点上, 然后用平均场的方法计算有多少种方式可以将链 j 加进去. 第一个粒子能放在任意未被占据的格点上, 共计 $N_0-(j-1)N$ 个格点. 第二个粒子必须放在第一个粒子近邻的 q 个格点中的任意一个未被占据的格点上, 该指定格点未被占据的概率为 $\{N_0-(j-1)N-1\}/N_0$. 再在第二个粒子近邻的 $q-1$ 个格点中选取任意一个未被占据的格点放置第三个粒子. 继续这个过程, 直到链 j 的所有单体都放到格点上, 分子 j 的总位形数为

$$\begin{aligned}\Omega_j &= [N_0-(j-1)N]\left[q\frac{N_0-(j-1)N-1}{N_0}\right]\left[(q-1)\frac{N_0-(j-1)N-2}{N_0}\right] \\ &\quad \cdots\left[(q-1)\frac{N_0-(j-1)N-N+1}{N_0}\right] \\ &= \frac{q(q-1)^{N-2}}{N_0^{N-1}}\frac{\{N_0-(j-1)N\}!}{\{N_0-jN\}!}. \end{aligned} \tag{10.48}$$

这样, 系统的熵可表示为

$$\frac{S}{k_{\mathrm{B}}} = \ln\frac{1}{\widetilde{n}!}\prod_{j=1}^{\widetilde{n}}\Omega_j = \ln\frac{q^{\widetilde{n}}(q-1)^{\widetilde{n}(N-2)}N_0!}{\widetilde{n}!N_0^{\widetilde{n}(N-1)}(N_0-\widetilde{n}N)!}. \tag{10.49}$$

令 $\widetilde{n}$, N 和 N_0 远大于 1, 对分子和分母使用 Stirling 公式, 可以得到

$$\frac{S}{N_0k_{\mathrm{B}}} = -\frac{\Phi}{N}\ln\frac{\Phi}{N}-(1-\Phi)\ln(1-\Phi)+\Phi[\ln(q-1)-1], \tag{10.50}$$

这里我们定义 $\Phi=\widetilde{n}N/N_0$, 即链分子占据的单元在总单元中的比例. 我们取 $\widetilde{n}$ 条链分布在 $\widetilde{n}N$ 个单元中的系统 ($\Phi=1$) 为参考系统. 按照与式 (10.48)—(10.50) 相 401
同的方法计算参考系统的熵. 这样由两个系统的熵的差给出的单位格点的混合熵为

$$\frac{S_{\mathrm{mix}}}{N_0k_{\mathrm{B}}} = \frac{S-S_{\mathrm{ref}}}{N_0k_{\mathrm{B}}} = -\frac{\Phi}{N}\ln\Phi-(1-\Phi)\ln(1-\Phi). \tag{10.51}$$

再用同样的处理方法估计系统的内能. 设粒子之间存在最近邻相互作用, 并可由三个特征能量来刻画: 溶剂分子之间的作用 J_{00}, 聚合物单体与溶剂分子之间的作用 J_{01}, 聚合物单体之间的作用 J_{11}. 此时内能的平均场近似为

$$
\begin{aligned}
E &= \sum_{\langle ij\rangle,\alpha\beta} J_{\alpha\beta}\langle n_{i\alpha}\rangle\langle n_{j\beta}\rangle \\
&= \frac{qN_0}{2}J_{00}\left(\frac{N_0-\widetilde{n}N}{N_0}\right)^2 \\
&\quad + N_0(q-2)J_{01}\left(\frac{\widetilde{n}N}{N_0}\right)\left(\frac{N_0-\widetilde{n}N}{N_0}\right) + \frac{N_0(q-2)}{2}J_{11}\left(\frac{\widetilde{n}N}{N_0}\right)^2 \\
&= N_0\left[\frac{q}{2}J_{00}(1-\varPhi)^2 + (q-2)J_{01}\varPhi(1-\varPhi) + \frac{q-2}{2}J_{11}\varPhi^2\right],
\end{aligned}
\tag{10.52}
$$

其中后两项中出现的因子 $q-2$ 是因为在一条链上的单体, 只有 $q-2$ 个近邻格点不在同一条链上. 我们再在上式中扣除参考系统的内能

$$
E_{\mathrm{ref}} = N_0\left[\frac{q}{2}J_{00}(1-\varPhi) + \frac{q-2}{2}J_{11}\varPhi\right],
\tag{10.53}
$$

可以得到

$$
E_{\mathrm{mix}} = E - E_{\mathrm{ref}} = N_0\varPhi(1-\varPhi)\left[(q-2)J_{01} - \frac{q}{2}J_{00} - \frac{q-2}{2}J_{11}\right].
\tag{10.54}
$$

可以看出, 内能实际上只依赖于所谓的 Flory-Huggins 参数 χ, 它满足

$$
k_{\mathrm{B}}T\chi = (q-2)J_{01} - \frac{q}{2}J_{00} - \frac{q-2}{2}J_{11}.
\tag{10.55}
$$

这个参数表征相互作用的性质和强度. 需要注意的是, 最近邻相互作用参数 J 只代
402 表有效能量, 它原则上依赖于很多微观参数, 显然也应依赖于温度.

结合式 (10.51) 和式 (10.55), 我们得到溶液的 Helmholtz 自由能

$$
\begin{aligned}
A &= E_{\mathrm{mix}} - TS_{\mathrm{mix}} \\
&= N_0k_{\mathrm{B}}T\chi\varPhi(1-\varPhi) + N_0k_{\mathrm{B}}T\left[\frac{\varPhi}{N}\ln\varPhi + (1-\varPhi)\ln(1-\varPhi)\right].
\end{aligned}
\tag{10.56}
$$

这里考查 $\varPhi$ 较小时的情形. 将方程中的解析项展开成 $\varPhi$ 的级数, 有

$$
\frac{\beta A}{N_0} = \frac{\varPhi}{N}\ln\varPhi + \varPhi(\chi-1) + \frac{\varPhi^2}{2}(1-2\chi) + \frac{\varPhi^3}{6} + \cdots.
\tag{10.57}
$$

式 (10.57) 中的线性项可以被看作化学势, 二次项表示单体间的相互作用效应. 在平均场理论的框架下, $v=1-2\chi>0$ 与 $v<0$ 所对应的情形有着本质差异. $v>0$ 对应良溶剂, 聚合物单体间的有效作用为排斥作用. 相反地, $v<0$ 对应不良溶剂. 两者的分界点 $v(T=\varTheta)=1-2\chi(\varTheta)=0$ 对应的温度称为 Flory 温度, 或者 $\varTheta$ 温度. 在分界点上, 两体作用对自由能没有贡献.

接下来推导溶液渗透压 $\varPi$ 的表达式. 渗透压是指由半透膜隔开的两分室的压强差. 在这里, 该半透膜允许溶剂分子自由通过, 而将聚合物链阻挡在膜的一侧. 膜

两侧溶剂分子的化学势相同, 而它显然依赖于聚合物浓度. 通常, 溶质的增加使得溶剂的化学势降低[318], 从而导致另一侧的溶剂流入, 直至膜两侧溶剂分子的化学势重新相等. 渗透压便由此形成. 在以上的格点模型中, 我们可以先计算混合物的压强 $p = -\partial A_{\mathrm{tot}}/\partial V$, 其中 A_{tot} 指式 (10.52) 和式 (10.50) 联合起来给出的自由能 (不扣除参考系统的贡献), 再减去由溶剂分子填满整个格子时的压强. 简单的代数运算得到

$$\varPi = -\left(\frac{\partial A}{\partial V}\right)_{\widetilde{n}} = -\frac{1}{a^3}\left(\frac{\partial A}{\partial N_0}\right)_{\widetilde{n}}, \tag{10.58}$$

其中 a^3 是单元体积. 从而有 403

$$\frac{\varPi a^3}{k_{\mathrm{B}}T} = \frac{\varPhi}{N} + \frac{\varPhi^2}{2}(1-2\chi) + \frac{\varPhi^3}{3} + \cdots. \tag{10.59}$$

这个方程有几个值得注意的特点. 第一, 由于 $\varPhi$ 是密度, 我们实际上得到了渗透压的位力展开. 首项 $\varPhi/N = \widetilde{n}/N_0$ 为单位格点上链的数目, 实际上反映出在对压强的贡献上, 链就如单粒子一样. 第二项给出相互作用带来的修正. 当 $\varPhi^2 \approx \varPhi/N$ 时, 这个修正变得重要起来. 此时 $\widetilde{n}N/N_0 \approx 1/N \approx 10^{-4} \sim 10^{-6}$, 即在非常低的浓度下, 理想气体定律已不适用了.

现在参照前面建立的单链标度理论来讨论上述结果. 根据浓度 $\varPhi$ 的取值, 我们可以划分出三个不同的区域. 对于非常小的 $\varPhi$, 溶液非常稀薄, 以至于不同链基本不会交叠. 在良溶剂中, 每条链都扩张到其特征半径上. Flory 理论很好地给出了这个特征半径. 在通常称为半稀薄区的浓度适中区域, 不同链之间有明显的交叠, 但不会大量出现所谓的纠缠, 即像煮好的意大利面那样的位形. 第三个区域则是浓稠区. 图 10.3 大致描绘了上述三个区域里系统的典型位形.

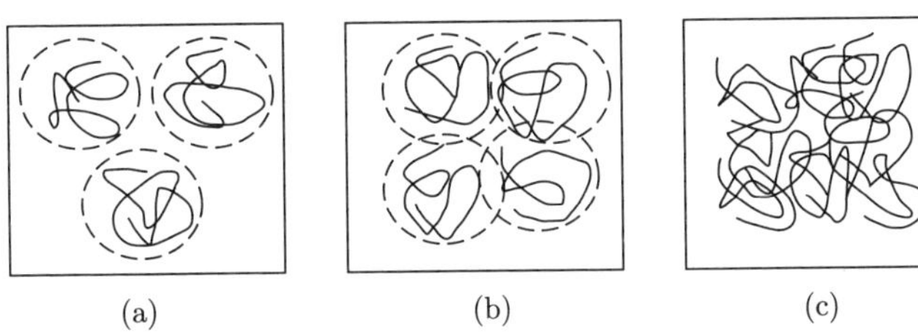

图 10.3 正文中讨论的三种浓度区域的示意图: (a) 稀薄区, (b) 半稀薄区, (c) 浓稠区. (a) 和 (b) 中的虚线圈表示半径为 R_{g} 的特征互斥球

上面介绍的 Flory-Huggins 理论在前两个浓度区域是有缺陷的. 从推导过程中可以看到, 平均场理论假设单体在空间的分布是均匀的. 这样, 同一链上单体相互作用所产生的膨胀效应便被忽略了. 现在我们做这样一件事, 即用单链理论来估计 404
密度低到什么程度时平均场理论失效. 设每条链的特征半径为 $R_{\mathrm{g}} \sim N^{\nu}$. 当 $\widetilde{n}R_{\mathrm{g}}^3 \sim N_0$ 时, 链之间出现明显的交叠. 这标志着理想气体区域的结束. 利用三维系统的

$R_{\mathrm{g}} \sim N^{3/5}$, 我们可以得到系统进入半稀薄区的特征浓度为 $\Phi^* \sim N^{1-3\nu} \sim N^{-4/5}$. 在此区域, $\Phi^* \ll \Phi \ll 1$, 不同链之间的交叠尚不足以破坏单链的膨胀. 因此我们有理由怀疑渗透压位力展开的第二项是否正确. 下面的标度理论[73] 提供了一个不同于位力展开的方法, 其结论是正确的. 设

405

$$\frac{\Pi a^3}{k_{\mathrm{B}}T} = \frac{\Phi}{N} f\left(\frac{\Phi}{\Phi^*}\right), \tag{10.60}$$

其中标度函数 $f(x)$ 有下列性质: 在稀薄极限 $x \ll 1$ 下, 系统必须回到理想气体极限, 于是 $x \to 0$ 时, $f(x) \to 1$. 当 $\Phi \gg \Phi^*$ 时, 渗透压应该不依赖于聚合度 N, 只有体积分数 Φ 起作用, 单链链长无关紧要. 由于 $\Phi^* \sim N^{-4/5}$, 因此

$$f(x) \sim x^{5/4}.$$

将之代入式 (10.60), 我们在半稀薄区内得到

$$\frac{\Pi a^3}{k_{\mathrm{B}}T} \sim \Phi^{9/4}. \tag{10.61}$$

上式中指数 9/4 与平均场理论得到的 2 相差并不大, 但两者的差别可以被实验观察到. 图 10.4 给出了实验上测得的聚合物溶液渗透压与浓度的依赖关系. 图里聚

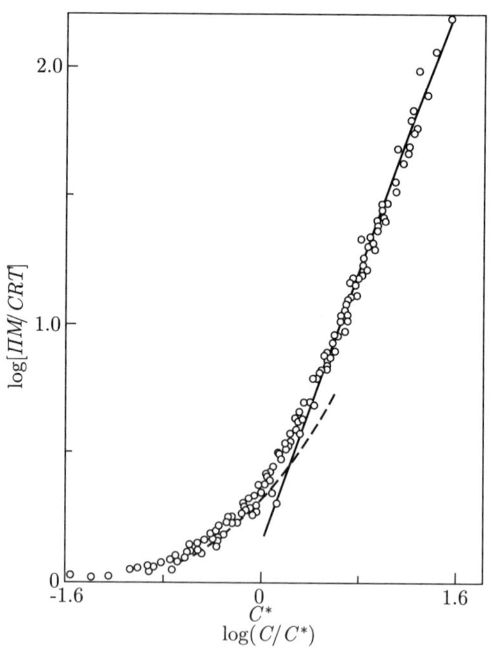

图 10.4　在半稀薄区内, 渗透压 Π 与聚合物浓度的关系. 其中 C 和 M 分别对应变量 Φ 和 N. 直线的斜率为 1.32, 对应关系 $\Pi \sim \Phi^{2.32}$, 其与式 (10.61) 符合得很好 (图片取自参考文献 [219])

合物分子量的变化超过了一个数量级. 我们看到在 $\Phi > \Phi^*$ 的区域, 渗透压的标度关系确实与式 (10.61) 一样.

最后, 在浓稠区, $\Phi \gg \Phi^*$, 我们推测聚合物会变成理想型或 Gauss 型. 理由是链之间的高度交叠 "屏蔽" 了链内的排斥作用. 到目前为止, 尚无这一论断的精确推导. 现有的近似计算[73,76] 显示, 高浓度溶液有一个有限的持续长度, 在大于这一长度的尺度上, 链表现为 10.1.1 小节中的 Gauss 链.

10.5 膜

本节将前面对良溶剂中稀薄聚合物的处理推广到嵌在高维空间中的固体膜或聚合膜的涨落中. 近几年这个问题在物理学界引起了广泛关注. 部分原因是它与生物材料 (例如红细胞) 有关, 同时膜也比聚合物问题更具挑战性. 此外, 本节还会讨论液体膜. 它在自然界中较聚合膜更为常见.

本节中, 我们首先讨论 Gauss 链模型的二维版本, 即无自交叉约束的所谓 "幻像膜". 接下来的小节总结已有的大量数值结果, 共识是自回避膜是平直的而不是褶皱的 (至少在三维空间中是如此的). 最后一小节讨论液体膜. 我们主要讨论这类 406
膜的普适性质, 而不试图建立满足生物学要求的模型. 真实膜的物理性质可以参考文献 [47, 175].

10.5.1 幻像膜

Kantor, Kardar 和 Nelson[148,149] 引入了用来描述拴定膜的最简单模型. 如图 10.5 所示, 粒子占据三角网络的顶点, 其间由最大长度为 b 的弹性弦连接. 在实际问题里, 粒子的硬核使得两个粒子间的距离不能小于某个标记为 σ 的最小值. 在本小节里, 我们设 $\sigma = 0$, 于是膜的统计力学性质仅由拴定束缚决定. 进一步, 我们将

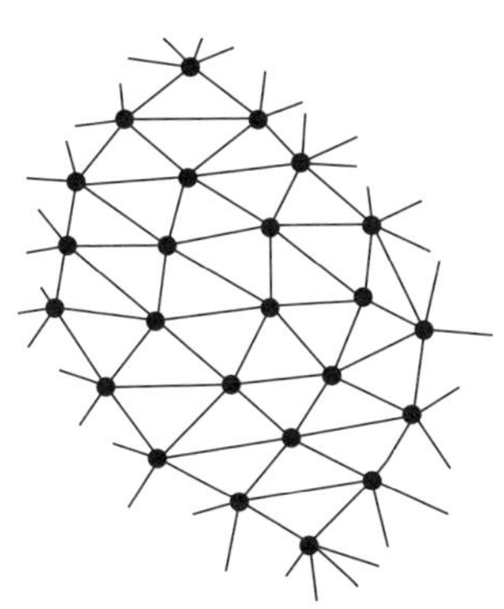

图 10.5 拴定膜的示意图

离散的拴定网络近似为一个二维薄片. 在大尺度上, 我们假设幻像膜可以像 Gauss 聚合物那样, 由一个只含二维熵弹性项的有效无量纲哈密顿量来描述, 即

$$\mathcal{H}=K\int\sum_{\alpha,\beta}\mathrm{d}^2x\left(\frac{\partial r_\alpha}{\partial x_\beta}\right)^2=K\int\mathrm{d}^2x\left(\frac{\partial \boldsymbol{r}}{\partial \boldsymbol{x}}\right)^2, \tag{10.62}$$

其中 $\boldsymbol{r}$ 是分量为 r_α 的 d 维矢量, 它描述膜上粒子在嵌入空间的位置. 式 (10.62) 中的二维矢量 $\boldsymbol{x}$ 为粒子在膜内的坐标. 我们将空间位置 $\boldsymbol{r}(\boldsymbol{x})$ 展开成 Fourier 级数的形式:

$$\boldsymbol{r}(\boldsymbol{x})=\frac{1}{L^2}\sum_{\boldsymbol{k}}\boldsymbol{A}_{\boldsymbol{k}}\exp\{\mathrm{i}\boldsymbol{k}\cdot\boldsymbol{x}\}, \tag{10.63}$$

其中 $\boldsymbol{A}_{\boldsymbol{k}}$ 为 d 维矢量, $\boldsymbol{k}$ 为二维波矢, L 为膜的边长. 假定边界条件可以保证式 (10.63) 中平面波的正交性, 将上式代入哈密顿量中有

$$\mathcal{H}=K\sum_{\boldsymbol{k}}|\boldsymbol{A}_{\boldsymbol{k}}|^2k^2. \tag{10.64}$$

407 注意到均分原理, 各 Fourier 分量的热力学期望为

$$\langle A_{\boldsymbol{k},\alpha}^2\rangle=\frac{1}{2Kk^2},\quad a=1,2,\cdots,d. \tag{10.65}$$

我们用回旋半径来描述 d 维空间中膜的大小. 合适选取坐标原点使得 $\int\mathrm{d}^2x\boldsymbol{r}(\boldsymbol{x})=0$, 有

$$\begin{aligned}R_{\mathrm{g}}^2&=\frac{1}{L^2}\int\mathrm{d}^2x\langle\boldsymbol{r}^2(\boldsymbol{x})\rangle\\&=\frac{d}{2KL^2}\sum_{\boldsymbol{k}}\frac{1}{k^2}\approx\frac{d}{4\pi K}\int_{1/L}^{\pi/a}\frac{\mathrm{d}k}{k},\end{aligned} \tag{10.66}$$

在最后的表达式中, 我们引入了短程截断 a, 它对应离散情形中相邻粒子间的距离. 显然有

$$R_{\mathrm{g}}^2\approx\frac{d}{4\pi K}\ln\left\{\frac{L}{a}\right\}. \tag{10.67}$$

较之 Gauss 聚合物的 $R_{\mathrm{g}}\sim L^{1/2}$, 二维 Gauss 网络的回旋半径 R_{g}^2 随 L 的增长要慢得多, 这意味着后者的褶皱多得多. 褶皱面的定义是回旋半径随着 L 的增长比线性增长要慢.

设想离散网络的顶点由直径为 σ 的硬球粒子占据. 在不出现重叠的条件下, 容纳这些粒子所需的体积为 $L^2\sigma^3$, 而直径为 R_{g} 的空间所对应的体积仅为 $(\ln L/\sigma)^{d/2}$
408 阶. 在热力学极限下, $L\to\infty$, 后者在任意维度 d 下都远小于前者. 因此自回避效应

总是问题的一部分. 这和聚合物的情形很不一样, 在那里同样的考虑得到了 $d_{\rm uc}=4$ 的正确结论. 式 (10.67) 表明, 对于幻像膜来说, 可以忽略自回避效应的上临界维度是无穷大的.

与聚合物不同, 引入抗弯刚度可显著改变膜的性质. 对于聚合物, 附加沿着链的局域弯曲能, 只会对持续长度造成有限的重整. 另一方面, 对于幻像膜, 抗弯刚度的引入使得膜的平衡态从褶皱变为平直. 抗弯刚度的引入有多种方法. 例如可以在哈密顿量中加入一项 $-\kappa\sum\limits_{i,j}\widehat{\boldsymbol{n}}_i\cdot\widehat{\boldsymbol{n}}_j$. 其中 $\widehat{\boldsymbol{n}}_i$ 是垂直于网络中的三角形 i 的单位向 409
量, j 则是与 i 相接的三角形. 当 κ 为正值时, 这项弯曲能倾向于使法向向量互相平行, 即膜倾向于平直. 引入网络上次近邻粒子间的排斥对势也可达到相同的效果.

在哈密顿量中加入抗弯刚度项后, 问题不再精确可解, 我们只能采用近似或者数值的方法来处理该问题. 图 10.6 中给出了不同抗弯刚度 κ 下幻像膜的 Monte Carlo 模拟结果[149]. 从图中可以看到, 随着 κ 的减小, 位形由开放的二维结构演变为理想幻像膜那样非常紧凑的球结构. 在两态之间存在着相变的另一个证据是比热所呈现的一个明显的尖峰, 其峰值随着系统尺寸的增大而增大. 我们尚不完全清楚这个相变的性质, 也不清楚在自回避膜中有无与此相对应的相变.

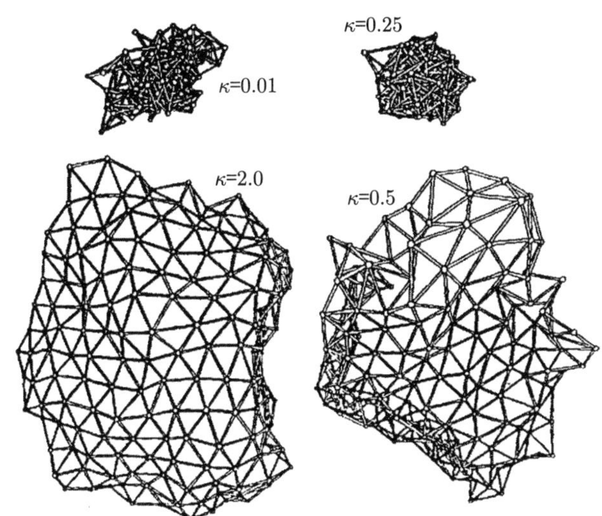

图 10.6 具有不同抗弯刚度 κ 的幻像膜的一些典型位形 (图片取自参考文献 [149])

10.5.2 自回避膜

如果考虑如图 10.5 所示的网络中粒子的排除体积, 问题将变得非常困难, 精确的结果很少. 假设褶皱相存在, 我们可以为它构造一套 Flory 理论. 但有了 10.2 节的讨论, 这种理论的精确度很值得怀疑. 由于上临界维度为无穷大, 因此标准的 ϵ

展开等方法也不可行.

我们从推广的 Edwards 模型

$$\mathcal{H} = K\int \mathrm{d}^D x \left(\frac{\partial \boldsymbol{r}(\boldsymbol{x})}{\partial \boldsymbol{x}}\right)^2 + v\int \mathrm{d}^D x \int \mathrm{d}^D x' \delta^d(\boldsymbol{r}(\boldsymbol{x}) - \boldsymbol{r}(\boldsymbol{x}')) \tag{10.68}$$

出发, 暂不指定内部维度 D (对于膜, $D=2$). 沿着 Flory 理论的思路 (见 10.2 节), 若我们以因子 l 重新标度内部长度, 那么外部长度将按照因子 l^ν 重新标度. 在做这样的假设时, 我们实际上假设了系统处于各向同性的褶皱相是由单一指数 ν 来描述的. 而平直相至少需要两个指数来表征, 分别对应平行及垂直于表面的方向. 由排除体积 (L^D) 约束可导出 ν 的下限: 系统实际占有的体积 $L^{d\nu} > L^D$, 即
410 $\nu > D/d = 2/3$ (对应于我们关心的真实情形, $D=2, d=3$). 又显然有 $\nu < 1$, 所以 $2/3 < \nu < 1$. 可以按照式 (10.29) 写出标度变换, 得到变换后的有效哈密顿量为

$$\begin{aligned}\mathcal{H}(l) = Kl^{2\nu+D-2}\int \mathrm{d}^D \widetilde{x} \left(\frac{\partial \widetilde{\boldsymbol{r}}(\widetilde{\boldsymbol{x}})}{\partial \widetilde{\boldsymbol{x}}}\right)^2 \\ +vl^{2D-d\nu}\int \mathrm{d}^D \widetilde{x} \int \mathrm{d}^D \widetilde{x}' \delta^d(\widetilde{\boldsymbol{r}}(\widetilde{\boldsymbol{x}}) - \widetilde{\boldsymbol{r}}(\widetilde{\boldsymbol{x}}')).\end{aligned} \tag{10.69}$$

考虑式 (10.69), 无视其第二项, 我们在 $D=2$ 时得到 Gauss 指数 $\nu = (2-D)/2 = 0$ (不排除对数关系). 若令两项的标度指数相同, 有

$$2\nu + D - 2 = 2D - d\nu \quad 或 \quad \nu = \frac{D+2}{d+2}, \tag{10.70}$$

这是 Flory 理论推广到 D 维物体在 d 维空间涨落的一般结果. 最后, 我们进一步推导一个更有趣的结果. 考察 Gauss 不动点附近两体项的标度行为, 它按如下方式变化:

$$vl^{2D-d(2-D)/2},$$

即两体项仅在 $D > 2d/(4+d)$ 时变得重要. 这给出了内部维度 D 的下临界维度 $D_{\mathrm{lc}}(d)$. 这条下临界维度线可用来构建在 D, d 平面上的 ϵ 展开. 我们不继续讨论这个方法, 有兴趣的读者可以参考文献 [148].

Flory 理论预言三维空间的膜对应的指数为 $\nu = 4/5$. 这在该领域的早期引发了一些混乱. 最初, Monte Carlo 模拟结果[148] 看起来与这个预言一致. 但经过对 Monte Carlo 模拟结果更仔细的分析, Plischke 和 Boal[244] 提出自回避效应足以阻止褶皱相的存在:膜是平直的, 只是有点粗糙. 具体说来, 他们发现若对 Monte Carlo 模拟给出的单个位形在由其主轴定义的参考系里进行考察, 膜的形状就和薄饼一样. 其中坐标系可以通过惯性张量的对角化求得. 惯性张量的分量写作

$$I_{\alpha\beta} = \frac{1}{N}\sum_i [(r_{i,\alpha} - \overline{r}_\alpha)(r_{i,\beta} - \overline{r}_\beta)], \tag{10.71}$$

其中 $\bar{r}_\alpha$ 为给定位形下 $r_{i,\alpha}$ 的平均值. I 的特征值给出位形在相应主轴方向伸展的长度. 回旋半径 R_g 可以用特征值写出, 即 411

$$R_g^2 = \sum_j \lambda_j.$$

Plischke 和 Boal[244] 发现, 两个较大的特征值的期望值与系统尺寸的关系满足 $\langle\lambda_1\rangle$, $\langle\lambda_2\rangle \sim L^{2\nu_\parallel}$, 得到的指数与 $\nu_\parallel = 1$ 是吻合的. 而最小的特征值对 L 的依赖方式则很不同, 即

$$\langle\lambda_3\rangle \sim L^{2\zeta},$$

其中粗糙度指数 $\zeta \approx 0.65$. 由此, 系统的横向涨落很大并在热力学极限下发散, 但高宽比

$$\mathcal{A} = \left\langle \frac{\lambda_3}{\lambda_1} \right\rangle \to 0, \quad 若 \quad L \to \infty. \tag{10.72}$$

我们以此定义平直相.

其他课题组的研究陆续证实了上述图像. 特别地, Abraham 等人[3] 对不同硬核尺寸的膜进行了大量的分子动力学模拟. 图 10.7 给出了他们得到的不同 σ 值下的回旋半径对 L 的依赖关系. L 很大时, 回旋半径由惯性张量的最大特征值 λ_1 决定. $\sigma > 0.4$ 的数据与 $\nu_{R_g} = \nu_\parallel = 1.0$ 吻合. σ 较小时, 由小 L 的幻像膜行为到大 L 的自回避行为过渡的迹象也很明显. 尽管数值模拟不能提供严格意义上的证明, 但是

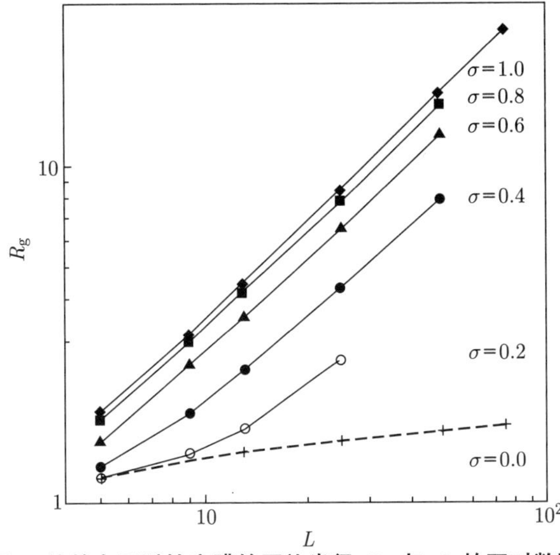

图 10.7 具有不同 σ 值的自回避拴定膜的回旋半径 R_g 与 L 的双对数图 (图片取自参考文献 [3])

目前的共识是: 在三维空间, 非零 σ 下的拴定膜总是平直的. 图 10.8 给出 $\sigma = 1$ 时含有 4219 个粒子的膜的若干典型位形. 每个位形都投影到了垂直于其 $\boldsymbol{I}$ 矩阵特征矢量的三个面上. 位形的各向异性, 以及由特征值 λ_3 描述的粗糙度都清晰可见.

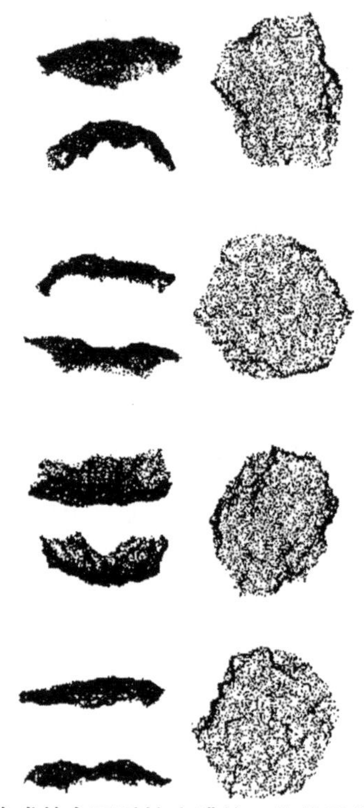

图 10.8 由 4219 个粒子构成的自回避拴定膜的一些典型位形 (图片取自参考文献 [3])

值得一提的是, 尽管平直相的存在已被认可, 但对粗糙度指数 ζ 的值仍有较大争议. 与其他系统相比, 拴定膜的模拟更容易受到常用的自由边界条件带来的有限尺寸效应和长弛豫时间的困扰. 对以上引入的基本模型的模拟给出的 ζ 值的范围
412 为 $0.53 \leqslant \zeta \leqslant 0.70$. 另一方面, Lipowsky 和 Girardet[178] 猜测 $\zeta = 1/2$, 这与他们得到的无穷薄弹性膜的模拟结果相一致. 这个问题尚无定论.

到这里, 我们尚未给出平直相比 Flory 的褶皱相稳定的物理论证. Abraham 和 Nelson[4] 的简单论据可能抓住了其中的物理本质. 假设网络上的粒子之间的作用是一个软排斥势而不是突变的硬核排斥. 设想网络上共用一条边的两个相邻三角形单元如图 10.9 那样, 考虑将两个三角形沿其共同边折叠起来的涨落, 它使得粒子 1 和 2 的距离不变, 粒子 3 和 4 的距离变小. 在这个过程中, 系统的能量增加, 而增加的能量也可以等价地看成是由膜的有限抗弯刚度给出的. 这样, 只要网络上的粒子存在排斥作用, 都会产生一个有效的抗弯刚度 κ. 当然, 这样的讨论并不能给出

κ 的值. 要说明无论多弱的自回避效应都足以产生足够大的抗弯刚度, 使得幻像膜 413
稳定在平直态中, 需要构建比以上讨论复杂得多的理论.

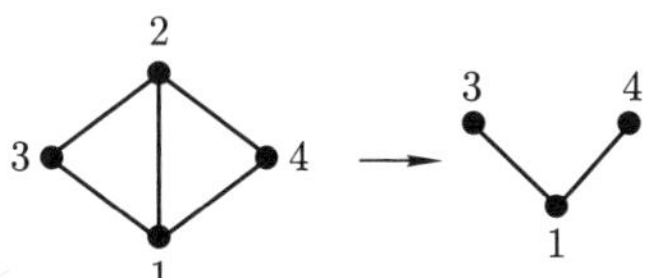

图 10.9 沿着共同边折叠的两个三角形. 如果粒子 3 和 4 是排斥的, 那么其效应等同于一个显性抗弯刚度

作为本小节的结束, 我们简单讨论拴定膜的一些解析结果及实验进展. 褶皱相和平直相的理论分别建立在两个不同的出发点上. 一个做法是从 Edwards 模型 (见式 (10.68)) 开始, 在下临界维度 $D_{\text{lc}}(d)$ 附近做关于两体作用强度 v 的微扰展开. 这个方法在前面已经提到, 且至今未能给出关于平直相的任何信息. 另一个做法是从连续弹性理论出发, 假定系统具有有限的 Lamé 系数及抗弯刚度[171]. 在积掉横向的声子自由度后, 剩下的便是描述纵向涨落的有效自由能泛函. 处理模之间非线性
耦合的微扰论可以写成 $\epsilon = 4 - D$ 的 ϵ 展开形式. 运用这套理论, 目前关于粗糙度 414
指数的最好估计是参考文献 [171] 给出的 $d = 3$ 时的 $\zeta \approx 0.59$, 这与计算机模拟结果符合得还不错.

我们知道有两组实验可以用聚合膜的涨落来解释. Schmidt 等[268] 运用光散射及 X 射线散射的方法研究了红细胞的血影网络. 这个网络可以从细胞中提取, 其结构为互相咬合的长链大致形成的六角格子. 他们的研究指出这个网络是平直的, 且其粗糙度指数 $\zeta \approx 0.65$. Wen 等[321] 利用光散射研究了另一个系统, 即悬浮在溶液中的单层石墨氧化物. 与 Schmidt 等的文章 [268] 的结论很不一样, 他们的数据支持 $\nu \approx 0.8$ 的各向同性褶皱相, 或者 $\nu \approx 2/3$ 的坍缩相, 具体情况由溶剂的 pH 值决定. 假设他们的确看到了坍缩相, 那么石墨氧化物薄膜不同部分之间的吸引力必在其中起着重要作用. 吸引力可以令平直相失稳, 足够强的吸引力可以导致平直相向褶皱相甚至坍缩相转变. 目前, 我们对这些过程知之甚少, 需要更多的实验和理论工作来阐明.

10.5.3 液体膜 415

在本章的最后, 我们简单讨论一下液体膜. 提到液体膜, 我们会想起很多物理系统, 例如微乳状液 (束缚在水油界面的表面活性分子)、生物膜上的双层脂, 以及溶致液晶的片状相. 液体膜与以上讨论的拴定膜的最大区别是前者的剪切模量为零. 膜的构象仅由弯曲能和自回避效应决定. 很容易证明, 如果只有弯曲能, 那么液体膜的持续长度为有限值. 考虑连续模型, 即无穷薄的薄片, 并设其平行于 x-y 平面. 当薄片的涨落不大时, 可以用单值函数 $z(x, y)$ 描述其超出 x-y 平面的高度. 考

虑 z 的最低阶导数的贡献, 与薄片曲率相关的自由能[74] 可写作

$$\mathcal{F}=\frac{\kappa}{2}\int \mathrm{d}^2 r[\nabla^2 z(\boldsymbol{r})]^2, \tag{10.73}$$

其中 $\boldsymbol{r}$ 是 x-y 平面内的矢量, κ 是抗弯刚度. 记

$$z(\boldsymbol{r})=\frac{1}{L}\sum_{\boldsymbol{k}}\widehat{z}_{\boldsymbol{k}}\mathrm{e}^{\mathrm{i}\boldsymbol{k}\cdot\boldsymbol{r}},$$

并代入式 (10.73), 有

$$\mathcal{F}=\kappa\sum_{\boldsymbol{k}}k^4|\widehat{z}_{\boldsymbol{k}}|^2. \tag{10.74}$$

因此给定温度 T, 此时 $|z_{\boldsymbol{k}}|^2$ 的期望值为

$$\langle|\widehat{z}_{\boldsymbol{k}}|^2\rangle=\frac{k_{\mathrm{B}}T}{\kappa k^4}. \tag{10.75}$$

界面的均方厚度可按 5.4 节计算表面张力波的方法得到. 这里我们计算曲面法向矢量的两点关联与距离的衰减关系. 令曲面上点的位置由矢量 $\boldsymbol{R}=(x,y,z(x,y))$ 描述, 可以由方程 $\boldsymbol{n}\cdot\mathrm{d}\boldsymbol{R}=0$ 求出法向矢量 $\boldsymbol{n}(x,y)$, 其分量形式为

$$\boldsymbol{n}(\boldsymbol{r})=\frac{\{-\partial z/\partial x,-\partial z/\partial y,1\}}{\sqrt{1+(\nabla z)^2}}.$$

416 将 $\boldsymbol{n}(\boldsymbol{r}')\cdot\boldsymbol{n}(\boldsymbol{r}'+\boldsymbol{r})$ 展开为 ∇z 的级数, 只保留二阶项, 有

$$\begin{aligned}&\frac{1}{L^2}\int \mathrm{d}^2 r'\boldsymbol{n}(\boldsymbol{r}'+\boldsymbol{r})\cdot\boldsymbol{n}(\boldsymbol{r}')\\&\approx 1+\frac{1}{L^2}\int \mathrm{d}^2 r'\left\{\nabla z(\boldsymbol{r}'+\boldsymbol{r})\cdot\nabla z(\boldsymbol{r}')-\frac{1}{2}[\nabla z(\boldsymbol{r}+\boldsymbol{r}')]^2-\frac{1}{2}[\nabla z(\boldsymbol{r}')]^2\right\},\end{aligned} \tag{10.76}$$

将其用 $\widehat{z}_{\boldsymbol{k}}$ 表示出来, 并取热力学平均, 有

$$\langle\boldsymbol{n}(\boldsymbol{r})\boldsymbol{n}(0)\rangle\equiv\varGamma(\boldsymbol{r})=1-\frac{k_{\mathrm{B}}T}{\kappa L^2}\sum_{\boldsymbol{q}}\frac{1-\exp\{\mathrm{i}\boldsymbol{q}\cdot\boldsymbol{r}\}}{q^2}. \tag{10.77}$$

将对 $\boldsymbol{q}$ 的求和转换成积分的形式, 并积掉角度, 有

$$\begin{aligned}\varGamma(\boldsymbol{r})&=1-\frac{k_{\mathrm{B}}T}{2\pi\kappa}\int_{1/L}^{1/a}\frac{\mathrm{d}q}{q}[1-\mathrm{J}_0(qr)]\\&=1-\frac{k_{\mathrm{B}}T}{2\pi\kappa}\int_{r/L}^{r/a}\frac{\mathrm{d}y}{y}[1-\mathrm{J}_0(y)]\\&\approx 1-\frac{k_{\mathrm{B}}T}{2\pi\kappa}\ln\left\{\frac{r}{a}\right\},\end{aligned} \tag{10.78}$$

这里我们引入了短程截断 a. 当 $r/a\gg 1$ 时, 式 (10.78) 的主要贡献来自 $y\gg 1$. 此时 Bessel 函数 $\mathrm{J}_0(y)$ 可以忽略, 于是得到上式的最后结果. 当 $\varGamma$ 在 1 附近时, 我们可以把式 (10.78) 写成

$$\varGamma(\boldsymbol{r})\approx\exp\left\{-\ln\left(\frac{r}{a}\right)^{\frac{k_{\mathrm{B}}T}{2\pi\kappa}}\right\}=\left(\frac{a}{r}\right)^{\frac{k_{\mathrm{B}}T}{2\pi\kappa}}.$$

这与二维 XY 模型 (见 6.6 节) 幂次衰减的关联函数很像. 按照 de Gennes 和 Taupin[74] 的观点, 我们可以利用上式定义持续长度 ξ. 关联函数可以写成 $\Gamma(\boldsymbol{r}) = \cos\theta(\boldsymbol{r})$, 其中 $\theta(\boldsymbol{r})$ 是距离为 $\boldsymbol{r}$ 的两点的法向方向的夹角, 令 ξ 为使关联函数 (见式 (10.78)) 保持正值的长度, 有

$$\xi = a\exp\left\{\frac{2\pi\kappa}{k_{\mathrm{B}}T}\right\}. \tag{10.79}$$

我们看到, 液体膜的持续长度有限, 而拴定自回避膜在平直相的持续长度为无穷大. 417

在上面的推导中我们只保留了曲率能的最低阶项. Peliti 和 Leibler 的文章 [238] 对式 (10.73) 的更完整形式进行了重整化群计算. 他们发现非线性项会在长波段降低有效耦合强度 κ 的值. 这导致持续长度比式 (10.79) 给出的估计值小. 于是引发了这样的猜测, 即在任意有限温度下, 液态幻像膜都处于褶皱相, 至少在长度大于 ξ 时如此.

以上猜测得到了计算机模拟的支持. 模拟的系统为改进的拴定膜, 此时网络上的粒子在满足某种约束的条件下不停地切断然后重新建立它们之间的连接. 为了防止整个系统蒸发为三维气体或者凝聚成三维液体, 模拟中必须保留一些拴定性质. 即使做了拴定处理, 这类模型仍然出现了液体膜的若干特性, 如粒子在网络上扩散, 以及在任意 κ 下持续长度都有限. 然而这些液体膜模型的褶皱相与 Flory 理
论预言的拴定膜褶皱相分别属于不同的普适类. 三维空间中的液体膜似乎属于分 418
支化自回避聚合物的普适类. 后者的回旋半径 $R_{\mathrm{g}} \sim N^{\nu}$ 严格满足 $\nu = 1/2$. 我们不继续讨论这方面的工作, 读者可以参考原始文献 [46, 159]. 图 10.10 展示了液体膜的典型位形[46], 其中可以清晰地看到分支化聚合物的特征.

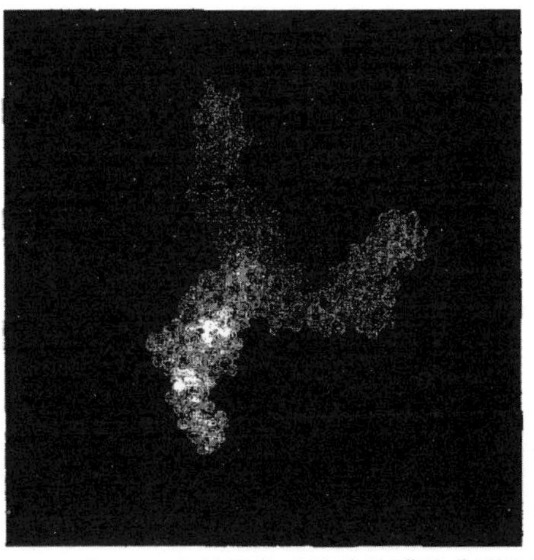

图 10.10 **由 542 个粒子构成的液体膜的典型位形**[46]

10.6 习 题

10.1 有效键长.

考虑如下聚合物模型. N 个点粒子分别位于 $\boldsymbol{R}_0, \boldsymbol{R}_1, \cdots, \boldsymbol{R}_N$, 相邻两点粒子间间距为 $|\boldsymbol{r}_i| = |\boldsymbol{R}_i - \boldsymbol{R}_{i-1}| = a$. 相邻键间夹角 θ 由 $\boldsymbol{r}_i \cdot \boldsymbol{r}_{i-1} = a^2 \cos\theta$ 定义, 其值固定, 但键 $\boldsymbol{r}_i$ 可绕键 $\boldsymbol{r}_{i-1}$ 自由转动. 其几何结构如图 10.11 所示.

(a) 记 $\boldsymbol{r}_i = \boldsymbol{r}_{i-1}\cos\theta + \boldsymbol{w}_i$, 并由此证明上述模型满足

$$\langle \boldsymbol{r}_i \cdot \boldsymbol{r}_{i-n} \rangle = \langle \boldsymbol{r}_{i-1} \cdot \boldsymbol{r}_{i-n} \rangle \cos\theta.$$

由这个递推关系得到

$$\langle \boldsymbol{r}_i \cdot \boldsymbol{r}_{i-n} \rangle = a^2 \cos^n\theta. \tag{10.80}$$

(b) 证明均方端点距离 $S_N^2 = \left\langle \left(\sum_{j=1}^{N} \boldsymbol{r}_j \right)^2 \right\rangle$ 为

$$S_N^2 = Na^2 \left[\frac{1+\cos\theta}{1-\cos\theta} - \frac{2\cos\theta}{N} \frac{1-(\cos\theta)^N}{(1-\cos\theta)^2} \right],$$

419 在热力学极限 $N \to \infty$ 下, 有 $S_N^2 \to N\widetilde{a}^2$, 其中

$$\widetilde{a} = a\sqrt{\frac{1+\cos\theta}{1-\cos\theta}}$$

可以被视为有效键长或者持续长度. 用 $\widetilde{a}$ 作为长度单位, 本题考虑的模型等价于式 (10.1) 给出的自由连接链模型.

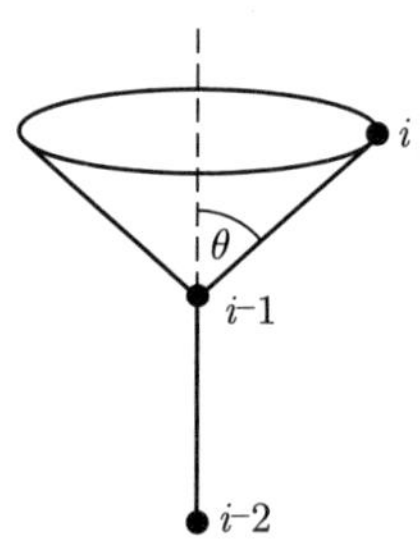

图 10.11 习题 10.1 讨论的聚合物模型

10.2 Gauss 链的正交模.

考虑由依赖于温度的 "哈密顿量" (见式 (10.19)) 描述的连续 Gauss 链模型. 这实际上就是端点上无外加力的弦的模型, 取边界条件为

$$\left.\frac{\partial \boldsymbol{R}}{\partial n}\right|_{n=0} = \left.\frac{\partial \boldsymbol{R}}{\partial n}\right|_{n=N} = 0.$$

(a) 由下式定义弦上正交模的坐标 $\boldsymbol{A}_k$:

$$\boldsymbol{R}(n)=\sum_k \boldsymbol{A}_k\cos kn,$$

其中 $\boldsymbol{A}_k$ 是三维矢量. 边界条件要求 k 取分立值, 即 $k=\dfrac{\pi}{N}j,\ j=0,1,2,\cdots$. 用正交模 $\boldsymbol{A}_k$ 写出哈密顿量.

(b) 用能量均分定理写出 $\langle \boldsymbol{A}_k^2\rangle$.

(c) 用上一问中求得的热力学期望值写出端点间距离 S_N^2, 并证明可再次得到式 (10.4) 的结果. 计算可能会用到恒等式

$$\sum_{j=0}^{\infty}\left(\frac{1}{2j+1}\right)^2=\frac{\pi^2}{8}.$$

10.3 外势影响下的 Gauss 链.

将有效哈密顿量 (见式 (10.15)) 描述的 Gauss 链一端固定在 $\boldsymbol{R}_0$, 在另一端施加外力 $\boldsymbol{F}$. 另一端的位置为 $\boldsymbol{R}_N$. 这相当于给系统添加势能

$$E_{\text{pot}}=-\boldsymbol{F}\cdot(\boldsymbol{R}_N-\boldsymbol{R}_0).$$

(a) 在哈密顿量中加入外势项, 证明: **420**

$$\begin{aligned}\langle \boldsymbol{r}_i\rangle &= \frac{Fa^2}{3k_{\mathrm{B}}T},\\ \langle \boldsymbol{r}_i^2\rangle &= a^2+\frac{F^2a^4}{9k_{\mathrm{B}}^2T^2},\\ S_N^2 &= \frac{N^2F^2a^4}{9k_{\mathrm{B}}^2T^2}+Na^2.\end{aligned}$$

(b) 以端点间距离 $R\sim S_N$ 为特征长度. 将拉伸链导致的自由能变化写成这个特征长度的函数形式. 它与式 (10.23) 只有正负号的差别, 说明其符号差别的由来.

10.4 自回避行走.

(a) 穷举正方格子上 5 步及 5 步以内的首尾不相接的自回避行走, 并计算 $N=1,2,\cdots,5$ 时的 S_N^2. 提示:当 N 较小时, 最稳妥穷举 N 步行走的方法是在 $(N-1)$ 步行走的位形上加上所有可能的单步行走. 这么做的缺点是: 如果在开始阶段有错, 那么随着步数的增加, 误差会呈指数形式增长.

(b) 由上述穷举结果估计指数 ν, 例如按照 $S_N^2=aN^{2\nu}$ 的形式拟合得到的结果, 或者用公式

$$\nu_{\text{eff}}(N)=\frac{\ln\{S_N/S_{N'}\}}{\ln\{N/N'\}}$$

计算依赖于 N 的有效指数, 然后画出结果作为 N^{-1} 的函数图.

第 11 章 量子流体

421 本章从量子统计中最引人注目的结果之一 —— 无相互作用 Bose 气体的凝聚开始 (第 11.1 节). 然后我们转向有相互作用的 Bose 系统和超流现象 (第 11.2 节). 我们对于这一课题的处理主要局限于其低温性质, 且基本上是定性的描述. 第 11.3 节的前半部分将介绍 Bardeen,Cooper, Schrieffer (BCS) 的超导理论[25], 其中配对的费米子经历了一个类似于 Bose 凝聚的相变. 我们还讨论了由 Ginzburg 和 Landau 建立的宏观超导理论. 这一方法同样适用于超流理论, 我们也简单讨论了该超流理论. 在 3.10 节和 5.4 节我们曾经遇到过 Landau-Ginzburg 的处理方式. 在这里我们用它来描述超导体的某些重要物理性质, 并指明为何 BCS 理论的平均场方法在常规超导体性质的讨论中如此有效. 关于这一章中大部分内容的一个有用且普适的参考文献是 Landau 和 Lifshitz 著作 [165] 中的第二部分. 近年来关于高温超导体的发现重新引起了人们对超导电性的兴趣. 我们将指出在什么情况下, "非常规" 超导体与 BCS 理论的描述有明显偏差, 并在正文的适当位置给出参考文献, 但是我们无法详细描述有关这部分的理论.

422

11.1 Bose 凝聚

考虑约束在一个体积为 $V = L^3$ 的立方盒子中的无相互作用的玻色子系统. 在求解单粒子 Schrödinger 方程时, 我们应用周期性边界条件

$$\psi(\boldsymbol{r} + L\widehat{\boldsymbol{a}}_i) = \psi(\boldsymbol{r}),$$

这里 $\hat{\boldsymbol{a}}_i$ 是第 i 个方向的单位矢量①. 由这些边界条件, 可知 Schrödinger 方程的本征函数是

$$\psi_{\boldsymbol{k}}(\boldsymbol{r}) = \frac{1}{\sqrt{V}}\mathrm{e}^{\mathrm{i}\boldsymbol{k}\cdot\boldsymbol{r}}, \tag{11.1}$$

这里 $\boldsymbol{k} = 2\pi(n_1, n_2, n_3)/L$, 其中 $n_i = 0, \pm1, \pm2, \cdots$. 单粒子能量是

$$\epsilon(\boldsymbol{k}) = \frac{\hbar^2 k^2}{2m}. \tag{11.2}$$

巨正则配分函数 (见式 (2.76)) 的对数为

$$\ln Z_{\mathrm{G}} = -\sum_{\boldsymbol{k}} \ln(1 - \exp\{-\beta[\epsilon(\boldsymbol{k}) - \mu]\}), \tag{11.3}$$

① 其他关于边界条件的讨论可以在参考文献 [234] 和 Pathria 的书 [235] 中找到.

其中 μ 是化学势. 由波矢量 $\boldsymbol{k}$ 表示的状态的平均占有数是

$$\langle n_{\boldsymbol{k}} \rangle = \frac{1}{\mathrm{e}^{\beta[\epsilon(\boldsymbol{k})-\mu]}-1}. \tag{11.4}$$

对于一个很大的系统, 我们试图通过把求和变为积分来计算对非常密集但还是分立的 $\boldsymbol{k}$ 的求和. 首先考虑平均粒子数

$$\langle N \rangle = \sum_{\boldsymbol{k}} \frac{1}{\mathrm{e}^{\beta[\epsilon(\boldsymbol{k})-\mu]}-1} \overset{?}{=} \frac{V}{(2\pi)^3} \int \frac{\mathrm{d}^3\boldsymbol{k}}{\mathrm{e}^{\beta[\epsilon(\boldsymbol{k})-\mu]}-1}. \tag{11.5}$$

在球坐标下, 这个积分是如下 Bose-Einstein 积分的一个特例:

$$g_\nu(z) = \frac{1}{\Gamma(\nu)} \int_0^\infty \mathrm{d}x \frac{x^{\nu-1}}{z^{-1}\mathrm{e}^x-1} = \sum_{j=1}^\infty \frac{z^j}{j^\nu}, \tag{11.6}$$

这里 $\Gamma(\nu)$ 是 gamma 函数. 如果用积分替代求和是合理的, 那么利用 $\Gamma\left(\frac{3}{2}\right) =$ **423**
$\frac{1}{2}\pi^{1/2}$, 可以得到

$$\frac{\langle N \rangle}{V} \overset{?}{=} \left(\frac{mk_\mathrm{B}T}{2\pi\hbar^2}\right)^{3/2} g_{3/2}(z), \tag{11.7}$$

其中 $z = \mathrm{e}^{\beta\mu}$ 为逸度. 因为占有数不可能为负或无限, 所以必定有 $\mu < 0$ 或 $0 \leqslant z < 1$. 函数 $g_{3/2}(z)$ 在这一区间内有限, 其图像如图 11.1 所示. 它的极限值是 $g_{3/2}(1) = \varsigma\left(\frac{3}{2}\right) = 2.612\cdots$, 其中 $\varsigma(x)$ 是 Riemann zeta 函数.

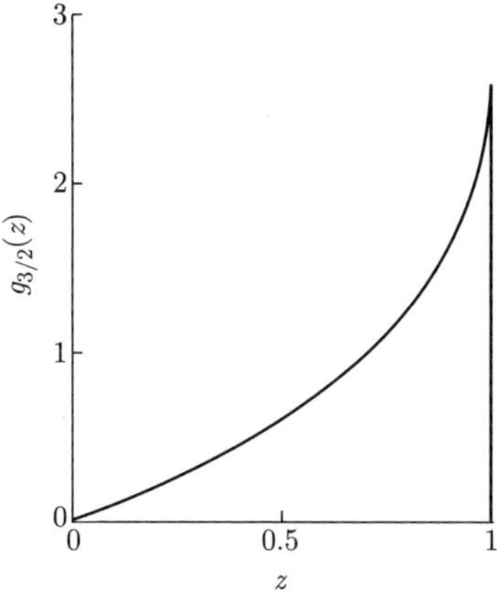

图 11.1 函数 $g_{3/2}(z)$ 的图像

显然, 利用积分来替代对于 $\boldsymbol{k}$ 的求和这一近似方法并不总是成立的, 因为式 (11.7) 只有在温度高于

$$k_{\mathrm{B}}T_{\mathrm{c}} = \frac{2\pi\hbar^2}{m}\left[\frac{\langle N\rangle}{\varsigma\left(\dfrac{3}{2}\right)V}\right]^{2/3} \tag{11.8}$$

时才能在 z 的许可区间 $(z<1)$ 内解得作为密度的函数 z. 在此温度以下, 式 (11.7) 无法得到满足. 我们用下标 c 标记系统的临界温度. 在以积分替代对于 $\boldsymbol{k}$ 的求和时, 隐含着假定函数 $\langle n_{\boldsymbol{k}}\rangle$ 是光滑变化的. 但是当 μ 足够接近于零时 (即 $\mu\sim\mathcal{O}(1/V)$), 系统的基态变为宏观占据的情况 (即 $\langle n_0\rangle/V\sim\mathcal{O}(1)$). 因为能级间距的数量级为 $\mathcal{O}(V^{-2/3})$, 所以所有高能量状态的占有数的数量级最多为 $\langle n_{\boldsymbol{k}}\rangle/V\sim\mathcal{O}(V^{-1/3})$. 我
424 们必须从式 (11.5) 的求和中分出基态的项, 而其他所有态的占有数在热力学极限下的求和可以如上面所做用积分来表示. 当 $T>T_{\mathrm{c}}$ 时, 单粒子基态没有宏观占据, 此时有

$$\frac{\langle N\rangle}{V} = n = \left(\frac{mk_{\mathrm{B}}T}{2\pi\hbar^2}\right)^{3/2} g_{3/2}(z). \tag{11.9}$$

而当 $T<T_{\mathrm{c}}$ 时, 我们把气体看成两相的混合, 即

$$n = n_{\mathrm{n}}(T) + n_0(T). \tag{11.10}$$

占据 $|\boldsymbol{k}|\neq 0$ 的状态的粒子数密度是

$$n_{\mathrm{n}}(T) = \left(\frac{mk_{\mathrm{B}}T}{2\pi\hbar^2}\right)^{3/2} \varsigma\left(\frac{3}{2}\right). \tag{11.11}$$

而基态的粒子数则自我调整以补上欠缺, 即

$$n_0(T) = n\left[1-\left(\frac{T}{T_{\mathrm{c}}}\right)^{3/2}\right]. \tag{11.12}$$

$n_0(T)$ 和化学势 $\mu(T)$ 随温度的变化在图 11.2 和图 11.3 中给出. $n_0(T)$ 和 $\mu(T)$ 在 $T=T_{\mathrm{c}}$ 时的奇异行为反映出其他所有热力学函数的非解析性. 如果我们把式 (11.3) 中的求和变为积分, 并注意到基态可能被宏观占据, 那么利用式 (11.6), 就可以得到

$$\ln Z_{\mathrm{G}} = -\ln(1-z) + \left(\frac{mk_{\mathrm{B}}T}{2\pi\hbar^2}\right)^{3/2} V g_{5/2}(z). \tag{11.13}$$

因为在 T_{c} 以上, $(1-z)\sim\mathcal{O}(1)$, 在 T_{c} 以下, $(1-z)\sim\mathcal{O}(1/V)$, 所以有

$$\frac{1}{V}\ln(1-z)\to 0, \quad \text{当 } V\to\infty \text{ 时}. \tag{11.14}$$

对于压强, 可以得到

$$P=\begin{cases}\left(\dfrac{m}{2\pi\hbar^2}\right)^{3/2}(k_{\mathrm{B}}T)^{5/2}g_{5/2}(z), & T>T_{\mathrm{c}},\\ \left(\dfrac{m}{2\pi\hbar^2}\right)^{3/2}(k_{\mathrm{B}}T)^{5/2}\varsigma\left(\dfrac{5}{2}\right), & T\leqslant T_{\mathrm{c}},\end{cases}\tag{11.15}$$

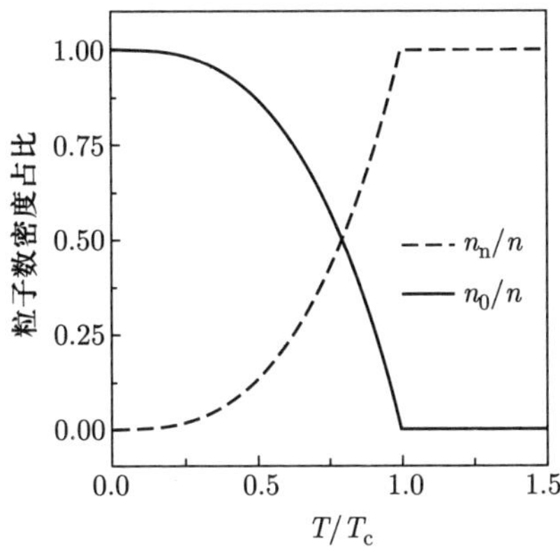

图 11.2　$k=0$ 状态的粒子数密度占比作为温度的函数

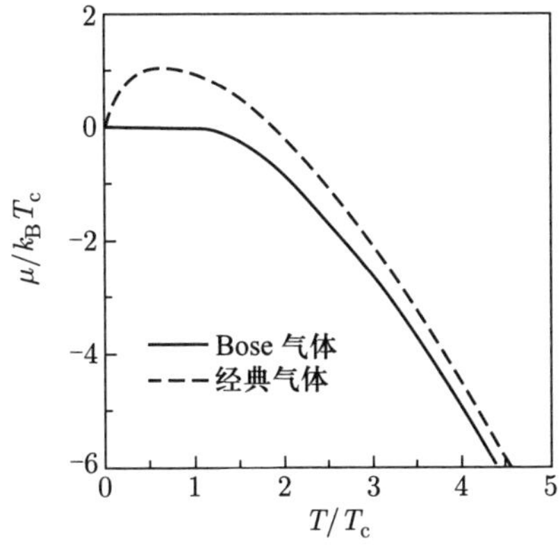

图 11.3　理想 Bose 气体的化学势随温度的变化. 作为比较, 图中同时画出了在同样密度下的经典气体的化学势

其中 $\varsigma\left(\dfrac{5}{2}\right)=g_{5/2}(1)=1.341\cdots$. 结合式 (11.15) 和式 (11.8), 并消去温度, 可以得 425

到 P-v 平面上的相变线为

$$P_{\mathrm{c}}v_{\mathrm{c}}^{5/3} = \frac{\varsigma\left(\dfrac{5}{2}\right)}{\left[\varsigma\left(\dfrac{3}{2}\right)\right]^{5/3}}\frac{2\pi\hbar^2}{m}. \tag{11.16}$$

其中 $v = V/\langle N\rangle$. 在图 11.4 中, 我们在 P-v 平面上画出了一些等温线和临界线.

熵可以由下式得到:

$$S = \left(\frac{\partial(k_{\mathrm{B}}T\ln Z_{\mathrm{G}})}{\partial T}\right)_{\mu,v} = \left(\frac{\partial PV}{\partial T}\right)_{\mu,v}. \tag{11.17}$$

在热力学极限和温度 T_{c} 下, 由式 (11.15), 可以得到

$$S = \frac{5}{2}k_{\mathrm{B}}V\left(\frac{mk_{\mathrm{B}}T}{2\pi\hbar^2}\right)^{3/2}\varsigma\left(\frac{5}{2}\right) = \frac{5}{2}k_{\mathrm{B}}n_{\mathrm{n}}V\frac{\varsigma\left(\dfrac{5}{2}\right)}{\varsigma\left(\dfrac{3}{2}\right)}, \tag{11.18}$$

在最后一步利用了式 (11.11). 这个结果支持了我们前面给出的在 T_{c} 之下存在两个
426 分别具有密度 n_{n} 和 n_0 的相的解释. 正常相每个粒子的熵为

$$\frac{5}{2}k_{\mathrm{B}}\frac{\varsigma\left(\dfrac{5}{2}\right)}{\varsigma\left(\dfrac{3}{2}\right)}, \tag{11.19}$$

而凝聚到基态的粒子没有熵. 因而图 11.4 的等温线上平的部分可视为共存曲线. 当正常粒子发生凝聚时, 每个粒子放出潜热

$$L = T\Delta S = \frac{5}{2}k_{\mathrm{B}}T_{\mathrm{c}}\frac{\varsigma\left(\dfrac{5}{2}\right)}{\varsigma\left(\dfrac{3}{2}\right)}. \tag{11.20}$$

这一关于潜热的方程也可以从 Clausius-Clapeyron 方程中得到, 即

$$\frac{\mathrm{d}P_{\mathrm{c}}(T)}{\mathrm{d}T} = \frac{5}{2}k_{\mathrm{B}}\left(\frac{mk_{\mathrm{B}}T}{2\pi\hbar^2}\right)^{3/2}\varsigma\left(\frac{5}{2}\right) = \frac{5}{2}k_{\mathrm{B}}\frac{\varsigma\left(\dfrac{5}{2}\right)}{\varsigma\left(\dfrac{3}{2}\right)v_{\mathrm{c}}} = \frac{L}{T\Delta V}. \tag{11.21}$$

427 同样基于二流体共存, 上式可解释为一部分流体具有比容 v_{c}, 而另一部分流体的比
容为零 (凝聚体).

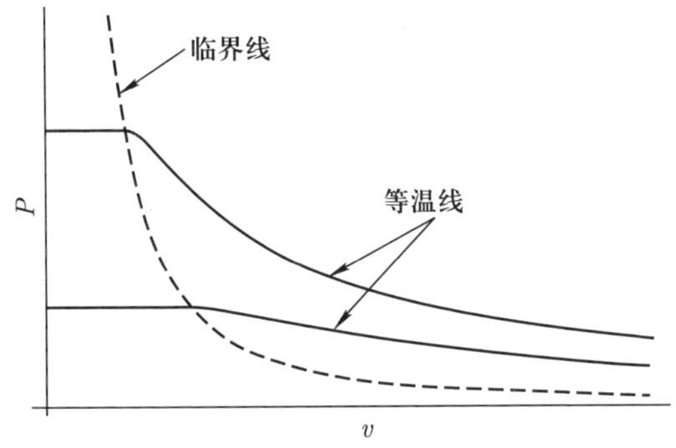

图 11.4 P-v 平面上的等温线 (实线) 和临界线 (虚线)

另一方面, 如果考虑总粒子数和体积固定的系统, 那么应该按如下方程计算比热:

$$C_{V,N} = T\left(\frac{\partial S}{\partial T}\right)_{V,N}.$$

作为一个习题 (见习题 11.1), 请读者证明 $C_{V,N}$ 在相变点连续, 而其一阶导数在相变点不连续 (见图 11.5). 由于这些原因, 并基于不同观点, 有时称 Bose-Einstein 凝聚为一级相变 (有相变潜热), 有时称其为三级相变 ($C_{V,N}$ 的导数不连续).

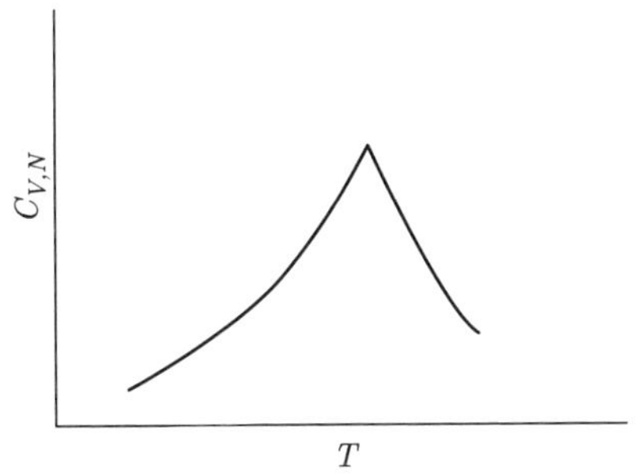

图 11.5 理想 Bose 气体的比热

因为 Bose 凝聚与超流和超导现象有一些令人瞩目的相似性, 所以我们强调了其相变特性. 为了探求其类似性, 需要讨论低温相序参量的性质. 对于到此为止所 428
讨论到的性质而言, 由式 (11.10) 给出的二流体的描述是合适的. 这一描述也用在超流和超导的唯象理论中, 但是如我们将要看到的, 低温相的一些重要性质需要通过一个二元序参量来描述.

对于 Bose 凝聚, 宏观占据态的波函数 $\psi = |\psi|\mathrm{e}^{\mathrm{i}\phi}$ 是二元序参量的一个自然的选择. Bose 凝聚与超导和超流的相似之处是都有非对角长程序 (ODLRO) (见杨振

宁的文章 [332], Penrose 和 Onsager 的文章 [240], Penrose 的文章 [239]). 对于理想 Bose 气体, 在动量空间表象下, 平均值 $\langle b_{\boldsymbol{k}}^{\dagger} b_{\boldsymbol{k}'} \rangle = \delta_{\boldsymbol{k},\boldsymbol{k}'} \langle n_{\boldsymbol{k}} \rangle$ 由式 (11.4) 给出. 这里 $b_{\boldsymbol{k}}^{\dagger}, b_{\boldsymbol{k}}$ 是波矢为 $\boldsymbol{k}$ 的粒子的产生和湮灭算符, 对应的场算符是 $\chi^{\dagger}(\boldsymbol{r})$ 和 $\chi(\boldsymbol{r})$ (见附录). 在位置表象下的对应量是单粒子 (约化) 密度矩阵, 它由下式给出:

$$\rho(\boldsymbol{r}, \boldsymbol{r}') = \langle \chi^{\dagger}(\boldsymbol{r}) \chi(\boldsymbol{r}') \rangle = \frac{1}{V} \sum_{\boldsymbol{k}} \langle n_{\boldsymbol{k}} \mathrm{e}^{\mathrm{i}\boldsymbol{k}\cdot(\boldsymbol{r}-\boldsymbol{r}')} \rangle. \tag{11.22}$$

在相变温度 T_{c} 以上, 所有态的占有数的数量级都为 1, 所以当 $|\boldsymbol{r}-\boldsymbol{r}'| \to \infty$ 时, $\rho(\boldsymbol{r}-\boldsymbol{r}') \to 0$. 在相变温度以下, 我们有

$$\lim_{|\boldsymbol{r}-\boldsymbol{r}'| \to \infty} \rho(\boldsymbol{r}, \boldsymbol{r}') = n_0.$$

我们可以认为凝聚体的存在导致密度矩阵非对角元素出现一个非零的极限值, 或 ODLRO. 类似地, 如果凝聚到一个 $k \neq 0$ 的状态, 将有

$$\lim_{|\boldsymbol{r}-\boldsymbol{r}'| \to \infty} \rho(\boldsymbol{r}, \boldsymbol{r}') = \langle n_{\boldsymbol{k}} \rangle \mathrm{e}^{\mathrm{i}\boldsymbol{k}\cdot(\boldsymbol{r}-\boldsymbol{r}')}.$$

将其推广到系统凝聚到波函数为 ψ 的态的情形, 我们有

$$\rho(\boldsymbol{r}, \boldsymbol{r}') \to n_0 \psi^{*}(\boldsymbol{r}) \psi(\boldsymbol{r}'). \tag{11.23}$$

杨振宁[332] 猜想由式 (11.22) 和式 (11.23) 预言的长程序在相互作用的超流相会得到保持, 尽管此时单粒子动量态已经不再是哈密顿量的本征态了. 非对角长程序的
429 概念也与 Landau-Ginzburg 理论的概念相一致 (见式 (3.10) 和本章后面的讨论).

现在简短地讨论一下任意 d 维空间的理想 Bose 气体. 我们假定粒子处于一个体积为 $L^d (d=1,2,3,\cdots)$ 的超立方体内, 并且同前面一样对单粒子波函数应用周期性边界条件, 则式 (11.7) 可以直接推广. 忽略可能的基态宏观占据, 利用式 (2.13) 可以得到

$$\frac{\langle N \rangle}{V} = \left(\frac{m k_{\mathrm{B}} T}{2\pi \hbar^2} \right)^{d/2} g_{d/2}(z). \tag{11.24}$$

考察式 (11.6) 给出的 $g_{\nu}(z)$ 的幂级数, 我们发现对于 $\nu \leqslant 1$, 当 $z \to 1$ 时, $g_{\nu}(z) \to \infty$. 因此对于 $d \leqslant 2$, 在任何有限温度, 式 (11.24) 都存在 $z < 1$ 的解. 其结果表示基态只有在 $T = 0$ 时才是宏观占据的, 因而在 $d \leqslant 2$ 时不存在有限温度的 Bose 凝聚.

函数 $g_{d/2}(z)$ 在 $z = 1$ 发散是因为式 (11.5) 中的被积函数在 $|\boldsymbol{k}| = 0$ 附近的奇异性导致的. 在球坐标下, 对于任意维度 d, 我们看到当 $z = 1$ 时, $|\boldsymbol{k}| = 0$ 附近的状态对 $\langle N \rangle$ 的贡献是

$$\langle N \rangle \sim \frac{V}{(2\pi)^d} \int_{2\pi/L}^{\infty} \mathrm{d}k \frac{k^{d-1}}{\left(\frac{\hbar^2 \beta}{2m} \right) k^2} \sim \frac{V}{(2\pi)^d} \left(\frac{2 m k_{\mathrm{B}} T}{\hbar^2} \right) \int_{2\pi/L}^{\infty} \mathrm{d}k k^{d-3}. \tag{11.25}$$

这一积分在 $d>2$ 时是有限的, 当 $d\leqslant 2$ 时, 其在热力学极限下发散. 在低维情况下, 相空间因子 k^{d-1} 强调了低激发态的作用, 从而破坏相变.

在相互作用 Bose 气体的情况下, 我们将看到, 低激发态是类声的 (即它们的能量正比于 k, 而不是 k^2). 从而对应式 (11.25) 的积分是收敛的, 但在 $d\leqslant 2$ 时的积分没有如同式 (11.23) 的非对角长程序. 我们先前在 6.6 节讨论 Kosterlitz-Thouless 相变时也曾遇到过这一情况.

近年来, 人们在降到极低温的约束稀薄碱金属原子气中观察到了 Bose 凝聚现象. 此时粒子间的相互作用非常微弱, 这一系统比 11.2 节要讨论的 ^{4}He 流体更接近理想 Bose 气体. 这是目前非常活跃的一个研究领域, 我们不试图提供综述, 而是建议读者参考 Pethick 和 Smithe 的著作 [241]. 约束气体和我们所讨论的理想 Bose 气体的一个重要区别是: 约束气体将产生一个单粒子势, 它与前面讨论的没有任何 430
特征的 $V=0$ 的情况不同. 约束势的效应是习题 11.4 的主题.

11.2 超 流

在常压下, Bose 流体 ^{4}He 在 2.17 K 表现出向超流态的相变. 这一相变的一些特征强烈地表明这是 Bose 凝聚, 尽管合理地处理 ^{4}He 液体需要在哈密顿函数中包含粒子的相互作用, 尤其是短程排斥相互作用. 这个系统性质的计算, 特别是相变点附近性质的计算是非常困难的, 而且是至今没有完全解决的统计物理问题. 当然,^{4}He 流体在极低温下的行为已经得到了很好的了解. 在 11.2.1 小节, 我们讨论 ^{4}He 流体的若干显著特性, 同时试图指明这些特性是如何基于凝聚体的定性特性和正常态的激发谱来理解的. 在 11.2.2 小节, 我们讨论准粒子谱的 Bogoliubov 理论. 我们将在第 12 章以不同的观点返回这一论题, 在那里我们将利用线性响应理论得到同样的结果.

11.2.1 超流的定性特性

超流这个名字来源于它可以无耗散地流过管子或毛细管的能力. 我们首先指出理想 Bose 气体不具有这一性质. 假定流体相对于实验室参考系以速度 $\boldsymbol{v}$ 流动, 通过与容器壁的相互作用, 在流体内产生了一个激发. 在随流体运动的参考系, 流体开始时是静止的. 理想 Bose 气体内凝聚体的激发是单粒子型的, 即一个粒子通过与“运动” 的容器壁作用而获得能量 $p^2/2m$. 在实验室参考系, 当有一个单粒子激发时, 运动的流体的能量是

$$E_{\mathrm{L}}=(N-1)\frac{mv^2}{2}+\frac{(\boldsymbol{p}+m\boldsymbol{v})^2}{2m}. \tag{11.26}$$

如果 $E_{\mathrm{L}}<Nmv^2/2$, 那么一个具有动量 $\boldsymbol{p}$ 的激发 (在运动参考系) 将降低流体在实 431

验室参考系的总能量, 也就是

$$\frac{p^2}{2m} + \boldsymbol{p} \cdot \boldsymbol{v} < 0. \tag{11.27}$$

如果 $\boldsymbol{p}$ 与 $\boldsymbol{v}$ 反平行, 式 (11.27) 将变为 $p < 2mv$. 因为理想气体允许任意小动量的状态存在, 所以这个条件很容易满足. 运动流体的能量能够通过与器壁的碰撞而耗散掉, 因此理想 Bose 凝聚体不是超流.

^{4}He 流体具有超流的特性是因为这个系统的低激发态为声量子而非单粒子激发. 这一点可以通过考虑原子之间的短程排斥相互作用而予以定性理解. 显然, 运动的原子将与其他原子发生大量碰撞, 因此动量本征态不可能是哈密顿量的本征态. 而所有粒子的一种合作式的位移 (如声波那样), 是系统激发的一个更好的候选者. 系统的元激发谱是由 Landau 提出的[163,164], 后来由 Feynman 给予证实[94] (Feynman 的结果事实上是由 Bijl[37] 在更早的时候得到的, 遗憾的是其建议没有受到大家的关注). 我们在这里不讨论 Bijl-Feynman 理论, 而只是指出激发谱可以通过非弹性中子散射实验得到 (见 Cowley 和 Woods 的文章 [64]). 图 11.6 是这个谱的一个示意图.

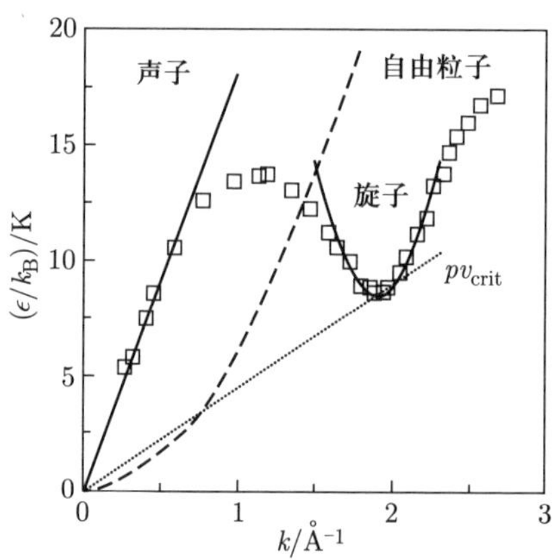

图 11.6 λ 转变下 ^{4}He 流体的激发谱

当动量很小时, 能量与动量 p 呈线性关系, 即 $\epsilon = cp$, 其声速 $c = 2.4 \times 10^2$ m/s. 另外 $\epsilon(p)$ 在 $p/\hbar = 0.19\ {\rm nm}^{-1} = p_0$ 时有一个局域极小值. 在极小值附近, 色散关系为

$$\epsilon(\boldsymbol{p}) = \varDelta + \frac{(p-p_0)^2}{2m^*}, \tag{11.28}$$

其中 $\varDelta/k_{\rm B} = 8.7\ {\rm K}, m^* = 0.16\ m_{\rm He}$. 在 p 靠近 p_0 时的激发称为旋子 (这个名字的来源主要是由于历史的偶然).

现在很容易证明, 一般具有图 11.6 所示形状的激发谱的流体是超流体. 设想流体流过一个容器, 在流体静止的参考系, 把容器看作具有质量 M 和初始动量 $\boldsymbol{P}$ 的经典物体. 容器相对于流体的速度是 $\boldsymbol{v} = \boldsymbol{P}/M$. 如果满足下式, 则可以在流体中产
生能量为 $\epsilon(\boldsymbol{p})$, 动量为 $\boldsymbol{p}$ 的激发: 432

$$\frac{P^2}{2M} - \frac{(\boldsymbol{P}-\boldsymbol{p})^2}{2M} = \epsilon(\boldsymbol{p}). \tag{11.29}$$

在质量 $M \to \infty$ 的极限下, 只有当 $v > \epsilon(p)/p$ 时, 才可能有能量的耗散. 从图 11.6 可见, 存在一个临界速度 v_{crit}, 在此速度下, 不可能通过流体与其所流经的容器壁的作用而产生激发从而耗散能量.

根据上述论证和测量得到的激发谱的形状, 得出的临界速度是 $v_{\text{crit}} = 60\ \text{m/s}$. 实验上得到的临界速度远小于这一数值, 并且与容器的形状和大小密切相关. 出现这一差别的原因是由于在大多数情况下, 涡旋激发在上述讨论的类声子激发出现之前就发生了.

前面的论证表明可以类比于 Bose 凝聚来理解 ^{4}He 流体的更多性质. 具体而
言, 我们将仿照 Landau 的做法, 将一个超流体理解为两种共存的流体. 此时流体的 433
密度可以写成

$$\rho = \rho_{\text{s}} + \rho_{\text{n}}, \tag{11.30}$$

其中 ρ_{s} 是超流组分的质量密度, ρ_{n} 是正常组分的质量密度. 我们认为系统存在一个凝聚到单个量子态的宏观凝聚, 并假定存在一个正比于该量子态波函数的序参量 ($\varPsi(\boldsymbol{r}) = (n_0 m)^{1/2}\psi, \psi$ 由式 (11.23) 给出). 我们把序参量用其振幅和相位来表示:

$$\varPsi(\boldsymbol{r}) = a(\boldsymbol{r})\mathrm{e}^{\mathrm{i}\gamma(\boldsymbol{r})}, \tag{11.31}$$

并把振幅的平方等同于超流的密度, 即

$$\rho_{\text{s}} = a^2. \tag{11.32}$$

在此解释下, 超流的质量流密度为

$$\boldsymbol{j}_{\text{s}} = \frac{1}{2m}[\varPsi(\mathrm{i}\hbar\nabla)\varPsi^* - \varPsi^*(\mathrm{i}\hbar\nabla)\varPsi] = \hbar a^2 \nabla\gamma(\boldsymbol{r}). \tag{11.33}$$

与之相联系的速度场是

$$\boldsymbol{u}_{\text{s}} = \frac{\hbar}{m}\nabla\gamma(\boldsymbol{r}). \tag{11.34}$$

速度场可以被表示为一个标量函数梯度的流动方式称为势流. 势流的一个特征性质是无旋, 即

$$\nabla \times \boldsymbol{u}_{\text{s}} = 0. \tag{11.35}$$

人们或许认为这一条件将禁止超流体参与任何形式的转动, 例如, 如果一正常流体如刚体一样均匀转动, 则必有

$$\begin{aligned} \boldsymbol{v} &= \boldsymbol{\omega} \times \boldsymbol{r}, \\ \nabla \times \boldsymbol{v} &= 2\boldsymbol{\omega}, \end{aligned} \tag{11.36}$$

其中 $\boldsymbol{\omega}$ 是角速度. 速度场的旋度通常被称为涡度, 在刚性转动的情况下, 它由式
434 (11.36) 中的第二式给出. 为了检验上面的假定, Osborne[226] 和其他学者做了一系列 "旋转桶" 实验②. 对于均匀转动的正常流体, 上表面的形状由离心力与重力的平衡决定 (见图 11.7), 结果是

$$z(r) = \frac{\omega^2 r^2}{2g}. \tag{11.37}$$

如果一桶超流氦旋转起来, 我们期望只有正常组分参与旋转, 因而液面的形状应该是

$$z(r) = \frac{\rho_{\mathrm{n}} \omega^2 r^2}{2\rho g}. \tag{11.38}$$

但是测量到的液面形状符合式 (11.37) 而非式 (11.38). 一个由 Onsager 首先注意到的事实[223] 可以解决旋转桶实验结果与超流的二流体图像推论之间的分歧.

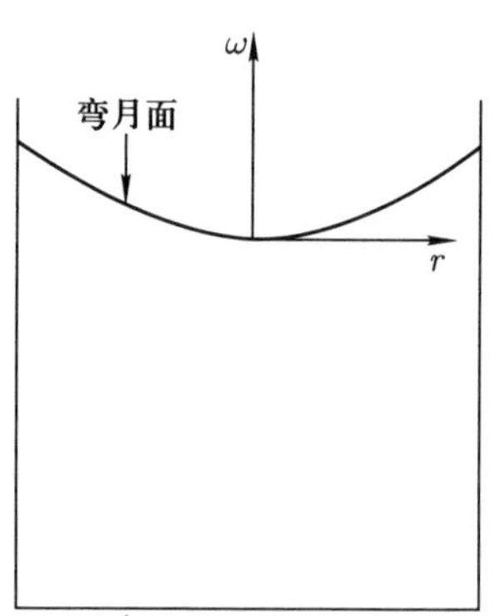

图 11.7 旋转桶中液体表面的形状

$\gamma(\boldsymbol{r})$ 与普通速度势的差别在于它是一个相位, 只能定义为相差 2π 的倍数:

$$\gamma(\boldsymbol{r}) + 2\pi = \gamma(\boldsymbol{r}).$$

435 这并不改变如下事实: 既然 $\boldsymbol{u}_{\mathrm{s}} \sim \nabla\gamma$, 必须有 $\nabla \times \boldsymbol{u}_{\mathrm{s}} = 0$. 但是, 如果在相位的奇异

② 关于旋转超流 ^{4}He 流体动力学历史的早期评述, 可参见 Andronikashvili 和 Mamaladze 的综述 [19].

区域内 (γ 在 $r=0$ 时没有定义) 超流组分的密度为零 (见图 11.8), 则有可能存在一个非零的环路积分:

$$\oint \boldsymbol{u}_{\mathrm{s}} \cdot \mathrm{d}\boldsymbol{l} \neq 0,$$

且不违背 $\nabla \times \boldsymbol{u}_{\mathrm{s}} = 0$.

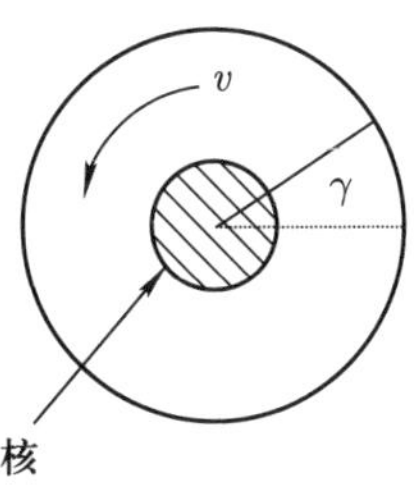

图 11.8 旋转超流 ^{4}He 的图像. 在核区的超流密度为零

这一点引导我们考虑超流中称为 "涡旋" 的新型激发. 涡旋是由正常流体组成的核和环绕着核的超流体所构成的. 由于波函数的相位在超流相必须有值 (以 2π 为模), 因此必有

$$\oint \nabla\gamma \cdot \mathrm{d}\boldsymbol{l} = 2\pi n, \quad n = 整数.$$

上述积分路线是围绕核区的任何一个闭合回路. 等价地有

$$\oint \boldsymbol{u}_{\mathrm{s}} \cdot \mathrm{d}\boldsymbol{l} = \frac{nh}{m}, \tag{11.39}$$

即围绕一个涡旋的环量是量子化的. 一般认为, 当超过临界速度时, 量子化涡旋的产生是破坏超流的机制. 事实上, 通过形成涡旋来破坏超流流动性与正常流体从层流到产生湍流之间有某种相似性. 另外值得注意的是, 这里讨论的涡旋与 6.6 节中讨论的涡旋有一定的相似性. 同时, 在此情况下, 式 (11.39) 和电磁理论中的 Ampère **436**
定律的相似性可以用来估算简单涡旋的物理性质.

另一个可通过与 Bose 凝聚的二流体模型类比而理解的超流的重要性质是超流组分不带熵. 结合 Gibbs-Duhem 方程

$$E = TS - PV + \mu N \tag{11.40}$$

和热力学关系

$$\mathrm{d}E = T\mathrm{d}S - P\mathrm{d}V + \mu\mathrm{d}N, \tag{11.41}$$

可以得到

$$N\mathrm{d}\mu = -S\mathrm{d}T + V\mathrm{d}P. \tag{11.42}$$

考虑如图 11.9 所示的实验设置. 两个装有 λ 点以下的 ^{4}He 流体的容器通过一个塞有半透材料的管子连接, 形成一个 "超漏". 半透材料阻挡正常流体流过, 而超流流体可以流来流去. 我们在左边的容器内加入一点热量, 然后考虑新平衡的建立过程. 由于超流可以自由流动, 因此两边的化学势最后将相同. 另一方面, 由于超流组分不带有熵, 因而没有热流, 从而温度不可趋向平衡. 类似地, 由于管子对正常流体而言是阻塞的, 因而没有任何东西可以阻碍在管子两边建立压强差. 由式 (11.42) 得到

$$\frac{\Delta T}{\Delta P} = \frac{V}{S}, \tag{11.43}$$

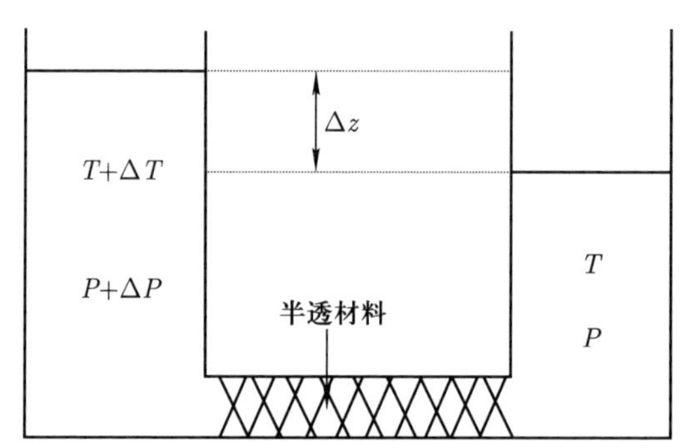

图 11.9 超漏

437 这里的 ΔT 按正常情形与加入的热量和热容量相联系. 我们的结论是在超流体中的温度差与压强差相关联. 这一事实的一个显著表现是喷泉效应 (见图 11.10).

我们接着考虑二分量系统的一些流体力学特性. 首先考虑普通流体. 一个各向同性流体的质量和动量平衡条件是

$$\begin{aligned} \frac{\partial \rho}{\partial t} + \nabla \cdot \boldsymbol{j} = 0, \\ \frac{\partial \boldsymbol{j}}{\partial t} + \nabla P = 0. \end{aligned} \tag{11.44}$$

在式 (11.44) 中, ρ 是质量密度, $\boldsymbol{j}$ 是质量流, P 是压强. 将其第一式对时间求偏导, 第二式求散度, 并相减, 可以得到

$$\frac{\partial^2 \rho}{\partial t^2} - \nabla^2 P = 0. \tag{11.45}$$

通常在声波中压强的变化足够快, 可以被看作绝热变化, 因此我们可以把压强和密
438 度的变化通过下式联系起来:

$$\mathrm{d}P = \left(\frac{\partial P}{\partial \rho}\right)_{\mathrm{s}} \mathrm{d}\rho. \tag{11.46}$$

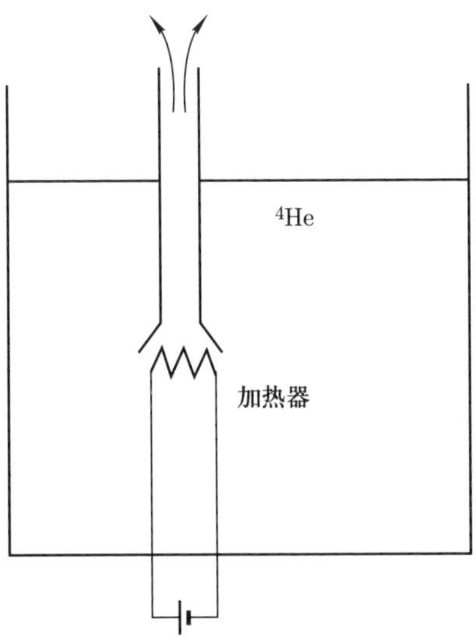

图 11.10 喷泉效应

对于小振幅, 由此可以得到如下波动方程:

$$\frac{\partial^2 \rho}{\partial t^2} - c^2 \nabla^2 \rho = 0, \tag{11.47}$$

其中

$$c = \sqrt{\left(\frac{\partial P}{\partial \rho}\right)_{\mathrm{s}}}. \tag{11.48}$$

在超流体中质量密度具有两个组分, ρ_{n} 和 ρ_{s}. 可以证明有两种类型的运动[165]. 在第一声中正常和超流组分同相位, 与普通声波相同. 在第二声中, 正常和超流组分互相牵制, 使得总的密度保持为常数. 由于正常组分带有熵而超流组分不带熵, 因此第二声是一种熵波或热波.

另一种描述第二声的方法如下. 如果认为氦是一个简并的 Bose 凝聚体系统, 正常组分为基态上的集体激发, 则这些激发表示第一声. 另一方面, 第二声则可想象为激发气体中的声波. 由此解释, 如同在超流体中一样, 在正常晶体中也应该能观察到第二声. 通常由于声波衰减太大, 第二声无法观察到, 但是在低温下非常纯净的晶体[201] 和近晶相液晶中 (见 de Gennes 的著作 [71]) 确实观察到了这一现象.

上述解释的一个引人注目的重要结果是 Landau 基于这一解释预言了低温极限下第二声的声速. 如果用 $n_{\boldsymbol{k}}$ 表示以 $\boldsymbol{k}$ 表示的模上的激发数目, 则这个模的能量是 $\hbar\omega n_{\boldsymbol{k}} = \hbar c_1 k n_{\boldsymbol{k}}$, 其中 c_1 是第一声的速度. 单位体积内纵模的数量是 $\mathrm{d}^3\boldsymbol{k}/(2\pi)^3$,

由此给出激发气体的自由能为

$$A = \frac{Vk_{\mathrm{B}}T}{2\pi^2 c_1^3} \int_0^\infty \mathrm{d}\omega \omega^2 \ln(1 - \exp(-\beta\hbar\omega)). \tag{11.49}$$

比较 $P = -\partial A/\partial V$ 和 $E = \partial(\beta A)/\partial\beta$ (见习题 2.8), 我们得到状态方程为

$$PV = \frac{E}{3}, \tag{11.50}$$

439 其中 E 和 P 分别是内能和压强. 激发气体的惯性密度 (“质量密度”) 为

$$\rho = \frac{E}{c_1^2 V}. \tag{11.51}$$

由式 (11.48), 得到

$$c_2 = \frac{c_1}{\sqrt{3}}. \tag{11.52}$$

实验上测得的第二声的速度在图 11.11 中给出. 低温下的测量非常困难, 但可以看出 Landau 关于第二声速度的预言在 $T \to 0$ 时基本上是正确的. 另一方面, 在一个相当宽的温度区间 (1 K $< T <$ 2 K), 第二声的速度基本上是常数 $c_2 \approx 20$ m/s, 而第一声的速度是 $c_1 \approx 240$ m/s.

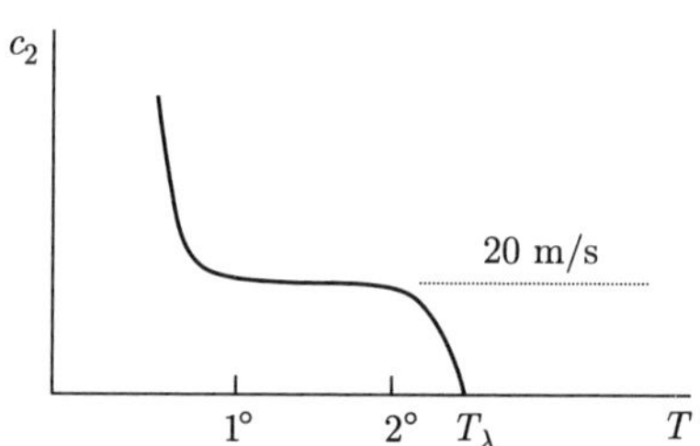

图 11.11 作为温度函数的第二声的速度

11.2.2 ^{4}He 激发谱的 Bogoliubov 理论

我们通过在长波长极限下得到超流氦的类声子激发谱来结束这一节. 我们通过给出 Bogoliubov 的弱相互作用 Bose 系统的理论[48] 来达到这一目的. 为此我们把哈密顿量表示为二次量子化的形式 (见附录). 平面波表示下的巨正则哈密顿量是

$$K = H - \mu N = \sum_{\boldsymbol{k}} \left(\frac{\hbar^2 k^2}{2m} - \mu \right) b_{\boldsymbol{k}}^\dagger b_{\boldsymbol{k}} + \frac{1}{2V} \sum_{\boldsymbol{k},\boldsymbol{k}',\boldsymbol{q}} v_{\boldsymbol{q}} b_{\boldsymbol{k}+\boldsymbol{q}}^\dagger b_{\boldsymbol{k}'-\boldsymbol{q}}^\dagger b_{\boldsymbol{k}'} b_{\boldsymbol{k}}. \tag{11.53}$$

440 在长波长极限下, 我们假定粒子之间的相互作用可以近似为排斥的 δ 函数势. 在此

情况下势的 Fourier 变换 $v_{\boldsymbol{q}}$ 对所有 $\boldsymbol{q}$ 均为一个常数, 即 $v_{\boldsymbol{q}}=u_0$. 这个假设是不符合实际情况的, 因为原子之间的相互作用有一个硬核, 所以无法进行 Fourier 变换. 实际上我们在做一个"散射长度"近似[185]. 如果系统是一个理想气体, 在凝聚温度之下的平均占有数应该是

$$\langle n_{\boldsymbol{k}}\rangle=\begin{cases}N_0\delta_{\boldsymbol{k},0}, & \boldsymbol{k}=0,\\ [\exp\beta\epsilon(\boldsymbol{k})-1]^{-1}, & \boldsymbol{k}\neq 0,\end{cases}\tag{11.54}$$

这里 $N_0\sim N$ 为 Avogadro 常数的数量级. 在此极限下, 最低能的单粒子态 (即 $\boldsymbol{k}=0$ 的态) 的产生和湮灭算符可以近似处理为大小为 $N_0^{1/2}$ 的标量, 即

$$\begin{aligned}b_0^\dagger|N_0\rangle&=(N_0+1)^{1/2}|N_0+1\rangle\approx N_0^{1/2}|N_0\rangle,\\ b_0|N_0\rangle&=N_0^{1/2}|N_0-1\rangle\approx N_0^{1/2}|N_0\rangle.\end{aligned}\tag{11.55}$$

然后可以很方便地找出哈密顿量 (见式 (11.53)) 中的单个或多个作用于 $\boldsymbol{k}=0$ 的项. 在式 (11.53) 的两粒子相互作用项中, 我们找到如下有重要贡献的波矢量的组合:

$$\begin{array}{lll}\text{(a)} & \boldsymbol{k}=\boldsymbol{k}'=\boldsymbol{q}=0, & \dfrac{u_0}{2V}N_0^2,\\ \text{(b)} & \boldsymbol{k}=\boldsymbol{k}'=0,\boldsymbol{q}\neq 0, & \dfrac{u_0}{2V}N_0b_{\boldsymbol{q}}^\dagger b_{-\boldsymbol{q}}^\dagger,\\ \text{(c)} & \boldsymbol{q}=-\boldsymbol{k},\boldsymbol{k}'=0, & \dfrac{u_0}{2V}N_0b_{\boldsymbol{k}}^\dagger b_{\boldsymbol{k}},\\ \text{(d)} & \boldsymbol{q}=\boldsymbol{k}',\boldsymbol{k}=0, & \dfrac{u_0}{2V}N_0b_{\boldsymbol{k}'}^\dagger b_{\boldsymbol{k}'},\\ \text{(e)} & \boldsymbol{k}=-\boldsymbol{k}'=-\boldsymbol{q}, & \dfrac{u_0}{2V}N_0b_{\boldsymbol{k}}b_{-\boldsymbol{k}},\\ \text{(f)} & \boldsymbol{q}=\boldsymbol{k}=0,\boldsymbol{k}'\neq 0, & \dfrac{u_0}{2V}N_0b_{\boldsymbol{k}'}^\dagger b_{\boldsymbol{k}'},\\ \text{(g)} & \boldsymbol{q}=\boldsymbol{k}'=0,\boldsymbol{k}\neq 0, & \dfrac{u_0}{2V}N_0b_{\boldsymbol{k}}^\dagger b_{\boldsymbol{k}}.\end{array}\tag{11.56}$$

其他项都是 N_0 的低阶项, 因而可以略去. 在此近似下, 巨正则哈密顿量变为

$$\begin{aligned}K=&-\mu N_0+\frac{u_0N_0^2}{2V}+\sum_{\boldsymbol{k}}{}'\left[\epsilon(\boldsymbol{k})-\mu+\frac{u_0N_0}{V}\right]b_{\boldsymbol{k}}^\dagger b_{\boldsymbol{k}}\\ &+\frac{u_0N_0}{2V}\sum_{\boldsymbol{k}}{}'(b_{\boldsymbol{k}}^\dagger b_{-\boldsymbol{k}}^\dagger+b_{-\boldsymbol{k}}b_{\boldsymbol{k}}+b_{\boldsymbol{k}}^\dagger b_{\boldsymbol{k}}+b_{-\boldsymbol{k}}^\dagger b_{-\boldsymbol{k}}).\end{aligned}\tag{11.57}$$

在式 (11.57) 中, 符号 $\sum'$ 表示在求和中排除 $\boldsymbol{k}=0$ 的项. 化学势 μ 可通过要求整 **441**
体的密度与温度无关而消去. 这不是一个简单的任务, 我们建议读者阅读 Fetter 和

Walecka 的著作 [93] 中的推导. 结果是当 $T \ll T_c$ 时, $\mu = u_0 N_0/V$, 这可以通过调节变分参数 N_0 使巨势取极小值而得到. 根据这一结果, 我们有

$$K = -\frac{u_0 N_0^2}{2V} + \frac{1}{2}\sum_{\boldsymbol{k}}{}' \left[\epsilon(\boldsymbol{k})(b_{\boldsymbol{k}}^\dagger b_{\boldsymbol{k}} + b_{-\boldsymbol{k}}^\dagger b_{-\boldsymbol{k}}) \right. \\ \left. + \frac{u_0 N_0}{V}(b_{\boldsymbol{k}}^\dagger b_{-\boldsymbol{k}}^\dagger + b_{-\boldsymbol{k}} b_{\boldsymbol{k}} + b_{\boldsymbol{k}}^\dagger b_{\boldsymbol{k}} + b_{-\boldsymbol{k}}^\dagger b_{-\boldsymbol{k}})\right]. \tag{11.58}$$

这一 “声子” 哈密顿量可以通过被称为 Bogoliubov 变换的正则变换来对角化. 我们写出

$$\begin{aligned} b_{\boldsymbol{k}} &= \eta_{\boldsymbol{k}} \cosh\theta_{\boldsymbol{k}} - \eta_{-\boldsymbol{k}}^\dagger \sinh\theta_{\boldsymbol{k}}, \\ b_{-\boldsymbol{k}} &= \eta_{-\boldsymbol{k}} \cosh\theta_{\boldsymbol{k}} - \eta_{\boldsymbol{k}}^\dagger \sinh\theta_{\boldsymbol{k}}, \end{aligned} \tag{11.59}$$

其中 $[\eta_{\boldsymbol{k}}, \eta_{\boldsymbol{k}}^\dagger] = [\eta_{-\boldsymbol{k}}, \eta_{-\boldsymbol{k}}^\dagger] = 1$. 这一变换对任何实数 $\theta_{\boldsymbol{k}}$ 均可保持对易关系

$$[b_{\boldsymbol{k}}, b_{\boldsymbol{k}}^\dagger] = \cosh^2\theta_{\boldsymbol{k}} - \sinh^2\theta_{\boldsymbol{k}} = 1,$$

因而是正则变换. 我们通过准粒子算符下哈密顿量是对角化的这个条件来确定 $\theta_{\boldsymbol{k}}$. 把式 (11.59) 代入式 (11.58), 得到非对角部分是

$$K_{\text{o.d.}} = -\sum_{\boldsymbol{k}}{}' \left[\epsilon(\boldsymbol{k}) + \frac{u_0 N_0}{V}\right] \cosh\theta_{\boldsymbol{k}} \sinh\theta_{\boldsymbol{k}} (\eta_{\boldsymbol{k}}^\dagger \eta_{-\boldsymbol{k}}^\dagger + \eta_{-\boldsymbol{k}} \eta_{\boldsymbol{k}}) \\ + \frac{u_0 N_0}{V} \sum_{\boldsymbol{k}}{}' (\cosh^2\theta_{\boldsymbol{k}} + \sinh^2\theta_{\boldsymbol{k}})(\eta_{\boldsymbol{k}}^\dagger \eta_{-\boldsymbol{k}}^\dagger + \eta_{-\boldsymbol{k}} \eta_{\boldsymbol{k}}). \tag{11.60}$$

我们看到如果

$$\tanh\theta_{\boldsymbol{k}} = \frac{u_0 N_0/V}{\epsilon(\boldsymbol{k}) + u_0 N_0/V}, \tag{11.61}$$

则 $K_{\text{o.d.}} = 0$. 注意到这个方程只有在 $u_0 > 0$ 时, 才对所有的 $\boldsymbol{k}$ 都有一个解. 因此
442 粒子间相互作用势的排斥性是凝聚的关键. 利用式 (11.61), 我们可以得到式 (11.58) 中的对角部分, 即

$$K = -\frac{u_0 N_0^2}{2V} + \sum_{\boldsymbol{k}}{}' \sqrt{\epsilon^2(\boldsymbol{k}) + 2\frac{u_0 N_0}{V}\epsilon(\boldsymbol{k})}\,\eta_{\boldsymbol{k}}^\dagger \eta_{\boldsymbol{k}} \\ + \sum_{\boldsymbol{k}}{}' \left[\sqrt{\epsilon^2(\boldsymbol{k}) + 2\frac{u_0 N_0}{V}} - \epsilon(\boldsymbol{k}) - \frac{u_0 N_0}{V}\right]. \tag{11.62}$$

式 (11.62) 有两个特点值得注意. 对于小的 $|\boldsymbol{k}|$, 准粒子能量

$$E(\boldsymbol{k}) = \sqrt{\epsilon^2(\boldsymbol{k}) + 2\frac{u_0 N_0}{V}\epsilon(\boldsymbol{k})}$$

的主导项是根号内的第二项, 且它对 $|\boldsymbol{k}|$ 是线性的. 我们得到了弱相互作用 Bose 气体的激发声子的色散关系式. 式 (11.62) 中的第三项是基态能量的平移, 实际上是发散的. 这个发散来源于大的波矢量的贡献, 它是采用 $v_{\boldsymbol{q}} = u_0$ 这一近似带来的人为现象.

本理论里的激发谱虽然在小波矢下定性正确, 但在定量上并不精确, 也很难对其进行系统的改进. 读者可以在 Mahan 的综述 [185] 中找到对于这一 "配对" 近似的一个评论, 以及关于超流 ^{4}He 的更好的理论讨论.

11.3 超导电性

超导现象在某些情况下与超流类似, 所以我们选择在本章对其进行讨论. 超
流 ^{4}He 的无阻流动可与超导的持续电流相类比, 同时两个系统还有其他类似之处.
这一节我们首先着眼于微观理论, 以说明在有相互作用的费米子系统中如何发生
类似于 Bose 凝聚的凝聚现象. 对于更为细致的处理, 我们鼓励读者阅读原始文献
(Cooper 的文章 [63], Bardeen 等人的文章 [25]) 或专著, 例如 De Gennes 的著作
[72] 和 Schrieffer 的著作 [269]. 1986 年, Bednorz 和 Müller 的文章 [32] 报道了一
个远比任何已知超导转变温度都高的超导体. 这个报道引起了人们对于 "非常规超
导体" 的巨大兴趣和大量研究. 截至目前, 已经发现了临界温度超过 100 K 的超导 443
体. 虽然人们已经对这类新材料有了很多了解, 但还没有一个完整的理论. 为了能够
在大量难以理解的非常规超导体的文献中找到前进的方向, 显然必须首先理解"常
规"(BCS) 超导体的理论. 由于这一原因, 我们将在本节集中介绍 BCS 理论.

常规超导电性产生的关键是金属中离子的 "过屏蔽" 效应导致的电子之间的有效吸引. 电子之间的裸 Coulomb 相互作用当然是排斥的. 系统中的离子对电子的运动做出响应: 在一定条件下, 可以在电子之间生成一个有效的吸引相互作用. 这是由 Fröhlich[105] 发现的. 后来 Copper[63] 证明了这一吸引相互作用在存在 Bloch 电子的 Fermi 球的条件下会使两个电子形成束缚态. 这些束缚态与玻色子的性质类似, 并且在足够低的温度下, 会凝聚到超导态. 本节的概略如下: 我们首先在 11.3.1 小节讲述 Copper 对问题的解. 然后在 11.3.2 小节求解 BCS 基态问题, 在 11.3.3 小节讨论系统的有限温度行为. 最后在 11.3.4 小节, 我们简单描述超导的 Landau-Ginzburg 理论. 对于这部分理论, De Gennes 的著作 [72], 以及 Landau 和 Lifshitz 的著作 [165] 的第二部分都是极好的参考.

11.3.1 Cooper 对问题

我们考虑在一个填满的 Fermi 海里存在一对有相互作用的电子. 该二电子系

统的哈密顿量是

$$H=\sum_{\boldsymbol{k},\sigma}\epsilon(\boldsymbol{k})c_{\boldsymbol{k},\sigma}^{\dagger}c_{\boldsymbol{k},\sigma}+\frac{1}{2}\sum_{\boldsymbol{k},\boldsymbol{k}',\boldsymbol{q},\sigma,\sigma'}v(\boldsymbol{q})c_{\boldsymbol{k}+\boldsymbol{q},\sigma}^{\dagger}c_{\boldsymbol{k}'-\boldsymbol{q},\sigma'}^{\dagger}c_{\boldsymbol{k}',\sigma'}c_{\boldsymbol{k},\sigma},\tag{11.63}$$

其中 σ,σ' 标记粒子的自旋状态. 对波矢量的求和限制在 $|\boldsymbol{k}|>k_{\mathrm{F}}$ 的范围内, k_{F} 是 Fermi 波矢. 在金属中, 可以证明 (见 Fröhlich 的文章 [105], 以及本书的第 12 章) 电子之间的有效相互作用 $v(\boldsymbol{q})$ 在 Fermi 能 $\hbar\omega_{\mathrm{D}}$ 附近的一个能量范围内可以为负, 这里的 ω_{D} 是 Debye 频率. 这一 "吸引" 相互作用来源于前面提到的过屏蔽作用. 为了简化完整的势 $v(\boldsymbol{q})$, 我们做如下近似 (见 Cooper 的文章 [63]): 假设对于能量处
444 于 $\epsilon_{\mathrm{F}}\leqslant\epsilon(k)\leqslant\epsilon_{\mathrm{F}}+\hbar\omega_{\mathrm{D}}$ 之间的状态, 其矩阵元 $v(\boldsymbol{q})=-v$, 而其余状态的矩阵元为零. 我们现在试图寻找哈密顿量 (见式 (11.63)) 的束缚态. 取 ϵ_{F} 为能量零点, 并考虑试探波函数

$$|\psi\rangle=\sum_{\boldsymbol{k}}\alpha_{\boldsymbol{k}}c_{\boldsymbol{k},\frac{1}{2}}^{\dagger}c_{-\boldsymbol{k},-\frac{1}{2}}^{\dagger}|F\rangle,$$

其中

$$|F\rangle=\prod_{|\boldsymbol{k}|<k_{\mathrm{F}},\sigma}c_{\boldsymbol{k},\sigma}^{\dagger}|0\rangle$$

是填满的 Fermi 球的波函数. 要求 $(E-H)|\psi\rangle=0$, 可以得到

$$0=[E-\epsilon(\boldsymbol{k})]\alpha_{\boldsymbol{k}}-v\sum_{\boldsymbol{q}}\alpha_{\boldsymbol{k}+\boldsymbol{q}}.\tag{11.64}$$

定义常数 $\varLambda$ 为

$$\varLambda=\sum_{\boldsymbol{q}}\alpha_{\boldsymbol{k}+\boldsymbol{q}}=\int_0^{\hbar\omega_{\mathrm{D}}}\mathrm{d}\epsilon\rho(\epsilon)\alpha(\epsilon),$$

则得到方程

$$\varLambda=v\varLambda\int_0^{\hbar\omega_{\mathrm{D}}}\mathrm{d}\epsilon\frac{\rho(\epsilon)}{E-2\epsilon}\tag{11.65}$$

或

$$1\approx v\rho(\epsilon_{\mathrm{F}})\int_0^{\hbar\omega_{\mathrm{D}}}\frac{\mathrm{d}\epsilon}{E-2\epsilon}=v\rho(\epsilon_{\mathrm{F}})\ln\frac{E-2\hbar\omega_{\mathrm{D}}}{E}.\tag{11.66}$$

这里已经假定态密度 $\rho(\epsilon)$ 在区间 $(\epsilon_{\mathrm{F}},\epsilon_{\mathrm{F}}+\hbar\omega_{\mathrm{D}})$ 内变化不大. 现在可以求解式 (11.66) 并得到本征值

$$E=\frac{-2\hbar\omega_{\mathrm{D}}}{\exp\{1/(v\rho(\epsilon_{\mathrm{F}}))\}-1}\approx-2\hbar\omega_{\mathrm{D}}\exp\left\{\frac{-1}{v\rho(\epsilon_{\mathrm{F}})}\right\}.\tag{11.67}$$

这一方程表明, 无论有效相互作用 v 多弱, 都存在一个能量小于 Fermi 能的二粒子束缚态. 这表示 Fermi 海对于形成配对态来说是不稳定的. 我们下面将证明这些配

对态会形成凝聚态, 且其能量与最接近的单粒子态之间有个宽度大致为式 (11.67) 所给的 E 的能隙. 还可以证明质心动量为零的配对态是最低能量配对态[269]. BCS (见 Bardeen 等人的文章 [25]) 超导理论聚焦于这类状态.

11.3.2 BCS 基态 445

如同在 11.3.1 小节所看到的, 电子气的正常态在 Fermi 面附近会形成束缚态, 因而是不稳定的. Bardeen 等[25] (BCS) 考虑一个 N 电子问题的近似哈密顿量, 它除了包含 Bloch 能量外, 仅包含单态配对电子之间由于过屏蔽作用导致的有效吸引相互作用. 这个“约化”哈密顿量是

$$H_{\rm red} = \sum_{\boldsymbol{k},\sigma} \epsilon(\boldsymbol{k}) c^\dagger_{\boldsymbol{k},\sigma} c_{\boldsymbol{k},\sigma} + \frac{1}{V_0} \sum_{\boldsymbol{k},\boldsymbol{k}'} V_{\boldsymbol{k},\boldsymbol{k}'} b^\dagger_{\boldsymbol{k}} b_{\boldsymbol{k}'}, \tag{11.68}$$

其中 V_0 是体积, $c^\dagger_{\boldsymbol{k},\sigma}$, $c_{\boldsymbol{k},\sigma}$ 是 Bloch 态 $(\boldsymbol{k},\sigma)$ 电子的产生和湮灭算符, $b^\dagger_{\boldsymbol{k}}, b_{\boldsymbol{k}}$ 是电子对 $\left(\boldsymbol{k}, +\frac{1}{2}; -\boldsymbol{k}, -\frac{1}{2}\right)$ 的产生和湮灭算符, 即 $b^\dagger_{\boldsymbol{k}} = c^\dagger_{\boldsymbol{k},1/2} c^\dagger_{-\boldsymbol{k},-1/2}$, $b_{\boldsymbol{k}} = c_{-\boldsymbol{k},-1/2} c_{\boldsymbol{k},1/2}$. 如同 11.3.1 小节所看到的, 除非 $\epsilon(\boldsymbol{k})$ 和 $\epsilon(\boldsymbol{k}')$ 均处于中心为 Fermi 能、宽度为 $\hbar\omega_{\rm D}$ 的球壳内, 其他情形下的相互作用 $V_{\boldsymbol{k},\boldsymbol{k}'}$ 均假定为零. 如果我们限定基矢量集为配对态, 即单粒子态 $\left(\boldsymbol{k}, +\frac{1}{2}\right)$ 和 $\left(-\boldsymbol{k}, -\frac{1}{2}\right)$ 或者同时占据, 或者同时为空, 那么哈密顿量 (见式 (11.68)) 可以表示为

$$H = 2\sum_{\boldsymbol{k}} \epsilon(\boldsymbol{k}) b^\dagger_{\boldsymbol{k}} b_{\boldsymbol{k}} + \frac{1}{V_0} \sum_{\boldsymbol{k},\boldsymbol{k}'} V_{\boldsymbol{k},\boldsymbol{k}'} b^\dagger_{\boldsymbol{k}} b_{\boldsymbol{k}'}. \tag{11.69}$$

在此分类下, 正常态 $|F\rangle$ 是

$$|F\rangle = \prod_{|\boldsymbol{k}|<k_{\rm F},\sigma} c^\dagger_{\boldsymbol{k},\sigma}|0\rangle = \prod_{|\boldsymbol{k}|<k_{\rm F}} b^\dagger_{\boldsymbol{k}}|0\rangle.$$

配对的产生和湮灭算符之间的对易关系是

$$\begin{aligned} [b_{\boldsymbol{k}}, b_{\boldsymbol{k}'}] &= [b^\dagger_{\boldsymbol{k}}, b^\dagger_{\boldsymbol{k}'}] = 0, \\ [b_{\boldsymbol{k}}, b^\dagger_{\boldsymbol{k}'}] &= \delta_{\boldsymbol{k},\boldsymbol{k}'}\{1 - n_{\boldsymbol{k},1/2} - n_{-\boldsymbol{k},-1/2}\}. \end{aligned} \tag{11.70}$$

如果最后一个式子不存在 $n_{\boldsymbol{k},1/2} + n_{-\boldsymbol{k},-1/2}$ 的项, 这些对易关系就是玻色子的对易关系. 事实上, 对易关系 (见式 (11.70)) 就是自旋为 1/2 的算符的对易关系, 其形式对应为

$$\begin{aligned} b^\dagger_{\boldsymbol{k}} &= S_{\boldsymbol{k},x} + \mathrm{i}S_{\boldsymbol{k},y} = S^+_{\boldsymbol{k}}, \\ b_{\boldsymbol{k}} &= S_{\boldsymbol{k},x} - \mathrm{i}S_{\boldsymbol{k},y} = S^-_{\boldsymbol{k}}, \\ 1 - n_{\boldsymbol{k},1/2} &- n_{-\boldsymbol{k},-1/2} = 2S_{\boldsymbol{k},z}. \end{aligned} \tag{11.71}$$

446 其与自旋算符的等价性仅在我们所使用的限定的基矢量集下成立, 在此限定下, 算符 $n_{\boldsymbol{k},1/2}+n_{-\boldsymbol{k},-1/2}$ 的本征值只有 0 和 2. 在此自旋语言下, 哈密顿量 (见式 (11.69)) 取如下形式:

$$H = 2\sum_{\boldsymbol{k}} \epsilon(\boldsymbol{k}) \left(S_{\boldsymbol{k},z} + \frac{1}{2} \right) + \frac{1}{V_0} \sum_{\boldsymbol{k},\boldsymbol{k}'} V_{\boldsymbol{k},\boldsymbol{k}'} (S_{\boldsymbol{k},x} S_{\boldsymbol{k}',x} + S_{\boldsymbol{k},y} S_{\boldsymbol{k}',y}). \tag{11.72}$$

这是一个由于 z 方向的“磁场” 而具有“Zeeman” 能的 XY 模型. 在此形式下, 哈密顿量的二维旋转对称性是显然的. 用磁性语言来说, 如果 $V_{\boldsymbol{k},\boldsymbol{k}'}$ 足够大, 那么基态将具有非零磁化强度 $\boldsymbol{M} = \sum \boldsymbol{S_k}$, 这一矢量可以不消耗能量而绕 z 轴旋转. 序参量是一个二分量, 由正常态到超导态的相变将属于 XY 模型的普适类. 由这一类比, 我们还看到二维系统 (金属薄膜) 中通常的长程序将被排除掉 (见 6.6 节).

依据 BCS 理论, 我们构造基态的试探波函数, 并在平均电子数为 N 的约束条件下, 对能量的期望值求极小. 试探波函数为

$$|\psi\rangle = \prod_{\boldsymbol{k}} \frac{1 + g_k b_{\boldsymbol{k}}^\dagger}{\sqrt{1+g_k^2}} |0\rangle, \tag{11.73}$$

它包含粒子数不确定的配对态, 并且是归一化的. 在满足式 (11.73) 的状态下, 巨正则哈密顿量

$$K = H - \mu N$$

的期望值是

$$K_0 = \langle\psi|K|\psi\rangle = 2\sum_{\boldsymbol{k}} [\epsilon(\boldsymbol{k}) - \mu] \frac{g_k^2}{1+g_k^2} + \frac{1}{V_0} \sum_{\boldsymbol{k},\boldsymbol{k}'} \frac{g_k g_{k'}}{(1+g_k^2)(1+g_{k'}^2)}. \tag{11.74}$$

注意到当 $|\boldsymbol{k}| < k_{\mathrm{F}}$ 时, 正常态对应 $g_k = \infty$; 当 $|\boldsymbol{k}| > k_{\mathrm{F}}$ 时, 正常态对应 $g_k = 0$. 我们现在定义满足 $u_k^2 + v_k^2 = 1$ 的两个函数 u_k 和 v_k 为

$$\begin{aligned} u_k &= \frac{1}{\sqrt{1+g_k^2}}, \\ v_k &= \frac{g_k}{\sqrt{1+g_k^2}}. \end{aligned} \tag{11.75}$$

447 在正常态, 当 $|\boldsymbol{k}| < k_{\mathrm{F}}$ 时, $u_k = 0, v_k = 1$; 当 $|\boldsymbol{k}| > k_{\mathrm{F}}$ 时, $u_k = 1$, $v_k = 0$. 把 K_0 对 u_k 和 v_k 求变分可得

$$\begin{aligned} \delta K_0 &= 4\sum_{\boldsymbol{k}} [\epsilon(\boldsymbol{k}) - \mu] v_k \delta v_k + \frac{2}{V_0} \sum_{\boldsymbol{k},\boldsymbol{k}'} V_{\boldsymbol{k},\boldsymbol{k}'} (u_{k'} v_{k'}) \{u_k \delta v_k + v_k \delta u_k\} \\ &= 4\sum_{\boldsymbol{k}} [\epsilon(\boldsymbol{k}) - \mu] v_k \delta v_k + \frac{2}{V_0} \sum_{\boldsymbol{k},\boldsymbol{k}'} V_{\boldsymbol{k},\boldsymbol{k}'} (u_{k'} v_{k'}) \frac{u_k^2 - v_k^2}{u_k} \delta v_k, \end{aligned} \tag{11.76}$$

此处我们用到了条件 $u_k\delta u_k + v_k\delta v_k = 0$. 对所有 $\boldsymbol{k}$, 要求 δv_k 的系数都为零, 可以得到

$$2[\epsilon(\boldsymbol{k}) - \mu]v_k + \frac{1}{V_0}\sum_{\boldsymbol{k}'}(u_{k'}v_{k'})\frac{u_k^2 - v_k^2}{u_k} = 0. \tag{11.77}$$

这个方程可以通过定义新的变量而简化. 我们令

$$u_k v_k = \frac{\Delta_k}{2E_k}, \tag{11.78}$$

这里 $E_k = \sqrt{\{\epsilon(\boldsymbol{k}) - \mu\}^2 + \Delta_k^2}$. 利用条件 $u_k^2 + v_k^2 = 1$, 我们可以重新把 u_k 和 v_k 用单一的未知量 Δ_k 表示出来, 即

$$\begin{aligned} u_k^2 &= \frac{1}{2}\left[1 + \frac{\epsilon(\boldsymbol{k}) - \mu}{E_k}\right], \\ v_k^2 &= \frac{1}{2}\left[1 - \frac{\epsilon(\boldsymbol{k}) - \mu}{E_k}\right]. \end{aligned} \tag{11.79}$$

式 (11.79) 括号内的符号由正常态 ($\Delta_k = 0, \mu = \epsilon_{\mathrm{F}}$) 下, $|\boldsymbol{k}| < k_{\mathrm{F}}$ 时的 $u_k = 0$ 确定. 代入式 (11.77), 我们得到零温下 “能隙” Δ_k 的方程为

$$\Delta_k = -\frac{1}{V_0}\sum_{\boldsymbol{k}'} V_{\boldsymbol{k},\boldsymbol{k}'}\frac{\Delta_{k'}}{2E_{k'}}. \tag{11.80}$$

现在我们简化式 (11.80): 假设当 $|\epsilon(k) - \epsilon_{\mathrm{F}}| < \hbar\omega_{\mathrm{D}}/2, |\epsilon(k') - \epsilon_{\mathrm{F}}| < \hbar\omega_{\mathrm{D}}/2$ 时, $V_{\boldsymbol{k},\boldsymbol{k}'}$ 为常数 $-V$, 同时在 V 不为零的 k 空间的同一区域内, $\Delta_k = \Delta$ 与 k 无关. 把式 (11.80) 中的求和转换为对态密度 $\rho(\epsilon)$ 的积分, 我们最终得到

$$1 = \frac{V}{2}\int_{\epsilon_{\mathrm{F}} - \hbar\omega_{\mathrm{D}}/2}^{\epsilon_{\mathrm{F}} + \hbar\omega_{\mathrm{D}}/2} \mathrm{d}\epsilon\rho(\epsilon)\frac{1}{\sqrt{(\epsilon - \mu)^2 + \Delta^2}}. \tag{11.81}$$

可以证明化学势的改变是很小的, 因此把化学势 μ 用 ϵ_{F} 代替, 并假设态密度在靠近 Fermi 面的很小的范围 ($\hbar\omega_{\mathrm{D}}$) 内基本上是常数, 由式 (11.81), 我们发现 **448**

$$1 = V\rho(\epsilon_{\mathrm{F}})\sinh^{-1}\frac{\hbar\omega_{\mathrm{D}}}{2\Delta}. \tag{11.82}$$

在弱耦合 $V\rho(\epsilon_{\mathrm{F}}) < 1$ 的极限下, 有

$$\Delta = \frac{\hbar\omega_{\mathrm{D}}}{2\sinh[1/(V\rho(\epsilon_{\mathrm{F}}))]} \approx \hbar\omega_{\mathrm{D}}\exp\left\{-\frac{1}{V\rho(\epsilon_{\mathrm{F}})}\right\}. \tag{11.83}$$

读者应注意到式 (11.83) 是相互作用强度 V 的一个奇异函数. 因此任何试图通过微扰论获得超导基态的努力都是注定要失败的.

在得到了 Δ 的表达式后, 我们还需要证明非零 Δ 对应的基态能量比正常态 $(\Delta = 0)$ 要低. 我们仍然取 $\mu = \epsilon_{\mathrm{F}}$, 并取能量的零点为 ϵ_{F}. 变分基态与正常态之间的能量差为

$$E_0(\Delta) - E_{\mathrm{N}} = 2\sum_{\boldsymbol{k}}[\epsilon(\boldsymbol{k}) - \epsilon_{\mathrm{F}}]v_k^2 + \frac{1}{V_0}\sum_{\boldsymbol{k},\boldsymbol{k}'}V_{\boldsymbol{k},\boldsymbol{k}'}(u_k v_k)(u_{k'}v_{k'})$$
$$-2\sum_{|\boldsymbol{k}|<k_{\mathrm{F}}}[\epsilon(\boldsymbol{k}) - \epsilon_{\mathrm{F}}]. \tag{11.84}$$

把式 (11.79) 中的 v_k^2 代入式 (11.84), 用式 (11.78) 和式 (11.80) 消去式 (11.84) 右手边第二项对 k' 的求和, 然后把剩下的求和项变为对于态密度的积分, 我们得到

$$E_0(\Delta) - E_{\mathrm{N}} = -\frac{V_0}{2}\rho(\epsilon_{\mathrm{F}})\Delta^2, \tag{11.85}$$

表明变分基态的能量低于正常态的能量.

在 11.3.3 小节我们将看到 E_k 是二粒子哈密顿量的近似本征值. 在 Fermi 面上, 它与最近的激发态 (无配对的正常态) 之间有一个 2Δ 的能量间隔. 这个间隔使得电流没有耗散.

最后, 我们证明 BCS 基态是一个对称性破缺态. 为了看清这一点, 我们计算算符 $b_{\boldsymbol{k}}$ 和 $b_{\boldsymbol{k}}^{\dagger}$ 的平均值:

$$\langle\psi_0|b_{\boldsymbol{k}}|\psi_0\rangle = u_k v_k = \langle\psi_0|b_{\boldsymbol{k}}^{\dagger}|\psi_0\rangle. \tag{11.86}$$

449 按照“赝自旋” 图像 (见式 (11.71)), 这对应系统沿 x 轴被“磁化”. 而 BCS 哈密顿量 (见式 (11.69)) 在所有自旋的如下相干转动下是不变的, 即

$$b_{\boldsymbol{k}} \to b_{\boldsymbol{k}}\exp\{\mathrm{i}\phi\}, \quad b_{\boldsymbol{k}}^{\dagger} \to b_{\boldsymbol{k}}^{\dagger}\exp\{-\mathrm{i}\phi\}.$$

这一对称性在基态中已经消失了.

11.3.3 有限温度的 BCS 理论

在 11.3.2 小节中, 我们发现超导体的基态有两个特征: 对称性破缺, 以及电子对的产生算符 $b_{\boldsymbol{k}}^{\dagger}$ 与湮灭算符 $b_{\boldsymbol{k}}$ 具有非零期望值: $\langle b_{\boldsymbol{k}}\rangle = \langle b_{\boldsymbol{k}}^{\dagger}\rangle = \Delta_k/(2E_k)$. 我们现在利用这些结果来构造一个 $T \neq 0$ 的近似 (但非常成功) 的超导平均场理论. 我们仅限于推出与温度有关的能隙方程. 关于超导的这方面的详细讨论可以在 Abrikosov 等的著作 [5], Schrieffer 的著作 [269] 或 Mahan 的著作 [185] 中找到.

同样, 我们从巨正则的约化哈密顿量

$$K = 2\sum_{\boldsymbol{k}}\epsilon(\boldsymbol{k})b_{\boldsymbol{k}}^{\dagger}b_{\boldsymbol{k}} + \frac{1}{V_0}V_{\boldsymbol{k},\boldsymbol{k}'}b_{\boldsymbol{k}}^{\dagger}b_{\boldsymbol{k}'} \tag{11.87}$$

开始讨论, 其中我们已经把化学势 μ 吸收到单粒子能量 $\epsilon(\boldsymbol{k})$ 中了. 在平均场理论的精神下 (见第 3 章), 把式 (11.87) 中的相互作用项近似为退耦的形式, 即

$$\sum_{\boldsymbol{k},\boldsymbol{k}'} V_{\boldsymbol{k},\boldsymbol{k}'} b_{\boldsymbol{k}}^{\dagger} b_{\boldsymbol{k}'} \approx \sum_{\boldsymbol{k},\boldsymbol{k}'} V_{\boldsymbol{k},\boldsymbol{k}'} (b_{\boldsymbol{k}}^{\dagger}\langle b_{\boldsymbol{k}'}\rangle + \langle b_{\boldsymbol{k}}^{\dagger}\rangle b_{\boldsymbol{k}'} - \langle b_{\boldsymbol{k}}^{\dagger}\rangle\langle b_{\boldsymbol{k}'}\rangle), \tag{11.88}$$

式 (11.88) 中的最后一项是为了抵消前两项中的重复计算. 期望值 $\langle b_{\boldsymbol{k}}^{\dagger}\rangle$ 和$\langle b_{\boldsymbol{k}}\rangle$ 是在巨正则概率密度下计算的, 它们将依赖于温度. 如同基态中一样, 我们假定 $\langle b_{\boldsymbol{k}}^{\dagger}\rangle$ 是实数从而等于 $\langle b_{\boldsymbol{k}}\rangle$. 这一假定在 BCS 理论中已证明是合理的, 但如果把 BCS 哈密顿量换为完整的电子-声子相互作用哈密顿量, 则需要进行一定的修正. 在前面我们已经注意到, 一个不能保持粒子数守恒的算符 (如 $b_{\boldsymbol{k}}^{\dagger} = c_{\boldsymbol{k},1/2}^{\dagger} c_{-\boldsymbol{k},-1/2}^{\dagger}$) 的非零期望值称为非对角长程序 (见杨振宁的文章 [332]), 它是超流和超导的一个基本性质 (见 11.1 节和弱相互作用气体的 Bogoliubov 理论).

类比于基态的计算, 我们定义 $\Delta_k(T)$ 为 450

$$\Delta_k(T) = -\frac{1}{V_0}\sum_{\boldsymbol{k}'} V_{\boldsymbol{k},\boldsymbol{k}'}\langle b_{\boldsymbol{k}'}\rangle. \tag{11.89}$$

利用式 (11.88) 和式 (11.89) 我们发现, 约化哈密顿量为

$$\begin{aligned} K = \sum_{\boldsymbol{k}} [&\epsilon(\boldsymbol{k})(c_{\boldsymbol{k},1/2}^{\dagger} c_{\boldsymbol{k},1/2} + c_{-\boldsymbol{k},-1/2}^{\dagger} c_{-\boldsymbol{k},-1/2}) \\ &-\Delta_k(c_{\boldsymbol{k},1/2}^{\dagger} c_{-\boldsymbol{k},1/2}^{\dagger} + c_{-\boldsymbol{k},-1/2} c_{-\boldsymbol{k},-1/2} - \langle b_{\boldsymbol{k}}^{\dagger}\rangle)]. \end{aligned} \tag{11.90}$$

形如式 (11.90) 的由费米子算符构成的双线性算符总可以通过 Bogoliubov 变换来对角化 (见 11.2 节). 我们的目的是把式 (11.90) 变成如下形式:

$$K = \sum_{\boldsymbol{k}} E(\boldsymbol{k}) \xi_{\boldsymbol{k}}^{\dagger} \xi_{\boldsymbol{k}} + \text{常数}, \tag{11.91}$$

其中准粒子的能量 $E(\boldsymbol{k})$ 和新的费米子算符是待确定的量. 一旦达到这个形式, 配分函数就是简单的无相互作用的费米子系统的配分函数. 我们假设一个下述形式的变换:

$$\begin{aligned} c_{\boldsymbol{k},1/2} &= \alpha\xi_{\boldsymbol{k}} + \beta\xi_{-\boldsymbol{k}}^{\dagger}, \\ c_{\boldsymbol{k},1/2}^{\dagger} &= \alpha\xi_{\boldsymbol{k}}^{\dagger} + \beta\xi_{-\boldsymbol{k}}, \\ c_{-\boldsymbol{k},-1/2} &= \gamma\xi_{-\boldsymbol{k}} + \delta\xi_{\boldsymbol{k}}^{\dagger}, \\ c_{-\boldsymbol{k},-1/2}^{\dagger} &= \gamma\xi_{-\boldsymbol{k}}^{\dagger} + \delta\xi_{\boldsymbol{k}}, \end{aligned} \tag{11.92}$$

其中 $[\xi_{\boldsymbol{k}}, \xi_{\boldsymbol{k}'}^{\dagger}]_{+} = \delta_{\boldsymbol{k},\boldsymbol{k}'}, [\xi_{\boldsymbol{k}}, \xi_{\boldsymbol{k}'}]_{+} = [\xi_{\boldsymbol{k}}^{\dagger}, \xi_{\boldsymbol{k}'}^{\dagger}]_{+} = 0.$

c 和 ξ 算符均满足费米子对易关系这一条件 (即式 (11.92) 是正则变换), 可以导出如下三个方程:

$$\begin{aligned} \alpha^2+\beta^2&=1,\\ \gamma^2+\delta^2&=1,\\ \alpha\delta+\beta\gamma&=0, \end{aligned} \tag{11.93}$$

未知系数 $\alpha,\cdots,\delta$ 的第四个方程来自哈密顿量应符合式 (11.91) 的要求. 把式 (11.92) 代入式 (11.90), 对于 K 的非对角部分, 我们得到

$$K_{\text{o.d.}}=\sum_{\boldsymbol{k}}[\epsilon(\boldsymbol{k})(\alpha\beta-\gamma\delta)-\varDelta_k(\alpha\gamma+\beta\delta)](\xi^\dagger_{\boldsymbol{k}}\xi^\dagger_{-\boldsymbol{k}}+\xi_{-\boldsymbol{k}}\xi_{\boldsymbol{k}}). \tag{11.94}$$

451 如果要求此式恒等于零, 并利用式 (11.93), 我们得到 $\gamma=\alpha$, $\delta=-\beta$, 以及

$$\begin{aligned} \alpha^2&=\frac{1}{2}\left[1+\frac{\epsilon(\boldsymbol{k})}{E(\boldsymbol{k})}\right],\\ \beta^2&=\frac{1}{2}\left[1-\frac{\epsilon(\boldsymbol{k})}{E(\boldsymbol{k})}\right], \end{aligned} \tag{11.95}$$

其中 $E(\boldsymbol{k})=[\epsilon(\boldsymbol{k})^2+\varDelta_k^2]^{1/2}$. 式 (11.95) 中的符号约定是为了使准粒子能量在 $\varDelta=0, k>k_{\text{F}}$ 时变为通常的单粒子能量. 当 $k<k_{\text{F}}$ 时, 准粒子的能量则是空穴 (失去电子) 的能量. 我们取 $\alpha,\beta>0$, $\delta<0$ 来完全确定这些系数. 把这些系数代入式 (11.90), 则剩下的 K 的对角部分变为

$$K=\sum_{\boldsymbol{k}}[E(\boldsymbol{k})(\xi^\dagger_{\boldsymbol{k}}\xi_{\boldsymbol{k}}+\xi^\dagger_{-\boldsymbol{k}}\xi_{-\boldsymbol{k}})+\epsilon(\boldsymbol{k})-E(\boldsymbol{k})-\varDelta_k\langle b^\dagger_{\boldsymbol{k}}\rangle]. \tag{11.96}$$

最低能量状态是不存在准粒子的状态, 我们立刻看到如果 $\varDelta_k=0$, 就得到了正常系统的基态能量.

现在我们可以自洽地计算 $\varDelta_k$. 期望值 $\langle b_{\boldsymbol{k}}\rangle$ 由下式给出:

$$\begin{aligned} \langle b_{\boldsymbol{k}}\rangle&=\frac{\operatorname{Tr} b_{\boldsymbol{k}}\exp\{-\beta K\}}{\operatorname{Tr}\exp\{-\beta K\}}=\alpha\delta\frac{\operatorname{Tr}(\xi^\dagger_{\boldsymbol{k}}\xi_{\boldsymbol{k}}-\xi_{-\boldsymbol{k}}\xi^\dagger_{-\boldsymbol{k}})\exp\{-\beta K\}}{\operatorname{Tr}\exp\{-\beta K\}}\\ &=\alpha\delta[\langle n_{\boldsymbol{k}}\rangle+\langle n_{-\boldsymbol{k}}\rangle-1], \end{aligned} \tag{11.97}$$

这里我们用到了像 $\xi_{\boldsymbol{k}}\xi_{-\boldsymbol{k}}$ 这样的算符的期望值为零. 式 (11.96) 是一个无相互作用 "粒子" 的哈密顿量, 因此有

$$\langle n_{\boldsymbol{k}}\rangle=\frac{1}{\exp\{\beta E(\boldsymbol{k})\}+1}$$

和

$$\langle b_{\boldsymbol{k}} \rangle = \frac{\Delta_k}{2E(\boldsymbol{k})} \tanh \frac{\beta E(\boldsymbol{k})}{2}, \tag{11.98}$$

最后得

$$\Delta_k(T) = -\frac{1}{V_0} \sum_{\boldsymbol{k}'} \frac{V_{\boldsymbol{k},\boldsymbol{k}'} \Delta_{k'}}{2E(\boldsymbol{k}')} \tanh \frac{\beta E(\boldsymbol{k}')}{2}. \tag{11.99}$$

像 11.3.2 小节那样, 如果我们假定在 Fermi 面两边厚度为 $\hbar\omega_{\rm D}$ 的壳层内 $V_{\boldsymbol{k},\boldsymbol{k}'} =$ 452
$-V$, 与 $\boldsymbol{k}$ 无关, 则 Δ_k 也与 $\boldsymbol{k}$ 无关, 并可由下式给出:

$$1 = \frac{V}{2V_0} \sum_{\boldsymbol{k}} \frac{\tanh\left[\frac{1}{2}\beta\sqrt{\epsilon(\boldsymbol{k})^2 + \Delta^2}\right]}{\sqrt{\epsilon(\boldsymbol{k})^2 + \Delta^2}}. \tag{11.100}$$

这就是式 (11.81) 在有限温度时的推广. 从式 (11.100) 我们可以得到系统的临界温度. 当 $T \to T_{\rm c}$, $\Delta \to 0$ 时, 有

$$1 = \frac{V\rho(\epsilon_{\rm F})}{2} \int_{-\hbar\omega_{\rm D}/2}^{\hbar\omega_{\rm D}/2} {\rm d}\epsilon \frac{\tanh(\beta_{\rm c}\epsilon/2)}{\epsilon}. \tag{11.101}$$

右手边的积分在弱耦合极限下[93] 可以精确积出, 其结果是

$$k_{\rm B}T_{\rm c} = 0.567\hbar\omega_{\rm D} \exp\left\{-\frac{1}{\rho(\epsilon_{\rm F})V}\right\}. \tag{11.102}$$

由于 $\Delta(T=0) = \hbar\omega_{\rm D} \exp\{-1/[\rho(\epsilon_{\rm F})V]\}$, 因此有

$$\frac{\Delta(T=0)}{k_{\rm B}T_{\rm c}} = 1.764, \tag{11.103}$$

这是有限温度 BCS 理论的一个重要的定量预言. 出现在 BCS 理论中的参数 $\omega_{\rm D}$ 和 V 并不能确切知道, 实际上, 利用 Debye 频率来限制形成配对的能量区域并不确切. 尽管如此, 对于不少弱耦合超导体 (大多是元素超导体), 实验数据与式 (11.103) 一致. 但是有时也有偏差比较大的情形. 这些偏差可以由“强耦合”超导理论予以说明, 它也基于 BCS 理论的思路, 但利用了更为真实的电子-声子相互作用和 Fermi 面. 关于这个理论的一个导论, 请见 Mahan 的著作 [185].

上面介绍的理论显然是一个平均场理论, 所以在临界点附近其序参量 $[\Delta(T)]$ 具有典型的平均场的温度依赖关系

$$\frac{\Delta(T)}{\Delta(0)} \approx 1.74 \left(1 - \frac{T}{T_{\rm c}}\right)^{1/2} \tag{11.104}$$

就一点也不奇怪了. 同理, 其比热在临界点处有一个不连续跳跃.

453 11.3.4 超导电性的 Landau-Ginzburg 理论

Landau-Ginzburg 方法用于超导研究的价值是其提供了一个处理与涨落和非均匀性相联系的问题的直接途径. 这一方法也可以用来描述超导体的电动力学, 以及超导体对于电磁场的响应. 这就是这些内容在实用的角度下具有吸引力的原因.

我们前面简单介绍的 BCS 理论是一个存在二级相变的平均场理论. 因此这一理论可以用第 3 章的语言来表述. 特别地, 能隙方程 (见式 (11.100)) 可类比于那里遇到的处理磁性的 Weiss 分子场或 Maier-Saupe 模型的平均场理论的自洽方程. 如同在 11.3.2 小节明确证明的, 有序相的对称性就是 XY 模型的对称性 (即有序相由一个相位和一个振幅来表示). 因此基于一个分量的序参量, 如能隙 Δ (或等价地, 类比于 Bose 凝聚的二流体模型中的凝聚质量密度 ρ_{s}) 的描述不可能解释所有的物理现象.

自由能密度不应该与序参量的相位有关, 我们期望在 T_{c} 附近的大块超导体的自由能密度 $g = G/V_0$ 具有如下形式:

$$g = g_{\mathrm{n}} + a(T)|\Psi|^2 + \frac{1}{2}b(T)|\Psi|^4 + \cdots , \tag{11.105}$$

其中 $a(T) = \alpha(T - T_{\mathrm{c}})$, 且 α 和 $b(T)$ 只是微弱地依赖于温度. 对自由能密度求极小, 我们发现对于 $T < T_{\mathrm{c}}$, 当

$$|\Psi|^2 = \frac{\alpha(T_{\mathrm{c}} - T)}{b} \tag{11.106}$$

时, g 是极小的. 超导态和正常态之间的自由能密度差为

$$g_{\mathrm{s}} - g_{\mathrm{n}} = -\frac{\alpha^2}{2b}(T_{\mathrm{c}} - T)^2, \qquad T < T_{\mathrm{c}}. \tag{11.107}$$

比热在相变点有一个不连续, 它由下式给出:

$$C_{\mathrm{s}} - C_{\mathrm{n}} = \frac{\alpha^2 T_{\mathrm{c}}}{b}. \tag{11.108}$$

454 原则上, 序参量的归一化是任意的. 按照把相变看作 Cooper 对的凝聚这一直观图像, 并且类比于式 (11.31) 和式 (11.32), 可以写出

$$\Psi = \sqrt{\frac{n_{\mathrm{s}}}{2}}\mathrm{e}^{\mathrm{i}\gamma}, \tag{11.109}$$

这里 n_{s} 是超导态的电子密度. 同习题 11.3 中介绍的对于超流所用的方法一样, 这个密度可以通过从传导电子的密度中减去准粒子激发的气体的惯性质量而得到. 参数 α 和 b 可以通过比较式 (11.108) 和 BCS 理论预言的转变温度 T_{c} 得到. 其结果是

$\alpha = b\pi^2 T_c/[7\varsigma(3)\epsilon_F]$, 其中 ς 是 Riemann zeta 函数, 而 $b = \alpha T_c/n$, 其中 $n = k_F^3/(3\pi^2)$ 是传导电子的密度.

现在我们在实空间讨论非均匀性, 并推导出相干长度的表达式. 回顾关于 Cooper 对凝聚的直观图像, 知道每一电子对具有电荷 $-2e$ 和质量 $2m$, 类比于式 (11.33), 对于带有空间变化的相位的电流, 可以写出

$$\boldsymbol{j}_s = \frac{ie\hbar}{2m}(\Psi^*\nabla\Psi - \Psi\nabla\Psi^*). \tag{11.110}$$

然后, 我们把 Landau-Ginzburg 自由能密度 (见式 (3.53)) 中的梯度项等价于运动电荷的动能密度, 得到

$$G = G_N + \int d^3r \left(\frac{\hbar^2}{4m}|\nabla\Psi|^2 + a|\Psi|^2 + \frac{1}{2}b|\Psi|^4 + \cdots\right). \tag{11.111}$$

记住 $|\Psi|^2 = \Psi^*\Psi$, 并要求 G 对于 Ψ^* 的泛函导数为零, 可以得到

$$-\frac{\hbar^2}{4m}\nabla^2\Psi + a\Psi + b|\Psi|^2\Psi = 0. \tag{11.112}$$

在 3.10 节, 以及讨论液体和蒸气的界面时 (见 5.4 节), 我们曾经遇到过式 (11.112) 形式的方程. 因此我们简单指出, 在 $T < T_c$ 时, 式 (11.112) 预言了一个相干长度 (在其他情形下称为相关长度)

$$\xi = \frac{\hbar}{\sqrt{8m|a|}}, \tag{11.113}$$

这是序参量空间变化的一个自然尺度.

在结束关于 Landau-Ginzburg 理论的讨论时, 我们导出另外一个与超导体相关 455
的长度尺度, 即 London 穿透深度. 我们考察在一个外加磁场为 $\boldsymbol{B} = \nabla \times \boldsymbol{A}$ 中的超导体. 电流的表达式为

$$\boldsymbol{j}_s = \frac{ie\hbar}{2m}\left[\Psi^*\left(\nabla + \frac{2ie}{\hbar c}\boldsymbol{A}\right)\Psi - \Psi\left(\nabla - \frac{2ie}{\hbar c}\boldsymbol{A}\right)\Psi^*\right]. \tag{11.114}$$

如果 $\boldsymbol{A}$ 发生变化的尺度比相干长度 ξ 短, 那么序参量的振幅 $|\Psi|$ 近似为常数, 式 (11.114) 可简化为

$$\boldsymbol{j}_s = -\left(\frac{2e^2}{mc}\boldsymbol{A} + \frac{e\hbar}{m}\nabla\gamma\right)|\Psi|^2. \tag{11.115}$$

对式 (11.115) 两边求旋度, 可得到 London 方程

$$\nabla \times \boldsymbol{j}_s = -\frac{2e^2}{mc}|\Psi|^2(\nabla \times \boldsymbol{A}). \tag{11.116}$$

结合式 (11.116) 和 Ampère 定律, 可得

$$\nabla \times \boldsymbol{B} = \frac{4\pi}{c}\boldsymbol{j}_s, \tag{11.117}$$

我们发现

$$\nabla^2 \boldsymbol{B} = \frac{8\pi|\varPsi|^2 e^2}{mc^2} \boldsymbol{B},$$
$$\nabla^2 \boldsymbol{j}_{\mathrm{s}} = \frac{8\pi|\varPsi|^2 e^2}{mc^2} \boldsymbol{j}_{\mathrm{s}}. \tag{11.118}$$

式 (11.118) 中的电流和场具有典型的指数衰减解 (Meissner 效应), 其中相应的空间尺度是 London 穿透深度 δ:

$$\delta = \sqrt{\frac{mc^2}{8\pi|\varPsi|^2 e^2}} = \sqrt{\frac{mc^2 b}{8\pi e^2 \alpha (T_{\mathrm{c}} - T)}}. \tag{11.119}$$

上述分析假定 $\xi \gg \delta$. 符合这一假定的材料称为第一类超导体. 除了在表面处厚度为 δ 的一个薄层外, 第一类超导体将排斥所有的电流和外加磁场. 排斥所需
456 的单位体积抗磁能量是 $H^2c^2/8\pi$, 从式 (11.107) 我们立刻看到临界磁场是 $H_{\mathrm{c}} = (4\pi\alpha^2/b)^{1/2}(T_{\mathrm{c}} - T)$. 当超过临界磁场时, 超导电性被破坏.

如果相干长度不是远大于穿透深度, 那么问题将变得很复杂. 式 (11.112) 必须被下式取代:

$$-\frac{\hbar^2}{4m}\left(\nabla + \frac{2\mathrm{i}e}{\hbar c}\boldsymbol{A}\right)^2 \varPsi + a\varPsi + b|\varPsi|^2\varPsi = 0. \tag{11.120}$$

式 (11.120) 和 Ampère 定律一起构成完整的 Landau-Ginzburg 方程. 求解这组方程超出了本书的范围, 我们推荐 Landau 和 Lifshitz 的文章 [165] 作为进一步阅读的材料. 我们仅仅指出, 如果 $\kappa = \delta/\xi > 2^{1/2}$, 那么 Landau-Ginzburg 方程就有类比于超流体的涡旋解. 允许磁场通过形成磁通线的形式进入的超导体称为第二类超导体.

在第 3 章, 利用 Ginzburg 判据, 我们证明了平均场理论只在空间维度 $d \geqslant 4$ 时是自洽的. 尽管如此, BCS 理论对于真实三维超导体的描述具有相当高的精度, 甚至在接近 T_{c} 时也是如此. 其原因也可以通过 Ginzburg 判据来理解. 利用这一判据来估算在三维空间 BCS 理论失效对应的约化温度 $(T_{\mathrm{c}} - T)/T_{\mathrm{c}}$, 我们发现其值为 $(T_{\mathrm{c}} - T)/T_{\mathrm{c}} \approx 10^{-14}$ (见 Kadanoff 等的著作 [145]), 这个偏差远远超出当前的实验精度.

在这一节, 我们虽然仅仅对超导理论浅尝辄止, 但演示了另一个与 Bose 凝聚相联系的现象. 另一个发生这种凝聚的费米子系统是液体 ^{3}He. 关于这一体系的介绍性讨论可以在 Mahan 的著作 [185] 中找到.

11.4 习　题

11.1 理想 Bose 气体的临界性质.

(a) 证明在 T_c 之上理想 Bose 气体的熵可以写成

$$S = \frac{5}{2}aT^{3/2}g_{5/2}(z) - aT^{3/2}g_{3/2}z\ln z = \frac{5}{2}aT^{3/2}g_{5/2}(z) - k_B N\ln z,$$

其中 z 为逸度, 且 457

$$a = V\left(\frac{m}{2\pi\hbar^2}\right)^{3/2}k_B^{5/2}.$$

(b) 在固定 V 和 N 时的比热 $C_{V,N}$ 满足

$$C_{V,N} = T\left(\frac{\partial S}{\partial T}\right)_{V,z} + T\left(\frac{\partial S}{\partial z}\right)_{V,T}\left(\frac{\partial z}{\partial T}\right)_{V,N}.$$

当 $T < T_c$ 时, $(\partial z/\partial T)_{V,N} = 0$, $C_{V,N} = C_{V,z}$. 证明当 $T \to T_c^+$ 时, $C_{V,N}$ 的第二项为零, 从而比热在相变点连续.

(c) 进一步证明 $\mathrm{d}C_{V,N}/\mathrm{d}T$ 在 T_c 时不连续.

提示: 推导出函数 $g_\nu(z)$ 在 $\nu \leqslant 1$ 且 $z \to 1$ 时的极限形式是有用的, 因为对于这些 ν 值, 它在 $z = 1$ 处是发散的. 一种达到这个要求的方法是假定 $g_\nu(z) \sim (1-z)^{-\gamma(\nu)}$, 然后比较这一函数的 Taylor 展开和式 (11.6) 的精确形式, 以求得指数 $\gamma(\nu)$ (见 6.2 节).

(d) 在密度固定的条件下, 利用 (b) 和 (c) 的方法分析理想 Bose 气体的压强在 T_c 附近的行为.

11.2 在一个原子阱内的 Bose 凝聚.

考虑一个把一组无相互作用的玻色子约束在二维表面的原子阱. 表面的面积没有限制, 但每个玻色子都感受到一个如下的单粒子势:

$$V(x,y) = \frac{1}{2}m\omega^2(x^2+y^2),$$

即一个各向同性的二维简谐振子势. 粒子的能级是

$$\epsilon(j_x, j_y) = \hbar\omega(j_x + j_y),$$

这里我们略去了零点能. 如果定义 $l \equiv j_x + j_y$, 那么在 l 不是太小时, 这一能级的简并度是 $g(l) = l + 1 \approx l$. 当 $\hbar\omega/k_BT \ll 1$ 时, 对于 l 的求和可以换为积分. 在这些近似下, 证明约束于这个阱中的 N 个全同的无相互作用玻色子在

$$k_BT_c = \hbar\omega\left[\frac{N}{\varsigma(2)}\right]^{\frac{1}{2}}$$

时凝聚.

458 **11.3** 氦的 λ 点.

在 11.2 节表述的超流理论基于与 Bose 凝聚的类比. 这个理论不能准确地描述向超流态转变的本质. 尽管如此, 通过下面的粗糙论证 (见 Landau 和 Lifshitz 的文章 [165] 中的第二部分), 仍然可以把临界温度估算到非常好的精度.

设想由 Bose 分布函数 $n(\epsilon(\boldsymbol{p})-\boldsymbol{p}\cdot\boldsymbol{v})$ 描述的准粒子气体 (即气体以速度 $\boldsymbol{v}$ 相对于超流体运动). 在低速极限下, 这个气体的动量是

$$\boldsymbol{P}=-\sum_{\boldsymbol{p}}\boldsymbol{p}n(\epsilon-\boldsymbol{p}\cdot\boldsymbol{v})\approx\sum_{\boldsymbol{p}}\boldsymbol{p}(\boldsymbol{p}\cdot\boldsymbol{v})\frac{\mathrm{d}n(\epsilon)}{\mathrm{d}\epsilon}=\frac{1}{3}\sum_{\boldsymbol{p}}p^2\left[-\frac{\mathrm{d}n(\epsilon)}{\mathrm{d}\epsilon}\right]\boldsymbol{v}.$$

为了得到最后一步, 我们把 $\boldsymbol{p}$ 分为平行和垂直于 $\boldsymbol{v}$ 的分量, 并注意到垂直分量的平均值为零, 而球面的平均值为 $\cos^2\theta=\dfrac{1}{3}$. 动量和速度的比值是准粒子气体的惯性或质量. 这一气体的惯性随温度上升而增加, 当气体的惯性等于氦的质量时, 没有超流分量剩下. 这在下述条件下发生:

$$M_{\mathrm{He}}=\frac{1}{3}\sum_{\boldsymbol{p}}p^2\left[-\frac{\mathrm{d}n(\epsilon)}{\mathrm{d}\epsilon}\right].$$

(a) 证明对于处于体积 V 内的一速度为声速 c 的声子气体, 有

$$M_{\mathrm{ph}}=\frac{2\pi^2VT^4k_{\mathrm{B}}^4}{45\hbar^3c^5}.$$

(b) 在接近相变温度时, 热力学性质主要是由旋子, 而不是声子所贡献的. 旋子的能量为

$$\epsilon(p)=\varDelta+\frac{(p-p_0)^2}{2m^*}.$$

假定旋子满足 Boltzmann 分布, m^* 足够小, 以至于在除了 Boltzmann 因子外的每一处都可以取 $p=p_0$. 证明:

$$M_{\mathrm{r}}=\frac{2(m^*)^{1/2}p_0^4\exp\{-\beta\varDelta\}}{3(2\pi)^{3/2}(k_{\mathrm{B}}T)^{1/2}\hbar^3}V.$$

459 (c) 假定 He 的密度是 $0.145\times10^{-3}\ \mathrm{kg/m^3}$, $m^*=0.16\,m_{\mathrm{He}}, c=2.4\times10^2\ \mathrm{m/s}, p_0/\hbar=0.19\ \mathrm{nm}^{-1}$, $\varDelta/k_{\mathrm{B}}=8.7\ \mathrm{K}$, 估算临界温度.

460 (d) 上面的论证可以用来计算理想 Bose 气体的凝聚温度吗?

第 12 章 线性响应理论

在本章中，我们考虑系统对外界微扰的响应. 目前我们只考虑足够弱的微扰，在 461
这种情况下，对微扰做线性近似就足够了. 在 12.1 节里，我们定义动态结构因子，介绍广义响应率的概念，并导出一个非常重要的结果：涨落-耗散定理，这个定理将平衡态的涨落与线性 (Ohm) 区间里的耗散联系了起来. 我们接下来考虑通过二体势能发生相互作用的量子多体系统，并说明系统的热力学性质是如何从响应函数中推导出来的. 我们在这里的讨论与 5.2 节中对经典液体的处理方法类似. 在 12.2 节里通过一些简单的例子来阐述这个方法. 我们可以证明简单的平均场理论给出的结果和第 11 章对低温情况下的弱相互作用 Bose 气体的 Bogoliubov 变换得到的结果相同. 同时我们还会讨论相互作用电子气的介电响应. 接着我们转去讨论金属中的电子-声子相互作用. 这个讨论的目的是为了推导出 Fröhlich[105] 最早得到的一个结果，即电子可以通过交换声子在一定条件下产生有效的吸引相互作用. 我们在第 11 章中的超导体的 BCS 理论中用到了这个结果.

在 12.3 节中，我们通过考虑稳态的情况来继续发展理论方法，在这种情况下，对外场的响应会导致流的产生. 我们推导了传导率与适当的平衡态的电流-电流关
联函数之间的 Kubo 关系. 在微观可逆性假设的基础上，我们导出了 Onsager 倒易 462
关系. 最后，在 12.4 节里，我们简单地讨论了一下输运中的 Boltzmann 方程.

12.1 严 格 结 果

在这一节里，我们在很普适的情况下发展了线性响应理论的形式，并展示了一系列有趣并且有用的性质. 在线性近似的框架下，这一节中的所有结果都是严格的.

12.1.1 广义响应率与结构因子

我们考虑一个系统，其中的粒子处于一个可能随时变化的外部扰动下，其哈密顿量可以写成

$$H_{\text{tot}} = H + H_{\text{ext}} = H_0 + H_1 + H_{\text{ext}}, \tag{12.1}$$

其中 H_0 包含动能和单粒子势能，H_1 包含粒子间的势能，H_0 通常代表了某种理想 Bose 或 Fermi 气体. 对相互作用 H_1 只能做近似处理，通常假设平均场一类的理论

就足够了. 我们假设外界微扰和粒子数密度线性耦合, 即

$$H_{\text{ext}} = \int \mathrm{d}^3 x n(\boldsymbol{x}) \phi_{\text{ext}}(\boldsymbol{x}, t), \tag{12.2}$$

其中 ϕ_{ext} 是位置和时间的标量函数.

系统通过改变粒子数密度来响应外界的微扰 (见式 (12.2)), 即

$$\langle \delta n(\boldsymbol{x}, t) \rangle = \langle n(\boldsymbol{x}, t) \rangle_{H_{\text{tot}}} - \langle n(\boldsymbol{x}, t) \rangle_{H}. \tag{12.3}$$

如果外界微扰在所有有限时间都存在, 那么系统从 $H(t=-\infty)$ 的一个平衡态开始演化, 式 (12.3) 中 $\langle n(\boldsymbol{x}, t) \rangle_{H_{\text{tot}}}$ 的期望值代表在 t 时刻 $\boldsymbol{x}$ 位置的粒子数密度. 这个期望值对应将平衡态密度矩阵 $(t=-\infty)$ 加上由 H_{ext} 引起的系统态的变化求迹. 我们假设 H_{ext} 足够小以至于可以用一阶微扰论来处理. 这样的假设通常来说都没什么问题, 比如说, 形式上 H_{ext} 的引入是作为一个无穷小的 "测试场" 来探测系统的平衡态动力学响应或系统的静态响应的.

463 假设在 Heisenberg 绘景下我们已经确定了 H 的本征态, 并把它们写成 $|\psi_H\rangle$. 随着微扰在 $t=-\infty$ 打开, 对于任何一个态 $|\psi\rangle$ 而言, 描述其随时间变化的 Schrödinger 方程是

$$\mathrm{i}\hbar \frac{\partial}{\partial t} |\psi\rangle = H_{\text{tot}} |\psi(t)\rangle \equiv H_{\text{tot}} \exp\left\{-\frac{\mathrm{i}}{\hbar} H t\right\} |\psi_H(t)\rangle. \tag{12.4}$$

$|\psi_H(t)\rangle$ 对时间的依赖主要来源于外界微扰, 因此 $|\psi_H(t)\rangle$ 满足微分方程:

$$\mathrm{i}\hbar \frac{\partial}{\partial t} |\psi_H(t)\rangle = H_{\text{ext}} |\psi_H(t)\rangle, \tag{12.5}$$

其中

$$\begin{aligned} H_{\text{ext}}(t) &= \mathrm{e}^{\mathrm{i}Ht/\hbar} H_{\text{ext}} \mathrm{e}^{-\mathrm{i}Ht/\hbar} \\ &= \mathrm{e}^{\mathrm{i}Kt/\hbar} H_{\text{ext}} \mathrm{e}^{-\mathrm{i}Kt/\hbar}, \end{aligned} \tag{12.6}$$

并且 K 代表巨正则哈密顿量

$$K = H - \mu N. \tag{12.7}$$

式 (12.6) 的最后一个等号成立的条件是粒子数在外界微扰下守恒 (即 N 和 H 对易). 在保留 H_{ext} 最低阶的情况下求解式 (12.5), 我们发现

$$|\psi_H(t)\rangle = |\psi_H\rangle - \frac{\mathrm{i}}{\hbar} \int_{-\infty}^{t} \mathrm{d}t' H_{\text{ext}}(t') |\psi_H\rangle. \tag{12.8}$$

因此

$$\begin{aligned}
&\langle\psi(t)|n(\boldsymbol{x})|\psi(t)\rangle\\
&=\langle\psi_H|\mathrm{e}^{\mathrm{i}Ht/\hbar}n(\boldsymbol{x})\mathrm{e}^{-\mathrm{i}Ht/\hbar}|\psi_H\rangle-\frac{\mathrm{i}}{\hbar}\int_{-\infty}^{t}\mathrm{d}t'\langle\psi_H|\\
&\quad\times(\mathrm{e}^{\mathrm{i}Ht/\hbar}n(\boldsymbol{x})\mathrm{e}^{-\mathrm{i}Ht/\hbar}H_{\mathrm{ext}}(t')-H_{\mathrm{ext}}(t')\mathrm{e}^{\mathrm{i}Ht/\hbar}n(\boldsymbol{x})\mathrm{e}^{-\mathrm{i}Ht/\hbar}|\psi_H\rangle)\\
&=\langle\psi_H|n(\boldsymbol{x},t)|\psi_H\rangle\\
&\quad-\frac{\mathrm{i}}{\hbar}\int_{-\infty}^{t}\mathrm{d}t'\int\mathrm{d}^3x'\phi_{\mathrm{ext}}(\boldsymbol{x}',t')\langle\psi_H|[n(\boldsymbol{x},t),n(\boldsymbol{x}',t')]|\psi_H\rangle,
\end{aligned}\tag{12.9}$$

其中我们用具有明显时间依赖的算符, 例如 $n(\boldsymbol{x},t)$, 来表示 Heisenberg 算符, 即

$$n(\boldsymbol{x},t)=\mathrm{e}^{\mathrm{i}Kt/\hbar}n(\boldsymbol{x})\mathrm{e}^{-\mathrm{i}Kt/\hbar},$$

而 $n(\boldsymbol{x})$ 则是 Schrödinger 绘景中的算符, 同时 $[A,B]=AB-BA$. **464**

和前面提到的一样, $t=-\infty$ 时系统位于平衡态. 因此对式 (12.9) 进行巨正则概率密度平均后最终得到

$$\langle\delta n(\boldsymbol{x},t)\rangle=\frac{\mathrm{i}}{\hbar}\int_{-\infty}^{t}\mathrm{d}t'\int\mathrm{d}^3x'\phi_{\mathrm{ext}}(\boldsymbol{x}',t')\langle[n(\boldsymbol{x}',t'),n(\boldsymbol{x},t)]\rangle_H.\tag{12.10}$$

我们发现将响应函数表示成推迟密度-密度关联函数 D^{R} 的形式很方便, D^{R} 可以通过下面的式子来定义, 即

$$D^{\mathrm{R}}(\boldsymbol{x},t;\boldsymbol{x}',t')\equiv-\frac{\mathrm{i}}{\hbar}\theta(t-t')\langle[n(\boldsymbol{x},t),n(\boldsymbol{x}',t')]\rangle_H,\tag{12.11}$$

其中 $\theta(t)$ 是 Heaviside 阶梯函数. 这个关联函数 (也叫作传播子或 Green 函数) 与微扰势能无关, 因此可以用来描述系统对任何与粒子数密度线性耦合的外界微扰的响应. 将其代入式 (12.10), 可以得到

$$\langle\delta n(\boldsymbol{x},t)\rangle=\int\mathrm{d}^3x'\int_{-\infty}^{\infty}\mathrm{d}t'D^{\mathrm{R}}(\boldsymbol{x},t;\boldsymbol{x}',t')\phi_{\mathrm{ext}}(\boldsymbol{x}',t').\tag{12.12}$$

如果微扰前的系统在时间和空间上是均匀的, 那么 $D^{\mathrm{R}}(\boldsymbol{x},t;\boldsymbol{x}',t')$ 只能是 $\boldsymbol{x}-\boldsymbol{x}'$ 和 $t-t'$ 的函数, 并且式 (12.12) 中的积分只是一个简单的四维卷积. 因此, 如果我们做如下 Fourier 变换:

$$\langle\delta n(\boldsymbol{x},t)\rangle=\frac{1}{2\pi V}\sum_{\boldsymbol{q}}\int_{-\infty}^{\infty}\mathrm{d}\omega\delta\rho(\boldsymbol{q},\omega)\mathrm{e}^{\mathrm{i}\boldsymbol{q}\cdot\boldsymbol{x}}\mathrm{e}^{-\mathrm{i}\omega t},\tag{12.13}$$

$$D^{\mathrm{R}}(\boldsymbol{x},t;\boldsymbol{x}',t')=\frac{1}{2\pi V}\sum_{\boldsymbol{q}}\int_{-\infty}^{\infty}\mathrm{d}\omega\chi^{\mathrm{R}}(\boldsymbol{q},\omega)\mathrm{e}^{\mathrm{i}\boldsymbol{q}\cdot(\boldsymbol{x}-\boldsymbol{x}')}\mathrm{e}^{-\mathrm{i}\omega(t-t')},\tag{12.14}$$

$$\phi_{\text{ext}}(\boldsymbol{x}', t') = \frac{1}{2\pi V}\sum_{\boldsymbol{q}}\int_{-\infty}^{\infty} \mathrm{d}\omega \phi_{\text{ext}}(\boldsymbol{q}, \omega) \mathrm{e}^{\mathrm{i}\boldsymbol{q}\cdot\boldsymbol{x}'} \mathrm{e}^{-\mathrm{i}\omega t'}, \tag{12.15}$$

则有

$$\delta\rho(\boldsymbol{q}, \omega) = \chi^{\mathrm{R}}(\boldsymbol{q}, \omega)\phi_{\text{ext}}(\boldsymbol{q}, \omega). \tag{12.16}$$

函数 χ^{R} 被称作广义响应率.

在讨论磁化率, 以及它与动态结构因子的关系之前, 我们先暂停一下, 将 Fourier
465 变换后得到的量写成二次量子化的形式. 此时粒子数密度算符 $n(\boldsymbol{x})$ 可以写成

$$n(\boldsymbol{x}) = \psi^{\dagger}(\boldsymbol{x})\psi(\boldsymbol{x}) = \frac{1}{V}\sum_{\boldsymbol{k},\boldsymbol{q},\sigma} c^{\dagger}_{\boldsymbol{k}-\boldsymbol{q},\sigma} c_{\boldsymbol{k},\sigma} \mathrm{e}^{\mathrm{i}\boldsymbol{q}\cdot\boldsymbol{x}} = \frac{1}{V}\sum_{\boldsymbol{q}} \rho(\boldsymbol{q}) \mathrm{e}^{\mathrm{i}\boldsymbol{q}\cdot\boldsymbol{x}}, \tag{12.17}$$

其中

$$c^{\dagger}_{\boldsymbol{k},\sigma}, c_{\boldsymbol{k},\sigma} = \begin{cases} a^{\dagger}_{\boldsymbol{k},\sigma}, a_{\boldsymbol{k},\sigma}, & \text{费米子}, \\ b^{\dagger}_{\boldsymbol{k},\sigma}, b_{\boldsymbol{k},\sigma}, & \text{玻色子} \end{cases}$$

是在附录中引入的产生和湮灭算符. 当然对于无自旋玻色子的情况, 式 (12.17) 中对 σ 的求和可以被省略. 那么依赖于时间的密度算符可以写成

$$\begin{aligned} n(\boldsymbol{x}, t) &= \frac{1}{V}\sum_{\boldsymbol{q}} \mathrm{e}^{\mathrm{i}Kt/\hbar} \rho(\boldsymbol{q}) \mathrm{e}^{-\mathrm{i}Kt/\hbar} \mathrm{e}^{\mathrm{i}\boldsymbol{q}\cdot\boldsymbol{x}} \\ &= \frac{1}{V}\sum_{\boldsymbol{q}} \rho(\boldsymbol{q}, t) \mathrm{e}^{\mathrm{i}\boldsymbol{q}\cdot\boldsymbol{x}} \\ &= \frac{1}{2\pi V}\sum_{\boldsymbol{q}}\int_{-\infty}^{\infty} \mathrm{d}\omega \rho(\boldsymbol{q}, \omega) \mathrm{e}^{\mathrm{i}\boldsymbol{q}\cdot\boldsymbol{x}} \mathrm{e}^{-\mathrm{i}\omega t} \end{aligned} \tag{12.18}$$

和

$$\rho(\boldsymbol{q}, \omega) = \int_{-\infty}^{\infty} \mathrm{d}t \rho(\boldsymbol{q}, t) \mathrm{e}^{\mathrm{i}\omega t} = \int \mathrm{d}^3 x \int_{-\infty}^{\infty} \mathrm{d}t n(\boldsymbol{x}, t) \mathrm{e}^{-\mathrm{i}\boldsymbol{q}\cdot\boldsymbol{x}} \mathrm{e}^{\mathrm{i}\omega t}. \tag{12.19}$$

在表达式 (12.16) 中, 频率空间的响应和磁化率的传统定义一致, 对应了磁化强度和磁场 H (而不是磁感应强度 B) 之间的比率. 通常认为磁场来自一个外源. 在另一方面, 传统上对电极化率的定义是极化率和电场 E (而不是源场 D) 之间的比率.

我们现在定义动态结构因子 $S(\boldsymbol{q}, \omega)$:

$$S(\boldsymbol{q}, \omega) = \int_{-\infty}^{\infty} \mathrm{d}t \mathrm{e}^{\mathrm{i}\omega t} \langle \rho(\boldsymbol{q}, t)\rho(-\boldsymbol{q}, 0)\rangle. \tag{12.20}$$

式 (12.14) 中的广义响应率 $\chi^{\mathrm{R}}(\boldsymbol{q}, \omega)$ 可以用这个函数来表示, 接下来我们马上说明这一点. 首先, 我们注意到期望值

$$\langle n(\boldsymbol{x}, t) n(\boldsymbol{x}', t')\rangle = \frac{1}{V^2}\sum_{\boldsymbol{k}_1,\boldsymbol{k}_2} \langle \rho(\boldsymbol{k}_1, t)\rho(\boldsymbol{k}_2, t')\rangle \mathrm{e}^{\mathrm{i}\boldsymbol{k}_1\cdot\boldsymbol{x}} \mathrm{e}^{\mathrm{i}\boldsymbol{k}_2\cdot\boldsymbol{x}'}$$

是 $|\boldsymbol{x}-\boldsymbol{x}'|$ 的函数. 令 $\boldsymbol{x}=\boldsymbol{x}'+\boldsymbol{y}$, 并对 $\boldsymbol{x}'$ 进行积分, 可以得到 **466**

$$\begin{aligned}\frac{1}{V}\int \mathrm{d}^3x'\langle n(\boldsymbol{x}'+\boldsymbol{y},t)n(\boldsymbol{x}',t')\rangle &= \frac{1}{V^2}\sum_{\boldsymbol{k}}\langle\rho(\boldsymbol{k},t)\rho(-\boldsymbol{k},t')\rangle \mathrm{e}^{\mathrm{i}\boldsymbol{k}\cdot\boldsymbol{y}}\\ &= \frac{1}{V^2}\sum_{\boldsymbol{k}}\langle\rho(\boldsymbol{k},t-t')\rho(-\boldsymbol{k},0)\rangle \mathrm{e}^{\mathrm{i}\boldsymbol{k}\cdot\boldsymbol{y}}. \quad (12.21)\end{aligned}$$

因此

$$\begin{aligned}\chi^{\mathrm{R}}(\boldsymbol{q},\omega) &= -\frac{\mathrm{i}}{\hbar V^2}\sum_{\boldsymbol{k}}\int \mathrm{d}^3y\int_{-\infty}^{\infty}\mathrm{d}\tau \mathrm{e}^{\mathrm{i}(\boldsymbol{k}-\boldsymbol{q})\cdot\boldsymbol{y}+\mathrm{i}\omega\tau}\theta(\tau)\langle\rho(\boldsymbol{k},\tau)\rho(-\boldsymbol{k},0)\\ &\quad -\rho(-\boldsymbol{k},0)\rho(\boldsymbol{k},\tau)\rangle\\ &= -\frac{\mathrm{i}}{\hbar V}\int_{-\infty}^{\infty}\mathrm{d}\tau \mathrm{e}^{\mathrm{i}\omega\tau}\theta(\tau)\langle\rho(\boldsymbol{q},\tau)\rho(-\boldsymbol{q},0)\\ &\quad -\rho(-\boldsymbol{q},0)\rho(\boldsymbol{q},\tau)\rangle. \quad (12.22)\end{aligned}$$

利用 Heaviside 函数的积分形式, 即

$$\theta(\tau)=\frac{1}{2\pi\mathrm{i}}\int_{-\infty}^{\infty}\mathrm{d}\omega'\frac{\mathrm{e}^{\mathrm{i}\omega'\tau}}{\omega'-\mathrm{i}\eta}, \quad (12.23)$$

其中 η 是一个正的无穷小量, 我们发现

$$\begin{aligned}\chi^{\mathrm{R}}(\boldsymbol{q},\omega) &= \frac{-1}{2\pi\hbar V}\int_{-\infty}^{\infty}\mathrm{d}\tau\int_{-\infty}^{\infty}\mathrm{d}\omega'\mathrm{e}^{\mathrm{i}(\omega'+\omega)\tau}\\ &\quad\times\frac{\langle\rho(\boldsymbol{q},\tau)\rho(-\boldsymbol{q},0)-\rho(-\boldsymbol{q},0)\rho(\boldsymbol{q},\tau)\rangle}{\omega'-\mathrm{i}\eta}. \quad (12.24)\end{aligned}$$

将 $\omega'=-\omega+\omega''$ 代入式 (12.24), 并根据期望值的定义注意到, 对于任意一对算符 A 和 B 都有

$$\langle A(0)B(t)\rangle=\langle A(-t)B(0)\rangle,$$

并且

$$\langle\rho(-\boldsymbol{k},\tau)\rho(\boldsymbol{k},0)\rangle=\langle\rho(\boldsymbol{k},\tau)\rho(-\boldsymbol{k},0)\rangle,$$

因此可以得到

$$\chi^{\mathrm{R}}(\boldsymbol{q},\omega)=\frac{1}{\hbar V}\int_{-\infty}^{\infty}\frac{\mathrm{d}\omega'}{2\pi}\frac{S(\boldsymbol{q},\omega')-S(\boldsymbol{q},-\omega')}{\omega-\omega'+\mathrm{i}\eta}. \quad (12.25)$$

现在我们来更仔细地考察一下动态结构因子. 让 $|n\rangle$ 代表巨正则哈密顿量 K 的一组完备的本征态: **467**

$$K|n\rangle=K_n|n\rangle. \quad (12.26)$$

利用这些本征态, 根据式 (12.20) 中的定义, 有

$$\begin{aligned}S(\boldsymbol{q},\omega) &= \int_{-\infty}^{\infty} \mathrm{d}t\mathrm{e}^{\mathrm{i}\omega t}\sum_n \langle n|\mathrm{e}^{-\beta K}\mathrm{e}^{\mathrm{i}Kt/\hbar}\rho(\boldsymbol{q},0)\mathrm{e}^{-\mathrm{i}Kt/\hbar}\rho(-\boldsymbol{q},0)|n\rangle/Z_{\mathrm{G}} \\ &= \sum_{n,m}\frac{\mathrm{e}^{-\beta K_n}}{Z_{\mathrm{G}}}\int_{-\infty}^{\infty}\mathrm{d}t\mathrm{e}^{\mathrm{i}\{\omega+(K_n-K_m)/\hbar\}t}\langle n|\rho(\boldsymbol{q},0)|m\rangle\langle m|\rho(-\boldsymbol{q},0)|n\rangle \\ &= 2\pi\hbar\sum_{n,m}\frac{\mathrm{e}^{-\beta K_n}}{Z_{\mathrm{G}}}|\langle n|\rho(\boldsymbol{q},0)|m\rangle|^2\delta(\hbar\omega+K_n-K_m).\end{aligned} \tag{12.27}$$

从式 (12.27) 可以看到 $S(\boldsymbol{q},\omega)$ 是非负的实数, 即

$$S(\boldsymbol{q},\omega)\geqslant 0, \tag{12.28}$$

并且

$$S(-\boldsymbol{q},\omega)=S(\boldsymbol{q},\omega)=\mathrm{e}^{\beta\hbar\omega}S(\boldsymbol{q},-\omega). \tag{12.29}$$

式 (12.29) 是细致平衡条件的一种表述形式. 我们可以用下面的方式来诠释式 (12.29). 在量子力学里, 两个态之间的转换速率和转换方向之间没有关系, 发射和吸收之间并没有明确区分. 另一方面, 从式 (12.27) 可以看到, 动态结构因子是转换速率的热力学平均, 因此对应了一个由初态的平均占有数加权后的量子转换速率. 这样的话式 (12.29) 就可以得到理解了.

方程 $S(\boldsymbol{q},\omega)$ 代表了密度涨落的频率谱. 从另一个角度来说, 响应函数 χ^{R} 的虚部在物理上就可以解释为能量的耗散. 结合式 (12.25) 和式 (12.29), 并且利用

$$\frac{1}{\omega+\mathrm{i}\eta}=P\left(\frac{1}{\omega}\right)-\mathrm{i}\pi\delta(\omega), \tag{12.30}$$

其中 P 代表主值, 可以得到涨落-耗散定理:

$$(1-\mathrm{e}^{-\beta\hbar\omega})S(\boldsymbol{q},\omega)=-2\hbar V\,\mathrm{Im}\,\chi^{\mathrm{R}}(\boldsymbol{q},\omega). \tag{12.31}$$

在继续讨论实例之前, 我们将进一步推广上面的理论, 不再局限于外场与密
468 度的耦合, 而是考虑外场与任意动力学变量 A 耦合的效应. 这样的话,

$$H_{\mathrm{ext}}=\phi_{\mathrm{ext}}A. \tag{12.32}$$

严格按照式 (12.10), 可以推导出某一个变量 B 对这个微扰的响应是

$$\langle\delta B(t)\rangle=\frac{\mathrm{i}}{\hbar}\int_{-\infty}^{t}\mathrm{d}t'\langle[A(t'),B(t)]\rangle_H\phi_{\mathrm{ext}}(t'). \tag{12.33}$$

适当的 Green 函数, 或又叫作传播子, 可以写成

$$D^{\mathrm{R}}_{BA}(t,t') = -\frac{\mathrm{i}}{\hbar}\theta(t-t')\langle[B(t),A(t')]\rangle_H, \tag{12.34}$$

这是对式 (12.11) 的一个推广. 和前面一样, 我们定义:

$$\begin{aligned}\langle\delta B(t)\rangle &= \int_{-\infty}^{\infty}\frac{\mathrm{d}\omega}{2\pi}\langle\delta B(\omega)\rangle\mathrm{e}^{-\mathrm{i}\omega t},\\ D^{\mathrm{R}}_{BA}(t,t') &= \int_{-\infty}^{\infty}\frac{\mathrm{d}\omega}{2\pi}\chi^{\mathrm{R}}_{BA}(\omega)\mathrm{e}^{-\mathrm{i}\omega(t-t')},\\ \phi_{\mathrm{ext}}(t') &= \int_{-\infty}^{\infty}\frac{\mathrm{d}\omega}{2\pi}\phi_{\mathrm{ext}}(\omega)\mathrm{e}^{-\mathrm{i}\omega t'},\end{aligned} \tag{12.35}$$

可以得到

$$\langle\delta B(\omega)\rangle = \chi^{\mathrm{R}}_{BA}(\omega)\phi_{\mathrm{ext}}(\omega). \tag{12.36}$$

同样, 我们可以将响应函数表示成平衡态的关联函数. 令

$$\begin{aligned}S_{BA}(\omega) &= \int_{-\infty}^{\infty}\mathrm{d}t\langle B(t)A(0)\rangle_H\mathrm{e}^{\mathrm{i}\omega t},\\ S_{AB}(\omega) &= \int_{-\infty}^{\infty}\mathrm{d}t\langle A(t)B(0)\rangle_H\mathrm{e}^{\mathrm{i}\omega t},\end{aligned} \tag{12.37}$$

和式 (12.20)—(12.25) 一样, 做一些类似的处理, 可以得到

$$\chi^{\mathrm{R}}_{BA}(\omega) = \frac{1}{2\pi\hbar}\int_{-\infty}^{\infty}\mathrm{d}\omega'\frac{S_{BA}(\omega')-S_{AB}(-\omega')}{\omega-\omega'+\mathrm{i}\eta}. \tag{12.38}$$

利用推导式 (12.29) 过程中用到的论证, 我们可以轻易地将 $S_{AB}(-\omega)$ 和 $S_{BA}(\omega)$ 联系起来. 经过一些简单的代数运算, 得到结果

$$S_{AB}(-\omega) = \mathrm{e}^{-\beta\hbar\omega}S_{BA}(\omega). \tag{12.39}$$

为了得到式 (12.31) 的涨落-耗散定理, 我们需要在一定程度上做些限制. 对于 $B =$ 469
$A^\dagger$ 的情形, 我们看到 S_{AB} 是非负的实数, 并且利用式 (12.30), 我们发现

$$(1-\mathrm{e}^{-\beta\hbar\omega})S_{BA}(\omega) = -2\hbar\,\mathrm{Im}\,\chi^{\mathrm{R}}_{BA}(\omega). \tag{12.40}$$

在 12.3.3 小节中, 我们将会用到这些更一般的公式, 并推导出 Heisenberg 铁磁体的磁波子谱.

12.1.2 热力学性质

在 5.2 节里, 我们根据对关联函数 (或等价的静态结构因子) 写出了状态方程、内能、经典粒子系统的压缩率, 以及两体相互作用. 我们现在希望针对量子多体系统推导出类似的关系. 为了简单起见, 我们只考虑各向同性系统, 并假设哈密顿量可以写成下面的形式:

$$H = H_0 + H_1 = \sum_{i=1}^{N} \frac{p_i^2}{2m} + \sum_{i<j} v(\boldsymbol{r}_i - \boldsymbol{r}_j). \tag{12.41}$$

在 5.2 节中, 均分定理让我们可以分别考虑 $\langle H_0 \rangle$ 和 $\langle H_1 \rangle$ 两项, 但是对于一个量子系统, 同样的方法就不再可行了, 因此我们必须采取一个稍微迂回点的方法. 让我们首先考虑基态能量, 并将哈密顿量 (见式 (12.41)) 重新写成

$$H_\lambda = H_0 + \lambda H_1. \tag{12.42}$$

我们考虑的物理系统对应 $\lambda = 1$, 但是我们仍然可以想象 λ 取其他值的情况. 对于后一种情况, 我们假设基态 $|\lambda\rangle$ 具有能量 E_λ 并且满足归一化条件 $\langle \lambda | \lambda \rangle = 1$. 因此

$$E_\lambda = \langle \lambda | H_\lambda | \lambda \rangle.$$

对 λ 求导得到

$$\frac{\partial E_\lambda}{\partial \lambda} = \left(\frac{\partial}{\partial \lambda} \langle \lambda | \right) H_\lambda | \lambda \rangle + \langle \lambda | \frac{\partial H_\lambda}{\partial \lambda} | \lambda \rangle + \langle \lambda | H_\lambda \frac{\partial}{\partial \lambda} | \lambda \rangle.$$

第一和第三项合并后给出

$$E_\lambda \frac{\partial}{\partial \lambda} \langle \lambda | \lambda \rangle = 0,$$

470 这是因为态 $|\lambda\rangle$ 是归一化的, 所以有

$$\frac{\partial E_\lambda}{\partial \lambda} = \langle H_1 \rangle_\lambda,$$

这里的期望值是在耦合强度 λ 的基态下求得的. 积分后, 我们最终得到

$$E = E_0 + \int_0^1 \mathrm{d}\lambda \langle H_1 \rangle_\lambda. \tag{12.43}$$

同样的推导可以很容易推广到有限温度的情况 (见式 (3.23)—(3.27) 的讨论). 例如对于 Helmholtz 自由能, 我们有

$$A(N, V, T) = A_0(N, V, T) + \int_0^1 \mathrm{d}\lambda \langle H_1 \rangle_{\lambda, c}, \tag{12.44}$$

其中的下标表示期望值的计算是对温度等于 T、体积等于 V 的 N 粒子系统组成的正则系综进行的. 在式 (12.44) 中, $A_0(N,V,T)$ 对应无相互作用系统的自由能. 通过下面的式子, 相互作用能与 5.2 节中的静态 (或几何) 结构因子联系起来:

$$\langle H_1\rangle_\lambda=\frac{N}{2V}\sum_{\boldsymbol{q}\neq 0}v_{-\boldsymbol{q}}[S_\lambda(\boldsymbol{q})-1]+\frac{N^2}{2V}v_0, \tag{12.45}$$

其中 $v_{\boldsymbol{q}}$ 是对势的 Fourier 变换形式. 相应地, 静态结构因子和动态结构因子通过下面的式子联系起来:

$$S(\boldsymbol{q})=\frac{1}{N}\int_{-\infty}^{\infty}\frac{\mathrm{d}\omega}{2\pi}S(\boldsymbol{q},\omega). \tag{12.46}$$

现在我们可以很直接地把基态能量或自由能用静态结构因子来表示, 从自由能出发, 我们可以得到其他所有的热力学性质. 但事实上, 这中间有一点复杂, 我们需要知道所有中间耦合常数 $\lambda<1$ 的结构因子. 我们将会在下一节的平均场近似中回到这一点上来, 并讨论一种特殊情况, 即其中的 λ 积分可以直接计算.

12.1.3 求和规则与不等式

下面我们将推导一些响应函数必须满足的严格关系. 有些 “求和规则” 对于检验各种近似的合理性很有帮助, 而另一些则会为掌握基本原则提供很有价值的直觉.

让我们首先考虑因果关系带来的后果. 由于一个稳定系统的响应不可能发生 471
在扰动以前, 因此我们要求式 (12.11) 在 $t<t'$ 时满足 $D^{\mathrm{R}}(\boldsymbol{x},t;\boldsymbol{x}',t')=0$. 复变解析函数的理论告诉我们 $\chi^{\mathrm{R}}(\boldsymbol{q},\omega)$ 是位于上半平面的复变量 ω 的一个解析函数, 在那里没有极点. 另一方面, 实轴上的极点可能对应没有耗散的共振, 在我们要求一个有限源场只会产生一个有限响应的情况下, 可以不用考虑这些极点. 这些解析的性质, 加上假设响应函数在 $\omega\to\infty$ 时减小得足够快, 已经充分说明 χ 必须满足 Kramers-Kronig 关系. 我们只需要进行围道积分:

$$0=\frac{1}{2\pi\mathrm{i}}\oint_C\mathrm{d}z\frac{\chi^{\mathrm{R}}(\boldsymbol{q},\omega)}{z-\omega},$$

其中围道 C 如图 12.1 所示. 将大半圆的半径 R 取为无穷大, 而小半圆的半径 ρ 取为零, 我们可以得到 Kramers-Kronig 关系:

$$\begin{aligned}\mathrm{Re}\,\chi^{\mathrm{R}}(\boldsymbol{q},\omega)&=P\int_{-\infty}^{\infty}\frac{\mathrm{d}\omega'}{\pi}\frac{\mathrm{Im}\,\chi^{\mathrm{R}}(\boldsymbol{q},\omega')}{\omega-\omega'},\\ \mathrm{Im}\,\chi^{\mathrm{R}}(\boldsymbol{q},\omega)&=-P\int_{-\infty}^{\infty}\frac{\mathrm{d}\omega'}{\pi}\frac{\mathrm{Re}\,\chi^{\mathrm{R}}(\boldsymbol{q},\omega')}{\omega-\omega'},\end{aligned} \tag{12.47}$$

其中 P 代表了这些积分的主值.

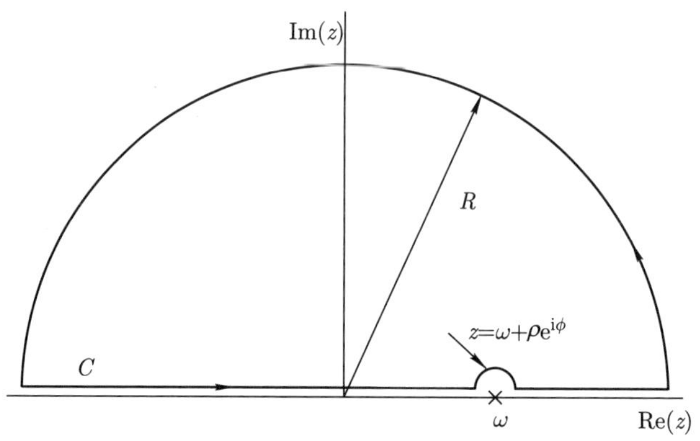

图 12.1　推导 Kramers-Kronig 关系用到的围道 C

另一个重要的关系是 f 求和规则, 它对于粒子间势能与速度无关的系统也是成立的. 密度算符 (见式 (12.17)) 和它的 Fourier 变换与式 (12.41) 里的 H_1 是对易的, 但是却和

$$H_0=\sum_{\boldsymbol{k},\sigma}\frac{\hbar^2k^2}{2m}c^\dagger_{\boldsymbol{k},\sigma}c_{\boldsymbol{k},\sigma} \tag{12.48}$$

不对易. 很容易就可以验证

$$\langle[[H,\rho(\boldsymbol{q})],\rho(\boldsymbol{q})]\rangle=\langle[[H_0,\rho(\boldsymbol{q})],\rho(\boldsymbol{q})]\rangle=\frac{\hbar^2q^2}{m}\langle N\rangle.$$

另外, 也有

$$\langle[[H,\rho(\boldsymbol{q})],\rho(\boldsymbol{q})]\rangle=\sum_{n,m}|\langle n|\rho(\boldsymbol{q})|m\rangle|^2(E_n-E_m)(\mathrm{e}^{-\beta E_n}-\mathrm{e}^{-\beta E_m}).$$

利用式 (12.27)、式 (12.31), 以及式 (12.46), 在进行一些代数运算后, 我们发现

472

$$\int_{-\infty}^{\infty}\frac{\mathrm{d}\omega}{\pi}\omega\mathrm{Im}\,\chi^{\mathrm{R}}(\boldsymbol{q},\omega)=-\frac{q^2\langle N\rangle}{mV}, \tag{12.49}$$

这正是 f 求和规则.

另一个自洽条件可以由对分布函数和响应函数之间的关系推导出来. 由于对分布函数在物理上被解释为概率, 因此它必须是非负的. 这个要求对于响应函数有一定的限制, 而这个限制在近似理论中很难满足. 我们推荐读者参考 Mahan 的著作 [185], 以及 Pines 和 Nozieres 的著作 [243], 以及里面的参考文献中涉及这个问题的讨论和进一步推导出的其他求和规则.

12.2 平均场响应

到目前为止, 我们的做法在线性响应近似下一直是严格的. 动态结构因子和响应函数在通常情况下都是不能严格求解的, 这是因为相互作用粒子系统的统计处理一般来说是一个无法解决的问题. 然而, 12.1 节中的方法为一些目前最成功的多体系统近似理论提供了一个有效的出发点, 其中最常见的方法是平均场理论及一些推广. 最直接和最简单的平均场理论是基于一个假设, 即系统对外界的响应等效于一个由自由粒子组成的系统对一个有效势的响应, 而这个有效势由外界施加的势场自洽地决定. 这个方法被应用于很多不同的情况, 结果导致很多不同的称呼, 例如随 **473**
机相位近似、含时 Hartree 近似, 以及 Lindhard 与自洽场近似. 作为另一个例子, 等离子体物理中的 Vlasov 方程也是由这种思路衍生出来的近似. 我们下面会通过一些简单的例子来说明这个方法.

12.2.1 电子气的介电函数

假设存在一个由外界控制的静电场 $\phi_{\text{ext}}(\boldsymbol{q},\omega)$ (见式 (12.15)). 系统的响应在形式上可以写成

$$\langle\delta\rho(\boldsymbol{q},\omega)\rangle=\chi^{\text{R}}(\boldsymbol{q},\omega)\phi_{\text{ext}}(\boldsymbol{q},\omega),\tag{12.50}$$

其中式 (12.50) 中的 χ^{R} 是严格的响应函数. 由于密度函数的涨落 $\langle\delta\rho(\boldsymbol{q},\omega)\rangle$ 会相应地产生一个 Coulomb 势, 即

$$\begin{aligned}\phi_{\text{ind}}(\boldsymbol{q},\omega)&=\int\mathrm{d}^3r\int\mathrm{d}^3r'\,\frac{e^2}{4\pi\epsilon_0|\boldsymbol{r}-\boldsymbol{r}'|}\langle\delta n(\boldsymbol{r}',\omega)\rangle\mathrm{e}^{\mathrm{i}\boldsymbol{q}\cdot\boldsymbol{r}}\\&=\frac{e^2}{\epsilon_0q^2}\langle\delta\rho(\boldsymbol{q},\omega)\rangle,\end{aligned}\tag{12.51}$$

因此可以得到有效势场

$$\phi_{\text{eff}}(\boldsymbol{q},\omega)=\phi_{\text{ext}}(\boldsymbol{q},\omega)+\phi_{\text{ind}}(\boldsymbol{q},\omega).\tag{12.52}$$

在式 (12.51) 中, 我们假设每个粒子都带电荷 e. 我们通过下式定义相对介电函数 $\epsilon(\boldsymbol{q},\omega)$:

$$\phi_{\text{eff}}(\boldsymbol{q},\omega)=\frac{\phi_{\text{ext}}(\boldsymbol{q},\omega)}{\epsilon(\boldsymbol{q},\omega)},\tag{12.53}$$

并且得到

$$\frac{1}{\epsilon(\boldsymbol{q},\omega)}=1+\frac{e^2}{\epsilon_0q^2}\chi^{\text{R}}(\boldsymbol{q},\omega),\tag{12.54}$$

这个式子将介电常数和响应函数联系了起来. 我们也注意到, 在我们的公式中, 响应函数应该是 $\epsilon^{-1}(\boldsymbol{q},\omega)-1$ 而不是 $\epsilon(\boldsymbol{q},\omega)$. 因此 $\epsilon^{-1}(\boldsymbol{q},\omega)-1$ 必须满足 Kramers-Kronig 色散关系 (见式 (12.47)). 我们可以想象将极化材料放在一个固定的势场

中, 而不是放在一个外界测试电荷下 (见图 12.2). 在这种情况下, 极化响应正比于
474 $\epsilon(\boldsymbol{q},\omega)-1$, 结果介电函数自身也必须满足 Kramers-Kronig 关系. 但是我们只能将电容板放在材料样本之外并维持在一个宏观的间距上. 因此因果关系只会在长波长近似下导致极化率满足 Kramers-Kronig 关系. 想知道关于这一点的更多的细节讨论, 请参考 Kirzhnits 的文章 [155] 和 Dolgov 等的综述 [77].

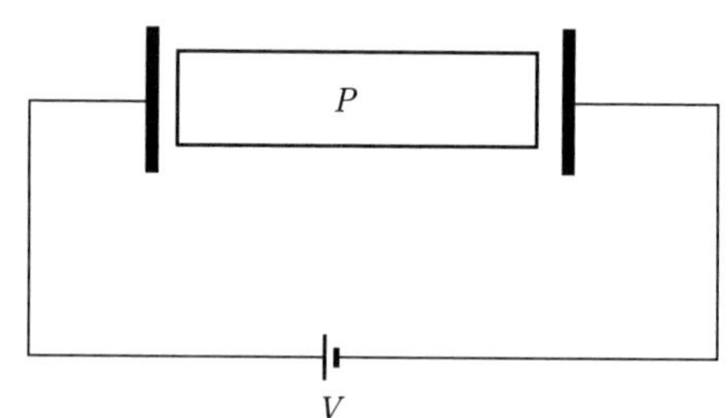

图 12.2 在固定势场中的材料的极化

通过下面的重组, 我们可以很容易地构造 $\chi^{\mathrm{R}}(\boldsymbol{q},\omega)$ 的平均场近似:

$$\langle\delta\rho(\boldsymbol{q},\omega)\rangle=\chi_0^{\mathrm{R}}(\boldsymbol{q},\omega)\phi_{\mathrm{eff}}(\boldsymbol{q},\omega), \tag{12.55}$$

其中 χ_0^{R} 是无相互作用系统的响应函数. 利用式 (12.53) 和式 (12.54), 我们得到

$$\langle\delta\rho(\boldsymbol{q},\omega)\rangle=\chi_0^{\mathrm{R}}(\boldsymbol{q},\omega)\phi_{\mathrm{ext}}(\boldsymbol{q},\omega)+\chi_0^{\mathrm{R}}(\boldsymbol{q},\omega)\frac{e^2}{\epsilon_0 q^2}\langle\delta\rho(\boldsymbol{q},\omega)\rangle, \tag{12.56}$$

或者写成

$$\langle\delta\rho(\boldsymbol{q},\omega)\rangle=\frac{\chi_0^{\mathrm{R}}(\boldsymbol{q},\omega)}{1-e^2\chi_0^{\mathrm{R}}(\boldsymbol{q},\omega)/\epsilon_0 q^2}\phi_{\mathrm{ext}}(\boldsymbol{q},\omega). \tag{12.57}$$

平均场近似下的响应函数可以写成

$$\chi_{\mathrm{MF}}(\boldsymbol{q},\omega)=\frac{\chi_0^{\mathrm{R}}(\boldsymbol{q},\omega)}{1-e^2\chi_0^{\mathrm{R}}(\boldsymbol{q},\omega)/\epsilon_0 q^2}. \tag{12.58}$$

类似地, 平均场近似下的介电常数可以写成

$$\epsilon_{\mathrm{MF}}(\boldsymbol{q},\omega)=1-\frac{e^2}{\epsilon_0 q^2}\chi_0^{\mathrm{R}}(\boldsymbol{q},\omega). \tag{12.59}$$

显然, 平均场近似方法不是严格的. 每一个粒子所看到的局域势能并不等于平均势能 $\phi_{\mathrm{eff}}(\boldsymbol{q},\omega)$, 而是会由交换和关联效应所改变. 习惯上, 我们会写成

$$\langle\delta\rho(\boldsymbol{q},\omega)\rangle=\chi_0^{\mathrm{R}}(\boldsymbol{q},\omega)\psi_{\mathrm{eff}}(\boldsymbol{q},\omega), \tag{12.60}$$

其中, 一个粒子感受到的有效势能可以写成 475

$$\psi_{\text{eff}}(\boldsymbol{q},\omega)=\phi_{\text{ext}}(\boldsymbol{q},\omega)+\frac{e^2}{\epsilon_0 q^2}f(\boldsymbol{q},\omega)\langle\delta\rho(\boldsymbol{q},\omega)\rangle. \tag{12.61}$$

局域场修正① 下的 $f(\boldsymbol{q},\omega)$ (通常都令其与频率无关) 可以通过很多不同的方法进行估算, 其中最有名的是 Singwi 与其合作者的工作 (见 Vashista 和 Singwi 的文章 [311], 以及其中的参考文献, 也可以参考 Mahan 的著作 [185]). 在这个近似下, 粒子在一个微弱扰动下的响应和一个独立粒子对有效势场

$$\psi_{\text{eff}}(\boldsymbol{q},\omega)=\frac{\phi_{\text{ext}}(\boldsymbol{q},\omega)}{1-e^2/\epsilon_0 q^2 f(\boldsymbol{q},\omega)\chi_0^{\text{R}}(\boldsymbol{q},\omega)} \tag{12.62}$$

的响应是一样的.

这里值得指出的是 ϕ_{ext} 和 ψ_{eff} 的比值并不是介电函数. 介电函数仍然由式 (12.53) 给出. 经过一些直接的运算后, 我们得到

$$\epsilon(\boldsymbol{q},\omega)=1-\frac{e^2}{\epsilon_0 q^2}\frac{\chi_0^{\text{R}}(\boldsymbol{q},\omega)}{1-(e^2/\epsilon_0 q^2)(1-f(\boldsymbol{q},\omega))\chi_0^{\text{R}}(\boldsymbol{q},\omega)}. \tag{12.63}$$

在没有局域场修正 ($f(\boldsymbol{q},\omega)=1$) 的情况下, 式 (12.63) 变回到简单的平均场结果 (见式 (12.59)).

12.2.2 弱相互作用 Bose 气体

我们在这里的关于弱相互作用 Bose 气体的讨论是对 11.2 节里的做法的一个补充. 所采用的近似都是基于相同的指导思想, 但在形式上这里却采用线性响应理论. 我们一开始先计算无相互作用 (理想) Bose 气体的动态结构因子 $S_0(\boldsymbol{q},\omega)$.

当 $T=0$ 时, 只有基态 $|N\rangle$ 对系综平均 (见式 (12.20)) 有贡献, 并且位于基态的所有粒子都凝聚在动量为零的状态. 在占有数表象中, 我们有

$$\rho(\boldsymbol{q})=\sum_{\boldsymbol{k}} b_{\boldsymbol{k}-\boldsymbol{q}}^{\dagger}b_{\boldsymbol{k}}, \tag{12.64}$$

其中 $b_{\boldsymbol{k}}^{\dagger}$, $b_{\boldsymbol{k}}$ 分别对应动量为 $\hbar\boldsymbol{k}$ 的粒子的产生和湮灭算符. 除非 $\boldsymbol{k}=0$, 一般来说 476
$b_{\boldsymbol{k}}|N\rangle=0$. 我们看到态 $\rho(\boldsymbol{q})|N\rangle$ 对应这样一个态, 在该过程中某个粒子被激发到能量态

$$\epsilon_0(\boldsymbol{q})=\frac{\hbar^2 q^2}{2m}. \tag{12.65}$$

① 术语 "局域场修正" 也用来描述真实金属中由于缺乏完整的平移对称性而带来的效应. 这样, 式 (12.60) 就不再正确了, 我们必须加入 "倒逆" 项, 使得等式左边的波矢 $\boldsymbol{q}$ 和等式右边的波矢相差一个倒格子矢量. 具体的讨论可见 Adler 的文章 [6] 和 Wiser 的文章 [328].

利用

$$b_{-\boldsymbol{q}}^{\dagger} b_0|N\rangle = \sqrt{N} b_{-\boldsymbol{q}}^{\dagger}|N-1\rangle$$

和式 (12.20), 我们发现对于 $\boldsymbol{q} \neq 0$, 有

$$S_0(\boldsymbol{q},\omega) = 2\pi\hbar N \delta(\hbar\omega - \epsilon_0(\boldsymbol{q})). \tag{12.66}$$

类似地, 有

$$S_0(\boldsymbol{q},-\omega) = 2\pi\hbar N \delta(\hbar\omega + \epsilon_0(\boldsymbol{q})). \tag{12.67}$$

因此利用式 (12.25), 可以得到

$$\begin{aligned}\chi_0^{\mathrm{R}}(\boldsymbol{q},\omega) &= \frac{N}{V}\int_{-\infty}^{\infty} \mathrm{d}\omega' \frac{\delta(\hbar\omega' - \epsilon_0(\boldsymbol{q})) - \delta(\hbar\omega' + \epsilon_0(\boldsymbol{q}))}{\omega - \omega' + \mathrm{i}\eta} \\ &= \frac{N}{V}\frac{q^2/m}{(\omega + \mathrm{i}\eta)^2 - q^4/4m^2},\end{aligned} \tag{12.68}$$

或写成

$$\chi_0^{\mathrm{R}}(\boldsymbol{q},\omega - \mathrm{i}\eta) = \frac{N}{V}\frac{2\epsilon_0(\boldsymbol{q})}{(\hbar\omega)^2 - \epsilon_0^2(\boldsymbol{q})}. \tag{12.69}$$

下面假设粒子通过一个对势发生相互作用, 该对势的空间 Fourier 变换形式是 $v_{\boldsymbol{q}}$. 和 12.2.1 小节一样, 将 $e^2/\epsilon_0 q^2$ 换成 $v_{\boldsymbol{q}}$, 可以得到

$$\begin{aligned}\chi_{\mathrm{MF}}^{\mathrm{R}}(\boldsymbol{q},\omega - \mathrm{i}\eta) &= \frac{\chi_0^{\mathrm{R}}(\boldsymbol{q},\omega - \mathrm{i}\eta)}{1 - v_{\boldsymbol{q}}\chi_0^{\mathrm{R}}(\boldsymbol{q},\omega - \mathrm{i}\eta)} \\ &= \frac{N}{V}\frac{\epsilon_0(\boldsymbol{q})}{\epsilon(\boldsymbol{q})}\left[\frac{1}{\hbar\omega - \epsilon(\boldsymbol{q})} - \frac{1}{\hbar\omega + \epsilon(\boldsymbol{q})}\right],\end{aligned} \tag{12.70}$$

其中

$$\epsilon(\boldsymbol{q}) = \sqrt{\epsilon_0^2(\boldsymbol{q}) + \frac{2N}{V} v_{\boldsymbol{q}}\epsilon_0(\boldsymbol{q})},$$

并且通过和式 (12.66) 比较, 可以看出

$$S(\boldsymbol{q},\omega) = 2\pi N\hbar \frac{\epsilon_0(\boldsymbol{q})}{\epsilon(\boldsymbol{q})}\delta(\hbar\omega - \epsilon(\boldsymbol{q})) \tag{12.71}$$

477 对应了平均场中弱相互作用玻色子在 $T=0, \boldsymbol{q} \neq 0$ 时的动态结构因子. 因此可以看出这个系统对与密度耦合的外界微扰的响应就是产生能量为 $\epsilon(\boldsymbol{q})$ 的声波. 在波矢很小的情况下,

$$\epsilon(\boldsymbol{q}) \sim \sqrt{\frac{2N}{V} v_0 \frac{\hbar^2}{m}} q,$$

其中我们假设 (见 11.2 节) 在 $\boldsymbol{q} \to 0$ 的极限下, $v_{\boldsymbol{q}}$ 存在并且有限. 这里得到的能量谱和 11.2 节里通过 Bogoliubov 变换得到的完全一样.

12.2.3 Heisenberg 铁磁体的激发

我们考虑低温情况下的各向异性 Heisenberg 模型, 其哈密顿量可以写成

$$H=-\sum_{\langle ij\rangle}[J_zS_{iz}S_{jz}+J_{xy}(S_{ix}S_{jx}+S_{iy}S_{jy})]-mB\sum_i S_{iz}, \tag{12.72}$$

第一项里的求和是对坐标维度为 ν 的格子上的最近邻对求和, 并且 $mS\hbar$ 是单原子磁矩. 各向同性 Heisenberg 铁磁体对应 $J_z=J_{xy}>0$ 的情况. 在这里, 我们简单地假设 $J_z\geqslant J_{xy}>0$, 同时将磁场的方向定为 z 方向, 根据我们对耦合常数的选择, 这也是基态的磁矩方向. 自旋算符遵循一般的角动量对易关系:

$$\begin{aligned}
&[S_i^+,S_{jz}]=-\hbar S_i^+\delta_{ij},\\
&[S_i^-,S_{jz}]=\hbar S_i^-\delta_{ij},\\
&[S_i^+,S_j^-]=2\hbar S_{iz}\delta_{ij},
\end{aligned} \tag{12.73}$$

其中 $S^+=S_x+\mathrm{i}S_y$, $S^-=S_x-\mathrm{i}S_y$ 分别是上升和下降算符.

我们注意到算符 $M_z=\sum\limits_i S_{iz}$ 与 H 对易. 因此 H 的本征态可以由磁化强度 M_z 的 z 分量来进行部分标示. 尤其值得注意的是, 对所有的 i 来说, 基态 $|0\rangle$ 的自旋全部都沿着 z 轴的正方向排列:

$$S_{iz}|0\rangle=S\hbar|0\rangle. \tag{12.74}$$

我们现在假设存在一个如下形式的外界微扰: 478

$$H_{\text{ext}}(t)=-\sum_j h_j(t)(S_j^++S_j^-), \tag{12.75}$$

并计算这个系统的响应. 这样一个微扰在物理上可以通过 x 方向的一束极化中子来实现. 我们将式 (12.32)—(12.39) 应用到这个系统. 特别地, 我们将计算关联函数

$$\begin{aligned}
S_{+-}(\boldsymbol{q},\omega)&=\int_{-\infty}^{\infty}\langle S^+(\boldsymbol{q},t)S^-(\boldsymbol{q},0)\rangle\mathrm{e}^{\mathrm{i}\omega t}\mathrm{d}t,\\
S_{-+}(\boldsymbol{q},\omega)&=\int_{-\infty}^{\infty}\langle S^-(\boldsymbol{q},t)S^+(\boldsymbol{q},0)\rangle\mathrm{e}^{\mathrm{i}\omega t}\mathrm{d}t,
\end{aligned} \tag{12.76}$$

其中

$$S^+(\boldsymbol{q},t)=\frac{1}{\sqrt{N}}\sum_j S_j^+(t)\mathrm{e}^{\mathrm{i}\boldsymbol{q}\cdot\boldsymbol{r}_j}, \tag{12.77}$$

$$S^-(\boldsymbol{q},t)=\frac{1}{\sqrt{N}}\sum_j S_j^-(t)\mathrm{e}^{-\mathrm{i}\boldsymbol{q}\cdot\boldsymbol{r}_j}=[S^+(\boldsymbol{q},t)]^\dagger. \tag{12.78}$$

我们首先考虑零温情况, 并在 $B=0$ 的情况下计算, 有

$$HS^-(\boldsymbol{q},0)|0\rangle = -\frac{1}{\sqrt{N}}\sum_m \mathrm{e}^{-\mathrm{i}\boldsymbol{q}\cdot\boldsymbol{r}_m} \times \sum_{\langle ij\rangle}\left[J_z S_{iz}S_{jz} + \frac{J_{xy}}{2}(S_i^+S_j^- + S_j^+S_i^-)\right]S_m^-|0\rangle. \tag{12.79}$$

下面, 我们一项一项地考查式 (12.79):

$$J_z S_{iz}S_{jz}S_m^- = \begin{cases} J_z S^2\hbar^2 S_m^-|0\rangle, & \text{如果 } i\neq m \text{ 且 } j\neq m, \\ J_z S(S-1)\hbar^2 S_m^-|0\rangle, & \text{如果 } i=m \text{ 或者 } j=m. \end{cases}$$

因此

$$-\sum_{\langle ij\rangle} J_z S_{iz}S_{jz}S_m^-|0\rangle = E_0 S_m^-|0\rangle + \nu J_z\hbar^2 S S_m^-|0\rangle, \tag{12.80}$$

其中 $E_0=-\nu N J_z\hbar^2S^2/2$ 是零场基态的能量. 同样, 由于 i,j 互为最近邻, 因此有

$$J_{xy}S_i^+S_j^-S_m^-|0\rangle = \begin{cases} 0, & i\neq m, \\ 2J_{xy}\hbar^2 S S_j^-|0\rangle, & i=m. \end{cases}$$

479 因此

$$\sum_{\langle ij\rangle}\frac{J_{xy}}{2}(S_i^+S_j^- + S_j^+S_i^-)S_m^-|0\rangle = J_{xy}\hbar^2{\sum_j}' S_j^-|0\rangle, \tag{12.81}$$

其中 $\sum'$ 表示求和只包括格点 m 的最近邻. 将式 (12.80) 和式 (12.81) 代入式 (12.79), 可以得到

$$HS^-(\boldsymbol{q},0)|0\rangle = E_0 S^-(\boldsymbol{q},0)|0\rangle + \frac{\hbar^2 S}{\sqrt{N}}\sum_{m,\boldsymbol{\delta}}(J_z - J_{xy}\mathrm{e}^{\mathrm{i}\boldsymbol{q}\cdot\boldsymbol{\delta}})S_m^-\mathrm{e}^{-\mathrm{i}\boldsymbol{q}\cdot\boldsymbol{r}_m}|0\rangle, \tag{12.82}$$

其中 $\boldsymbol{\delta}$ 代表最近邻矢量. 因此

$$HS^-(\boldsymbol{q},0)|0\rangle = [E_0+\epsilon_0(\boldsymbol{q})]S^-(\boldsymbol{q},0)|0\rangle, \tag{12.83}$$

其中

$$\epsilon_0(\boldsymbol{q}) = \hbar^2 S\sum_{\boldsymbol{\delta}}(J_z - J_{xy}\mathrm{e}^{\mathrm{i}\boldsymbol{q}\cdot\boldsymbol{\delta}}) \tag{12.84}$$

是波矢为 $\boldsymbol{q}$ 的自旋波 (或磁波子) 的能量. 对于简单立方格子来说, 其最近邻间距为 a, 式 (12.84) 中的色散关系变成

$$\epsilon_0(\boldsymbol{q}) = 6\hbar^2 S(J_z - J_{xy}) + 6\hbar^2 S J_{xy}\left[1-\frac{1}{3}(\cos q_x a + \cos q_y a + \cos q_z a)\right]. \tag{12.85}$$

耦合常数的各向异性会在自旋波谱上产生一个能隙 $\Delta = 6\hbar^2 S(J_z - J_{xy})$. 在 z 方向的有限磁场下, 可以很容易发现能隙会增加 $mB\hbar$. 正是这个能隙导致了序参量在低温情况下对 T 的指数依赖:

$$\Delta M_z(T) \equiv M_z(0) - M_z(T) \sim \mathrm{e}^{-\Delta/k_{\mathrm{B}}T}. \tag{12.86}$$

在各向同性 Heisenberg 模型中, $J = J_z = J_{xy}$, 在小波矢 $\boldsymbol{q}$ 的近似下, 其能谱和自由粒子非常相似, 即

$$\epsilon_0(\boldsymbol{q}) \approx J\hbar^2 S q^2 a^2. \tag{12.87}$$

如果我们假设自旋波或磁波子是无相互作用玻色子, 可以证明在低温并且没有外场的情况下, 磁化强度对温度的依赖可以写成 (见习题 12.5)

$$\Delta M_z(T) \sim T^{3/2}. \tag{12.88}$$

当然磁波子是无相互作用玻色子的假设只是近似成立, 但是随着温度降低, 这个假 480
设会变得越来越准确, 可以证明在极限情况下式 (12.88) 严格成立 (详细的讨论可以见 Mattis 的著作 [194] 或 Dyson 的文章 [82]).

另外我们也注意到和 Ising 模型不同, Heisenberg 反铁磁体面对的问题比铁磁体困难得多, 在 Ising 模型里反铁磁体 (至少在由相互交错的子格子组成的简单立方格子上, 见 4.1 节) 和铁磁体遵循的统计规律是一样的. 而对于 Heisenberg 反铁磁体, 事实上, 我们甚至不知道在三维或二维情况下系统的基态是什么. Mattis[194] 针对这个问题有详细的讨论, 我们在这里只是稍微提一下. 两个子格子上的反向平行排序会产生一个类声 (关于 q 线性) 的激发谱, 而不是自由粒子谱 (见式 (12.87)).

回到关联函数 (见式 (12.76)), 我们马上发现

$$S_{+-}(\boldsymbol{q}, \omega) = 4\pi\hbar^2 S \delta\left(\omega - \frac{\epsilon_0(\boldsymbol{q})}{\hbar}\right), \tag{12.89}$$

并且沿着 $+z$ 方向的基态满足 $S_{-+}(\boldsymbol{q}, \omega) = 0$. 因此响应函数或横向磁化率可以由式 (12.38) 给出, 即

$$\chi^{\mathrm{R}}_{+-}(\boldsymbol{q}, \omega) = 2\hbar S \int_{-\infty}^{\infty} \mathrm{d}\omega' \frac{\delta(\omega' - \epsilon_0 \boldsymbol{q}/\hbar)}{\omega - \omega' + \mathrm{i}\eta} = \frac{2\hbar S}{\omega - \epsilon_0(\boldsymbol{q})/\hbar + \mathrm{i}\eta}. \tag{12.90}$$

具体到一个与位置无关的静态场, 即在式 (12.75) 中 $h_j(t) = h$, 我们发现对于静态横向磁化率, 有

$$\chi^{\mathrm{S}}_{+-} = -\lim_{\omega, \boldsymbol{q} \to 0} \frac{2\hbar S}{\omega - \epsilon_0(\boldsymbol{q})/\hbar + \mathrm{i}\eta} = \frac{2\hbar S}{6\hbar S(J_z - J_{xy}) + mB}. \tag{12.91}$$

在各向同性的情况下, 当 z 方向的场趋近于零时, 上面的式子是发散的. 它的发散是由于基态存在无穷个简并度 —— N 个自旋全部发生相干转动不需要消耗能量.

12.2.4 屏蔽与等离子体

和弱相互作用 Bose 气体一样 (见 12.2.2 小节), 我们必须首先计算无相互作用系统的动态结构因子. 同样, 在 $T=0$ 时, 对系综平均 (见式 (12.20)) 有贡献的只有
481 基态, 它是由半径为 k_{F} 的球形 Fermi 面内的平面波态组成的. 态 $|n\rangle$ 可以通过密度算符

$$\rho_{\boldsymbol{q}}=\sum_{\boldsymbol{k},\sigma}a^{\dagger}_{\boldsymbol{k}+\boldsymbol{q},\sigma}a_{\boldsymbol{k},\sigma} \tag{12.92}$$

作用在基态 $|0\rangle$ 上产生. 如图 12.3 所示, 态 $|n\rangle=a^{\dagger}_{\boldsymbol{k}+\boldsymbol{q},\sigma}a_{\boldsymbol{k},\sigma}|0\rangle$ 对应 Fermi 面内的一个波矢为 $\boldsymbol{k}$ 的粒子被激发到 Fermi 面外波矢为 $\boldsymbol{k}+\boldsymbol{q}$ 的状态. 这个态的能量是

$$E_n=E_0+\frac{\hbar^2(\boldsymbol{k}+\boldsymbol{q})^2}{2m}-\frac{\hbar^2k^2}{2m}, \tag{12.93}$$

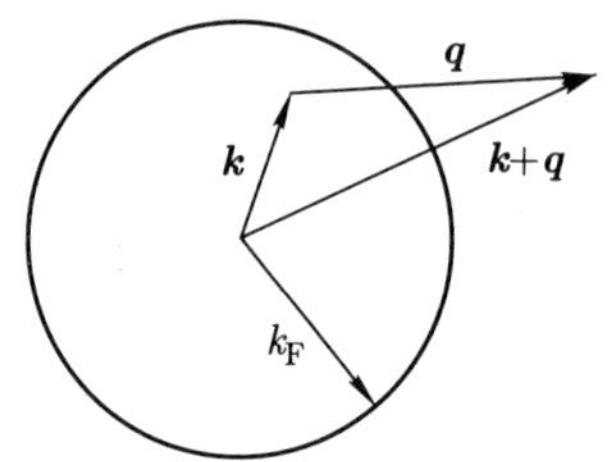

图 12.3 在已占据的 Fermi 面上的电子-空穴对激发

其中 E_0 是被填满的 Fermi 海的能量. 利用式 (12.93), 我们发现了无相互作用系统的动态结构因子 (注意到对应自旋的因子 2) 为

$$S_0(\boldsymbol{q},\omega)=4\pi\hbar\sum_{\boldsymbol{k},\boldsymbol{q}}\theta(k_{\mathrm{F}}-k)\theta(|\boldsymbol{k}+\boldsymbol{q}|-k_{\mathrm{F}})\delta\left\{\hbar\omega-\frac{\hbar^2}{2m}[(\boldsymbol{k}+\boldsymbol{q})^2-k^2]\right\}, \tag{12.94}$$

其中当 $x>0$ 时, $\theta(x)=1$; 当 $x<0$ 时, $\theta(x)=0$.

自由粒子的响应函数由式 (12.25) 给出, 和式 (12.94) 一起, 变成

$$\begin{aligned}\chi_0^{\mathrm{R}}(\boldsymbol{q},\omega)=\frac{2}{V}\sum_{k<k_{\mathrm{F}},|\boldsymbol{k}+\boldsymbol{q}|>k_{\mathrm{F}}}&\left\{\frac{1}{\hbar\omega-(\hbar^2/2m)[(\boldsymbol{k}+\boldsymbol{q})^2-k^2]+\mathrm{i}\eta}\right.\\&\left.-\frac{1}{\hbar\omega+(\hbar^2/2m)[(\boldsymbol{k}+\boldsymbol{q})^2-k^2]+\mathrm{i}\eta}\right\}.\end{aligned} \tag{12.95}$$

假如我们在第二项中做 $\boldsymbol{k}=-(\boldsymbol{p}+\boldsymbol{q})$ 的变换, 然后重新令 $\boldsymbol{p}\to\boldsymbol{k}$, 那么式 (12.95)
482 中的两项的分母就变成一样的了. 进一步, 我们利用等式

$$\begin{aligned}&\theta(k_{\mathrm{F}}-k)\theta(|\boldsymbol{k}+\boldsymbol{q}|-k_{\mathrm{F}})-\theta(k-k_{\mathrm{F}})\theta(k_{\mathrm{F}}-|\boldsymbol{k}+\boldsymbol{q}|)\\&=\theta(k_{\mathrm{F}}-k)-\theta(k_{\mathrm{F}}-|\boldsymbol{k}+\boldsymbol{q}|)\end{aligned} \tag{12.96}$$

去化简式 (12.95), 可以得到

$$\chi_0^{\mathrm{R}}(\boldsymbol{q},\omega)=\frac{2}{V}\sum_{\boldsymbol{k}}\frac{\theta(k_{\mathrm{F}}-k)-\theta(k_{\mathrm{F}}-|\boldsymbol{k}+\boldsymbol{q}|)}{\hbar\omega-(\hbar^2/2m)[(\boldsymbol{k}+\boldsymbol{q})^2-k^2]+\mathrm{i}\eta}. \tag{12.97}$$

$\chi_0^{\mathrm{R}}(\boldsymbol{q},\omega)$ 通常被叫作 Lindhard 函数. 如果将对 $\boldsymbol{k}$ 的求和变成积分, 我们可以同时得到其实部和虚部的解析表达式. 最后的结果相当复杂, 在这里我们只讨论两种特殊情况. 关于一般情况的明确结果可以在 Mahan 的著作 [185], Fetter 和 Walecka 的著作 [93], 或者 Pines 和 Nozieres 的著作 [243] 中找到.

(i) $\boldsymbol{\omega}\approx 0, \boldsymbol{q}\neq 0$. 这个极限情况对于静态屏蔽理论非常重要. 这种极限情况也常常用来研究电子-声子相互作用, 这是因为晶格的振动能一般都小于电子激发能. 根据

$$\frac{1}{\hbar\omega+E+\mathrm{i}\eta}=P\frac{1}{\hbar\omega+E}-\mathrm{i}\pi\delta(\hbar\omega+E), \tag{12.98}$$

其中 P 代表主值, 我们发现对于 $\omega=0$, 由于在 $|\boldsymbol{k}|=|\boldsymbol{k}+\boldsymbol{q}|$ 时两个阶梯函数相互抵消, 即

$$\begin{aligned}\operatorname{Im}\chi_0^{\mathrm{R}}(\boldsymbol{q},0)=&-\frac{2\pi}{V}\sum_{\boldsymbol{k}}(\theta(k_{\mathrm{F}}-k)-\theta(k_{\mathrm{F}}-|\boldsymbol{k}+\boldsymbol{q}|))\\&\times\delta\left\{\hbar\omega-\frac{\hbar^2}{2m}[(\boldsymbol{k}+\boldsymbol{q})^2-k^2]\right\}=0,\end{aligned} \tag{12.99}$$

因此静态磁化率对于所有的 $\boldsymbol{q}$ 来说都是实数, 并且

$$\chi_0^{\mathrm{R}}(\boldsymbol{q},0)=\frac{m}{2\pi^3\hbar^2}\left[P\int_{k<k_{\mathrm{F}}}\frac{\mathrm{d}^3k}{k^2-(\boldsymbol{k}+\boldsymbol{q})^2}-P\int_{|\boldsymbol{k}+\boldsymbol{q}|<k_{\mathrm{F}}}\frac{\mathrm{d}^3k}{k^2-(\boldsymbol{k}+\boldsymbol{q})^2}\right]. \tag{12.100}$$

如果我们在其中的一个积分中代入 $\boldsymbol{k}+\boldsymbol{q}=-\boldsymbol{p}$, 将看到这两项的贡献一样, 最后得到

$$\chi_0^{\mathrm{R}}(\boldsymbol{q},0)=-\frac{m}{\pi^3\hbar^2}P\int_{k<k_{\mathrm{F}}}\frac{\mathrm{d}^3k}{q^2+2\boldsymbol{k}\cdot\boldsymbol{q}}. \tag{12.101}$$

在球坐标下, 应用 $\mu=\cos\theta$, 式 (12.101) 变成 **483**

$$\begin{aligned}\chi_0^{\mathrm{R}}(\boldsymbol{q},0)&=-\frac{2m}{\pi^2\hbar^2}\int_0^{k_{\mathrm{F}}}\mathrm{d}k k^2 P\int_{-1}^{1}\mathrm{d}\mu\frac{1}{q^2+2kq\mu}\\&=-\frac{m}{q\pi^2\hbar^2}P\int_0^{k_{\mathrm{F}}}\mathrm{d}k k\ln\frac{q+2k}{q-2k}\\&=-\frac{m}{q\pi^2\hbar^2}P\int_{-k_{\mathrm{F}}}^{k_{\mathrm{F}}}\mathrm{d}k k\ln|q+2k|.\end{aligned} \tag{12.102}$$

最后一个积分可以通过分部积分很容易地算出来, 得到的最终结果为

$$\chi_0^{\mathrm{R}}(\boldsymbol{q},0)=-\frac{mk_{\mathrm{F}}}{\pi^2\hbar^2}\left(\frac{1}{2}+\frac{4k_{\mathrm{F}}^2-q^2}{8qk_{\mathrm{F}}}\ln\left|\frac{q+2k_{\mathrm{F}}}{q-2k_{\mathrm{F}}}\right|\right). \tag{12.103}$$

因此在平均场近似下, 静态介电函数由式 (12.59) 给出, 即

$$\epsilon(\boldsymbol{q},0)=1-\frac{e^2}{\epsilon_0 q^2}\chi_0^{\mathrm{R}}(\boldsymbol{q},0). \tag{12.104}$$

定义函数

$$u_{\boldsymbol{q}}=\left(\frac{1}{2}+\frac{4k_{\mathrm{F}}^2-q^2}{8qk_{\mathrm{F}}}\ln\left|\frac{q+2k_{\mathrm{F}}}{q-2k_{\mathrm{F}}}\right|\right), \tag{12.105}$$

有

$$\epsilon(\boldsymbol{q},0)=1+\frac{k_{\mathrm{TF}}^2}{q^2}u_{\boldsymbol{q}}, \tag{12.106}$$

其中 k_{TF} 是 Thomas-Fermi 波矢:

$$k_{\mathrm{TF}}^2=\frac{me^2}{\pi^2\epsilon_0\hbar^2}k_{\mathrm{F}}. \tag{12.107}$$

在图 12.4 中, 我们象征性地把函数 $u_{\boldsymbol{q}}$ 画了出来. 我们注意到在 q 非常小时, $u_{\boldsymbol{q}}\approx 1$, 而当 $q\to\infty$ 时, $u_{\boldsymbol{q}}\to 0$. 在 $2k_{\mathrm{F}}$ 附近, $u_{\boldsymbol{q}}$ 变化很快, 且在 $2k_{\mathrm{F}}$ 的位置对 q 的导数存在一个对数奇点.

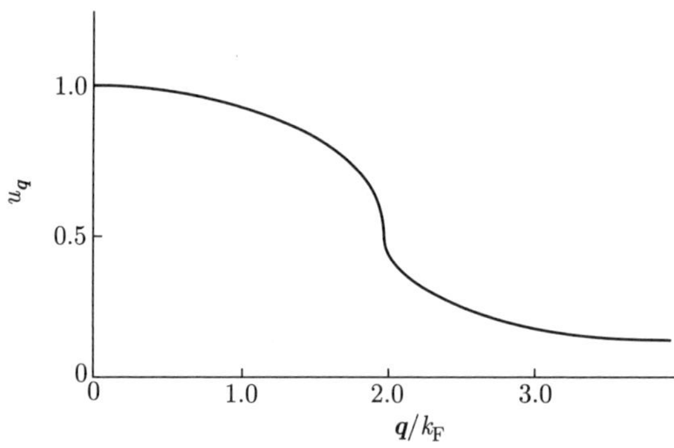

图 12.4　式 (12.105) 中的函数 $u_{\boldsymbol{q}}$

下面考虑在平均场线性响应近似下由一个点电荷产生的有效势

$$\phi_{\mathrm{eff}}(\boldsymbol{q})=\frac{e^2/\epsilon_0}{q^2+k_{\mathrm{TF}}^2u_{\boldsymbol{q}}}. \tag{12.108}$$

正常情况下, 一个函数对较大的 r 的空间依赖主要是由 Fourier 变换函数中较小的 q 的行为来决定的.

由于在 $q\to 0$ 时 $u_{\boldsymbol{q}}\to 1$, 因此我们可以预计对于比较大的 r, 有效势表现出来的行 484
为会和式 (12.108) 中 $q=0$ 的极限一样 (见习题 12.1), 即

$$\phi_{\mathrm{TF}}(\boldsymbol{r})=\frac{e^2}{4\pi\epsilon_0 r}\mathrm{e}^{-k_{\mathrm{TF}}r}. \tag{12.109}$$

但是由于 $u_{\boldsymbol{q}}$ 在 $2k_{\mathrm{F}}$ 处的奇点, 上面这个论证在这里并不正确. 可以证明 (见 Fetter 和 Walecka 的著作 [93]), 对于 r 比较大的情况, 有

$$\phi_{\mathrm{eff}}(\boldsymbol{r})\sim\frac{1}{r^3}\cos 2k_{\mathrm{F}}r. \tag{12.110}$$

$\phi_{\mathrm{eff}}(\boldsymbol{r})$ 中的振荡通常称为 Friedel 振荡. 从理解金属凝聚的角度来看, 式 (12.110) 的结果令人非常满意. 如果处在电子气里的离子的有效相互作用是纯排斥的, 和 Thomas-Fermi 近似 (见式 (12.109)) 一样, 那么就很难理解是什么让金属凝聚在一起. 但是式 (12.110) 中的势场会导致在特定距离上有相互吸引的离子-离子相互作用, 并使得离子在位于对应晶格的平衡位置时能量达到最低. 然而遗憾的是, 这个模型对于真实的金属来说太粗糙了, 从而不能有效地进行量化描述. 下面我们接着考虑另一个有趣的极限情况.

(ii) $|\boldsymbol{q}|$ 很小, $\omega\gg\hbar q^2/2m$. 在这个极限下, 式 (12.97) 中的分母不可能为零, 并且我们将这个等式重新写成

$$\begin{aligned}\chi_0^{\mathrm{R}}(\boldsymbol{q},\omega)=\frac{2}{V}\sum_{\boldsymbol{k}}\theta(k_{\mathrm{F}}-k)\Bigg\{&\frac{1}{\hbar\omega-(\hbar^2/2m)[(\boldsymbol{k}+\boldsymbol{q})^2-k^2]}\\&-\frac{1}{\hbar\omega+(\hbar^2/2m)[(\boldsymbol{k}-\boldsymbol{q})^2-k^2]}\Bigg\}.\end{aligned} \tag{12.111}$$

485

利用 $(\boldsymbol{k}\pm\boldsymbol{q})^2-k^2=q^2\pm 2\boldsymbol{k}\cdot\boldsymbol{q}$, 并且将上面的两项合并, 可以得到

$$\begin{aligned}\chi_0^{\mathrm{R}}(\boldsymbol{q},\omega)&=\frac{2}{V}\sum_{k<k_{\mathrm{F}}}\frac{q^2/m}{[\omega-(\hbar/2m)(q^2+2\boldsymbol{k}\cdot\boldsymbol{q})][\omega+(\hbar/2m)(q^2-2\boldsymbol{k}\cdot\boldsymbol{q})]}\\&\approx\frac{q^2N}{mV}\frac{1}{\omega^2}.\end{aligned} \tag{12.112}$$

利用这个结果, 我们发现在平均场近似下的介电函数为

$$\epsilon(\boldsymbol{q},\omega)=1-\frac{e^2}{\epsilon_0 q^2}\chi_0(\boldsymbol{q},\omega)\approx 1-\frac{e^2N}{\epsilon_0 mV}=1-\frac{\Omega_{\mathrm{p}}^2}{\omega^2}, \tag{12.113}$$

其中 $\Omega_{\mathrm{p}}=(e^2N/\epsilon_0 mV)^{1/2}$ 是等离子体频率. 我们注意到 Planck 常数没有出现在等离子体频率中. 事实上, 在这个近似下得到的等离子体频率和在带电粒子的经典系统中用 Drude 模型得到的结果一样 (见 Ashcroft 和 Mermin 的著作 [21]). 这一

点通过下面的基本推导可以很容易看出来. 假设一个经典的自由电子系统受到一个形式为

$$\boldsymbol{E}(t)=\boldsymbol{E}_0\mathrm{e}^{-\mathrm{i}\omega t} \tag{12.114}$$

的含时外场的作用, 结果导致每一个粒子的受力为 $\boldsymbol{f}=-e\boldsymbol{E}(t)$, 平均位移是 $\langle\boldsymbol{x}(t)\rangle=e\boldsymbol{E}/\omega^2 m$. 因此感应产生的极化率由下式给出:

$$\boldsymbol{P}=-\frac{Ne}{V}\langle\boldsymbol{x}\rangle=-\frac{ne^2}{m\omega^2}\boldsymbol{E}. \tag{12.115}$$

相应地, 介电函数是

$$\boldsymbol{D}=\epsilon\epsilon_0\boldsymbol{E}=\epsilon_0\boldsymbol{E}+\boldsymbol{P}. \tag{12.116}$$

结合式 (12.115) 和式 (12.116), 我们重新得到了前面的结果 (见式 (12.113)).

根据 $\phi_{\text{eff}}(\boldsymbol{q},\omega)=\phi_{\text{ext}}(\boldsymbol{q},\omega)/\epsilon(\boldsymbol{q},\omega)$, 我们看到介电函数的零点对应一个共振响应. 得到的激发态是一个纵向的电荷密度波, 对于非零的 $\boldsymbol{q}$ 以频率 $\Omega_{\text{pl}}(\boldsymbol{q})$ 传播, 在长波长近似下, $\Omega_{\text{pl}}(\boldsymbol{q})$ 变成等离子体频率 Ω_{p} (见式 (12.113)). 通过将式 (12.112) 展开到 q 的更高阶项, 我们可以看到, 对于小 q, $\Omega_{\text{pl}}(\boldsymbol{q})$ 和 Ω_{p} 的差别正比于 q^2. 对应的激发态量子或准粒子又被称为一个等离激元, 具有能量 $\hbar\Omega_{\text{pl}}(\boldsymbol{q})$.

486 **12.2.5 交换与关联能**

我们现在转向考虑 $\boldsymbol{q}$ 和 ω 任意取值的情况. 根据式 (12.94) 中动态结构因子 $S_0(\boldsymbol{q},\omega)$ 的表达式, 以及在 $k<k_{\text{F}}$ 情况下满足不等式

$$q^2+2k_{\text{F}}q\geqslant q^2+2kq\geqslant(\boldsymbol{k}+\boldsymbol{q})^2-k^2\geqslant q^2-2kq\geqslant q^2-2k_{\text{F}}q,$$

我们可以看到 $S_0(\boldsymbol{q},\omega)$ 在图 12.5 中的阴影区非零.

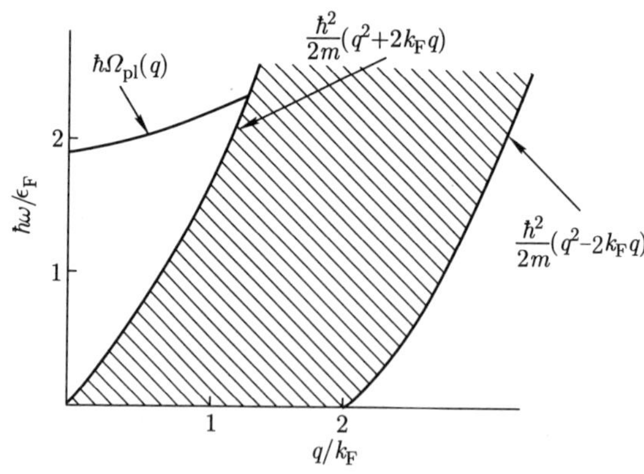

图 12.5 相互作用电子气的激发谱

如果把 $S_0(\boldsymbol{q},\omega)$ 解析延拓到 ω 的复平面上, 则有

$$\chi_0^{\mathrm{R}}(\boldsymbol{q},\omega)=2\int\frac{\mathrm{d}^3k}{(2\pi)^3}\frac{\theta(k_{\mathrm{F}}-k)-\theta(k_{\mathrm{F}}-|\boldsymbol{k}+\boldsymbol{q}|)}{\hbar\omega+\epsilon_{\boldsymbol{k}}-\epsilon_{\boldsymbol{k}+\boldsymbol{q}}}. \tag{12.117}$$

我们看到对于实轴上的 ω 来说,

$$\operatorname{Im}\chi_0^{\mathrm{R}}(\boldsymbol{q},\omega)=\frac{1}{2\mathrm{i}}[\chi_0^{\mathrm{R}}(\boldsymbol{q},\omega+\mathrm{i}\eta)-\chi_0^{\mathrm{R}}(\boldsymbol{q},\omega-\mathrm{i}\eta)], \tag{12.118}$$

即是说, $\operatorname{Im}\chi_0^{\mathrm{R}}(\boldsymbol{q},\omega)$ 等于 $\dfrac{1}{2}$ 乘上越过如下范围的分支割线引起的不连续:

$$\begin{aligned}-\frac{\hbar^2}{2m}(q^2+2k_{\mathrm{F}}q)<\hbar\omega<\frac{\hbar^2}{2m}(q^2+2k_{\mathrm{F}}q),\quad q<2k_{\mathrm{F}},\\ \frac{\hbar^2}{2m}(q^2-2k_{\mathrm{F}}q)<|\hbar\omega|<\frac{\hbar^2}{2m}(q^2+2k_{\mathrm{F}}q),\quad q>2k_{\mathrm{F}}.\end{aligned}$$

表达式 **487**

$$\frac{\chi_0^{\mathrm{R}}(\boldsymbol{q},\omega)}{1-v_{\boldsymbol{q}}\chi_0^{\mathrm{R}}(\boldsymbol{q},\omega)}=\frac{1}{\epsilon(\boldsymbol{q},\omega)}$$

在同样的 ω 区域有一个分支割线, 以及在等离子体频率处有一个极点. 在这里 $v_{\boldsymbol{q}}=e^2/\epsilon_0q^2$. 极点处的留数在 $q=0$ 时最大, 并随着极点和粒子-空穴连续谱 (见图 12.5 中的阴影区) 的融合逐渐变为零.

我们现在转去计算电子气基态的能量. 通过结合式 (12.45), 以及在 $T=0$ 极限下的式 (12.40) 和式 (12.104), 我们发现

$$E_{\mathrm{int}}(\lambda)=-\sum_{\boldsymbol{q}}\left\{\int_0^{\infty}\frac{\hbar\mathrm{d}\omega}{2\pi}\operatorname{Im}\frac{1}{\epsilon_\lambda(\boldsymbol{q},\omega)}+\frac{Nv_{\boldsymbol{q}}}{2V}\right\}. \tag{12.119}$$

从式 (12.118) 可以看出, 式 (12.119) 中对频率的积分等价于在图 12.6 上沿着围道 C 的积分. 我们可以在这个路径上再加上一个半圆, 因为在半径很大的情况下它对积分的贡献为零. 式 (12.117) 的解析延拓在实轴以外没有任何奇点. 因此我们可以将这个围道变形, 让它紧贴着虚轴 (C') 并且令其上的 $\omega=\mathrm{i}u$, 在平均场近似下, 得到

$$E=\frac{3}{5}\frac{\hbar k_{\mathrm{F}}^2}{2m}N-\sum_{\boldsymbol{q}}\left\{\frac{Nv_{\boldsymbol{q}}}{2V}+\int_{-\infty}^{\infty}\frac{\hbar\mathrm{d}u}{4\pi}\int_0^1\mathrm{d}\lambda\frac{v_{\boldsymbol{q}}\chi_0^{\mathrm{R}}(\boldsymbol{q},\mathrm{i}u)}{1-\lambda v_{\boldsymbol{q}}\chi_0^{\mathrm{R}}(\boldsymbol{q},\mathrm{i}u)}\right\}.$$

结果发现 $\chi_0^{\mathrm{R}}(\boldsymbol{q},\mathrm{i}u)$ 是实数, 在完成了对 λ 的积分以后, 我们最终得到

$$E=\frac{3}{5}\frac{\hbar k_{\mathrm{F}}^2}{2m}N-\sum_{\boldsymbol{q}}\left\{\frac{Nv_{\boldsymbol{q}}}{2V}-\int_{-\infty}^{\infty}\frac{\hbar\mathrm{d}u}{4\pi}\ln[1-v_{\boldsymbol{q}}\chi_0^{\mathrm{R}}(\boldsymbol{q},\mathrm{i}u)]\right\}. \tag{12.120}$$

基态能量的这个近似表达式最早是由 Gell-Mann 和 Brueckner[107] 得到的. 它可以用数值方法很容易地计算出来, 结果发现这一项对金属的内聚能有非常重要的

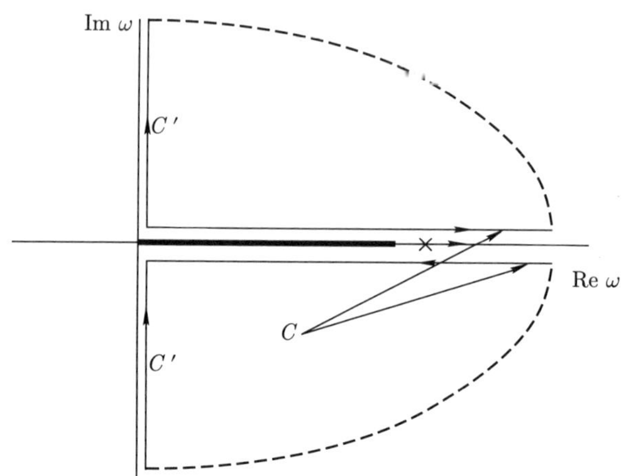

图 12.6 式 (12.119) 中用到的围道, 分支割线用粗线表示

贡献. 从这个能量的表达式出发, 其他量, 例如压缩率, 可以利用热力学等式得到. 有兴趣的读者, 我们建议参考 Mahan 的著作 [185], 以及 Pines 和 Nozieres 的教材 [243] 中关于电子液体的进一步讨论.

12.2.6 金属中的声子

现在我们考虑一个金属的理想模型, 其中我们将系统看作是一个由 $N_{\rm i}$ 个离子和 $N_{\rm e} = ZN_{\rm i}$ 个电子组成的二元等离子体. 我们将会计算对一个外势场 (电压)
488 $v_{\rm ext}(\boldsymbol{q},\omega)$ 的电荷响应

$$\langle -e\delta\rho^{\rm e}(\boldsymbol{q},\omega) + Ze\delta\rho^{\rm i}(\boldsymbol{q},\omega)\rangle,$$

并且和前面定义的一样, 令 $\chi_0^{\rm i}(\boldsymbol{q},\omega)$ 和 $\chi_0^{\rm e}(\boldsymbol{q},\omega)$ 分别表示自由离子和自由电子的响应函数. 我们发现对于平均场响应,

$$\langle\delta\rho^{\rm i}\rangle = \chi_0^{\rm i}\left(Zev_{\rm ext} + \frac{Ze}{\epsilon_0 q^2}\langle Ze\delta\rho^{\rm i} - e\delta\rho^{\rm e}\rangle\right), \tag{12.121}$$

电子的响应也有一个类似的式子. 通过一些直接的代数运算以后, 我们得到

$$\langle -\delta\rho^{\rm e} + Z\delta\rho^{\rm i}\rangle = \frac{-e\chi_0^{\rm e} + Ze\chi_0^{\rm i}}{1 - e^2/\epsilon_0 q^2(Z^2\chi_0^{\rm i} + \chi_0^{\rm e})}v_{\rm ext}, \tag{12.122}$$

$$\langle\delta\rho^{\rm i}\rangle = \frac{Ze\chi_0^{\rm i}}{1 - e^2/\epsilon_0 q^2(Z^2\chi_0^{\rm i} + \chi_0^{\rm e})}v_{\rm ext}, \tag{12.123}$$

$$\langle\delta\rho^{\rm e}\rangle = \frac{-e\chi_0^{\rm e}}{1 - e^2/\epsilon_0 q^2(Z^2\chi_0^{\rm i} + \chi_0^{\rm e})}v_{\rm ext}. \tag{12.124}$$

由于离子的质量比较大, 所以其响应会比电子的响应慢很多. 因此我们只考虑那
489 些对于离子响应函数

$$\chi_0^{\mathrm{i}}(\boldsymbol{q},\omega) \approx \frac{q^2 N_{\mathrm{i}}}{MV}\frac{1}{\omega^2} \tag{12.125}$$

来说高频近似 (见式 (12.112)) 有效的频率, 其中 M 是离子的质量. 下面我们假设电子的响应足够快以至于静态近似式 (12.103) 和式 (12.105) 是有效的:

$$\chi_0^{\mathrm{e}}(\boldsymbol{q},0) = -\frac{mk_{\mathrm{F}}}{\pi^2\hbar^2}u_{\boldsymbol{q}}. \tag{12.126}$$

在这些近似下, 离子的响应变成了

$$\langle \delta\rho^{\mathrm{i}} \rangle = \frac{1}{\omega^2-\omega^2(\boldsymbol{q})}\frac{ZeN_{\mathrm{i}}}{MV}\frac{q^2 v_{\mathrm{ext}}(\boldsymbol{q},\omega)}{q^2+k_{\mathrm{TF}}^2 u_{\boldsymbol{q}}}. \tag{12.127}$$

如果不是因为由电子引起的离子的屏蔽效应, 晶格的振荡频率就会变成离子的等离子体频率 $\Omega_{\mathrm{i}} = \sqrt{N_{\mathrm{i}}Z^2e^2/\epsilon_0 M}$. 如果考虑屏蔽效应, 我们会发现一个频率为

$$\omega^2(\boldsymbol{q}) = \frac{e^2Z^2N_{\mathrm{i}}}{(q^2+k_{\mathrm{TF}}^2 u_{\boldsymbol{q}})\epsilon_0 V}q^2 \tag{12.128}$$

的声子模, 其量子化以后就是声子, 在长波长近似下, $u_{\boldsymbol{q}} \to 1$, 并且式 (12.128) 可以简化为 $\omega = cq$, 其中

$$c \approx \left(\frac{Z^2e^2N_{\mathrm{i}}}{\epsilon_0 k_{\mathrm{TF}}^2 V}\right) \tag{12.129}$$

是 Bohm-Staver 声速.

我们用来推导这个结论的模型是非常粗糙的. 然而得到的声速对于大部分的金属来说数量级却是正确的. 我们也注意到对于任意非零的频率, $\chi_0^{\mathrm{e}}(\boldsymbol{q},\omega)$ 都存在一个虽然小却不为零的虚部. 因此这个理论同时预测了声波的衰减.

根据式 (12.122), 我们发现平均场近似下的介电函数为

$$\epsilon_{\mathrm{MF}}(\boldsymbol{q},\omega) = 1 - \frac{e^2}{\epsilon_0 q^2}[Z^2\chi_0^{\mathrm{i}}(\boldsymbol{q},\omega) + \chi_0^{\mathrm{e}}(\boldsymbol{q},\omega)]. \tag{12.130}$$

再一次, 利用式 (12.125) 和式 (12.126) 中的近似, 可以得到

$$\epsilon_{\mathrm{MF}}(\boldsymbol{q},\omega) \approx \left(1+\frac{k_{\mathrm{TF}}^2 u_{\boldsymbol{q}}}{q^2}\right)\left[1+\frac{\omega^2(\boldsymbol{q})}{\omega^2-\omega^2(\boldsymbol{q})}\right], \tag{12.131}$$

并且我们看到当频率小于 $\omega(\boldsymbol{q})$ 的情况下, 介电函数是负的. 这就导致了靠近 Fermi 490
面的态里的电子间的准弹性相互作用是相互吸引的. 正如 11.3 节中的讨论一样, BCS 理论中的这样一个吸引相互作用会导致 Fermi 面有一定的不稳定性. 一般来说, 这个机制被认为和传统低温超导体的超导现象有密切关系.

12.3 熵产生、Kubo 公式和输运系数的 Onsager 关系

在这本书里, 我们主要考虑物质的平衡态性质. 对于足够接近平衡态的系统, 线性响应理论就足够了, 我们可以将输运性质和平衡态关联函数联系起来. 我们从推导电导这种特殊情况下的 Kubo 公式开始讨论输运现象. 在 12.3.2 小节中, 我们推广了流和场的概念, 并且介绍了微观可逆性和局域平衡的概念. 在 12.3.3 小节里, 我们利用这些关系推出了输运系数之间的 Onsager 关系.

12.3.1 Kubo 公式

考虑一个多粒子系统, 每个粒子的电荷为 e, 位置为 $\boldsymbol{r}_m$. 那么 $\boldsymbol{x}$ 点的电流密度是

$$\boldsymbol{j}(\boldsymbol{x}) = \sum_m e\boldsymbol{v}_m \delta(\boldsymbol{x} - \boldsymbol{r}_m), \tag{12.132}$$

其中 $\boldsymbol{v}_m$ 是粒子 m 的速度. 我们假设存在一个外电场 $\boldsymbol{E}(t)$, 其强度不会随位置变化. 在这种情况下, 流密度将会依赖于时间而不依赖于空间. 微扰哈密顿量是

$$H_{\text{ext}}(t) = -e\sum_m \boldsymbol{r}_m \cdot \boldsymbol{E}(t). \tag{12.133}$$

利用式 (12.33), 并令 $B = j_\alpha$ 代表电流密度的 α 分量, 有

$$j_\alpha(t) = -\frac{\mathrm{i}}{\hbar V}\int_{-\infty}^{t} \mathrm{d}t' \sum_{m,n,\gamma} \langle [r_{m\gamma}(t'), \dot{r}_{n\alpha}(t)] \rangle_H e^2 E_\gamma(t'), \tag{12.134}$$

491 其中 V 是系统的体积. 代入

$$\langle \phi \rangle = \mathrm{Tr}\, \rho\phi,$$

其中 ρ 是微扰前系统的密度矩阵, 并且利用算符乘积的迹在循环置换下保持不变的性质, 我们可以将式 (12.134) 写成

$$j_\alpha(t) = \frac{\mathrm{i}}{\hbar}\int_{-\infty}^{t} \mathrm{d}t' \mathrm{Tr}\, j_\alpha(t-t') \sum_{m\gamma} [r_{m\gamma}, \rho] e E_\gamma(t') \tag{12.135}$$

的形式. 我们可以通过重写对易关系的方式来简化上面的表达式. 对于任意的算符 A, 有

$$Z_{\mathrm{G}}[A, \rho] = [A, \mathrm{e}^{-\beta K}] \equiv \mathrm{e}^{-\beta K}\phi(\beta), \tag{12.136}$$

令

$$\phi(\lambda) = \mathrm{e}^{\lambda K} A \mathrm{e}^{-\lambda K} - A. \tag{12.137}$$

将式 (12.137) 对 λ 进行微分, 再从 0 到 β 积分, 我们得到

$$\phi(\beta) = \int_0^\beta \mathrm{d}\lambda \mathrm{e}^{\lambda K}[K, A]\mathrm{e}^{-\lambda K}.$$

式 (12.135) 中的 $[r_{m\gamma}, \rho]$ 满足

$$[r_{m\gamma}, \rho] = \rho \int_0^\beta \mathrm{d}\lambda \mathrm{e}^{\lambda K}[K, r_{m\gamma}]\mathrm{e}^{-\lambda K} = \rho \int_0^\beta \mathrm{d}\lambda \frac{\hbar}{\mathrm{i}} \dot{r}_{m\gamma}(-\mathrm{i}\hbar\lambda), \tag{12.138}$$

其中我们利用了 Heisenberg 运动方程

$$[K, A] = \frac{\hbar}{\mathrm{i}} \mathrm{e}^{-\mathrm{i}Kt/\hbar} \frac{\mathrm{d}A}{\mathrm{d}t} \mathrm{e}^{\mathrm{i}Kt/\hbar}.$$

最终得到

$$\begin{aligned} j_\alpha(t) &= -V \sum_\gamma \int_{-\infty}^t \mathrm{d}t' \mathrm{Tr}\, j_\alpha(t-t')\rho \int_0^\beta \mathrm{d}\lambda j_\gamma(-\mathrm{i}\hbar\lambda) E_\gamma(t') \\ &= V \sum_\gamma \int_{-\infty}^t \mathrm{d}t' \int_0^\beta \mathrm{d}\lambda \langle j_\gamma(-\mathrm{i}\hbar\lambda) j_\alpha(t-t')\rangle E_\gamma(t'). \end{aligned} \tag{12.139}$$

如果我们给定一个与时间无关的场 $\boldsymbol{E}(t') = \boldsymbol{E}$, 并且令 $t' = t - \tau$, 有

$$j_\alpha(t) = j_\alpha = -V \sum_\gamma \int_0^\infty \mathrm{d}\tau \int_0^\beta \mathrm{d}\lambda \langle j_\gamma(-\mathrm{i}\hbar\lambda) j_\alpha(\tau)\rangle = \sum_\gamma \sigma_{\alpha\gamma} E_\gamma, \tag{12.140}$$

其中 492

$$\sigma_{\alpha\gamma} = -v \int_0^\infty \mathrm{d}\tau \int_0^\beta \mathrm{d}\lambda \langle j_\gamma(-\mathrm{i}\hbar\lambda) j_\alpha(\tau)\rangle. \tag{12.141}$$

这样我们就将电导率张量 σ 用平衡态电流-电流关联函数来表示了. 在经典近似 $\hbar \to 0$, 也可以说高温近似 $\beta \to 0$ 下, 我们可以用下面的式子来近似表示式 (12.141):

$$\sigma_{\alpha\gamma} = -\frac{v}{k_{\mathrm{B}}T} \int_0^\infty \mathrm{d}\tau \langle j_\gamma(0) j_\alpha(\tau)\rangle. \tag{12.142}$$

式 (12.141) 和式 (12.142) 又被叫作 Kubo 公式, 并且可以很明显看出对于其他的输运系数也可以得到类似的表达式. Kubo 的输运理论可以看成是对 Boltzmann 方法的一个补充. 有兴趣的读者可以参考 Kubo 的原始工作 [160] 和 Mahan 的著作 [185].

12.3.2 熵产生、广义流和广义力

我们现在希望将我们的理论推广到更普遍的输运现象上. 和之前一样, 我们局限在足够接近平衡态的非平衡态现象上, 这样的话, 压力、温度、化学势、静电势和矢势等一类的宏观强度量在局域仍然有确定的定义. 我们进一步假设通过平衡态状态方程, 这些变量和与其共轭广延量相关的密度相互关联. 在平衡态下, 温度、压力和化学势在整个系统上都是常数. 不同的是, 我们在这里认为这些变量出现梯度且与位置无关, 从而导致了相应的密度变量产生流. 为了发展一套系统的方法, 我们必须首先选择合适的变量. 根据式 (1.25), 在平衡态我们得到熵密度的微分为

$$\mathrm{d}s = \frac{1}{T}\mathrm{d}e - \frac{1}{T}\sum_i X_i \mathrm{d}\xi_i - \frac{1}{T}\sum_j \mu_j \mathrm{d}n_j = \sum_k \phi_k \mathrm{d}\rho_k. \tag{12.143}$$

在式 (12.143) 中, e 是能量密度, X 是某个广义力, ξ_i 是和这个力耦合的密度, n_j 是第 j 类粒子的粒子数密度. 为了方便表达, 我们将这几项结合起来写成一组广义势变量 ϕ_k 和密度变量 ρ_k 的形式.

493 我们现在考虑空间变化势 ϕ_k 的效应. 它们反过来产生流密度 $\boldsymbol{j}_k$, 并且我们假设对于每一个密度 ρ_k 都存在一个守恒律, 即

$$\frac{\partial \rho_k}{\partial t} + \nabla \cdot \boldsymbol{j}_k = 0. \tag{12.144}$$

我们也可以将一个熵流密度 $\boldsymbol{j}_s$ 和流密度 $\boldsymbol{j}_k$ 联系起来, 也即是说

$$\boldsymbol{j}_s = \sum_k \phi_k \boldsymbol{j}_k. \tag{12.145}$$

这样的话, 熵密度的变化率就可以由下式给出:

$$\frac{\mathrm{d}s}{\mathrm{d}t} = \frac{\partial s}{\partial t} + \nabla \cdot \boldsymbol{j}_s, \tag{12.146}$$

其中

$$\frac{\partial s}{\partial t} = \sum_k \phi_k \frac{\partial \rho_k}{\partial t}. \tag{12.147}$$

式 (12.144)—(12.147) 直接导致

$$\frac{\mathrm{d}s}{\mathrm{d}t} = \sum_k \nabla \phi_k \cdot \boldsymbol{j}_k. \tag{12.148}$$

式 (12.148) 给出了合适的共轭广义力场 $\nabla\phi_k$ 和流密度 $\boldsymbol{j}_k$.

我们现在具体到对静态场存在一个稳态流响应的系统. 下面读者将会对一系列用来描述这一类情况的唯象规律熟悉起来. 我们在学习电导的时候已经遇到过

Ohm 定律. 另外的例子有扩散中的 Fick 定律和将在下一节中讨论的热电效应中的 Seebeck 和 Peltier 关系. 一般来说, 在线性响应理论中, 我们假设下面的关系成立:

$$\boldsymbol{j}_i = \sum_k L_{ik} \nabla \phi_k + O(\nabla \phi_k)^2, \tag{12.149}$$

其中系数 $L_{ik}(\rho_k)$ 称为动力学系数, 并且我们忽略了二阶及以上的高阶项. 在下一
小节里, 我们将讨论 Onsager 对这些系数的分析, 通过这些分析, 他得出结论: 在微 494
观可逆性这样一个很合理的假设下, 这些系数一定会满足 Onsager 倒易关系②

$$L_{ik} = L_{ki}. \tag{12.150}$$

12.3.3 微观可逆性: Onsager 关系

在下面的讨论中, 我们给出一个和 Onsager 的原始文章 [220] 非常类似的推导. 首先考虑绝缘体内的热流这样一个具体的情况. 我们将热流的三个正交分量分别记为 j_1, j_2 和 j_3, 并写成

$$j_i = \sum_j L_{ij} (\nabla T^{-1})_j, \tag{12.151}$$

其中 L_{ij} 是输运系数 (热导率张量), 其在线性近似下与温度的梯度无关. 注意到式 (12.143) 暗示 T^{-1} 是与能量密度共轭的场, 而 T 不是. 系数 L_{ij} 并非都是完全独立的. 例如, 如果晶体结构存在一个三重对称轴, 并用 $i = 3$ 来表示这个轴, 那么式 (12.151) 的最一般形式是

$$\begin{aligned} j_1 &= L_{11}\left(\frac{\partial T^{-1}}{\partial x}\right) + L_{12}\left(\frac{\partial T^{-1}}{\partial y}\right), \\ j_2 &= -L_{12}\left(\frac{\partial T^{-1}}{\partial x}\right) + L_{11}\left(\frac{\partial T^{-1}}{\partial y}\right), \\ j_3 &= L_{33}\left(\frac{\partial T^{-1}}{\partial z}\right), \end{aligned} \tag{12.152}$$

其中 $L_{21} = L_{12}$ 和 $L_{22} = L_{11}$ 是晶格的对称性带来的结果 (见习题 12.7). 针对这个具体的例子, 我们需要推导的 Onsager 关系是 $L_{ij} = L_{ji}$. 进一步推导将得出 $L_{12} = 0$.

和 Onsager[220] 一样, 我们考虑能量密度的涨落. 一般来说, 这个涨落会导致一 495
阶矩的各分量

$$\alpha_i = \int \mathrm{d}^3 r r_i \epsilon(\boldsymbol{r}) \tag{12.153}$$

② 我们已经假设广义力是某一个标势的梯度 (即一个极矢量). 另一方面, 磁场 $\boldsymbol{B} = \nabla \times \boldsymbol{A}$ 是一个轴矢量并且在时间反演下为奇. 因为这个原因, 在有磁场存在的情况下, Onsager 关系变成 $L_{ij}(\boldsymbol{B}) = L_{ji}(-\boldsymbol{B})$.

不为零, 其中 $\epsilon(\boldsymbol{r})$ 是能量密度, 并且所有的坐标都是从晶体的中心开始测量的. 我们预计对于一个球对称晶格来说, 这些一阶矩的热平均具有下列性质:

$$\langle\alpha_i\rangle = 0, \quad \langle\alpha_i\alpha_j\rangle = \delta_{ij}\langle\alpha^2\rangle, \tag{12.154}$$

上面的第二个方程对后面的讨论尤其重要, 它基本上说明了平衡态涨落是空间各向同性的, 而热导率, 由于依赖于晶格的连接性, 有可能不是各向同性的. 在这一节的后面, 我们将得到式 (12.154) 的更一般的表达式.

下面假设在某一个给定的时间 t, 变量 α_1 取某一个特定的值 $\alpha_1(t)$. 用来表征这种涨落的衰减的关联函数是如下函数的期望值:

$$\alpha_1(t+\Delta t)\alpha_1(t), \quad \alpha_2(t+\Delta t)\alpha_1(t), \quad \alpha_3(t+\Delta t)\alpha_1(t).$$

例如考虑关联函数

$$\begin{aligned}\langle\alpha_2(t+\Delta t)\alpha_1(t)\rangle &= \langle\alpha_2(t)\alpha_1(t)\rangle + \Delta t\langle\dot{\alpha}_2(t)\alpha_1(t)\rangle \\ &= \Delta t\langle\dot{\alpha}_2(t)\alpha_1(t)\rangle,\end{aligned} \tag{12.155}$$

其中我们利用了式 (12.154) 来去掉式 (12.155) 中的第一项. 时间导数 $\mathrm{d}\alpha_2/\mathrm{d}t$ 正比于热流 j_2, 并且我们现在可以利用式 (12.151) 得到

$$\langle\alpha_2(t+\Delta t)\alpha_1(t)\rangle = \Delta t L_{21}\left\langle\left(\frac{\partial T^{-1}}{\partial x}\right)\alpha_1(t)\right\rangle. \tag{12.156}$$

还有 $\partial T^{-1}/\partial x = -C\alpha_1/T^2$, 因此有

$$\langle\alpha_2(t+\Delta t)\alpha_1(t)\rangle = -\frac{\Delta t L_{21} C\langle\alpha^2\rangle}{T^2}. \tag{12.157}$$

类似地,

$$\langle\alpha_1(t+\Delta t)\alpha_2(t)\rangle = \frac{\Delta t L_{21} C\langle\alpha^2\rangle}{T^2}, \tag{12.158}$$

其中我们利用了式 (12.152) 中的三重旋转对称性.

现在我们定义一个联合概率 $P(\alpha_2', t+\Delta t|\alpha_1', t)$ 来代表变量 α_2 在时间 $t+\Delta t$ 时
496 取值为 α_2' 且 α_1 在 t 时刻取值为 α_1' 的概率. 如果用这些函数表示, 那么式 (12.157) 的期望值可以写成

$$\langle\alpha_2(t+\Delta t)\alpha_1(t)\rangle = \int \mathrm{d}\alpha_1 \int \mathrm{d}\alpha_2\alpha_1\alpha_2 P(\alpha_2, t+\Delta t|\alpha_1, t). \tag{12.159}$$

微观可逆性的规则告诉我们:

$$P(\alpha_1, t+\Delta t|\alpha_2, t) = P(\alpha_2, t+\Delta t|\alpha_1, t). \tag{12.160}$$

这个等式非常合理. 考虑一个给定的位形, 如果其所有粒子的速度都有一个特定的取值 α_2, 它是由 $t-\Delta t$ 时刻取值为 α_1 的位形演化而来的, 假如此刻所有粒子的速度都反向, 那么在 $t+\Delta t$ 时刻我们会再一次回到 $t-\Delta t$ 时刻的位形. 式 (12.160) 表明这些速度反向的位形是等概率出现的. 那么可以清楚地看到,

$$\langle \alpha_1(t+\Delta t)\alpha_2(t)\rangle = \langle \alpha_2(t+\Delta t)\alpha_1(t)\rangle, \tag{12.161}$$

进而推出

$$L_{12} = 0. \tag{12.162}$$

我们通过考虑孤立系统里的一个任意涨落来将前面的讨论进一步推广. 在前一节的讨论中我们看到, 可以选择密度 $\rho_k(\boldsymbol{r})$ 作为描述涨落的一个合适的变量, 这样熵可以表示成这些变量的一个泛函. 为了避免泛函微分的复杂性, 我们假设变量 $\rho_k(\boldsymbol{r})$ 可以表示成一系列离散的变量 $\alpha_i, i=1,2,\cdots$, 它们在熵最大的平衡态取值为零. 原则上来说, 这些离散变量的数目等于系统自由度的总数减去热力学块广延量的数目. 例如变量 α_i 可以是某个 Fourier 变换的系数或者是对一组正交多项式的展开系数. 系统位于这些变量取给定值时的状态的概率是

$$P(\alpha_1,\alpha_2,\cdots,\alpha_n) = \frac{\exp\{S(\alpha_1,\alpha_2,\cdots,\alpha_n)/k_{\mathrm{B}}\}}{\displaystyle\int \mathrm{d}\alpha_1\mathrm{d}\alpha_2\cdots\mathrm{d}\alpha_n \exp\{S(\alpha_1,\alpha_2,\cdots,\alpha_n)/k_{\mathrm{B}}\}}. \tag{12.163}$$

由于 $(\partial S/\partial\alpha_i)|_{\{\alpha\}=0}=0$, 因此在通常情况下, 有

$$P(\alpha_1,\alpha_2,\cdots,\alpha_n) = C\exp\left\{-\frac{1}{2}\sum_{j,m}\frac{g_{jm}\alpha_j\alpha_m}{k_{\mathrm{B}}}\right\}, \tag{12.164}$$

其中 C 是归一化常数并且系数 g_{jm} 是对称的,即 $g_{jm}=g_{mj}$. 这个表达式立即给出 497
$\langle\alpha_j\rangle=0$. 热力学稳定性也要求矩阵 $\boldsymbol{g}$ 的行列式大于零, 且所有的本征值都是正的.

我们现在得到关联函数的一个简单表达式. 注意到

$$\frac{\partial P(\{\alpha\})}{\partial\alpha_i} = \frac{1}{k_{\mathrm{B}}}\frac{\partial S}{\partial\alpha_i}P,$$

我们发现

$$\begin{aligned}\left\langle \alpha_i\frac{\partial S}{\partial\alpha_i}\right\rangle &= \int \mathrm{d}\alpha_1\mathrm{d}\alpha_2\cdots\mathrm{d}\alpha_n\alpha_i\frac{\partial S}{\partial\alpha_i}P(\{\alpha\}) \\ &= k_{\mathrm{B}}\int \mathrm{d}\alpha_1\mathrm{d}\alpha_2\cdots\mathrm{d}\alpha_n\alpha_i\frac{\partial P}{\partial\alpha_i}.\end{aligned} \tag{12.165}$$

分部积分以后, 可以得到

$$\left\langle \alpha_i\frac{\partial S}{\partial\alpha_i}\right\rangle = -k_{\mathrm{B}}. \tag{12.166}$$

如果 $i \neq m$, 则

$$\left\langle \alpha_i \frac{\partial S}{\partial \alpha_m} \right\rangle = 0. \tag{12.167}$$

因此

$$\sum_m g_{im} \langle \alpha_m \alpha_j \rangle = k_\mathrm{B} \delta_{ij}. \tag{12.168}$$

我们现在回到输运方程. 变量 α_i 的时间导数正比于可观测的流, 例如在这个小节的第一部分中考虑的热流. 我们再次假设一个线性化方程

$$j_i = \frac{\mathrm{d}\alpha_i}{\mathrm{d}t} = \sum_j L_{ij} X_j \tag{12.169}$$

描述了系统对广义力 X_j 的响应. 这些广义力可以通过 $X_j = \partial S/\partial \alpha_j$ 用熵来表示. 因此

$$\frac{\mathrm{d}\alpha_i}{\mathrm{d}t} = \sum_j L_{ij} \left(\frac{\partial S}{\partial \alpha_j} \right). \tag{12.170}$$

再一次考虑期望值

$$\begin{aligned}
\langle \alpha_i(t+\Delta t)\alpha_j(t) \rangle &= \langle \alpha_i(t)\alpha_j(t) \rangle + \Delta t \langle \dot{\alpha}_i(t)\alpha_j(t) \rangle \\
&= \langle \alpha_i(t)\alpha_j(t) \rangle + \Delta t \sum_m L_{im} \left\langle \frac{\partial S}{\partial \alpha_m} \alpha_j \right\rangle \\
&= \langle \alpha_i(t)\alpha_j(t) \rangle - \Delta t L_{ij} k_\mathrm{B}.
\end{aligned} \tag{12.171}$$

498 类似地,

$$\langle \alpha_j(t+\Delta t)\alpha_i(t) \rangle = \langle \alpha_j(t)\alpha_i(t) \rangle - \Delta t L_{ji} k_\mathrm{B}. \tag{12.172}$$

根据微观可逆性原则, 上式表明

$$L_{ij} = L_{ji}. \tag{12.173}$$

因此在很一般的情形下, 我们得到了线性输运系数的对称性关系.

12.4 Boltzmann 方程

在这一节里, 我们从 Boltzmann 方程的角度来讨论输运理论. 这种方法欠缺 Kubo 理论那样的一般有效性. 然而在另一方面, Boltzmann 方程里的不同项有直接的物理解释, 并且可以给出明确的结果. 我们的讨论将会很简略, 也只会局限在线性响应理论有效的情况下. 我们推荐读者参考 Ziman 的著作 [334] 和 Callaway 的著作 [54] 中的更进一步的讨论. 我们在 12.4.1 小节里推导这套方法, 在 12.4.2 小节里讨论直流电导率, 最后在 12.4.3 小节里讨论热电效应.

12.4.1 场、漂移和碰撞

在平均场思想的指导下, 我们假设感兴趣的系统可以用单粒子分布函数 $f_{\boldsymbol{p}}(\boldsymbol{r})$ 充分描述, 它代表位于 $\boldsymbol{r}$ 处动量为 $\boldsymbol{p}$ 的粒子数密度. 这个分布满足归一化条件 (对应我们在第 2 节里对相空间的定义), 因此

$$\frac{1}{h^3}\int \mathrm{d}^3p \int \mathrm{d}^3r f_{\boldsymbol{p}}(\boldsymbol{r}) = N, \tag{12.174}$$

其中 N 是粒子的数目.

对于量子系统, 例如理想晶体中的电子, 动量为 $\boldsymbol{p}$ 的一个粒子可以表示成一个 Bloch 函数, 其波矢 $\boldsymbol{k} = \boldsymbol{p}/\hbar$, 能量为 $\epsilon_{\boldsymbol{k}}$, 速度 $\boldsymbol{v}_{\boldsymbol{p}} = \partial\epsilon_{\boldsymbol{k}}/\partial\hbar\boldsymbol{k}$. 由于不确定性原理, 我们必须假设 $f_{\boldsymbol{p}}(\boldsymbol{r})$ 对应足够大体积的一个粗粒化, 从而保证 $\boldsymbol{r}$ 可以被看成一个宏观变量. 这一点和在本章中其他地方提到的基本假设一致, 也即是说密度和场变化得足够慢以至于他们在局域可以很好地定义. 针对量子系统, 我们将采取半经典 499
方法, 即假设在宏观电磁场存在的情况下, 电荷为 e 的粒子满足运动方程

$$\dot{\boldsymbol{p}} = \hbar\dot{\boldsymbol{k}} = e(\boldsymbol{E} + \boldsymbol{v}_{\boldsymbol{k}} \times \boldsymbol{B}). \tag{12.175}$$

如果由外场引起的粒子的加速度是唯一影响分布函数变化的因素, 则有

$$f_{\boldsymbol{p}}(t + \delta t) = f_{\boldsymbol{p}-\delta\boldsymbol{p}}(t),$$

或者写成

$$\left.\frac{\partial f_{\boldsymbol{p}}(\boldsymbol{r})}{\partial t}\right|_{\text{field}} = -e(\boldsymbol{E} + \boldsymbol{v}_{\boldsymbol{k}} \times \boldsymbol{B}) \cdot \frac{\partial f_{\boldsymbol{p}}}{\partial \boldsymbol{p}}. \tag{12.176}$$

如果让场缓慢地变化, 我们可以看到态函数作为波包会遵循经典的运动方程, 通过场加速运动. 这个假设很难严格证明, 而我们也不打算这么做. 在某些情况下, 例如在非均匀半导体里面接近表面, 或是在受到强烈外场作用的绝缘体内的时候, 电场会强到可导致隧穿. 在这些情况下, 半经典方法就不再适用了.

粒子会时不时地和它们运动路径上的障碍物发生碰撞. 固体中的电子会被杂质、空位、位错和声子散射. 由于屏蔽作用, 跟散射相关的相互作用一般来说都是短程的, 这意味着必须对碰撞进行量子力学处理. 令 $W(\boldsymbol{k}, \boldsymbol{k}')$ 代表从 $\boldsymbol{k}$ 态到 $\boldsymbol{k}'$ 态的转换速率. 这个转换速率一般可以通过黄金定则的方法近似计算 (见习题 12.8). 这样的话, 到达 $\boldsymbol{k}$ 态, 以及离开 $\boldsymbol{k}$ 态会使得分布函数随时间变化, 我们可以写出

$$\left(\frac{\partial f_{\boldsymbol{k}}}{\partial t}\right)_{\text{coll}} = \sum_{\boldsymbol{k}'}[f_{\boldsymbol{k}'}(1 - f_{\boldsymbol{k}})W(\boldsymbol{k}', \boldsymbol{k}) - f_{\boldsymbol{k}}(1 - f_{\boldsymbol{k}'})W(\boldsymbol{k}, \boldsymbol{k}')].$$

根据细致平衡的原则, 对于弹性过程, 我们有 $W(\boldsymbol{k}, \boldsymbol{k}') = W(\boldsymbol{k}', \boldsymbol{k})$, 因此

$$\left.\frac{\partial f_{\boldsymbol{p}}(\boldsymbol{r})}{\partial t}\right|_{\text{coll}} = \sum_{\boldsymbol{k}'}\{f_{\boldsymbol{k}'} - f_{\boldsymbol{k}}\}W(\boldsymbol{k}', \boldsymbol{k}). \tag{12.177}$$

在这一节剩下的部分, 我们只考虑费米子系统, 并用波矢 $\boldsymbol{k}$ 而不是动量 $\boldsymbol{p}$ 来描述不同的态, 这和我们对式 (12.177) 的处理方法一样. 在接下来的讨论中, 我们也同时止步于最简单的碰撞处理方法上, 并且始终采取弛豫时间近似的方法.

500 我们假设外场只会对分布函数产生一个微小的改变, 并可以写出

$$f_{\boldsymbol{k}} = f_{\boldsymbol{k}}^0 + g_{\boldsymbol{k}}, \tag{12.178}$$

其中 $f_{\boldsymbol{k}}^0$ 是给定的平衡态 (零场) 分布, 视不同的情况可以是 Boltzmann, Bose-Einstein 分布, 或者在我们当前的情况下, 是 Fermi-Dirac 分布. 在弛豫时间近似下, 人们假设如果外场被关闭, 那么分布函数的非平衡态部分会随着时间发生指数衰减:

$$g_{\boldsymbol{k}}(t) = g_{\boldsymbol{k}}(0)\mathrm{e}^{-t/\tau},$$

其中 τ 称为弛豫时间. 因此我们可以得到

$$\left.\frac{\partial f_{\boldsymbol{k}}^0}{\partial t}\right|_{\mathrm{coll}} = 0, \quad \frac{\partial g_{\boldsymbol{k}}}{\partial t} = -\frac{g_{\boldsymbol{k}}}{\tau}. \tag{12.179}$$

如果分布函数是非均匀的, 那么在漂移作用下它会随时间变化. 如果粒子没有受到任何外力, 即

$$f_{\boldsymbol{k}}(\boldsymbol{r}, t + \delta t) = f_{\boldsymbol{k}}(\boldsymbol{r} - \boldsymbol{v}_{\boldsymbol{k}}\delta t, t), \tag{12.180}$$

进而

$$\left.\frac{\partial f_{\boldsymbol{k}}}{\partial t}\right|_{\mathrm{drift}} = -\boldsymbol{v}_{\boldsymbol{k}} \cdot \frac{\partial f_{\boldsymbol{k}}}{\partial \boldsymbol{r}}. \tag{12.181}$$

结合不同项, 我们得到了分布函数的 Boltzmann 方程

$$\frac{\mathrm{d}f_{\boldsymbol{k}}}{\mathrm{d}t} = \left.\frac{\partial f_{\boldsymbol{k}}}{\partial t}\right|_{\mathrm{field}} + \left.\frac{\partial f_{\boldsymbol{k}}}{\partial t}\right|_{\mathrm{coll}} + \left.\frac{\partial f_{\boldsymbol{k}}}{\partial t}\right|_{\mathrm{drift}}. \tag{12.182}$$

在稳态时, 我们要求 $\mathrm{d}f_{\boldsymbol{k}}/\mathrm{d}t = 0$.

12.4.2 金属的直流电导率

下面我们假设对于一个弱电场, 非平衡态部分 $g_{\boldsymbol{k}}$ 正比于场, 并且将 Boltzmann 方程线性化. 这意味着

$$-\frac{e\boldsymbol{E}}{\hbar} \cdot \frac{\partial f_{\boldsymbol{k}}^0}{\partial \boldsymbol{k}} - \frac{g_{\boldsymbol{k}}}{\tau} = 0,$$

或写成

$$g_{\boldsymbol{k}} = -\frac{e\boldsymbol{E}\tau}{\hbar}\frac{\partial f_{\boldsymbol{k}}^0}{\partial \epsilon_{\boldsymbol{k}}} \cdot \frac{\partial \epsilon_{\boldsymbol{k}}}{\partial \boldsymbol{k}} = -\tau e\boldsymbol{E} \cdot \boldsymbol{v}_{\boldsymbol{k}}\frac{\partial f_{\boldsymbol{k}}^0}{\partial \epsilon_{\boldsymbol{k}}}. \tag{12.183}$$

注意到我们将电子的电荷设为 e. 对于温度不是太高的金属, 有 501

$$\frac{\partial f^0}{\partial \epsilon} \sim -\delta(\epsilon - \epsilon_{\mathrm{F}}). \tag{12.184}$$

电流密度由下式给出:

$$\boldsymbol{j} = \frac{2}{V} \sum_{\boldsymbol{k}} e \boldsymbol{v}_{\boldsymbol{k}} g_{\boldsymbol{k}}. \tag{12.185}$$

令 S_ϵ 为一个等能面, 即 $\boldsymbol{k}$ 空间里的一个 $\epsilon_{\boldsymbol{k}} = \epsilon$ 的表面, 并且令 $\widehat{\boldsymbol{n}}$ 是垂直于 S_ϵ 的一个单位矢量. 那么我们有

$$\sum_{\boldsymbol{k}} = \frac{V}{(2\pi)^3} \int \mathrm{d}^3 k = \frac{V}{(2\pi)^3} \int \mathrm{d}\epsilon \int \mathrm{d}S_\epsilon \left(\widehat{\boldsymbol{n}} \cdot \frac{\partial \boldsymbol{k}}{\partial \epsilon_{\boldsymbol{k}}} \right). \tag{12.186}$$

我们得到电流密度为

$$\boldsymbol{j} = \frac{e^2 \tau}{4\pi^3 \hbar} \int \frac{\mathrm{d}S_{\mathrm{F}}}{|\boldsymbol{v}_{\boldsymbol{k}}|} \boldsymbol{v}_{\boldsymbol{k}} (\boldsymbol{v}_{\boldsymbol{k}} \cdot \boldsymbol{E}), \tag{12.187}$$

其中 S_{F} 是 Fermi 面. 进而可以给出电导率 (以并矢形式)

$$\sigma = \frac{e^2 \tau}{4\pi^3 \hbar} \int \mathrm{d}S_{\mathrm{F}} \frac{\boldsymbol{v}_{\boldsymbol{k}} : \boldsymbol{v}_{\boldsymbol{k}}}{|\boldsymbol{v}_{\boldsymbol{k}}|}. \tag{12.188}$$

这个公式表明一般来说电导率是个张量. 写成分量形式为

$$j_i = \sum_m \sigma_{im} E_m, \tag{12.189}$$

例如我们有

$$\sigma_{xx} = \frac{e^2 \tau}{4\pi^3 \hbar} \int \mathrm{d}S_{\mathrm{F}} \frac{(\boldsymbol{v}_{\boldsymbol{k}})_x^2}{|\boldsymbol{v}_{\boldsymbol{k}}|}. \tag{12.190}$$

在讨论没有球对称性的系统时, 人们发现有些作者使用各向异性弛豫时间 $\tau(\boldsymbol{k})$. 这样的话, 弛豫时间必须要保留在积分当中. 这一节开头列出的参考文献中指出, 这样的方法具有相当大的难度.

一个各向同性系统的电导率张量是对角化的, 并且

$$\sigma = \frac{e^2 \tau}{12\pi^3 \hbar} \int \mathrm{d}S_{\mathrm{F}} v_{\mathrm{F}}. \tag{12.191}$$

我们把 Fermi 速度写成 $v_{\mathrm{F}} = \hbar k_{\mathrm{F}}/m^*$, 其中 m^* 是有效质量, 并且利用 $n = N/V =$ 502
$k_{\mathrm{F}}/3\pi^2$, 得到

$$\sigma = \frac{ne^2 \tau}{m^*}, \tag{12.192}$$

这和简单的 Drude 模型得到的电导率具有相同的形式 (见 Ashcroft 和 Mermin 的著作 [21]).

我们发现从另一个角度来理解这个结果很有意思, 即将

$$f_{\boldsymbol{k}} = f_{\boldsymbol{k}}^0 + g_{\boldsymbol{k}} = f_{\boldsymbol{k}}^0 - \tau e(\boldsymbol{E} \cdot \boldsymbol{v}_{\boldsymbol{k}})\frac{\partial f_{\boldsymbol{k}}^0}{\partial \epsilon_{\boldsymbol{k}}} \tag{12.193}$$

保留到 $\boldsymbol{E}$ 的第一阶时, 我们可以将式 (12.193) 重新写成下面的形式:

$$f_{\boldsymbol{k}} = f_{\boldsymbol{k}}^0\{\epsilon_{\boldsymbol{k}} - \tau e(\boldsymbol{E} \cdot \boldsymbol{v}_{\boldsymbol{k}})\}. \tag{12.194}$$

这个等式的右边就是系统的平衡态分布, 但每个能量都发生了如下的改变:

$$\delta\epsilon_{\boldsymbol{k}} = \tau e(\boldsymbol{E} \cdot \boldsymbol{v}_{\boldsymbol{k}}), \tag{12.195}$$

即是说, 它正好和以匀速 $\boldsymbol{v}$ 运动的粒子在外场力 $e\boldsymbol{E}$ 的作用下经过 τ 时间的经典运动的改变量一致. 用这种方法得到的这部分额外的能量可以通过沿着场方向的一个漂移速度 $\delta\boldsymbol{v}_{\boldsymbol{k}}$ 来解释, 因此

$$\delta\boldsymbol{v}_{\boldsymbol{k}} \cdot \frac{\partial \epsilon_{\boldsymbol{k}}}{\partial \boldsymbol{v}_{\boldsymbol{k}}} = e\tau(\boldsymbol{v}_{\boldsymbol{k}} \cdot \boldsymbol{E}). \tag{12.196}$$

如果

$$\frac{\partial \epsilon_{\boldsymbol{k}}}{\partial \boldsymbol{v}_{\boldsymbol{k}}} = \boldsymbol{p}_{\boldsymbol{k}} = m^*\boldsymbol{v}_{\boldsymbol{k}}, \tag{12.197}$$

那么

$$\delta\boldsymbol{v}_{\boldsymbol{k}} = \frac{e\tau}{m^*}\boldsymbol{E}. \tag{12.198}$$

对于单位体积内的 n 个粒子, 我们得到电流为

$$\boldsymbol{j} = ne\delta\boldsymbol{v}, \tag{12.199}$$

这样我们可以重新得到式 (12.192) 中的电导率.

对于金属来说, 漂移速度和 Fermi 速度 v_{F} 比起来一般都会小很多, 主要是因为金属中的电场通常都很小. 在半导体中, 人们有时需要处理一些场, 它们的强度达到一定程度以至于非 Ohm 效应变得重要起来. 这样的话, 线性 Boltzmann 方程就不再适用了, 人们必须考虑非线性问题. 在这些情况下, 碰撞发生的太频繁从而使得人们不能把它们看作独立的事件, 而整套 Boltzmann 方法本身也开始令人怀疑.

503 **12.4.3 热导率和热电效应**

到目前为止, 我们只考虑了分布函数是空间均匀的情况. 为了给出一个例子来说明当漂移项加入讨论后如何利用 Boltzmann 方程, 我们讨论在金属样本两端维

持一个不依赖于时间的温度梯度的情况. 根据 Fourier 定律, 我们预计和 Ohm 定律类似, 只要存在一个温度梯度就会存在一个热流

$$\boldsymbol{j}_Q = L_{QQ}\nabla\left(\frac{1}{T}\right) = -\kappa\nabla T, \tag{12.200}$$

其中 κ 是热导率, L_{QQ} 是在 12.3 节里定义的动力学系数. 我们同时允许电场 $\boldsymbol{E}$ 的出现, 它对应标势 $\phi(\boldsymbol{r})$. 从热力学出发, 我们得到

$$T\mathrm{d}s = \mathrm{d}u - \mu'\mathrm{d}n, \tag{12.201}$$

其中 $\mu' = \mu + e\phi(\boldsymbol{r})$ 是点 $\boldsymbol{r}$ 处的电化学势, s, u, n 分别是熵、能量密度和粒子数密度. 因此

$$\boldsymbol{j}_Q = \boldsymbol{j}_\epsilon - \mu'\boldsymbol{j}_N. \tag{12.202}$$

我们假设热流的产生完全来源于电子的运动, 而忽略晶格的热导率. 在静电势 $\phi(\boldsymbol{r})$ 存在的情况下, 静电场将会 "局域地" 改变一个量 $e\phi(\boldsymbol{r})$, 那么能量流密度可以写成

$$\boldsymbol{j}_\epsilon(\boldsymbol{r}) = \frac{2}{(2\pi)^3}\int \mathrm{d}^3k[\epsilon_{\boldsymbol{k}} + e\phi(\boldsymbol{r})]\boldsymbol{v}_{\boldsymbol{k}} f_{\boldsymbol{k}}(\boldsymbol{r}), \tag{12.203}$$

同时, 粒子数密度流是

$$\boldsymbol{j}_N(\boldsymbol{r}) = \frac{2}{(2\pi)^3}\int \mathrm{d}^3k\boldsymbol{v}_{\boldsymbol{k}} f_{\boldsymbol{k}}(\boldsymbol{r}). \tag{12.204}$$

当然, 粒子数密度流也暗示了一个相应的电流密度 $\boldsymbol{j}_c = e\boldsymbol{j}_N$. 因此热流 (见式 (12.202)) 可以写成

$$\boldsymbol{j}_Q(\boldsymbol{r}) = \frac{2}{(2\pi)^3}\int \mathrm{d}^3k[\epsilon_{\boldsymbol{k}} - \mu]\boldsymbol{v}_{\boldsymbol{k}} f_{\boldsymbol{k}}(\boldsymbol{r}). \tag{12.205}$$

和前面一样, 我们写出

$$g_{\boldsymbol{k}}(\boldsymbol{r}) = f_{\boldsymbol{k}}(\boldsymbol{r}) - f^0_{\boldsymbol{k}}.$$

除此以外, 假设热梯度足够小, 以至于讨论局域温度和局域化学势仍然是有意义的. **504**
在这些假设之下, Boltzmann 方程变成

$$-\boldsymbol{v}_{\boldsymbol{k}}\cdot\frac{\partial f_{\boldsymbol{k}}}{\partial \boldsymbol{r}} - \frac{e}{\hbar}\boldsymbol{E}\cdot\frac{\partial f_{\boldsymbol{k}}}{\partial \boldsymbol{k}} + \left.\frac{\partial f_{\boldsymbol{k}}}{\partial t}\right|_{\mathrm{coll}} = 0. \tag{12.206}$$

我们令 $f^0_{\boldsymbol{k}}(\boldsymbol{r})$ 表示平衡态分布函数, 其局域温度为 $T(\boldsymbol{r})$, 并且由局域化学势 $\mu'(\boldsymbol{r})$ 来控制 $\boldsymbol{r}$ 点的密度. 注意到 $\epsilon_{\boldsymbol{k}} + e\phi(\boldsymbol{r}) - \mu'(\boldsymbol{r}) = \epsilon_{\boldsymbol{k}} - \mu(\boldsymbol{r})$, 我们有

$$f^0_{\boldsymbol{k}} = f^0\{\epsilon_{\boldsymbol{k}}, \mu(\boldsymbol{r}), T(\boldsymbol{r})\} = \left[\exp\left\{\frac{\epsilon_{\boldsymbol{k}} - \mu(\boldsymbol{r})}{k_{\mathrm{B}}T(\boldsymbol{r})}\right\} + 1\right]^{-1}, \tag{12.207}$$

因此

$$\frac{\partial f_{\boldsymbol{k}}^0}{\partial \boldsymbol{r}}=\frac{\partial f_{\boldsymbol{k}}^0}{\partial T}\frac{\partial T}{\partial \boldsymbol{r}}+\frac{\partial f_{\boldsymbol{k}}^0}{\partial \mu}\frac{\partial \mu}{\partial \boldsymbol{r}}. \tag{12.208}$$

下面我们考虑式 (12.180) 中的弛豫时间近似, 并且在线性化 Boltzmann 方程的思想下, 忽略掉一些类似于

$$\frac{\partial g}{\partial \boldsymbol{r}} \quad 和 \quad \frac{e}{\hbar}\boldsymbol{E}\cdot\frac{\partial g}{\partial \boldsymbol{k}}$$

的项. 利用

$$\frac{\partial f_{\boldsymbol{k}}^0}{\partial T}=-\frac{\epsilon_{\boldsymbol{k}}-\mu}{T}\frac{\partial f_{\boldsymbol{k}}^0}{\partial \epsilon_{\boldsymbol{k}}} \text{ 和 } \frac{\partial f_{\boldsymbol{k}}^0}{\partial \mu}=-\frac{\partial f_{\boldsymbol{k}}^0}{\partial \epsilon_{\boldsymbol{k}}},$$

并合并各项, 我们得到

$$\frac{1}{\tau}g_{\boldsymbol{k}}=-\frac{\partial f_{\boldsymbol{k}}^0}{\partial \epsilon_{\boldsymbol{k}}}\boldsymbol{v}_{\boldsymbol{k}}\cdot\left[-\frac{\epsilon_{\boldsymbol{k}}-\mu}{T}\frac{\partial T}{\partial \boldsymbol{r}}+\left(e\boldsymbol{E}-\frac{\partial \mu}{\partial \boldsymbol{r}}\right)\right]. \tag{12.209}$$

可以看到, 假如用电压计测量电势差, 将不会得到

$$\int \boldsymbol{E}\cdot \mathrm{d}\boldsymbol{s},$$

而是会得到

$$\Psi=\int\left(\boldsymbol{E}-\frac{1}{e}\nabla\mu\right)\cdot \mathrm{d}\boldsymbol{s}.$$

因此我们引入 "电动场" 或 "测量场"

$$\boldsymbol{\mathcal{E}}=\boldsymbol{E}-\frac{1}{e}\nabla\mu=-\frac{1}{e}\nabla\mu'. \tag{12.210}$$

505 可以很清楚地看到, $\boldsymbol{\mathcal{E}}$ 比电场 $\boldsymbol{E}$ 本身更有意义. 我们现在通过

$$\begin{aligned}\boldsymbol{j}_C&=L_{CC}\boldsymbol{\mathcal{E}}+L_{CQ}\nabla\left(\frac{1}{T}\right),\\ \boldsymbol{j}_Q&=L_{QC}\boldsymbol{\mathcal{E}}+L_{QQ}\nabla\left(\frac{1}{T}\right)\end{aligned} \tag{12.211}$$

来定义动力学系数 L_{CC}, L_{CQ}, L_{QC} 和 L_{QQ}. 利用式 (12.204) 和式 (12.205), 我们看到动力学系数都可以用积分形式表示成

$$I_\alpha=\int \mathrm{d}\epsilon\left(-\frac{\partial f^0}{\partial \epsilon}\right)(\epsilon-\mu)^\alpha\sigma(\epsilon), \tag{12.212}$$

其中

$$\sigma(\epsilon)=e^2\tau\int\frac{\mathrm{d}^3k}{4\pi^3}\delta(\epsilon-\epsilon_{\boldsymbol{k}})\boldsymbol{v}_{\boldsymbol{k}}:\boldsymbol{v}_{\boldsymbol{k}} \tag{12.213}$$

是电导率张量式 (12.188) 中的一个依赖于能量的广义形式. 我们将会在合适的条件下对金属计算 I_α, 并且在这种情况下,

$$-\frac{\partial f^0}{\partial \epsilon}=\frac{\beta \exp\{\beta(\epsilon-\mu)\}}{[\exp\{\beta(\epsilon-\mu)\}+1]^2} \tag{12.214}$$

可以认为是仅在 ϵ_{F} 附近 $k_{\mathrm{B}}T$ 数量级大小的一个很窄的能量范围内非零. 我们引入一个新变量 $z=\beta(\epsilon-\mu)$ 并且做如下展开:

$$\sigma(k_{\mathrm{B}}Tz+\mu)=\sigma(\mu)+k_{\mathrm{B}}Tz\frac{\partial \sigma}{\partial \mu}+\cdots.$$

将之代入式 (12.213) 中, 我们得到输运系数可以表示成

$$I_\alpha \approx (k_{\mathrm{B}}T)^\alpha \int_{-\infty}^{\infty} \mathrm{d}z \frac{z^\alpha \mathrm{e}^z}{(1+\mathrm{e}^z)^2}\left[\sigma(\mu)+k_{\mathrm{B}}T\frac{\partial \sigma}{\partial \mu}\right]. \tag{12.215}$$

定义

$$Q_j=\int_{-\infty}^{\infty} \mathrm{d}z \frac{z^j}{(\mathrm{e}^z+1)(\mathrm{e}^{-z}+1)},$$

我们有 $Q_0=1, Q_1=0, Q_2=\pi^2/3$, $Q_3=0$. 令 $\mu \approx \epsilon_{\mathrm{F}}$, 我们可以得到

$$L_{CC}=\sigma(\epsilon_{\mathrm{F}})=\sigma, \tag{12.216}$$

$$L_{CQ}=TL_{QC}=\frac{\pi^2}{3e^2}k_{\mathrm{B}}^2T^3\left.\frac{\partial \sigma(\epsilon)}{\partial \epsilon}\right|_{\epsilon=\epsilon_{\mathrm{F}}}, \tag{12.217}$$

$$L_{QQ}=\frac{\pi^2}{3e^2}k_{\mathrm{B}}^2T^3\sigma. \tag{12.218}$$ 506

我们看到在近似处理下可以得到 $L_{CQ}=TL_{QC}$, 可以很简单地证明 (见习题 12.9) 这正是一个 Onsager 关系. 我们同时注意到对于电子 $(e=-|e|)$, L_{QC} 和 L_{CQ} 都是负的. 如果在实验上发现这些系数是正的, 就表示携带电荷的是空穴.

为了得到热导率, 我们要求电流为零, 或者通过式 (12.211), 可以得到

$$\boldsymbol{\mathcal{E}}=-L_{CC}^{-1}L_{CQ}\nabla\left(\frac{1}{T}\right). \tag{12.219}$$

将之代入式 (12.211) 中的第二个方程, 我们得到热导率

$$\kappa=\frac{L_{QQ}-L_{QC}L_{CC}^{-1}L_{CQ}}{T^2}. \tag{12.220}$$

我们现在论证, 在金属中, 式 (12.220) 中的第二项和第一项比起来要小. 首先注意到热力学第二定律表明 κ 是正的, 或者说 $L_{CC}L_{QQ}>L_{CQ}L_{QC}$. 为了得到一

个数量级上的估计, 我们做一个近似 (从量纲的角度) $\partial\sigma/\partial\epsilon \sim \sigma/\epsilon$ (对于自由电子, $\partial\sigma/\partial\epsilon = 3\sigma/2\epsilon$), 因此对于在室温的典型金属来说, 有

$$\frac{L_{CQ}L_{QC}}{L_{CC}L_{QQ}} \approx \frac{\pi^2}{3}\left(\frac{k_\mathrm{B}T}{\epsilon_\mathrm{F}}\right)^2 \sim 10^{-4}.$$

忽略掉式 (12.220) 中的第二项, 我们发现

$$\kappa = \frac{L_{QQ}}{T^2} = \frac{\pi^2}{3e^2}k_\mathrm{B}^2 T\sigma. \tag{12.221}$$

这个结果被称为 Wiedemann-Franz 定律, 并且通常可以通过更基本的分析推导出来 (见 Ashcroft 和 Mermin 的著作 [21]). 然而目前的推导暗示这个定律应该在更一般的情况下成立. 上面最主要的假设利用了弛豫时间近似. 相应地, 这依赖于弹性碰撞的假设. 主要的非弹性碰撞过程包括声子的发射和吸收, 有趣的是对 Wiedemann-Franz 定律最严重的偏离发生在 Debye 温度附近. 当温度更低时, 大部分电子-声子过程都被冻结了, 然而在室温或者是更高的温度下, 声子能量小于 $k_\mathrm{B}T$, 因而散射过程可以认为是 “准弹性的”.

507 耦合输运方程 (见式 (12.211)) 表明还存在其他的热电效应, 例如 Seebeck 和 Peltier 效应. 对于这些问题的讨论, 我们可参见一些相关的参考文献.

12.5 习　　题

12.1 Thomas-Fermi 和 Debye 屏蔽.

如果外势能 $\phi(\boldsymbol{r})$ 在空间变化非常小, 则化学势必须满足方程

$$\mu = \mu_0(n(\boldsymbol{r})) + \phi(\boldsymbol{r}) = 常数,$$

其中 μ_0 是没有外场时, 粒子数密度为 $n(\boldsymbol{r})$ 的系统的化学势.

(a) 考虑 $T = 0$ 时的电子气, Fermi 能 $\epsilon_\mathrm{F} = \hbar^2 k_\mathrm{F}^2/2m$ (其中 k_F 为 Fermi 波矢) 以下的电子态均被占据. 证明在此情形下自由粒子的静态磁化率为

$$\chi_0(\boldsymbol{q}) = -\frac{\partial n_0}{\partial\epsilon_\mathrm{F}} = -\frac{1}{2\pi^2}\left(\frac{2m}{\hbar^2}\right)^{3/2}\epsilon_\mathrm{F}^{1/2}.$$

(b) 证明平均场介电函数可以表示为

$$\epsilon(\boldsymbol{q}) = 1 + \frac{k_\mathrm{TF}^2}{q^2},$$

其中 $k_\mathrm{TF} = [me^2k_\mathrm{F}/(\pi^2\epsilon_0\hbar^2)]^{1/2}$ 是 Thomas-Fermi 波矢.

(c) 如果一个外部点电荷的势能为 $\phi_\mathrm{ext} = -e^2/4\pi\epsilon_0 r$, 证明平均场有效势能为

$$\phi_\mathrm{ind}(\boldsymbol{r}) = -\frac{e^2}{4\pi\epsilon_0 r}\mathrm{e}^{-k_\mathrm{TF}r}.$$

(d) 考虑在有限温度 T 时的经典带电粒子气, 证明在同样的近似下有

$$\phi_{\rm tot}(\boldsymbol{r}) = -\frac{e^2}{4\pi\epsilon_0 r}{\rm e}^{-r/\lambda_{\rm D}},$$

其中 $\lambda_{\rm D} = (n_0e^2/\epsilon_0k_{\rm B}T)^{1/2}$ 是 Debye 屏蔽长度.

12.2 理想 Bose 气体的对分布函数. 508

(a) 计算 $T \neq 0$ 时的理想 Bose 气体的动态结构因子 $S(\boldsymbol{q},\omega)$.

(b) (i) 通过 $S(\boldsymbol{q},\omega)$ 对频率积分得到几何结构因子的表达式; (ii) 通过几何结构因子的定义直接得到其表达式.

(c) 数值计算温度大于和小于 Bose 凝聚温度 (见 11.1 节) 时, 理想 Bose 气体的对分布函数 $g(r)$. 证明在低于 Bose 凝聚温度时, 当 $r\to\infty$ 时, $g(r)$ 并不趋近于 1.

12.3 Bose 气体的平均场近似.

(a) 证明平均场响应函数 (见式 (12.70)) 满足 f 求和规则.

(b) 弱相互作用 Bose 气体的平均场理论给出的对分布函数在短距离上可能是没有物理意义的. 证明除非在大 q 时, $v_{\boldsymbol{q}}$ 的衰减速度快于 $1/q$, 由式 (12.71) 得到的 $g(r)$ 在 $r\to 0$ 处发散.

12.4 等离子振荡的色散.

将 $T=0$ 和 $\omega \gg \hbar^2q^2/2m$ 时电子气的平均场响应的计算推广到包含 q 的高阶项, 证明

$$\Omega_{\rm pl}(q) = \Omega_{\rm pl}(0)\left[1+\frac{3q^2v_{\rm F}^2}{10\Omega_{\rm pl}^2(0)}+\cdots\right],$$

其中 $v_{\rm F} = \hbar k_{\rm F}/m$ 是 Fermi 速度, 且 $\Omega_{\rm pl}^2(0) = e^2n/\epsilon_0m$.

12.5 二维中的屏蔽.

考虑 $T=0$ 时处在面积为 A 的平面中的二维电子系统, 该系统还处在一个补偿的均匀正电荷背景中, 这样可以保证系统的电中性.

(a) 证明 Coulomb 势的二维 Fourier 变换为 $v_{\boldsymbol{q}} = e^2/(2q\epsilon_0)$.

(b) 证明静态自由粒子的磁化率为 509

$$\chi_0(\boldsymbol{q},0) = \begin{cases} -\dfrac{m}{\hbar^2\pi}, & q<2k_{\rm F}, \\ -\dfrac{m}{\hbar^2\pi}\left[1-\sqrt{1-\dfrac{4k_{\rm F}^2}{q^2}}\right], & q>2k_{\rm F}. \end{cases}$$

(c) 考虑在电子气所处平面上方 z 处的一个点电荷 e. 证明该点电荷与电子气中电荷的裸的 Coulomb 势的二维 Fourier 变换为 $-e^2\exp\{-qz\}/(2q\epsilon_0)$.

(d) 求出平均场屏蔽势和电子层中的屏蔽电荷分布的表达式.

12.6 Heisenberg 模型的低温性质.

考虑一个由各向同性的 Heisenberg 模型所描述的自旋系统, 其自旋波激发谱为 $\epsilon(\boldsymbol{q}) = J\hbar^2Sa^2q^2$. 假设波矢为 $\boldsymbol{q}$ 的自旋波的平均数目服从 Bose-Einstein 分布. 系统总磁矩的最大值为 $N\hbar S$, 每个自旋波激发将使得总磁矩减少 $\hbar$.

(a) 证明在上述假设下, 三维空间中系统的低温自发磁化强度具有如下形式:

$$M(T) = M(0)(1 - \text{常数} \cdot T^{3/2}).$$

并求出常数的表达式.

(b) 证明描述自发磁化强度与其最大值之差的积分在一维和二维空间是发散的. 这个结果表明在一维和二维空间中, Heisenberg 模型不存在长程序. 关于该定理的一个不基于自旋波理论的证明可参见 Mermin 和 Wagner 的文章 [203].

12.7 输运系数的对称性.

考虑由式 (12.151) 所定义的热传导张量 L.

(a) 证明在立方晶体中, 晶格的对称性将导致该张量是对角化的, 且 $L_{11} = L_{22} = L_{33}$.

(b) 证明在具有三重旋转对称轴的晶体中, $L_{12} = -L_{21}$, $L_{11} = L_{22}$, 以及 $L_{i3} = L_{3i} = 0$ (其中 $i = 1, 2$, 且 3 表示对称轴的方向).

510 **12.8** 杂质散射的弛豫时间的估算.

考虑一种杂质散射的情形, 此时杂质散射的转移速率可以用球对称杂质势 $u(\boldsymbol{r})$ 的平面波矩阵元

$$W(\boldsymbol{k}, \boldsymbol{k}') = \frac{2\pi}{\hbar} |\langle \boldsymbol{k}' | u(\boldsymbol{r}) | \boldsymbol{k} \rangle|^2 \delta(\epsilon_{\boldsymbol{k}'} - \epsilon_{\boldsymbol{k}})$$

来描述, 并记

$$U_{\boldsymbol{q}} = \int \mathrm{d}^3 r \mathrm{e}^{-\mathrm{i}\boldsymbol{q}\cdot\boldsymbol{r}} u(\boldsymbol{r}).$$

(a) 考虑一个 $T = 0$ 的自由电子气, 其中单位体积中有 n_i 个杂质. 证明将下式

$$g_{\boldsymbol{k}} = -\tau e \boldsymbol{E} \cdot \boldsymbol{v}_{\boldsymbol{k}} \frac{\partial f_{\boldsymbol{k}}^0}{\partial \epsilon_{\boldsymbol{k}}}$$

代入到线性化的 Boltzmann 方程中将得到

$$\frac{1}{\tau} = \frac{n_i}{4\pi^2 v_{\mathrm{F}} \hbar^2} \int \mathrm{d}^2 S_{\mathrm{F}} U_{\boldsymbol{k}-\boldsymbol{k}'}^2 \left(1 - \frac{\boldsymbol{k} \cdot \boldsymbol{k}'}{k_{\mathrm{F}}^2}\right),$$

其中 $\boldsymbol{k}$ 在 Fermi 面上, 对 $\boldsymbol{k}'$ 的积分也是在 Fermi 面上进行的, 且 $v_{\mathrm{F}} = \hbar k_{\mathrm{F}}/m$ 是 Fermi 速度.

(b) 估算 Na 中具有 0.1% 的 Mg 杂质的低温电导率 (以 $\Omega \cdot \mathrm{m}$ 为单位). 因为 Mg 具有 $Z = 2$ 个价电子 (比 Na 多一个), 所以其杂质势可以取 Thomas-Fermi 屏蔽的点电荷 e 的势 (如果能够很方便地使用计算机, 可以用 Lindhard 势), Na 的 Fermi 波矢是 9.2 nm^{-1}.

12.9 热电效应的 Onsager 关系.

为了得到同时存在热梯度和电场情形时的 Onsager 关系式 (12.217), 像式 (12.201) 那样写出

$$T\mathrm{d}s = \mathrm{d}u - \mu' \mathrm{d}n,$$

其中 $\mu' = \mu + e\phi(\boldsymbol{r})$, μ 是无电场时的化学势. 那么在 12.3.2 小节中定义的能流和粒子流满足如下唯象方程:

$$\boldsymbol{j}_E = L_{EE}\nabla\left(\frac{1}{T}\right) + L_{EN}\nabla\left(-\frac{\mu'}{T}\right),$$
$$\boldsymbol{j}_N = L_{NE}\nabla\left(\frac{1}{T}\right) + L_{NN}\nabla\left(-\frac{\mu'}{T}\right),$$

并具有 Onsager 关系 $L_{NE} = L_{EN}$, 证明关系式 $L_{CQ} = TL_{QC}$ 成立. **511**

512

第 13 章 无 序 系 统

513 真实的材料几乎不可能像我们曾经讨论过的系统那样完美、纯净. 磁性晶体总是包含缺陷和非磁性的杂质. 液体一般被认为是由单一成分构成的, 但是也总有杂质溶解在其中. 即使是液氦, 也存在一定量的同位素杂质. 因此理解材料中无序产生的影响是一件很重要的事情, 并且当我们试图描述真实材料的时候, 已经建立的理论框架在何种程度上是有效的, 也是需要思考的问题.

无序系统物理学是一个宏大的课题, 它的内容涉及大量文献. 在一章之中, 我们很难对这些材料做出全面的论述. 读者可以查阅 Ziman 的著作 [335], 或者在讨论某一具体问题时, 参考我们提到的综述.

无序效应开始于微观层面. 一个粒子在无序介质中的能级和波函数与在纯净材料中相比有很大差异. 在我们讨论金属中的电子时, 假设了平移不变性. 这种假设在纯净金属中是适当的. 由离子引起的周期势将改变 Fermi 面的形状, 并且导致不同材料的具体属性. 把这些效应整合到统计形式的数学描述中, 只会给我们带来微小的技术问题, 而基本的物理图像与理想系统是相同的. 类似地, 我们在研究晶体的振动能量时, 使用真正的作用力常数, 而不是最近邻粒子间的弹簧效应, 也
514 只需要简单的观念改变. 哈密顿量的平移对称性保证了这两个问题在原则上非常简单, 虽然在实际的计算中还是会产生技术性困难.

而在无序材料中, 情况截然不同. 在一维无序材料中, 电子的波函数是局域化的, 虽然这些波函数在周期势中是扩展的. 对于二维和三维情况, 我们相信, 即便不是全部, 也会有一些态是局域化的. 这对输运系数有重要意义. 直观地讲, 人们期望在 Fermi 能级落入局域态范围内的情况下, 随着温度降低, 导电性也会降低; 与之相反, 在纯净材料中由于声子散射被冻结, 电阻率会下降. 我们将在 13.1 节中讨论单粒子态的各种性质.

我们在讨论相变的时候曾经提到过, 真正的相变只能在热力学极限情况下发生. 对于任何一个有限大小的系统, 它的配分函数是变量的光滑函数. 现在考虑一个晶体, 其中有某一浓度的磁性原子, 这些磁性原子之间有短程交换相互作用. 显然如果浓度比较低, 即便在热力学极限下, 它们中的大部分也是孤立的, 不会形成无限大的相互作用的磁原子集团. 因此无序系统研究的重要内容之一就是随机集团的几何连接性质. 人们提出类似这样的问题: 如果一个格子中的格点是被随机占据的, 那么何时能出现无限大的连通集团? 怎么描述这种集团的维度和其他性质?

这些都是逾渗理论研究的主题. 我们将在 13.2 节中讨论.

我们还可以考虑另一个问题, 即随机性对系统临界行为产生的影响. 临界系数与纯净材料中的是否相同? 相变还能明确定义吗 (出现在一个唯一的相变温度 T_c 处)? 还是散布在一个温度区间? 我们将在 13.3 节中简要讨论这些问题.

在这一点上, 我们提到过, 无序效应已经被部分理解了, 并且已经有一定数量的解析结果, 至少对最简单的模型来说是这样的. 而玻璃或者非晶材料的统计力学还没有被很好地理解. 近年来, 自旋玻璃物理成为一个比较活跃的领域. 它涉及一系列材料, 这些材料在确定的温度下, 某些热力学特性出现奇异性, 但是它们又没有简单有序的低温相. 我们将在 13.4 节中讨论这种系统的一些内容.

在开始这些主题之前, 我们要注意, 从统计角度来看, 无序通常被分为退火和 **515**
淬火. 当提到淬火无序时, 通常指随机分布的杂质或缺陷不会再做调整. 例如低温下磁性和非磁性原子形成的固溶体. 这两种原子的扩散是一个非常缓慢的过程, 有时这个过程的时间常数与宇宙的年龄是相仿的, 并且这种扩散总是比其他现象的过程更缓慢, 例如由于温度升高导致自旋波激发, 从而产生的样本退磁现象. 退火无序则是指另一种相反的情况, 在这种情况下描述无序的分布随着温度改变或时间推移是不断变化的, 例如在有序-无序相变附近的 β 黄铜 (见 4.1 节). 如果我们想知道 740 K 附近的 CuZn 的电子特性, 就必须考虑原子分布的改变. 作为研究这个系统的基本方法, 我们当然希望能从能带结构上推导出驱动系统的有序-无序相变的有效相互作用. 在下文中, 我们提到的无序都是指淬火无序, 如果考虑退火无序, 我们会特别指出.

13.1　无序系统中的单粒子态

为了就具体模型进行讨论, 我们考虑一个简单的紧束缚哈密顿量 (对紧束缚方法的介绍可以参考大部分固体物理教材, 比如参数文献 [21]):

$$H = \sum_{(ij)} t_{ij}(c_i^\dagger c_j + c_j^\dagger c_i) + \sum_j \epsilon_j c_j^\dagger c_j, \tag{13.1}$$

其中 $c^\dagger$ 和 c 是通常的费米子产生和湮灭算符 (见附录), 并且我们忽略了电子自旋. 式 (13.1) 中的求和遍及完整格子中的所有位置, 而无序是通过系数 ϵ_i 和 t_{ij} 引入的, 它们是服从某一分布的随机变量. 式 (13.1) 中的第二项代表 “原子” 能级, 它们的能量用 ϵ_j 表示, 相应的 Wannier 函数的中心在格点位置 j. 第一项代表近邻原子间轨道重合引起的共价能量降低. 接下来我们考虑 “对角无序” 的情形, 这时令最近邻格点 i 和 j 之间有 $t_{ij} = t$, t 是一个常数, 对于非最近邻格点, 这个系数为零.
在位能量 ϵ_j 取值为 ϵ_A 的概率为 p_A, 取值为 ϵ_B 的概率为 p_B, 而与 j 的具体位置 **516**

无关. 在这种条件下, 式 (13.1) 就成为替代无序二元合金的粗糙模型. 在 Wannier 表象适用的情况下, 独立电子近似一般是不现实的. 尤其是, 电子关联是了解磁效应起源的关键. 然而我们希望专注于讨论无序引起的影响并忽略其他复杂因素. 并且在更接近现实的模型中, 跃迁矩阵元 t_{ij} 依赖于原子占据位置 i 和 j 的性质, 我们也希望看到固溶体中出现一定量的原子集团 (见 4.1 节). 因此为了使模型更真实合理, 我们至少应该指定当在位能量出现 AA, AB 和 BB 对的概率 p_{AA}, p_{AB} 和 p_{BB}. 然而在简化版本中, 我们还是能够说明某些由无序带来的影响.

13.1.1 一维电子态

考虑 $p_A = 1$ 和 $p_B = 1$ 的两种极限情况. 在这种条件下, 哈密顿量 (见式 (13.1)) 可以写成如下形式:

$$H = -t\sum_j (c_j^\dagger c_{j+1} + c_{j+1}^\dagger c_j) + \epsilon_{A,B}\sum_j c_j^\dagger c_j. \tag{13.2}$$

通过如下正则变换, 我们可以很容易得到对角形式的哈密顿量:

$$\begin{aligned} c_j^\dagger &= \frac{1}{\sqrt{N}}\sum_k c_k^\dagger \mathrm{e}^{\mathrm{i}kja}, \\ c_j &= \frac{1}{\sqrt{N}}\sum_k c_k \mathrm{e}^{-\mathrm{i}kja}. \end{aligned} \tag{13.3}$$

对于具有周期性边界条件的长度为 Na 的一维链来说, $k = 2\pi m/(Na), m = 0, \pm 1, \pm 2, \cdots, \pm(N/2-1), \pm N/2$. 代入式 (13.2), 我们有

$$H = \sum_k \epsilon(k) c_k^\dagger c_k = \sum_k \epsilon(k) n_k, \tag{13.4}$$

其中 n_k 是态 k 的占有数 (0 或 1), 其能量为

$$\epsilon(k) = \begin{cases} \epsilon_A - 2t\cos ka, & 若\ p_A = 1, \\ \epsilon_B - 2t\cos ka, & 若\ p_B = 1. \end{cases} \tag{13.5}$$

本征值 $\epsilon(k)$ 对应的本征态就是

$$|\psi(k)\rangle = c_k^\dagger|0\rangle = \frac{1}{\sqrt{N}}\sum_j \mathrm{e}^{-\mathrm{i}kja} c_j^\dagger|0\rangle. \tag{13.6}$$

517 定义 $|j\rangle = c_j^\dagger|0\rangle$, 我们发现电子处于位置 j 处的概率振幅为

$$\langle j|\psi(k)\rangle = \frac{1}{\sqrt{N}}\mathrm{e}^{-\mathrm{i}jka}, \tag{13.7}$$

因此在位置 j 处发现电子的概率就是 $1/N$, 与 j 和 k 无关, 所以本征态是扩展的. 正如对角化过程一样, 这个性质与维度无关. 在三维简单立方晶格中, 我们有

$$\epsilon_{A,B}(\boldsymbol{k}) = \epsilon_{A,B} - 2t(\cos k_x a + \cos k_y a + \cos k_z a). \tag{13.8}$$

在一维情况中, 也可能找到每个格点的态密度的解析表达式, 对于无自旋费米子, 结果为

$$n_{A,B}(E) = \frac{1}{\pi}\frac{1}{\sqrt{4t^2 - (E-\epsilon_{A,B})^2}}, \tag{13.9}$$

其中 $\epsilon_{A,B} - 2t \leqslant E \leqslant \epsilon_{A,B} + 2t$, 在此区间之外, $n_{A,B}(E) = 0$. 这一结果的证明留作习题.

我们注意到纯净系统的哈密顿量满足 $H(x+ja) = H(x)$, 其中 j 是一个整数. 这导致 Bloch 定理和本征态可以按照波矢 $\boldsymbol{k}$ 进行分类[21].

13.1.2 转移矩阵

现在我们考虑更一般的一维无序链, 并假设对所有位置 m, $\epsilon_m = \epsilon_A$ 的概率为 p_A, $\epsilon_m = \epsilon_B$ 的概率为 p_B. 由于系统不是周期性的, 因此 Bloch 定理不能帮助我们给本征态进行分类. 直观地讲, 我们希望对任意位形, 当 $\epsilon_A < \epsilon_B$ 时, 能级满足 $\epsilon_A - 2t \leqslant E \leqslant \epsilon_B + 2t$, 而情况也的确如此 (就这一点的进一步讨论, 可以参考 Ziman 的著作 [335]). 我们可以用类似于 3.6 节中处理一维 Ising 模型的方法, 用转移矩阵来写出一维单电子问题的公式, 假设

$$|\psi\rangle = \sum_{j=1}^{N} A_j|j\rangle = \sum_{j=1}^{N} A_j c_j^{\dagger}|0\rangle \tag{13.10}$$

是式 (13.1) 的本征态, 其本征值为 E, 那么

$$\langle j|H|\psi\rangle = EA_j = \epsilon_j A_j - t(A_{j+1} + A_{j-1}), \tag{13.11}$$

其中 $j = 1, 2, 3, \cdots, N$, 并且对于周期性边界条件有 $A_{N+i} = A_i$. 定义矢量 518

$$\phi_j = \begin{bmatrix} A_{j+1} \\ A_j \end{bmatrix},$$

我们可以马上得到递推关系

$$\phi_j = \boldsymbol{T}_j \phi_{j-1}, \tag{13.12}$$

其中

$$\boldsymbol{T}_j(\epsilon_j, E) = \begin{bmatrix} \dfrac{\epsilon_j - E}{t} & -1 \\ 1 & 0 \end{bmatrix} \tag{13.13}$$

是转移矩阵. 因此 Schrödinger 方程的求解可以简化为找到 E, 使它满足

$$\phi_N = \boldsymbol{T}_N(\epsilon_N, E)\boldsymbol{T}_{N-1}(\epsilon_{N-1}, E)\cdots\boldsymbol{T}_1(\epsilon_1, E)\phi_N \tag{13.14}$$

或

$$\prod_{j=1}^{N}\boldsymbol{T}_j(\epsilon_j, E) = \mathbf{1}. \tag{13.15}$$

我们首先说明由上面的方程可以重新得到纯链的本征态. 如果对于所有 j, 有 $\epsilon_j = \epsilon_A$, 容易发现式 (13.15) 可以简化为求 $\boldsymbol{T}$ 的两个本征值 λ_+ 和 λ_-, 它们互为共轭复数 ($\lambda_- = \lambda_+^*$), 并且 $|\lambda_+| = |\lambda_-| = 1$ (见习题 13.2). 因此有

$$\begin{aligned}\lambda_+ &= \frac{\epsilon_A - E}{2t} + \mathrm{i}\sqrt{1 - \left(\frac{\epsilon_A - E}{2t}\right)^2} = \mathrm{e}^{\mathrm{i}\theta},\\ \lambda_- &= \frac{\epsilon_A - E}{2t} - \mathrm{i}\sqrt{1 - \left(\frac{\epsilon_A - E}{2t}\right)^2} = \mathrm{e}^{-\mathrm{i}\theta}.\end{aligned} \tag{13.16}$$

通过上式可以得到

$$E = \epsilon_A - 2t\cos\theta.$$

周期性边界条件 ($\lambda^N = 1$) 使 $\theta = 2\pi j/N, j = 1, \cdots, N$. 对于本征值是实数 ($\lambda \neq \pm 1$) (即 $|\epsilon_A - E| > 2t$) 的情况, 周期性边界条件不可能被满足, 这对应着在具有平移不变性的链的谱上做能量截断.

519 在我们所讨论的无序情况中, 式 (13.15) 中的转移矩阵 $\boldsymbol{T}_j$ 只能为 $\boldsymbol{T}_A$ 或 $\boldsymbol{T}_B$, 这取决于位置 j 被 A 原子还是 B 原子占据. 如果 E 处在两个材料的禁止能量区域, 那么式 (13.15) 不能被满足. 类似地, 如果 E 处在某种材料的禁止能量区域, 例如 A 材料, 在乘积 (见式 (13.15)) 中每出现一次转移矩阵 $\boldsymbol{T}_A$, 矢量 $\boldsymbol{\phi}$ 的模一般会增大, 因为在 $\boldsymbol{T}_A$ 的两个本征值中, 较大的一个大于 1. 因此, 如果 E 处于两种纯净材料的允许能量区域以外, 式 (13.15) 似乎是不可能被满足的. 然而大量数值研究表明 (见 Ishii 的综述 [139]), 在此区间内的确存在 H 的本征态, 但是它们的波函数是局域化的. 我们下面进一步讨论局域化.

在无序情形中, 如果要确定能级, 需要求解一个链长为 N 的特殊样品的本征值问题. 如果我们仅仅需要粗略估计本征值的位置, 或者平均态密度, 可以用下述简单方法, 它只有在一维问题中是有效的. 一般而言, 对应第 m 个本征值的本征函数具有 $m-1$ 个节点 (对具有周期性边界条件的链并不一定正确). 在我们的问题中, 位置 j 和 $j+1$ 之间的节点对应着比率 A_{j+1}/A_j 为负值, 并且这个比率很容易用 $\boldsymbol{T}_j$ 的矩阵元和 A_j/A_{j-1} 来表示. 因此, 如果给定 E 和初始比率 A_2/A_1, 那么对一个有 N 个势的特定位形, 我们数出连续为负的系数 A_j 的个数, 就等价于知道了

低于 E 的能级的个数. 对随机链多次取样并做平均, 这个过程很容易用计算机完成, 我们发现平均态密度的积分为

$$\mathcal{N}(E) \equiv \int_{-\infty}^{E} \mathrm{d}E' n(E') = S_N(E),$$

其中 $S_N(E)$ 是能量为 E 的波函数的总节点数. 图 13.1 和图 13.2 展示了由 500 个原子组成的链的态密度, 它是通过对 $\mathcal{N}(E)$ 的数值微分得到的, 其中 $\epsilon_A = 2, \epsilon_B = 3$, $t = 1$. 我们给出了两种不同浓度的结果. 在绘图中, 我们把态密度用直方图表示, 而没有用光滑曲线, 因为我们没有关于 $n(E)$ 在节点被计数的点之间如何变化的信息.  520

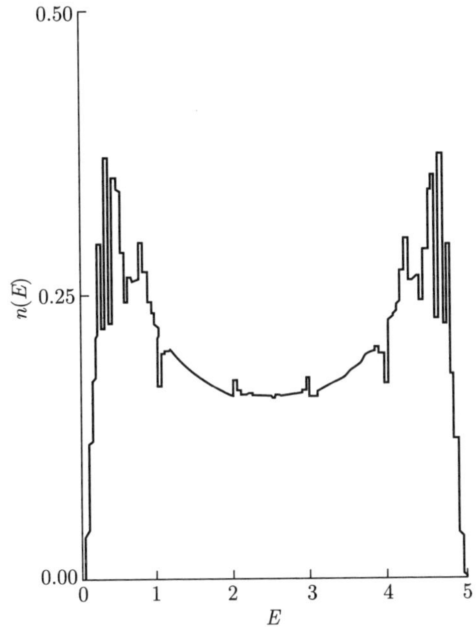

图 13.1　一维无序链的态密度 $n(E)$**, 其中** $\epsilon_A = 2$**,** $\epsilon_B = 3$**,** $p_A = p_B = \dfrac{1}{2}$

图 13.1 和图 13.2 表现出一些很有意思的特征. 在强无序的合金中 (见图 13.1, $p_A = p_B = 1/2$), 上下边界区域并没有平方根奇异性存在, 另外在这两个区域内, 521 $n(E)$ 的形状看上去非常崎岖不平, 这并不是统计造成的结果. 统计误差的度量对应着平均能量 $E = 2.5$ 附近态密度不对称的程度, 可见它是完全可以忽略不计的. 造成能带边缘崎岖的原因是在能谱中任意精细的能量分辨率下都存在间隙 (见 Gubernatis 和 Taylor 在其文章 [122] 中对这种精细结构的图像说明). 我们也注意到态密度本质上延伸到了纯净系统的能量边缘 $\epsilon_A - 2, \epsilon_B + 2$, 虽然在这些点附近态密度急剧下降. 这些低密度区域被人们称为 Lifshitz 尾. 我们可以理解为存在这些能

量非常接近下限 ϵ_A-2 的态. 在一个随机系统中, 存在有限大小的概率, 在材料中形成长度为 L 的完全由 A 材料构成的岛. 因此在一个完整的系统中, 至少有一个本征态非常接近长度为 L 的纯 A 系统的最低本征态. 类似的观点也适用于能带的上限.

图 13.2 给出了弱无序链 ($p_A=0.05$) 的态密度. 在这种情况下, 我们看到几乎是纯净 B 材料的态密度, 但是在低能区域, 与能谱主要部分基本隔离的地方, 存在崎岖的杂质带.

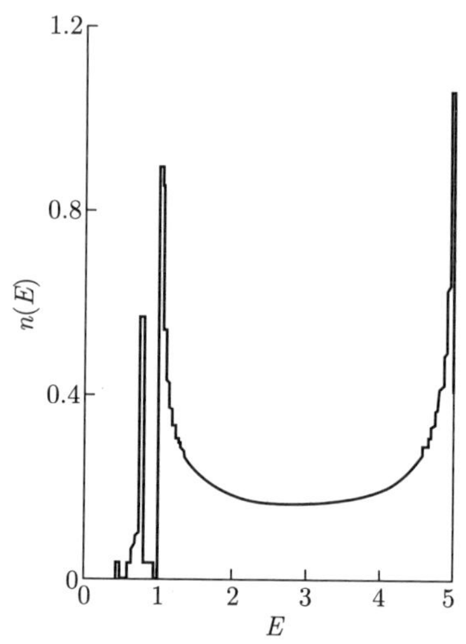

图 13.2 一维无序链的态密度 $n(E)$, 其中 $p_A=0.05$, $p_B=0.95$, 能量参数与图 13.1 中的相同

现在我们回到本征态的局域化问题. 人们严格证明了对于对角无序的一维系统, 所有本征态 (可能不包括一组测度为零的态) 都是局域的. 证明过程需要用到关于随机矩阵性质的若干定理, 这部分内容不在本书的讨论范围之内, 读者可以参考 Matsuda 和 Ishii 的文章 [192], 其中有严格的数学论证. 在这里我们只给出关于局域化的较弱证明, 但至少可以说明结果是可信的.

我们考虑如下量:

$$\phi_{N+1}^\dagger\phi_{N+1}=A_{N+1}^2+A_N^2=\phi_0^\dagger(\boldsymbol{T}_1^\dagger\boldsymbol{T}_2^\dagger\cdots\boldsymbol{T}_N^\dagger\boldsymbol{T}_N\boldsymbol{T}_{N-1}\cdots\boldsymbol{T}_1)\phi_0. \tag{13.17}$$

Hermite 矩阵 $\boldsymbol{M}_{N-i}=\boldsymbol{T}_i^\dagger\boldsymbol{T}_{i+1}^\dagger\cdots\boldsymbol{T}_N^\dagger\boldsymbol{T}_N\boldsymbol{T}_{N-1}\cdots\boldsymbol{T}_i$ 有如下形式:

$$\boldsymbol{M}_{N-i}=\begin{bmatrix} a_{N-i} & b_{N-i}\\ b_{N-i} & c_{N-i}\end{bmatrix}. \tag{13.18}$$

我们很容易推导出矩阵元之间的一系列递推关系: 522

$$\boldsymbol{M}_N=\boldsymbol{T}_1^{\dagger}\boldsymbol{M}_{N-1}\boldsymbol{T}_1=\begin{bmatrix}\dfrac{\epsilon_1-E}{t} & 1\\ -1 & 0\end{bmatrix}\begin{bmatrix}a_{N-1} & b_{N-1}\\ b_{N-1} & c_{N-1}\end{bmatrix}\begin{bmatrix}\dfrac{\epsilon_1-E}{t} & -1\\ 1 & 0\end{bmatrix}, \tag{13.19}$$

并发现

$$\begin{aligned}a_N&=\left(\frac{\epsilon_1-E}{t}\right)^2 a_{N-1}+2\left(\frac{\epsilon_1-E}{t}\right)b_{N-1}+c_{N-1},\\ b_N&=-\left(\frac{\epsilon_1-E}{t}\right)a_{N-1}-b_{N-1},\\ c_N&=a_{N-1}.\end{aligned} \tag{13.20}$$

现在我们对这些递推关系做原子势的概率分布平均, 这样就可以得到 $\phi_{N+1}^{\dagger}\phi_{N+1}$ 的期望值, 而不是它的概率分布函数, 虽然这个概率分布函数在局域化的证明中是必要的. 一旦得到了式 (13.20) 的平均, 就可以求解差分方程组

$$\begin{bmatrix}a_N\\ b_N\\ c_N\end{bmatrix}=\begin{bmatrix}x_1\\ x_2\\ x_3\end{bmatrix}\lambda^N. \tag{13.21}$$

这是一个 3×3 的本征值问题. 系统的扩展本征态对应一个大小为 1 的本征值 λ, 并且很容易说明在纯净系统 ($p_A=1$ 或 $p_B=1$) 中, 可以重新得到通常的能级色散关系.

由于这个本征值问题的久期方程是三次的, 并且不具有启发性, 因此我们在图 13.3 中只给出两组参数下的如下量 (一维无序合金的局域化长度的倒数) 作为能量 E 的函数:

$$L^{-1}=\lim_{N\to\infty}\frac{1}{N}\ln\frac{\phi_{N+1}^{\dagger}\phi_{N+1}}{\phi_0^{\dagger}\phi_0}. \tag{13.22}$$

这两组参数分别对应 $p=0.5$ 和 0.05, 且有 $\epsilon_A=2, \epsilon_B=3$, 其相应的态密度分别如图 13.1 和图 13.2 所示. 我们同样采用周期性边界条件 $A_0=0$. 显然 $L(E)$ 有物理意义, 它代表了平均局域化长度. 关于图 13.3, 我们发现在两种不同的情况中, 局域化长度都是能量 E 的光滑函数, 并且在边缘附近急剧下降, 但在整个能带内保持一个有限值. 类似的结论在二维情况中同样适用, 但要排除那些 “弱局域化” 的 523
态, 即具有幂律衰减而不是指数衰减的态. 就这个问题的进一步讨论, 读者可以参考 Lee 和 Ramakrishnan 的综述 [174]. 三维系统与一维情况相同, 也具有边缘附近的强局域化特性. 但与一维系统不同的是, 三维系统中存在一个 “迁移率边” 把扩展态和局域态分离开来.

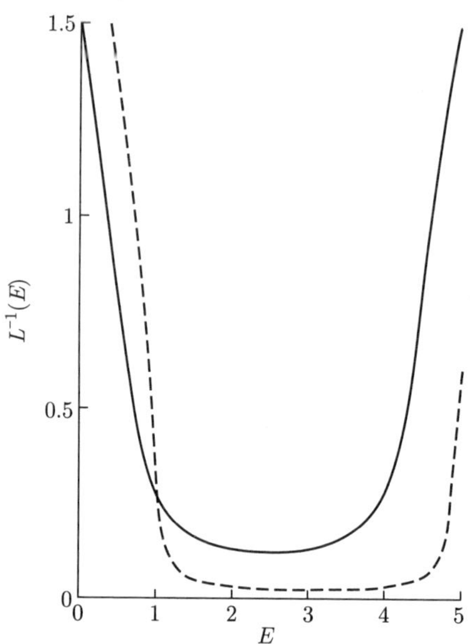

图 13.3 一维无序合金的局域化长度的倒数作为能量的函数, 并且分别对应两套参数, 这两套参数的平均态密度在图 13.1 和图 13.2 中已经给出. 实线对应 $p_A = 0.5$, 虚线对应 $p_A = 0.05$ 的情况

我们上面关于紧束缚无序模型的讨论同样适用于同位素无序链的振动性质 (质量随机, 弹性系数固定)、无序的 Kronig-Penney 模型 (见习题 13.2) 和一般的一维无序系统. 关于数值和解析结果的更广泛讨论请参考 Ishii 的综述 [139].

13.1.3 三维局域化

三维无序系统中的波函数可能是局域化的, 这一观念来自 Anderson. 他在其
524 经典论文 [15] 中考虑了哈密顿量 (13.1), 其中 ϵ_j 服从宽度为 W 的连续分布. 给定 $t = 0$ 的状态, Anderson 试图计算在 $t = \infty$ 时电子处于位置 j 的概率 $a_j(\infty)$. 他使用的数学方法非常复杂, 在这里我们不准备重复他的论证过程. 他得到的结论是在无序足够强时 (W 足够大), 电子本征态是局域化的.

至少在极端条件下, 换言之, 在原子能级有着巨大差别的情况下, 我们还是可以部分地理解这一结论. 假设只有两个能量 ϵ_A 和 ϵ_B, 并且 $|\epsilon_A - \epsilon_B| \gg 1$, 而且原子 B 的浓度非常低. 一个初始时在 B 原子位置的电子, 不能穿过 A 原子的位置, 如果这个电子逃离初始位置, 那么只有一种情况, 就是 B 原子连接成延伸至无穷远的连续路径. 在下一节中我们会看到, 只有当 B 原子的浓度高于某个临界值时, 这种情况才会发生, 通常这个临界值被称为逾渗浓度. 因此我们知道至少在某种情况

下, 电子态是局域化的. 如果我们接受了这一可能性, 就不难发现可能存在某种从局域化波函数到扩展波函数的相变, 这种相变以电子能量为函数.

图 13.4 示意地给出了这一图像, 现在我们相信它是正确的, 而且大量的数值工作都支持它. 对于一个给定的能带, 在能量 E_1 和 E_2, 局域态从能带边缘延伸到迁移率边. 局域态的波函数具有指数包络线. 然而有证据[166,176]表明, 存在一个区域, 在该区域内三维系统的局域态波函数有幂律形式的包络线, 而不是指数形式的. 关于锐利的迁移率边分隔了局域态和扩展态这一观念, 可以归功于 Mott[208]. 就这一问题, Thouless 在其著作 [302] 中讨论了很多相关的数值工作.

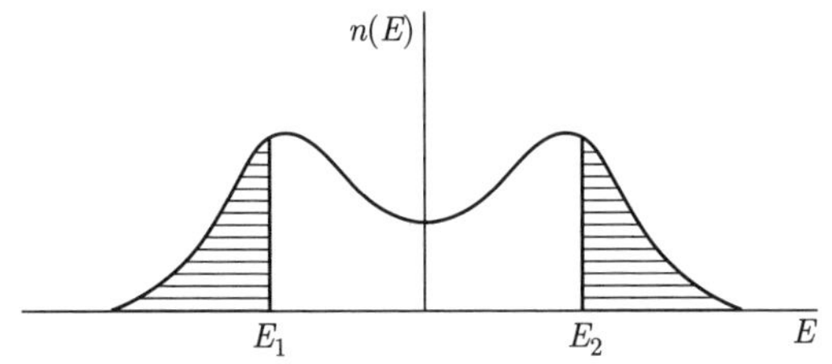

图 13.4 无序合金的态密度, 阴影区域为局域态 ($E < E_1, E > E_2$), 空白区域为扩展态 ($E_1 < E < E_2$)

显然, 局域态对导电性的影响是非常吸引人的, 同时在理论上比较复杂. 在零温条件下, 如果 Fermi 能级在局域态的范围内, 那么我们可以期望电导率为零. 局域态的波函数与相同能量的其他局域态之间一般没有重叠, 因此在没有热力学激发 (跃迁) 的情况下, 不会有隧穿产生. 如果在一个非常小但有限的温度, 这种结论就不再适用了, 然而在这个问题中存在两个尺度 —— 局域波函数的范围 L 和非弹性的平均自由程 $L_{\rm i}$. 如果 $L_{\rm i} \ll L$, 那么电子在穿过距离 L 时会被散射很多次, 因此电子在初始时刻处于哪个局域态这一信息会丢失. 在这种情况下, 局域化不会产生 525
影响, 而电阻率主要由通常的散射过程决定. 相反地, 如果 $L \ll L_{\rm i}$, 局域化效应变得十分重要, 它表现为细线或薄片的电阻率对样本物理维度的附加依赖关系. 这一观念被 Thouless 及其合作者, 以及 Wegner 等人用于研究局域化标度理论, 相关内容和实验情况由 Lee 和 Ramakrishnan 总结为综述 [174].

13.1.4 态密度

无序系统的热力学平衡态完全可以用态密度或谱密度的泛函来表示 (见 5.5 节). 对外部扰动的响应 (电导率、热导率等) 更详细地依赖于波函数的性质, 并带来更复杂的问题. 态密度被人们理解得更加透彻, 研究者们发展出了十分可靠的近似方法, 使我们在很多种情况下都可以确定态密度函数. 计算谱密度最简单的方法是刚性能带或虚晶近似, 最成功的方法是相干势近似. 下面我们简单讨论这两种方法.

(i) 虚晶近似 再次考虑哈密顿量 (13.1), 能量为 $\epsilon_j = \epsilon_A$ 的概率为 $p_j = p_A$, 能量为 ϵ_B 的概率为 $p_j = p_B$. 如果我们对哈密顿量以杂质分布函数取平均, 那么在对角化之前, 我们可以先得到平移不变的等效哈密顿量

$$\overline{H} = -t\sum_{\langle ij\rangle}(c_i^\dagger c_j + c_j^\dagger c_i) + \overline{\epsilon}\sum_i c_i^\dagger c_i, \tag{13.23}$$

526 其中 $\overline{\epsilon} = p_A\epsilon_A + p_B\epsilon_B$. 根据 Bloch 定理, 我们很容易得到能级

$$\epsilon(\boldsymbol{k}) = \overline{\epsilon} - t\sum_{\boldsymbol{\delta}} \mathrm{e}^{\mathrm{i}\boldsymbol{k}\cdot\boldsymbol{\delta}} \equiv \overline{\epsilon} + w(\boldsymbol{k}), \tag{13.24}$$

其中对 $\boldsymbol{\delta}$ 的求和遍及最近邻矢量, $\boldsymbol{k}$ 位于第一 Brillouin 区. 因此整个能带被均匀地平移, 但保持形状不变. 近似式 (13.23) 的优点是简单, 但是并不实际, 尤其是在 ϵ_A 和 ϵ_B 差异很大的时候.

(ii) 相干势近似. 相干势近似[280] 是一种更为复杂同时也更精确的近似方法. 它的基本思想是用一种 "等效" 原子替换每个原子, 使得平均而言每个位置都不会发生散射. 更精确地说, 我们考虑一个 A 材料晶体中的杂质原子 B, 它处于位置 i. 系统的哈密顿量可以写成

$$H = H_A + (\epsilon_A - \epsilon_B)c_i^\dagger c_i = H_A + U. \tag{13.25}$$

现在我们定义预解算子 (或者称作 Green 函数) $G(z)$:

$$\begin{aligned} G(z) &= (z-H)^{-1} = (z-H_A-U)^{-1} \\ &= (z-H_A)^{-1} + (z-H_A)^{-1}U(z-H)^{-1}. \end{aligned} \tag{13.26}$$

很容易验证最后一个方程是正确的: 只要把等式两端前面乘以 $(z-H_A)$, 后面乘以 $(z-H)$. 应用 Wannier 基函数并定义

$$G_{mj}(z) = \langle m|(z-H)^{-1}|j\rangle, \quad G^0_{mj}(z) = \langle m|(z-H_A)^{-1}|j\rangle,$$

反复使用式 (13.26), 可以得到

$$\begin{aligned} G_{mj}(z) &= G^0_{mj}(z) + G^0_{mi}(z)U_{ii}G_{ij}(z) \\ &= G^0_{mj}(z) + G^0_{mi}(z)U_{ii}G^0_{ij}(z) + G^0_{mi}(z)U_{ii}G^0_{ii}(z)U_{ii}G^0_{ij}(z) + \cdots \\ &= G^0_{mj}(z) + G^0_{mi}(z)U_{ii}(1-G^0_{ii}(z)U_{ii})^{-1}G^0_{ij}(z). \end{aligned} \tag{13.27}$$

算子 $T = U(1-G^0U)^{-1}$ 称作势能 U 的 T矩阵, 在只有一个杂质原子的特殊情况下 (见式 (13.25)), 这个矩阵只有对角矩阵元是非零的. 对任意扰动 U, 式 (13.26) 和式 (13.27) 可以推广为如下算子形式:

$$G(z) = G^0(z) + G^0(z)UG(z) = G^0(z) + G^0(z)T(z)G^0(z). \tag{13.28}$$

现在我们说明由 Green 函数 $G(z)$ 可以得到态密度. 假设 H 的本征态为 $|\phi_m\rangle$, 527
相应的本征值为 E_m, 考虑

$$\begin{aligned}\mathrm{Tr}\, G(E+\mathrm{i}\eta) &= \sum_m \langle\phi_m|(E-H+\mathrm{i}\eta)^{-1}|\phi_m\rangle \\ &= \sum_m (E-E_m+\mathrm{i}\eta)^{-1}.\end{aligned} \tag{13.29}$$

应用

$$\lim_{\eta\to 0}\frac{1}{E-E_m+\mathrm{i}\eta} = P\frac{1}{E-E_m} - \mathrm{i}\pi\delta(E-E_m), \tag{13.30}$$

我们发现

$$n(E) = \sum_m \delta(E-E_m) = -\frac{1}{\pi}\mathrm{Im}\,\mathrm{Tr}\, G(E+\mathrm{i}0^+). \tag{13.31}$$

由于式 (13.31) 的迹可以用任意基矢度量, 因此我们可以随意使用 Wannier 态 $|m\rangle$ 或 Bloch 态 $|\boldsymbol{k}\rangle$ 来计算态密度. 我们只需要知道算子 $G(z)$ 的对角矩阵元.

在相干势近似中, 为了确定 Green 函数 G, 需要假设存在一个等效的复数平移不变势, 使每个位置的平均 T 矩阵为零. 因此我们把哈密顿量写成如下形式:

$$\begin{aligned}H &= \sum_{\boldsymbol{k}}[w(\boldsymbol{k})+\Sigma(E)]c_{\boldsymbol{k}}^\dagger c_{\boldsymbol{k}} + \sum_j[\epsilon_j - \Sigma(E)]c_j^\dagger c_j \\ &= H_0 + \sum_j U_j(E),\end{aligned} \tag{13.32}$$

其中我们已经混合使用了 $\boldsymbol{k}$ 空间和实空间表示, $w(\boldsymbol{k})$ 由式 (13.24) 定义. 使用 $\langle\boldsymbol{k}|j\rangle = N^{-1/2}\exp\{-\mathrm{i}\boldsymbol{k}\cdot\boldsymbol{r}_j\}$, 我们得到 Green 函数 G^0 的对角矩阵元

$$G_{ii}^0(z) = \langle i|(z-H_0)^{-1}|i\rangle = \frac{1}{N}\sum_{\boldsymbol{k}}\frac{1}{z-\Sigma(z)-w(\boldsymbol{k})}. \tag{13.33}$$

位于位置 i 的单杂质势的 T 矩阵是对角化的, 它可以由下式给出:

$$T_i(z) = [\epsilon_i - \Sigma(z)]\{1-[\epsilon_i-\Sigma(z)]G_{ii}^0(z)\}^{-1}. \tag{13.34}$$

对原子分布求平均, 可以得到

$$\begin{aligned}\langle T_i(z)\rangle = p_A[\epsilon_A-\Sigma(z)]\{1-[\epsilon_A-\Sigma(z)]G_{ii}^0(z)\}^{-1} \\ +p_B[\epsilon_B-\Sigma(z)]\{1-[\epsilon_B-\Sigma(z)]G_{ii}^0(z)\}^{-1} = 0.\end{aligned} \tag{13.35}$$

通过式 (13.35) 可以确定未知函数 $\Sigma(z)$, 经过重新整理, 可以得到更简单的形式如 528
下:

$$\Sigma(z) = \bar{\epsilon} - [\Sigma(z)-\epsilon_A][\Sigma(z)-\epsilon_B]G_{ii}^0(z). \tag{13.36}$$

我们可以对复函数 $\Sigma(z)$ 进行数值求解. 每个位置的平均态密度的相干势近似结果为

$$
\begin{aligned}
n(E) &= -\frac{1}{\pi N}\operatorname{Im}\operatorname{Tr} G^0(E+\mathrm{i}0) \\
&= -\frac{1}{\pi N}\operatorname{Im}\sum_{\boldsymbol{k}}\frac{1}{E+\mathrm{i}0-w(\boldsymbol{k})-\Sigma(E+\mathrm{i}0)}.
\end{aligned}
\tag{13.37}
$$

图 13.5 和图 13.6 给出了上述函数在一维无序合金中的计算结果, 我们使用的参数与用严格节点计数方法计算平均态密度时的参数 (见图 13.1 和图 13.2) 相同. 正如我们所见, 态密度的粗略形式可以用相干势近似方法重新得到, 而且在能带中心位置, 两个函数基本上是相同的. 然而用相干势近似方法得到的态密度丢失了关于能带边缘和低密度尾部精细结构的信息, 在严格计算中, 这部分结构延伸到了无杂质系统能带的边缘. 这种结果并不奇怪, 因为相干势近似用完全局域的方法来处理杂质分布. Lifshitz 尾的结构是由于一种原子形成了所谓的 "岛", 而形成岛的概
529 率没有被写入相干势近似方程.

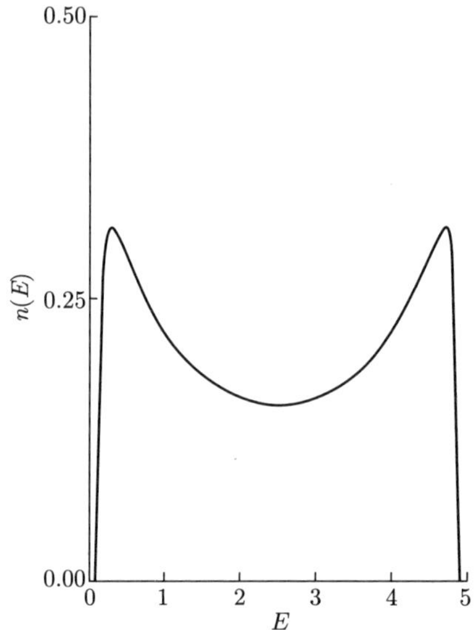

图 13.5 由相干势近似得到的一维无序二元合金的态密度, 其参数与图 13.1 中的相同

我们可以用弱散射极限来理解相干势近似的成功, 在这种极限下, $|G^0_{jj}(z)T_j(z)| \ll 1$. 应用式 (13.28) 并展开完整的 T 矩阵, 我们得到

$$
\begin{aligned}
G_{mj} = {} & G^0_{mj} + \sum_i G^0_{mi}T_iG^0_{ij} + \sum_{k\neq i} G^0_{mi}T_iG^0_{ik}T_kG^0_{kj} \\
&+ \sum_{k\neq i, n\neq k} G^0_{mi}T_iG^0_{ik}T_kG^0_{kn}T_nG^0_{nj} \\
&+ \sum_{k\neq i, n\neq k, s\neq n} G^0_{mi}T_iG^0_{ik}T_kG^0_{kn}T_nG^0_{ns}T_sG^0_{sj} + \cdots .
\end{aligned}
\tag{13.38}
$$

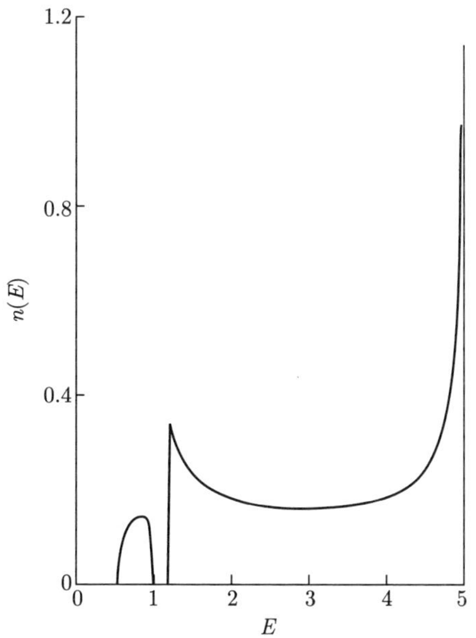

图 13.6　由相干势近似得到的一维无序二元合金的态密度, 其参数与图 13.2 中的相同

把 G^0 当作相干势近似的 Green 函数并对杂质分布进行平均, 我们发现由于式 (13.38) 中求和序号是连续的, 因此前面几项为零, 并有

$$\langle G_{mj} \rangle = G^0_{mj} + \sum_{k \neq i} G^0_{mi} \langle T_i G^0_{ik} T_k G^0_{ki} T_i G^0_{ik} T_k \rangle G^0_{kj} + \mathcal{O}(T^6). \tag{13.39}$$

因此对相干势近似的修正是 T^4 和更高阶项. 530

关于无序二元合金相干势近似的更广泛讨论, 读者可以参考 Velicky 等人的文章 [312]. Elliott 等人的综述 [84] 给我们提供了用相干势近似研究振动性质的深入讨论, 其中包括无序材料、无序磁体中的自旋波和其他物理情形.

Matsubara 和 Yonezawa[191] 指出, 式 (13.27) 可以用来构造态密度的图展开, 得到的矩阵展开与我们在 6.2 节中讨论过的高温展开有类似的形式.

13.2　逾　　渗

在对三维局域化的简单讨论中, 我们已经注意到, 无序二元合金中相同原子构成的连通集团的特性对于确定电子态的性质是非常重要的. 在稀磁合金中, 当磁性原子的比例数为 p 时, 是否存在有限温度相变取决于相互作用的磁性原子在系统中是否能构成无限大的 (具有合适的高维度) 连通集团. 考虑一个由有限电阻 (概

率为 p) 和无限电阻 (概率为 $1-p$) 构成的无规电阻网络, 只有在导电元件能够组成一个跨越整个网络的集团下, 整个网络才是导电的. 很多其他物理情形, 本质上也依赖于随机集团的几何性质 (见参考文献 [287] 中关于森林火灾的讨论), 特别是依赖于是否存在跨越系统尺度的连通集团. 对于这种集团的研究构成了逾渗理论的主要内容.

有两种基本的逾渗模型: 座逾渗和键逾渗. 在座逾渗问题中, 格子的顶点以给定的概率 p 被占据, 如果两个最近邻格点都被占据了, 那么认为它们之间是连通的. 在图 13.7 中, 我们画出了一个 20×20 的正方格子, 格点以 0.5575 (223 个粒子) 的概率被占据. 我们连接了最大集团内的粒子, 可以看到这个集团在水平和垂直方向都跨越了格子尺度, 这种连接是几乎不存在的. 事实上, 在这个占据概率下存在跨越系统的集团是由有限尺寸效应引起的. 我们已经知道在正方格子上的座逾渗概率 (在热力学极限下能够形成无限大的连通集团的概率) 是 $p_c = 0.5927\cdots$.

531

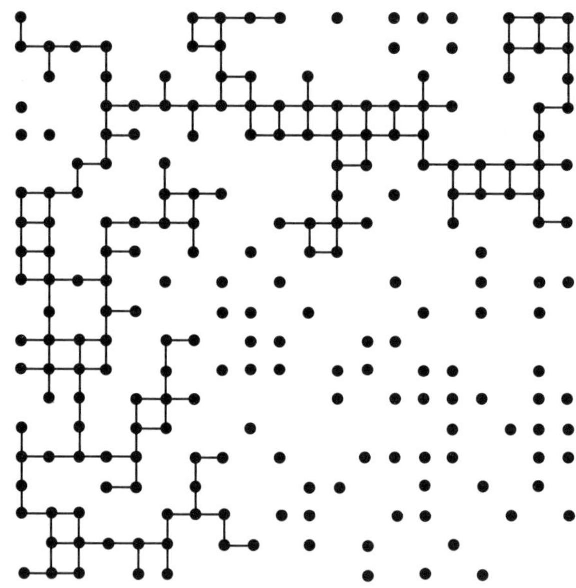

图 13.7 20×20 **正方格子上的座逾渗集团, 格点占据概率为** 0.5575**, 我们已经把最大的集团连接起来了**

另一方面, 键逾渗是以格子上最近邻键的占据概率定义的, 这个模型显然与非均匀媒质中的传导问题相关. 格点问题与键问题是密切相关的, 例如我们可以说明, 对于任意格子, 键逾渗临界概率 p_c^B 和座逾渗临界概率 p_c^S 满足 $p_c^B \leqslant p_c^S$ 的关系 (见参考文献 [85]).

现在来定义逾渗问题中我们感兴趣的量. 令 $n_s(p)$ 表示每个格点上大小为 s 的

集团个数, 一个给定格点被占据并且是属于大小为 s 的集团的概率就是 $sn_s(p)$. 现在我们令 $P(p)$ 表示被占据格点属于无穷大集团的概率. 显然对于 $p=1$, $P(p)=1$; 对于 $p<p_{\rm c}$, $P(p)=0$ (在热力学极限下). 在这种意义下, $P(p)$ 类似于通常热力学相变中的系统序参量. 人们经常把逾渗看作一种几何相变. 显然, 我们有如下关系式:

$$\sum_s sn_s(p)+pP(p)=p, \tag{13.40}$$

其中的求和遍及所有有限尺寸集团.

我们感兴趣的另一个量是有限集团的平均尺寸, 用 $S(p)$ 表示. 这个量可以用 532
$n_s(p)$ 表示为

$$S(p)=\frac{\displaystyle\sum_s s^2n_s(p)}{\displaystyle\sum_s sn_s(p)}, \tag{13.41}$$

其中求和再一次遍及所有有限尺寸集团. 最后, 我们定义 "对连通" $C(p,r)$, 它表示距离为 r 的被占据格点属于同一集团的概率, 并且 $S(p)$ 可以用 $C(p,r)$ 表示[85,180].

同时, 我们注意到 $S(p)$ 与稀疏 Ising 模型的低温磁化率相关. 因为当 $k_{\rm B}T\ll J$ 时, 所有最近邻磁原子将处于同一个态: 自旋向上或者向下. 因此在磁场 h 中, 每个格点的磁化强度都有如下形式:

$$\langle\sigma\rangle=pP(p)+\sum_s sn_s(p)\tanh\frac{sh}{k_{\rm B}T}, \tag{13.42}$$

其中右边第一项是无限大集团的贡献. 对上式微分, 我们得到零外场下的磁化率为

$$\chi(0,T)=\frac{1}{k_{\rm B}T}\sum_s s^2n_s(p)=\frac{p[1-P(p)]}{k_{\rm B}T}S(p). \tag{13.43}$$

函数 $P(p)$, $S(p)$ 和 $C(p,r)$ 可以用很多为解决其他统计问题而发展的方法来计算, 例如级数展开、Monte Carlo 模拟和重整化群方法.

对一些物理过程而言, 同样有趣并且重要的是接近 $p_{\rm c}$ 时逾渗集团的几何结构. 如果把有限大小的集团从系统中删除, 我们会得到一个稀疏的网络, 它在 $p_{\rm c}$ 点不能填满整个空间, 即当 $L\to\infty$ 时, $N_\infty(L,p_{\rm c})/L^d\to 0$, N_∞ 是线性尺寸为 L 的格子上的逾渗集团的粒子数. 事实上无限大集团是一个分形, 它具有分形维度 D. 这一点在图 13.8 中得以说明, 图中给出了 100×100 的正方格子在占据概率 $p=0.6$ 时的最大集团. 图中有很多不同尺寸的空洞, 这是分形的典型特征. 在二维情形下, D 严格等于 $43/24$; 对于三维情况, $D\approx2.5$.

再次回到图 13.7 或图 13.8, 我们发现逾渗集团包含大量悬键, 就是指那些从系统中删除也不会破坏逾渗的键. 如果把所有悬键都删除, 我们会得到所谓的骨架

533
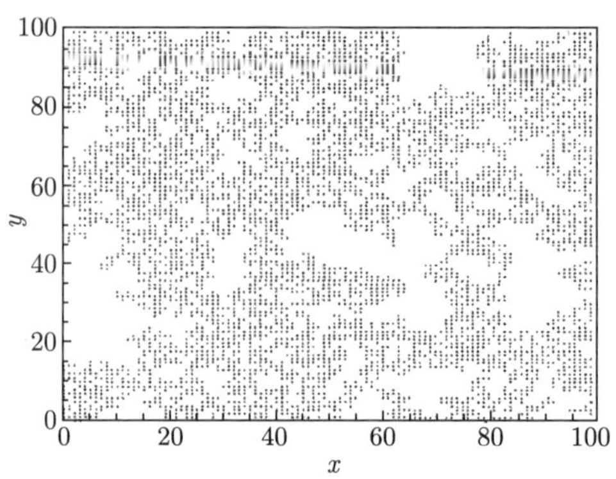

图 13.8 正方格子上的逾渗集团, 占据概率 $p = 0.6$, 与逾渗集团不连通的格点已经被删除了

(见图 13.9). 骨架也是一个分形. 在二维情形中, 分形维度 $D_{\mathrm{B}} \approx 1.64$; 三维时, $D_{\mathrm{B}} \approx 1.8$. 图 13.9 给出了图 13.8 中的逾渗集团的骨架. 可以明显看到具有悬空顶端的部分都消失了. 就一个逾渗导体网络而言, 它的骨架显然是唯一与它的电导率相关的特征 —— 悬空顶端中不会出现电流. 还有其他一些几何性质同样引起了人们的关注, 相关问题的进一步讨论, 我们请读者阅读参考文献 [8]. 时至今日, 二维和三维空间中的逾渗问题还没有被完全解决, 但是在二维情形中, 人们已经精确地知道了某些格子的逾渗概率和很多临界指数. 当然一维逾渗问题是简单的, 对于
534 Bethe 格子人们可以精确计算键逾渗概率和座逾渗概率 (见 Thouless 的著作 [302]). 我们首先利用逾渗和相变的相似性假定一个简单的标度理论.

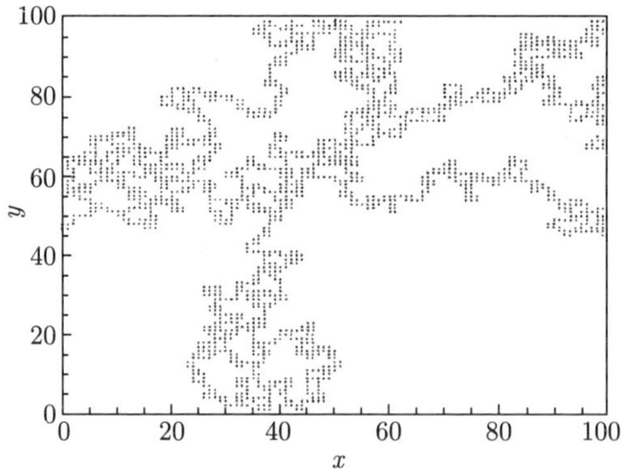

图 13.9 图 13.8 中的逾渗集团的骨架

13.2.1 逾渗的标度理论

我们在上文中提到过的热力学相变和逾渗的相似性, 可以通过 Kasteleyn 和

Fortuin 的论证[150], 被赋予严格的理论基础. 他们说明了键逾渗问题与 $q \to 1$ 极限下的 q 态 Potts 模型是同型的 (针对这一点的讨论可见参考文献 [180, 58]). 键的占据概率与 Potts 模型中的 Boltzmann 权重是直接相关的, 因此它类似于第 6 章标度理论中的温度变量 (我们也可以引入磁场的对应变量, 但在逾渗问题中没有像温度一样直接解释). 热力学函数与上文中定义的几何量之间的对应关系如下, 类似于每个格点的自由能是每个格点上集团的总数, 即

$$G(p) = \sum_s n_s(p). \tag{13.44}$$

很显然, 概率 $P(p)$ 扮演了序参量的角色. 类似地, 有限集团的平均尺寸 $S(p)$ 等价于磁化率, 对连通 $C(p,r)$ 等价于热力学两体关联函数.

于是我们希望这些量在逾渗概率处具有幂律奇异性, 并可以定义如下一系列指 535
数:

$$G(p) \sim |p - p_{\rm c}|^{2-\alpha}, \tag{13.45}$$

$$P(p) \sim (p - p_{\rm c})^{\beta}, \tag{13.46}$$

$$S(p) \sim |p - p_{\rm c}|^{-\gamma}, \tag{13.47}$$

$$C(p,r) \sim \frac{\exp\{-r/\xi(p)\}}{r^{d-2+\eta}}, \tag{13.48}$$

而且希望式 (13.48) 中的关联长度 ξ 具有如下发散形式:

$$\xi(p) \sim |p - p_{\rm c}|^{-\nu}. \tag{13.49}$$

如果普适性 (见 6.5 节) 依然成立, 那么逾渗指数 $\alpha, \beta, \gamma, \cdots$ 会依赖于系统维度, 而不依赖于格子的具体类型或者被研究的问题是键逾渗还是座逾渗.

标度理论的基本假设[286] 是对于接近 $p_{\rm c}$ 的 p, 或者对式 (13.48) 中的一个给定的 ξ, 存在一个典型的集团尺寸 s_ξ 对式 (13.45)—(13.47) 起主要贡献. 当 $p \to p_{\rm c}$ 时, 集团尺寸必须发散, 我们假设这个发散是幂律形式的:

$$s_\xi \sim |p - p_{\rm c}|^{-1/\sigma}, \tag{13.50}$$

这里定义了指数 σ. 我们进一步假设当占据概率为 p 时, 尺寸为 s 的集团数与 s/s_ξ 和 $n_s(p_{\rm c})$ 有如下关系:

$$n_s(p) = n_s(p_{\rm c}) f\left(\frac{s}{s_\xi}\right), \tag{13.51}$$

其中当 $x \to \infty$ 时, $f(x) \to 0$, 当 $x \to 0$ 时, $f(x) \to 1$, 其他情形下的函数值并不知道. 根据 Monte Carlo 模拟的结果[286], s 较大时, $n_s(p_{\rm c}) \sim s^{-\tau}$, 其中 τ 是依赖于空

间维度 d 的指数. 利用上式和式 (13.51), 我们有

$$n_s(p) = s^{-\tau}\phi(s|p-p_{\mathrm{c}}|^{1/\sigma}). \tag{13.52}$$

与热力学标度类似, 上式表明我们可以用两个独立的指数 σ 和 τ 来表示逾渗指数. 例如,

$$\begin{aligned} G(p) &= \sum_s n_s(p) = \sum_s s^{-\tau}\phi(s|p-p_{\mathrm{c}}|^{1/\sigma}) \\ &\approx |p-p_{\mathrm{c}}|^{\frac{\tau-1}{\sigma}} \int \mathrm{d}x\, x^{-\tau}\phi(x), \end{aligned} \tag{13.53}$$

536 其中 $x = s|p-p_{\mathrm{c}}|^{1/\sigma}$. 假设对 x 的积分收敛, 我们有 $\alpha = 2-(\tau-1)/\sigma$. 类似地, 还可以得到 $\gamma = (3-\tau)/\sigma$ 和 $\beta = (\tau-2)/\sigma$, 并且我们发现了熟悉的标度关系

$$\alpha + 2\beta + \gamma = 2.$$

对连通也可以被包含进标度公式中. 如果我们在样本体积上对 $C(p,r)$ 积分, 应该得到平均集团尺寸 $S(p)$, 即

$$S(p) \sim |p-p_{\mathrm{c}}|^{-\gamma} \sim \int \mathrm{d}r\, r^{d-1}\frac{\mathrm{e}^{-r/\xi(p)}}{r^{d-2+\eta}} \sim |p-p_{\mathrm{c}}|^{-\nu(2-\eta)}, \tag{13.54}$$

因此 $\gamma = \nu(2-\eta)$. 还可以通过进一步假设得到超标度方程 $d\nu = 2-\alpha$. 根据式 (13.50), 在给定 p 时主要集团的尺寸服从关系: $s \sim |p-p_{\mathrm{c}}|^{-1/\sigma}$, 同时这些集团的密度为 $n_s \sim |p-p_{\mathrm{c}}|^{\tau/\sigma}$. 假设这个密度正比于这些集团占据的体积 $\xi^d(p)$ 的倒数, 我们得到

$$|p-p_{\mathrm{c}}|^{\tau/\sigma} = |p-p_{\mathrm{c}}|^{d\nu}$$

或 $d\nu = 2-\alpha$.

我们还注意到逾渗集团的分形维度 D 也可以用这些指数来表示. 根据定义, 与给定粒子距离为 R 的粒子数可以表示为 $N(R) \sim R^D$, 并且在 p_{c} 处有

$$N(R,p) \propto \int_0^R \mathrm{d}r\, r^{d-1}C(p,r) \sim R^{2-\eta},$$

于是 $D = 2-\eta = \gamma/\nu$.

在 Stauffer 的综述 [286] 中, 读者可以找到关于标度理论的数值实验的批评性讨论. 虽然由 Monte Carlo 模拟和级数展开得到的指数不是非常精确的, 但它们还是与标度律相符的. 同时也没有任何违反普适性假设的证据 —— 逾渗指数似乎只依赖于维度. 在二维情形中, 我们知道 (见参考文献 [39]) 临界指数可以用有理数 $\alpha = -\dfrac{2}{3}$, $\beta = \dfrac{5}{36}$, $\gamma = \dfrac{43}{18}$, $\nu = \dfrac{4}{3}$, $\eta = \dfrac{5}{24}$ 表示; 三维时, $\beta \approx 0.41$, $\gamma \approx 1.82$, $\nu \approx 0.88$[263].

13.2.2 级数展开和重整化群

研究逾渗问题最直接的方法是 Monte Carlo 模拟, 我们在这里不做讨论. 对于
在 13.2.1 小节中讨论的所有函数, 都可以给它们构造级数展开, 并用处理热力学函 537
数的标准方法 (见 6.2 节) 对其进行分析. 例如考虑一个平均尺寸为 $S(p)$ 的有限集团 (见式 (13.41)), 我们希望得到这个函数的幂级数表达式. 由于我们在 $p=0$ 处做展开, 因此式 (13.41) 中的分母就是式 (13.40) 中的 p. 可以写出

$$S(p)=\frac{1}{p}\sum_s s^2 n_s(p)=\sum_{j=0}^{\infty} a_j p^j. \tag{13.55}$$

通过穷举尺寸逐渐增大的集团并计算它们出现的概率, 我们可以系统地计算系数 a_j. 具体而言, 考虑一个正方格子, 一个孤立的格点被占据的概率为 $p(1-p)^4=n_1(p)$. 现在考虑图 13.10 中的几个小集团, 集团 (a) 将对 p^2 和更高阶项有贡献, (b) 和 (c) 对 p^3 项有贡献, 其余五个图对 p^4 和更高阶项有贡献.

计算 $sn_s(j,p)$ 是非常容易的, 其中 j 表示图的标号. 考虑格子中的一个格点, 例如格点 0, 把它对应到图 j 中所有不等价的顶点, 我们可以数出格点 0 属于集团 j 的所有位形的数目. 对于图 13.10 中的集团 (c), 我们可以把两个等价顶点的其中之一放到格点 0 上, 作为棒的端点, 对于这种情况, 共有 8 种不同的位形. 如果把中间的顶点放到格点 0 上, 我们会得到另外 4 种位形. 因此,

$$3n_3(c,p)=12p^3(1-p)^7.$$

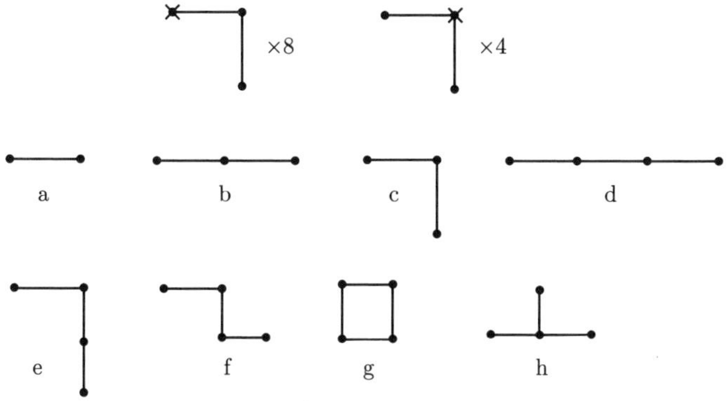

图 13.10　逾渗级数图

对其余图做这种计算并展开因子 $(1-p)^t$, 其中 t 是集团边缘未被占据的格点的个 538
数, 我们可以得到 $S(p)$ 的直到 p^3 项的展开式, 即

$$S(p)=1+4p+12p^2+24p^3+\cdots. \tag{13.56}$$

与 Ising 模型中的高温展开 (见 6.2 节) 类似, 很明显的是高阶项的计算变成了令人头痛的图的穷举问题. 在 Essam 的综述 [85] 中, 作者讨论了一些二维和三维格子中的情况, 列出了式 (13.55) 中的系数 a_j (对二维正方格子给出了直到 $j = 11$ 的系数). 读者可能希望我们再推导一至两项添加在式 (13.56) 后面, 或者用 6.2 节中提到的比率方法分析一下更长的级数. 与高温展开中的情况类似, 用级数展开方法, 我们可以得到收敛性很好的 p_c 的估计值, 也可以得到临界指数的估计值[80].

现在我们简单讨论一下逾渗的重整化群方法. 重整化群主要通过两种不同的方法来研究逾渗问题. 在第一种方法中, 利用了逾渗和 $q \to 1$ 极限下的 q 态 Potts 模型的形式等价性, 这一点在上文中已经提到过了. 我们可以做 ϵ 展开 (在 $d = 6$ 附近, 这是逾渗的上临界维度), 并尝试在 $\epsilon = 3$ 时估计临界指数[127,250].

另一种方法从技巧上更为简单, 就是直接使用实空间重整化群方法. 它的基本思想是在逾渗概率时, 系统在任意长度的标度变换下应该保持不变. 因此在一个简单的例子中 (见图 13.11), 我们把三角格子分解成由三个格点组成的块, 并尝试用
539 格点的占据概率来计算块的占据概率. 假设在块中大多数格点被占据的情况下, 我们认为这个块是被占据的. 因此块的占据概率可以表示为

$$p' = R_{\sqrt{3}}(p) = p^3 + 3p^2(1-p). \tag{13.57}$$

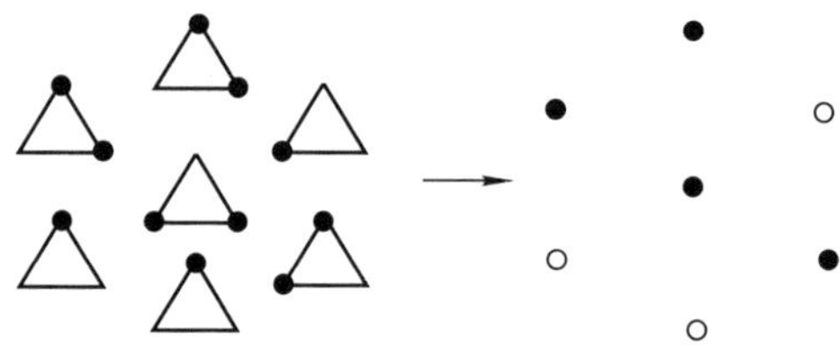

图 13.11 三角格子重整化过程中的一步, 右图中实心点代表被占据的格点

这个迭代关系具有平庸的不动点 $p = 0$ 和 $p = 1$, 以及一个非平庸的不动点 $p^* = 0.5$, 我们认为它是逾渗密度, 且非常幸运, 它就是精确的逾渗密度. 用迭代关系可以直接确定关联长度指数 ν. 因为有 $\xi(p) \sim |p - p_c|^{-\nu}$ 和 $\xi'(p') = \xi(p)/L \sim |p - p_c|^{-\nu}$, 其中 $L = \sqrt{3}$ 是重新标度的长度. 因此在不动点附近有

$$p' - p_c = L^{1/\nu}(p - p_c).$$

根据式 (13.57), 我们可以得到 $\nu = 1.35$, 这与严格解 $\nu = \dfrac{4}{3}$ 符合得很好.

很容易把这个结果推广到更大的集团. 对于图 13.12 中的 7 个格点组成的块, 迭代关系为

$$p' = R_{\sqrt{7}}(p) = 35p^4 - 84p^5 + 70p^6 - 20p^7. \tag{13.58}$$

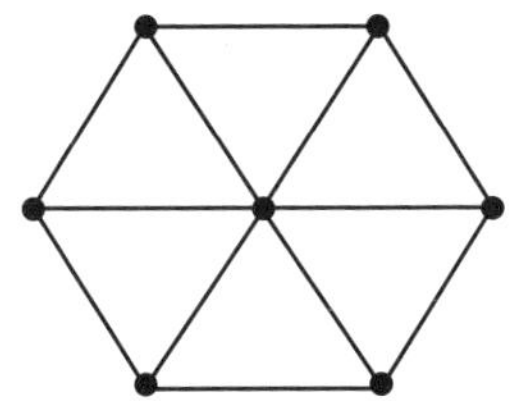

图 13.12　三角格子上的七格点集团

同样, 它也有非平庸的不动点 $p^* = p_{\mathrm{c}} = 0.5$. 在这种情况下, 关联长度指数为

$$\nu = \frac{\ln 7}{2\ln\dfrac{7}{3}} = 1.243,$$

与 $\nu = \dfrac{4}{3}$ 还是比较符合的.

如何把上述过程推广到任意格子是比较清楚的, 同时在 7.5 节中介绍的 Monte Carlo 重整化群方法也很容易被修改以适合研究逾渗问题. 进一步讨论请读者参考 Binder 和 Stauffer 的著作 [39]、Stanley 等人的著作 [285], 以及 Kirkpatrick 的著作 [153].

13.2.3　刚性逾渗 540

我们已经看到, 逾渗点 p_{c} 分隔了两个不同的几何相: 对于 $p > p_{\mathrm{c}}$, 出现了一个连通的无限大集团, 逾渗可以从系统的一端到达另一端; 对于 $p < p_{\mathrm{c}}$, 系统分裂成若干个有限大的集团. 显然如果逾渗集团是由导体组成的, 那么加上电压就可以产生电流. 然而在 p_{c} 附近, 由弹簧组成的逾渗集团是否可以抗衡剪切力或者压缩力就很难说了. 就我们所知, 这个问题最早的研究者是 Feng 和 Sen[91], 他们考虑了一个随机占据粒子的格子, 格点上最近邻粒子间通过中心力势发生相互作用. 他们发现对于二维三角格子, 在键密度达到 $p_{\mathrm{r}} \approx 0.58$ ①时, 系统的弹性系数降为零, 这个值比相应的逾渗点 $p_{\mathrm{c}} = 2\sin(\pi/18) \approx 0.3473$ 高很多. 对于面心立方格子, 人们发现刚性逾渗点为 $p_{\mathrm{r}} \approx 0.42$, 相应的 $p_{\mathrm{c}} \approx 0.198$. 后来发现, 有两个原因导致在较宽的中间密度区, 逾渗网络是软的而不是具有刚性的, 一个很显然, 另一个则比较微妙. 较简单的原因是模型假设的近邻粒子之间的中心作用力. 即使是完全占据 $(p = 1)$ 的正方格子 (或简单立方格子), 系统也有一个软模式 —— 无论在垂直方向还是水平方向, 如果把所有平行列倾斜, 则保持近邻粒子之间的间距, 那么系统的能量不变, 因此不会产生回复力.

① 最近的精确模拟得到的结果是 $p_{\mathrm{r}} \approx 2/3$.

用一种非常简单的平均场理论就能捕捉到这种效应的物理本质, 并且能对刚性逾渗密度给出很好的估计. 考虑一个 d 维格子, 它的格点被占据的概率为 p, 配位数为 z. 粒子自由度的数目为 $f = dpN$, 这里我们已经忽略了全局平移和旋转引起的 $O(1)$ 数量级的修正值. 每个粒子平均有 pz 个最近邻, 系统中的总约束个数为 $c = Np(pz/2)$, 系数 1/2 是为了消除重复计数. 如果 $c < f$, 我们希望至少存在一个软模式, 因此有

$$\frac{Np_{\mathrm{r}}^2 z}{2} = Ndp_{\mathrm{r}},$$

换言之, 对格点刚性逾渗有 $p_{\mathrm{r}} = 2d/z$②. 根据这个计算推知的结果包括: 三角格子
541 $p_{\mathrm{r}}=\dfrac{2}{3}$, 面心立方格子 $p_{\mathrm{r}} = \dfrac{1}{2}$, 正方格子和简单立方格子 $p_{\mathrm{r}} = 1$. 这与正方格子和面心立方格子上的模拟结果较符合. 我们注意到如果具有共同顶点的两个键之间的势能依赖于键角, 那么 $p_{\mathrm{r}} = p_{\mathrm{c}}$.

网络在 p_{r} 而不是 p_{c} 处失去刚性的第二个原因是在我们所讨论的相关计算中隐含了 $T = 0$ 的条件, 我们只注意了系统的能量而不是自由能. 上文中提到过, 逾渗集团的骨架具有分形维度 $D_{\mathrm{B}} < d$, 在接近 p_{c} 时, 非常类似于在橡胶中发现的纤细聚合物网络 (见图 13.9). 使这种非晶相稳定存在的是所谓的交联, 它对应连接两个以上键的格点. 如果在非零温, 我们固定边界条件令系统弛豫, 通常会有一个熵张力, 它会引起有限大小的剪切模量, 这个剪切模量的主项关于 T 是线性的, 并且保持至 $p = p_{\mathrm{c}}$. 因此刚性逾渗被看作零温相变.

在 Feng 和 Sen 的工作 [91] 出现的几年前, de Gennes[70] 已经推测出无规电阻网络和无序中心力网络属于同一普适类. 当 p 从上方趋近于 p_{c} 时, 随机混合的导体和绝缘体的导电性以 $\sigma(p) \sim (p - p_{\mathrm{c}})^t$ 的形式趋于零, 其中 $t \approx 1.31(d = 2)$, $t \approx 2.0(d = 3)$. 他还预言了类似的弹簧网络的剪切模量 $\mu(p) \sim (p - p_{\mathrm{c}})^t$, t 与前面的值相同. 他的论证非常简单. 假设格点 i 和 j 通过电导率为 σ_{ij} 的导体连接, 两个点的电压分别为 V_i 和 V_j. 网络上的 Kirchhoff 定律为

$$\sum_j (V_j - V_i)\sigma_{ij} = 0,$$

它对所有 i 都成立. 如果我们把导体替换成弹性系数为 k_{ij} 的 Hooke 弹簧, 那么网络上的力平衡条件为

$$\sum_j k_{ij}(\boldsymbol{u}_i - \boldsymbol{u}_j) = 0,$$

其中 $\boldsymbol{u}$ 是相应粒子的位置. 这个方程中的每个分量与 Kirchhoff 方程在形式上都是

② 对以概率 p 随机占据键的情况, 类似的计算可以得到 $p_{\mathrm{r}}^{\mathrm{B}} = 2d/z$.

相同的. 读者会注意到这里有一个技术缺陷. 假设产生力的势函数具有如下形式:

$$\phi(R_{ij}) = \frac{\kappa}{2}(r_{ij} - r_0)^2, \tag{13.59}$$

那么 542

$$\boldsymbol{F}_{ij} = -\frac{\partial \phi(r_{ij})}{\partial \boldsymbol{r}_i} = \kappa \frac{(r_{ij} - r_0)(\boldsymbol{r}_j - \boldsymbol{r}_i)}{r_{ij}},$$

也就是说力常数 k_{ij} 是距离 r_{ij} 的函数, 同时力平衡方程中的三分量并不是独立的. 但对于 Gauss (Hooke) 弹簧, $\phi(r_{ij}) = \kappa r_{ij}^2/2$ 确实是独立的, 但对任意的中心势则不一定如此.

对由粒子组成的无序网络进行数值模拟, 这些粒子间的相互作用为形如式 (13.59) 的势, 模拟呈现出无规电阻网络的临界行为 (在数值精度范围内), 二维和三维情况都是如此. 这个令人感到惊奇的结果可以用唯象重整化群计算来理解. 显然, 只有骨架能把力从系统的一边传送到另一边. 前面提到过, 二维骨架具有分形维度 $D_{\mathrm{B}} \approx 1.64$, 与 Sierpinski 镂垫的维度 $D_{\mathrm{SG}} = \ln 3/\ln 2$ 差别不大. 对于这种格子, 或者任何其他的规则的级列型分形, 我们都可以通过对连续生成粒子的坐标积分来得到精确的重整化变换. 相关计算的细节请读者阅读参考文献 [247]. 结论是在任意有限温度下, 式 (13.59) 中的平衡间隔 r_0 迭代到零, 因此在大尺度标度下, 骨架中最近邻粒子之间的有效相互作用是 Gauss 或 Hooke 势. 这个结果与我们的直觉是一致的, 就是说我们研究的系统与纤细聚合物网络是有联系的.

13.2.4 小结

在本节中, 我们仅仅触及了逾渗这一主题的表面. 我们所选择的是与热力学相变的统计力学具有形式等价性的内容, 还有一些我们感兴趣的内容. 关于更完整、各方面内容更平衡的讨论, 读者可以阅读参考文献 [287]. 另外 Sahimi 的著作 [263] 中包含了很多这方面研究的应用, 尤其是在材料科学中逾渗的应用.

13.3 无序材料中的相变

在这一节中, 我们讨论关于无序材料中相变的一些内容. 我们研究的主要模型
是用非磁性原子随机稀释的晶状铁磁体. 我们假设磁性原子之间有短程相互作用 543
(最近邻), 并且相互作用都是铁磁的. 这是一个非常重要的简化, 根据这一点我们至少可以确定系统的基态. 如果系统中存在铁磁和反铁磁混合的相互作用, 那么确定基态可能是很困难的, 甚至完全不可解的. 我们将这样的系统留在 13.4 节中讨论.

具体而言，我们主要考虑哈密顿量

$$H = -J\sum_{\langle ij\rangle}\epsilon_i\epsilon_j \boldsymbol{S}_i\cdot\boldsymbol{S}_j - h\sum_i \epsilon_i S_{iz}, \tag{13.60}$$

其中 $\boldsymbol{S}_i = (S_{i1}, S_{i2}, \cdots, S_{in})$ 是一个 n 分量自旋，如果格点 i 被磁性原子占据，那么 ϵ_i 取值为 1；如果格点 i 被非磁性杂质占据，那么 ϵ_i 取值为 0. 我们假设随机变量 ϵ_i 之间是没有关联的，即 $\langle\epsilon_i\epsilon_j\rangle = \langle\epsilon_i\rangle\langle\epsilon_j\rangle = p^2$，$p$ 是磁性原子的密度. 我们还假设这个无序是淬火的，即当温度变化时，磁性原子的分布不会变化. 可见哈密顿量 (见式 (13.60)) 是我们在前面各章中研究的多种磁学标准模型的无序版本 ($n = 1$ 对应 Ising 模型，$n = 2$ 对应 XY 模型，$n = 3$ 对应 Heisenberg 模型等).

n 矢量模型的物理实现通常可以在几个系列的复合物中找到 (通常是具有短程相互作用的反铁磁体)，例如 $\mathrm{Co}_p\mathrm{Zn}_{1-p}\mathrm{Cs}_3\mathrm{Cl}_5$ (稀释三维 Ising 模型)，$\mathrm{Co}_p\mathrm{Zn}_{1-p}$ $(\mathrm{C}_5\mathrm{H}_5\mathrm{NO})_6$ $(\mathrm{ClO}_4)_2$ (XY 模型)，$\mathrm{KMn}_p\mathrm{Mg}_{1-p}\mathrm{F}_2$ (Heisenberg 模型). 读者可以在参考文献 [290] 中找到相关实验工作及其与理论的比较.

式 (13.60) 的基态显然是所有自旋与磁场同方向排列，每一个格点的磁化强度为

$$m(h = 0^+, T = 0) = \frac{1}{N}\sum_{i=1}^{N}\epsilon_i\langle S_{iz}\rangle|_{h=0^+,T=0} = pS. \tag{13.61}$$

我们主要关心的是在引入无序后，是否存在尖锐的相变，或者说是否存在唯一确定的临界温度. 如果存在相变，那么临界温度 $T_\mathrm{c}(p)$ 对密度有什么样的依赖关系？如果临界指数会产生变化，那么会是什么样的变化？很明显的是，用非磁性杂质稀释铁磁系统会降低系统的临界温度. 我们可以直接对此系统构造一个粗略的平均场理论 (见 3.1 节). 对杂质分布和 Boltzmann 分布取平均后，作用在磁性原子上的等
544 效平均场在 Ising 模型中可以表示为

$$h_\mathrm{eff} = pqJm + h, \tag{13.62}$$

其中 q 是最近邻格点，因此有

$$\langle S_{iz}\rangle = \tanh[\beta(pqJm + h)]. \tag{13.63}$$

由此得到临界温度 $T_\mathrm{c}(p)/T_\mathrm{c}(1) = p$. 鉴于 13.2 节中的讨论，这个结果明显是错误的. 对于 $p < p_\mathrm{c}$，不会有有限温度相变，逾渗密度和临界温度作为 p 的函数，必须定性地类似于图 13.13 中的实线，而不是表示平均场近似的虚线. 在进一步处理这个问题之前，我们先要离题一会，为读者简单介绍描述无序系统的统计数学形式.

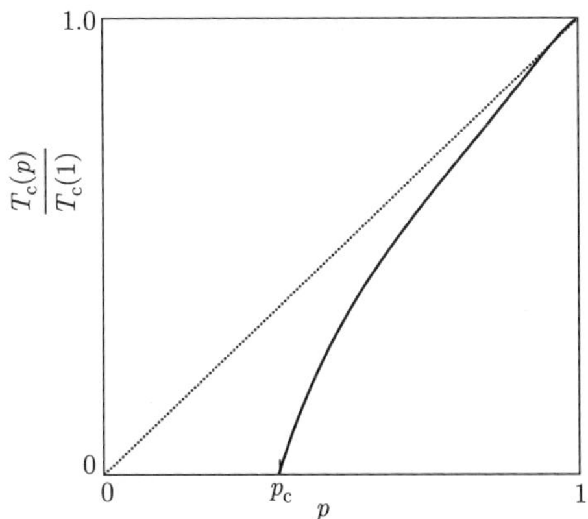

图 13.13 平均场理论中, 如式 (13.60) 所示模型的临界温度作为密度 p 的函数 (虚线), 实线是定性的, 但与 $p < p_c$ 时 $T_c = 0$ 的要求是一致的

13.3.1 统计数学形式和副本方法

上文中提到过, 我们主要关心淬火无序, 因此系统的配分函数是变量 $\{\epsilon_j\}$ 的函数:

$$Z = \text{Tr} \exp\{-\beta H[\epsilon_i, \boldsymbol{S}_i]\} = Z(h, T, \epsilon_1, \epsilon_2, \cdots, \epsilon_N). \tag{13.64}$$

自由能函数也是如此, 即 545

$$G(h, T, \epsilon_1, \epsilon_2, \cdots, \epsilon_N) = -k_B T \ln Z(h, T, \epsilon_1, \epsilon_2, \cdots, \epsilon_N). \tag{13.65}$$

现实中, 我们不可能对任意杂质位形计算其自由能函数 (见式 (13.65)). 为了在一定程度上把问题简化, 我们假设系统可以被分为大量子系统, 每一个子系统的尺寸都比关联长度大很多. 于是这些子系统构成了一个系综, 系综中的每个单元都是统计独立的, 并且每个单元中的杂质位形都是由相同的分布决定的. 实验的结果就是这些可观测量对杂质分布的平均. 例如我们测量到的每个格点上的自由能为

$$g(h, T, p) = -\frac{k_B T}{N} \langle \ln Z(h, T, \epsilon_1, \epsilon_2, \cdots, \epsilon_N) \rangle, \tag{13.66}$$

其中密度 p 是一个参数而不是热力学变量. 其他热力学函数可以用常规方法由式 (13.66) 推出.

另一方面, 如果杂质是退火的而不是淬火的, 那么变量 ϵ_i 必须被当作动力学变量, 与自旋变量地位相同. 杂质浓度可以通过引入化学势来给定, 适当的配分函数为

$$Z(h, T, \mu) = \sum_{\epsilon_i = 0,1} \text{Tr} \exp\left\{-\beta H[\epsilon_i, \boldsymbol{S}_i] + \beta\mu \sum_{i=1}^{N} \epsilon_i\right\}, \tag{13.67}$$

和

$$Np = k_{\mathrm{B}}T\frac{\partial}{\partial \mu}\ln \Xi(h, T, \mu). \tag{13.68}$$

可见这两种情况有本质不同.

计算自由能 (见式 (13.66)) 是一个非常困难的问题. 现在我们简单介绍一种可以对式 (13.66) 求平均的方法, 这种方法非常有趣并且被广泛接受, 通常被称作 “副本方法”[121,290,180,16,40]. 这种方法利用了等式

$$\left\langle \lim_{n\to 0}\frac{x^n-1}{n}\right\rangle = \langle \ln x\rangle. \tag{13.69}$$

把 x 当作一组给定变量 $(\epsilon_1, \epsilon_2, \cdots, \epsilon_N)$ 的配分函数 (见式 (13.64)), 我们发现

$$Z^n = [\mathrm{Tr}\,_{\boldsymbol{S}_i}\mathrm{e}^{-\beta H\{\boldsymbol{S}_i,\epsilon_i\}}]^n = \mathrm{Tr}\,_{\boldsymbol{S}_{i,1}}\mathrm{Tr}\,_{\boldsymbol{S}_{i,2}}\cdots\mathrm{Tr}\,_{\boldsymbol{S}_{i,n}}\exp\left\{-\beta\sum_{\alpha=1}^{n}H[\boldsymbol{S}_{i,a},\epsilon_i]\right\}. \tag{13.70}$$

546 对于不同的 α, 自旋变量 $S_{i,\alpha}$ 是独立的动力学变量, 本质上我们有系统的 n 个副本, 所有副本都有由变量集 $\{\epsilon_j\}$ 确定的相同的磁原子位形. 在式 (13.69) 中, 我们交换对杂质位形求平均和取 $n\to 0$ 极限的顺序, 令 n 从整数值解析地连续趋近于 $n=0$. 事实上, 这一步在整个过程中非常微妙, 我们将在 13.4.3 小节中看到它可能会导致在低温下没有物理意义的结果. 即使是这样, 副本方法仍然被证明对于求得正确解是非常有价值的[204].

进一步, 我们可以实现对 $\{\epsilon_j\}$ 的平均 (如果分布很简单, 会得到解析的结果), 得到的有效哈密顿量具有平移不变性, 而自旋在不同副本之间互相耦合, 即

$$\begin{aligned}&\int \mathrm{d}\epsilon_1\mathrm{d}\epsilon_2\cdots\mathrm{d}\epsilon_N P(\epsilon_1, \epsilon_2, \cdots, \epsilon_N)\mathrm{Tr}\,\exp\left\{-\beta\sum_{\alpha=1}^{n}H[\boldsymbol{S}_{i,\alpha},\epsilon_i]\right\}\\ &\quad = \mathrm{Tr}\,\exp\{-\beta H'[\boldsymbol{S}_{i,1}, \boldsymbol{S}_{i,2}, \cdots, \boldsymbol{S}_{i,n}]\} = Z'(h, T, n),\end{aligned} \tag{13.71}$$

其中 H' 的函数形式依赖于杂质分布函数 $P(\epsilon_1, \epsilon_2, \cdots, \epsilon_N)$. 平移不变的有效哈密顿量可以用常规方法来处理, 例如平均场理论 (见第 3 章), 或者重整化群方法 (见第 7 章). 在大多数情况下, 副本方法得到的结果与用其他方法得到的是一致的.

13.3.2 相变的本质

就这一点而言, 在维度 $d>1$ 时, 无序材料统计力学中只有为数不多的严格解, 其中之一是关于二维 Ising 模型的计算, 这是 McCoy 和 Wu 的工作 [197, 198]. 他们考虑在正方格子上的自旋, 水平方向的最近邻相互作用是一个常量, 而相邻行之间的自旋相互作用是随机的. McCoy 和 Wu 发现该系统存在一个确定的相变温度,

但是临界行为却由于无序的存在而改变. 例如零外场下的比热在 T_c 处是无穷可微的, 但却是非解析的, 与无杂质模型中发现的对数发散相反 (见 6.1 节).

第二个有趣的解析结果来自 Griffiths 的工作. 他阐明无序 Ising 模型在温度
$T < T_c(p=1)$ 时, 其磁化强度 $m(h,T)$ 在外场 $h = 0$ 时不是 h 的解析函数. 无 547
序 Ising 模型在 h-T 平面的相图如图 13.14 所示. 在 $T_c(p) < T < T_c(1)$ 区域的 Griffiths 奇点本质上是弱奇异的, 因此在实验中可能无法观察到. 这些奇点源自相互连通的自旋构成的大集团, 只要有一个有限的 p 值, 即使 $p < p_c$ (这里 p_c 表示逾渗密度), 这种集团都会以有限的概率出现. 这些大集团造成的影响让我们联想到态密度函数在能带边缘附近的奇异性结构 (Lifshitz), 相关内容在 13.1 节中讨论过了.

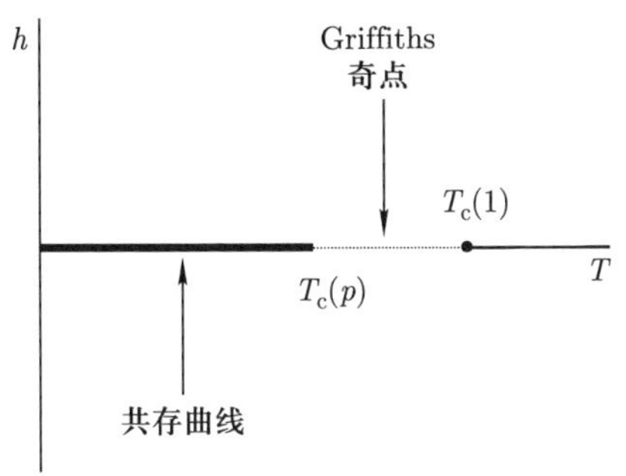

图 13.14 无序 Ising 模型在 h-T 平面的相图

接下来我们要提到 Harris 关于无序系统相变本质的启发式论点[126]. 我们已经在第 6 章和第 7 章中看到, 自由能的奇异部分服从如下形式的齐次或标度关系:

$$g(t,h,u) = |t|^{d/y_1} g(t/|t|, h|t|^{-y_h/y_1}, u|t|^{-y_u/y_1}). \tag{13.72}$$

在无序系统中, 我们把 u 看作最近邻耦合常数的涨落, 同时把不动点 $t = h = u = 0$ 看作无杂质系统的不动点. 指数 y_1, y_h 和 y_u 由无杂质系统不动点附近的线性迭代关系确定. 如果指数 y_u 大于零, 那么微扰 u 是相关的, 且不动点是不稳定的. 通常重整化群流会流向其他稳定不动点. 习惯上我们把指数 $\phi_u = y_u/y_1$ 称作跨接指数. 由于无量纲耦合常数的涨落是类似温度的变量, 因此我们希望 $\phi_u = 1$.

根据式 (13.72), u 在某个特征温度会变得很重要, 即 548

$$u|t|^{-\phi_u} \approx 1. \tag{13.73}$$

我们假设在温度 t 时, 系统的关联长度为 ξ, 于是对 u 值的估计为

$$u \approx \frac{\sqrt{\displaystyle\int_{\xi^d} \mathrm{d}^d r \langle (J(\boldsymbol{r}) - \langle J \rangle)^2 \rangle}}{\xi^d \langle J \rangle} \approx \xi^{-d/2}, \tag{13.74}$$

其中 $J(\boldsymbol{r})$ 是点 $\boldsymbol{r}$ 的耦合常数, 尖括号代表对杂质分布函数取平均. 把式 (13.74) 代入式 (13.73), 我们得到

$$u|t|^{-\phi_u} \approx u|t|^{-1} \approx |t|^{d\nu/2-1} = |t|^{-\alpha/2},$$

上式最后一步用到了超标度关系 $d\nu = 2 - \alpha$, α 是无杂质系统的比热指数. 因此我们可以总结出如果比热指数 α 大于零, 那么无序是相关的 (三维 Ising 模型), 否则无序是不相关的 (三维 Heisenberg 模型和 XY 模型很可能也是这样).

对上述论点可以用稍稍不同的措辞来表达, 让我们考虑一个系统, 它是线性尺寸为 ξ 的区域的集合. 每个区域内的有序程度表示系统相对临界点有一个 ΔT 的偏离, 这是这个系统所特有的. 这个偏离由 t 和式 (13.74) 中定义的 u 来决定. 当 $t \to 0$ 时, 只有在 $\Delta T \to 0$ 的条件下整个系统才会同时接近临界点. 我们很容易得到结论: 如果不是这样, 那么系统中不会产生尖锐的相变; 反之, 相变会弥散在一个有限的温度区间内, 同时无杂质系统中标志性的强幂律奇异性也会被具有某种宽度为 ΔT 的光滑函数所取代. 然而用重整化群和 Monte Carlo 方法得到的证据表明[290] 尖锐的相变还是存在的, 但临界指数是被修改过的, 也就是无序不动点.

我们还可以考虑另一个有趣的情况, 即如式 (13.60) 所示模型中相互作用为常数, 但外磁场是一个平均值 $\langle h_i \rangle = 0$ 的随机变量[138]. 在这种情况下, 我们可以说明当温度较低时, 系统相对于磁畴的形成是不稳定的. 论证如下: 引入一个体积为 L^d 的畴带来的能量代价对于 Ising 模型是 L^{d-1} 数量级的, 对于具有连续对称性的模型是 L^{d-2} 数量级的 (在这种情况下畴壁是弥散的, 自旋可以在距离 L 中连续旋
549 转, 对最近邻 i 和 j, 写出 $\boldsymbol{S}_i \cdot \boldsymbol{S}_j = S^2 \cos(\hat{\boldsymbol{n}}_i \cdot \hat{\boldsymbol{n}}_j) \approx S^2 \left[1 - \frac{1}{2}(\pi/L)^2\right]$, 我们可以直接得到畴壁能量的数量级为 L^{d-2}). 在体积为 L^d 的区域内, 无规场的和具有一个有限的期望值, 这个值的正负是随机的, 但是它的大小为 $\left\langle \left(\sum_i h_i \right)^2 \right\rangle^{1/2} \approx L^{d/2}$, 因此与局域场同向排列得到的能量是 $L^{d/2}$ 数量级的. 所以当 L 很大时,

$$L^{d/2} > L^{d-1} \quad (\text{Ising 模型}),$$
$$L^{d/2} > L^{d-2} \quad (n \geqslant 2),$$

从能量角度考虑, 形成畴是更有利的. 这说明当 $d < 2$ 时, 无规场中的 Ising 模型和 $d < 4$ 时的连续对称模型都会形成畴. 请注意, 这里我们没有考虑熵, 实际上熵对这

个过程是有帮助的. 畴的形成当然意味着序参量为零. 对随机场情况的研究不仅仅是出于纯粹的学术兴趣, Imry 和 Ma[138] 对这种情况可能的物理实现给出了若干讨论.

我们现在简单讨论一下临界温度对样本中的磁原子密度 p 的依赖性, 假设系统存在尖锐的连续相变, 其临界指数与无杂质系统可能相同也可能不同. 我们下面的讨论遵循 Lubensky 的工作 [180]. 在 p 接近 1 的时候, 直觉上很容易知道 $T_{\rm c}$ 随 p 线性下降. 更有意思的是在逾渗密度 $p_{\rm c}$ 附近 $T_{\rm c}$ 的行为. 假设在 $T=0, p=p_{\rm c}$ 时, 热力学不动点 (不一定是无杂质系统的不动点) 和逾渗不动点之间存在跨接. 因此如式 (13.72) 所示, 我们可以把自由能函数和其他我们感兴趣的函数写成如下标度形式:

$$f(T,p-p_{\rm c})=|p-p_{\rm c}|^{d/y_{\rm p}}F\left[\frac{g(T)}{|p-p_{\rm c}|^{\phi}}\right], \tag{13.75}$$

其中 $g(T)$ 和跨接指数 ϕ 有待确定, $y_{\rm p}$ 是一个恰当的逾渗指数, 等价于热力学指数 y_1. 在式 (13.43) 中, 我们发现对于低温下的 Ising 模型, $T\chi(0,T)$ 与逾渗函数 $S(p)$ 有关, 因此我们可以写出

$$T\chi(0,T)=|p-p_{\rm c}|^{-\gamma_{\rm p}}\,\varPsi\left[\frac{g(T)}{|p-p_{\rm c}|^{\phi}}\right], \tag{13.76}$$

其中 $\gamma_{\rm p}$ 是逾渗指数.

为了更进一步讨论, 我们利用 Skal 和 Shklovskii 关于逾渗集团的概念图像[276]. 550
假设把无限大逾渗集团中的所有悬键都删除后 (与相变无关), 得到的骨架可以由图 13.15 示意地表示. 在这幅图中, 较密集的区域 (黑色的点) 被一维的线连接起来. 我们假设这些点之间的平均距离是逾渗关联长度 $\xi_{\rm p}$, 连接这些点的线被分隔成 L 段③. 沿着其中一段的自旋-自旋关联长度 $\xi_{\rm M}(T)$ 可以被解析地表达. 对于一维 Ising 模型, 在低温情况下, 有 (见 3.6 节)

$$\xi_{\rm M}(T)=\frac{-1}{\ln\tanh(J/k_{\rm B}T)}\approx\frac{1}{2}{\rm e}^{2J/k_{\rm B}T}. \tag{13.77}$$

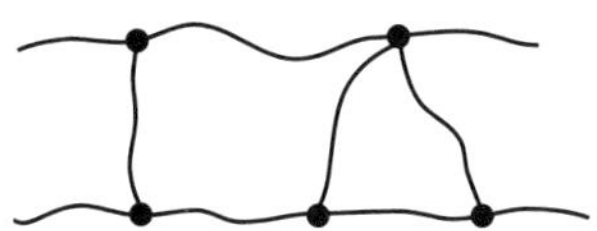

图 13.15 逾渗阈值附近无限大集团骨架的示意图

③ 可能会有人简单地假设 $L\geqslant\xi_{\rm p}$, 但是对二维 Ising 模型和 Potts 模型, 这会导致相反的结果. 问题在于点和线组成的图形过于简化了, 见参考文献 [62] 中的讨论.

对于经典的 n 组分 Heisenberg 模型, Stanley 的文章 [281] 已经给出了

$$\xi_{\mathrm{M}}(T) \approx \frac{2n}{n-1}\frac{J}{k_{\mathrm{B}}T}. \tag{13.78}$$

当 $\xi_{\mathrm{M}} \ll L$ 时, 长度 ξ_{M} 刻画了磁序. 而只要磁关联长度变得可与 L 比拟时, 这些黑色的点就会形成具有强相互作用的 d 维网络, 这时一维关联就不再相关了. 因此我们假设

$$T\chi(0,T) = |p-p_{\mathrm{c}}|^{-\gamma_{\mathrm{P}}}\,\Psi\left[\frac{\xi_{\mathrm{M}}(T)}{L(p)}\right], \tag{13.79}$$

进一步假设 $L(p) \sim |p-p_{\mathrm{c}}|^{-\zeta}$. 于是逾渗行为和磁行为的跨接发生在 $\xi_{\mathrm{M}}(T) \approx L \approx |p-p_{\mathrm{c}}|^{-\zeta}$ 处. 因此对于 Ising 模型, 我们发现

$$\frac{k_{\mathrm{B}}T_{\mathrm{c}}(p)}{J} \approx -\frac{2}{\zeta\ln|p-p_{\mathrm{c}}|}. \tag{13.80}$$

对于 n 矢量模型, 有

$$\frac{k_{\mathrm{B}}T_{\mathrm{c}}(p)}{J} \approx \frac{2n}{n-1}|p-p_{\mathrm{c}}|^{\zeta}. \tag{13.81}$$

基于重整化群计算[180], 指数 ζ 被认为在所有维度下都严格等于 1. 如果这一点成立, 那么对于 n 矢量模型, T_{c} 作为 $p-p_{\mathrm{c}}$ 的函数会线性地趋近于零, 但是 Ising 模
551 型则以无穷大的斜率趋近于零, 并且不依赖于 ζ. 高温级数和 Monte Carlo 计算结果支持上述结论[290].

现在我们暂时把目光转向用重整化群方法计算临界指数. 把第 7 章中的位置空间重整化群方法应用于无序系统, 与无杂质材料相比要困难得多. 在标度变换下, 不仅耦合常数发生变化, 随机相互作用的概率分布也会发生变化, 在不动点, 它们用不动分布来表示, 而不是用有限数量的一组数字表示. 我们不准备讨论人们为了处理这些难题而发展出的各种各样的方法, 而是请读者参考 Kirkpatrick 的著作 [153] 和 Stinchcombe 的综述 [290].

场论和动量空间重整化群方法同样被用来研究稀释磁体. 我们再次请读者参考前面提到的综述及其参考文献. 这些工作得到的物理图像与 Harris 判据一致. 在比热指数大于零的无杂质系统中, 无杂质不动点相对于无序不动点是不稳定的, 新的无序不动点和它自己的一组临界指数决定了系统的临界行为. 相反, 对于比热指数为负数的系统, 临界指数不会受到无序的影响.

13.4 强无序系统

现在我们开始最困难, 同时也是被了解得最少的一个主题. 我们已经把它包含在无序系统的通用标题之下, 这一主题包含非晶材料或称作玻璃材料, 以及自旋玻

璃的物理理论. 与前几节相似, 我们倾向于讨论最近的综述, 尤其是 Anderson 的著
作 [16], Lubensky 的著作 [180], Jackle 的综述 [140], Binder 和 Young 的综述 [40], **552**
以及 Mezard 等人的著作 [204].

13.4.1 分子玻璃

大量完全不同的材料, 在从熔化状态冷却的过程中形成了玻璃. 单原子材料薄膜, 例如锗和硅, 很容易被制成非晶形式. 金属玻璃, 通常是金属材料 (例如镍和钴) 与类金属材料 (例如磷) 的混合物, 在特定的成分范围内用快速冷却方法来制备. 用溅射法令金属间化合物 ($TbFe_2$ 及其他) 沉积在冷基板上也可以形成玻璃. 这些制备方法的共同特征是从材料中迅速抽取热能, 如果我们可以足够快地提取热能, 最简单的单原子液体也有可能形成玻璃. 从唯象上看, 玻璃相变是指输运过程在相变温度 T_g 发生的快速冻结, 这时系统变得坚硬, 扩散迅速减少, 剪切黏度显著增加. 相变温度 T_g 依赖于冷却速度, 类似于低温下系统的物理性质, 例如比容. 这种迹象表明, 与我们在前文中讨论过的相变相反, 玻璃相变不是一个平衡态现象. 就这一点而言, 还有进一步的证据, 实验观察到在相变温度以下玻璃的很多物理性质随着时间的流逝还在继续变化, 尽管非常缓慢, 人们相信只要有足够的时间, 样本最终会达到低温下的平衡位形, 即成为一个晶体.

非晶材料的特殊性质之一是低温下的比热, 它与温度 T 是线性关系, 即使绝缘体也是如此, 并不是人们所期望的三维晶体中声子比热的三次方关系. 这个性质可以用我们下面将要讨论的概念来理解, 它还可以定性地解释上述实验中观察到的动力学效应. 简化版本如图 13.16 所示. 在高温时, 系统的自由能 $A(x)$ 是位形参数 x 的函数, 只有一个极小点, 从位形空间中的任何地方出发都可以到达这个极小点.

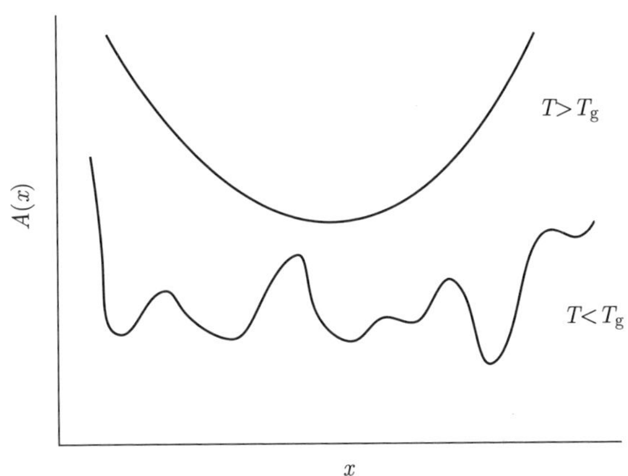

图 13.16 在玻璃相变温度以上和以下, 系统的自由能示意图

在低温时, 通常假设自由能函数的形式非常复杂, 它有很多局域极小, 如图 13.16 中下方的图形所示, 还有一个绝对极小值 (可能是晶体态), 这个绝对极小值与高温极小值在位形空间中有一定的距离. 显然, 如果系统被迅速冷却, 即比特征弛豫时间更迅速, 那么系统可能会陷入一个局域极小之中. 一旦形成了自由能势垒, 那么跃
553 迁的概率大概是 $\mathcal{O}(\exp\{-\beta\Delta A\})$, 其中 ΔA 是自由能势垒的高度, 如果 ΔA 的值大概为 1 eV, 那么跃迁概率就很接近零了. 另一方面, 如果冷却过程很缓慢, 则系统有可能会遵循绝对自由能极小演化到基态.

回到比热, 现在我们假设有些态在能量上非常接近自由能极小, 并且当激发态与局域极小的能量差接近零时, 态密度 $n(E)$ 趋近于一个常数 $n(0)$. 我们注意到这种相关性与晶体中声子态密度的函数形式 $n_{\mathrm{ph}}(E)\sim E^2$ (E 较小时) 形成鲜明对比. 这些关于 "隧道态" 最原始的图像来自 Anderson 等人的工作 [18]. 假设这个图像是正确的, 我们有

$$\langle E(T)\rangle=\int \mathrm{d}E'n(E')\frac{E'}{\exp\{\beta E'\}-1}\approx\frac{\pi^2}{6}n(0)(k_{\mathrm{B}}T)^2. \tag{13.82}$$

对于比热, 有

$$C(T)\approx\frac{\pi^2}{3}n(0)k_{\mathrm{B}}^2T. \tag{13.83}$$

如果没有进一步验证, 那么这个公式是纯粹唯象的. 然而基于隧道模型, Anderson
554 等人预言了其他一系列效应, 它们似乎与实验结果一致并支持这一图像. 在后面关于自旋玻璃模型哈密顿量的低能态计算中, Walker 和 Walstedt 的工作 [317] 表明低激发态的密度在能量接近零时, 的确接近一个常数. 在自旋玻璃系统中, 与物理的玻璃类似, 磁性比热是温度的线性函数.

到目前为止, 还没有一个有说服力的微观理论能够解释玻璃相变. 如果想知道更多最新进展, 读者可以参考 Jackle 的综述 [140] 和其中的参考文献.

13.4.2 自旋玻璃

现在我们简要讨论一下自旋玻璃, 在某种程度上, 它可以看作分子玻璃的磁性版本. 人们在稀释合金系统中发现了第一个自旋玻璃相变 (见参考文献 [57]), 例如 $\mathrm{Au}_{1-x}\mathrm{Fe}_x$, 其中 x 非常小. 在实验上, 人们看到零外场下的磁化率有一个尖锐的极大值, 比热有一个较平缓的极大值, 并且在自旋玻璃相变温度以下没有长程序, 但是有磁滞和剩磁现象. 人们还在很多其他材料 (包括非磁性材料) 中发现了自旋玻璃类型的相变 (见参考文献 [40]).

和分子玻璃中的情况相似, 人们把自旋玻璃相变解释成涨落的冻结 —— 在分子玻璃中大尺度结构的重排列被冻结, 在自旋玻璃中磁转变被冻结. 磁滞和剩磁的存在就是出现这种情况的证据. 然而在这两个系统之间存在一个概念上的重要差

别. 在分子玻璃中, 我们知道低温下的真正平衡态通常是晶体态. 在自旋玻璃中, 可能不存在唯一的基态. 例如 $\mathrm{Au}_{1-x}\mathrm{Fe}_x$ 和 $\mathrm{Cu}_{1-x}\mathrm{Mn}_x$ 等合金中的磁性原子在低温下不会显著扩散, 因此磁性原子中的相互作用是淬火的或者称作冻结的. 在合金环境中, 这种相互作用是最简单的 Ruderman-Kittel-Kasuya-Yosida (RKKY) 相互作用, 它有如下形式[194]:

$$H=\sum_{i,j}J(R_{ij})\boldsymbol{S}_i\cdot\boldsymbol{S}_j=J_0\sum_{i,j}\frac{\cos(2k_{\mathrm{F}}R_{ij}+\phi)}{R_{ij}^3}\boldsymbol{S}_i\cdot\boldsymbol{S}_j, \tag{13.84}$$

即是长程振荡的. RKKY 振荡是由 Fermi 面的锐度引起的, 与第 8 章中讨论过的 555
Friedel 振荡相同. 一个给定的磁性原子与其他磁性原子之间同时有铁磁和反铁磁相互作用. 可以想象系统不会有类似分子玻璃中晶体态那样简单的基态.

我们还可以更精确地表述这一思想, 通常把它描述为 "阻挫". 考虑一个比式 (13.84) 更简单的哈密顿量, 一个正方格子上有最近邻相互作用的 Ising 模型, 但是其相互作用随机设置为 $+J$ (铁磁) 或 $-J$ (反铁磁). 图 13.17 给出了两个基本单元 (四个自旋组成的正方形单元), 其中一个是阻挫的, 另一个不是. 我们很容易发现, 对于阻挫单元, 无论自旋怎样取值都不能令单元中的所有边都满足要求. 右下角取 $\sigma=1$ 会令下方水平边处于不利位形, 相反的选择会令右方垂直边处于高能态. 很容易验证如果一个单元中的四个耦合常数的乘积是负数, 那么这个单元是阻挫的; 如果是正数, 那么这个单元就不是阻挫的. 我们顺便指出, 非随机的三角格子上的反铁磁 Ising 模型是阻挫的, 并且这个模型中的每个自旋都具有有限基态熵, 而且没有相变.

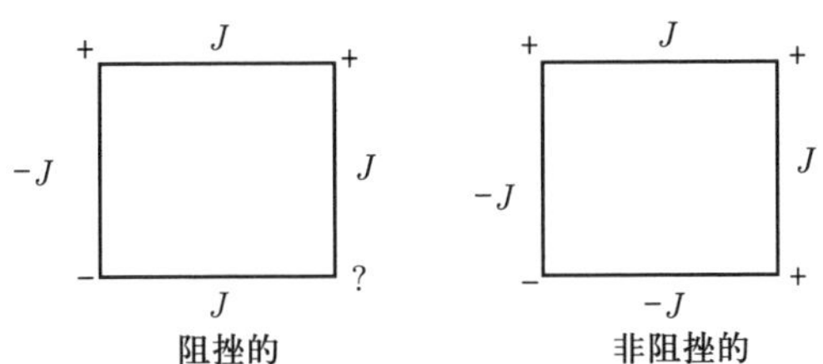

图 13.17 阻挫、非阻挫的示意图

现在我们考虑一个由图 13.18 所示的正方形构成的正方格子, 其中包含四个阻挫单元, 用圆圈表示. 格点之间的 + 和 − 表示自旋之间相互作用常数的正负. 在零外场下, 系统具有自旋翻转对称性, 我们可以自由选择其中一个自旋的方向 (左上角). 接下来我们为其他自旋选择方向, 让它们满足所有边, 直到遇到阻挫单元, 在这个单元中我们必须做出增加能量的选择. 由于产生能量的边分属于两个单元, 这
种高能边会一直传播到另一个阻挫单元才会停止. 图 13.18 中垂直于高能边的虚线 556

表示了这一过程. 这些线或称作 "弦" 的长度可以衡量一个位形相对于所有边都被满足情况的能量. 于是确定基态能量的问题就等价于找到一个连接所有阻挫单元的弦的集合, 并使总长度达到最小. 这并不是一个简单的问题, 从上面的例子中我们可以发现, 这个问题有很大的简并性. 在图 13.19 中, 我们给出了两个与图 13.18 具有相同能量的位形, 但它们代表的自旋方向是不同的.

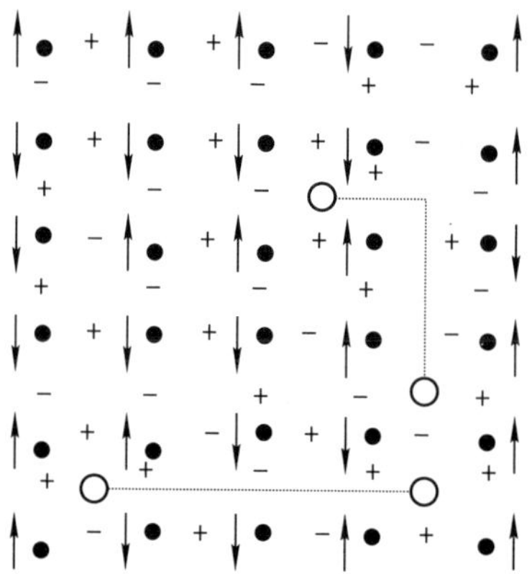

图 13.18　正方格子的一部分, 其中包含四个阻挫单元

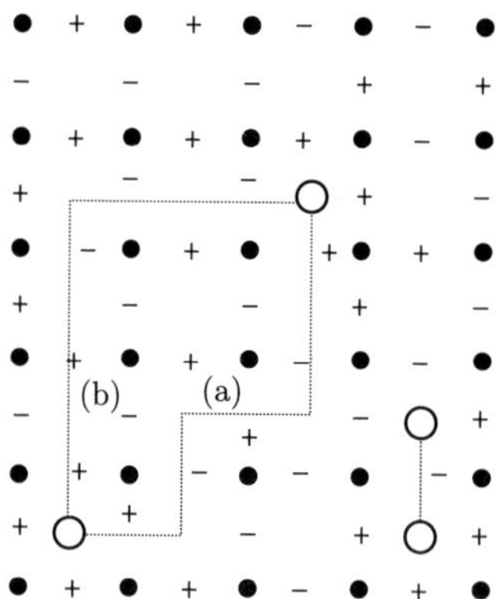

图 13.19　弦位形 (a) 和 (b), 以及最近邻弦都与图 13.18 中的弦简并, 本图中的相互作用系数与图 13.18 中的相同

因此我们相信一个阻挫系统的特征是具有高度简并的基态. 在更真实的模型中, 我们期望发现高密度的低激发态和弦移动导致的动力学效应. 关于阻挫是自旋玻璃序的重要成因这一思想, 进一步的支持来自 Mattis 模型[193], 虽然这个模型本

质上是随机的, 但它有一个普通的连续相变. 这个模型的哈密顿量为

$$H = -\sum_{i,j} J(R_{ij})\epsilon_i\epsilon_j \boldsymbol{S}_i \cdot \boldsymbol{S}_j - h\sum_i S_{iz}, \tag{13.85}$$

其中 $\epsilon_i = +1$ 或 -1 是淬火随机变量. 定义新的自旋

$$\boldsymbol{\tau}_i = \epsilon_i \boldsymbol{S}_i,$$

我们有 557

$$H = -\sum_{i,j} J(R_{ij})\boldsymbol{\tau}_i \cdot \boldsymbol{\tau}_j - h\sum_i \epsilon_i\tau_{iz}, \tag{13.86}$$

它代表一个平移不变的 “赝自旋” 相互作用和一个随机磁场的 Zeeman 项. 当 $h = 0$ 时, 随机性完全消失, 具有淬火无序的配分函数与纯 Heisenberg 模型、XY 模型和 Ising 模型的配分函数是相同的, 这取决于自旋分量的个数. 因此比热、内能和其他零外场热力学函数具有纯模型的奇异性.

显然式 (13.86) 在零外场下的基态要求自旋 τ 完全同向排列, 因此不存在阻挫. 虽然原始自旋 $\{S\}$ 的取向是随机的, 但是就系统的临界行为而言, 这个模型等价于一个铁磁体, 由于缺少阻挫, 因此它不适合做自旋玻璃模型. Edwards-Anderson 模型是具有表述自旋玻璃相变所必需的基本特征的一个模型[83], 其哈密顿量为

$$H = -\sum_{i,j} J(R_{ij})\boldsymbol{S}_i \cdot \boldsymbol{S}_j - h\sum_i S_{iz}, \tag{13.87}$$

其中相互作用 $J(R_{ij})$ 是一个随机变量, 其相互作用范围是可以变化的. 我们在这
里不准备回顾为求解这一模型所开发的各种方法[40], 但希望从序参量的角度简单 558
讨论一下玻璃相的特征.

人们相信对于平均相互作用 $\overline{J}$ 较小的情况, 不存在自发磁化强度或其他形式的长程序. 显然对于期望值, 例如

$$\boldsymbol{m}_{\boldsymbol{q}} = \frac{1}{N}\sum_i \langle \boldsymbol{S}_i \rangle \mathrm{e}^{\mathrm{i}\boldsymbol{q}\cdot\boldsymbol{R}_i},$$

其中尖括号代表热力学平均, 一定都为零. 另一方面, 如果自旋位形被冻结了, 则局域期望值 $\langle \boldsymbol{S}_i \rangle$ 是确定的, 但其在不同位置的方向是不同的. 关于区分高温顺磁相和低温冻结位形的序参量, 选择之一是 Edwards-Anderson 序参量, 它可以从副本方法中自然地得到, 这个量的定义为

$$q \equiv \overline{\langle \boldsymbol{S}_i \rangle^2} = \frac{1}{N}\sum_i \langle \boldsymbol{S}_i \rangle^2. \tag{13.88}$$

由于每个自旋在高温相的期望值都为零, 因此该序参量在高温等于零, 而在自旋玻璃相, 它的取值为正. 在13.4.3小节中, 我们将讨论一个相对简单的模型, 即 Sherrington-Kirkpatrick 模型, 并尝试用 13.3.1 小节中介绍过的副本方法计算这个模型的配分函数.

13.4.3 Sherrington-Kirkpatrick 模型

Sherrington-Kirkpatrick 模型[152,266]和 Edwards-Anderson 模型的不同之处在于前者的相互作用范围是无限的. 虽然可以推广到连续自旋[152], 但我们还是具体讨论 Ising 自旋的情况, 其哈密顿量为

$$H=-\sum_{\{i,j\}} J_{ij}S_iS_j-h\sum_i S_i, \tag{13.89}$$

其中 $S_i=\pm 1$, 第一项中的求和遍及 N 格点格子中的所有自旋对, 不包括自旋对的双重计数. 耦合常数 J_{ij} 服从 Gauss 概率分布:

$$P(J_{ij})=\frac{1}{\sqrt{2\pi}J}\exp\left\{-\frac{J_{ij}^2}{2J^2}\right\}, \tag{13.90}$$

559 宽度 J 与位置 i 和 j 的距离无关. 加入非零的相互作用平均值 $\overline{J}$ 不会带来其他原则性问题, 只能令公式更加复杂, 因此我们把它忽略掉. 对于无限范围内平移不变的相互作用, 平均场理论是严格的, 因此我们期望有一种平均场类型的理论能对这个模型进行有效的求解.

由于这里的无序是淬火的, 因此我们必须计算自由能并按照概率分布函数 (见式 (13.90)) 对其表达式求平均, 即

$$f=-\frac{k_{\mathrm{B}}T}{N}\prod_{\{ij\}}\int \mathrm{d}J_{ij}P(J_{ij})\ln Z[\{J_{ij}\},h,T], \tag{13.91}$$

其中

$$Z=\mathrm{Tr}\exp\{-\beta H[\{J_{ij}\},\{S_i\}]\}. \tag{13.92}$$

为了交换对耦合常数积分和对自旋位形求迹的顺序, 我们使用副本方法 (见 13.3.1 小节):

$$\ln Z=\lim_{n\to 0}\frac{1}{n}[Z^n-1]. \tag{13.93}$$

在计算的初始阶段, n 是一个大于 2 的整数, 但在最后, 它被当作一个连续变量并被设置为 0. 因此配分函数的 n 次幂为

$$Z^n=\mathop{\mathrm{Tr}}_{\{S_i^\alpha\}}\exp\left\{\beta\sum_{\alpha=1}^{n}\left[\sum_{\{ij\}}J_{ij}S_i^\alpha S_j^\alpha+h\sum_i S_i^\alpha\right]\right\}.$$

在 n 个副本中, 自旋之间具有相同的相互作用常数集合 J_{ij}. 在继续计算之前, 我们要说明 Edwards-Anderson 序参量可以表示为同一格点上的自旋在不同副本之间的关联函数. 考虑两个副本, 分别标记为 α 和 γ, 加入一个使 S_i^α 和 S_i^γ 耦合的虚拟场 h', 于是

$$\begin{aligned}\langle S_i\rangle^2 = \frac{\partial}{\partial h'}\ln \mathrm{Tr}\,\exp\{-\beta[H[\{J_{ij}\},\{S^\alpha\}]\\ +H[\{J_{ij}\},\{S^\gamma\}]]+h'S_i^\alpha S_i^\gamma\}|_{h'=0}.\end{aligned} \tag{13.94}$$

与前面相同, 应用副本方法并对分布函数 P 求平均, 我们得到

560

$$\begin{aligned}q &\equiv \langle\langle S_i^2\rangle\rangle_J\\ &= \frac{\partial}{\partial h'}\lim_{n\to 0}\frac{1}{n}\prod_{ij}\int \mathrm{d}J_{ij}P(J_{ij})[Z^n(h')-1]\bigg|_{h'=0}\\ &= \lim_{n\to 0}\frac{1}{n}\prod_{ij}\int \mathrm{d}J_{ij}P(J_{ij})\\ &\quad\times\left[\frac{n\mathrm{Tr}\,S_i^\alpha S_i^\gamma\exp\{-\beta[H[\{J_{ij}\},\{S^\alpha\}]+H[\{J_{ij}\},\{S^\gamma\}]]\}}{\mathrm{Tr}\,\exp\{-\beta[H[\{J_{ij}\},\{S^\alpha\}]+H[\{J_{ij}\},\{S^\gamma\}]]\}}\right]Z^n\\ &= \langle\langle S_i^\alpha S_i^\gamma\rangle\rangle_J|_{n=0}.\end{aligned} \tag{13.95}$$

式 (13.95) 说明序参量是 $n=0$ 极限下副本之间的自旋-自旋关联函数. 在式 (13.95) 中, $\langle\langle A\rangle\rangle_J$ 表示对自旋态求迹, 以及对分布函数 P 求平均.

现在我们用式 (13.93) 计算自由能 f. 由于耦合常数是相互独立的随机变量, 对 J_{ij} 的积分是可以因子化的, 典型的情况为

$$\frac{1}{\sqrt{2\pi}J}\int_{-\infty}^{\infty}\mathrm{d}J_{ij}\,\mathrm{e}^{-J_{ij}^2/2J^2}\mathrm{e}^{\beta J_{ij}\sum\limits_\alpha S_i^\alpha S_j^\alpha} = \mathrm{e}^{\beta^2J^2/2\sum\limits_{\alpha,\gamma}S_i^\alpha S_j^\alpha S_i^\gamma S_j^\gamma}.$$

这里利用等式

$$\sqrt{\frac{a}{2\pi}}\int_{-\infty}^{\infty}\mathrm{d}x\,\mathrm{e}^{-\frac{1}{2}(ax^2-\lambda\sqrt{2}x)} = \mathrm{e}^{\lambda^2/4a} \tag{13.96}$$

对 $\{J\}$ 积分, 可以得到不同副本之间自旋的有效相互作用为

$$\begin{aligned}-\beta f &= \lim_{\substack{N\to\infty\\ n\to 0}}\frac{1}{nN}\\ &\quad\times\left[\mathop{\mathrm{Tr}}_{\{S^\alpha\}}\exp\left\{\frac{\beta^2J^2}{2}\sum_{\{i,j\}}\sum_{\alpha,\gamma}S_i^\alpha S_j^\alpha S_i^\gamma S_j^\gamma+\beta h\sum_{i,\alpha}S_i^\alpha\right\}-1\right]\\ &= \lim_{\substack{N\to\infty\\ n\to 0}}\frac{1}{nN}\left[\mathop{\mathrm{Tr}}_{\{S^\alpha\}}\mathrm{e}^{\mathcal{H}}-1\right].\end{aligned} \tag{13.97}$$

$\mathcal{H}$ 的第一个表达式包含 $n^2N(N-1)/2$ 项, 我们发现为了得到一个广延的自由能,
561 在相互作用的自旋数目增加时, 必须令分布的宽度变小, 换言之, $J=\tilde{J}/\sqrt{N}$ 我们还注意到 $\mathcal{H}$ 的第一项可以写成如下形式:

$$\begin{aligned}\sum_{\{i,j\}}\sum_{\alpha,\gamma}S_i^\alpha S_j^\alpha S_i^\gamma S_j^\gamma &= \frac{1}{2}\sum_{\alpha\neq\gamma}\sum_{\{i,j\}}S_i^\alpha S_j^\alpha S_i^\gamma S_j^\gamma+\frac{nN(N-1)}{2}\\ &=\frac{1}{2}\sum_{\alpha\neq\gamma}\left(\sum_i S_i^\alpha S_i^\gamma\right)^2+\frac{N^2n-nN}{2}.\end{aligned}$$

因此有

$$\mathcal{H}=\frac{\beta^2\widetilde{J}^2nN}{4}+\frac{\beta^2\widetilde{J}^2}{2N}\sum_{\{\alpha,\gamma\}}\left(\sum_i S_i^\alpha S_i^\gamma\right)^2+\beta h\sum_{i,\alpha}S_i^\alpha, \tag{13.98}$$

其中副本相互作用只在第二项中出现, 并且我们已经丢掉了一个在热力学极限下趋于零的常数项. 由于 $\mathcal{H}$ 中不同位置的自旋是耦合在一起的, 因此式 (13.97) 中的求迹运算是很复杂的. 我们可以通过引入一个虚拟变量集来消除这些耦合. 现在反向应用式 (13.96), 并取 $a=N$, 且对所有 α 和 γ 的组合有 $\lambda=\sqrt{2}\beta\tilde{J}\sum_i S_i^\alpha S_i^\gamma$, 会导致

$$\begin{aligned}\mathrm{e}^{\mathcal{H}}=\exp\left\{\frac{\beta^2\widetilde{J}^2nN}{4}+\beta h\sum_{i,\alpha}S_i^\alpha\right\}\prod_{\{\alpha,\gamma\}}\sqrt{\frac{N}{2\pi}}\\ \times\int_{-\infty}^{\infty}\mathrm{d}x_{\alpha\gamma}\exp\left\{-\frac{1}{2}Nx_{\alpha\gamma}^2+\beta\widetilde{J}x_{\alpha\gamma}\sum_i S_i^\alpha S_i^\gamma\right\}.\end{aligned} \tag{13.99}$$

在式 (13.99) 中不同位置的自旋不再耦合在一起, 并且式 (13.99) 中的求迹就化成对一个位置上 (例如 i) 的自旋求迹, 并有 N 项乘积. 因此我们可以丢掉位置标记 i, 把注意力集中在不同副本之间自旋的耦合上.

在继续之前, 我们先概述余下的计算过程. 在完成对自旋自由度的求迹后, 我们还是要对 $n(n-1)/2$ 个变量 $x_{\alpha\gamma}$ 做积分. 它们具有如下形式的积分:

$$I=\left(\prod_{\{\alpha,\gamma\}}\sqrt{\frac{N}{2\pi}}\int_{-\infty}^{\infty}\mathrm{d}x_{\alpha\gamma}\right)\exp\left\{-\frac{N}{2}\sum_{\{\alpha,\gamma\}}x_{\alpha\gamma}^2+N\varPhi(\{x_{\alpha\gamma}\})\right\}. \tag{13.100}$$

由于求迹, 函数 $\varPhi$ 原则上是所有变量 $x_{\alpha\gamma}$ 的函数. 在 $N\to\infty$ 时, 被积函数在
562 $x_{\alpha\gamma}=x_m$ 处有尖锐的峰, 并且由于副本对称性, 它不依赖于 $\alpha\gamma$. 这种类型的积分

可以用最速下降法来处理, 得到如下形式的表达式:

$$I = \exp\left[\frac{n(n-1)}{2}\left\{-\frac{N}{2}x_m^2 + N\varPhi(\{x_m\})\right\}\right]\left(\prod_i \sqrt{\frac{N}{2\pi}}\int_{-\infty}^{\infty} \mathrm{d}x_i\right)$$
$$\times \exp\left[-\frac{N}{2}\sum_{j,l} g_{jl}(x_j - x_m)(x_l - x_m)\right],$$

其中

$$g_{jl} = \delta_{jl} - \left.\frac{\partial^2 \varPhi}{\partial x_j \partial x_l}\right|_{\{x_m\}}.$$

其余积分仅仅产生一个独立于 N 的常数, 并且在热力学极限 $N \to \infty$ 下, 与上述积分前因子比较, 是可以忽略的.

在取 $n \to 0$ 和 $N \to \infty$ 的极限时, 原则上我们应该先令 $n \to 0$. 然而我们要先取第二个极限以便在对自旋求迹前用 x_m 替换 $x_{\alpha\gamma}$. 我们注意到 x_m 由

$$-Nx_{\alpha\gamma} + \beta\widetilde{J}\sum_i S_i^\alpha S_i^\gamma\Big|_{x_{\alpha\gamma}=x_m} = 0 \tag{13.101}$$

或

$$x_m = \beta\widetilde{J}q \tag{13.102}$$

给出, 其中 q 是自旋玻璃序参量 (见式 (13.95)). 用 x_m 替代式 (13.99) 中的 $x_{\alpha\gamma}$, 如上所述去掉其余积分, 可以得到

$$\mathrm{Tr}\,\mathrm{e}^{\mathcal{H}} = \exp\left\{\frac{N\beta^2\widetilde{J}^2}{4}[n - n(n-1)q^2]\right\}$$
$$\times\left[\mathrm{Tr}\,\exp\left\{\beta h\sum_\alpha S^\alpha + \beta^2\widetilde{J}^2 q\sum_{\{\alpha\gamma\}} S^\alpha S^\gamma\right\}\right]^N. \tag{13.103}$$

我们再次使用 Gauss 积分式 (13.96), 对式 (13.103) 中的第二项为不同副本中的自旋解耦. 可以写出

$$\exp\left\{\beta^2\widetilde{J}^2 q\sum_{\{\alpha\gamma\}} S^\alpha S^\gamma\right\} = \exp\left\{-\frac{n\beta^2\widetilde{J}^2 q}{2}\right\}\int_{-\infty}^{\infty}\frac{\mathrm{d}z}{\sqrt{2\pi}}\mathrm{e}^{-z^2/2}$$
$$\times \exp\left\{z\beta\widetilde{J}\sqrt{q}\sum_\alpha S^\alpha\right\}, \tag{13.104}$$

我们得到

$$\begin{aligned}\operatorname{Tr} \mathrm{e}^{\mathcal{H}} &= \mathrm{e}^{P}\left[\operatorname{Tr} \int_{-\infty}^{\infty} \frac{\mathrm{d}z}{\sqrt{2\pi}} \mathrm{e}^{-z^2/2} \exp\left\{(z\beta\tilde{J}\sqrt{q} + \beta h)\sum_{\alpha} S^{\alpha}\right\}\right]^{N} \\ &= \mathrm{e}^{P}\left[\int_{-\infty}^{\infty} \frac{\mathrm{d}z}{\sqrt{2\pi}} \mathrm{e}^{-z^2/2}(2\cosh \mathcal{Z})^{n}\right]^{N},\end{aligned} \tag{13.105}$$

其中 $P = N\beta^2\tilde{J}^2(n - n(n-1)q^2)/4 - nN\beta^2\tilde{J}^2 q/2$, 且 $\mathcal{Z} = z\beta\tilde{J}\sqrt{q} + \beta h$. 最后我们希望把右边展开成 n 的幂级数, 因此写出

$$\begin{aligned}&\left[\int_{-\infty}^{\infty} \frac{\mathrm{d}z}{\sqrt{2\pi}} \mathrm{e}^{-z^2/2}(2\cosh \mathcal{Z})^{n}\right]^{N} \\ &= \exp\left\{N \ln \int_{-\infty}^{\infty} \frac{\mathrm{d}z}{\sqrt{2\pi}} \mathrm{e}^{-z^2/2}(2\cosh \mathcal{Z})^{n}\right\} \\ &\approx \exp\left\{N \ln \int_{-\infty}^{\infty} \frac{\mathrm{d}z}{\sqrt{2\pi}} \mathrm{e}^{-z^2/2}(1 + n\ln[2\cosh \mathcal{Z}])\right\} \\ &\approx \exp\left\{nN \int_{-\infty}^{\infty} \frac{\mathrm{d}z}{\sqrt{2\pi}} \mathrm{e}^{-z^2/2}\ln(2\cosh \mathcal{Z})\right\}.\end{aligned}$$

现在我们可以把这些结果总结在一起. 把上述结果代入式 (13.97) 并取 $n \to 0$, 有

$$\beta f = -\frac{\beta^2\tilde{J}^2}{4}(1-q)^2 - \int_{-\infty}^{\infty} \frac{\mathrm{d}z}{\sqrt{2\pi}} \mathrm{e}^{-z^2/2}\ln(2\cosh \mathcal{Z}). \tag{13.106}$$

序参量 q 由下式给出:

$$\begin{aligned}q = \langle\langle S^{\alpha}S^{\gamma}\rangle\rangle &= \left.\frac{\operatorname{Tr} S^{\alpha}S^{\gamma}\mathrm{e}^{\mathcal{H}}}{\operatorname{Tr}\mathrm{e}^{\mathcal{H}}}\right|_{n\to 0} \\ &= \left.\frac{\displaystyle\int \frac{\mathrm{d}z}{\sqrt{2\pi}} \mathrm{e}^{-z^2/2}(2\sinh \mathcal{Z})^2(2\cosh \mathcal{Z})^{n-2}}{\displaystyle\int \frac{\mathrm{d}z}{\sqrt{2\pi}} \mathrm{e}^{-z^2/2}(2\cosh \mathcal{Z})^{n}}\right|_{n\to 0} \\ &= \int \frac{\mathrm{d}z}{\sqrt{2\pi}} \mathrm{e}^{-z^2/2}\tanh^2 \mathcal{Z}.\end{aligned} \tag{13.107}$$

很容易说明当 T 足够小时, 自旋玻璃序参量是非零的. 令 $h = 0$, 把式 (13.107)
564 的右边展开成 q 的幂级数, 有

$$\begin{aligned}q &= \int_{-\infty}^{\infty} \frac{\mathrm{d}z}{\sqrt{2\pi}} \mathrm{e}^{-z^2/2}\left[z^2\beta^2\tilde{J}^2 q - \frac{2}{3}z^4\beta^4\tilde{J}^4 q^2 + \cdots\right] \\ &= q(\beta\tilde{J})^2 - 2q^2(\beta\tilde{J})^4 + \cdots.\end{aligned} \tag{13.108}$$

因此当 q 比较小时, 对于 $T < T_{\mathrm{f}} = \tilde{J}/k_{\mathrm{B}}$, 我们有非零解, 其中 T_{f} 为自旋冻结温度. 为了说明自旋玻璃相的自由能比顺磁相低, 还必须比较 $q = 0$ 和 $q \neq 0$ 的情况下的自由能, 我们把它留作习题.

至此, 我们至少已经向自旋玻璃理论方向迈出了第一步. 然而情况远比乍看之下要复杂很多: 上述解在低温下的性质是非物理的. 为了说明这一点, 我们检查 $T=0$ 附近的自由能的性质. 首先计算在 T 比较小时, 序参量对温度的依赖关系. 令 $h=0$, 并注意到

$$\begin{aligned}\tanh^2 z\beta\widetilde{J}\sqrt{q} &\approx 1-4\exp\{-2z\beta\widetilde{J}\sqrt{q}\}, \quad z>0,\\ &\approx 1-4\exp\{2z\beta\widetilde{J}\sqrt{q}\}, \quad\ \ z<0,\end{aligned}$$

我们有

$$q(T)\approx 1-8\int_0^{\infty}\frac{\mathrm{d}z}{\sqrt{2\pi}}\mathrm{e}^{-z^2/2}\exp\{-2\beta\widetilde{J}z\sqrt{q}\}, \tag{13.109}$$

并且利用误差函数的渐近展开, 我们发现

$$q(T)\approx 1-\sqrt{\frac{2}{\pi}}\frac{k_{\mathrm{B}}T}{\widetilde{J}}. \tag{13.110}$$

把上式代入自由能表达式 (13.106), 可以得到

$$\begin{aligned}f &\approx -\frac{\widetilde{J}^2}{4k_{\mathrm{B}}T}(1-q)^2-k_{\mathrm{B}}T\int_{-\infty}^{\infty}\frac{\mathrm{d}z}{\sqrt{2\pi}}\mathrm{e}^{-z^2/2}(\beta\widetilde{J}\sqrt{q})|z|\\ &\approx -\sqrt{\frac{2}{\pi}}\widetilde{J}+\frac{k_{\mathrm{B}}T}{2\pi}.\end{aligned} \tag{13.111}$$

由于 $S/N=-\partial f/\partial T$, 我们可以看到在 $T=0$ 时, 每个粒子的熵都是一个负数 —— 这是出现严重错误的明显迹象.

解决这个困难的方法是很微妙的. 这个问题可以被追溯到我们做出的副本对称性假设, 在用最速下降法对 x 做积分时, 我们曾用到过它. 我们曾经假设对所有 565
$\alpha\gamma$, $x_{\alpha\gamma}=x_m=\beta\widetilde{J}q$ 最小化了式 (13.100) 中的指数. 只有当 $q=0$ 时, 这个假设才是正确的. 在自旋玻璃相, 必须找到一个指数的不动点来使副本对称性破缺. 这个理论的讨论已经超出了本书的范围, 关于副本对称性破缺的讨论请读者阅读参考文献 [204, 95], 这些参考文献还涉及其他一些概念, 诸如遍历性破缺、自旋玻璃问题与优化问题、神经网络等其他研究领域的联系等.

关于玻璃和自旋玻璃的研究非常令人着迷, 但这是一个难度很大的课题, 在接下来的很多年, 它会一直是一个活跃的研究方向. 在这里, 我们希望至少能为读者介绍这一课题.

13.5 习 题

13.1 单粒子态密度, 证明式 (13.9).

13.2 一维电子态.

对纯净材料, 所有 j 下, 都有 $\epsilon_j = \epsilon_A$, 考虑转移矩阵 $\boldsymbol{T}$ (见式 (13.13)).

(a) 说明只有在 $\boldsymbol{T}$ 的本征值是复数或 ± 1 时, 式 (13.15) 才能被满足.

(b) 用公式表示固定边界条件 $A_1 = A_N = 0$ 的单电子问题, 并对纯净 A 类材料用转移矩阵方法推导出其本征值和本征函数.

13.3 一维液体: 无序 Kronig-Penney 模型.

考虑一个动量为 $\hbar k$ 的电子从左边入射到 $N+1$ 个散射体中, 其势函数为

$$V(x) = \sum_{i=0}^{N} \frac{\hbar^2}{2m} u \delta(x - x_i),$$

其中 $u > 0$, 并且除了 $x_{i+1} > x_i$ 外, δ 函数散射体的位置是不确定的. 因此Schrödinger 方程为

$$-\frac{\mathrm{d}^2\psi(x)}{\mathrm{d}x^2} + \sum_{i=0}^{N} u\delta(x - x_i)\psi(x) = k^2\psi(x).$$

566 令 $\Delta_j = x_j - x_{j-1}, j = 1, 2, \cdots, N$, 并写出

$$\begin{aligned}
\psi(x) &= A_0 \mathrm{e}^{\mathrm{i}k(x-x_0)} + B_0 \mathrm{e}^{-\mathrm{i}k(x-x_0)}, & x < x_0, \\
&= A'_j \mathrm{e}^{\mathrm{i}k(x-x_{j-1})} + B'_j \mathrm{e}^{-\mathrm{i}k(x-x_{j-1})}, & x_{j-1} < x < x_j, \\
&= A_j \mathrm{e}^{\mathrm{i}k(x-x_j)} + B_j \mathrm{e}^{-\mathrm{i}k(x-x_j)}, & x_{j-1} < x < x_j, \\
&= A'_{N+1} \mathrm{e}^{\mathrm{i}k(x-x_N)}, & x \geqslant x_N,
\end{aligned}$$

其中 $A'_j = A_j \exp\{-\mathrm{i}k\Delta_j\}$, $B'_j = B_j \exp\{\mathrm{i}k\Delta_j\}$.

(a) 应用通常的波函数连续条件说明

$$\begin{bmatrix} A_j \\ B_j \end{bmatrix} = \begin{bmatrix} \dfrac{1}{t} & \dfrac{r^*}{t^*} \\ \dfrac{r}{t} & \dfrac{1}{t^*} \end{bmatrix} \begin{bmatrix} A'_{j+1} \\ B'_{j+1} \end{bmatrix} = \boldsymbol{Q} \begin{bmatrix} A'_{j+1} \\ B'_{j+1} \end{bmatrix},$$

其中 $t = |t|\mathrm{e}^{\mathrm{i}\delta} = [1 - u/2\mathrm{i}k]^{-1}$ 和 $r = -\mathrm{i}|r|\mathrm{e}^{\mathrm{i}\delta} = u/2\mathrm{i}k[1 - u/2\mathrm{i}k]^{-1}$ 分别是每个散射体的复传播系数和反射系数. 利用上面给出的 A', B' 和 A, B 之间的关系, 我们有

$$\begin{bmatrix} A'_j \\ B'_j \end{bmatrix} = \boldsymbol{M}_j \boldsymbol{Q} \begin{bmatrix} A'_{j+1} \\ B'_{j+1} \end{bmatrix},$$

其中

$$\boldsymbol{M}_j = \begin{bmatrix} \mathrm{e}^{-\mathrm{i}k\Delta_j} & 0 \\ 0 & \mathrm{e}^{\mathrm{i}k\Delta_j} \end{bmatrix}$$

包括相邻散射体之间的距离.

(b) 定义 $T_N = |A'_{N+1}|/|A_0|$ 和 $R_N = |B_0|/|A_0|$ 分别是 $N+1$ 个势函数的传播和反射振幅, 说明

$$\frac{1+R_N^2}{T_N^2} = \frac{|A_0|^2+|B_0|^2}{|A'_{N+1}|^2} = a_N,$$

其中

$$\begin{bmatrix} a_N & b_N \\ b_N^* & a_N \end{bmatrix} = \boldsymbol{Q}^\dagger \boldsymbol{M}_N^\dagger \boldsymbol{Q}^\dagger \boldsymbol{M}_{N-1}^\dagger \cdots \boldsymbol{Q}^\dagger \boldsymbol{M}_1^\dagger \boldsymbol{Q}^\dagger \boldsymbol{Q} \boldsymbol{M}_1 \boldsymbol{Q} \cdots \boldsymbol{M}_N \boldsymbol{Q}.$$

(c) 说明矩阵元 a_N, b_N 满足递推关系

$$a_N = a_{N-1}\frac{1+|r|^2}{|t|^2} + 2\mathrm{Re}\,\frac{b_{N-1} r \mathrm{e}^{2\mathrm{i}k\Delta_N}}{|t|^2},$$
$$b_N = 2a_{N-1}\frac{r^*}{(t^*)^2} + \frac{b_{N-1}^*(r^*)^2\mathrm{e}^{-2\mathrm{i}k\Delta_N} + b_{N-1}\mathrm{e}^{2\mathrm{i}k\Delta_N}}{(t^*)^2}.$$

(d) 如果距离 Δ_j 是服从 $P(\Delta)$ 分布的独立随机变量, 且具有性质 567

$$\int_0^\infty \mathrm{d}\Delta P(\Delta)\mathrm{e}^{2\mathrm{i}k\Delta} = 0.$$

证明当 $N \to \infty$ 时, 传播系数为零.

(e) 更一般地, 假设对于 $0 < \Delta < W$, $P(\Delta) = 1/W$. 对于 $u = 1$, $W = 1$ 和各种 k 值, 迭代 a_N 和 b_N 的递推关系, 用数值计算说明当 N 变大时, $T_N(k) \to 0$.

13.4 正方格子上逾渗的实空间重整化群.

考虑如图 13.20 所示的正方格子上的九个格点组成的块.

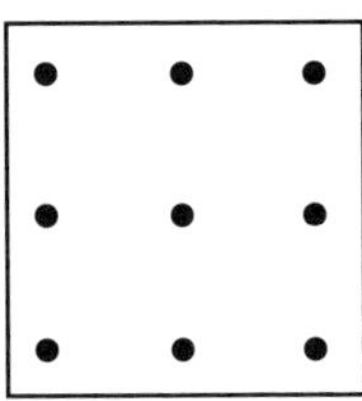

图 13.20 正方格子上的九个格点组成的块

(a) 用 13.2 节中的实空间重整化群方法处理这个集团. 块的占据定义为块中的多数格点被占据, 否则定义为空. 找到不动点和关联长度指数 ν.

(b) 另一种选择, 如果存在一条路径连接左边和右边的格点, 则集团被定义为占据的. 找到 p_c 和 ν. 568

附录 A: 占有数表象

569 量子多体系统的一个重要特征是全同粒子必须满足 Bose 或 Fermi 统计的对称性要求. 这个要求在应用占有数表象 (或 Fock 表象) 时可以很方便地实现. 占有数表象有时也称为二次量子化表象, 其基本想法是当研究由全同粒子组成的体系时, 不能说哪个粒子处在哪个状态上, 而只能说哪一些态是被占据的, 以及每一个态由几个粒子占据.

令 $|i\rangle$ 表示一组完备的单粒子态, 其波函数为

$$\phi_i(\boldsymbol{r}) = \langle \boldsymbol{r}|i\rangle. \tag{A.1}$$

我们假设这些态是正交归一的, 也就是

$$\langle i|j\rangle = \int \mathrm{d}^3 r \phi_i^*(\boldsymbol{r})\phi_j(\boldsymbol{r}) = \delta_{ij}. \tag{A.2}$$

那么第 1 个粒子占据第 1 个态, 第 2 个粒子占据第 2 个态, $\cdots$, 第 N 个粒子占据第 N 个态的多体态可以用如下的乘积形式给出:

$$(\boldsymbol{r}_1, \boldsymbol{r}_2, \cdots, \boldsymbol{r}_N|1, 2, 3, \cdots, N) = \phi_1(\boldsymbol{r}_1)\phi_2(\boldsymbol{r}_2)\cdots\phi_N(\boldsymbol{r}_N). \tag{A.3}$$

570 如果粒子是全同的, 那么这个态与如下

$$\phi_{P1}(\boldsymbol{r}_1)\phi_{P2}(\boldsymbol{r}_2)\cdots\phi_{PN}(\boldsymbol{r}_N), \tag{A.4}$$

标号的单粒子态进行置换后的态是不可区分的, 其中 P 是一个把一组整数 1, 2, 3, $\cdots$, N 变到其自身正常顺序的置换算符 (或映射), 例如

$$P = \begin{pmatrix} 1 & 2 & 3 & 4 & 5 & 6 & 7 & 8 & 9 \\ 9 & 2 & 4 & 6 & 1 & 7 & 3 & 5 & 8 \end{pmatrix}. \tag{A.5}$$

在这个例子中, $P1 = 9, P2 = 2, P3 = 4$ 等. 每个这样的置换可以写成对换的乘积. 对换是指只对两个标号进行互换的置换, 例如

$$T_{36} = \begin{pmatrix} 1 & 2 & 3 & 4 & 5 & 6 & 7 & 8 & 9 \\ 1 & 2 & 6 & 4 & 5 & 3 & 7 & 8 & 9 \end{pmatrix},$$

置换 (A.5) 可以写成

$$P = T_{89}T_{67}T_{59}T_{46}T_{34}T_{19}.$$

显然把置换分解成对换乘积的方式是不唯一的, 但是总可以根据置换分解中对换次数的奇偶性, 把置换分成奇置换或偶置换. 有 $N!$ 种不同的置换可以把一组整数 $1, 2, 3, \cdots, N$ 变到其自身正常顺序. 全同粒子的量子力学对称性的要求可以表述为: 系统的状态是所有可能对单粒子进行标记的单粒子态乘积的线性组合. 令

$$S_P = \begin{cases} 1, & \text{若 } P \text{ 是偶置换}, \\ -1, & \text{若 } P \text{ 是奇置换}. \end{cases} \tag{A.6}$$

对于费米子系统, Pauli 不相容原理要求波函数在对换下是奇函数. 考虑在单粒子态 1 上占据 1 个粒子, 态 2 上占据 1 个粒子, $\cdots$ 的 N 个费米子系统, 相应的多粒子波函数可以表示为

$$|1, 2, \cdots, N\rangle = \nu \sum_P S_P |P1, P2, \cdots, PN), \tag{A.7}$$

这里 ν 是归一化因子. 我们用 $|1, 2, \cdots, N\rangle$ 来表示已适当对称化后的状态, 而用 571
$|1, 2, \cdots, N)$ 表示粒子 1 占据状态 1, 粒子 2 占据状态 2, $\cdots$ 的多粒子态. 例如对于三粒子态, 有

$$\begin{aligned} (\boldsymbol{r}_1, \boldsymbol{r}_2, \boldsymbol{r}_3|1, 2, 3\rangle &= \nu \sum_P (\boldsymbol{r}_1, \boldsymbol{r}_2, \boldsymbol{r}_3|P1, P2, P3\rangle \\ &= \nu[\phi_1(\boldsymbol{r}_1)\phi_2(\boldsymbol{r}_2)\phi_3(\boldsymbol{r}_3) - \phi_1(\boldsymbol{r}_1)\phi_3(\boldsymbol{r}_2)\phi_2(\boldsymbol{r}_3) \\ &\quad +\phi_2(\boldsymbol{r}_1)\phi_3(\boldsymbol{r}_2)\phi_1(\boldsymbol{r}_3) - \phi_2(\boldsymbol{r}_1)\phi_1(\boldsymbol{r}_2)\phi_3(\boldsymbol{r}_3) \\ &\quad +\phi_3(\boldsymbol{r}_1)\phi_1(\boldsymbol{r}_2)\phi_2(\boldsymbol{r}_3) - \phi_3(\boldsymbol{r}_1)\phi_2(\boldsymbol{r}_2)\phi_1(\boldsymbol{r}_3)] \\ &= \langle \boldsymbol{r}_1, \boldsymbol{r}_2, \boldsymbol{r}_3|1, 2, 3) = \langle \boldsymbol{r}_1, \boldsymbol{r}_2, \boldsymbol{r}_3|1, 2, 3\rangle, \end{aligned} \tag{A.8}$$

如果我们要求该状态是归一化的, 那么对三粒子系统有 $\nu = (3!)^{-1/2}$. 一般地, 有

$$\nu = \frac{1}{\sqrt{N!}}. \tag{A.9}$$

式 (A.7) 和式 (A.8) 可以用行列式来表示, 它被称为 Slater 行列式:

$$\begin{aligned} &\langle \boldsymbol{r}_1, \boldsymbol{r}_2, \cdots, \boldsymbol{r}_N|1, 2, \cdots, N\rangle \\ &= \frac{1}{\sqrt{N!}} \begin{vmatrix} \langle \boldsymbol{r}_1|1\rangle & \langle \boldsymbol{r}_2|1\rangle & \cdots & \langle \boldsymbol{r}_N|1\rangle \\ \langle \boldsymbol{r}_1|2\rangle & \langle \boldsymbol{r}_2|2\rangle & \cdots & \langle \boldsymbol{r}_N|2\rangle \\ \vdots & \vdots & & \vdots \\ \langle \boldsymbol{r}_1|N\rangle & \langle \boldsymbol{r}_2|N\rangle & \cdots & \langle \boldsymbol{r}_N|N\rangle \end{vmatrix}. \end{aligned} \tag{A.10}$$

因为行列式在两行或两列相同时等于零, 所以它表明两个费米子不可能同时占据同一个单粒子态.

对玻色子来说, 对称性的要求就是在两个态标号或两个粒子标号的对换下波函数是偶函数. 考虑有 n_1 个粒子占据态 1, n_2 个粒子占据态 2, $\cdots$ 的状态. 令 N 是总粒子数, 那么

$$\sum_i n_i = N.$$

归一化的波函数可以写成

$$|n_1, n_2, \cdots\rangle = \sqrt{\frac{\prod_i n_i!}{N!}} \sum_{\text{distinct } P}' |1, \cdots, 1, 2, \cdots\rangle. \tag{A.11}$$

572 在式 (A.11) 中, 符号 $\sum'$ 是指只对那些粒子不保留在同一态上的置换进行求和 (译者注: 即不包括同一状态上两个粒子的置换).

我们希望研究的是如下的包含两体相互作用的多粒子系统:

$$H = \sum_{i=1}^{N} \frac{p_i^2}{2m} + \sum_{i=1}^{N} U(\boldsymbol{r}_i) + \frac{1}{2} \sum_{i \neq j} v(\boldsymbol{r}_i - \boldsymbol{r}_j). \tag{A.12}$$

只有当粒子间的相互作用为零时, 其哈密顿量的本征态才可以写成上述单粒子态的乘积态. 一般来说, 多粒子的本征态不能写成单个对称化的乘积形式, 相反是它们的线性组合. 因此那些能够准确表示出哪个粒子处在哪个单粒子态的波函数是不太适用的. 我们必须重写哈密顿量, 使得它与粒子的标号无关. 在此过程中, 重心就从波函数转移到算符上了. 占有数表象中最基本的算符是产生和湮灭算符. 首先, 考虑费米子情形, 令 $|0\rangle$ 表示真空 (没有粒子) 态. 我们通过如下的作用于单粒子态 $2, 3, \cdots, N$ 已被占据的态上的结果来定义 $a_1^\dagger$:

$$\begin{aligned} |1, 2, 3, \cdots, N\rangle &= a_1^\dagger |2, 3, \cdots, N\rangle \\ &= a_1^\dagger a_2^\dagger a_3^\dagger \cdots a_N^\dagger |0\rangle. \end{aligned} \tag{A.13}$$

该状态在其下标对换下必须是奇函数. 比如,

$$|1, 2, 3, 4, \cdots, N\rangle = -|1, 2, 4, 3, \cdots, N\rangle. \tag{A.14}$$

因此可以推断当作用在任一适当对称化的状态上, 产生算符在形式上满足

$$a_i^\dagger a_j^\dagger = -a_j^\dagger a_i^\dagger. \tag{A.15}$$

从式 (A.15) 可以看出

$$(a_i^\dagger)^2 = 0, \tag{A.16}$$

这意味着没有两个费米子可以占据同一状态.

写出式 (A.13) 的 Hermite 共轭为

$$\langle 0|a_N a_{N-1}\cdots a_2 a_1 = (a_1^\dagger a_2^\dagger \cdots a_{N-1}^\dagger a_N^\dagger |0\rangle)^\dagger. \tag{A.17}$$

因为 573

$$|i\rangle = a_i^\dagger |0\rangle, \tag{A.18}$$

所以有

$$\langle 0|a_i|i\rangle = 1. \tag{A.19}$$

如果把算符 a_i 看成是作用在右边的态上, 那么可以看出其结果就是在第 i 个态上湮灭掉一个粒子. 据此我们称 a_i 为湮灭算符 (或消失算符), 即

$$a_i|i\rangle = |0\rangle, \tag{A.20}$$

$$a_i a_j = -a_j a_i. \tag{A.21}$$

结合这些结果可以发现, 当 $i \neq j$ 时, 有

$$\begin{aligned} a_i^\dagger a_j|j,1,2,\cdots\rangle &= |i,1,2,\cdots\rangle = a_j|j,i,1,2,\cdots\rangle \\ &= -a_j|i,j,1,2,\cdots\rangle = -a_j a_i^\dagger|j,1,2,\cdots\rangle. \end{aligned} \tag{A.22}$$

因此当作用在适当对称化的态上, 且 $i \neq j$ 时, 有

$$a_i^\dagger a_j = -a_j a_i^\dagger. \tag{A.23}$$

现在考虑单粒子态 i 被占据的多粒子态, 此时有

$$\begin{aligned} a_i^\dagger a_i|\cdots,i,\cdots\rangle &= |\cdots,i,\cdots\rangle, \\ a_i a_i^\dagger|\cdots,i,\cdots\rangle &= 0. \end{aligned} \tag{A.24}$$

类似地, 如果态 i 未被占据, 那么有

$$\begin{aligned} a_i^\dagger a_i|\cdots\rangle &= 0, \\ a_i a_i^\dagger|\cdots\rangle &= |\cdots\rangle. \end{aligned} \tag{A.25}$$

因为单粒子态只能被占据或是空的, 所以必须有

$$a_i^\dagger a_i + a_i a_i^\dagger = 1. \tag{A.26}$$

引入反对易子

$$[A, B]_+ \equiv AB + BA. \tag{A.27}$$

我们把费米子的产生和湮灭算符的对易关系总结如下:

$$\begin{aligned} &[a_i^\dagger, a_j^\dagger]_+ = [a_i, a_j]_+ = 0, \\ &[a_i, a_j^\dagger]_+ = \delta_{ij}. \end{aligned} \tag{A.28}$$

574 下面我们来定义服从 Bose 统计的粒子系统所对应的算符. 考虑一个在第 i 个态上占据了 n_i 个粒子的多粒子态, 我们通过下式来定义湮灭算符 b_i:

$$b_i|n_1, \cdots, n_i, \cdots\rangle = \sqrt{n_i}|n_1, \cdots, (n_i - 1), \cdots\rangle. \tag{A.29}$$

对单粒子态未被占据时的特殊情形, 湮灭算符就是零了, 其 Hermite 共轭算符 $b_i^\dagger$ 必须满足

$$b_i^\dagger|n_1, \cdots, (n_i - 1), \cdots\rangle = \sqrt{n_i}|n_1, \cdots, n_i, \cdots\rangle. \tag{A.30}$$

或者

$$b_i^\dagger|n_1, \cdots, n_i, \cdots\rangle = \sqrt{n_i + 1}|n_1, \cdots, (n_i + 1), \cdots\rangle, \tag{A.31}$$

我们可以看到 $b_i^\dagger$ 就是产生算符. 从式 (A.29) 和式 (A.30) 可以得到

$$b_i^\dagger b_i|\cdots, n_i, \cdots\rangle = n_i|\cdots, n_i, \cdots\rangle, \tag{A.32}$$

就是说 $b_i^\dagger b_i$ 是粒子数算符. 而从式 (A.31) 和式 (A.29) 可以看到

$$b_i b_i^\dagger|\cdots, n_i, \cdots\rangle = (n_i + 1)|\cdots, n_i, \cdots\rangle. \tag{A.33}$$

我们定义对易子为

$$[A, B]_- \equiv AB - BA. \tag{A.34}$$

因为对易子要比反对易子用得多, 所以我们忽略掉对易子的下标. 借助这些符号, 以及玻色子的多粒子态在粒子标号的对换下是对称的这一性质, 我们得到玻色子的产生和湮灭算符应该满足

$$[b_i, b_j] = [b_i^\dagger, b_j^\dagger] = 0. \tag{A.35}$$

类似地, 从式 (A.32) 和式 (A.33), 我们发现

$$[b_i, b_j^\dagger] = \delta_{ij}. \tag{A.36}$$

我们曾明确假定, 由式 (A.1) 给出的单粒子态是完备的, 也就是

$$\sum_i |i\rangle\langle i| = 1. \tag{A.37}$$

除了空间变量外, 通常还有内部自由度, 比如自旋, 这时我们必须将波函数表示成 575
旋量, 例如对自旋为 1/2 的粒子, 有

$$\langle \boldsymbol{r}|i\rangle = \phi_i(\boldsymbol{r},\uparrow)\begin{pmatrix}1\\0\end{pmatrix} + \phi_i(\boldsymbol{r},\downarrow)\begin{pmatrix}0\\1\end{pmatrix}. \tag{A.38}$$

我们记

$$\langle \boldsymbol{r},\sigma|i\rangle = \phi_i(\boldsymbol{r},\sigma).$$

通常不在任何单粒子态的特定表示形式 $|i\rangle$ 下来使用产生和湮灭算符将是非常方便的. 这使得我们可以定义场算符. 在费米子的情形下, 定义

$$\begin{aligned}\psi(\boldsymbol{r},\sigma) &= \sum_i \langle \boldsymbol{r},\sigma|i\rangle a_i = \sum_i \phi_i\langle \boldsymbol{r},\sigma\rangle a_i,\\ \psi^\dagger(\boldsymbol{r},\sigma) &= \sum_i \langle i|\boldsymbol{r},\sigma\rangle a_i^\dagger = \sum_i \phi_i^*(\boldsymbol{r},\sigma)a_i^\dagger.\end{aligned} \tag{A.39}$$

应用波函数的正交归一性, 对式 (A.39) 求逆, 可以得到

$$\begin{aligned}a_i &= \int \mathrm{d}^3 r \sum_\sigma \phi_i^*(\boldsymbol{r},\sigma)\psi(\boldsymbol{r},\sigma),\\ a_i^\dagger &= \int \mathrm{d}^3 r \sum_\sigma \phi_i(\boldsymbol{r},\sigma)\psi^\dagger(\boldsymbol{r},\sigma).\end{aligned} \tag{A.40}$$

完备性条件 (见式 (A.37)) 可以重新写成

$$\sum_i \phi_i^*(\boldsymbol{r}',\sigma')\phi_i(\boldsymbol{r},\sigma) = \delta(\boldsymbol{r}-\boldsymbol{r}')\delta_{\sigma\sigma'}, \tag{A.41}$$

而且可以看出场算符满足反对易关系:

$$\begin{aligned}&[\psi(\boldsymbol{r},\sigma),\psi(\boldsymbol{r}',\sigma')]_+ = [\psi^\dagger(\boldsymbol{r},\sigma),\psi^\dagger(\boldsymbol{r}',\sigma')]_+ = 0,\\ &[\psi(\boldsymbol{r},\sigma),\psi^\dagger(\boldsymbol{r}',\sigma')]_+ = \delta(\boldsymbol{r}-\boldsymbol{r}')\delta_{\sigma\sigma'}.\end{aligned} \tag{A.42}$$

类似地, (无自旋的) 玻色子场算符可以写成

$$\chi(\boldsymbol{r}) = \sum_i \phi_i(\boldsymbol{r})b_i, \qquad \chi^\dagger(\boldsymbol{r}) = \sum_i \phi_i^*(\boldsymbol{r})b_i^\dagger, \tag{A.43}$$

它们满足对易关系:

$$\begin{aligned}&[\chi(\boldsymbol{r}),\chi(\boldsymbol{r}')] = [\chi^\dagger(\boldsymbol{r}),\chi^\dagger(\boldsymbol{r}')] = 0,\\ &[\chi(\boldsymbol{r}),\chi^\dagger(\boldsymbol{r}')] = \delta(\boldsymbol{r}-\boldsymbol{r}').\end{aligned} \tag{A.44}$$

576 对于无自旋的玻色子, 我们可以根据场算符将总粒子数算符写成

$$N=\sum_i b_i^\dagger b_i=\int \mathrm{d}^3 r\chi^\dagger(\boldsymbol{r})\chi(\boldsymbol{r}). \tag{A.45}$$

同样, 对于费米子, 有

$$N=\sum_i a_i^\dagger a_i=\int \mathrm{d}^3 r\sum_\sigma \psi^\dagger(\boldsymbol{r},\sigma)\psi(\boldsymbol{r},\sigma), \tag{A.46}$$

考虑局域在子体积 Ω 内的态的集合 $|j\rangle$, 然后取极限 $\Omega\to 0$, 可以得到无自旋玻色子的粒子数密度算符为

$$n(\boldsymbol{r})\equiv\sum_i \delta(\boldsymbol{r}-\boldsymbol{r}_i)=\chi^\dagger(\boldsymbol{r})\chi(\boldsymbol{r}). \tag{A.47}$$

同样, 对于费米子, 有

$$n(\boldsymbol{r})=\sum_\sigma \psi^\dagger(\boldsymbol{r},\sigma)\psi(\boldsymbol{r},\sigma). \tag{A.48}$$

一个特别有用的单粒子态的表象是动量表象. 在此情形下, 对于费米子, 其算符与场算符的关系为

$$\begin{aligned}\psi(\boldsymbol{r},\sigma)&=\frac{1}{\sqrt{V}}\sum_{\boldsymbol{k}}\mathrm{e}^{\mathrm{i}\boldsymbol{k}\cdot\boldsymbol{r}}a_{\boldsymbol{k},\sigma},\\ \psi^\dagger(\boldsymbol{r},\sigma)&=\frac{1}{\sqrt{V}}\sum_{\boldsymbol{k}}\mathrm{e}^{-\mathrm{i}\boldsymbol{k}\cdot\boldsymbol{r}}a_{\boldsymbol{k},\sigma}^\dagger\end{aligned} \tag{A.49}$$

和

$$\begin{aligned}a_{\boldsymbol{k},\sigma}&=\frac{1}{\sqrt{V}}\int \mathrm{d}^3 r\mathrm{e}^{-\mathrm{i}\boldsymbol{k}\cdot\boldsymbol{r}}\psi(\boldsymbol{r},\sigma),\\ a_{\boldsymbol{k},\sigma}^\dagger&=\frac{1}{\sqrt{V}}\int \mathrm{d}^3 r\mathrm{e}^{\mathrm{i}\boldsymbol{k}\cdot\boldsymbol{r}}\psi^\dagger(\boldsymbol{r},\sigma).\end{aligned} \tag{A.50}$$

对于玻色子, 有类似的表达式.

密度算符的 Fourier 变换形式为

$$\rho(\boldsymbol{q})=\int \mathrm{d}^3 r\mathrm{e}^{-\mathrm{i}\boldsymbol{q}\cdot\boldsymbol{r}}n(\boldsymbol{r})=\sum_i \mathrm{e}^{-\mathrm{i}\boldsymbol{q}\cdot\boldsymbol{r}_i}. \tag{A.51}$$

577 在占有数表象中, 可以看到

$$\rho(\boldsymbol{q})=\sum_{\boldsymbol{k},\sigma}a_{\boldsymbol{k}-\boldsymbol{q},\sigma}^\dagger a_{\boldsymbol{k},\sigma}. \tag{A.52}$$

下面我们将根据场算符来写出哈密顿量 (形如式 (A.12)). 首先注意到式 (A.12) 包含了两种类型的项. 我们把如下形式的项称为单体算符:

$$\sum_i \frac{p_i^2}{2m}, \qquad \sum_i U(\boldsymbol{r}_i),$$

这是因为它们是单粒子贡献的和. 式 (A.12) 的最后一项

$$\frac{1}{2}\sum_{i\neq j} v(\boldsymbol{r}_{ij})$$

是两体算符的一个例子. 如前所述, 令 $|i\rangle$ 为单粒子态的完备集, 其波函数为 $\phi_i(\boldsymbol{r}) = \langle \boldsymbol{r}|i\rangle$. 那么单体算符 T 可以通过其矩阵元

$$\langle i|T|j\rangle = \int \mathrm{d}^3 r \phi_i^*(\boldsymbol{r})T(\boldsymbol{r})\phi_j(\boldsymbol{r}) \tag{A.53}$$

来完全确定. 类似地, 两体算符 V 也可以通过其矩阵元

$$(ij|V|kl) = \int \mathrm{d}^3 r_1 \mathrm{d}^3 r_2 \phi_i^*(\boldsymbol{r}_1)\phi_j^*(\boldsymbol{r}_2)V(\boldsymbol{r}_1,\boldsymbol{r}_2)\phi_k(\boldsymbol{r}_2)\phi_l(\boldsymbol{r}_1) \tag{A.54}$$

来完全确定. 令

$$|n_1,\cdots,n_i,\cdots,n_j,\cdots\rangle \tag{A.55}$$

表示由式 (A.13) 或式 (A.7) 给定的适当对称化后的多粒子态, 在该态上有 n_1 个粒子占据态 1, n_2 个粒子占据态 2, $\cdots$ (当然, 对于费米子, n_i 只能取 0 或 1). 同样令 $c_i^\dagger$, c_i 表示适当的产生和湮灭算符 ($a_i^\dagger$, a_i 或 $b_i^\dagger$, b_i), 则有

$$\begin{aligned} c_i|n_1,\cdots,n_i,\cdots,n_j,\cdots\rangle &= \sqrt{n_i}|n_1,\cdots,(n_i-1),\cdots,n_j,\cdots\rangle, \\ c_i^\dagger|n_1,\cdots,(n_i-1),\cdots,n_j,\cdots\rangle &= \sqrt{n_i}|n_1,\cdots,n_i,\cdots,n_j,\cdots\rangle. \end{aligned} \tag{A.56}$$

下面的一点思考对读者是有用的, 即

$$\sum_p T(\boldsymbol{r}_p) \tag{A.57}$$

只有在最多相差一个粒子的两个形如式 (A.55) 的态上才有非零矩阵元, 且式 (A.57) **578**
的矩阵元与下式的矩阵元相同:

$$\sum_{i,j}\langle i|T|j\rangle c_i^\dagger c_j. \tag{A.58}$$

这使得我们可以将其在形式上写成

$$\sum_p T(\boldsymbol{r}_p) = \sum_{i,j} \langle i|T|j\rangle c_i^\dagger c_j. \tag{A.59}$$

作为验证, 我们研究在 $\boldsymbol{r}$ 表象中对角化的算符 V. 应用式 (A.47), 我们有 (对于费米子, 类似的表达式可以得到类似的结果)

$$\sum_p V(\boldsymbol{r}_p) = \int \mathrm{d}^3 r V(\boldsymbol{r}) n(\boldsymbol{r}) = \int \mathrm{d}^3 r V(\boldsymbol{r}) \chi^\dagger(\boldsymbol{r}) \chi(\boldsymbol{r}). \tag{A.60}$$

将式 (A.43) 代入可得式 (A.59). 令 T 是一个任意的单体 Hermite 算符, 在其对角化的表象中, 总是可以根据一般的密度乘上合适的本征值来表示 T. 然后应用正交和完备性关系就可得到式 (A.59).

对于两体算符, 我们注意到算符

$$\sum_{p \neq p'} V(\boldsymbol{r}_p, \boldsymbol{r}_{p'}) \tag{A.61}$$

作用到任何态上将只能产生一个与原来状态最多相差两个粒子的状态. 因此算符 (见式 (A.61)) 与算符

$$\sum_{i,j,k,l} (ij|V|kl) c_i^\dagger c_j^\dagger c_k c_l \tag{A.62}$$

是不可区分的, 形式上可以写成

$$\sum_{p \neq p'} V(\boldsymbol{r}_p, \boldsymbol{r}_{p'}) = \sum_{i,j,k,l} (ij|V|kl) c_i^\dagger c_j^\dagger c_k c_l. \tag{A.63}$$

同样可以根据密度算符来重新表述两体算符, 从而证明式 (A.63). 我们有

579

$$\begin{aligned}
\sum_{p \neq p'} V(\boldsymbol{r}_p, \boldsymbol{r}_{p'}) &= \sum_{p,p'} V(\boldsymbol{r}_p, \boldsymbol{r}_{p'}) - \sum_p V(\boldsymbol{r}_p, \boldsymbol{r}_p) \\
&= \int \mathrm{d}^3 r \left(\int \mathrm{d}^3 r' V(\boldsymbol{r}, \boldsymbol{r}') n(\boldsymbol{r}') - V(\boldsymbol{r}, \boldsymbol{r}) \right) n(\boldsymbol{r}) \\
&= \int \mathrm{d}^3 r \int \mathrm{d}^3 r' V(\boldsymbol{r}, \boldsymbol{r}') [\chi^\dagger(\boldsymbol{r}') \chi(\boldsymbol{r}') \chi^\dagger(\boldsymbol{r}) \chi(\boldsymbol{r}) - \delta(\boldsymbol{r} - \boldsymbol{r}') \chi^\dagger(\boldsymbol{r}') \chi(\boldsymbol{r})] \\
&= \int \mathrm{d}^3 r \int \mathrm{d}^3 r' V(\boldsymbol{r}, \boldsymbol{r}') \chi^\dagger(\boldsymbol{r}') \chi^\dagger(\boldsymbol{r}) \chi(\boldsymbol{r}) \chi(\boldsymbol{r}'),
\end{aligned} \tag{A.64}$$

这里我们已经用了场算符的对易关系式 (A.44). 注意到在上式中用了偶数次的对换, 因此式 (A.64) 同样适用于费米子系统. 将场算符的定义代入后就得到式 (A.63).

现在我们重写哈密顿量 (形如式 (A.12)). 假设势能具有如下形式的 Fourier 变换:

$$
\begin{aligned}
U(\boldsymbol{q}) &= \int \mathrm{d}^3 r \mathrm{e}^{-\mathrm{i}\boldsymbol{q}\cdot\boldsymbol{r}} U(\boldsymbol{r}), \\
v(\boldsymbol{q}) &= \int \mathrm{d}^3 r_{ij} \mathrm{e}^{-\mathrm{i}\boldsymbol{q}\cdot(\boldsymbol{r}_i-\boldsymbol{r}_j)} v(\boldsymbol{r}_i-\boldsymbol{r}_j),
\end{aligned}
\tag{A.65}
$$

那么

$$
\begin{aligned}
H = &\sum_{\boldsymbol{k},\sigma} \frac{\hbar^2 k^2}{2m} c^\dagger_{\boldsymbol{k},\sigma} c_{\boldsymbol{k},\sigma} + \frac{1}{V} \sum_{\boldsymbol{k},\boldsymbol{q},\sigma} U(\boldsymbol{q}) c^\dagger_{\boldsymbol{k}+\boldsymbol{q},\sigma} c_{\boldsymbol{k},\sigma} \\
&+ \frac{1}{V} \sum_{\boldsymbol{k},\boldsymbol{k}',\boldsymbol{q},\sigma,\sigma'} v(\boldsymbol{q}) c^\dagger_{\boldsymbol{k}+\boldsymbol{q},\sigma} c^\dagger_{\boldsymbol{k}'-\boldsymbol{q},\sigma'} c_{\boldsymbol{k}',\sigma'} c_{\boldsymbol{k},\sigma}.
\end{aligned}
\tag{A.66}
$$

作为最后的例子, 我们将分布函数 (见式 (5.25)) 和结构因子 (见式 (5.28)) 用产生和湮灭算符的乘积的期望值来表示, 并在 $T=0$ 时, 对无相互作用的费米子系统这一特殊情形来计算它们的值. 从式 (5.25) 和式 (5.28) 可知

$$
g(\boldsymbol{r}) = \frac{V}{\langle N\rangle^2} \left\langle \sum_{i\neq j} \int \mathrm{d}^3 x \delta(\boldsymbol{r}_i - \boldsymbol{x}) \delta(\boldsymbol{r}_j - \boldsymbol{x} - \boldsymbol{r}) \right\rangle
\tag{A.67}
$$

或

$$
\begin{aligned}
g(\boldsymbol{r}) = \frac{V}{\langle N\rangle^2} \Bigg\langle \int \mathrm{d}^3 x \Bigg(&\sum_i \delta(\boldsymbol{r}_i - \boldsymbol{x}) \sum_j \delta(\boldsymbol{r}_j - \boldsymbol{x} - \boldsymbol{r}) \\
&- \sum_i \delta(\boldsymbol{r}_i - \boldsymbol{x}) \delta(\boldsymbol{r}_i - \boldsymbol{x} - \boldsymbol{r}) \Bigg) \Bigg\rangle.
\end{aligned}
$$ 580

从式 (A.47) 和式 (A.48), 可以得到

$$
\begin{aligned}
g(\boldsymbol{r}) &= \frac{V}{\langle N\rangle^2} \left\langle \int \mathrm{d}^3 x n(\boldsymbol{x}) n(\boldsymbol{x}+\boldsymbol{r}) - \frac{V}{\langle N\rangle} \delta(\boldsymbol{r}) \right\rangle \\
&= \frac{V}{\langle N\rangle^2} \left\langle \int \mathrm{d}^3 x \sum_{\sigma,\sigma'} \psi^\dagger(\boldsymbol{x},\sigma') \psi(\boldsymbol{x},\sigma') \psi^\dagger(\boldsymbol{x}+\boldsymbol{r},\sigma) \psi(\boldsymbol{x}+\boldsymbol{r},\sigma) \right\rangle - \frac{V}{\langle N\rangle} \delta(\boldsymbol{r}).
\end{aligned}
$$

应用对易关系式 (A.42), 这个表达式可简化为

$$
g(\boldsymbol{r}) = \frac{V}{\langle N\rangle^2} \left\langle \int \mathrm{d}^3 x \sum_{\sigma,\sigma'} \psi^\dagger(\boldsymbol{x}+\boldsymbol{r},\sigma) \psi^\dagger(\boldsymbol{x},\sigma') \psi(\boldsymbol{x},\sigma') \psi(\boldsymbol{x}+\boldsymbol{r},\sigma) \right\rangle.
\tag{A.68}
$$

在动量表象 (见式 (A.49)) 和式 (A.50)) 中, 对应的方程变为

$$
g(\boldsymbol{x}) = \frac{1}{\langle N\rangle^2} \sum_{\boldsymbol{k},\boldsymbol{p},\boldsymbol{q},\sigma,\sigma'} \mathrm{e}^{\mathrm{i}\boldsymbol{q}\cdot\boldsymbol{x}} \langle a^\dagger_{\boldsymbol{p}+\boldsymbol{q},\sigma} a^\dagger_{\boldsymbol{k}-\boldsymbol{q},\sigma'} a_{\boldsymbol{k},\sigma'} a_{\boldsymbol{p},\sigma} \rangle.
\tag{A.69}
$$

从式 (5.28) 和式 (A.51) 可以得到结构因子的表达式为

$$S(\boldsymbol{q}) = \frac{1}{\langle N\rangle}\langle\rho(\boldsymbol{q})\rho(-\boldsymbol{q})\rangle - \langle N\rangle\delta_{\boldsymbol{q},0}.$$

代入式 (A.52), 得

$$S(\boldsymbol{q}) = \frac{1}{\langle N\rangle}\left\langle\sum_{\boldsymbol{k},\boldsymbol{p},\sigma,\sigma'} a^\dagger_{\boldsymbol{k}-\boldsymbol{q},\sigma'}a_{\boldsymbol{k},\sigma}a^\dagger_{\boldsymbol{p}+\boldsymbol{q},\sigma}a_{\boldsymbol{p},\sigma}\right\rangle - \langle N\rangle\delta_{\boldsymbol{q},0}.$$

应用对易关系, 此式可重写成

$$S(\boldsymbol{q}) - 1 = \frac{1}{\langle N\rangle}\left\langle\sum_{\boldsymbol{k},\boldsymbol{p},\sigma,\sigma'} a^\dagger_{\boldsymbol{p}+\boldsymbol{q},\sigma}a^\dagger_{\boldsymbol{k}-\boldsymbol{q},\sigma'}a_{\boldsymbol{k},\sigma'}a_{\boldsymbol{p},\sigma}\right\rangle - \langle N\rangle\delta_{\boldsymbol{q},0}. \tag{A.70}$$

581 用场算符可以表示为

$$\begin{aligned} S(\boldsymbol{q}) - 1 = &\frac{1}{\langle N\rangle}\left\langle\sum_{\sigma,\sigma'}\int \mathrm{d}^3r\int \mathrm{d}^3x \mathrm{e}^{\mathrm{i}\boldsymbol{q}\cdot\boldsymbol{r}}\psi^\dagger(\boldsymbol{x}+\boldsymbol{r},\sigma)\right.\\ &\left.\psi^\dagger(\boldsymbol{x},\sigma')\psi(\boldsymbol{x},\sigma')\psi(\boldsymbol{x}+\boldsymbol{r},\sigma)\right\rangle - \langle N\rangle\delta_{\boldsymbol{q},0}. \end{aligned} \tag{A.71}$$

现在对自旋为 1/2 的无相互作用的费米子气体这一特殊情形计算 $g(\boldsymbol{r})$ 和 $S(\boldsymbol{q})$. 该系统的基态是: 每个自旋态上有 $N/2$ 个粒子, 它们占据了从最低动量态到 Fermi 速度为 k_{F} 的态. 我们写出

$$g(\boldsymbol{x}) = \sum_{\sigma,\sigma'} g_{\sigma\sigma'}(\boldsymbol{x}) = g_{\uparrow\uparrow}(\boldsymbol{x}) + g_{\downarrow\uparrow}(\boldsymbol{x}) + g_{\uparrow\downarrow}(\boldsymbol{x}) + g_{\downarrow\downarrow}(\boldsymbol{x}), \tag{A.72}$$

其中

$$g_{\uparrow\uparrow}(\boldsymbol{x}) = \frac{1}{\langle N\rangle^2}\sum_{\boldsymbol{k},\boldsymbol{p},\boldsymbol{q}} \mathrm{e}^{\mathrm{i}\boldsymbol{q}\cdot\boldsymbol{x}}\langle 0|a^\dagger_{\boldsymbol{p}+\boldsymbol{q},\uparrow}a^\dagger_{-\boldsymbol{k}-\boldsymbol{q},\uparrow}a_{\boldsymbol{k},\uparrow}a_{\boldsymbol{p},\uparrow}|0\rangle,$$

$|0\rangle$ 表示基态. 为了得到非零矩阵元, 必须有 $k,p > k_{\mathrm{F}}$, 以及 $q=0$ 或 $\boldsymbol{k}-\boldsymbol{q}=\boldsymbol{p}$. 对于前者, 矩阵元是 1; 对于后者, 矩阵元是 -1. 假设基态是粒子数算符具有本征值为 N 的本征态, 那么

$$g_{\uparrow\uparrow}(\boldsymbol{x}) = \frac{1}{N^2}\left\{\frac{N}{2}\left[\frac{N}{2}-1\right]\right\} - \frac{1}{N^2}\sum_{k<k_{\mathrm{F}},p<k_{\mathrm{F}},\boldsymbol{p}\neq\boldsymbol{k}} \mathrm{e}^{\mathrm{i}(\boldsymbol{k}-\boldsymbol{p})\cdot\boldsymbol{x}}.$$

该表达式可化成

$$g_{\uparrow\uparrow}(\boldsymbol{x}) = \frac{1}{4} - \left|\frac{1}{N}\sum_{p<k_{\mathrm{F}}}\mathrm{e}^{\mathrm{i}\boldsymbol{p}\cdot\boldsymbol{x}}\right|^2. \tag{A.73}$$

注意到 $g_{\uparrow\uparrow}(0)=0$, 它与 Pauli 原理一致. 显然 $g_{\uparrow\uparrow}(\boldsymbol{x})=g_{\downarrow\downarrow}(\boldsymbol{x})$. 随后

$$g_{\uparrow\downarrow}(\boldsymbol{x})=\frac{1}{N^2}\sum_{\boldsymbol{k},\boldsymbol{p},\boldsymbol{q}}\mathrm{e}^{\mathrm{i}\boldsymbol{q}\cdot\boldsymbol{x}}\langle 0|a^{\dagger}_{\boldsymbol{p}+\boldsymbol{q},\uparrow}a^{\dagger}_{\boldsymbol{k}-\boldsymbol{q},\downarrow}a_{\boldsymbol{k},\downarrow}a_{\boldsymbol{p},\uparrow}|0\rangle.$$

这里只有一种可能性, 就是 $q=0$, 那么

$$g_{\uparrow\downarrow}(\boldsymbol{x})=g_{\downarrow\uparrow}(\boldsymbol{x})=\frac{1}{N^2}\left(\frac{N}{2}\right)^2=\frac{1}{4}. \tag{A.74}$$

总结一下, 有 582

$$g(\boldsymbol{x})=1-2\left|\frac{1}{N}\sum_{p<k_{\mathrm{F}}}\mathrm{e}^{\mathrm{i}\boldsymbol{p}\cdot\boldsymbol{x}}\right|^2. \tag{A.75}$$

式 (A.75) 中的求和可以解析求出:

$$\begin{aligned}\frac{1}{N}\sum_{p<k_{\mathrm{F}}}\mathrm{e}^{\mathrm{i}\boldsymbol{p}\cdot\boldsymbol{x}}&=\frac{V}{N}\int_{p<k_{\mathrm{F}}}\mathrm{e}^{\mathrm{i}\boldsymbol{p}\cdot\boldsymbol{x}}\frac{\mathrm{d}^3p}{(2\pi)^3}\\&=\frac{V}{2\pi^2N}\left(\frac{1}{x^3}\sin k_{\mathrm{F}}x-\frac{k_{\mathrm{F}}}{x^2}\cos k_{\mathrm{F}}x\right).\end{aligned} \tag{A.76}$$

类似的做法可以得到

$$S(\boldsymbol{q})=1-\frac{2}{N}\sum_{p<k_{\mathrm{F}},|\boldsymbol{p}+\boldsymbol{q}|<k_{\mathrm{F}}}1=1-\frac{2V}{N(2\pi)^3}\int_{p<k_{\mathrm{F}},|\boldsymbol{p}+\boldsymbol{q}|<k_{\mathrm{F}}}\mathrm{d}^3p.$$

希望读者可以证明上述表达式在 $q=0$ 和 $q\neq 0$ 时都成立. 计算出积分, 可以得到

$$\begin{aligned}&S(\boldsymbol{q})=\frac{3q}{4k_{\mathrm{F}}}-\frac{q^3}{16k_{\mathrm{F}}^3}, &&\text{若 } q<2k_{\mathrm{F}},\\&S(\boldsymbol{q})=1, &&\text{若 } q\geqslant 2k_{\mathrm{F}}.\end{aligned} \tag{A.77}$$

读者应注意到 $T=0$ 时 $S(0)=0$ 的结果正是式 (5.33) 和式 (5.27) 所期望的.

参 考 文 献

[1] ABRAHAM, F. F. [1986]. Adv. Phys. **35**: 1.

[2] ABRAHAM, F. F., RUDGE, W. E., AUERBACH, D. J. and KOCH, S. W. [1984]. Phys. Lett. **52**: 445.

[3] ABRAHAM, F. F., RUDGE, W. E. and PLISCHKE, M. [1989]. Phys. Rev. Lett. **62**: 1757.

[4] ABRAHAM, F. F. and NELSON, D. R. [1990]. J. Phys. France **51**: 2653.

[5] ABRIKOSOV, A. A., GORKOV, L. P. and DZYALOSHINSKY, I. E. [1965]. *Quantum Field Theoretical Methods in Statistical Physics.* London: Pergamon Press.

[6] ADLER, S. L. [1962]. Phys. Rev. **126**: 413.

[7] AHARONY, A. [1976]. In *Phase Transitions and Critical Phenomena*, Vol. 6, eds. C. Domb and M. S. Green. New York: Academic Press.

[8] AHARONY, A. [1986]. In *Directions in Condensed Matter Physics*, Vol. 1, eds. G. Grinstein and G. F. Mazenko. Singapore: World Scientific.

[9] ALBEN, R. [1972]. Amer. J. of Phys. **40**: 3.

[10] ALDER, B. J. and HECHT, C. E. [1969]. J. Chem. Phys. **50**: 2032.

[11] ALLEN, M. P. and TILDESLEY, D. J. [1987]. *Computer Simulation of Liquids.* Oxford: Oxford University Press.

[12] ALS-NIELSEN, J. [1985]. Z. Phys. **B61**: 411.

[13] AMIT, D. J, GUTFREUND, H. and SOMPOLINSKY, H. [1985]. Phys. Rev. Lett. **55**: 1530.

[14] ANDERSON, M. H., ENSHER, J. H., MATTHEWS, J. R., WIEMAN, C. E. and CORNELL, E. A. [1995]. Science **298**: 198.

[15] ANDERSON, P. W. [1958]. Phys. Rev. **109**: 1492.

[16] ANDERSON, P. W. [1979]. In *Ill Condensed Matter*, eds. R. Balian, R. Maynard, and G Toulouse. Amsterdam: North-Holland.

[17] ANDERSON, P. W. [1984]. *Basic Notions in Condensed Matter Physics.* Menlo Park, Calif.: Benjamin-Cummings.

[18] ANDERSON, P. W., HALPERIN, B. E. and VARMA, C. M. [1971]. Philos. Mag. **25**: 1.

[19] ANDRONIKASHVILI, E. L. and MAMALADZE, YU. G. [1966]. Rev. Mod. Phys. **3**: 567.

[20] ANIFRANI, J.-C, LE FLOC'H, C., SORNETTE, D. and SUILLARD B. [1995]. J. Phys. I (France) **5**: 631-8.

[21] ASHCROFT, N. and MERMIN, N. D. [1976]. *Solid State Physics.* New York: Holt, Rinehart and Winston.

[22] BAKER, G. A., NICKEL, B. G. and MEIRON, D. I. [1976]. Phys. Rev. Lett. **36**: 1351.

[23] BALESCU, R. [1975]. *Equilibrium and Nonequilibrium Statistical Mechanics.* New York: Wiley.

[24] BARBER, M. N. [1983]. In *Phase Transitions and Critical Phenomena*, Volume 8. eds. C. Domb and J. L. Lebowitz. New York: Academic Press.

[25] BARDEEN, J., COOPER, L. N. and SCHRIEFFER, J. R. [1957]. Phys. Rev. **108**: 1175.

[26] BARKER, J. A. and HENDERSON, D. [1967]. J. Chem. Phys. **43**: 4714.

[27] BARKER, J. A. and HENDERSON, D. [1971]. Mol. Phys. **21**: 187.

[28] BARKER, J. A. and HENDERSON, D. [1976]. Rev. Mod. Phys. **48**: 587.

[29] BAXTER, R. J. [1973]. J. Phys. **C6**: L445.

[30] BAXTER, R. J. [1982]. *Exactly Solved Models in Statistical Mechanics.* New York: Academic Press.

[31] BEAGLEHOLE, D. [1979]. Phys. Rev. Lett. **43**: 2016.

[32] BEDNORZ, J. G. and MÜLLER, K. A. [1986]. Z. Phys. B Condensed Matter, **64**: 189.

[33] BERETTA, E., Y. TAKEUCHI, Y. [1995]. J. Math. Biol. **33**: 250.

[34] BERRY, M. V. [1981]. Ann. Phys. **131**: 163.

[35] BETHE, H. [1935]. Proc. R. Soc. London **A150**: 552.

[36] BETTS, D. D. [1974]. In *Phase Transitions and Critical Phenomena*, Vol. 3, eds. C. Domb and M. S. Green. New York: Academic Press.

[37] BIJL, A. [1940]. Physica **7**: 860.

[38] BINDER, K. [1986]. *Monte Carlo Methods in Statistical Mechanics*, 2nd ed. Berlin: Springer-Verlag.

[39] BINDER, K. and STAUFFER, D. [1984]. In *Applications of the Monte Carlo Method in Statistical Physics*, ed. K. Binder. Berlin: Springer-Verlag.

[40] BINDER, K. and YOUNG, A. P. [1986]. Rev. Mod. Phys. **58**: 801.

[41] BINDER, K. and HEERMANN, D. W. [1988]. *Monte Carlo Simulation in Statistical Physics.* Berlin: Springer Verlag.

[42] BINDER, K. [1984]. In *Finite Size Scaling and Numerical Simulation of Statistical Systems*, ed. V. Privman. Singapore: World Scientific.

[43] BISHOP, D. J. and REPPY, J. D. [1978]. Phys. Rev. Lett. **40**: 1727.

[44] BLÖTE, H. W. J. and SWENDSEN, R. H. [1979]. Phys. Rev. **B20**: 2077.

[45] BLUME, H., EMERY, V. J. and GRIFFITHS, R. B. [1971]. Phys. Rev. **A4**: 1071.

[46] BOAL, D. and RAO, M. [1992]. Phys. Rev. **A45**: R6947.

[47] BOAL, D. [2002]. *Mechanics of the Cell.* Cambridge: Cambridge University Press.

[48] BOGOLIUBOV, N. N. [1947]. J. Phys. USSR **11**: 23.

[49] BORTZ, A. B., KALOS M. H. and LEBOWITZ, J. L. [1975]. J. Comput. Phys., **17**: 10.

[50] BOUCHAUD, J.-P. and GEORGES, A. [1990]. Physics Reports **195**: 127—293.

[51] BRADLEY, C. C., SACKETT, C. C. and HULET, R. G. [1997]. Phys. Rev. Lett. **78**: 985.

[52] BREZIN, E., LE GUILLOU, J. C. and ZINN JUSTIN, J. [1976]. In *Phase Transitions and Critical Phenomena*, Vol. 6, eds. C. Domb and M. S. Green. New York: Academic Press.

[53] CAHN, J. W. and HILLIARD, J. E. [1958]. J. Chem. Phys. **28**: 258.

[54] CALLAWAY, J. [1991]. *Quantum Theory of the Solid State*, 2nd ed. New York: Academic Press.

[55] CALLEN, H. B. [1985]. *Thermodynamics and an Introduction to Thermostatistics*, 2nd ed. New York: Wiley.

[56] CAMP, W. J. and VAN DYKE, J. P. [1976]. J. Phys. **A9**: L73.

[57] CANELLA, V. and MYDOSH, J. A. [1972]. Phys. Rev. **B6**: 4220.

[58] CARDY, J. [1996]. *Scaling and Renormalization in Statistical Physics*, Cambridge: Cambridge University Press.

[59] CHANDRASEKHAR, S. [1992]. *Liquid Crystals.* Cambridge: Cambridge University Press.

[60] CHAPELA, G., SAVILLE, C., THOMPSON, S. M. and ROWLINSON, J. S. [1977]. J. Chem. Soc. Faraday Trans. 2 **73**: 1133.

[61] CHOU, T. and LOHSE, D. [1999]. Phys. Rev. Lett. **82**: 3552.

[62] CONIGLIO, A. [1981]. Phys. Rev. Lett. **46**: 250.

[63] COOPER, L. N. [1956]. Phys. Rev. **104**: 1189.

[64] COWLEY, R. A. and WOODS, A. D. B. [1971]. Can. J. Phys. **49**: 177.

[65] CREUTZ, M. [1983]. Phys. Rev. Lett. **50**: 1411.

[66] CRISTOPH, M. and HOFFMANN, K. H. [1993]. J. Phys. A: Math. Gen. **26**: 3267.

[67] DAMASCELLI, A., HUSSAIN, Z. and SHEN, Z.-X. [2003] Rev. Mod. Phys. **75**: 473.

[68] DAVIS, K. B., MEWES, M.-O., ANDREWS, M. R., van DRUTEN, N. J., DURFEE, D. S., KURN, D. M. and KETTERLE, W. [1995]. Phys. Rev. Lett. **75**: 3969.

[69] DE GENNES, P. G. [1963]. Solid State Commun. **1**: 132.

[70] DE GENNES, P. G. [1976]. J. Phys. Paris Lett. **37**: L1.

[71] DE GENNES, P. G. [1993] and PROST, J. *The Physics of Liquid Crystals*, 2nd ed. Oxford: Clarendon.

[72] DE GENNES, P. G. [1989]. *Superconductivity of Metals and Alloys*, Redwood City: Addison Wesley.

[73] DE GENNES, P. G. [1979]. *Scaling Concepts in Polymer Physics.* Ithaca: Cornell University Press.

[74] DE GENNES, P. G. and TAUPIN, C. [1982]. J. Phys. Chem. **86**: 2294.

[75] DES CLOISEAUX, G. and JANNINK, J. F. [1990]. *Polymers in Solution: Their Modelling and Structure*, Oxford: Clarendon Press.

[76] DOI, M. and EDWARDS, S. F. [1986]. *The Theory of Polymer Dynamics.* Oxford: Clarendon.

[77] DOLGOV, O. V, KIRZHNITZ, D. A. and MAKSIMOV, E. G. [1981]. Rev. Mod. Phys. **53**: 81.

[78] DOMB, C. [1974]. In *Phase Transitions and Critical Phenomena.* Vol. 3, eds. C. Domb and M. S. Green. New York: Academic Press.

[79] DOMB, C. and HUNTER, D. L. [1965]. Proc. Phys. Soc. **86**: 1147.

[80] DUNN, A. G., ESSAM, J. W. and RITCHIE, D. S. [1975]. J. Phys. **C8**: 4219.

[81] DURETT, R. [1999]. *Essentials of Stochastic Processes.* Berlin: Springer.

[82] DYSON, F. J. [1958]. Phys. Rev. **102**: 1217, 1230.

[83] EDWARDS, S. F. and ANDERSON, P. W. [1975]. J. Phys. **F5**: 965.

[84] ELLIOTT, R. J., KRUMHANSL, J. A. and LEATH, P. L. [1974]. Rev. Mod. Phys. **46**: 465.

[85] ESSAM, J. W. [1972]. In *Phase Transitions and Critical Phenomena*, Vol. 2, eds. C. Domb and M. S. Green. New York: Academic Press.

[86] EVANS, M. R., FOSTER, D. P., GODRÉCHE, C. and MUKAMEL D. [1995]. J. Stat. Phys. **80**: 69—103.

[87] EVANS, R. [1979]. Adv. Physics **28**: 143.

[88] EVANS, R. [1992]. In *Fundamentals of Inhomogeneous Fluids*, ed. D. Henderson. New York: Marcel Dekker.

[89] FARMER, J. D. [1990]. Physica D **42**: 153.

[90] FELLER, W. [1968]. *An Introduction to Probability Theory and its Applications*, 3rd ed. New York: Wiley.

[91] FENG, S. and SEN, P. N. [1984], Phys. Rev. Lett. **52**: 216.

[92] FERRENBERG, A. M. and SWENDSEN, R. H. [1989]. Computers in Physics, Sept/Oct p. 101.

[93] FETTER, A. L. and WALECKA, J. D. [1971]. *Quantum Theory of Many Particle Systems*. New York: McGraw-Hill.

[94] FEYNMAN, R. P. [1954]. Phys. Rev. **94**: 262.

[95] FISCHER, K. H. and HERTZ, J. A. [1991]. *Spin Glasses*. Cambridge University Press.

[96] FISHER, M. E. [1974]. Rev. Mod. Phys. **4**: 597.

[97] FISK, S. and WIDOM, B. [1968]. J. Chem. Phys. **50**: 3219.

[98] FLAPPER, D. P. and VERTOGEN, G. [1981]. Phys. Rev. **A24**: 2089.

[99] FLAPPER, D. P. and VERTOGEN, G. [1981]. J. Chem. Phys. **75**: 3599.

[100] FLORY, P. [1969]. *Statistical Mechanics of Chain Molecules*. New York: Wiley.

[101] FOWLER, R. H. and GUGGENHEIM, E. A. [1940]. Proc. R. Soc. London **A174**: 189.

[102] FREED, K. F. [1987]. *Renormalization Group Theory of Macromolecules*. New York: Wiley.

[103] FREEMAN, J. A. [1994]. *Simulating Neural Networks with Mathematica*. Reading: Addison Wesley.

[104] FRISKEN, B. J., BERGERSEN, B. and PALFFY-MUHORAY, P. [1987]. Mol. Cryst. Liq. Cryst. **148**: 45.

[105] FRÖHLICH, H. [1950]. Phys. Rev. **79**: 845.

[106] GAUNT, D. S. and GUTTMANN, A. J. [1974]. In *Phase Transitions and Critical Phenomena*, Vol. 3, eds. C. Domb and M. S. Green. New York: Academic Press.

[107] GELL-MANN, M. and BRUECKNER, K. [1957]. Phys. Rev. **139**: 407.

[108] GEMAN, S. and GEMAN, D. [1984]. IEEE PAMI **6**: 721.

[109] GILLESPIE, D. T.[2001]. J. Chem. Phys. **115**: 1716.

[110] GILLESPIE, D. T.[1976]. J. Comput. Phys. **22**: 403.

[111] GLENDENNING, P. and PERRY, L. P. [1997]. J. Math. Biol. **35**: 359.

[112] GLOSLI, J. and PLISCHKE, M. [1983]. Can. J. Phys. **61**: 1515.

[113] GOLDSTEIN, H. [1980]. *Classical Mechanics*, 2nd ed. Reading, Mass.: Addison-Wesley.

[114] GORISHNY, S. G., LARIN, S. A. and TKACHOV, F. V. [1984]. Phys. Lett. **A101**: 120.

[115] GOULD, H. and TOBOCHNIK, J. [1989]. Computers in Physics Jul/Aug p. 82.

[116] GREYTAK, T. J. and KLEPPNER, D. [1984]. In *New Trends in Atomic Physics*, Les Houcbes Summer School, 1982, eds. G. Greenberg and R. Stora. Amsterdam: North-Holland.

[117] GRIFFITHS, R. B. [1967]. Phys. Rcv. **158**: 176.

[118] GRIFFITHS, R. B. [1969]. Phys. Rev. Lett. **23**: 17.

[119] GRIFFITHS, R. B. [1970]. Phys. Rev. Lett. **24**: 1479.

[120] GRIFFITHS, R. B. and PEARCE, P. A. [1978]. Phys. Rev. Lett. **41**: 917.

[121] GRINSTEIN, G. [1974]. AIP Conf. Proc. **24**: 313.

[122] GUBERNATIS, J. E. and TAYLOR, P. L. [1973]. J. Phys. C **6**: 1889.

[123] GUGGENHEIM, E. A. [1965]. Mol. Phys. **9**: 199.

[124] GUGGENHEIM, E. A. [1967]. *Thermodynamics. An Advanced Treatment for Chemists and Physicists*, 5th ed. Amsterdam: North-Holland.

[125] HANSEN, J. P. and MCDONALD, I. R. [1986]. *Theory of Simple Liquids*, 2nd ed. London: Academic Press.

[126] HARRIS, A. B. [1974]. J. Phys. **C7**: L167.

[127] HARRIS, A. B., LUBENSKY, T. C., HOLCOMB, W. K. and DASGUPTA, C. [1975]. Phys. Rev. Lett. **35**: 327.

[128] HAYMET, A. D. J. [1992]. In *Fundamentals of Inhomogeneous Fluids*, ed. D. Henderson. New York: Marcel Dekker.

[129] HERTZ, J., KROGH A., PALMER, R. G. [1991]. *Introduction to the theory of neural computation*, Redwood City: Addison Wesley, Lecture notes Volume I Sanna Fe Institute.

[130] HICKS, C. P. and YOUNG, C. L. [1977]. J. Chem. Soc. Faraday Trans. 2 **73**: 597.

[131] HIRSCHFELDER, J. O., CURTISS, C. F. and BIRD, R. B. [1954]. *Molecular Theory of Gases and Liquids*, New York: Wiley.

[132] HO, J. T. and LITSTER, J. D. [1969]. Phys. Rev. Lett. **22**: 603.

[133] HOHENERG, P. C. [1967]. Phys. Rev. **158**: 383.

[134] HOPFIELD, J. J. [1982]. Proc. Natl. Acad. Sci (USA) **79**: 2554.

[135] HOUTAPPEL, R. M. F. [1950]. Physica **1**: 425.

[136] HUANG, K. [1987]. *Statistical Mechanics*, 2nd ed. New York: Wiley.

[137] HUSIMI, K. and SYOZI, I. [1950]. Prog. Theor. Phys. **5**: 177, 341.

[138] IMRY, Y. and MA, S. K. [1975]. Phys. Rev. Lett. **35**: 1399.

[139] ISHII, K. [1973]. Prog. Theor. Phys. Suppl. **53**: 77.

[140] JACKLE, J. [1986]. Rep. Prog. Phys. **49**: 171.

[141] JASNOW, D. and WORTIS, M. [1968]. Phys. Rev. **176**: 739.

[142] JAYNES, E. T. [1957]. Phys. Rev. **106**: 620.

[143] JOHANSEN, A., SORNETTE, D., WAKITA, H., TSUNOGAI, U., NEUMAN, W. I. and SALEUR, H. [1996], J. de Physique I **6**: 1391.

[144] JOSE, J. V., KADANOFF, L. P., KIRKPATRICK, S. and NELSON, D. R. [1977]. Phys. Rev. **B16**: 1217.

[145] KADANOFF, L. P. [1971]. In *Proceedings of 1970 Varenna Summer School on Critical Phenomena*, ed. M. S. Green. New York: Academic Press.

[146] KADANOFF, L. P., GOTZE, W., HAMBLEN, D., HECHT, R., LEWIS, E. A. S., PALCIAUKAS, V. V., RAYL, M., SWIFT, J., ASPNES, D. and KANE, J. [1967]. Rev. Mod. Phys. **39**: 395.

[147] KAMAL, S., BONN, D. A., GOLDENFELD, N., HITSCHFELD, P. I., LIANG, R. and HARDY, W. N. [1993]. Phys. Rev. Lett. **73**: 1845.

[148] KANTOR, Y., KARDAR, M. and NELSON, D. R. [1986], [1987]. Phys. Rev. Lett. **57**: 791; Phys. Rev A **35**: 3056.

[149] KANTOR, Y. and NELSON, D. R. [1987]. Phys. Rev. Lett. **58**: 2774; Phys. Rev. A **36**: 4020.

[150] KASTELEYN, P. W. and FORTUIN, C. M. [1969]. J. Phys. Soc. Japan Suppl. **16**: 11.

[151] KIMURA, M. [1955]. Proc. National Acad. Sc. **41**: 145.

[152] KIRKPATRICK, S. and SHERRINGTON, D. [1978]. Phys. Rev. B **17**: 4384.

[153] KIRKPATRICK, S. [1979]. In *Ill Condensed Matter*, eds. R. Balian, R. Maynard and G. Toulouse. Amsterdam: North Holland.

[154] KIRKPATRICK, S., GELATT, C. D. and VECCHI, M. P. [1983]. Science **220**: 671.

[155] KIRZHNITZ, D. A. [1976]. Usp. Fiz. Nauk **119**: 357 (Engl, transl. Sov. Phys. Usp.) **19**: 530.

[156] KITTEL, C. [1986]. *Introduction to Solid State Physics*, 6th Ed. New York: Wiley.

[157] KLEIN, M. J. [1990], Physics Today, September issue p. 40.

[158] KOSTERLITZ, J. M. and THOULESS, D. J. [1973]. J. Phys. **C6**: 1181.

[159] KROLL, D. M. and GOMPPER, G. [1992]. Science **255**: 968.

[160] KUBO, R. [1957]. J. Phys. Soc. Japan **12**: 570.

[161] KUBO, R., ICHIMURA, H., USUL, T. and HASHIZUME, N. [1965]. *Statistical Mechanics, An Advanced Course*. Amsterdam: North Holland.

[162] KUZNETETSOV, Yu. A., and PICCARDI, C. [1994], J. Math. Biol. **32**: 109—121 (1994).

[163] LANDAU, L. D. [1941], J. Phys. USSR **5**: 71.

[164] LANDAU, L. D. [1947]. J. Phys. USSR **11**: 91.

[165] LANDAU, L. D. and LIFSHITZ, E. M. [1980]. *Statistical Physics*, parts 1 and 2. Oxford: Pergamon Press.

[166] LAST, B. J. and THOULESS, D. J. [1973]. J. Phys. **C7**: 715.

[167] LAWRIE, I. D. and SARBACH, S. [1984]. In *Phase Transitions and Critical Phenomena*, Vol. 9, eds. C. Domb and J. L. Lebowitz. New York: Academic Press.

[168] LEBOWITZ, J. L. and LIEB, E. H. [1969]. Phys. Rev. Lett. **22**: 631.

[169] LEBOWITZ, J. L., PERCUS, J. K. and VERLET, L. [1967]. Phys. Rev. **153**: 250.

[170] LEE, J. and KOSTERLITZ, J. M. [1991]. Phys. Rev. **B43**: 3265.

[171] LE DOUSSAL, P. and RADZIHOVSKY, L. [1992]. Phys. Rev. Lett. **69**: 1209.

[172] LIEB, E. H. [1976]. Rev. Mod. Phys. **48**: 553.

[173] LE GUILLOU, J. C. and ZINN-JUSTIN, J. [1987]. J. Phys. Paris. **48**: 19.

[174] LEE, P. A. and RAMAKRISHNAN, T. V. [1985]. Rev. Mod. Phys. **57**: 287.

[175] LEIBLER, S. [1989]. In *Statistical Mechanics of Membranes and Surfaces*, eds. D. Nelson, T. Piran and S. Weinberg. Singapore: World Scientific, p. 46.

[176] LICCIARDELLO, D. C. and THOULESS, D. J. [1975]. J. Phys. **C8**: 4157.

[177] LIFSHITZ, I. M. [1964]. Adv. Phys. **13**: 483.

[178] LIPOWSKY, R. and GIRARDET, M. [1990]. Phys. Rev. Lett. **65**: 2893.

[179] LONGUET-HIGGINS, H. C. and WIDOM, B. [1965]. Molecular Physics. **8**: 549.

[180] LUBENSKY, T. [1979]. In *Ill Condensed Matter*, eds. R. Balian, R. Maynard and G. Toulouse. Amsterdam: North-Holland.

[181] LUDWIG, D., JONES, D. D. and HOLLING, C. S. [1978]. J. Animal Ecology **47**: 315.

[182] MA, S.-K. [1976a]. *Modern Theory of Critical Phenomena.* New York: Benjamin.

[183] MA, S.-K. [1976b]. Phys. Rev. Lett. **37**: 461.

[184] MA, S.-K. [1985]. *Statistical Mechanics.* Singapore: World Scientific.

[185] MAHAN, G. D. [1990]. *Many Particle Physics*, 2nd ed. New York: Plenum.

[186] MAIER, W. and SAUPE, A. [1959]. Z. Naturforsch. **A14**: 882.

[187] MAIER, W. and SAUPE, A. [I960]. Z. Naturforsch. **A15**: 287.

[188] MAITLAND, G. C., RIGBY, M., SMITH, E. B. and WAKEHAM, W. A. [1981]. *Intermolecular Forces, Their Origin and Determination.* Oxford: Clarendon Press.

[189] MANDELBROT, B. B. [1982]. *The Fractal Geometry of Nature.* San Francisco: W. H. Freeman.

[190] MANDELBROT, B. B. [1997]. *Fractals and Scaling in Finance; Discontinuity, Concentration, Risk*, Berlin: Springer.

[191] MATSUBARA, T. and YONEZAWA, F. [1967]. Prog. Theor. Phys. **37**: 1346.

[192] MATSUDA, H. and ISHII, K. [1970]. Prog. Theor. Phys. Suppl. **45**: 56.

[193] MATTIS, D. C. [1976]. Phys. Lett. **A56**: 421.

[194] MATTIS, D. C. [1981]. *The Theory of Magnetism 1.* Berlin: Springer-Verlag.

[195] MAYER, J. E. and MAYER, M. G. [1940]. *Statistical Mechanics.* New York: Wiley.

[196] MAZO, R. M. [1975] The J. Chem. Phys. **62**: 4244.

[197] McCOY, B. [1972]. In *Phase Transitions and Critical Phenomena*, Vol. 2, eds. C. Domb and M. S. Green. New York: Academic Press.

[198] McCOY, B. and WU, T. T. [1973]. *The Two-Dimensional Ising Model.* Cambridge, Mass: Harvard University Press.

[199] McCULLOCH, W. S. and PITTS, W. [1943]. Bull. Math. Biophys. **5**: 115.

[200] MCKENZIE, S. [1975]. J. Phys. **A8**: L102.

[201] MCNELLY, T. B., ROGERS, S. B., CHANNIN, D. J., ROLLEFSON, R. J., GOUBAU, W. M., SCHMIDT, G. E., KRUMHANSL, J. A. and POHL, R. O. [1970]. Phys. Rev. Lett. **24**: 100.

[202] MERMIN, N. D. [1968]. Phys. Rev. **176**: 250.

[203] MERMIN, N. D. and WAGNER, H. [1966]. Phys. Rev. Lett. **17**: 1133.

[204] MEZARD, M., PARISI, G. and VIRASORO, M. A. [1987]. *Spin Glass Theory and Beyond.* Singapore: World Scientific.

[205] MILNER, P. M. [1993]. Scientific Amer. January p. 124.

[206] MIROWSKI, P. [1989]. *More heat than ligh: Economics as Social Physics, Physics as Nature's Economics*, Cambridge: Cambridge University Press.

[207] MONTROLL, E. W. and WEST, B. J.[1987]. *On an Enriched Collection of Stochastic Processes*, Chapter 2 in E. W. Montroll and J. L. Lebowitz eds., *Fluctuation Phenomena*, Amsterdam: North Holland.

[208] MOTT, N. E. [1967]. Adv. Phys. **16**: 49.

[209] MÜLLER, B. and REINHARDT, J. [1990]. *Neural Networks, An Introduction.* Springer Verlag: Berlin.

[210] MURRAY, J. D. [1993]. *Mathematical Biology*, Springer Biomathematics texts **19** 2nd ed (1993).

[211] MURRAY, C. A. and VAN WINKLE, D. H. [1987]. Phys. Rev. Lett. **58**: 1200.

[212] NAUENBERG, M. and NIENHUIS, B. [1974]. Phys. Rev. Lett. **33**: 944.

[213] NELSON, D. R. [1983]. In *Phase Transitions and Critical Phenomena*, Vol. 7, eds. C Domb and J. L. Lebowitz. New York: Academic Press.

[214] NELSON, D. R. and HALPERIN, B. I. [1979]. Phys. Rev. **B19**: 2457.

[215] NEWMAN, M. E. J. [2002]. Phys. Rev. **E 64**: 016128.

[216] NICKEL, B. G. [1982]. In *Phase Transitions*, Cargese 1980, eds. M. Levy, J.-C. Le Gouillou and J. Zinn-Justin. New York: Plenum, p. 291.

[217] NIEMEIJER, T. H. and VAN LEEUWEN, J. M. J. [1976]. In *Phase Transitions and Critical Phenomena*, Vol. 6, eds. C. Domb and M. S. Green. New York: Academic Press.

[218] NIGHTINGALE, M. P. [1976]. Physica **83A**, 561.

[219] NODA, I., KATO, N., KITANO, T. and NAGASAWA, M. [1981]. Macromolecules **14**: 668.

[220] ONSAGER, L. [1931]. Phys. Rev. **37**: 405; **38**: 2265.

[221] ONSAGER, L. [1936]. J. Am. Chem. Soc. **58**: 1486.

[222] ONSAGER, L. [1944]. Phys. Rev. **65**: 117.

[223] ONSAGER, L. [1949]. Nuovo Cimento Suppl. **2**: 249.

[224] OONO, Y. [1985]. Adv. Chem. Phys. **61**: 301.

[225] OPECHOWSKI, W. [1937]. Physica **4**: 181.

[226] OSBORNE, D. V. [1950]. Proc. Phys. Soc. London **A63**: 909.

[227] PALFFY-MUHORAY, P., BARRIE, R., BERGERSEN, B., CARVALHO I. and FREEMAN M. [1984]. J. Stat. Phys. **35**: 119.

[228] PALFFY-MUHORAY, P. and BERGERSEN, B. [1987]. Phys. Rev. **A35**: 2704.

[229] PALFFY-MUHORAY, P. and DUNMUR, D. A. [1983]. Mol. Cryst. Liq. Cryst. **97**: 337.

[230] PARISI, G. [1986]. J. Phys. A: Math. Gen. **19**: L675.

[231] PARR, R. G. and YANG, W. [1989]. *Density-Functional Theory of Atoms and Molecules*. Oxford: Clarendon Press.

[232] PASTOR-SATORRAS, R. and VESPIGNANI, A. [2001]. Phys. Rev. **E 63**: 066117.

[233] PASTOR-SATORRAS, R. and VESPIGNANI, A. [2004]. *Evolution and Structure of the Internet; a Statistical Physics Approach*. Cambridge: Cambridge University Press.

[234] PATHRIA, R. K. [1983]. Can. J. Phys. **61**: 228.

[235] PATHRIA, R. K. [1972]. *Statistical Mechanics*. New York: Pergamon Press.

[236] PAWLEY, G. S., SWENDSEN, R. H., WALLACE, D. J. and WILSON, K. G. [1984]. Phys. Rev. **B29**: 4030.

[237] PEIERLS, R. E. [1936]. Proc. Cambridge Philos. Soc. **32**: 477.

[238] PELITI, L. and LEIBLER, S. [1985]. Phys. Rev. Lett. **54**: 1690.

[239] PENROSE, O. [1951]. Philos. Mag. **42**: 1373.

[240] PENROSE, O. and ONSAGER, L. [1956]. Phys. Rev. **104**: 576.

[241] PETHIC, C. and SMITH, H. [2002]. *Bose Condensation in Dilute Gases.* Cambridge: Cambridge University Press.

[242] PFEUTY, P. and TOULOUSE, G. [1977]. *Introduction to the Renormalization Group and to Critical Phenomena.* London: Wiley.

[243] PINES, D. and NOZIÈRES, P. [1966]. *The Theory of Quantum Liquids.* New York: Benjamin.

[244] PLISCHKE, M. and BOAL, D. [1989]. Phys. Rev. **A38**: 4943.

[245] PLISCHKE, M., HENDERSON, D. and SHARMA, S. R. [1985]. In *Physics and Chemistry of Disordered Systems*, eds. D. Adler, H. Fritsche, and S. R. Ovshinsky. New York: Plenum.

[246] PLISCHKE, M. and JOÓS, B., Phys. Rev. Lett. **80**: 4907.

[247] PLISCHKE, M., VERNON, D. C., JOÓS, B. and ZHOU, Z. [1999]. Phys. Rev. **E 60**: 3129.

[248] POTTS, R. B. [1952]. Proc. Cambridge Philos. Soc. **48**: 106.

[249] PRESS, W. H., TEUKOLSKY, S. A., VETTERLING, W. T. and FLANNERY, B. P. [1992]. *Numerical Recipes*, 2nd ed. Cambridge: Cambridge University Press.

[250] PRIEST, R. G. and LUBENSKY, T. C. [1976]. Phys. Rev. **B13**: 4159.

[251] PRIESTLEY, E. B., WOITOWICZ, P. J. and SHENG, P. [1974]. *Introduction to Liquid Crystals.* New York: Plenum.

[252] RASETTI, M. [1986]. *Modern Methods in Statistical Mechanics.* Singapore: World Scientific.

[253] REDNER, S. [2001]. *A Guide to First-Passage Processes.* Cambridge: Cambridge University Press.

[254] REICHL, L. [1998]. *A Modern Course in Statistical Physics.* Second Ed. New York: Wiley.

[255] RILEY, K. F., HOBSON, M. P. and BENCE, S. J. [2002]. *Mathematical methods for physics and engineering*, second edition. Cambridge: Cambridge University Press.

[256] RISKEN, H. [1996] *The Fokker-Planck Equation.* Berlin: Springer, 2nd e. 3rd printing.

[257] RØNNOW, H. M., PARTHASARATHY, R., JENSEN, J., AEPPLI, G., ROSENBAUM, T. F. and McMORROW, D. F. [2005]. Science **308**: 389.

[258] ROWLINSON, J. S. and W1DOM, B. [1982]. *Molecular Theory of Capillarity.* Oxford: Clarendon Press.

[259] RUBINSTEIN, R. and COLBY, R. R. [2003]. *Polymer Physics.* Oxford: Oxford University Press.

[260] RUDNICK, I. [1978]. Phys. Rev. Lett. **40**: 1454.

[261] RUSHBROOKE, G. S. [1963]. J. Chem. Phys. **39**: 842.

[262] SACHDEV, S. [1999]. *Quantum Phase Transitions.* Cambridge: Cambridge University Press.

[263] SAHIMI, M. [1994]. *Applications of Percolation Theory.* London: Taylor and Francis.

[264] SAITO, Y. and MULLER-KRUMBHAAR, H. [1984]. *In Applications of the Monte Carlo Method in Statistical Physics*, ed. K. Binder. Berlin: Springer-Verlag.

[265] SALEUR, H., SAMMIS, C. G., SORNETTE, D. [1996]. J. Geophys. Res., **101**: 17661-77.

[266] SHERRINGTON, D. and KIRKPATRICK, S. [1975]. Phys. Rev. Lett. **35**: 104.

[267] SCHICK, M, WALKER, J. S. and WORTIS, M. [1977]. Phys. Rev. **B16**: 2205.

[268] SCHMIDT, C. F., SVOBODA, K., LEI, N., PETSCHE, I. B., BERMAN, L. E., SAFINYA, C. R. and GREST, G. S. [1993]. Science **259**: 952.

[269] SCHRIEFFER, J. R. [1964]. *Superconductivity.* New York: Benjamin.

[270] SCHULTZ, T., MATTIS, D. and LIEB, E. [1964]. Rev. Mod. Phys. **36**: 856.

[271] SHANNON, C. E. [1948]. Bell Syst. Tech. J. **27**: 379, 623. (Reprinted in *The Mathematical Theory of Communication.* Urbana: University of Illinois Press.)

[272] SHARIPOV, F. [1996]. J. Vac. Sci. Technol. **A20**: 814.

[273] SILVERA, I. F. and WALRAVEN, J. T. M. [1986]. In *Progress in Low Temperature Physics*, Vol. 10, ed. D. Brewer. Amsterdam: North-Holland.

[274] SINAI, IA. [1966]. In *Statistical Mechanics, Foundations and Applications*, ed. T. Bak. IUPAP meeting, Copenhagen, 1966.

[275] SINAI, IA. [1970]. Russ. Math. Surv. **25**: 137.

[276] SKAL, A. S. and SHKLOVSKII, B. I. [1975]. Sov. Phys. Semicond. **8**: 1029.

[277] SMITH, E. and FOLEY, D. K. [2002]. *Is utility theory so different from thermodynamics?*, Santa Fe Working Paper SFI no. 02-04-016.

[278] SORNETTE, D. [1998]. Phys. Rep. **297**: 239.

[279] SORNETTE, D. [2003]. *Why Stock Markets Crash: critical Events in Complex Financial Systems.* Princeton: Princeton University Press.

[280] SOVEN, P. [1967]. Phys. Rev. **156**: 809.

[281] STANLEY, H. E. [1969]. Phys. Rev. **179**: 501.

[282] STANLEY, H. E. [1971]. *Introduction to Phase Transitions and Critical Phenomena.* Oxford: Oxford University Press.

[283] STANLEY, H. E. [1974]. In *Phase Transitions and Critical Phenomena*, Vol. 3, eds. C Domb and M. S. Green. New York: Academic Press.

[284] STANLEY, H. E. and OSTROWSKY, N., eds. [1985]. *On Growth and Form.* Hingham, Mass.: Martinus Nijhoff.

[285] STANLEY, H. E., REYNOLDS, P. J., REDNER, S. and FAMILY, F. [1982]. In *Real Space Renormalization*, eds. T. W. Burkhardt and J. M. J. van Leeuwen. Berlin: Springer-Verlag.

[286] STAUFFER, D. [1979]. Phys. Rep. **54**: 1.

[287] STAUFFER, D. and AHARONY, A. [1992]. *Introduction to Percolation Theory.* 2nd ed. London: Taylor and Francis.

[288] STEPHENS, M. J. and STRALEY, J. P. [1974]. Rev. Mod. Phys. **46**: 617.

[289] STIEFVATER, T., MÜLLER, K-R. and KÜHN, R. [1996]. Physica **A 232**: 61.

[290] STINCHCOMBE, R. B. [1983]. *In Phase Transitions and Critical Phenomena*, Vol. 7, eds. C. Domb and J. L. Lebowitz. New York: Academic Press.

[291] STRALEY, J. P. [1974]. Phys. Rev. **A10**: 1881.

[292] SWENDSEN, R. H. [1979]. Phys. Rev. Lett. **42**: 461.

[293] SWENDSEN, R. H. [1984]. Phys. Rev. Lett. **52**: 1165.

[294] SWENDSEN, R. H. [1984]. J. Stat. Phys. **34**: 963.

[295] SWENDSEN, R. H. and KRINSKY, S. [1979]. Phys. Rev. Lett. **43**: 177.

[296] SUZUKI, M. [1976]. Prog. Theor. Phys. **56**: 1454.

[297] SUZUKI, M. [1985]. Phys. Rev. **B31**: 2957.

[298] SZU, H. and HARTLEY, R. [1987]. Phys. Lett. **122A**: 157.

[299] TEMPERLEY, H. N. V., ROWLINSON, J. S. and RUSHBROOKE, G. S. [1968]. *Physics of Simple Liquids.* Amsterdanr: North-Holland.

[300] THIELE, E. T. [1963]. J. Chem. Phys. **39**: 474.

[301] TIMUSK, T. and STATT, B. [1999]. Rep. Prog. Phys. **62**: 61.

[302] THOULESS, D. J. [1979]. In *Ill Condensed Matter*, eds. R Balian, R. Maynard and G. Toulouse. Amsterdam: North-Holland.

[303] TOBOCHNIK, J. and CHESTER, G. V. [1979]. Phys. Rev. **B20**: 3761.

[304] TODA, M., KUBO, R. and SAITO, N. [1983]. *Statistical Physics 1, Equilibrium Statistical Mechanics*, Springer Series in Solid-State Sciences, Vol. 30. Berlin: Springer-Verlag.

[305] TSALLIS, C. [1988]. J. Stat Phys. **52**: 479.

[306] TSUEI, C. C. and KIRTLEY, J. R. [2000]. Rev. Mod. Phys. **72**: 969.

[307] UHLENBECK, G. E. and FORD, G. W. [1963]. *Lectures in Statistical Mechanics*, Lectures in Applied Mathematics, Vol 1. Providence, R. I.: American Mathematical Society.

[308] VAN DER WAALS, J. D. [1893]. Verh. K. Wet. Amsterdam. (English translation in J. Stat. Phys. **20**: 197, 1979.)

[309] van KAMPEN, N. G. [1981]. *Stochastic processes in physics and chemistry*, North Holland.

[310] van KAMPEN, N. G. [1981]. J. Stat. Phys. **24**: 175.

[311] VASHISHTA, P. and SINGWI, K. S. [1972]. Phys. Rev. **B6**: 875.

[312] VELICKY, B., KIRKPATRICK, S. and EHRENREICH, H. [1968]. Phys. Rev. **175**: 747.

[313] VERLET, L. [1968]. Phys. Rev. **163**: 201.

[314] VINCENTINI-MISSONI, M. S. [1972]. *Phase Transitions and Critical Phenomena*, Vol. 2, eds. C. Domb and M. S. Green. New York: Academic Press.

[315] WAISMAN, E. and LEBOWITZ, J. [1970]. J. Chem. Phys. **52**: 4707.

[316] WAISMAN, E. and LEBOWITZ, J. [1972]. J. Chem. Phys. **56**: 3086, 3093.

[317] WALKER, L. R. and WALSTEDT, R. E. [1977]. Phys. Rev. Lett. **38**: 514.

[318] WANNIER, G. H. [1966]. *Statistical Physics.* New York: Wiley.

[319] WEEKS, J. D. and GILMER, G. H. [1979]. Adv. Chem. Phys. **40**: 157.

[320] WEGNER, F. J. [1973]. Phys. Rev. **B5**: 4529.

[321] WEN, X., GARLAND, C. W., HWA, T., KARDAR, M., KOKUFOTA, E., LI, Y., ORKISZ, M. and TANAKA, T. [1992]. Nature **355**: 426.

[322] WERTHEIM, M. S. [1963]. Phys. Rev. Lett. **10**: 321.

[323] WERTHEIM, M. S. [1971]. J. Chem. Phys. **55**: 4291.

[324] WIDOM, B. [1965]. J. Chem. Phys. **43**: 3898.

[325] WILSON, K. G. [1971]. Phys. Rev. **B4**: 3174, 3184.

[326] WILSON, K. G. and FISHER, M. E. [1972]. Phys. Rev. Lett. **28**: 240.

[327] WILSON, K. G. and KOGUT, J. [1974]. Phys. Rep. **12**: 75.

[328] WISER, N. [1963]. Phys. Rev. **129**: 62.

[329] WOJTOWICZ, P. J. and SHENG, P. [1974]. Phys. Lett. **A48**: 235.

[330] WU, F. Y. [1982]. Rev. Mod. Phys. **54**: 236.

[331] YANG, C. N. [1952], Phys. Rev. **85**: 809.

[332] YANG, C. N. [1962]. Rev. Mod. Phys. **34**: 694.

[333] ZASPEL, Z. E. [1990]. Amer. J. Phys. **58**: 992.

[334] ZIMAN, J. M. [1964]. *Principles of the Theory of Solids.* Oxford: Clarendon Press.

[335] ZIMAN, J. M. [1979]. *Models of Disorder.* Cambridge: Cambridge University Press.

索　引

(中英文条目后所列页码为书中边上所标原著页码)

I 类和 II 类超导体, 455

β 黄铜, 110, 113, 515

ϵ 展开, 279—295, 297, 409, 414

A

Alben 模型, 104

Ampère 定律, 19, 230

Anderson 局域化, 519—525

按内容访问存储器, 371

凹函数, 17, 27, 28

B

Bachelier-Wiener 过程, 324, 336

Bardeen Cooper Schrieffer (BCS) 理论, 226, 442—452

　　BCS 基态, 445—449

　　有限温度 BCS 理论, 449—452

BBGKY 级列方程, 157, 158

BEG 模型, 121, 123

Bethe 格子, 533

Bethe 近似, 71—76, 80, 101

BGY 方程, 158

Bloch 定理, 517

Bloch 函数, 498, 527

Blume-Emery-Griffith 模型, 121, 123

Bogoliubov 变换, 441, 450, 477

Bogoliubov 超流理论, 439—442

Bohm-Staver 速度, 489

Bohr-Sommerfeld 量子化, 33

Boltzmann-Shannon 熵, 50, 51

Boltzmann 常数, 50

Boltzmann 方程, 498—507

　　热导率, 503—507

　　热电效应, 503—507

　　直流电导率, 500—502

Boltzmann 统计, 45, 46

Born-Green-Yvon 方程, 158

Bose-Einstein 分布, 46

Bose-Einstein 积分, 422

Bose-Einstein 统计, 43

Bose 凝聚, 422—429

　　在任意维度下, 429

Bose 气体, 439—442, 475—477, 508

Bragg-Williams 近似, 67—71, 80, 82, 87, 127, 137

Brayton 循环, 26

Brillouin 区, 280—282, 526

Brown 动力学, 350, 353

Brown 粒子, 354

Brown 运动, 323—325, 345

Burger 矢量, 232

白矮星, 60

板状空间, 222, 223

半经典近似, 499

半经典量子化, 32, 33, 51, 499

半透膜, 402

半稀薄溶液, 403—405

保守分子动力学, 351

本构关系, 321
比热, 1, 14, 19, 25, 27, 28, 59, 75, 84, 200, 209, 211, 220, 356, 357, 365
　Bethe 近似, 101
　标度律, 221
　二维 Ising 模型, 184, 196, 197, 233, 234
　级数展开, 210
　临界指数, 76, 216
　三相临界点, 92
　一维 Ising 模型, 80
边缘标度场, 247
变分原理, 29
遍历假说, 31, 48, 54, 349
标度, 246—248, 284
　场, 245, 247, 289
　逾渗理论, 534—536
标度场, 132
标度定律, 183, 209—211, 214—223, 235
标度关系, 369
表面粗化, 171
表面张力, 163—165, 168, 169
表面张力波, 163, 169, 415
玻璃, 551—558
捕食者-猎物间的相互作用, 305
不动点, 237, 240—248, 251, 252, 263, 278, 290
　Gauss 模型, 287, 290
　n 矢量, 300
　XY 模型, 300
　无序, 548
不可逆过程, 4, 5, 7, 8
不确定态, 331

C

Carnot 循环, 5—8, 24
Cauchy 分布, 378
Chapman-Kolmogorov 方程, 311
Clausius-Clapeyron 等式, 23, 426
Clausius 第二定律表述, 5, 6
Cooper 对问题, 443, 444
Coulomb 排斥, 60
Coulomb 气体, 161
　二维, 231
Curie 常数, 3
Curie 定律, 3, 25
产生算符, 465, 572—574
长程相互作用, 291, 386, 393
场算符, 575
超标度, 217, 218, 548
超导电性, 100, 168, 226, 228, 442—456, 490
　BCS 理论, 445—452
　Cooper 对问题, 443, 444
　Landau-Ginzburg 理论, 453—456
　临界涨落, 98
超导里的弱耦合近似, 452
超导体的能隙, 445—452
超几何方程, 330
超扩散, 333
超离子导体, 134
超流膜, 228
超流体的临界速度, 432
超流性, 100, 430—442, 458, 459
　元激发, 430—432, 439—442
超漏, 436
超网链近似, 160, 161
成本函数, 376, 377
承载容量, 129
弛豫时间, 368
　各向异性的, 501
弛豫时间近似, 499, 504, 510
持续长度, 385, 386, 405, 416, 417
重整化流, 240, 241, 244, 246, 251, 252, 264, 290
重整化群, 237—300, 395, 417, 548, 550
　ϵ 展开, 279—292, 297—300

Migdal-Kadanoff 方法, 296, 297
Monte Carlo 重整化, 272—275
标度和普适性, 246—248
不动点, 240, 242—248
动量空间, 551
各向异性 n 矢量模型, 297—300
累积量近似, 258—266, 295
实空间, 538
唯象的, 275—279
位置空间, 551
一维 Ising 模型, 238—242, 295
有限格点方法, 267, 268
畴, 548
畴壁, 70, 101
出生速率, 307
传播子, 468
磁波子, 477—480, 509
磁场, 2, 65
Onsager 关系, 494
磁导率, 19, 20
磁感应强度, 230
磁化, 2, 18, 21, 65
磁介质做功, 18, 20
次近邻相互作用, 243, 247
粗粒化, 498
淬火无序, 515, 543—546, 557, 559
存储模式, 372, 373
存活概率, 309, 312

D

Debye 屏蔽, 507
Debye 温度, 506
Drude 模型, 485
单体算符, 577
倒逆 (项), 475
倒易格子, 475
等级组织, 257, 258
等离子体, 480—485, 508
等离子体频率, 485
等面积构造, 126, 127
等容过程, 4
等位基因, 305, 330
等温磁化率, 211
Jordan-Wigner 变换, 188, 199
等温过程, 4, 5, 10, 14
等温线
van der Waals, 125
等温压缩率, 27, 42, 156
等压过程, 4
低温展开, 206, 209, 211
地震, 258
递归关系, 242—244, 246, 248, 250, 253, 263, 266, 273, 275, 282, 288, 290, 292, 296, 299
递归级数, 257
第二声, 438, 439
第一积分, 30
点与线组成的图形, 550
电导率, 490—492, 500—502, 533, 541
温度依赖性, 514
电动场, 504
电解质, 161
电偶极矩, 56
电容率, 230
电子气, 480—487
Thomas-Fermi 近似, 483, 507, 508
配对, 442—449
屏蔽, 480—485, 507, 508
电子态
无序合金, 515—530, 565—567
一维, 565
叠加近似, 158
动力学系数, 493—498
动量空间重整化群, 551
动态结构因子, 465—472

Heisenberg 铁磁体, 477—480
电子气, 480—487
理想 Bose 气体, 508
相互作用 Bose 气体, 475—477
堆, 362
对称性破缺, 104, 290, 291
对称性破缺, 66, 83
在 BCS 理论中, 448
对初始条件的敏感性, 31, 353
对连通, 534, 536
对势, 114, 124, 144, 161, 350
对数周期振荡, 257, 258
对应态, 126—128
多数规则, 260, 266—268, 273
多相共存, 20—23, 80, 92, 105, 125—127, 129, 137
多元序参量, 64, 100

E

Edwards-Anderson 序参量, 558
Edwards 模型, 394, 395, 413
Einstein 关系, 325
Einstein 简谐振子, 59
Euler 求和公式, 59
二叉树, 362
二次量子化, 188, 569
二级相变, 68, 87, 95, 104, 120, 364
二聚化, 105
二维固体的熔化, 231—233
二元合金, 110, 516, 530

F

Faraday 定律, 19
Fermi-Dirac 统计, 43
Fermi 黄金定则, 305
Fermi 能, 45
Feynman 图方法, 290
Fick 定律, 130, 493
Flory-Huggins 参数, 401
Flory-Huggins 理论, 400, 403
Flory 理论, 391, 395, 403, 409, 410, 418
Fokker-Planck 方程, 313—347
Fourier 变换, 333
Friedel 振荡, 484
f 求和规则, 471, 472, 508
发射, 467
反常扩散, 333
反对易子, 573
反射边界条件, 325
反式位形, 384
反转温度, 182
返回概率, 335
泛函
微分, 171—173, 176, 177
自由能, 174—179
非对角长程序, 428, 449
非晶材料, 551—565
非均匀扩散, 340—343
非均匀液体, 144, 163, 171, 178—180
非平衡现象, 492
分布函数, 116, 144, 152—154, 157—160, 162, 163, 181
单粒子, 498
分块对角矩阵, 358
分类系统, 371
分离变量, 330, 332
分形格子, 301
分形维度, 532, 533
分支过程, 309—313
分支聚合物, 418
分子动力学, 350—357, 379, 381
分子马达, 134
副本对称性, 375
副本对称性破缺, 565

副本方法, 544—546, 558—565

G

Gauss 不动点, 395
Gauss 分布, 369, 370, 379, 389
Gauss 过程, 324
Gauss 链, 383, 389—393, 395, 405, 419
Gauss 模型, 281—284, 286
Gauss 噪声, 353
Gegenbauer 多项式, 330
Gibbs-Duhem 方程, 1, 12, 22, 35, 41, 42, 58, 164, 436
Gibbs J.W., 5, 130
Gibbs 分界面, 165
Gibbs 势, 11, 13, 17, 18, 22, 28, 53, 54, 83, 94, 126
  对于磁性系统, 19
  对于理想气体, 60
Gibbs 相律, 1, 23
Gibbs 佯谬, 33, 43, 55
Ginzburg 判据, 64, 97, 98, 456
Goldstone 玻色子, 229
Green-Kubo 理论, 354, 357
Green 函数, 468, 527, 528
Griffiths 奇点, 546
概率分布, 48—52, 357, 361, 369, 389
  端点间距离, 388
概率流, 321, 322, 325, 326
刚性能带近似, 525
刚性逾渗, 540
杠杆定则, 114
高浓度溶液, 403, 405
高温超导体, 98
高温展开, 200, 202, 210
  Heisenberg 模型, 209, 234
  Ising 模型, 218
  磁化率, 205
格气, 269, 400
各向异性 Heisenberg 模型, 300
各向异性弛豫时间, 501
更新规则, 372
功, 3—6, 9—11, 18, 26
孤立系统, 8, 30, 31, 35
股市崩盘, 258
骨架, 533, 542, 550
固固溶液, 137
关联长度, 82, 96, 98, 215—218, 220, 221, 223, 225, 240, 243, 295
关联函数, 96, 97, 162, 174, 183, 215, 217, 220, 227—229, 235, 274, 283, 284, 286
  Gauss 模型, 283, 284
  Heisenberg 模型, 477—480
  电流-电流, 492
  平衡态, 468, 490
  推迟, 464
  无相互作用电子, 579—582
  液体中的两体关联函数, 155, 157, 159, 161, 178, 179
  直接, 158, 161, 177, 179, 180
  自旋-自旋, 75, 76, 80, 82, 220
关联时间, 367
光散射, 153, 414
广延量, 2, 5, 10, 12, 13, 28, 34, 35, 39, 49, 51
广义力, 492, 497
广义响应率, 464—469

H

Harris 判据, 547, 548
Hebb, D.O., 372
Hebb 规则, 372
Heisenberg 模型, 104
Heisenberg 模型, 64, 65, 99, 100, 202, 206, 209, 210, 223, 234, 247, 290,

297—300, 369, 477—480, 509, 550, 557
高温展开, 210
各向异性, 477
三维, 210
自旋波 (磁波子) , 477—480, 509
Heisenberg 算符, 463
Heisenberg 图像, 463
Heisenberg 运动方程, 491
Helmholtz 自由能, 10, 38, 52, 94, 137, 164, 402, 470
van der Waals, 124
标度性质, 212
理想气体, 57, 104
Hooke 定律, 383
Hooke 弹簧, 541, 542
Hopfield 模型, 371—375
哈密顿动力学, 30
氦单层, 269
焓, 65, 182, 361
耗散, 467
合金, 113
合金的序, 109—113
黑体辐射, 58
恒定能量模拟, 355
恒压系综, 60
红细胞, 405, 414
化学反应, 362
化学势, 2, 3, 10, 24, 25, 34, 36, 40, 41, 45, 121, 126, 129, 367, 402, 422—424, 441
幻像膜, 406, 408, 409, 411, 413
黄金定则, 499
回旋半径, 387, 392, 394, 399, 407, 411
混合
van der Waals 理论, 127
假设, 31, 33
熵, 33, 55

I

Ising 反铁磁体, 113, 271
Ising 链, 381
Ising 模型, 63, 65, 67, 71, 74, 75, 98, 101, 113, 358, 359, 369
Bragg-Williams 近似, 68
Kadanoff 块区自旋, 215
低温展开, 206
二维, 70, 75, 258—266
二维 Ising 反铁磁体, 268—272
高温展开, 207, 209, 210
格子维度, 69
临界指数, 218
平均场理论, 64, 83, 84
三维, 199, 209, 291
一维, 71, 73, 74, 77, 80—82, 101—103, 105, 184, 238—242, 295, 381
一维无相变, 70
有限尺寸标度, 220
自旋为 1, 102
Ising 铁磁体, 112, 113

J

Joule-Thompson 过程, 182
Joule 循环, 26
基态, 480
能量, 470, 487
激发, 371
激发谱, 430—432, 439—442, 477, 486, 509
级数展开, 199, 200, 202, 206, 207, 209—211, 218, 224, 235, 399, 536—538
比热, 210
磁化率, 202, 225, 234, 290, 399
高温 (级数展开), 397
级数分析, 200, 206, 207, 215

级数展开
    逾渗, 538
极化, 56, 474
极化率, 1, 74, 97, 367, 369, 397—399
    标度性质, 220, 223
    磁的, 19, 20, 465
    电的, 465
    各向异性的, 119
    广义的, 462
    级数展开, 204, 205, 224, 235
    临界指数, 75, 210, 211, 213, 217, 220, 221, 235
    频率依赖的, 462—490
    一维 Ising 模型, 80
集团方法, 362
集团积分, 146, 147, 150, 159, 181
集团近似, 101
几何相变, 531
计算机模拟, 349—382
    Monte Carlo 方法, 357—370
    分子动力学, 350—357
记忆, 372
剪切力, 540
剪切模量, 415
简并度, 43, 59, 98
简谐振子, 44, 54, 55, 59
简正坐标, 55
键逾渗, 530, 531, 534
交换与关联能, 474, 486, 487
交联, 541
胶体悬浮体系, 233
阶乘矩, 310
结构因子
    动态的, 462—490, 508
    静态的, 153, 156, 161, 469, 470, 579—582
介电函数, 56
    电子气, 473—475
    金属, 487—490
    局域场修正, 475
    双原子气体, 57
介观系统, 303
界面
    气液, 144, 163—165, 167—170, 172, 181
    内能, 2, 4, 9, 10, 12, 14, 28, 58
    凸性, 28
紧束缚方法, 515
近晶相, 117
禁止能量区域, 519
经典-量子对应, 186
经典矢量, 226
晶格常数, 203
净繁殖率, 315
纠缠, 403
局域场修正, 56, 475
局域的, 27
局域化, 514, 519, 521—525, 530
巨势, 12, 41, 42
巨正则
    配分函数, 41, 44—46, 58
    系综, 29, 40—43, 47, 52, 57—59, 145, 269
聚合物, 383—420
    Edwards 模型, 394, 395
    Flory 理论, 391—395
    Flory-Huggins 理论, 400—403
    theta 点, 402
    高浓度溶液, 400—405
    良溶剂与不良溶剂, 393
    临界指数, 399
    平均场理论, 400—403
    熵弹性, 390
    渗透压, 402
    体斥效应, 391—395
    线性聚合物, 384—405

与 n 矢量模型的联系, 395—399
自回避行走, 391
自由连接链, 386—389
聚乙烯, 384, 385
绝对温标, 7
绝热
磁化率, 19
过程, 4, 5, 9, 10, 25, 28
压缩, 26
压缩率, 14
均匀混合, 317

K

Kadanoff 块区自旋, 215, 218, 241
Kelvin 第二定律表述, 5, 6
Kimura-Weiss 模型, 329, 330
Kirchhoff 方程组, 541
Kirkwood 叠加近似, 158
Kohn-Hohenberg 定理, 174
Kolmogorov 向后方程, 311, 312
Kondo 问题, 292
Kosterlitz-Thouless 相变, 183, 210, 226—233
Kramers-Kronig 关系, 471, 473
Kramers-Moyal 展开, 323
Kramers 方程, 326—328, 345
Kramers 逃逸速率, 337—339
Kronig-Penney 模型, 565
Kubo 公式, 490—492
Kuhn 长度, 385
开放系统, 12, 25
抗弯刚度, 408, 409, 413—415
可分辨粒子, 32, 33
可积系统, 30, 31, 33
可逆过程, 4—11, 25
可逆性
微观的, 494, 498
空位, 53, 54, 59
跨接行为, 220
块区自旋, 278
扩散, 321, 328
扩展态, 514, 517

L

Lagrange 乘子, 51
Lamé 系数, 413
Landau-Ginzburg-Wilson 哈密顿量, 285, 291, 297
Landau-Ginzburg 理论, 64, 94, 144, 168, 235, 283
超导, 453—456
气液界面, 166
Landau 相变理论, 63, 64, 77, 83—87, 95, 97, 99, 100, 104, 114, 118, 183, 197, 271
Maier-Saupe 模型, 86, 137
三相临界点, 90, 98, 122
Landau 展开的立方项, 86
Langevin 方程, 353
Laudau 近似
时间依赖的, 130
Le Châtelier 原理, 18
Legendre 变换, 10, 41
Lennard-Jones 势, 145, 160, 269, 350, 351
Levy-Smirnov 分布, 337
Lifshitz 尾, 521, 528
Lindhard 函数, 482—485
London 穿透深度, 455
Lorentz 分布, 378
累积量展开, 258, 285, 288
一阶近似, 262, 264, 295
二阶近似, 264, 292, 296
离散时间 Markov 过程, 358, 359
理想 Bose 气体, 226, 422—429, 456, 457
理想气体

Gibbs 势, 60
Helmholtz 自由能, 57, 104
定律, 2, 28, 125, 145, 380, 403
混合熵, 33
粒子数涨落, 58
熵, 34
自由能泛函, 176
理想气体定律, 405
立方对称性, 100
粒子流, 321
粒子数算符, 574
连通集团, 514
连续对称性, 226, 229
连续时间演化, 306
连续相变, 68
联想存储器, 371
两体分布函数, 80, 114, 115, 153, 154, 157—160, 162, 181, 472, 508, 579
两体关联函数, 151, 155, 157, 469
两体力, 144
两体算符, 577
量子-经典对应, 186
量子态, 33, 43, 44, 46, 59
量子统计, 40, 43, 44
量子系统, 469
量子相变, 225
量子液体, 421—459
邻位交叉位形, 384
临界等温线, 76, 235
临界点, 20, 21, 24, 74, 75, 77, 82, 83, 91, 93—95, 98, 119, 123, 183, 197, 199, 200, 212, 216—221, 231, 243, 365, 370, 399
van der Waals, 125
气液, 168
临界慢化, 362, 367
临界乳光, 156
临界维度, 93, 97, 98
临界温度, 64, 120, 194, 207, 212, 221, 222, 229, 233, 234, 243, 255, 278
二维 Ising 模型, 73
临界线, 244
临界指数, 197, 200, 209—214, 220, 222—225, 229, 232, 235, 237, 245, 275, 289, 369
Flory, 393
Gauss, 410
Gauss 模型, 282—284
Heisenberg 模型, 210
Ising 模型, 209, 247
Landau 理论, 98
n 矢量模型展开到 ϵ=(4—d) 阶, 290
XY 模型, 210, 247
比热, 76, 197, 233, 246, 255, 266, 301, 548
磁化率, 197, 255, 290, 301, 392
粗糙度, 411, 414
复数, 257
关联长度, 96
跨接指数, 300, 547, 548
临界等温线, 257, 301
平均场理论, 101, 197, 282
三相临界点, 93, 98, 104
无序系统, 546—551
线性聚合物, 399
序参量, 67, 93, 197, 257, 301
逾渗, 535, 536, 549
临界指数, 246
零温 Monte Carlo 模拟, 372
零温淬火, 377, 378
流行病学, 305, 316
旅行推销员问题, 376—379, 382

M

Maier-Saupe 模型, 114—120, 123, 137

Markov 过程, 303—306, 350, 368, 381
Maxwell-Boltzmann 速度分布, 327, 381
Maxwell 构造, 126, 165
Maxwell 关系, 1, 12—15
Mayer J. E., 145
Mayer 函数, 145—147, 158
Meissner 效应, 455
Mermin-Wagner 定理, 210, 509
Migdal-Kadanoff 变换, 296, 297
Monte Carlo 重整化, 272—275, 539
Monte Carlo 方法, 306, 350, 399, 409
Monte Carlo 方法, 357—370
    Markov 过程, 358, 359
    Metropolis 算法, 359—362
    旅行推销员, 376—379
    模拟退火, 376—379
    神经网络, 371—375
    数据分析, 365—370
    有限尺寸标度, 368—370
    直方图方法, 363, 364
Monte Carlo 模拟, 368, 535, 536, 548, 551
毛细长度, 170
密度泛函方法, 171—181
密度泛函理论, 168
密度矩阵, 29, 46—48
密度算符, 47, 576
模拟, 349—382
模拟退火, 376—379, 382
膜, 405—420
    Edwards 模型, 409
    Flory 理论, 410
    分支化聚合物, 418
    幻像 (膜), 406—409
    拴定 (膜), 405—414
    液相 (膜), 415—418
    自回避, 409—414

N

Nosé-Hoover 动力学, 350
NTP 系综, 361, 366
n 矢量模型, 99, 292, 297, 383, 543—551
    应用于线性聚合物, 395
能量均分, 55, 170, 469
能量守恒, 3
能量涨落
    对于理想气体, 58
黏度, 353

O

Ohm 定律, 493, 503
Onsager, L., 268
Onsager 关系, 494—498, 510
Onsager 解
    二维 Ising 模型, 73, 184—200, 207
Ornstein-Uhlenbeck 过程, 327
Ornstein-Zernike 方程, 144, 158, 160, 161, 168, 177, 178
偶极子相互作用, 291
偶极子硬球, 161

P

Padé 逼近, 207, 234
Pauli 原理, 44
Pauli 自旋算符, 185
Pawula 定理, 323
Peierls, R. E., 71
Peltier 效应, 493
Percus-Yevick 方程, 159, 160
Potts 模型, 87, 100, 106, 107, 271, 534
PVT 系统, 11—14, 20—24
喷泉效应, 437
片状相, 415

漂浮单层, 231
漂移速度, 502
漂移项, 321
平衡, 1—3, 5, 9, 16—18, 22, 27, 29, 30, 40, 52, 306
  固定 S, V 和 N, 28
  固定 T, P 和 N, 17, 53
  固定 T, V 和 N, 11, 53
  化学, 3
  力学, 3
  气液, 27, 105
  缺陷浓度, 53
  热学, 3
平均场理论, 63—107, 183, 184
  长程关联被忽略, 74, 75, 80, 94, 183
  超导, 449—452
  基于 Ornstein-Zernike 方程的, 168
  界面的, 164
  聚合物溶液, 400—403
  临界行为, 74
  临界指数, 74—76, 217
  弱相互作用 Bose 气体, 475—477, 508
  失稳界线, 127
  误导之处, 69, 71, 87
  响应函数, 472—490
  液体, 123
  液体的 van der Waals 理论, 123, 143, 166
平均球近似, 160
平面磁体, 232, 233
屏蔽, 480—485, 507—509
破裂, 258
普适性, 183, 209, 223, 225, 246—248, 279, 291, 536, 541

Q

q 态 Potts 模型, 107
齐次函数, 56
气液界面, 144, 156, 163, 164, 167—169, 172, 181
恰当微分, 4, 130
迁移率, 324
迁移率边, 523—525
潜热, 20, 104
强场, 499
强度量, 2, 3, 12, 35, 42
求和规则, 470—472
曲率能, 417
全同粒子, 62

R

Rayleigh 粒子, 326—328
RKKY 相互作用, 554
Rushbrooke 不等式, 211, 212
燃料电池, 11
热, 3, 5
热波长, 35, 45, 46, 57, 144
热导率, 503—507, 510
热电效应, 493, 503—507, 510
热力学, 1—28
热力学的
  变量, 2, 13
  过程, 4
  平衡, 5
  势, 9—12
  稳定性, 15
热力学第二定律, 3—9, 26
热力学第零定律, 3, 36
热力学第一定律, 3, 4, 6, 8, 9
热力学定律, 3—9
热力学极限, 2, 34, 35, 78, 79, 257, 276, 365, 368, 384, 388, 389, 399, 419, 531
热流, 503
热膨胀系数, 14, 27
热源, 5

人类神经系统, 371
人为边界, 328, 331
任务问题, 376
容限, 36, 52
溶剂, 402
溶剂
    良溶剂和不良溶剂, 393, 394, 402, 403, 405
溶致液晶, 415

S

S^4 模型, 284—290
Sackur-Tetrode 公式, 34, 62
Schottky 缺陷, 53
Schrödinger 方程, 330, 343
Seebeck 效应, 493
Shannon, C. E., 50
Sherrington-Kirkpatrick 模型, 558—565
SIR 模型, 316—321, 345
Slater 行列式, 44, 571
Stirling 公式, 34, 400
Stokes 定律, 326
三角格子, 259, 267, 270, 271
三体相互作用, 143
三相临界点, 20, 24, 90—93, 98, 104—106, 120, 121, 123
三溴化铬, 217, 219
熵, 1, 2, 5, 7—10, 12, 15—17, 21, 28, 32—36, 39, 40, 50—53, 65, 70, 111, 124, 392, 497
    Bragg-Williams 近似, 67
    凹 (性), 17, 27
    产生, 492—494
    混合, 27, 33, 55, 128, 400
    理想气体, 34, 55, 124
    取向, 116, 138
    统计力学定义, 32
    涡旋, 229, 231
    信息论的, 48, 52
    最大熵原则, 9, 59
熵弹性, 383, 390, 406
上临界维度, 98, 386, 409
上升算符与下降算符, 313
神经网络, 371—375
渗透压, 402—405
生成函数, 310, 333, 334
生灭过程, 305—309, 313, 345
声子, 480
    金属, 487—490
剩磁, 554
失稳界线, 127, 131
时间反演对称性, 494
首次通过时间分布, 332, 336
输运系数
    对称性, 509
输运性质, 490—507
拴定膜, 383, 406, 407, 413, 415, 417, 418
双层脂, 415
双切线构建, 114, 115, 165, 167
双原子分子, 58, 59
双原子气体, 56
双轴相, 120
顺磁体, 3, 25
死亡速率, 307
速度 Verlet 算法, 352
速度-速度关联, 354, 357
速度-速度关联函数, 327
速度弛豫时间, 327
随机变量, 304
随机过程, 303—347, 357
随机数产生器, 379
隧穿, 499, 524

T

Thomas-Fermi 近似, 483, 484, 507
Tonks 气体, 181
Tsallis, C., 51
T 矩阵, 527, 528
态的完备集, 46, 47
态密度, 517—530
弹性理论, 413
弹性散射, 153—155, 499
特征长度, 399
替代无序, 516
条件概率, 311, 324, 327
铁磁体, 21, 22
同步辐射, 169
统计系综, 29—62
投影算符, 259, 275
凸函数, 28, 114
突变事件, 257, 258
突触, 371
图展开, 530
退火无序, 515, 545
椭圆偏振测量术, 169

V

van der Waals 方程, 2, 123—127, 143
van der Waals 界面理论, 163, 165, 172
van der Waals 理论, 131, 393
van der Waals 力, 393

W

Wannier 态, 515, 527
Weiss 分子场理论, 64, 66, 115, 117
Wiedemann-Franz 定律, 506
Wilson, K. G., 241
蛙跳算法, 352
微观可逆性, 494—498
微乳状液, 415
微正则系综, 29—35, 38, 49, 51, 52
  配分函数, 40
唯象重整化群, 275, 542
位错, 232
位力, 355
  系数, 3, 145, 158
  展开, 144—150, 159, 161, 181, 182
  状态方程, 2
位力展开, 403
位力状态方程, 356
位形积分, 144, 145, 147, 148, 161
位置空间重整化群, 258—275, 282, 551
温度
  标度, 7, 24
  统计定义, 34, 36
  涨落, 355
稳定不动点, 275, 287
稳定性, 1, 15, 17, 18, 25, 28, 290
稳态, 2, 306, 315, 322, 324, 325
稳态概率, 358, 359
涡旋解离, 231
涡旋
  二维 XY 模型, 229—232
  在超流氦里, 435
无关标度场, 247, 287, 290, 394, 408
无规场, 548
无规电阻网络, 541, 542
无规行走, 102, 103, 359, 388, 390, 391
  有偏向性的, 385
无相互作用玻色子, 45
无相互作用费米子, 44
无序系统, 513—567
  单粒子态, 515—530

X

XY 不动点, 247, 620

XY 模型, 206, 210, 211, 223, 224, 226, 300
X 射线散射, 414
吸附单层, 268—272
吸收, 467
吸收边界, 328
吸收态, 129, 309
吸引域, 292
稀溶液, 403
稀释铁磁体, 542
系统尺寸参数, 313
系综平均, 32
细致平衡, 306, 359—362, 467, 499
下临界维度, 410
线性化, 245, 246, 253, 266, 275, 290, 300, 502, 547
线性响应理论, 461—511
相对论理想气体, 61
相干长度, 168, 454
相干势近似, 525—530
相关标度场, 247, 266, 395, 410
相互作用范围, 224, 225
响应函数, 1, 14, 15, 39
向列相液晶, 100, 114, 117, 129
相变, 20, 65, 85, 105, 106, 183, 219, 220, 229, 542—551
　连续, 222
　无序材料, 542—551
相变的阶数, 64
相分离, 113, 115, 120, 127, 137
相空间, 30, 32, 33, 40, 51, 54
相图, 20, 21, 23, 92, 120, 129
　频率依赖, 461—490
橡胶, 390, 541
效率, 5—7, 25—27
效用, 130
信息论, 29, 48, 52
星图, 150
形状因子, 154
虚晶近似, 525
序参量, 63—65, 67, 68, 71, 73, 74, 80, 83—86, 90, 92, 94, 95, 97, 99, 100, 104, 105, 111—113, 116, 118—123, 126, 137, 138, 184, 194, 210, 217, 364, 368
　Edwards-Anderson, 558
　超流体, 428, 433
　逾渗, 534
悬键, 532, 550
旋转对称性, 99
旋转桶实验, 434
血影网络, 414

Y

压强
　统计定义, 34
压强状态方程, 356
压缩率, 1, 14, 15, 29, 42, 43, 97, 125, 154—156, 356, 367
　等温的, 27, 156, 366
　状态方程, 155
亚扩散, 333
氩气, 351
湮灭, 330
湮灭算符, 465, 572—574
赝势, 115, 119
液晶, 91, 100, 114, 137
液体, 143—182
液体的微扰论, 144, 160—163, 180
液体膜, 383, 406, 415, 417
一步过程, 306, 307, 313
一级相变, 85, 87, 91, 104, 118, 126, 364
抑制, 371
因果关系, 471, 474
引力坍缩, 60
硬核相互作用, 124, 386, 391, 406, 411

硬球液体, 150, 158, 161
优化的 Monte Carlo 方法, 364
有限尺寸标度, 218—223, 277, 364, 365, 368—370
有限格子方法, 267
有相互作用的费米子问题, 188
有效键长, 418
有效质量, 502
有序-无序相变, 110
逾渗, 524, 530—542, 549—551, 567
标度理论, 534—536
骨架, 533
临界指数, 536
预测, 258
元胞自动机, 372
约化分布函数, 151, 157, 178
跃迁, 524
跃迁矩, 321, 323
云杉卷叶蛾模型, 129—132, 307, 345

Z

Zeeman 能, 65
杂质能带, 521
噪声函数, 354
噪声强度, 353
占有数, 44, 467
占有数表象, 569—582
涨落, 17, 25, 29, 39, 42, 43, 58, 64, 94, 99, 155, 365
Landau-Ginzburg 理论, 64, 94, 98
粒子数, 367
体积, 361, 366
涨落-耗散定理, 39, 467—469
涨落状态方程, 155, 156
褶皱膜, 406—409, 412, 414
振动自由度, 59
蒸气压, 27
正规矩阵, 358, 360
正则
变换, 33, 516
变量, 30
分布, 37, 38, 52, 354
配分函数, 38, 43, 44, 56, 57, 249
系综, 29, 35—39, 41, 43, 44, 47, 55, 57, 357
正则模, 419
正则系统, 35
直方图方法, 363, 364, 379
直接关联函数, 158, 161, 177, 179, 180
指向场, 117
置换, 377
中性进化, 329
中子散射, 153, 478
肿胀, 391, 392, 403, 404
周期性边界条件, 238, 357, 516, 518, 519
轴矢量, 494
主方程, 304—306, 313, 314, 322, 323, 329, 331
转移概率, 360
转移矩阵, 107, 276, 278, 565
二维 Ising 模型, 184—186, 191, 192, 194, 199, 218, 233
一维 Ising 模型, 78, 102, 103, 106
一维 Schrödinger 方程, 517—523
转移速率, 305, 467, 499
转动量子数, 59
状态变量, 1—4, 8, 10, 11, 20
状态方程, 1, 2, 23, 28, 56
Tonks 气体, 181
van der Waals, 124, 125, 127, 143, 166
混合物, 128
理想气体, 25, 125, 145, 156
位力, 2, 182
压缩率, 155
硬球系统, 150

涨落, 156
准弹性散射, 506
准静态过程, 4
子格子, 113, 270
自伴算符, 344
自催化系统, 371
自发磁化强度, 66, 79, 257
自发过程, 4, 8, 9, 11, 18
自回避膜, 406, 409, 411, 413, 415, 417
自回避无规行走, 391—393, 395, 396, 398, 420
自然边界, 328
自旋波, 229, 232, 235, 477—480, 509
自旋玻璃, 371, 554—565
Sherrington-Kirkpatrick 模型, 558—565
自由连接链, 389, 390
自由能泛函, 174
阻挫, 270, 555—558
阻尼系数, 353, 354
组合优化, 376
钻石分形, 248—258
最大流相, 135
最大熵原理, 9, 16, 17, 27, 36, 48, 52, 59
最速下降, 376, 377
作用量-角度变量, 30
座逾渗, 530

译 者 后 记

Michael Plischke 教授和 Birger Bergersen 教授合著的 *Equilibrium Statistical Physics* 一书是我们非常喜欢的研究生统计物理教材, 在北京大学出版社同志的大力支持和协助下, 本书第三版的中译本终于和大家见面了. 正像两位作者在第一版序言里所期望的那样, 本书为即将进入凝聚态和统计物理课题研究的同学们架设了一座宽阔的桥梁. 我们多年的教学和人才培养实践印证, 熟练掌握了课程讲述的基本概念和理论方法, 遇到科研中常见的问题, 就像一个已经学会走路的孩子一样, 不仅可以独立迈出第一步, 还可以迈出第二步和第三步, 直至到达目的地. 我们希望这部中译本可以帮助更多的同学来到河的彼岸, 灵活运用博大丰富的统计物理方法, 推进凝聚态物理及软物质和生物物理等交叉学科的发展.

这部中译本由香港浸会大学汤雷翰组和南京师范大学童培庆组共同完成, 上海交通大学马红孺组也参与了部分章节的翻译工作. 主要成员除以上三位外, 还有罗亮、马惠、吴俊和熊礼平四位博士, 以及胡亚运同学, 在此对他们的辛勤劳动表示衷心感谢.

Michael Plischke 教授不幸于 2020 年 4 月 29 日因病离世, 谨借本书第三版中译本出版之际, 寄以深切的哀悼和怀念.

汤雷翰　童培庆

2020 年 10 月